使用“透视裁剪工具”纠正画面　36页

2.1.4　透视裁剪工具

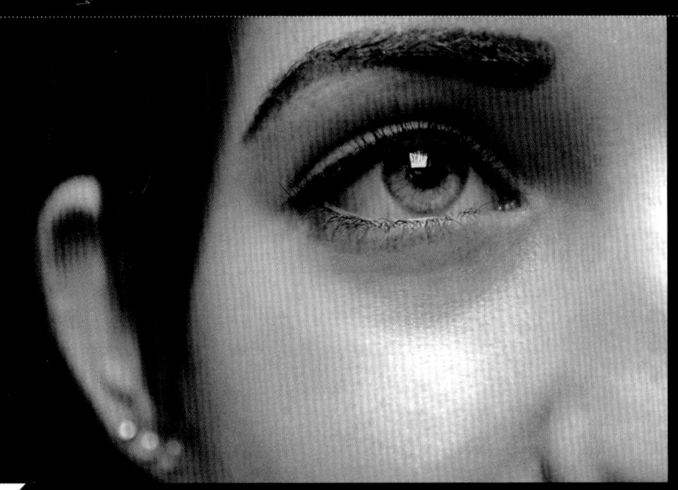

使用“污点修复画笔”去除点状小瑕疵　38页

2.2.1　实战：污点修复画笔，祛斑去皱

使用“内容感知移动工具”移动元素位置　42页

2.2.4　实战：内容感知移动

使用“仿制图章”复制部分内容　44页

2.2.6　实战：仿制图章，复制部分内容

使用内容填充去除画面瑕疵　45页

2.2.7　实战：内容识别填充

使用“海绵”工具去色　53页

简单美化外景写真照片　54页

2.4　巩固练习：简单美化外景写真照片

制作艳丽的风景照片　67页

降低饱和度制作复古感画面　68页

制作细节丰富的黑白照片　73页

3.4.4　实战：制作细节更加丰富的黑白照片

美化食品照片　75页

儿童照片排版 91页
4.2.5 实战：儿童照片排版

制作简单的画册内页 105页

自由变换制作拉伸感背景 113页

使用“矩形工具”绘制版面中的图形　143页

5.2.10　实战：儿童服饰展示图

使用“画笔工具”绘制阴影和高光　147页

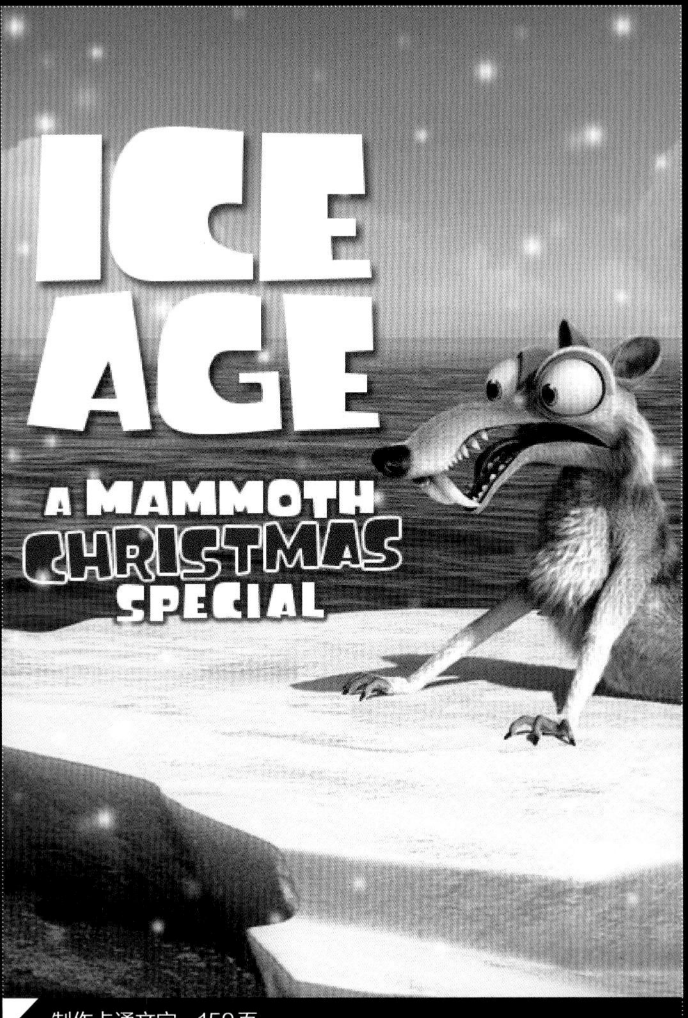

制作卡通文字　159页
6.1.5　实战：制作卡通文字

活力感人物创意海报　205页
7.3.7　实战：活力感人物创意海报

增强文字效果　178页

THE
BEST
OFTHE
NO.1

A STYLE GOES BACK TO NATURE

使用图层样式增强图形的层次感　208页

7.4　巩固练习：空间感服饰广告

使用曲线调整图层单独提亮人物　236页

使用色相/饱和度改变花朵的颜色　240页

8.3.4　实战：改变画面局部颜色

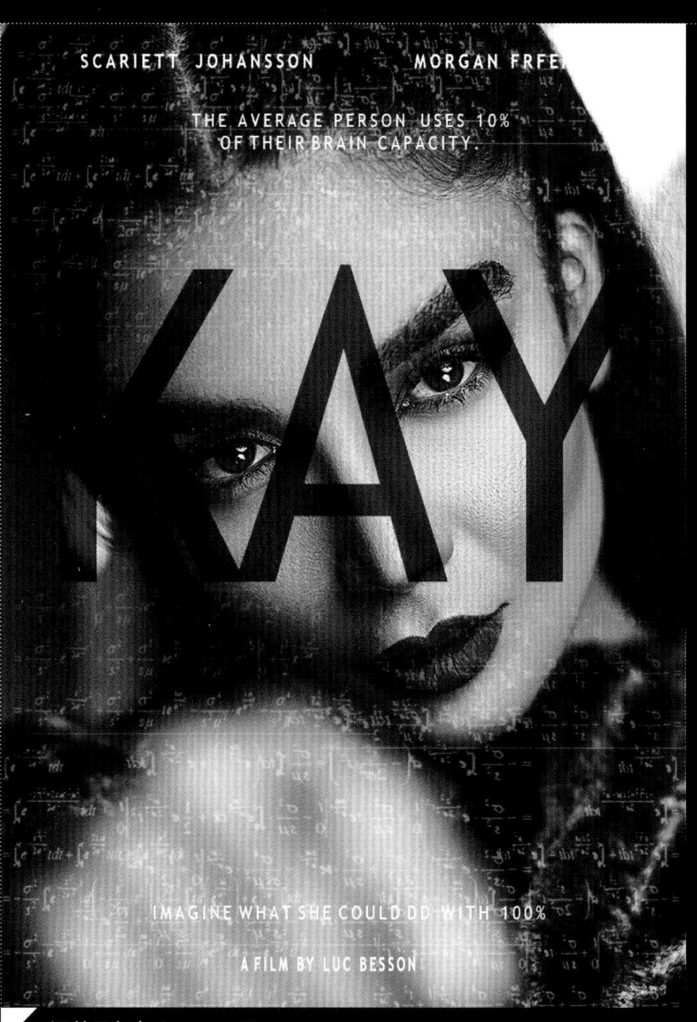

调整局部色彩　243页

解决白色物体的偏色问题　247页
8.3.8　实战：解决白色物体的偏色问题

使用混合模式将渐变色融入画面　255页

使用色彩平衡更改服装颜色　259页
8.4.5　实战：衣服换颜色

外景人像写真调色　267页
8.6　巩固练习：外景人像写真调色

钢笔抠图 281页

9.2.1 钢笔抠图

抠图半透明物体 287页

9.2.4 通道抠图半透明物体

复杂边缘抠图 289页

结合使用多种滤镜制作水墨风景画 309页

使用动感模糊制作运动感的人像　340页

10.18.4　实战

使用镜头模糊滤镜模拟大光圈效果　339页

10.18.3　实战：镜头模糊滤镜模拟大光圈效果

第15章　书籍设计：文艺书籍封面　382页

网页设计：甜品店网站首页　400页

第19章　照片处理：时尚人像摄影照片精修　432页

中文版Photoshop 2022完全自学教程

实战案例视频版

瀚阅教育 编著

全国百佳图书出版单位
化学工业出版社
·北京·

内容简介

《中文版Photoshop 2022完全自学教程（实战案例视频版）》是一本完全针对零基础新手的自学书籍，以生动有趣的实际操作案例为主，辅助以通俗易懂的参数讲解，循序渐进地介绍了Photoshop2022的各项功能和操作方法。全书共20章，分为3个部分：快速入门篇，帮助读者轻松入门，更快地制作出完整的作品，可以应对日常工作遇到的常见的修图问题；高级拓展篇，在读者具备了一定的基础后，全面学习高级功能，以应对绝大多数的制图任务；实战应用篇，精选10个热门行业项目实战案例，覆盖大多数PS行业应用场景，在实战中提升设计能力。

为了方便读者学习，本书提供了丰富的配套资源，包括：视频精讲+同步电子书+素材源文件+设计师素材库+拓展资源等。

本书内容全面，实例丰富，可操作性强，特别适合Photoshop新手阅读，也可供平面设计人员、网页设计人员、相关专业师生、培训班及图像处理爱好者学习参考。

图书在版编目（CIP）数据

中文版Photoshop 2022完全自学教程：实战案例视频版/瀚阅教育编著. —北京：化学工业出版社，2022.5（2023.4重印）

ISBN 978-7-122-40703-0

Ⅰ.①中… Ⅱ.①瀚… Ⅲ.①图像处理软件-教材 Ⅳ.①TP391.413

中国版本图书馆CIP数据核字（2022）第022954号

责任编辑：曾 越

责任校对：宋 玮

装帧设计：尹琳琳

出版发行：化学工业出版社

（北京市东城区青年湖南街13号 邮政编码100011）

印　　装：北京瑞禾彩色印刷有限公司

880mm×1230mm 1/16 印张30 彩插8 字数963千字

2023年4月北京第1版第3次印刷

购书咨询：010-64518888

售后服务：010-64518899

网　　址：http://www.cip.com.cn

凡购买本书，如有缺损质量问题，本社销售中心负责调换。

定　　价：108.00元

前言

Photoshop是一款被当下设计行业广泛认可和应用的集图像处理与制图功能于一身的软件。Photoshop主要应用在平面设计和摄影后期两大领域。平面设计师可以使用Photoshop完成平面广告设计、标志设计、视觉形象设计、包装设计、UI设计、网页设计、书籍画册排版等工作。摄影师或图像后期处理人员可以利用Photoshop强大的修饰、修复及合成功能，去除画面瑕疵、美化图像，或进行艺术创作。除此之外，与视觉相关的设计制图行业，如影视栏目包装、动画设计、插画设计、游戏设计、环境设计、产品设计、服装设计等行业中也少不了Photoshop的身影。

本书内容

本书按照初学者的学习习惯，从读者需求出发，开发出从“快速入门”到“高级拓展”，再进阶到“实战应用”的自学路径。本书以生动有趣的实际操作案例为主，辅助以通俗易懂的参数讲解，循序渐进地陪伴零基础读者从轻松入门开始学习Photoshop，帮助读者更快地制作出完整的作品。本书共20章，分为3个部分，具体内容如下。

第1 ~ 5章为“快速入门篇”，内容包括：Photoshop基础操作、图像简单美化、常用的照片调色操作、简单排版、轻松绘画。经过前5章的学习可以掌握Photoshop最基本的操作，读者可应对简单的修图、排版工作。

第6 ~ 10章为“高级拓展篇”，内容包括：文字的高级应用、矢量绘画、高级调色技法、抠图与合成、滤镜与图像特效。这5个章节着力于深入学习高级功能，精通了Photoshop的核心功能后，读者可应对绝大多数的制图任务。

第11 ~ 20章为“实战应用篇”，内容包括：标志设计、徽章设计、图标设计、UI设计、书籍设计、包装设计、网页设计、VI设计、照片处理、创意设计，精选热门行业设计项目，帮助读者在实战中学习，在实战中提升！

本书特色

即学即用，举一反三 本书采用案例驱动、图文结合、配套视频讲解的方式，帮助读者“快速入门”“即学即用”。本书将必要的设计基础理论与软件操作相结合，读者在学习软件操作的同时也能了解各种软件功能和参数的含义，做到知其然并知其所以然，使读者除了能熟练操作软件外，还能适当培养和提高设计思维，在日常应用中实现“举一反三”。

案例丰富，实用性强 本书精选上百个热门行业项目实战案例，覆盖大多数PS行业应用场景，经典实用，能够解决日常设计制图中的实际问题。

思维导图，指令速查 每章设有思维导图，有助于梳理软件核心功能，理清学习思路。软件常用命令采用表格形式，常用快捷键设置了索引，便于随手查阅。“重点笔记”“疑难笔记”“拓展笔记”三个模块对核心知识、操作技巧进行重点提醒，让读者在学习中少走弯路。

本书资源

本书配套了丰富的学习资源：

1.赠送实战案例配套练习素材及教学视频，边学边练，轻松掌握软件操作。

2.赠送设计相关领域PDF电子书搭配学习，充实设计理论知识。

3.赠送设计师素材库，精美实用，练习不愁没素材。

4. 赠送PPT课件，教材同步，方便教师授课使用。

5. 赠送同步电子书，随时随地，免费阅读。

（本书配套素材及资源仅供个人练习使用，请勿用于其他商业用途。）

本书资源获取方式：

扫描书上二维码，关注“易读书坊”公众号获取资源和服务。

不同版本的Photoshop功能略有差异，本书编写和文件制作均使用Photoshop 2022版本，请尽可能使用相同版本学习，但相近版本的用户也可使用。如使用较低版本Photoshop打开本书配套的PSD源文件，可能会出现部分内容显示异常的问题，但绝大多数情况下不影响使用。

本书适合初学者、培训机构、设计专业师生，更适合想从事或正在从事平面设计、广告设计、摄影、影视栏目包装、动画设计、插画设计、游戏设计、环境设计、产品设计、服装设计、自媒体等行业的从业人员使用。

笔者能力有限，如有疏漏之处，恳请读者谅解。

编著者

目 录

快速入门篇

第1章 Photoshop基础操作

第2章 图像简单美化

第3章 常用的照片调色操作

第4章 简单排版

第5章 轻松绘画

高级拓展篇

第6章 文字的高级应用

第7章　矢量绘画

第8章　高级调色技法

第9章 抠图与合成

第10章 滤镜与图像特效

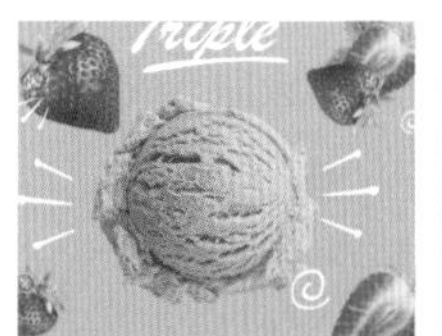

实战应用篇

第11章 标志设计：果味饮品标志

第12章 徽章设计：游戏奖励徽章

第13章 图标设计：皮毛质感App图标

第14章　UI设计：闹钟App界面设计

第15章　书籍设计：文艺书籍封面

第16章　包装设计：罐装冰淇淋包装

第17章　网页设计：甜品店网站首页

第18章　VI设计：活力感企业视觉形象设计

第19章　照片处理：时尚人像摄影照片精修

第20章　创意设计：缤纷盛夏创意海报

附录　Photoshop快捷键速查表

索引　常用功能命令速查

Ps

快速入门篇

第1章 Photoshop基础操作

Photoshop是一款被当下设计行业广泛认可和应用的集图像处理与制图功能于一身的软件。想要学会Photoshop的使用，首先需要了解数字图像处理与数字制图的基础知识。在此基础上，再来认识Photoshop的工作界面，熟悉各部分功能的基本使用方法。然后学习一些简单的Photoshop基础操作。

学习目标

熟悉Photoshop的界面
掌握新建、打开、保存、置入等基本操作
熟练掌握图层的基本操作

思维导图

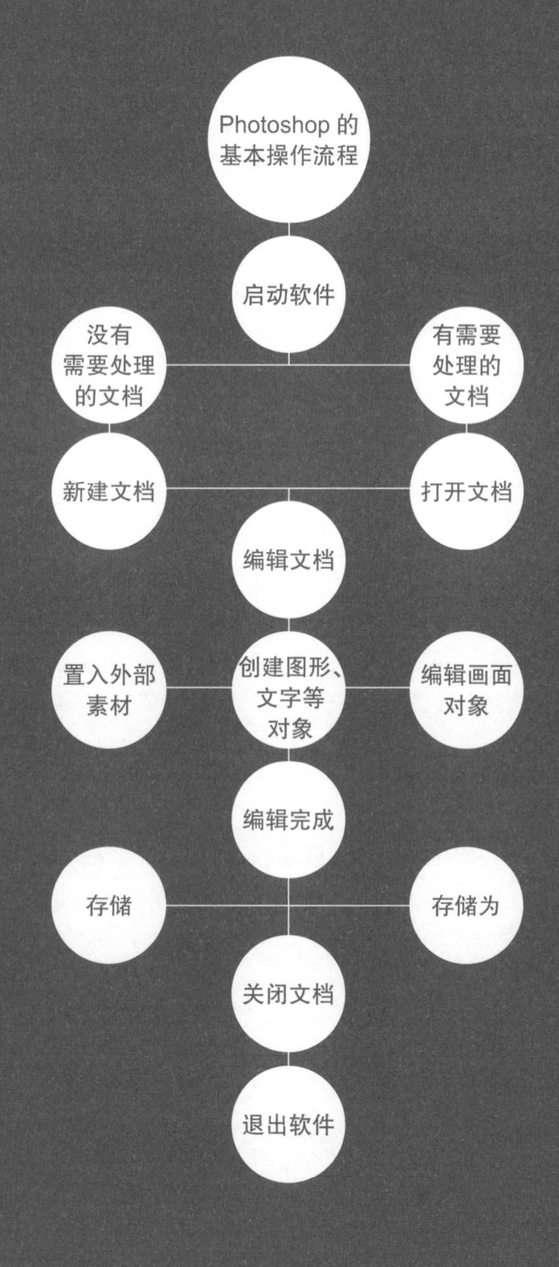

1.1 欢迎来到数字图像处理的世界

数字图像处理与传统的绘图或传统的摄影暗房技术不同，全部图像处理、绘图、排版操作都是在软件中进行。应用的手段也与传统技术有所不同。在学习具体的软件操作之前，首先需要了解数字图像处理以及数字制图的基础知识。

1.1.1 什么是位图，什么是矢量图？

什么是位图？

位图又被称为“点阵图”，是由一个个很小的颜色小方块组合在一起的图片。一个小方块代表1px（像素）。仔细观察电脑屏幕或手机屏幕，可以发现屏幕上的图像是由一个一个像素方块构成的，或者将图片放大一定倍数后，也可以看到一个个的像素点，如图1-1所示。

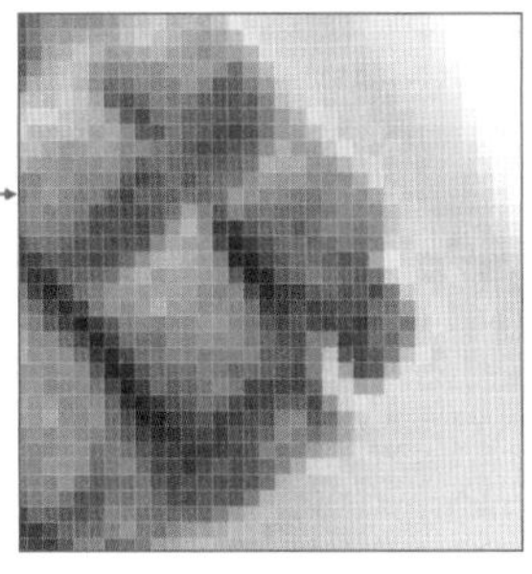

图1-1

在日常工作和生活中，我们接触最多的也是位图。例如相机拍的照片、网上浏览的图片等。位图细节丰富，但是经过放大和缩小以后图像会变得模糊，这也是位图的一大特点。

使用Photoshop主要是对位图进行处理，例如修图、调色、合成等。

什么是矢量图？

矢量图是由路径和依附于路径的色彩构成的。矢量图的应用范围也很广，适用于UI设计、图形设计、文字设计、标志设计。矢量图最大的优点是它不受分辨率的影响，在放大或缩小后图形仍然是清晰的，如图1-2所示。

使用Photoshop也可以创建和编辑矢量图形，但矢量制图领域中，Photoshop并不是最强工具，还有很多专业的矢量图形编辑软件，例如Adobe Illustrator和CorelDRAW就是两款非常专业的矢量编辑软件。如果从事平面设计行业，这两个软件也是必备工具，如图1-3所示。

图1-2

图1-3

1.1.2 什么是像素？

网页上存储下来的图片、相机里拍摄的照片都是典型的位图。位图是由大量的方形色块构成的。如果将位图放大到一定的比例，可以看到构成位图的一个个方块。这些小方块就叫做“像素”。

这也就是为什么图像的长度、宽度常常以“像素”为单位来衡量。例如宽度500像素、高度400像素的图像表示横向有500个像素块，纵向则有400个像素块。Photoshop就是一款位图图像制作与处理软件，Photoshop制作的文件通常都会存储为jpg、png、tiff等位图图像格式，如图1-4所示。

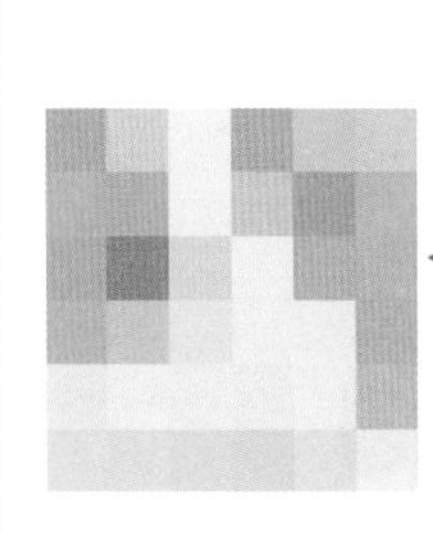

图1-4

1.1.3　什么是分辨率?

“分辨率”这个名词即使在日常生活中也常听到，例如显示器的分辨率、打印机的分辨率等。“分辨率”是衡量细节精细程度的数值，所以在图像显示、图像输入、图像输出领域都会见到。

而在Photoshop制图领域中，经常提到的分辨率其实是指图像的分辨率。图像的分辨率是指在单位面积内包含像素的数量。例如，放大一个图像的显示比例，可以看到在1平方英寸的范围内包含300个像素块，那么该图像的分辨率就是300像素/英寸。如图1-5所示。

图1-5

重点笔记

图像分辨率的单位“像素/英寸”也常被写作ppi。

图像的分辨率越高，意味着图像的细节越丰富，清晰度也就越高，占据的内存也就越大。如图1-6和图1-7所示为尺寸等大、分辨率不同的图像对比效果。

在Photoshop新建文档时就会遇到分辨率数值的设置。分辨率的设置有比较通用的规则，通常用于电脑、手机等电子屏幕显示的图像，其分辨率设置为72ppi；用于打印或印刷的图像，分辨率需要设置为300ppi；如果遇到更高打印精度的图像，分辨率需要设置到350ppi；而遇到尺寸特大的图像，如户外广告，其分辨率就需要降低，否则软件可能会运行困难，如将分辨率设置为25ppi。

图1-6

图1-7

重点笔记

图像的分辨率只针对位图，矢量图不需要分辨率。

1.1.4　认识常用的图像格式

图像文件的格式有很多种，例如从网络上下载的图片通常为JPG格式，带有透明区域的图片通常为PNG格式，还有常见的GIF动态图像格式等。在Photoshop中，文件制作完成后，保存文件时需要进行格式的选择。在这里首先了解几种常用的图像格式的特点以及应用范围，见表1-1。

表1-1　常用图像格式

格式	特点及应用范围
PSD	PSD格式是Photoshop文件的默认存储格式，也就是俗称的“源文件”，保存PSD格式会保存所有的图层内容，在下一次打开时仍然能够对各图层进行编辑、修改
JPG	JPG是最常见的图像格式，绝大部分图形处理软件都支持该格式。当上传网络、传输他人或进行预览时可以使用该格式。需要注意的是，对于极高要求的图像输出打印，最好不使用JPEG格式，因为它是以损坏图像质量而提高压缩质量的
GIF	GIF格式支持透明背景和动画效果，被广泛应用在网络中。例如常见的动态图，网页切片也常以GIF格式进行输出
PNG	PNG是一种采用无损压缩算法的位图格式，该格式常用来存储背景透明的素材
TIFF	TIFF是无损压缩格式，图像质量比较有保证，而且大多数图像浏览软件都可以打开，兼容性广。TIFF格式能够保存文档中的图层信息以及Alpha通道

1.2　认识强大的Photoshop

成功安装Photoshop以后，可以打开软件，认识一下这个“新朋友”了。本节主要介绍Photoshop的发展历程、应用领域，在此基础上认识Photoshop界面的各个部分。

1.2.1　Photoshop的发展历程

Adobe Photoshop诞生于20世纪90年代。最初的Photoshop就已经具备了超出同时代软件的性能和简便的操作体验。如图1-8所示为早期的Photoshop界面。

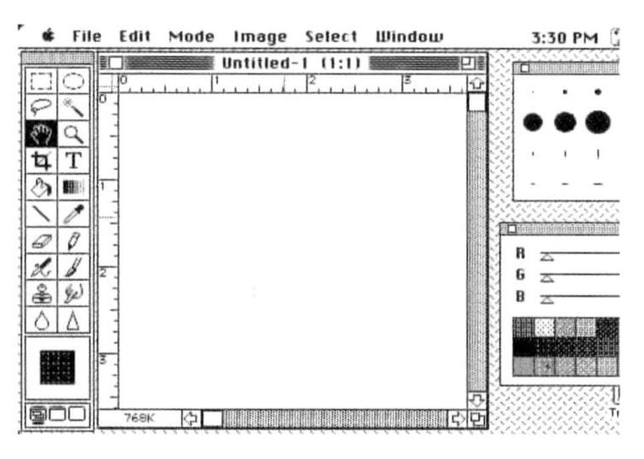

图1-8

从1990年发布的Photoshop1.0版本至今，Photoshop经历了数十次的版本更新。在后续的2.0、2.5、3.0、4.0、5.0、5.5、6.0、7.0等版本更新中，增加了辅助印刷功能的“CMYK颜色”，使Photoshop可以更好地服务于印刷业；增加了“钢笔工具”，使绘图功能更加强大；增加了“历史记录”功能，开启了可多次撤销错误操作的时代；增加了形状功能和图层样式功能，使图层可以拥有特殊的效果。如图1-9所示为Photoshop 7.0操作界面。

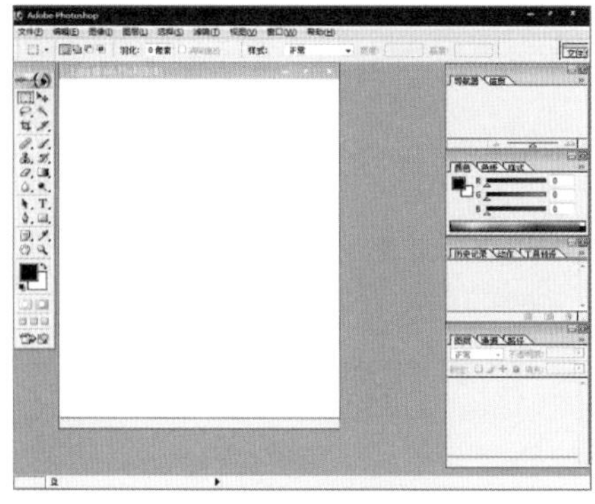

图1-9

2003年开始，Photoshop的版本号变更为了CS，期间经历了CS、CS2、CS3、CS4、CS5、CS6。在版本的革新中，逐渐增加了红眼工具、模糊选项、扭曲变形、镜头校正、智能滤镜、3D功能、内容感知填充、边缘检测等功能，大大增强了图像处理的功能。如图1-10所示为CS6操作界面。

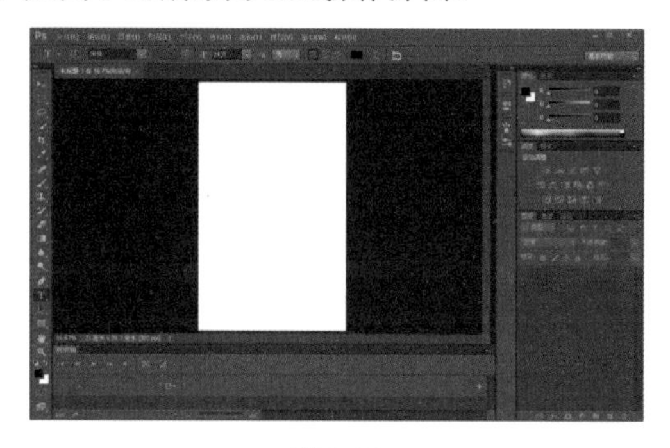

图1-10

到了2013年，Photoshop的版本号变更为CC，也标志着Photoshop进入了一个新的时期。随着CC、CC2014、CC2015、CC2017、CC2018、CC2019等版本的更新，新增了模糊画廊、透视变形、智能参考线、多画板功能、人脸识别液化、弯度钢笔工具、图框工具、内容识别填充、主体选择等功能。如图1-11所示为CC2019操作界面。

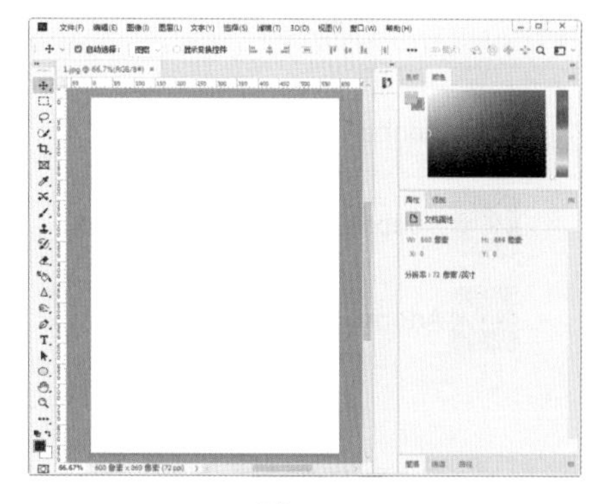

图1-11

疑难笔记

Photoshop 2022的界面可否更改颜色？

可以，执行“编辑>首选项>界面”命令，在“颜色方案”中可以选择不同的界面颜色。如图1-12所示。

图1-12

近年来，几乎每年都会推出新的版本。随着版本的更新，软件的功能越来越强大，运算速度不断提升，用户的操作也越来越简便直观。2019年发布Photoshop 2020。时至今日，Photoshop 2022已经具有了非常强大的图像处理功能以及设计制图功能，如图1-13所示。

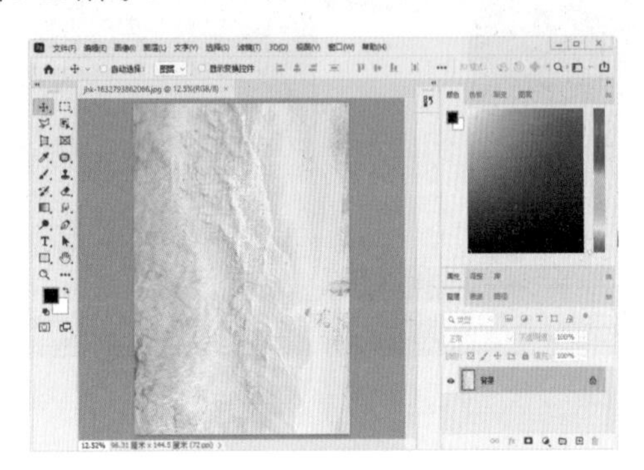

图1-13

拓展笔记

为适应不同的用户需求，在电脑上使用的Photoshop包括三个版本：Adobe Photoshop、Adobe Photoshop Lightroom、Adobe Photoshop Elements，如图1-14所示。

Ps Adobe Photoshop

Lr Adobe Photoshop Lightroom

Adobe Photoshop Elements

图1-14

Photoshop CC具有强大的图像处理及设计制图功能，既适用于专业设计师，也适用于专业摄影师。本书讲解的也正是此版本。

而Photoshop Lightroom不具备制图功能，所以只适合于专业摄影师。

Photoshop Elements相当于简化版的Photoshop，包含绝大多数的图像处理功能，比较适合入门摄影师或非专业的摄影爱好者。

1.2.2 Photoshop的常用领域

Photoshop主要应用在平面设计和摄影后期领域。平面设计师可以使用Photoshop完成平面广告设计、标志设计、视觉形象设计、包装设计、UI设计、网页设计、书籍画册排版等，如图1-15～图1-21所示。

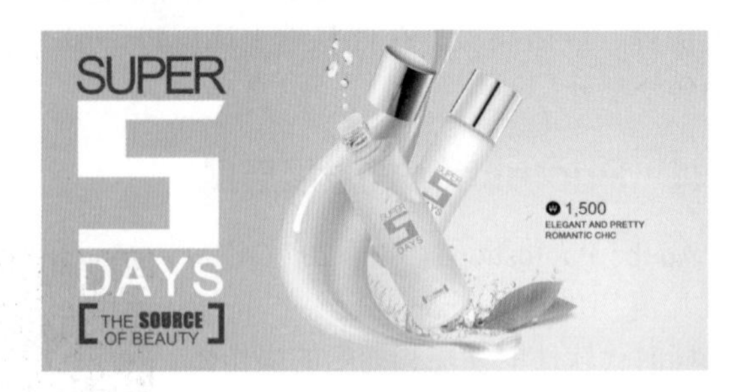

图1-15

图1-16

图1-17

图1-18

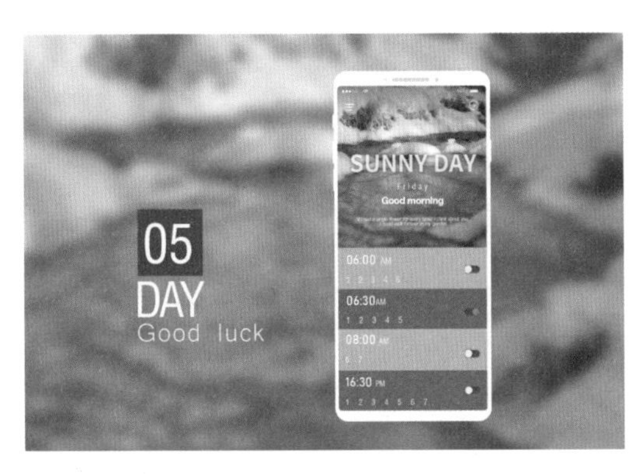

图1-19

图1-20

图1-21

摄影师或图像后期处理人员可以利用Photoshop强大的修饰、修复及合成功能，去除瑕疵、美化图像，或进行艺术创作，如图1-22～图1-24所示。

图1-22

图1-23

图1-24

除此之外，与视觉相关的设计制图行业，例如影视栏目包装、动画设计、插画设计、游戏设计、环境设计、产品设计、服装设计等也有应用，如图1-25～图1-31所示。虽然在这些行业中，Photoshop可能并不是作为最主要使用的软件，但工作中都少不了Photoshop的身影。例如使用Photoshop绘制设计草图、处理视频以及3D文件中需要使用到的平面图像素材等。

图1-25

快速入门篇

图1-26

图1-27

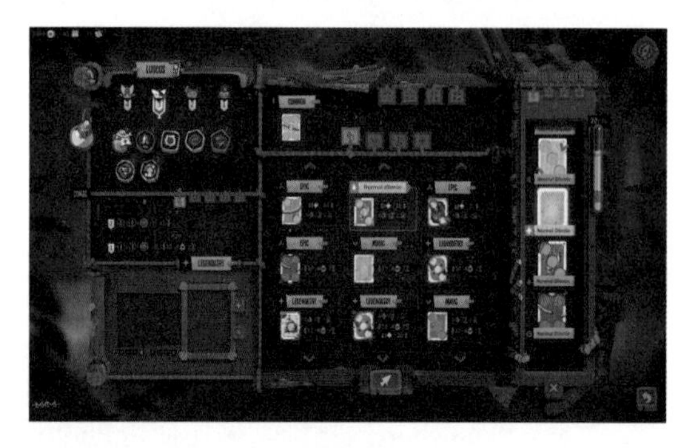

图1-28

图1-29

图1-30

图1-31

1.2.3 熟悉Photoshop的各部分功能

Photoshop作为一款以图像为操作主体的软件，它的界面布置与其他办公软件略有不同。本节就来认识Photoshop软件界面及各部分的功能。

① 打开Photoshop。初次启动软件，默认情况下显示的是简单的欢迎界面。此时界面中并没有显示与图像处理相关的功能，这是由于软件中没有指定用于处理的图像文件。所以可以在此处单击“打开”按钮，打开一个图片文件，或者单击“新建”按钮，新建一个空白的文档，如图1-32所示。

图1-32

② 想要在Photoshop中打开图片还有一种更加简单的方法。在文件夹中找到需要打开的图片，按住鼠标左键向软件界面内拖动，如图1-33所示。

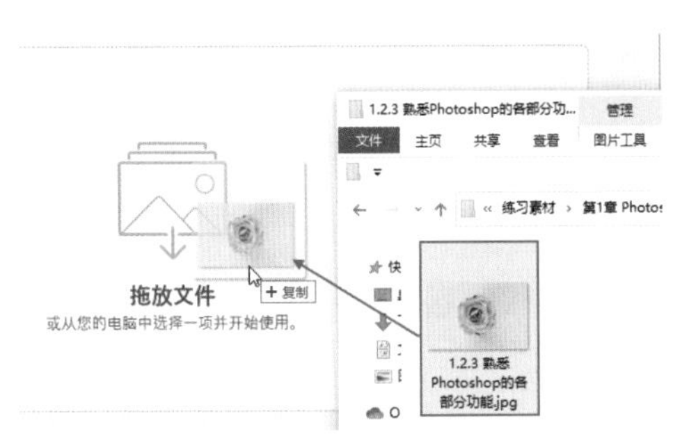

图1-33

③ 之后图片将在Photoshop中打开，此时Photoshop界面发生了改变，如图1-34所示。Photoshop界面主要部分功能速查见表1-2。

表1-2 Photoshop界面主要部分功能速查

功能名称	功能简介
菜单栏	菜单栏用来执行图像编辑命令，集中了大部分的核心功能
标题栏	标题栏显示文档名称、格式、颜色模式等信息
工具箱	工具箱中集合了多种工具，单击即可使用相应工具
选项栏	选项栏用来显示当前使用工具的参数选项
面板	面板包含大量用于图像编辑、操作控制的参数选项
状态栏	状态栏显示多种文档的相关信息

图1-34

1.菜单栏

绝大多数软件都会有菜单栏，Photoshop也不例外。Photoshop的菜单栏集中了大部分的软件核心功能，并且按照不同类别，分布在多个菜单命令中。

菜单的使用方法很简单，以使用“等高线”滤镜为例，单击菜单栏中的“滤镜”按钮，然后将光标移动至“风格化”命令处，随即会显示子菜单。然后将光标移动至“等高线”命令处单击，如图1-35所示，随后就可以使用该命令了。

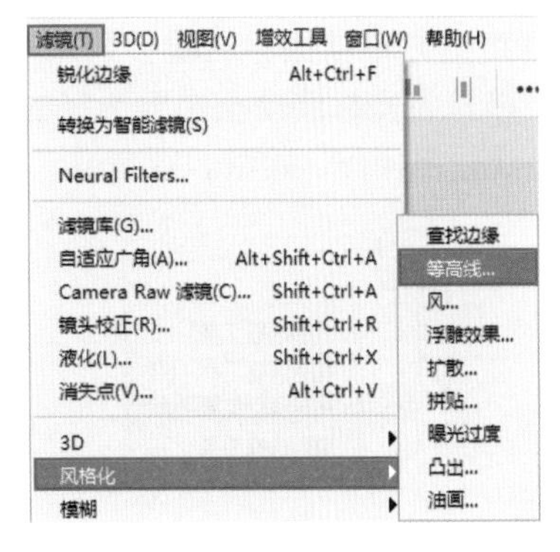

图1-35

快速入门篇

重点笔记

在菜单列表中总能够看到Ctrl、Alt、Shift以及字母组合的形式，这些就是命令的快捷键，同时按下相应的键，即可快速使用该命令，如图1-36所示。

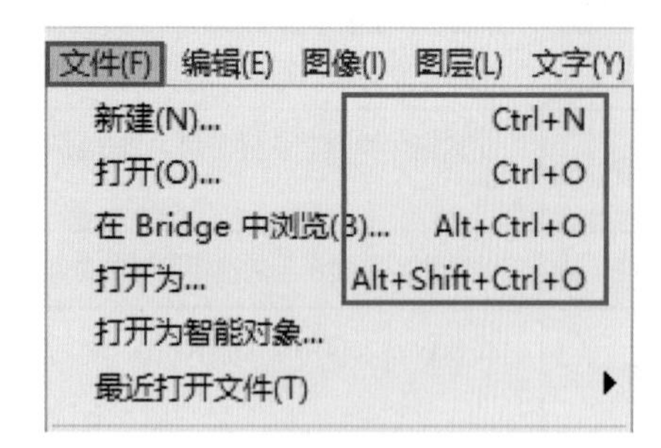

图1-36

2.标题栏

当Photoshop中已有文档时，文档画面的顶部为文档的标题栏，在标题栏中会显示文档的名称、格式、窗口缩放比例以及颜色模式，如图1-37所示。

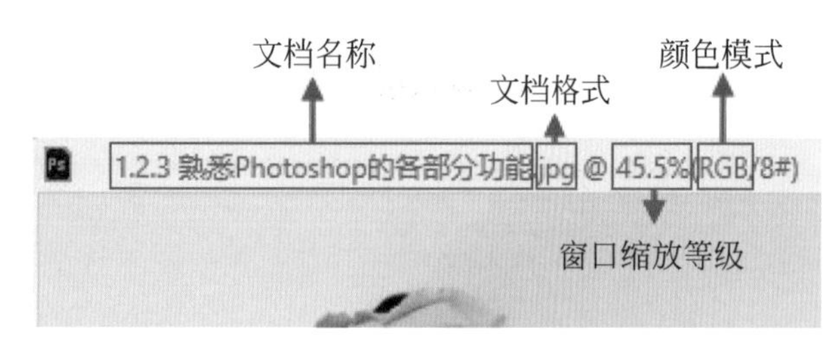

图1-37

3.工具箱

Photoshop的工具箱中集中了大量的工具，单击即可使用该工具。

工具箱中的部分工具以分组的形式隐藏在工具组中。工具按钮右下角带有◢图标，表示这是一个工具组，其中包含多个工具。想要选择工具组中的工具，在工具组上方单击鼠标右键会显示工具组中隐藏的工具，接着将光标移动至需要选择的工具上方，单击即可完成选择操作，如图1-38所示。

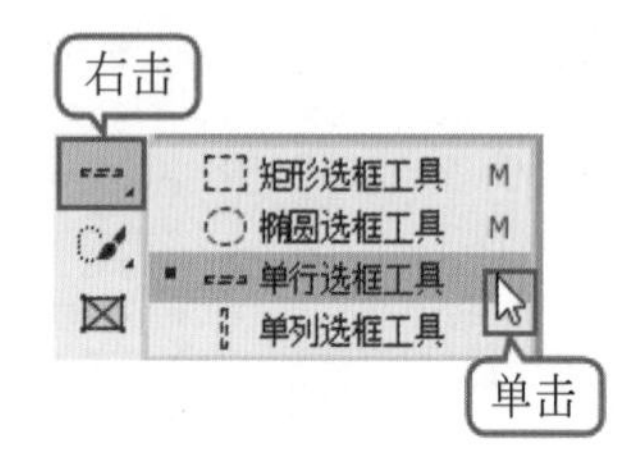

图1-38

4.选项栏

选项栏用来显示当前工具的参数选项，配合工具一同使用。不同工具的选项栏也不同，如图1-39所示。

图1-39

5.面板

Photoshop中有超过30个面板，每个面板功能各不相同，有些用于工具使用，有些则具有独立的功能。

默认情况下“面板”位于窗口右侧，部分面板处于堆叠状态，单击面板的名称即可切换到相应的面板，如图1-40所示。

图1-40

在“窗口”菜单中可以打开与关闭面板。一些命令前带有✔图标表示该面板已经打开了，如图1-41所示。

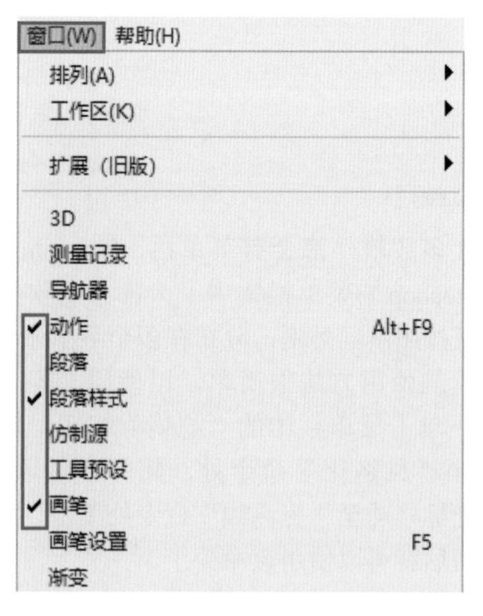

图1-41

重点笔记

面板可以随意挪动，在面板名称上按住鼠标左键并拖动，即可将面板移动到其他位置。

如需将界面复位，可以执行“窗口>工作区>复位基本功能”命令。

6. 状态栏

当Photoshop中已有文档时，文档界面底部的状态栏会显示与文档相关的多种内容。单击》按钮，可以更换状态栏显示的信息，如图1-42所示。

图1-42

1.3 学习Photoshop的基本操作方式

在上一节中已经认识了软件的界面，本节将介绍一些简单而基础的操作，包括启动软件、新建文档、修改文档大小、打开图像、置入素材、存储文档、撤销错误操作、使用“图层”面板等操作。

1.3.1 启动Photoshop

安装过Photoshop后，双击桌面的图标可以将软件打开，如图1-43所示。

图1-43

重点笔记

如果桌面没有软件的快捷方式，也可以在Windows的“开始”中找到。

完成操作后如果要关闭软件，可以单击窗口右上角的“关闭”按钮 ×，如图1-44所示。

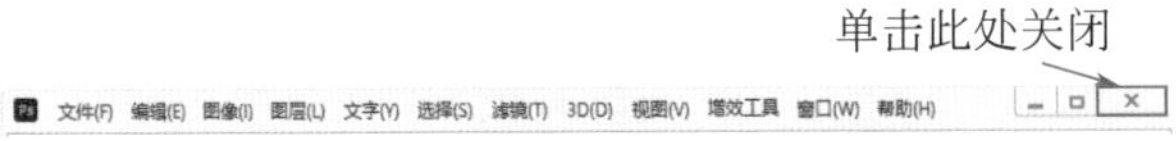

单击此处关闭

文件(F) 编辑(E) 图像(I) 图层(L) 文字(Y) 选择(S) 滤镜(T) 3D(D) 视图(V) 增效工具 窗口(W) 帮助(H)

图1-44

拓展笔记

如果电脑屏幕比较小，遇到选项栏中选项较多的情况时选项会隐藏，如果要节约选项栏的宽度，可以启用“启用窄选项栏”，启用该选项栏后部分选项会以按钮的形态显示。

执行“编辑>首选项>工作区”命令，在打开的“首选项”窗口中，勾选“启用窄选项栏”选项，就可以将选项以按钮的形态显示；取消该选项，可以以恢复默认的形态显示选项，如图1-45所示。在“首选项”窗口中单击“确定”按钮提交操作，然后重新启动Photoshop。

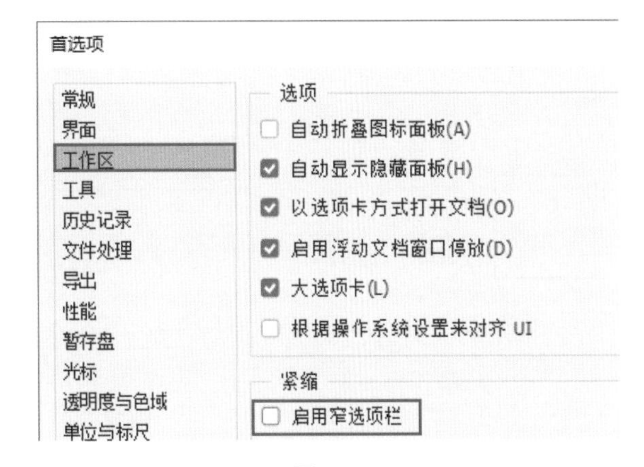

图1-45

如图1-46所示为默认状态和窄选项栏状态的对比效果。

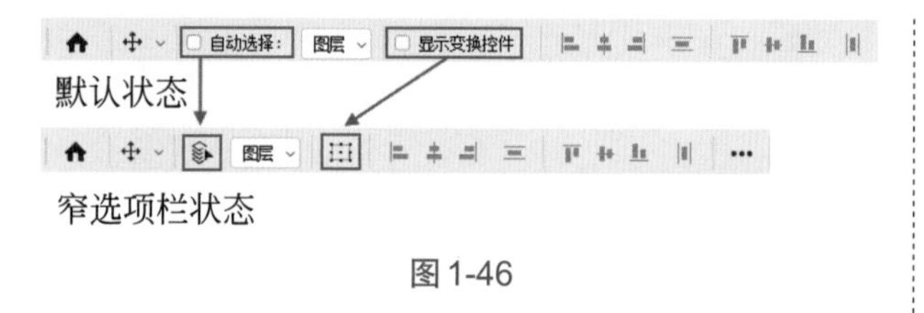

图1-46

1.3.2 在Photoshop中创建新的文档

功能速查

需要制作一个全新的图像文件时，可以执行“文件>新建”命令。

（1）打开软件后，执行“文件>新建”命令或者使用快捷键Ctrl+N，如图1-47所示。

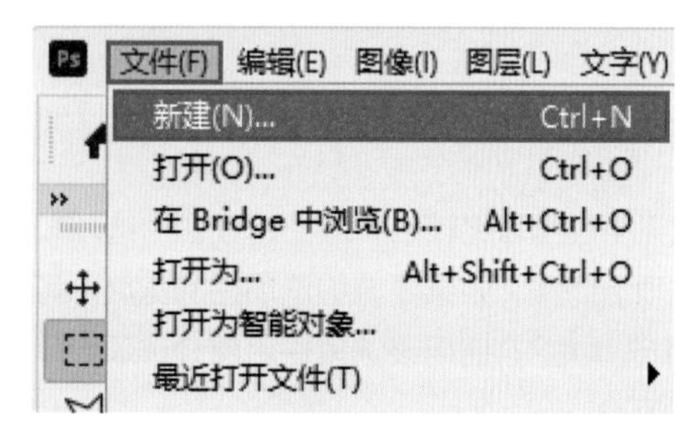

图1-47

（2）打开“新建文档”窗口，软件中提供了一些常用的尺寸。在“新建文档”窗口顶部可以看到预设尺寸的分类。例如需要新建一个手机界面的文档，那么就可以单击“移动设备”按钮，在下面可以看到一些常用尺寸；单击选择合适的尺寸，在窗口的右侧会显示具体的尺寸；最后单击“创建”按钮提交操作，如图1-48所示。

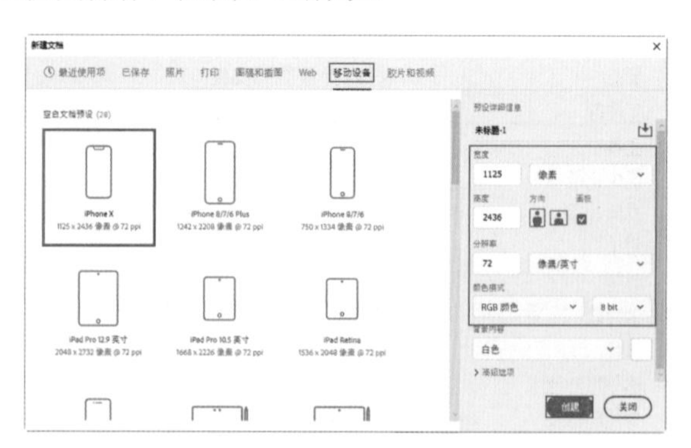

图1-48

（3）完成新建操作后，可以看到界面中出现了一个空白文档，如图1-49所示。

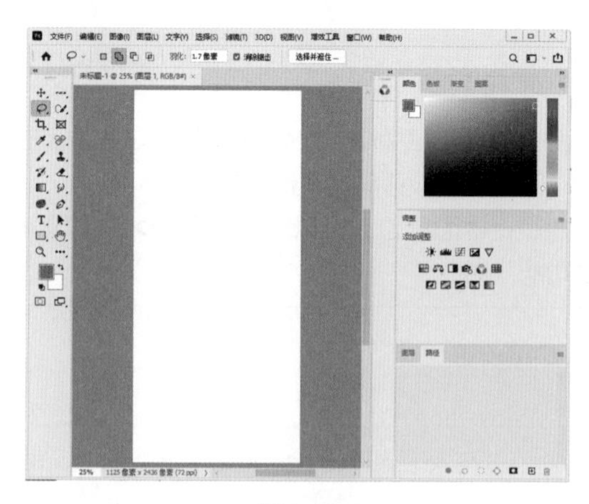

图1-49

（4）除了使用预设尺寸创建新文档外，还可以创建自定义尺寸的文档。接下来自定义一个尺寸。仍然执行“文件>新建”命令。直接在右侧“预设详细信息”下方设置参数即可。例如首先设置合适的文件名称；接着设置合适单位，单击⌄按钮，在下拉列表中选择合适尺寸；接着再去设置“宽度”和“高度”，如图1-50所示。

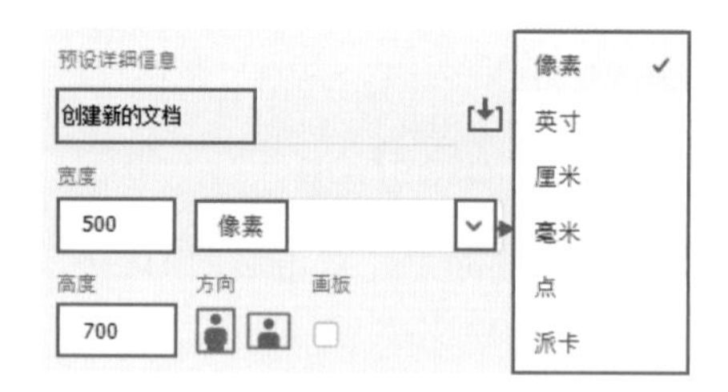

图1-50

拓展笔记

“方向”用于更改画布的方向。单击纵向按钮，画布为纵向；单击横向按钮，画布为横向。

（5）如果文档用于手机屏幕显示，“分辨率”设置为72像素/英寸，“颜色模式”设置为RGB，如图1-51所示。

图1-51

重点笔记

如果文档用于打印，那么“分辨率”可以设置为300像素/英寸，“颜色模式”可以设置为CMYK。

（6）最后设置“背景颜色”，默认为白色，单击按钮在下拉列表中可以看到黑色、背景色、透明、自定义等选项。设置完毕后单击“创建”按钮，如图1-52所示。

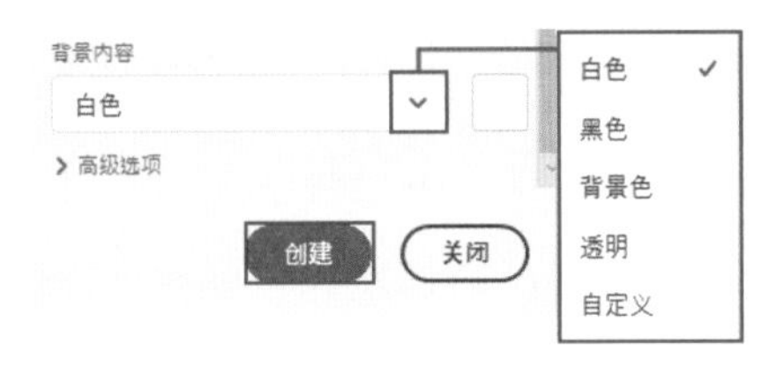

图1-52

疑难笔记

如何新建带有画板的文档?

（1）在“创建新文档”窗口中勾选“画板”选项。如图1-53所示。

图1-53

（2）随后创建出的文档会带有画板。选择工具箱中的“画板工具”，此时画板周围会显示⊕按钮，如图1-54所示。单击⊕按钮可以创建新画板。

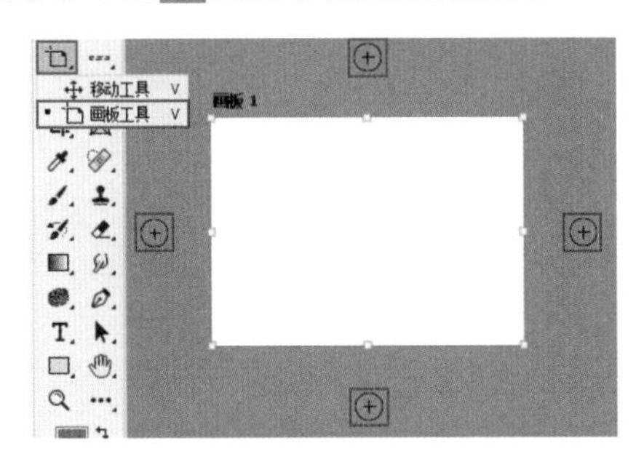

图1-54

1.3.3 重新设置文档的大小

功能速查

“画布大小”命令常用于扩大或缩小文档的可编辑范围。

（1）“画布大小”命令需要对已有的文档操作。执行“图像>画布大小”或者使用快捷键Alt+Ctrl+C，在“画布大小”窗口上半部可以看到当前文档的尺寸。在“新建大小”选项组中可以更改文档大小。先设置合适的单位，然后在“宽度”和“高度”数值框内输入数字，设置新尺寸，如图1-55所示。

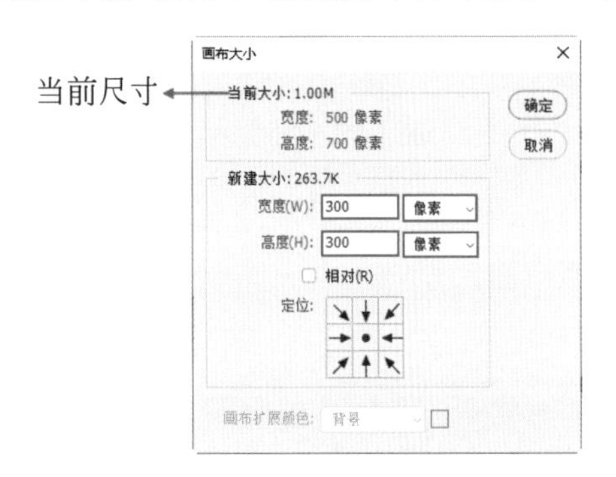

图1-55

（2）如果新的尺寸较原来的尺寸小，会弹出警告窗口，单击“继续”按钮继续完成图像大小的更改，如图1-56所示。

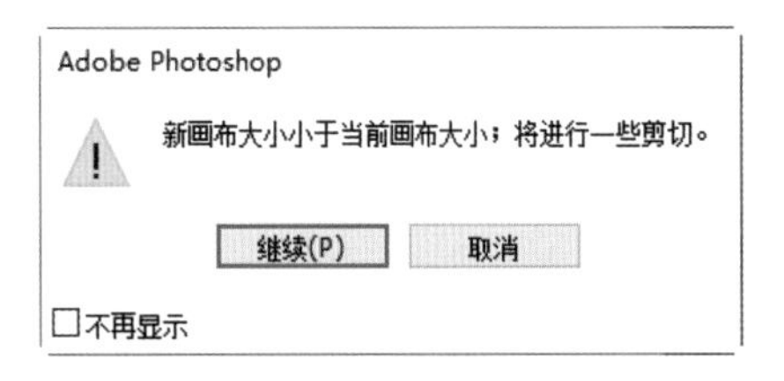

图1-56

（3）大小调整完成后，可以在窗口底部状态栏中查看当前尺寸，如图1-57所示。

图1-57

（4）如果设置的尺寸比原尺寸大，那么就需要为扩展区域设置填充颜色。单击“画布扩展颜色”按钮，在下拉列表中选择填充方式，有“前景”“背景”“白色”“黑色”“灰色”和“其它”几种。也可以单击右侧的颜色色块，在随即打开的“拾色器”窗口进行颜色的选择，如图1-58所示。

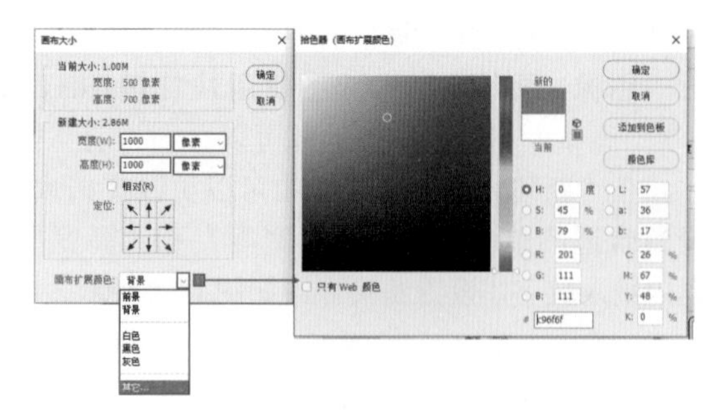

图1-58

（5）设置完成后单击“确定”按钮提交操作。此时文档扩展的区域被填充了刚刚设置的颜色，如图1-59所示。

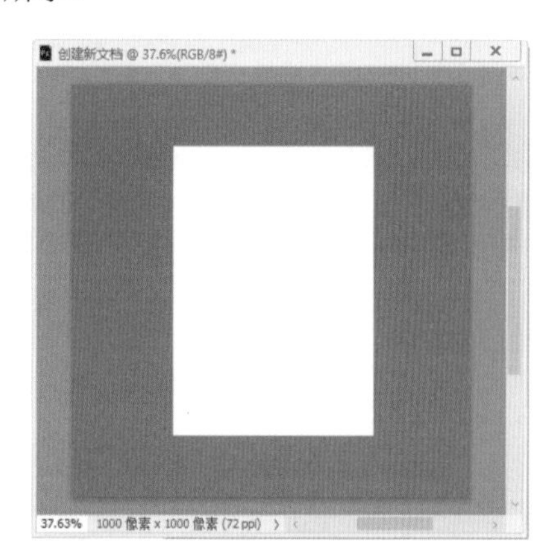

图1-59

拓展笔记

“定位”选项用来设置当前图像在新画布上的位置。

1.3.4 打开需要处理的照片

功能速查

“打开”命令可用于将图像在Photoshop中打开。

（1）将软件打开后，执行“文件>打开”命令或者使用快捷键Ctrl+O，接着会弹出“打开”窗口，在窗口中单击选择需要打开的图片，接着单击“打开”按钮，如图1-60所示。

图1-60

（2）即可将选中的图片在Photoshop中打开，如图1-61所示。

图1-61

（3）可以同时打开多个图片。执行“文件>打开”命令，在弹出的“打开”窗口中按住Shift键单击加选多个对象，然后单击“打开”按钮，如图1-62所示。

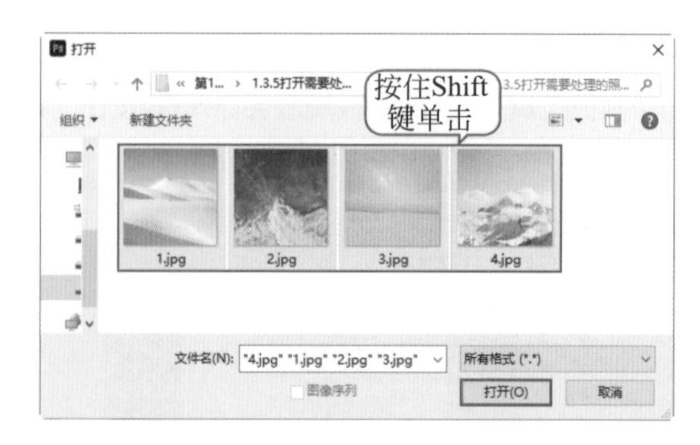

图1-62

（4）随即被选中的图像在软件中打开。但是，目前图像堆叠在一起，只能够看到其中一个图像，如图1-63所示。

图1-63

（5）单击标题栏可以切换文档，如图1-64所示。

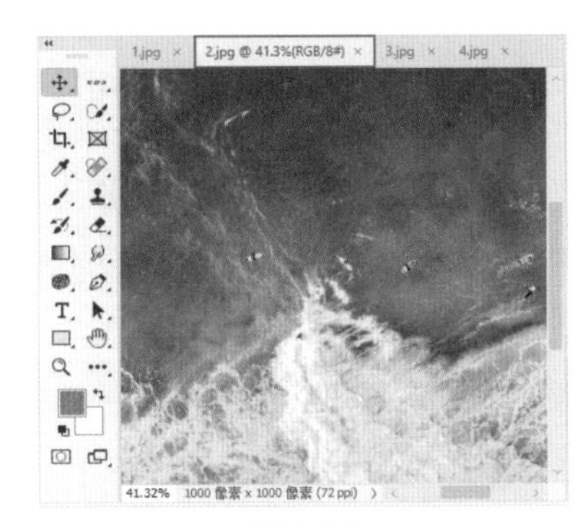

图1-64

（6）将光标放在文档的名称栏处，按住鼠标左键向外拖动，如图1-65所示。

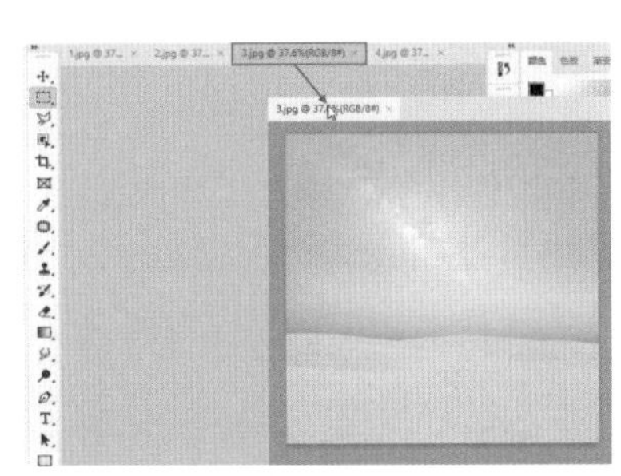

图1-65

（7）随后可将该文档单独显示，同时底部文档也将显示，如图1-66所示。

图1-66

1.3.5 向文档中添加其他图像素材

功能速查

执行“文件>置入嵌入对象”命令可以向文档中添加其他图像素材。

（1）首先执行“文件>打开”命令，在弹出的窗口中找到素材1所在的位置，并单击“打开”按钮，即可将背景素材打开，如图1-67所示。

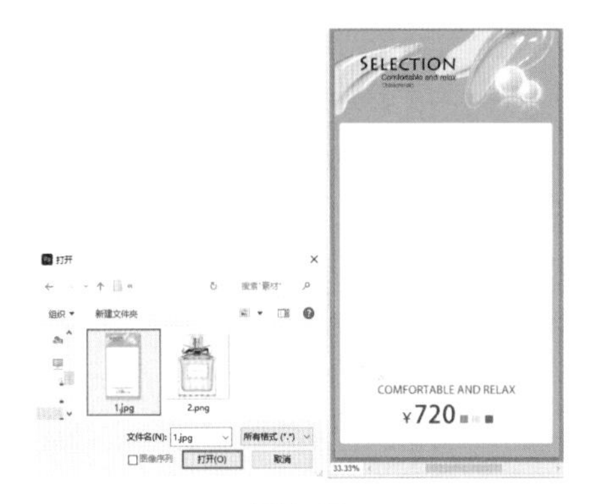

图1-67

（2）执行“文件>置入嵌入对象”命令，在窗口中选择素材2，接着单击“置入”按钮，如图1-68所示。

图1-68

（3）此时素材2会出现在文档中，并且带有定界框，如图1-69所示。

图1-69

（4）将光标移动至画面中，按住鼠标左键拖动即可移动其位置，如图1-70所示。

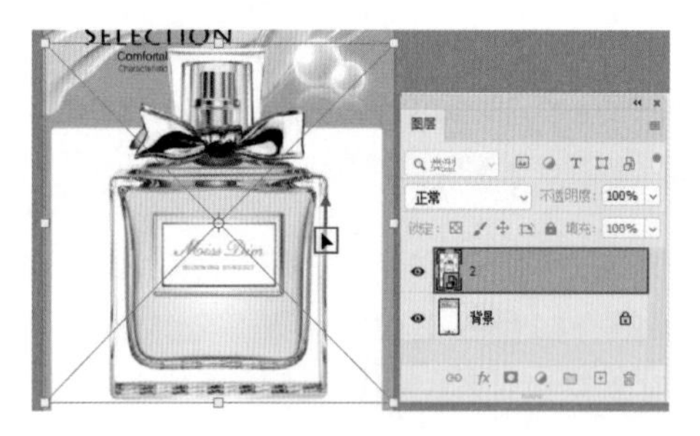

图1-70

（5）将光标移动至一角的控制点上，按住鼠标左键拖动可以更改对象的大小，如图1-71所示。

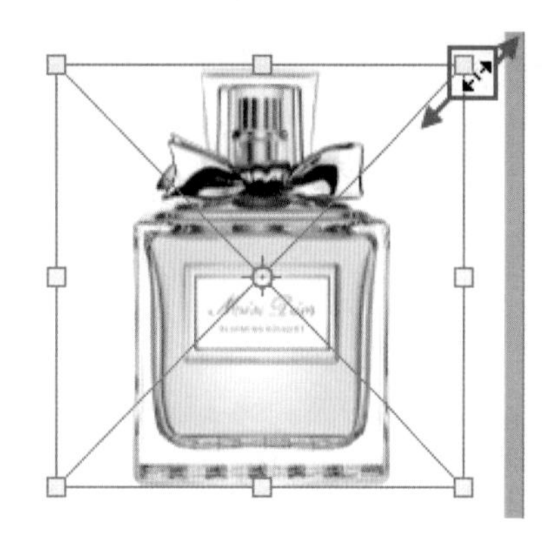

图1-71

（6）如果想要旋转对象，可以将光标移动至定界框角点位置控制点外侧，光标变为↰状后按住鼠标左键拖动能旋转对象，如图1-72所示（本案例效果无需旋转）。

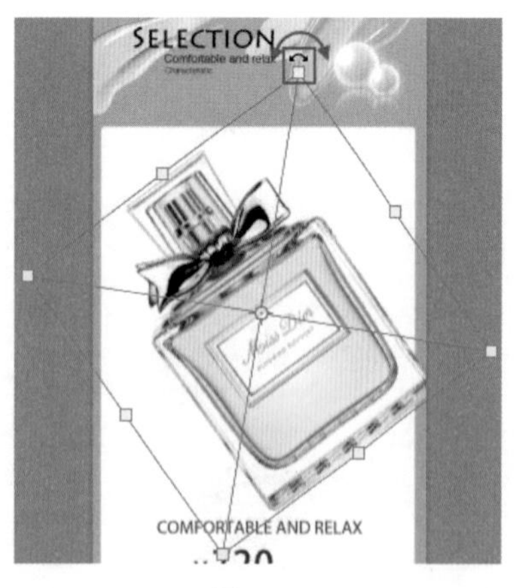

图1-72

（7）调整完成后可以按下键盘上的Enter键提交操作，接着定界框将会消失，完成置入操作。画面效果如图1-73所示。

图1-73

（8）置入的对象为智能图层，智能图层无法进行擦除、绘制等操作，可能会对后面的操作造成不便。所以，通常在置入并调整对象大小之后可将智能图层转换为普通图层。选中智能图层，单击右键，执行“栅格化图层”命令，如图1-74所示。

图1-74

（9）接着智能图层转换为了普通图层，如图1-75所示。

图1-75

重点笔记

栅格化图层是一个比较常用的操作，在今后的学习和练习中会经常需要将素材置入到文档中，然后进行栅格化。这一步很重要，一定要记住操作方法。

1.3.6 存储制作完的文件

功能速查

“存储”命令可将从未存储过的文档存储为可存储或移动的文件，也可将正在进行的操作保存到当前的文档中。

（1）文件在制作完成后以及编辑过程中都需要使用到“存储”操作，执行“文件>存储”命令或者使用快捷键Ctrl+S。

第一次存储文件时，会弹出“存储为”窗口。在“文件名”文本框内输入文件的名称，接着单击“保存类型”按钮，在下拉列表中选择文件的格式。如果需要保存为可再次编辑的源文件，就选择PSD格式，接着单击“保存”按钮，如图1-76所示。

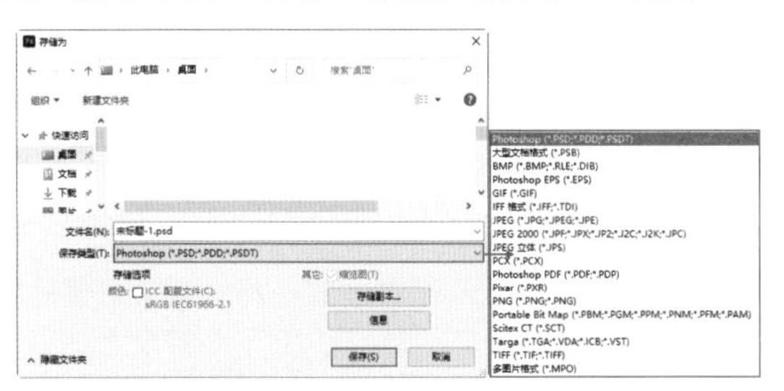

图1-76

重点笔记

没有进行过任何操作的空文档，无法使用该命令。

（2）接着在弹出的“Photoshop格式选项”窗口中勾选“最大兼容”选项，然后单击“确定”按钮。完成保存操作，如图1-77所示。

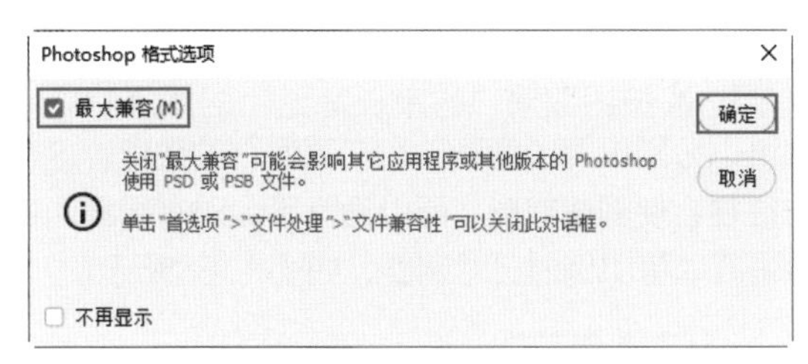

图1-77

（3）PSD格式虽然方便再次编辑，但却不方便预览或者上传网络。所以，图像制作完成后通常会选择保存一份JPEG格式。执行“文件>存储为”命令，在弹出的“存储为”窗口中设置“保存类型”为JPEG格式，然后单击“保存”按钮，如图1-78所示。

图1-78

（4）接着会弹出“JPEG选项”窗口，在该窗口可以设置图像选项、格式选项，单击“确定”按钮完成保存操作，如图1-79所示。

图1-79

拓展笔记

“JPEG选项”窗口中的“品质”数值直接影响着画面质量以及文件的大小。“品质”数值越大，画面精度越高，相对应的在右侧也可以看到文件所占的内存也会越大。

（5）在刚刚设定的文档保存的位置中，可以看到新存储的文件，如图1-80所示。

图1-80

快速入门篇

（6）如果文档已经进行过一次存储操作，或者对已有的PSD文档进行编辑，执行“文件>存储”命令，通常不会再弹出“存储为”窗口，而是会将之前进行的操作存储到当前的文档中，并且替换掉上一次保存的文件，如图1-81所示。

图1-81

重点笔记

JPG格式图像进入了素材后，如果执行“文件>存储”命令，还是会弹出“存储为”窗口。这是由于JPG格式图像不能够包含多个图层，所以默认情况下，多图层的文档会被存储为PSD格式。

拓展笔记

“存储副本”命令是将文件存储另外一份相同的文件，并且在文件名称上增加了“拷贝”二字，以便于区分。如果在未对PSD文件进行任何操作时，需要将文档另存一份，则需使用到“文件>存储副本”命令。

1.3.7 设置图像的尺寸

功能速查

“图像大小”命令可以更改图像的尺寸以及分辨率。

（1）执行“文件>打开”命令，将素材图片打开，如图1-82所示。

图1-82

（2）执行“图像>图像大小”命令或者使用快捷键Alt+Ctrl+I，打开“图像大小”窗口。激活“约束长宽比”选项，以保证在调整图像尺寸时，画面比例不会发生改变。先输入“宽度”数值，接着“高度”数值会按照比例发生变化。参数设置完成后单击“确定”按钮提交操作，如图1-83所示。

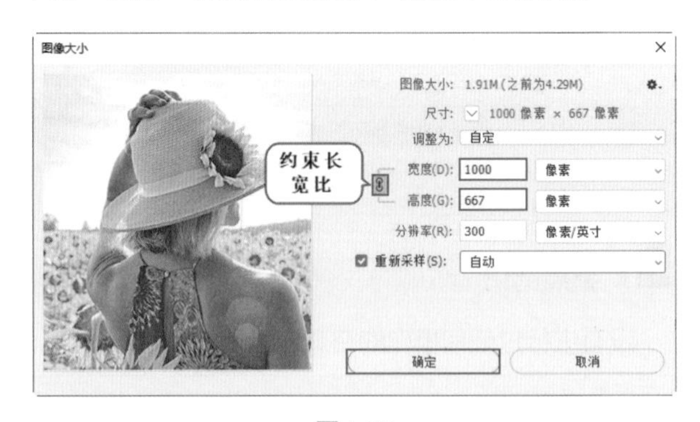

图1-83

重点笔记

单击按钮取消“约束长宽比”的激活状态，接着就可以分别设置“宽度”和“高度”的数值。这样的操作往往会使图像变形，所以通常不会对有具象内容的图像进行非等比例的尺寸调整，如图1-84所示。

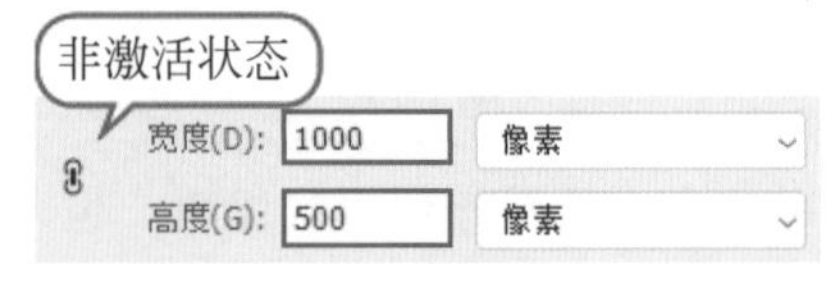

图1-84

（3）在窗口底部的状态栏中可以看到当前图像的尺寸，如图1-85所示。

图 1-85

“图像大小”重点选项

打开“图像大小”窗口，如图1-86所示。

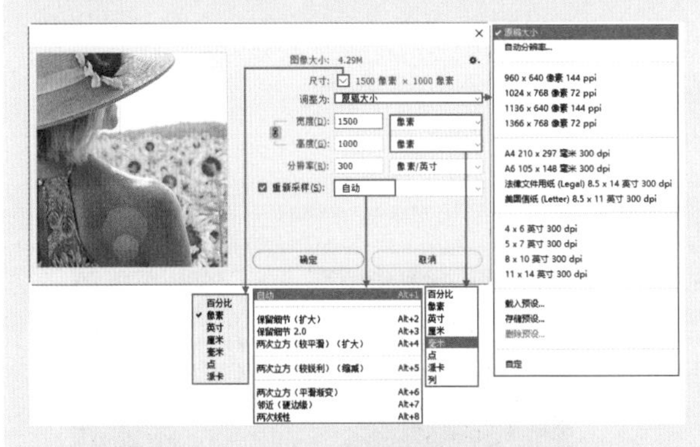

图 1-86

尺寸：显示当前文档的尺寸。在下拉菜单中可以设置尺寸的单位。

调整为：在列表中可以选择一种预设的常用尺寸。

宽度、高度：输入数值即可设置图像的宽度或高度。输入数值之前需要先设置好单位。

分辨率：设置图像的分辨率大小。

重新采样：在下拉列表中可以选择重新采样的方式。

疑难笔记

增加“分辨率”的数值可不可以让原本模糊的图片变得清晰?

不会，因为原本就不存在的细节只通过增大分辨率是无法恢复的。

1.3.8 旋转画布

功能速查

“图像旋转”命令可以旋转画布的角度。

（1）将图片素材打开，如图1-87所示。

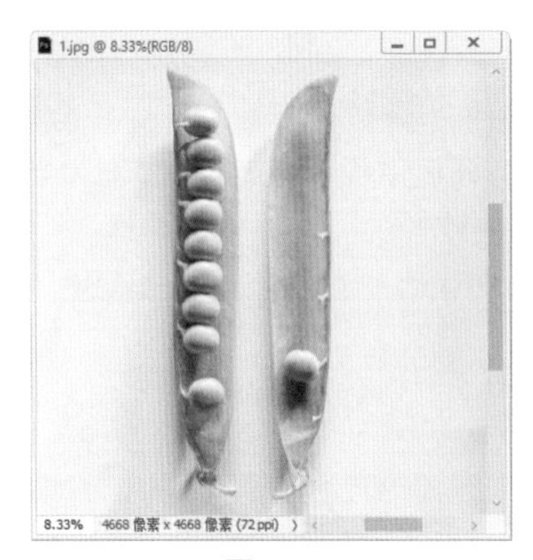

图 1-87

（2）执行“图像>图像旋转”命令，在子菜单中可以看到多种旋转命令，如图1-88所示。

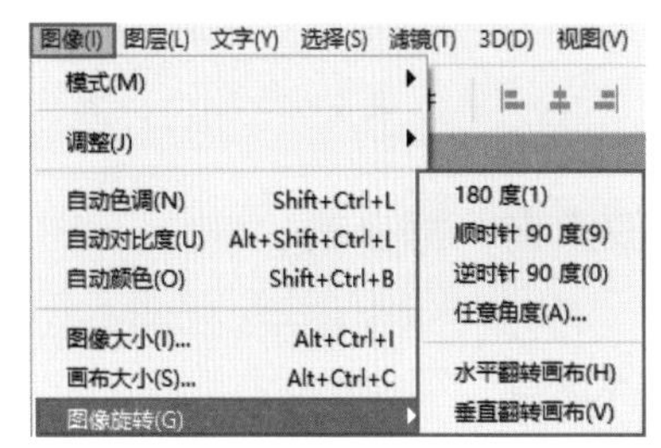

图 1-88

（3）根据命令的名称可以很轻松地判断旋转的角度，如图1-89所示为不同的图像旋转效果。

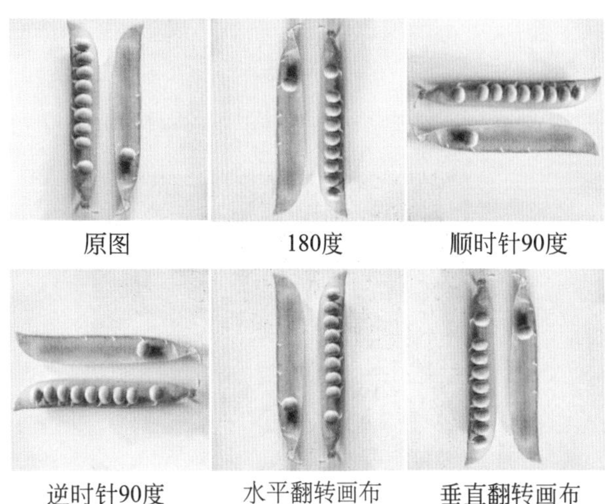

图 1-89

（4）执行“图像>图像旋转>任意角度”命令，在弹出的窗口中需要输入特定的旋转角度，并设置“顺时针”或“逆时针”，如图1-90所示。

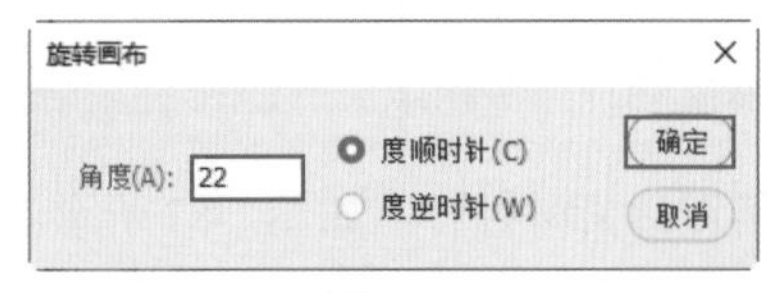

图1-90

（5）如图1-91所示为顺时针旋转22度的效果，旋转之后，画面中多余的部分被填充为当前的背景色，如图1-91所示。

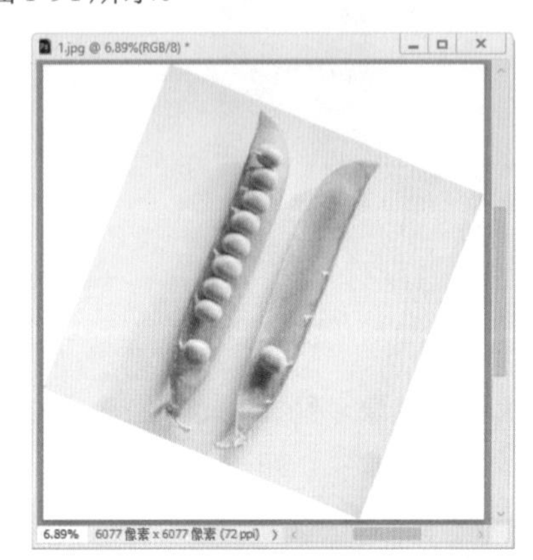

图1-91

1.3.9 放大看，缩小看

功能速查

“缩放工具”可以放大或缩小显示比例。“抓手工具”可以平移画布查看隐藏区域。

（1）打开一张图片，选择工具箱中的“缩放工具”，单击选项栏中的“缩小”按钮，然后将光标移动至画面中单击，如图1-92所示。

图1-92

（2）此时画面的显示比例会缩小，多次单击可以继续缩小画面的显示比例，如图1-93所示。

图1-93

（3）如果想要放大画面的显示比例，可以单击选项栏中的“放大”按钮，在画面中单击左键即可，如图1-94所示。

图1-94

重点笔记

同时按下键盘上的Ctrl键和+键放大图像显示比例；同时按下键盘上的Ctrl键和-键缩小图像显示比例；或者按住Alt键滚动鼠标中轮，可以放大或缩小画面的显示比例。

（4）当图像显示比例过大，导致部分内容无法在窗口中显示时，可以使用“抓手工具”，按住鼠标左键拖动，如图1-95所示。

图 1-95

（5）此时窗口中显示的图像区域产生了变化，释放鼠标完成平移画布的操作，如图1-96所示。

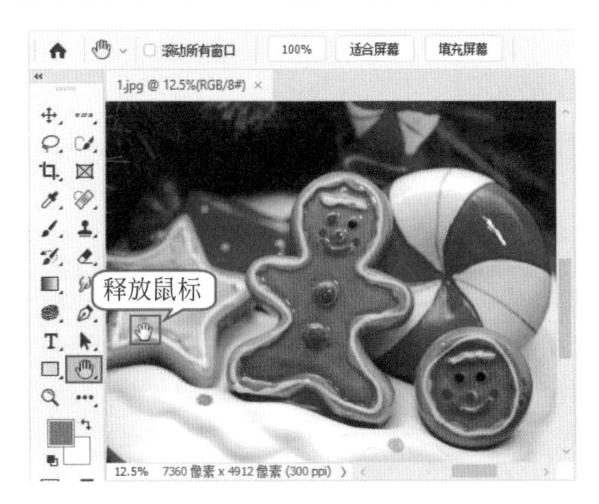

图 1-96

重点笔记

在使用其他工具时，按住键盘上的空格键，可临时切换到“抓手工具”。松开空格键时，会自动回到之前使用的工具。

“缩放工具”重点选项

选择“缩放工具”，选项栏中可以看到其他的选项设置，如图1-97所示。

图 1-97

☐ 调整窗口大小以满屏显示：启用该选项后，缩放图像的同时自动调整窗口的大小。

☐ 缩放所有窗口：启用该选项后，可以同时对打开的全部文档进行相同的缩放。

☑ 细微缩放：勾选该选项后，在画面中按住鼠标左键并向左侧或右侧拖拽鼠标，能够以平滑的方式快速放大或缩小窗口。

100%：单击该按钮，图像会以100%的比例显示。

适合屏幕：单击该按钮，可以在窗口范围内按照最大化的比例显示完整的图像。

填充屏幕：单击该按钮，可以在窗口范围内最大化显示图像，但图像可能显示不完整。

1.3.10 操作失误怎么办?

操作失误时，可执行“编辑>还原”命令，或者使用快捷键Ctrl+Z，可以撤销最近的一次操作，将其还原到上一步操作状态。

如果要取消后退的操作，可以连续执行“编辑>前进一步”命令或者使用快捷键Shift+Ctrl+Z，逐步恢复被后退的操作。

拓展笔记

如果默认的撤销步骤无法满足使用的需求，可以执行“编辑>首选项>性能”命令，修改“历史记录状态”的数值即可，如图1-98所示。

图 1-98

1.3.11 图层面板的使用方法

图层就像一块块透明的玻璃板，可以随意在每块玻璃板上写写画画。有内容的部分会遮挡住背景，没有的部分仍然为透明。还可以在目前操作的玻璃板上添加新的玻璃板，然后继续写写画画。上层的玻璃板中的内容将覆盖住下面的一层。

如果觉得某一层玻璃板中的内容不满意，可以继续在那一层玻璃板中修改内容或者直接扔掉。此时整个画面内容可能会因此发生变化，但是其他玻璃板上的内容不会受到影响，如图1-99所示。

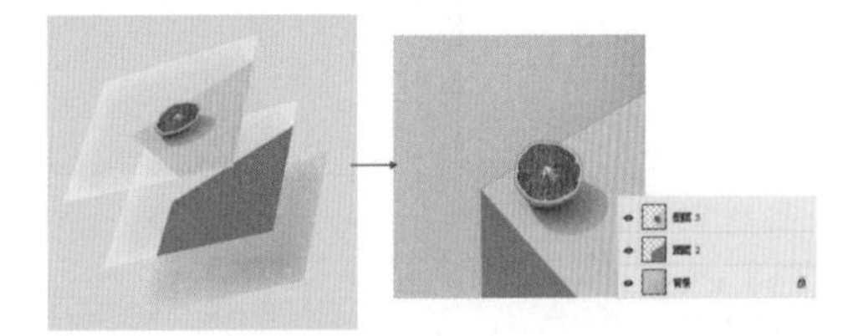

图1-99

将素材文档打开，在该文档中有3个图层，如图1-100所示。

图1-100

重点笔记

如果直接打开JPG格式的图像文件，那么图层面板中只会包含一个“背景”图层。

1.选择图层

（1）当文档中包含多个图层时，如果需要编辑某一个图层，就需要选中该图层。将光标移动至“图层”面板中，在图层上方单击即可将其选中，如图1-101所示。

图1-101

重点笔记

想要选择图层，首先需要打开“图层”面板。默认情况下，“图层”面板都处于打开状态，位于界面的右下方。如果没有打开，也可以执行“窗口>图层”命令。

（2）如果需要同时对多个图层进行操作，例如同时移动多个图层时，可以按住Ctrl键单击图层，加选不连续的图层，如图1-102所示。

图1-102

疑难笔记

如何取消图层的选中状态？

如果需要取消多个图层中的一个的选中状态，需要按住Ctrl键单击选中的图层。

如果要全部取消，在图层面板下方空白区域单击鼠标左键即可，如图1-103所示。

图1-103

（3）选中工具箱中的“移动工具”，勾选“自动选择”选项，然后在画面中单击鼠标左键，随即单击位置的图层将被选中，如图1-104所示。

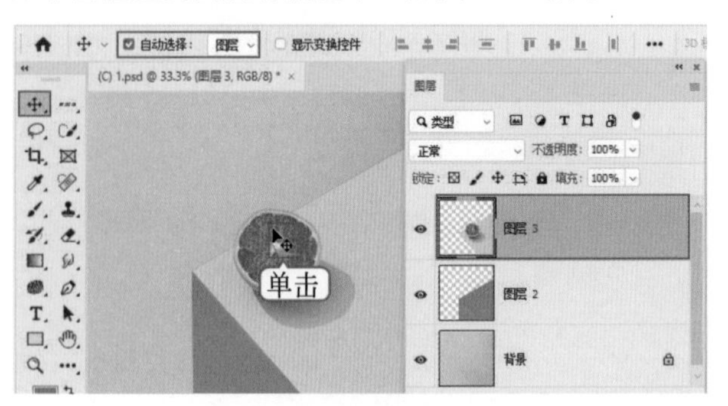

图1-104

2. 移动图层

（1）选择工具箱中的“移动工具”，选择需要移动的图层，如图1-105所示。

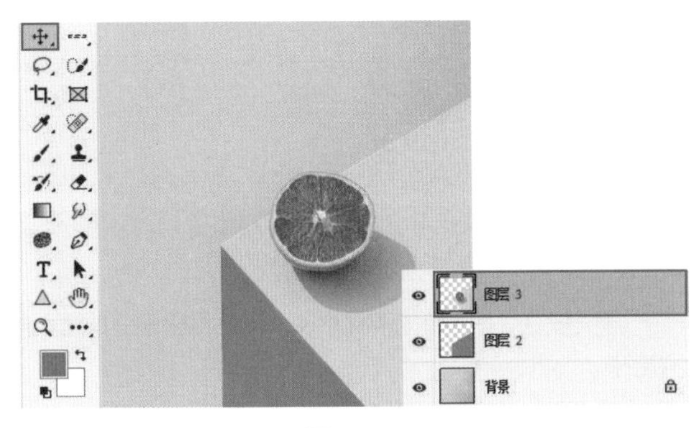

图1-105

（2）选中图层后，按住鼠标左键拖动，即可移动图层的位置，如图1-106所示。

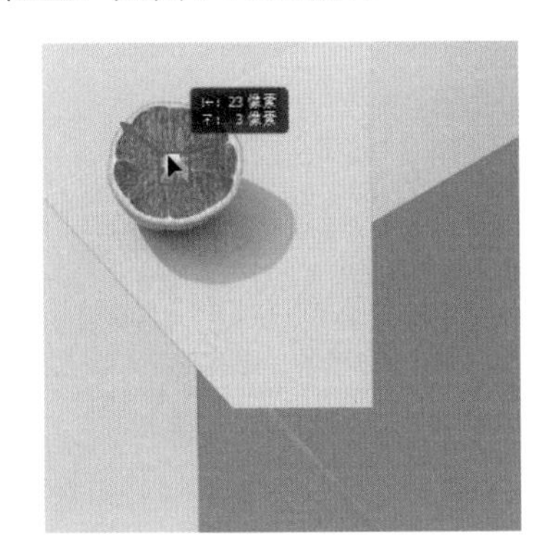

图1-106

（3）还可以将图层移动到其他文档中。例如新建一个空白文档，然后在一个文档中按住鼠标左键将图层拖拽至另一个文档中，如图1-107所示。

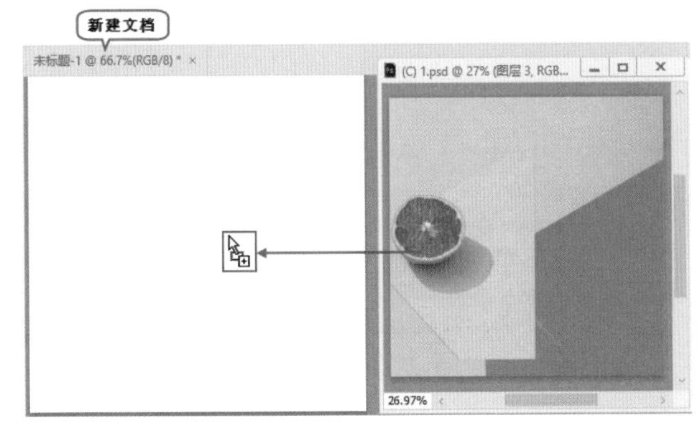

图1-107

（4）松开鼠标即可将该图层复制到另一个文档中，原始文档中的图层仍然保留，如图1-108所示。

图1-108

3. 新建图层

（1）为了避免新增的内容破坏原图层，在进行诸如绘画一类的操作之前，最好创建新图层。单击图层面板底部的“创建新图层”按钮，如图1-109所示。随即会在所选图层的上方新建一个新图层，如图1-110所示。

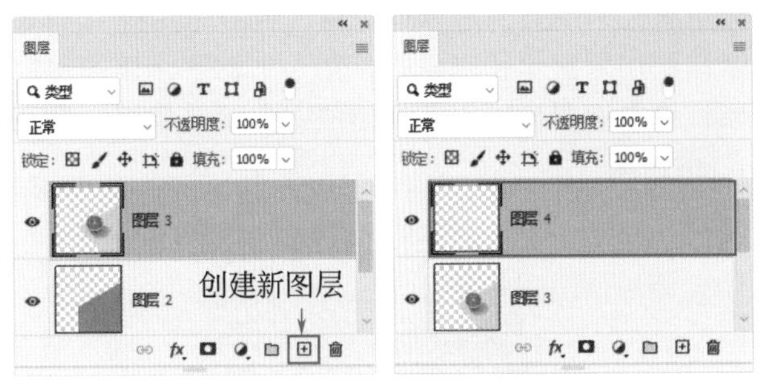

图1-109　　图1-110

（2）选择一个图层，按住Ctrl键单击“创建新图层”按钮，如图1-111所示。可以在所选图层下方新建一个图层，如图1-112所示。

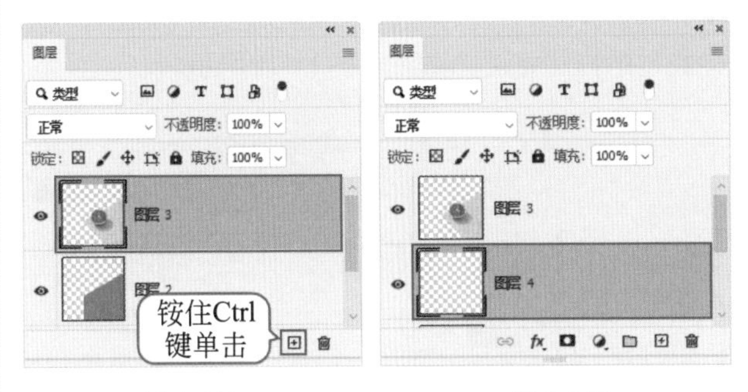

图1-111　　图1-112

4. 删除图层

选中需要删除的图层，将图层拖动到“删除图层”按钮上，该图层就会被删除，如图1-113所示。

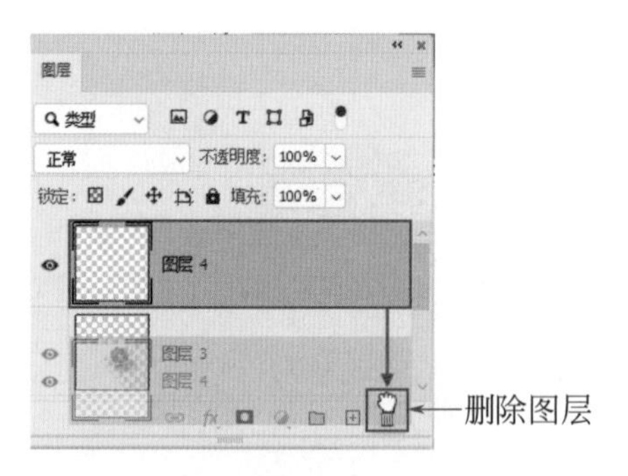

图1-113

重点笔记

选中图层，按下键盘上的Delete键可以将选中的图层删除。

5.显示与隐藏图层

（1）在每个图层左侧都有一个 / 图标，该图标用来控制图层的显示与隐藏。当图标为状时表示该图层为显示状态。图标变为时表示该图层隐藏。单击该图标可以切换图层的显示或隐藏，如图1-114所示。

图1-114

（2）如果要将多个连续的图层快速隐藏，可以将光标移动至图标位置，按住鼠标左键拖动，光标经过的图层将被隐藏，如图1-115所示。

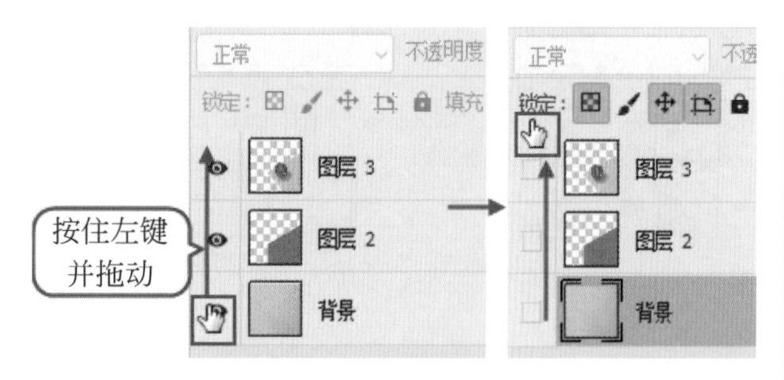

图1-115

（3）如果要将某个图层以外的其他图层全部隐藏，可以按住Alt键单击图标，该图层以外的所有图层将被隐藏，如图1-116所示。

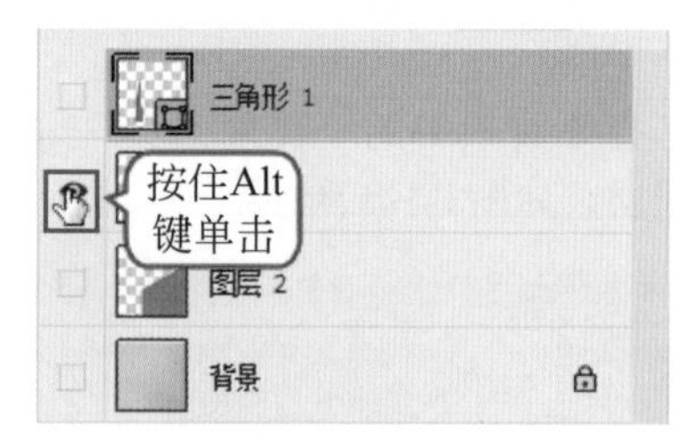

图1-116

重点笔记

再次按住Alt键单击图标，即可将隐藏的图层显示出来。

6.更改图层名称

将光标移动至图层名称位置上方双击，如图1-117所示。更改图层名称后按下Enter键完成，如图1-118所示。

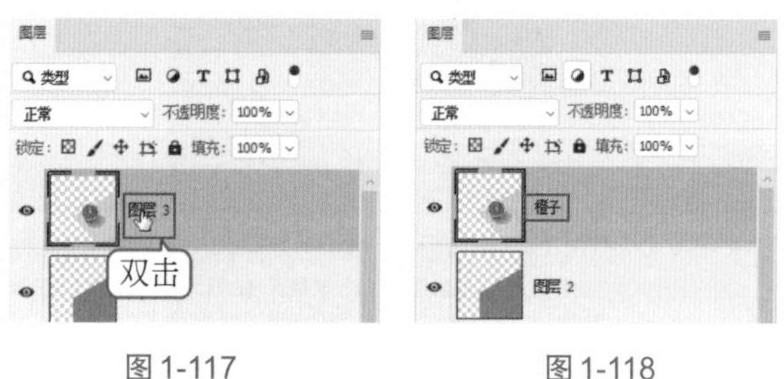

图1-117　　图1-118

7.调整图层顺序

图层的上下顺序会影响画面的显示效果。在图层面板中，按住图层并拖动即可更改图层顺序。

（1）例如选中“图层3”，按住鼠标左键拖向“图层2”的下方，当出现蓝色高亮显示后释放鼠标，如图1-119所示。

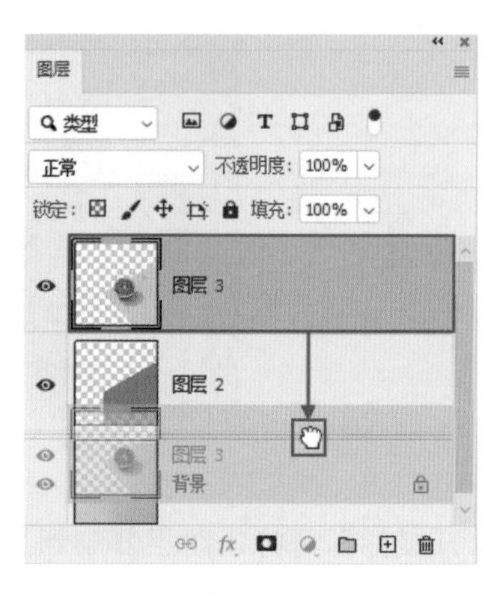

图1-119

（2）图层顺序发生了变化，画面效果也会发生变化，如图1-120所示。

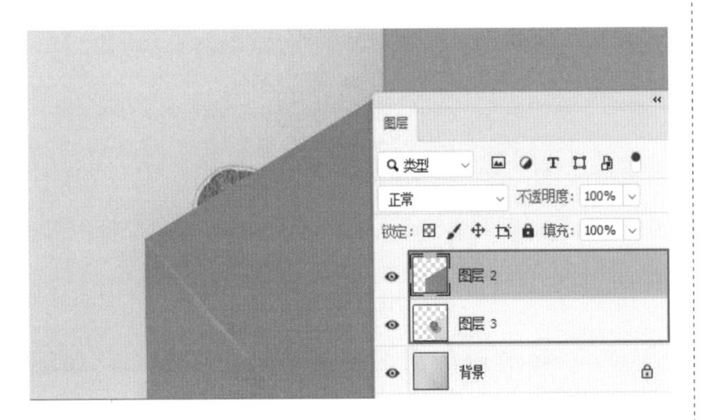

图1-120

8. 将背景图层转换为普通图层

“背景”图层是一种特殊图层，位于所有图层的最底部。背景图层无法移动，也无法使用“自由变换”命令。

（1）例如选择“背景”图层，使用“移动工具”在画面按住鼠标左键拖动，如图1-121所示。

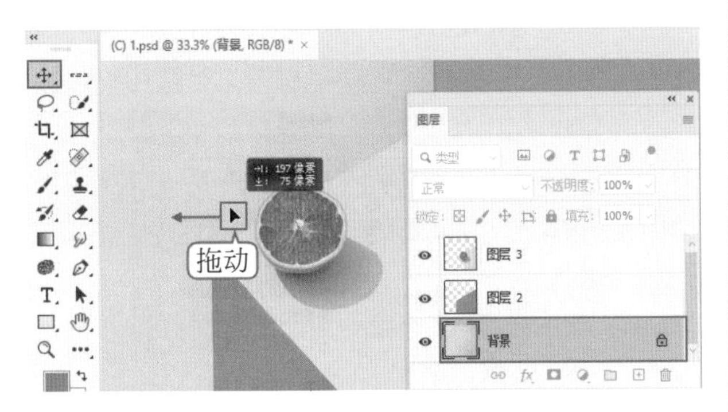

图1-121

（2）释放鼠标后画面内容并没有移动，此时会弹出对话框，提示用户不能移动图层，因为图层是锁定的状态，如图1-122所示。

Adobe Photoshop

不能使用移动工具，因为图层已锁定。

确定

图1-122

（3）如果想要移动或变换背景图层，可以将背景图层转换为普通图层。单击“背景”图层右侧的🔒图标，随即该图标就会消失，表示“背景”图层转换为了普通图层，如图1-123所示。

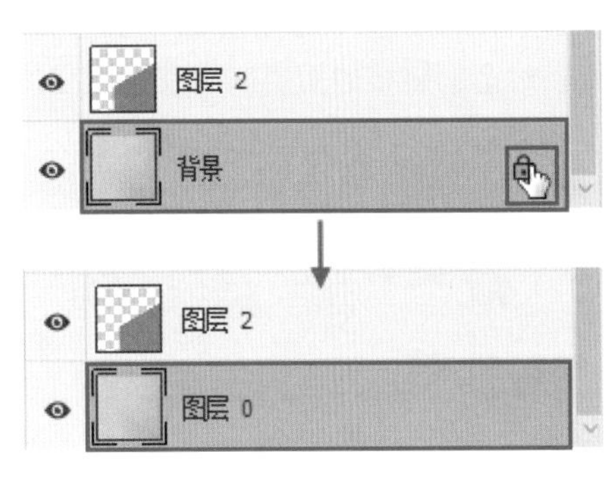

图1-123

拓展笔记

当文档中没有背景图层时，也可以将普通图层转换为“背景”图层。

选择一个普通图层，执行“图层>新建>图层背景”命令，随即选中的图层将转换为“背景”图层，该图层将会移动至所有图层的最下方，如图1-124所示。如果该图层带有透明区域，那么透明区域将被填充为背景色。

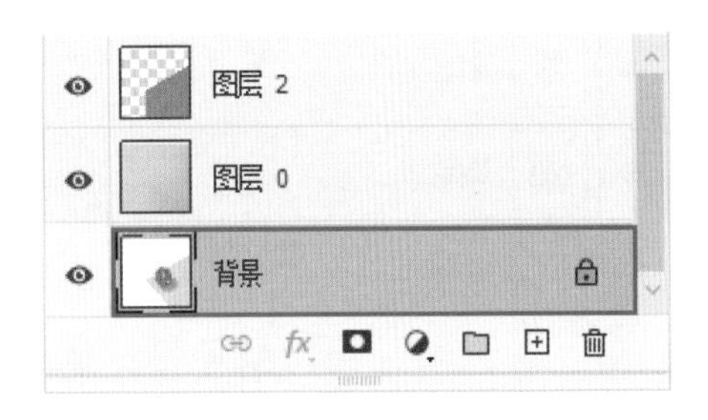

图1-124

9. 链接图层

（1）链接后的多个图层可以共同移动或变换。加选两个或两个以上的图层，单击图层面板底部的“链接图层”按钮，如图1-125所示。

图1-125

（2）随即两个图层右侧可以看到链接的图标，如图1-126所示。只选中链接对象中的其中一个图层，就可以对全部链接的图层同时移动或变换。

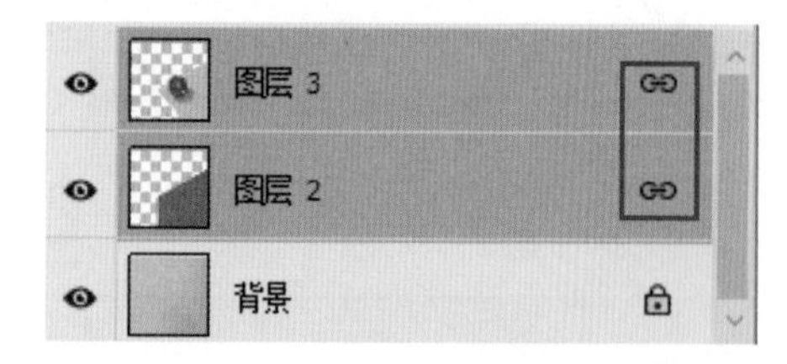

图1-126

（3）选中链接的图层，再次单击“链接图层”按钮即可取消链接。

10. 图层编组

在制作比较复杂的作品时，文档中难免出现大量的图层。而将图层分门别类地放在各自图层组中，既不影响图层的位置，又便于管理。

（1）选中需要编组的图层，单击图层面板底部的“创建新组”按钮或者使用快捷键Ctrl+G，如图1-127所示。

图1-127

（2）将选中的图层进行编组，如图1-128所示。

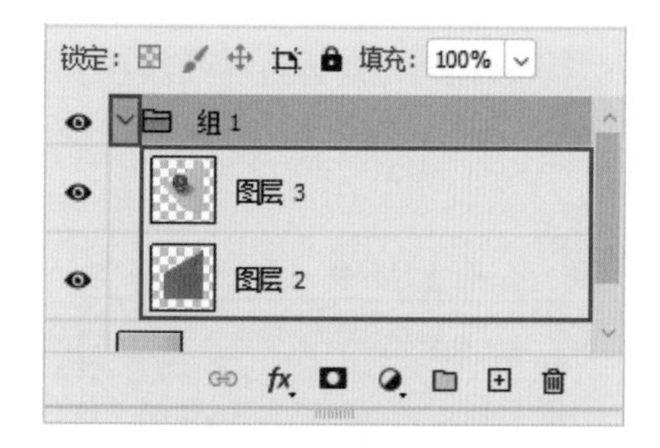

图1-128

（3）如果想要将组中的图层移出组外，可以选中图层组中的图层，按住鼠标左键向组外移动，如图1-129所示。

图1-129

（4）释放鼠标后图层被移动出图层组，如图1-130所示。

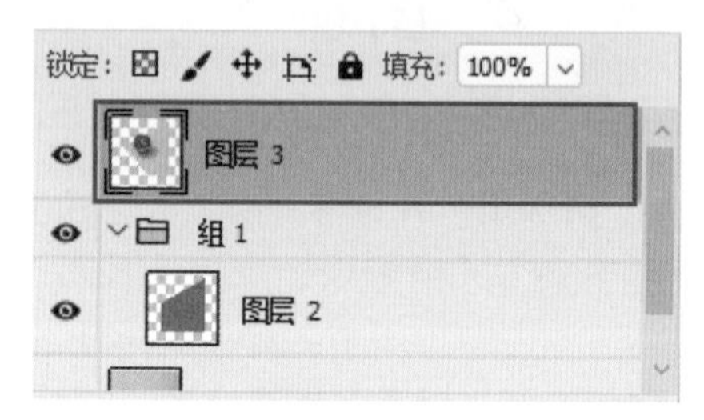

图1-130

（5）选中图层组，在图层组上方单击鼠标右键执行“取消图层编组”命令，如图1-131所示。

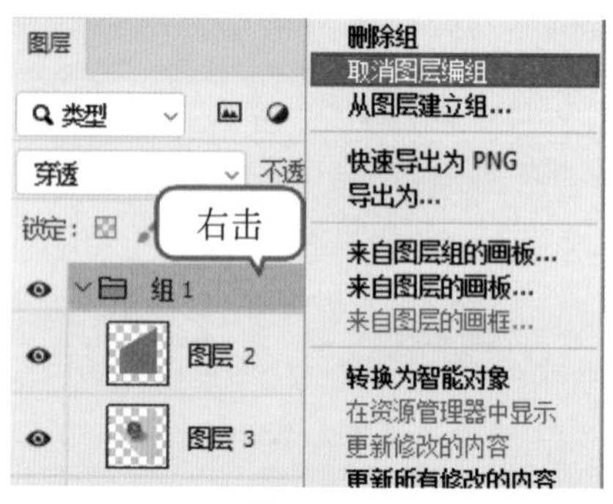

图1-131

（6）图层组被去除掉了，但组中的图层不会被删除，如图1-132所示。

图1-132

（7）选中图层组，在图层组上方单击鼠标右键执行“删除组”命令，如图1-133所示。

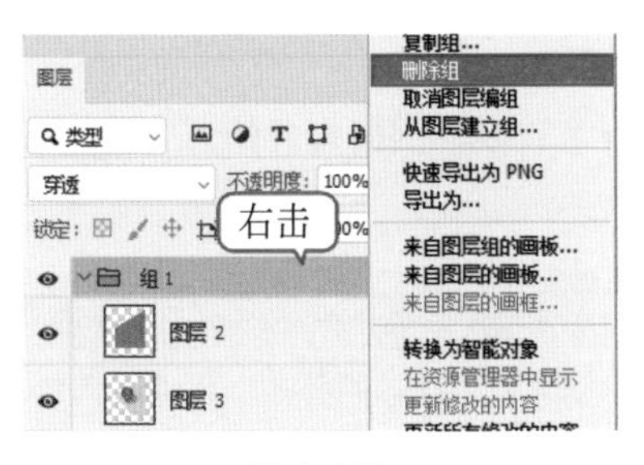

图1-133

（8）接着会弹出对话框，单击“组和内容”即可将图层组以及组中的内容同时删除。单击“仅组”按钮后只删除组，图层组中的图层被保留，与“取消图层编组”的功能相同，如图1-134所示。

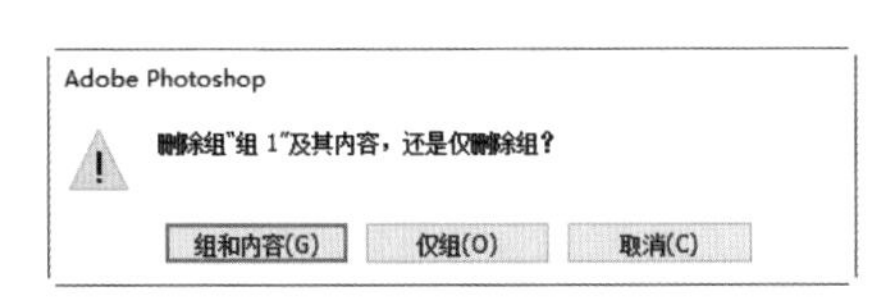

图1-134

11.复制图层

选中一个图层，使用快捷键Ctrl+J，即可快速复制图层。

（1）在使用“移动工具”的状态下，按住Alt键后光标会变为状，如图1-135所示。

图1-135

（2）此时按住Alt键并按住鼠标左键拖动，释放鼠标后可以进行移动并复制的操作，如图1-136所示。

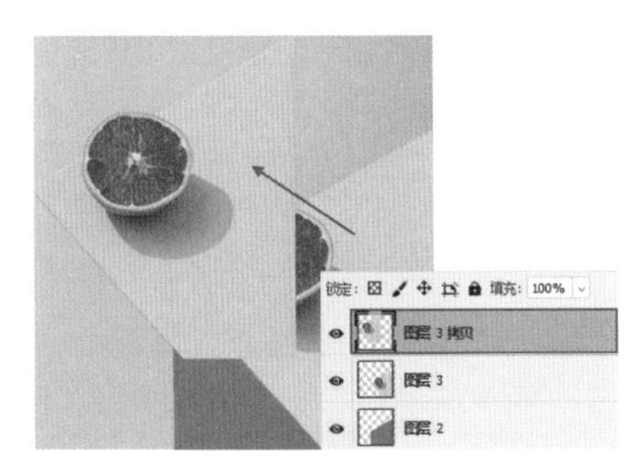

图1-136

重点笔记

当在图像中存在选区时，按住Alt键并拖动选区中的内容，则会在该图层内部复制选中的部分，如图1-137和图1-138所示。

图1-137　　图1-138

12.锁定图层

图层面板中包含多种“锁定”功能，单击相应的按钮，即可启用对应的功能，如图1-139所示。图层锁定功能见表1-3。

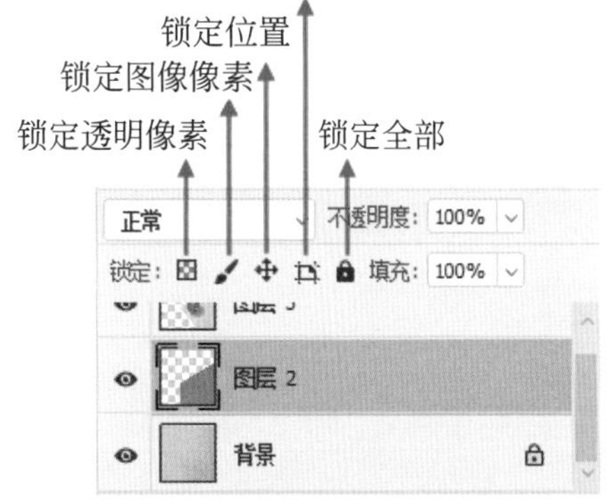

图1-139

表1-3　图层锁定功能

功能	使用说明
锁定透明像素	该按钮可以保护图层中透明区域不被破坏
锁定图像像素	该按钮可以保护图层中的已有像素不被绘制、擦除
锁定位置	该按钮可以保护图层位置不被移动
防止在画板和画框内外自动嵌套	当文档中包括多个画板时，该按钮可以保护图层不被移动到其他画板中
锁定全部	该按钮可以使图层无法进行任何绘制、移动等编辑操作

13. 合并图层

合并图层是指将所有选中的图层合并成一个图层。在Photoshop中有多种图层合并的方式，见表1-4。

表 1-4　图层合并功能

功能	使用说明
合并图层	在图层面板中按住 Ctrl 键加选需要合并的图层，然后执行“图层 > 合并图层”菜单命令或按 Ctrl+E 快捷键即可
合并可见图层	执行“图层 > 合并可见图层”菜单命令或按 Ctrl+Shift+E 快捷键，可以将所有未被隐藏的图层合并到背景图层中
拼合图像	执行“图层 > 拼合图像”命令，可以将所有图层都拼合到“背景”图层中。如果有隐藏的图层则会弹出一个提示对话框，提醒用户是否要扔掉隐藏的图层
盖印所选图层	选择多个图层，然后使用“盖印图层”快捷键 Ctrl+Alt+E，可以将所选图层的内容合并到一个新的图层中，同时保持原图层不变
盖印全部可见图层	按 Ctrl+Shift+Alt+E 快捷键，可以将所有可见图层盖印到一个新的图层中，原有图层不受影响

1.4　巩固练习：利用已有素材制作产品广告

文件路径

实战素材/第1章

操作要点

1. 使用“新建”命令创建新文档
2. 使用“置入嵌入的对象”添加素材
3. 将智能对象图层转换为普通图层
4. 使用“存储”命令存储文件

案例效果

图 1-140

操作步骤

（1）新建文档。打开Photoshop，执行“文件>新建”命令或者使用快捷键Ctrl+N，打开“新建文档”窗口。单击“打印”按钮，从“空白文档预设”中选择“A4”，并在右侧设置“方向”为横向。设置完成后单击“创建”按钮，如图1-141所示。

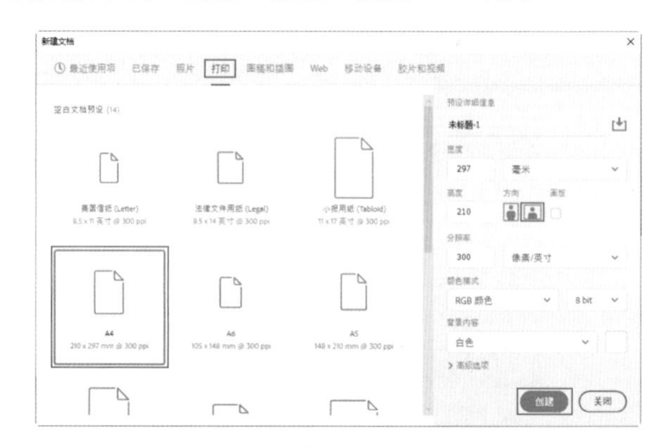

图 1-141

（2）创建一个A4大小的横向空白文档，如图1-142所示。

图 1-142

（3）置入素材。执行“文件>置入嵌入对象”命令，在打开的“置入嵌入的对象”窗口中，单击选择素材1，然后单击“置入”按钮，如图1-143所示。

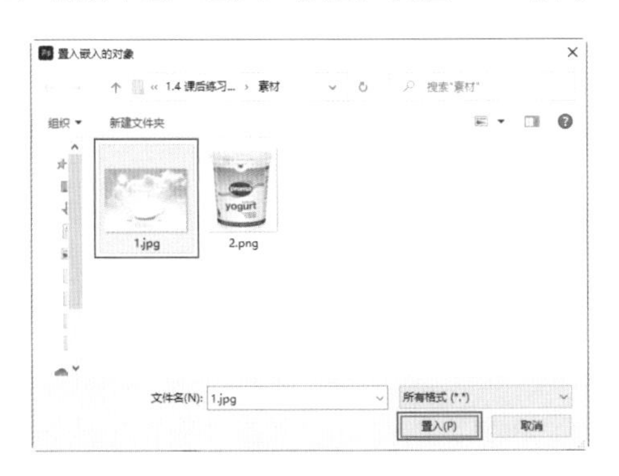

图1-143

（4）随后素材1出现在文档中，效果如图1-144所示。此时可以看到画面中的图片并没有铺满整个画面，两侧还有一些空白，所以需要对素材1进行适当的调整。

图1-144

（5）调整图片大小。在控制框一角处按住鼠标左键的同时按住Alt键，拖动控制框边角的控制点，即可将图片进行中心等比例放大，如图1-145所示，接着按下Enter键提交操作。

图1-145

（6）栅格化图层。选中素材1的图层，单击鼠标右键执行“栅格化图层”命令，将素材1图层转换为普通图层，如图1-146所示。

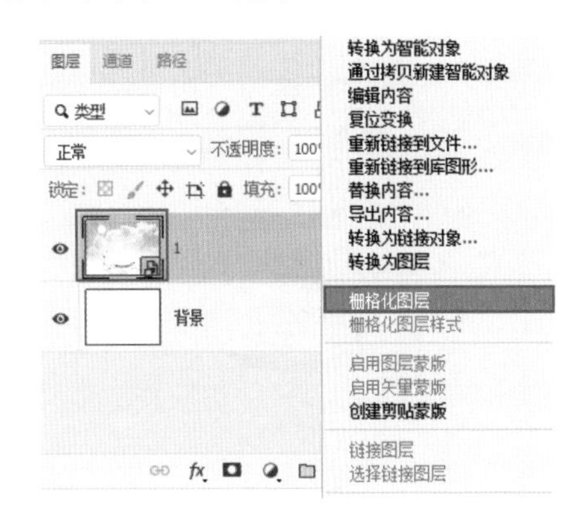

图1-146

（7）再次置入素材。执行“文件>置入嵌入对象”命令，在打开的“置入嵌入的对象”窗口中，选择素材2，然后单击“置入”按钮，即可置入素材2，如图1-147所示。

图1-147

（8）效果如图1-148所示。此时可以看到画面中的素材2过大，与素材1比例不太匹配，需要进行调整。在控制框一角处按住Alt键向内拖动控制点缩放图层，如图1-148所示。缩放完成后按下键盘上的Enter键提交操作。

图1-148

（9）选中素材2图层，单击鼠标右键执行“栅格化图层”命令，将其转为普通图层。本案例制作完成，效果如图1-149所示。

图1-149

（10）接着执行“文件>存储”命令，在弹出的“存储为”窗口中，选择合适的存储位置，并设置合适的文件名，设置保存格式为.PSD，单击“保存”按钮，即可将文件储存为PSD文件，如图1-150所示。

图1-150

（11）然后执行“文件>存储副本”命令，打开“存储副本”窗口，选择合适的储存位置，并选择“JPEG”保存类型，单击“保存”按钮，即可将文件储存为JPEG文件，如图1-151所示。

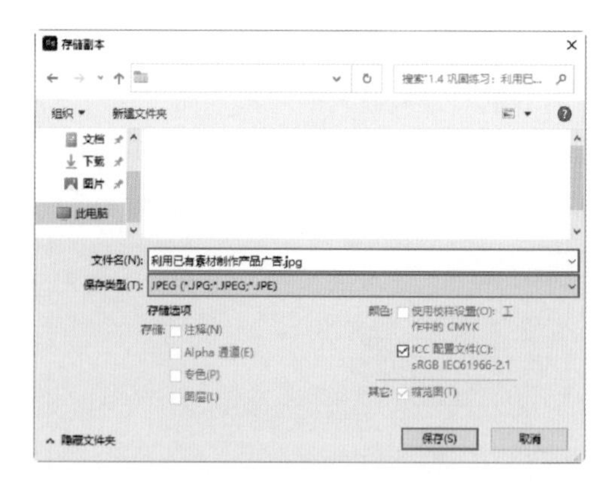

图1-151

（12）在弹出的窗口中单击“确定”按钮，如图1-152所示。

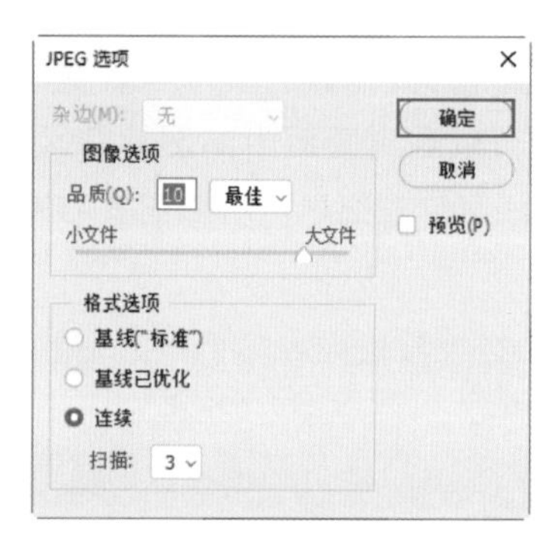

图1-152

本章小结

经过本章的学习，在认识了Photoshop的基础上，掌握了Photoshop的基本操作方法。这些功能虽然看起来简单，但却非常重要。因为没有新建文档、打开图像、置入素材、保存文档等操作，后续的图像编辑以及图形绘制都无法进行。所以请务必重视本章的学习。

第2章 图像简单美化

很多时候由于环境、技术、设备等因素的限制，拍出的照片可能会出现这样或那样的问题。如果在胶片的年代，照片的瑕疵几乎没有挽回的余地，但在数码后期技术普及的今天，利用Photoshop可以轻而易举地解决这些难题。Photoshop具有强大的图像处理功能，也是设计师、摄影师最常用的修图软件。本章就来学习一些常用的图像美化技巧。

学习目标

熟练掌握裁剪图片尺寸的方法
熟练掌握去除画面瑕疵的方法
熟练掌握加深、减淡工具的使用方法
掌握模糊、锐化工具的使用方法

思维导图

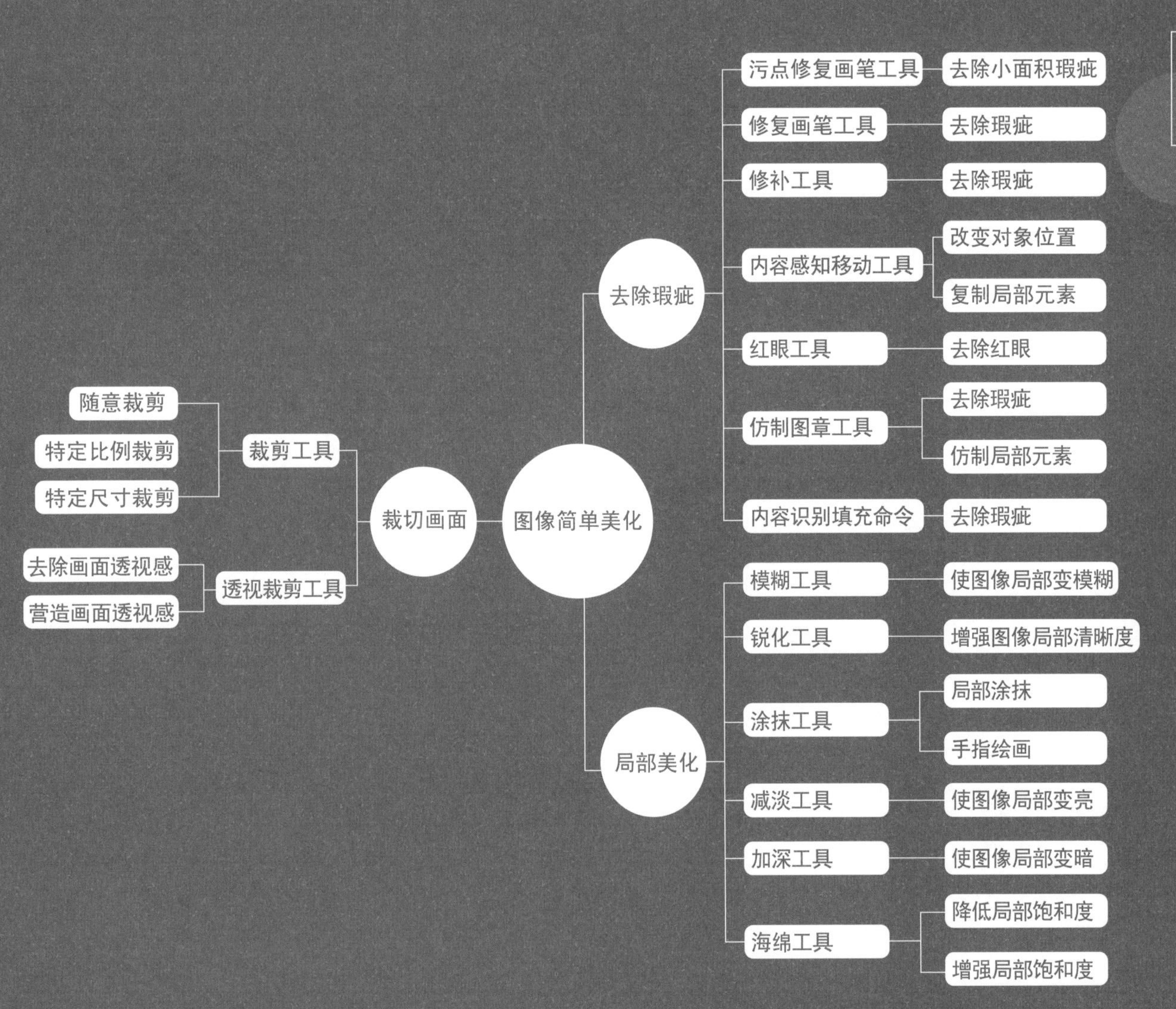

快速入门篇

2.1 裁减掉画面多余的部分

使用“裁剪工具”可以将图像多余部分裁掉，还可以扩大画板的大小。使用“透视裁剪工具”可以在对图像进行裁剪的同时调整图像的透视效果，常用于去除图像中的透视感，或者在带有透视感的图像中提取局部，也可以为图像添加透视感。

2.1.1 使用裁剪工具

功能速查

“裁剪工具”可以裁剪掉图像多余的部分。

（1）将素材图片打开，这是一张正方形的图片，接下来将使用“裁剪工具”对图像进行“重新构图”，如图2-1所示。

图2-1

（2）选择工具箱中的“裁剪工具”，拖动裁剪框边缘位置的控制点可以更改裁剪框的大小。在这里向内拖动控制点，将裁剪框缩小，如图2-2所示。

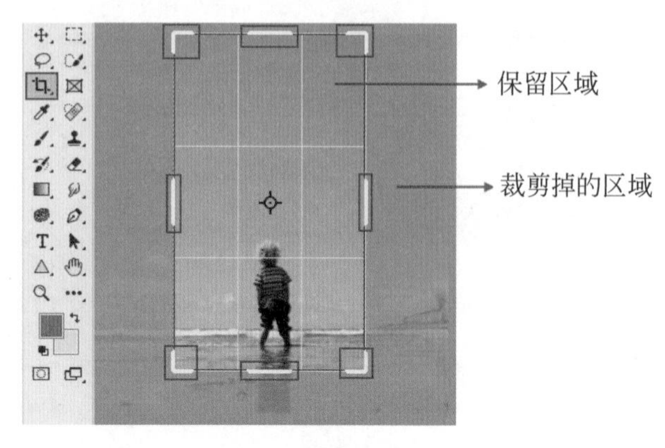

图2-2

（3）裁剪框大小调整完成后，单击属性栏中的✓按钮，或按下键盘上的Enter键提交操作，如图2-3所示。

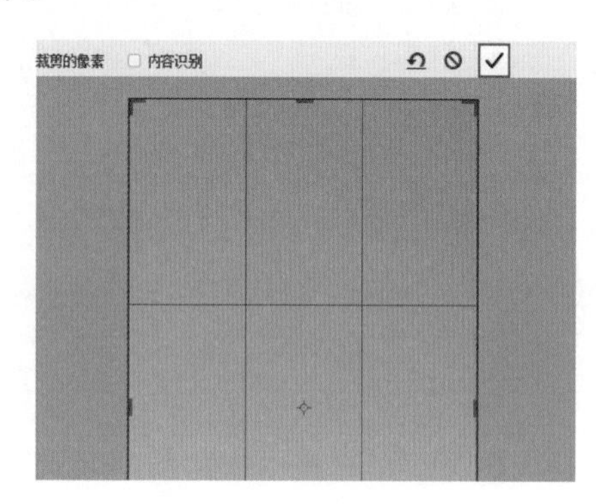

图2-3

（4）画面裁切完成，随后可以置入艺术字素材，效果如图2-4所示。

图2-4

（5）在裁剪时也可以使用“裁剪工具”在画面中按住鼠标左键拖动，如图2-5所示。

图2-5

（6）释放鼠标完成裁剪框的绘制操作，接着将光标移动至裁剪内部，按住鼠标左键拖动可以调整图片的裁剪区域，如图2-6所示。

图2-6

“裁剪工具”重点选项

选择工具箱中的“裁剪工具”，其选项栏如图2-7所示。

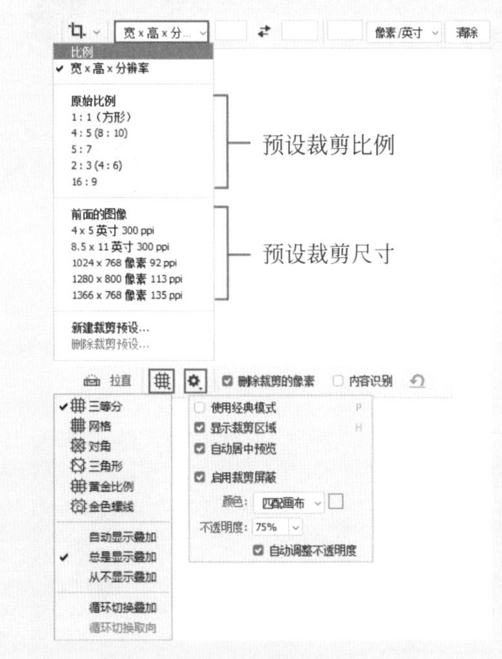

图2-7

比例：选择预设长宽比或裁剪尺寸，在列表中可以看到多种预设的裁剪比例或裁剪尺寸。选择其中一种预设比例，随后裁剪框会一直按照该比例缩放。选择某一种预设的裁剪尺寸，随后按下Enter键即可得到该尺寸的文档。如果想要恢复到初始的随意调整裁剪框的状态，可以单击右侧的“清除”按钮。

拉直：该功能可以将倾斜的照片校正为水平。单击选择选项栏中的“拉直”，沿着倾斜的方向按住鼠标左键拖动进行绘制，如图2-8所示。释放鼠标后，软件会自动将该条线旋转为水平，同时画面也产生了相应的旋转，如图2-9所示。最后调整裁剪框，按下键盘上的Enter键提交操作即可。

图2-8

图2-9

删除裁剪的像素：启用该选项，完成裁剪后，裁剪框以外的部分直接被删除。不启用该选项，其他部分只被隐藏，再次裁剪时可显示。

2.1.2　实战：按照特定比例裁剪画面

文件路径

实战素材/第2章

操作要点

使用“裁剪”工具裁剪出特定比例的图像

案例效果

图2-10

图2-11

操作步骤

（1）打开素材。执行“文件>打开”命令或者按下快捷键Ctrl+O，在弹出的“打开”窗口中选择素材1，单击“打开”按钮，如图2-12所示。

图2-12

（2）将素材打开如图2-13所示。

图2-13

（3）选择工具箱中的“裁剪工具”，在选项栏中单击“比例”按钮，在下拉列表中选择“16：9”，接着按住鼠标左键拖动控制点调整裁剪框并拖动图片调整裁剪的位置，裁剪框会一直按照所选比例进行缩放，如图2-14所示。

图2-14

（4）按下键盘上的Enter键提交操作，效果如图2-15所示。

图2-15

（5）执行“文件>存储为”命令，将其存储为JPG图片。然后使用快捷键Ctrl+Z撤销上一步操作，将其还原至原始效果，如图2-16所示。

图2-16

（6）接着制作竖版海报。再次选择工具箱中的“裁剪工具”，在选项栏中单击“比例”按钮，在下拉列表中选择“5：7”，并勾选“删除裁剪的像素”与“内容识别”选项，接着按住鼠标左键拖动控制点调整裁剪框，如图2-17所示。

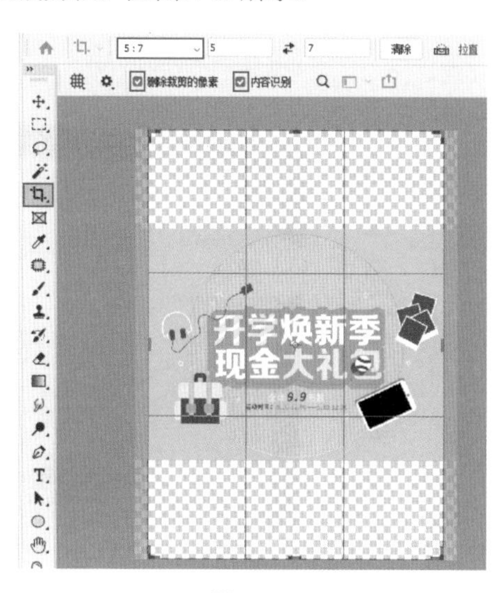

图2-17

（7）按下键盘上的Enter提交操作，可以看到裁剪框内的空白区域被自动填补上了青色。本案例制作完成，效果如图2-18所示。

图2-18

2.1.3 实战：将图像裁剪到特定尺寸

文件路径

实战素材/第2章

操作要点

1.使用“裁剪”工具裁剪画面
2.制作特定尺寸的图像

案例效果

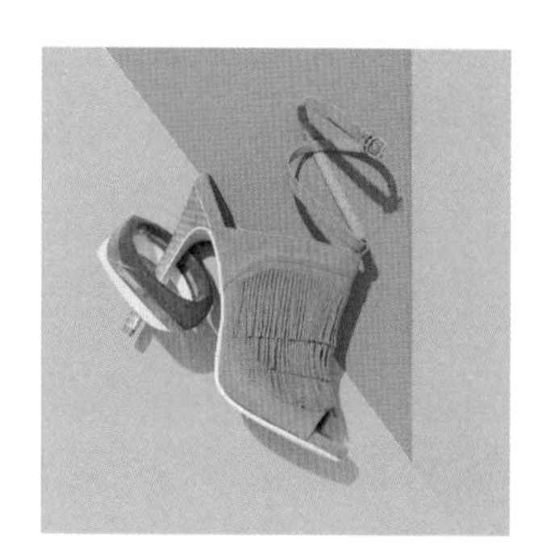

图2-19

操作步骤

（1）执行“文件>打开”命令，打开素材1，如图2-20所示。

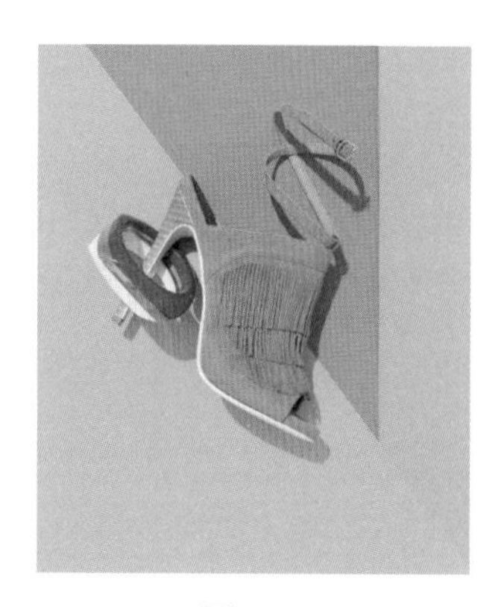

图2-20

（2）选择工具箱中的“裁剪工具”，在选项栏中单击“比例”按钮，在下拉列表中选择“宽×高×分辨率”，然后在选项栏中设置裁剪图像的“宽度”为800像素，“高度”为800像素，“分辨率”为72像素/英寸。设置完成后即可看到画面中出现一个指定大小的裁剪框，如图2-21所示。

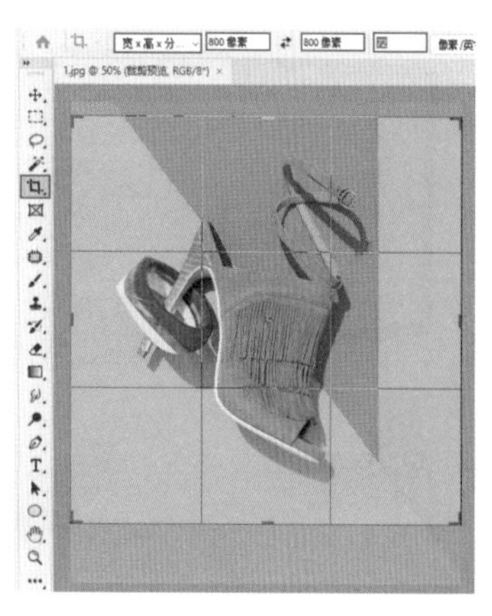

图2-21

（3）接着按下键盘上的Enter键提交操作，即可将素材1裁剪为800像素×800像素的图片。本案例制作完成，效果如图2-22所示。

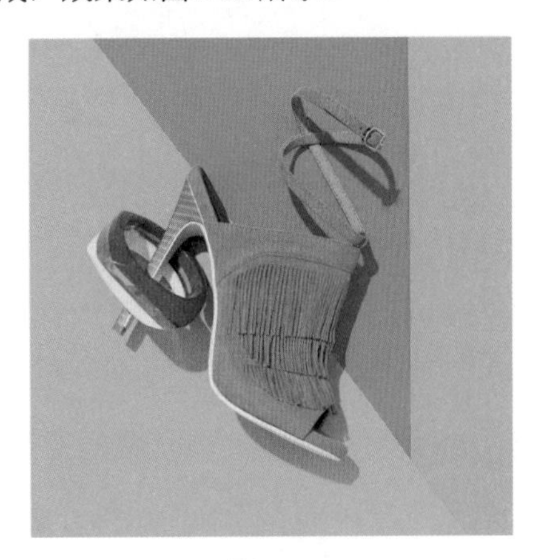

图2-22

重点笔记

将图像裁剪到特定尺寸后，如果后面想要随意裁剪，需要单击“清除”按钮 ，清除锁定的长宽比设置。

2.1.4 透视裁剪工具

功能速查

“透视裁剪工具”常用于纠正画面的透视效果，也可为画面营造透视感。

（1）首先将素材图片打开，接下来使用“透视裁剪工具”将电脑屏幕提取出来，如图2-23所示。

图2-23

（2）选择工具箱中的“透视裁剪工具”，接着将光标移动至电脑屏幕边缘位置单击，如图2-24所示。

图2-24

（3）继续以单击的方式在屏幕四角处绘制出带有透视感的裁剪框，如图2-25所示。

图2-25

（4）裁剪框绘制完成后可以按下键盘上的Enter键提交操作。此时画面效果如图2-26所示。

图2-26

2.2 轻松去除瑕疵

无论是日常拍摄的照片，还是用于商业用途的照片，经常会遇到各种各样的“瑕疵”，例如风景照片中无法避开的游客、人像写真中面部的斑斑点点、产品上不小心沾上的污迹等，如图2-27～图2-29所示。这些问题在Photoshop中都可以轻松解决。本节就来学习多种可以轻松去除画面中瑕疵、污迹的工具。其实，对于同一张“问题”图像，可以使用的工具往往不止一种。在实际的修图操作中选择适合自己的工具即可。常用的去除瑕疵的工具见表2-1。

图2-27

图2-28

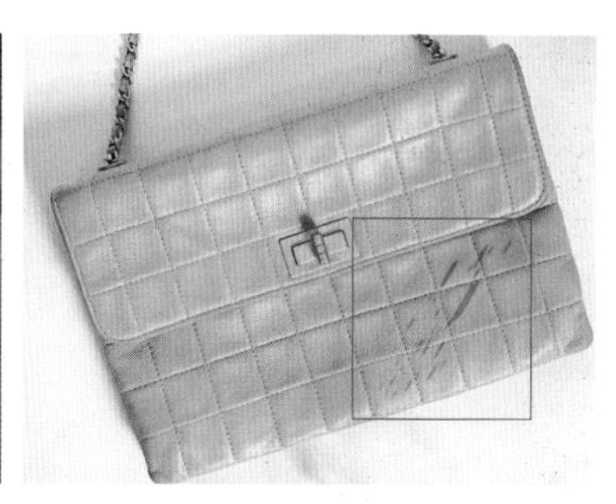

图2-29

表2-1 常用的去除瑕疵的工具

工具名称	污点修复画笔	修复画笔	修补工具
实用程度	★★★	★★	★★★
功能简介	使用“污点修复画笔”工具在瑕疵位置涂抹，可以自动从所修饰区域的周围进行取样，从而消除瑕疵	使用“修复画笔”工具需要先进行取样，然后在瑕疵位置涂抹进行修复，所修复的效果会自动融合在画面中	“修补工具”可以利用样本或图案来修复所选图像区域中不理想的部分，通常用来去除污点等有缺陷的图像
工具名称	内容感知移动	红眼工具	仿制图章工具
实用程度	★	★★	★★★
功能简介	使用“内容感知移动工具”移动选区中的对象，被移动的对象将会自动将影像与四周的影物融合在一块，而原始的区域则会进行智能填充	以单击的方式快速去除红眼问题	通过取样将画面中的部分涂抹“复制”到同一图像的另外一个位置上
工具名称	内容识别填充		
实用程度	★★★		
功能简介	“内容识别填充”是从图片其他部分进行取样，通过取样部分内容对选定部分区域进行填充从而达到快速无缝的拼接效果		

2.2.1 实战：污点修复画笔，祛斑去皱

文件路径

实战素材/第2章

操作要点

1. 使用“污点修复画笔工具”去除点状小瑕疵
2. 使用“污点修复画笔工具”去除细长瑕疵

案例效果

图2-30

操作步骤

（1）执行“文件>打开”命令，打开素材1。在该图中，人物眼下有很明显的皱纹，脸颊位置有痘和斑，如图2-31所示。

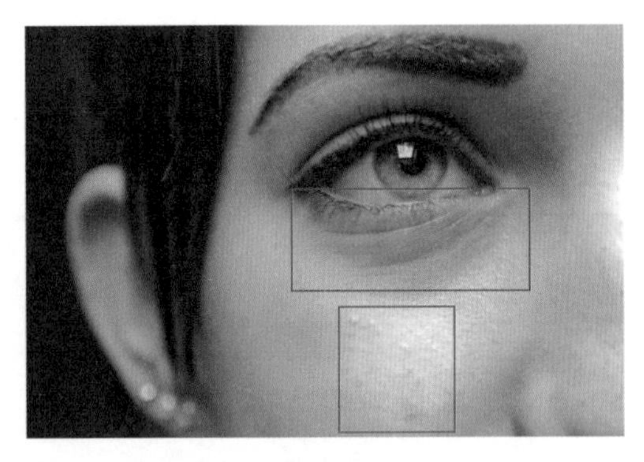

图2-31

（2）选择工具箱中的“污点修复画笔工具”，在选项栏中单击打开“画笔预设”选取器，在该窗口中设置“大小”为40像素，“硬度”为50%。在选项栏中设置“模式”为“正常”，“类型”为“内容识别”。设置完成后在脸颊痘痘上方单击，如图2-32所示。随即单击位置的痘痘消失了，如图2-33所示。

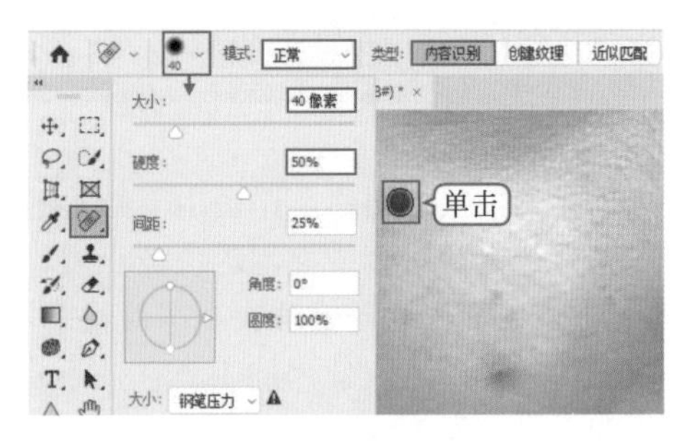

图2-32

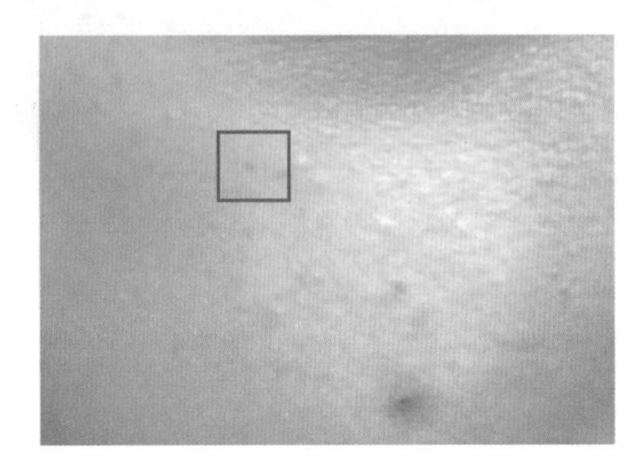

图2-33

重点笔记

在去除点状的小面积瑕疵时，工具的大小刚好覆盖到需要去除的瑕疵即可。

拓展笔记

“硬度”选项用来设置笔尖边缘的羽化程度，数值小边缘越柔和，数值越大边缘越清晰。通常情况下为了效果过渡自然，都会降低“硬度”数值。

（3）继续以单击的方式去除脸颊、鼻翼位置的痘痘和雀斑，效果如图2-34所示。

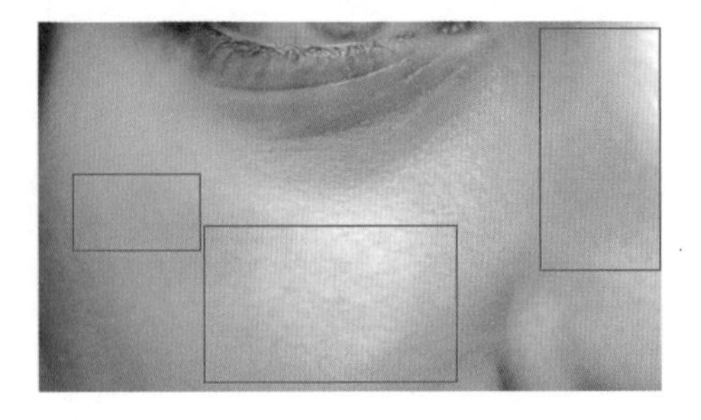

图2-34

重点笔记

如果使用单击的方式无法完全覆盖到需要去除的点状瑕疵，也可以在瑕疵上按住鼠标左键拖动。

（4）接下来去除眼下最深的皱纹。在选项栏中调整笔尖大小，笔尖大小比皱纹稍宽即可。设置完成后在皱纹上方按住鼠标左键拖动进行绘制，绘制的距离不要太长，可以少量、多次，释放鼠标后完成修复操作，如图2-35所示。

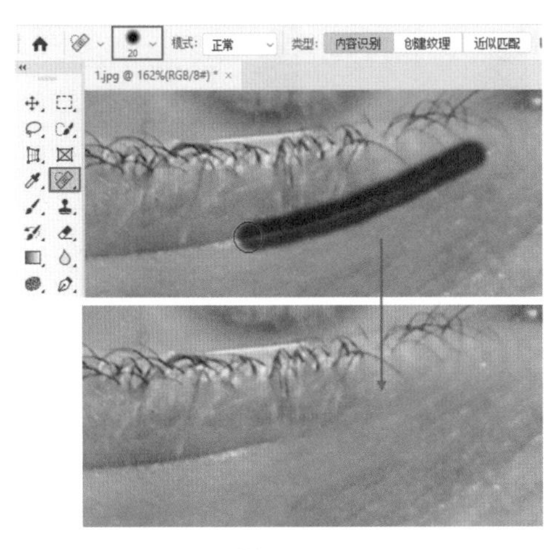

图2-35

（5）接着使用同样的方法去除人像面部的其他细纹和斑点。在处理的过程中要注意随时变换工具的大小，效果如图2-36所示。

图2-36

2.2.2 实战：修复画笔，美化背景布

文件路径

实战素材/第2章

操作要点

使用“修复画笔工具”去除瑕疵

案例效果

图2-37

操作步骤

（1）将素材图片打开，模特后方的背景布褶皱较多，环境凌乱，导致人物不够突出，如图2-38所示。使用“修复画笔工具”可以去除图像中的杂斑、污迹，修复的部分会自动与背景色相融合。接下来通过“修复画笔工具”将褶皱去除。

图2-38

（2）选择工具箱中的“修复画笔工具”，在选项栏中设置合适的笔尖的大小，设置“源”为“取样”，将光标移动至褶皱边缘较为平整的位置，按住Alt键单击即可进行取样，如图2-39所示。

图2-39

拓展笔记

“样本”选项用来指定是在当前和下方图层，还是在当前图层取样，或是在所有可见图层合并的展示效果中取样。

（3）接着将光标移动至褶皱位置，顺着褶皱的走向按住鼠标左键拖动，光标经过的位置会被取样的像素所覆盖，并且与背景融合，如图2-40所示。

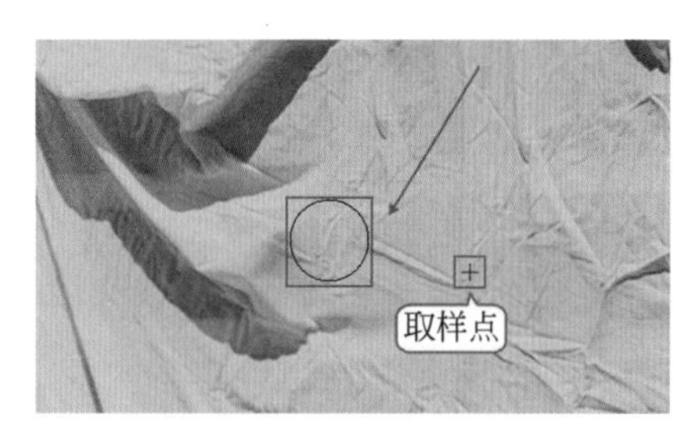

图2-40

重点笔记

⊞ 就是一个取样点，随着光标移动而移动，在修复的过程中需要随时进行取样，根据画面不同情况分多次进行修复。

（4）继续进行取样，将此处的较大的褶皱去除掉了，如图2-41所示。

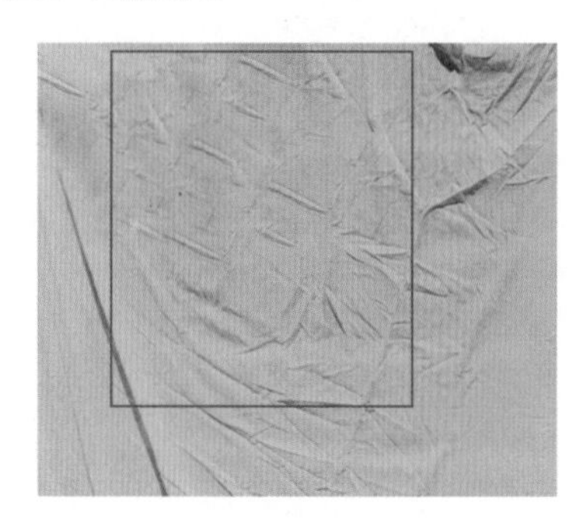

图2-41

（5）继续在平整的位置按住Alt键单击进行取样，然后在明显褶皱位置涂抹进行修复，如图2-42所示。

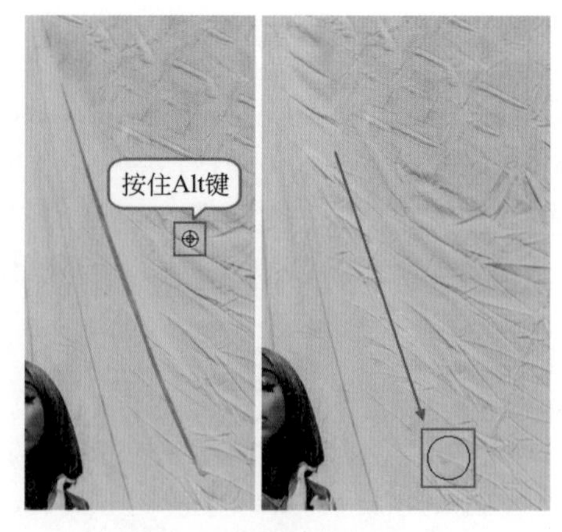

图2-42

（6）继续进行修复操作，去除背景布中较大的褶皱。环境变得干净，人物显得更加突出，如图2-43所示。

图2-43

（7）设置“源”为“图案”时，可以将图案填补到画面中。单击“图案”按钮，在下拉面板中选择一个合适的图案，接着勾选“对齐”选项，随后可以绘制出无缝链接的图案，效果如图2-44所示。

图2-44

拓展笔记

勾选选项栏中的“对齐”选项以后，可以连续对像素进行取样，即使释放鼠标也不会丢失当前的取样点；关闭“对齐”选项以后，则会在每次停止并重新开始绘制时使用初始取样点中的样本像素，如图2-45所示为勾选与未勾选该选项的对比效果。

（a）勾选“对齐”

（b）未勾选“对齐”

图2-45

2.2.3　实战：修补工具，去除部分内容

文件路径

实战素材/第2章

操作要点

使用“修补工具”去除部分内容

案例效果

图2-46

操作步骤

（1）将素材打开，本案例需要使用“修补工具”将右上角的小鸟去除，如图2-47所示。

图2-47

（2）选择工具箱中的“修补工具”，设置修补为“正常”，单击选项栏中的“源”按钮。然后在小鸟外侧按住鼠标左键拖动绘制鸟的外轮廓，绘制完成后释放鼠标即可得到选区，如图2-48所示。

图2-48

重点笔记

此处绘制的选区可以比要去除的对象稍大一些，但一定不能小于该对象。

拓展笔记

选择“源”选项时，接下来的操作会将选区中的部分去除。选择“目标”选项时，则会将选区中的内容复制到下一个区域中，如图2-49所示。

图2-49

（3）接着将光标移动至选区内部，按住鼠标左键向左上方拖动，如图2-50所示。

图2-50

（4）释放鼠标后，选区中的内容将被替换。最后使用快捷键Ctrl+D取消选区的选择。完成效果如图2-51所示。

图2-51

（5）还可以使用某种图案来修补选区内的部分。选区绘制完成后，先在图案列表中选择合适的图案，然后单击“使用图案”按钮 使用图案 。即可将图案填充到选区中，并与原像素融合，如图2-52所示。

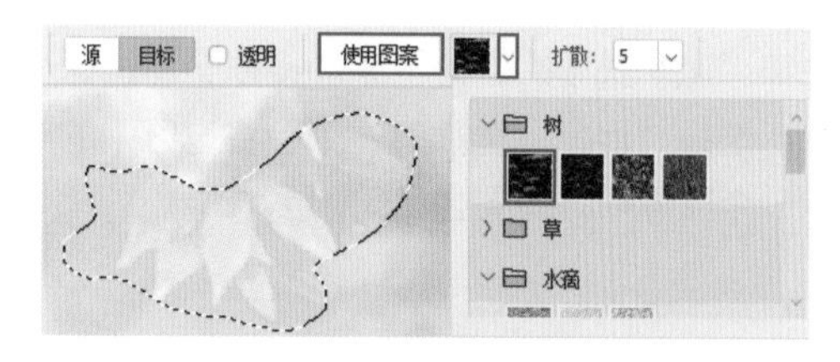

图2-52

2.2.4 实战：内容感知移动

文件路径

实战素材/第2章

操作要点

使用“内容感知移动工具”移动元素位置

案例效果

图2-53

操作步骤

（1）使用“内容感知移动工具”移动选区中的对象，被移动的对象会自动将影像与四周的影物融合在一块，而原始的区域则会进行智能填充。将素材打开，接下来通过“内容感知移动工具”来移动水果的位置，并复制水果，如图2-54所示。

图2-54

（2）选择工具箱中的“内容感知移动工具”，在选项栏中设置“模式”为“移动”，然后在左侧水果外部按住鼠标左键拖动绘制外轮廓，如图2-55所示。

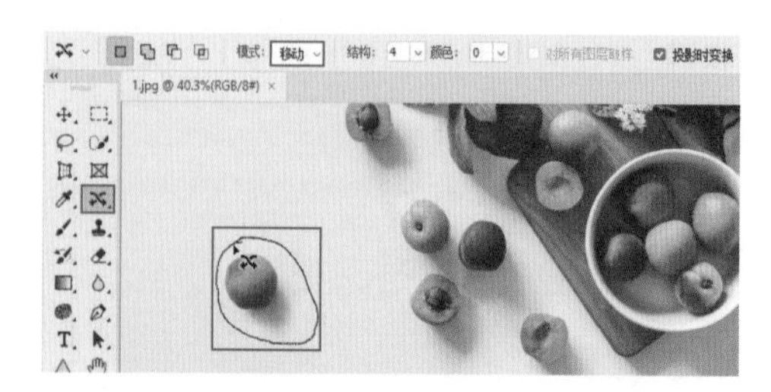

图2-55

（3）释放鼠标后会得到选区。将光标移动至选区内部，然后按住鼠标左键拖动移动，移动到合适位置后释放鼠标，此时图形外侧会显示定界框，如图2-56所示。

（4）接着按下键盘上的Enter键提交操作，定界框将消失。图形原来的位置将被填充与附近相似的像素，如图2-57所示。

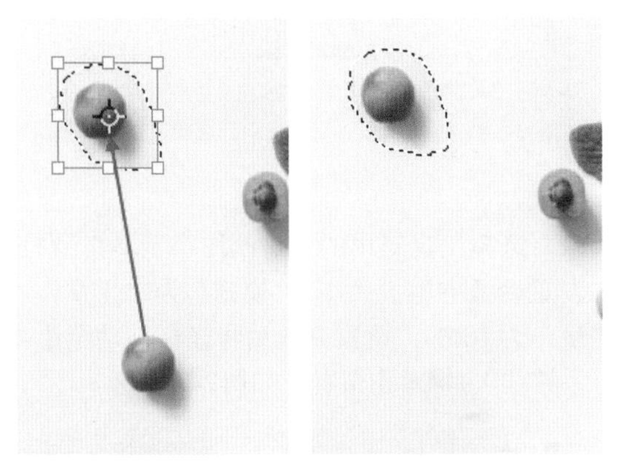

图2-56　　　　图2-57

（5）“内容感知移动工具”不仅可以移动对象，还可以复制对象。在选项栏中设置“模式”为“扩展”，将光标移动至选区内部，按住鼠标左键拖动移动位置。然后按下键盘上的Enter键提交操作。选区中的对象被复制到了新的位置处，如图2-58所示。

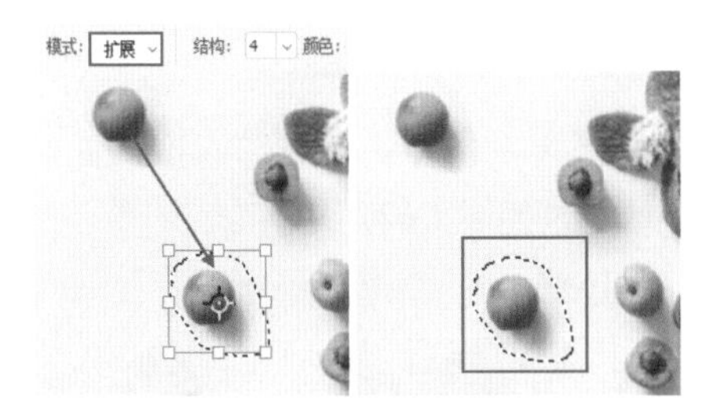

图2-58

（6）使用相同的方法将水果进行移动复制，使画面中出现更多的水果，如图2-59所示。

图2-59

重点笔记

使用“内容感知移动工具”移动选区后会显示定界框，拖动控制点可以更改选区中内容的大小，如图2-60所示。大小更改完成后按下键盘上的Enter键提交操作。

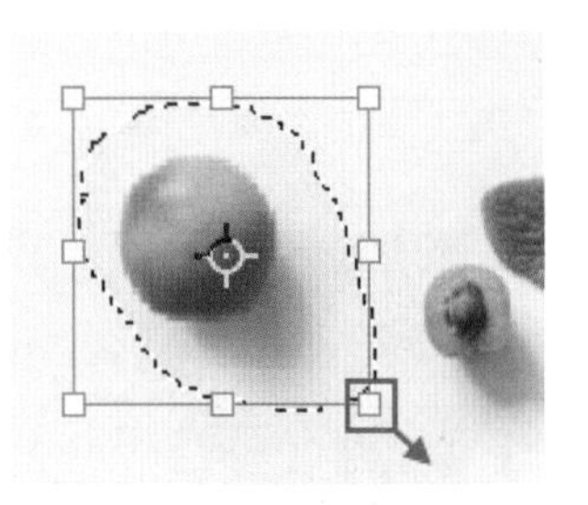

图2-60

2.2.5　实战：去除“红眼”

文件路径

实战素材/第2章

操作要点

使用“红眼工具”去除红眼

案例效果

图2-61

操作步骤

（1）在暗光条件下，开启闪光灯拍摄照片时，人物或动物的眼睛经常会出现瞳孔变红的问题，也就是通常所说的“红眼”，非常影响画面美观。将素材图片打开，如图2-62所示。

图2-62

（2）选择工具箱中的“红眼工具”，选项栏中使用默认值即可，接着将光标移动至瞳孔位置，单击即可去除红眼，如图2-63所示。

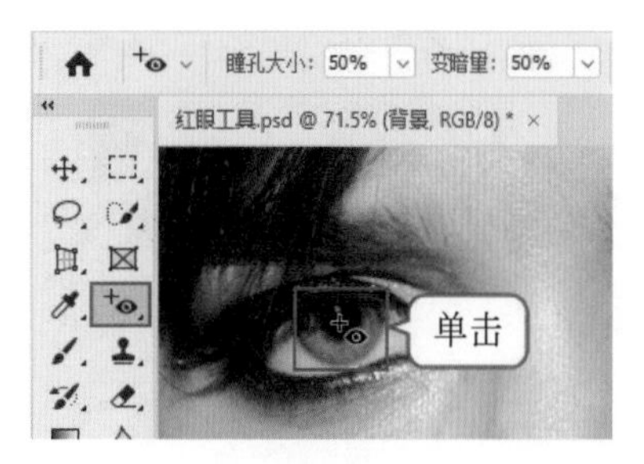

图2-63

疑难笔记

为什么会出现“红眼”？

对人物、动物进行拍摄时，闪光灯照射到眼球，瞳孔会放大让更多的光线通过，而视网膜的血管就会在照片上产生泛红现象。

2.2.6 实战：仿制图章，复制部分内容

文件路径

实战素材/第2章

操作要点

1. 使用“仿制图章工具”
2. 使用“仿制源”面板

案例效果

图2-64

操作步骤

（1）将素材图片打开，如图2-65所示。接下来通过使用“仿制图章工具”，将小汽车复制一份，以此来练习该工具的使用方法。

图2-65

（2）选择工具箱中的“仿制图章工具”，在选项栏中设置合适的笔尖大小，“模式”为“正常”，“不透明度”为100%，设置完成后将光标移动至小汽车上方，按住Alt键单击取样，如图2-66所示。

图2-66

（3）接着将光标移动至画面右侧，此时光标会显示取样结果，如图2-67所示。

图2-67

（4）接着按住鼠标左键拖动绘制。因为画面有很明显的地面线条，为了保证地面线条仍然能够保持水平，可以参照光标显示的取样结果，判断涂抹的位置，如图2-68所示。

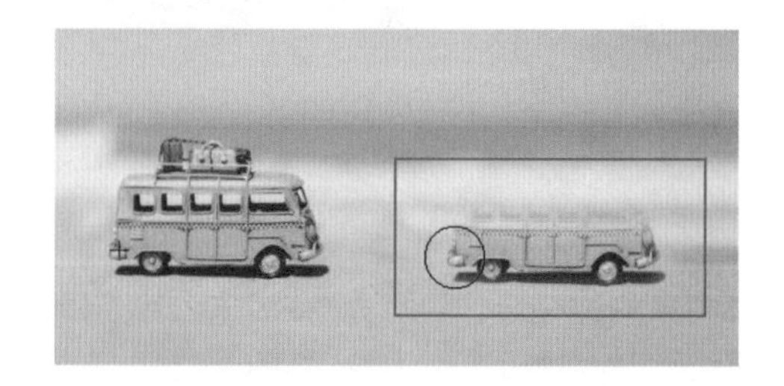

图2-68

（5）继续在画面中按住鼠标左键拖动进行绘制，仿制结果如图2-69所示。

图2-69

疑难笔记

“仿制图章工具”与“修复画笔工具”有什么区别？

“仿制图章工具”会将取样的像素原原本本地仿制到涂抹的位置，而“修复画笔工具”可将样本像素的纹理、光照、透明度和阴影与所修复的像素进行匹配，从而使修复后的像素不留痕迹地融入图像的其他部分。

（6）如果想要更改取样样本的效果，可以通过“仿制源”面板。单击选项栏中的按钮或者执行“窗口>仿制源”命令，打开“仿制源”面板。例如在该面板中单击“水平翻转”按钮，这样仿制的对象将以水平镜像的方式显示，接着更改W（宽）和H（高）的数值，可以设置仿制对象的比例，如图2-70所示。

图2-70

（7）设置完成后在画面中按住鼠标左键涂抹，可以看到之前取样的对象已经水平镜像且放大，如图2-71所示。

图2-71

2.2.7　实战：内容识别填充

文件路径

实战素材/第2章

操作要点

使用“内容识别填充”去除画面瑕疵

案例效果

图2-72

操作步骤

（1）将素材打开，接下来通过“内容识别填充”将画面较为杂乱的内容去除，如图2-73所示。

图2-73

（2）选择工具箱中的“套索工具”，然后在画面中杂物上方按住鼠标左键拖动绘制选区，如图2-74所示。

图2-74

（3）执行“编辑>内容识别填充”命令，进入“内容识别填充”工作区，在窗口左侧可以看到选区外被半透明的绿色覆盖，被绿色覆盖的区域为采样的区域；右侧可以看到填充的效果，觉得效果满意了可以设置“输出”方式，设置“输出到”为“当前图层”，然后单击“确定”按钮，如图2-75所示。

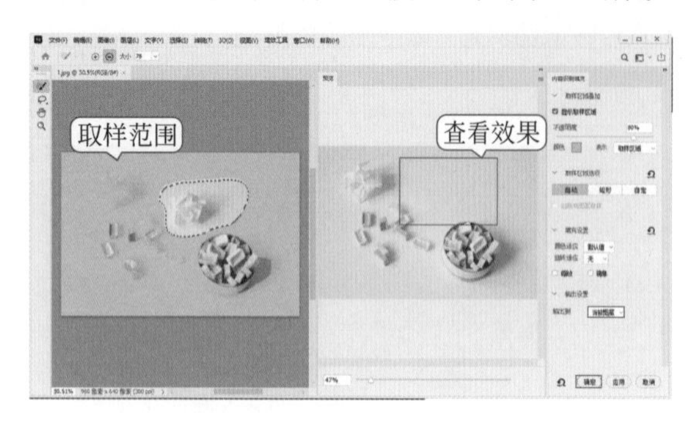

图2-75

重点笔记

绿色覆盖的区域应是用于修补的内容，如果不相干的像素被绿色覆盖，那么修补结果上可能也会出现不合适的效果。

如果有多余的区域被覆盖了绿色，可以使用左侧的“取样画笔工具”，在选项栏中设置方式为“从叠加区域中减去”，然后在多余的部分涂抹即可去除。如果取样区域不足，可以使用“添加到叠加区域”。在选项栏中“大小”选项用来设置笔尖的大小，如图2-76所示。

图2-76

（4）此时画面效果如图2-77所示。如果要取消选区的选择，可以使用快捷键Ctrl+D。

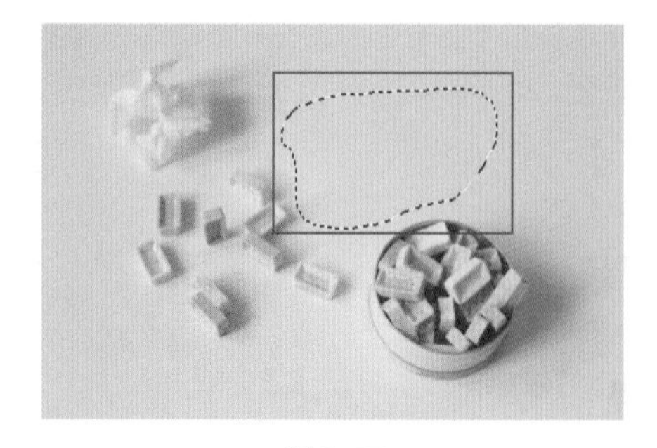

图2-77

（5）使用相同的方法去除另外一个纸团。“套索工具”可以用来调整需要填充区域的范围。例如此处绘制的范围不充足，可以单击“套索工具”，然后在选项栏中单击“添加到选区”按钮，接着绘制其他区域，即可添加到可以被修补的范围中，如图2-78所示。

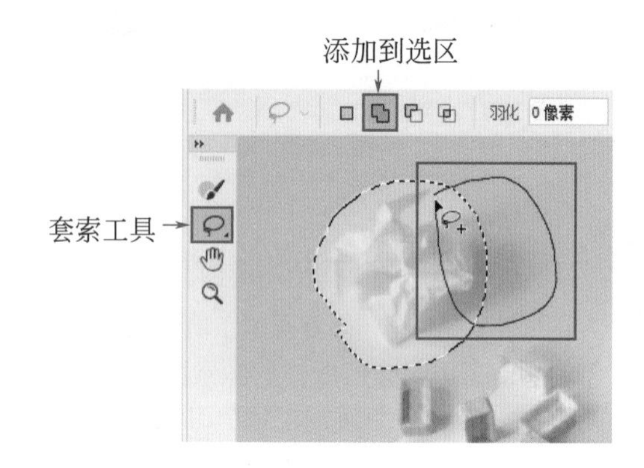

图2-78

案例完成效果如图2-72所示。

“内容识别填充”重点选项

如图2-75所示的右侧面板中可以对取样区域、填充、输出进行设置。

取样区域叠加：用来设置取样区域的表现方法，默认取样区域为半透明的绿色。如果默认颜色与原图过于接近，也可以在此处更改颜色。

取样区域选项：用来设置取样区域的形状。

填充设置：用来设置填充的效果。单击“颜色适应”按钮，在下拉列表中选择颜色适应的级别；“旋转适应”选项用来旋转填充内容，以获得更自然的效果；勾选“缩放”选项后，允许调整内容大小以取得更好的匹配度；勾选“镜像”选项后，允许水平翻转内容以获取更好的匹配度，如图2-79所示。

输出设置：选择填充完成后的效果的输出方式，如图2-80所示。

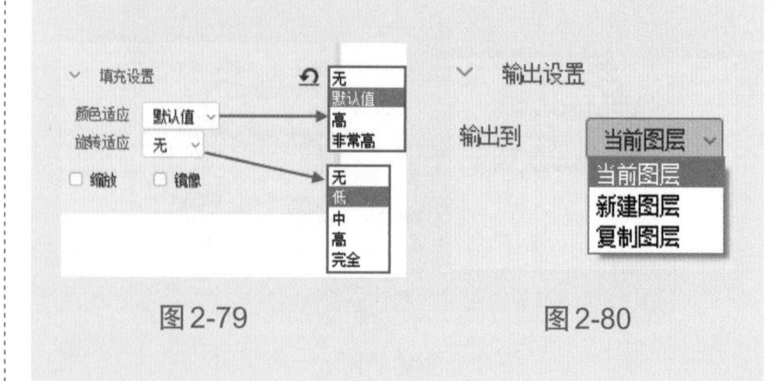

图2-79　图2-80

2.3　轻松涂抹，美化图像细节

本节中所学习的工具的特点均是以涂抹的方式操作，有的工具可以通过涂抹使画面变模糊，有的工具则可以使涂抹的区域变清晰，还有可以对涂抹区域进行减淡、加深、增强饱和度/降低饱和度的工具。这些工具的功能很容易理解，使用方法也非常简单。常用的涂抹工具见表2-2。

表 2-2　常用的涂抹工具

工具名称	模糊工具	锐化工具	涂抹工具
实用程度	★★★	★★★	★
功能简介	通过涂抹，弱化像素反差，从而产生模糊的效果	通过涂抹，增强像素反差，从而使画面产生看起来更加清晰的效果	通过涂抹，改变像素的位置，从而产生拖动被涂抹区域的像素移动的效果
图示			
工具名称	减淡工具	加深工具	海绵工具
实用程度	★★★	★★★	★★★
功能简介	通过涂抹，增强被涂抹区域的明度，使之产生减淡的效果	通过涂抹，减弱被涂抹区域的明度，使之产生加深的效果	通过涂抹，增强或减弱被涂抹区域的饱和度，从而得到更加鲜艳或更加暗淡的效果
图示			

2.3.1　实战：模糊远景物体

文件路径

实战素材/第2章

操作要点

使用“模糊工具”模糊画面局部

案例效果

图2-81

操作步骤

（1）将素材图片打开，如图2-82所示。

图2-82

（2）选择工具箱中的“模糊工具”，在选项栏中设合适的笔尖大小，接着设置“模式”为“正常”。“强度”选项用来设置模糊的程度，将其数值设置为100%。设置完成后在画面中按住鼠标左键拖动涂抹，光标经过的位置像素会变得模糊，如图2-83所示。

图2-83

（3）继续进行模糊操作，在远处和近处反复涂抹，可以强化模糊效果。案例完成效果如图2-84所示。

图2-84

2.3.2　实战：锐化产品增强质感

文件路径

实战素材/第2章

操作要点

使用“锐化工具”增强细节清晰度

案例效果

图2-85

操作步骤

（1）将素材1打开，放大图像观看可以发现产品的细节处清晰度不足，使产品看起来不够精致，如图2-86所示。

图2-86

（2）接下来通过锐化增加产品的细节感。选择工具箱中的“锐化工具”，设置合适的笔尖大小，设置“模式”为“正常”，“强度”选项用来设置锐化的程度，为了避免锐化过度，设置“强度”为50%，接着勾选“保护细节”。设置完成后在产品上涂抹，光标经过的位置可以看到画面效果变得清晰，如图2-87所示为产品右上角的锐化效果。

图2-87

（3）在涂抹过程中要适度，需要随时停下来查看效果。如果涂抹的次数过多，则会出现严重的噪点，如图2-88所示。

锐化正常 锐化过度

图2-88

（4）继续在商品上方涂抹进行锐化，锐化效果如图2-89和图2-90所示。

（a）锐化前 （b）锐化后

图2-89

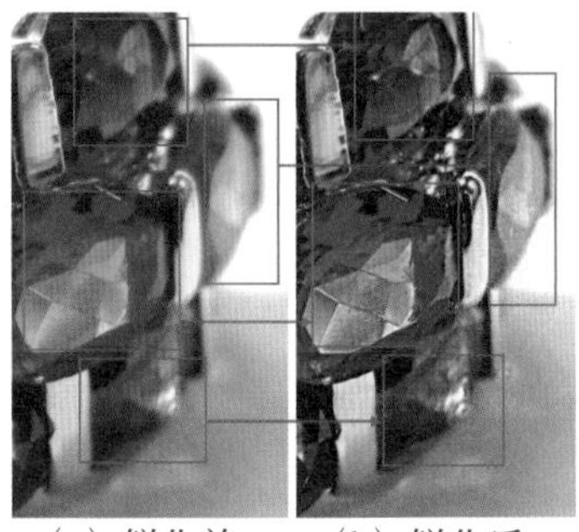

（a）锐化前 （b）锐化后

图2-90

2.3.3 涂抹

功能速查

“涂抹工具”可以通过涂抹，改变像素的位置，从而产生拖动被涂抹区域的像素移动的效果。

（1）将素材图片打开，如图2-91所示。

图2-91

（2）选择工具箱中的“涂抹工具”，在选项栏中设置合适的笔尖大小，将“模式”设置为正常。

“强度”选项用来设置涂抹变形的程度，数值越大变形程度越强，可以设置数值为40%。设置完成后将光标移动至画面中，沿着花朵的走向按住鼠标左键拖动进行变形，效果如图2-92所示。如果程度不足，可以多次涂抹以达到目标效果。

图2-92

（3）可以适当将笔尖调大，然后降低“强度”参数，在花瓣上按住鼠标左键向右上拖动，如图2-93所示。

图2-93

（4）继续涂抹其他区域，得到绘画感效果，案例完成效果如图2-94所示。

图2-94

拓展笔记

在选项栏中勾选“手指绘图”选项，可以使用前景颜色涂抹绘制，如图2-95所示。

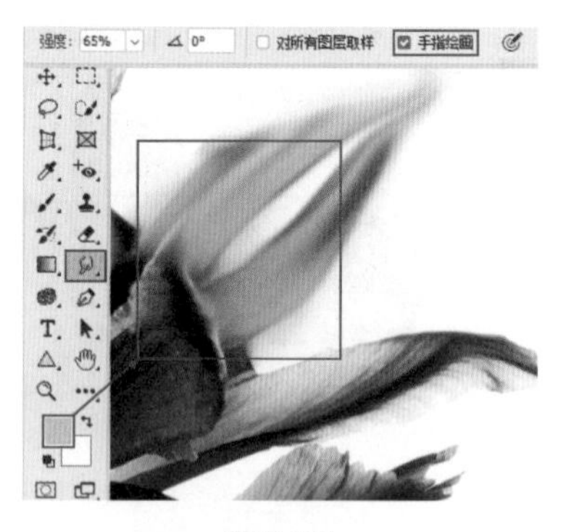

图2-95

2.3.4　实战：减淡工具，使照片背景更干净

文件路径

实战素材/第2章

操作要点

使用“减淡工具”使画面变亮

案例效果

图2-96

操作步骤

（1）将素材1打开，如图2-97所示。这是一张以糖果为主题的照片，灰色调的背景让画面显得沉闷。在这里需要通过提高背景亮度，让画面效果变得轻盈、活泼。

图2-97

（2）选择工具箱中的“减淡工具”，选项栏中“范围”选项用来设置减淡的范围，有“阴影”“中间调”和“高光”三个选项。灰色的背景属于“中间调”，所以“范围”设置为“中间调”；“曝光度”选项用来设置减淡的强度。设置完成后在画面中背景位置按住鼠标左键拖动涂抹，光标经过的位置，亮度被提高，如图2-98所示。

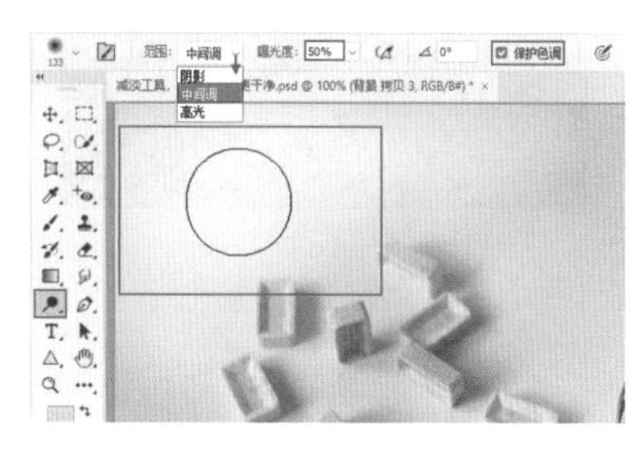

图2-98

（3）继续向下涂抹，为了保证糖果的色调不发生过多的变化，可以在选项栏中勾选“保护色调”，如图2-99所示。

勾选“保护色调”　未勾选“保护色调”

图2-99

（4）继续涂抹提亮，案例完成效果如图2-100所示。

图2-100

2.3.5 实战：减淡工具美白皮肤

文件路径

实战素材/第2章

操作要点

1. 使用“减淡工具”
2. 分别对中间调区域及高光区域提亮

案例效果

图2-101

操作步骤

（1）将素材1打开，如图2-102所示。

图2-102

（2）选择工具箱中的“减淡工具”，在选项栏中设置合适的笔尖大小。因为要提亮皮肤的亮度，而皮肤属于中间调，所以设置“范围”为“中间调”，接着设置“曝光度”为20%，为了保护皮肤原本的色调，需要勾选“保护色调”选项，设置完成后将光标移动至皮肤位置，按住鼠标左键拖动进行提亮，如图2-103所示。

图2-103

（3）继续在皮肤、服装的位置涂抹提亮，效果如图2-104所示。

图2-104

（4）为了让眼睛的对比更强，可以提高眼白的亮度。在选项栏中降低笔尖的大小，设“范围”为“高光”，“曝光度”为20%，取消勾选“保护色调”，设置完成后在眼白和眼睛高光上涂抹提亮，如图2-105所示。

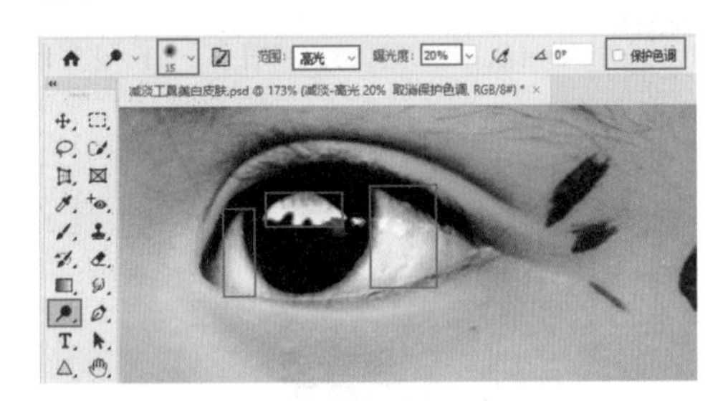

图2-105

（5）继续提亮另外一侧眼睛，效果如图2-106所示。

图2-106

2.3.6 实战：加深环境，突出主体物

文件路径

实战素材/第2章

操作要点

1.使用“加深工具”
2.单独针对暗部区域加深

案例效果

图2-107

操作步骤

（1）将素材1打开，接下来通过“加深工具”加深环境，提高画面对比效果，如图2-108所示。

图2-108

（2）选择工具箱中的“加深工具”，由于需要压暗的区域比较大，所以可以设置一个较大的笔尖。由于压暗的区域为画面的阴影，所以设置“范围”为阴影。设置“曝光度”为20%，勾选“保护色调”选项。设置完成后在画面顶部按住鼠标左键拖动涂抹进行压暗，如图2-109所示。

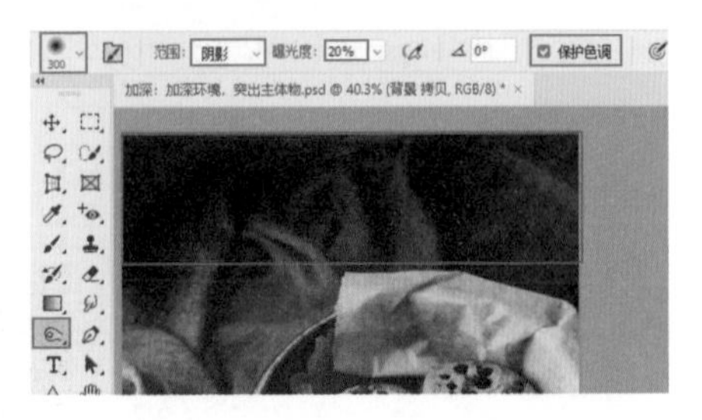

图2-109

（3）继续在背景布上方涂抹压暗。要注意越靠近画面边缘的区域越暗一些，效果如图2-110所示。

图2-110

拓展笔记

通过“加深工具”还可以制作暗角效果。“暗角”是摄影术语，通过将画面四周亮度压暗，提高画面明暗对比，以增加画面中间位置主体对象的视觉吸引力，如图2-111所示为添加暗角的前后对比效果。

（a）原图

（b）添加暗角

图2-111

2.3.7 实战：海绵：去色与加色

文件路径

实战素材/第2章

操作要点

1.使用“海绵工具”对局部降低饱和度
2.使用“海绵工具”对局部增加饱和度

案例效果

图2-112

操作步骤

（1）将素材图片打开，如图2-113所示。

图2-113

（2）首先通过“海绵工具”降低衬衫的饱和度，更改为灰色。选择工具箱中的“海绵工具”，设置合适的画笔大小。因为是要降低衬衫的颜色饱和度，所以设置“模式”为“去色”。接着设置“流量”，该选项栏用来设置画笔笔尖的流量，数值越大效果越明显，设置“流量”为30%。设置完成后在衬衫位置按住鼠标左键拖动，光标经过的位置颜色的饱和度会降低，如图2-114所示。

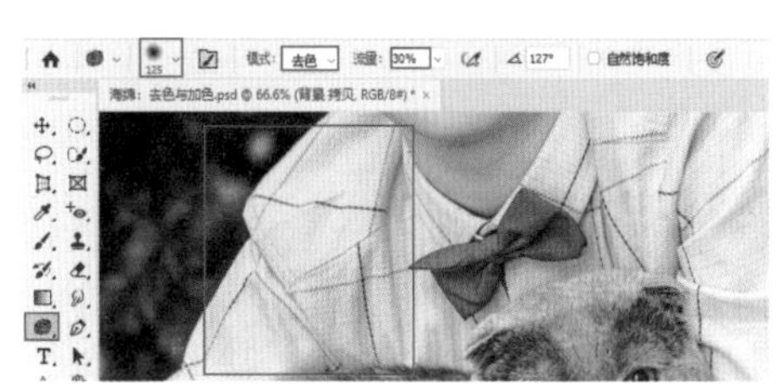

图2-114

（3）继续在衬衫上方按住鼠标左键拖动涂抹，效果如图2-115所示。

图2-115

（4）接下来提高领结颜色的饱和度。适当调整笔尖大小，接着设置“模式”为“加色”，然后设置“流量”为40%，设置完成后在领结位置涂抹以增加颜色饱和度，如图2-116所示。

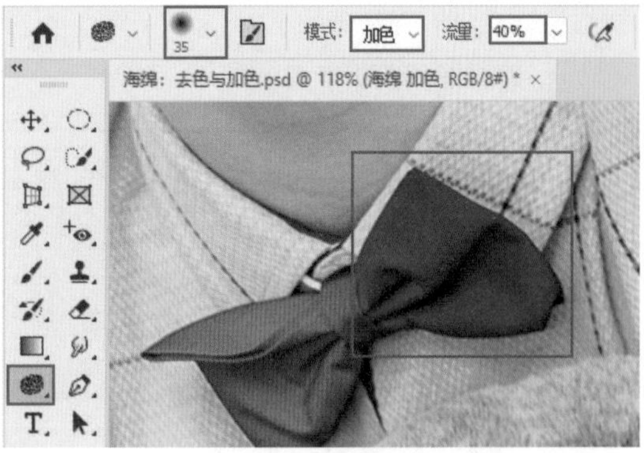

图2-116

（5）继续在领结位置涂抹，效果如图2-117所示。

图2-117

2.4　巩固练习：简单美化外景写真照片

文件路径

实战素材/第2章

操作要点

1. 使用“裁剪工具”裁剪画面调整构图
2. 使用“加深工具”“减淡工具”“海绵工具”调整局部明暗
3. 使用“污点修复画笔”去除小面积瑕疵

案例效果

图2-118

操作步骤

（1）打开素材。执行“文件>打开”命令或者使用快捷键Ctrl+O，打开素材1，如图2-119所示。

图2-119

（2）调整构图。选择工具箱中的“裁剪工具”，在选项栏中单击“比例”按钮，在下拉列表中选择“16：9”，接着调整裁剪框，如图2-120所示。

图2-120

（3）旋转图像。将光标放在裁剪框以外的一角处，按住鼠标左键拖动控制点，调整图片的旋转角度，如图2-121所示，然后按住Enter键提交操作。效果如图2-122所示。

图2-121

图2-122

（4）加深地面颜色。选择工具箱中的“加深工具”，在选项栏中单击打开“画笔预设”选取器，在该窗口中设置“大小”为600像素，“硬度”为0%。在选项栏中设置“范围”为“中间调”，“曝光度”为15%，如图2-123所示。

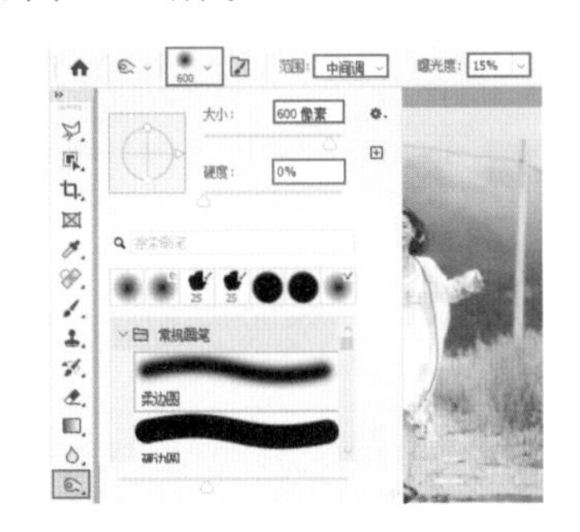

图2-123

（5）在左侧的草地上涂抹，随即可以看到涂抹过的位置颜色被加深了，如图2-124所示。

图2-124

（6）继续使用同样的方法对右侧草地与中间的地面进行涂抹，如图2-125所示。

图2-125

（7）减淡天空的颜色。选择工具箱中的“减淡工具”，在选项栏中设置合适大小的柔边圆画笔，设置“范围”为“中间调”，“曝光度”为30%。设置完成后在顶端的天空位置涂抹，如图2-126所示。

图2-126

（8）增加环境饱和度。选择工具箱中的“海绵工具”，在选项栏中设置合适大小的柔边圆画笔，设置“模式”为“加色”，“流量”为10%，并勾选“自然饱和度”选项。设置完成后在背景中的大山上涂抹，如图2-127所示。

图2-127

（9）继续涂抹其他的山，提高山体颜色的饱和度，如图2-128所示。

图2-128

（10）选择工具箱中的“污点修复画笔工具”，在选项栏中设置合适大小的硬边圆画笔，并设置“模式”为正常，“类型”为“内容识别”，设置完成后在电线杆处按住鼠标左键，由上向下涂抹，如图2-129所示。

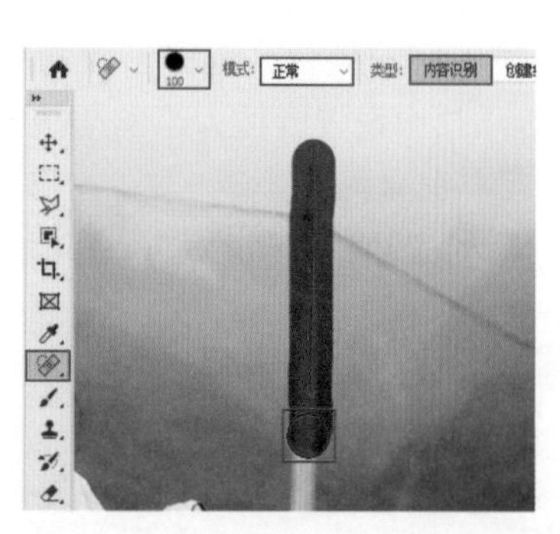

图2-129

（11）释放鼠标即可看到电线杆被去除掉了，效果如图2-130所示。

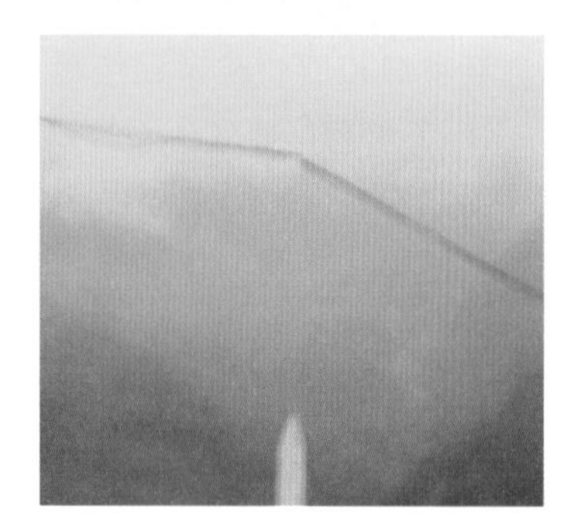

图2-130

（12）继续使用同样的方法，去除水坑、电线与背景中的房子等物，如图2-131所示。本案例制作完成，效果如图2-132所示。

图2-131

图2-132

本章小结

本章介绍了多种简单好用的对照片进行修饰和修复的工具。在去除瑕疵问题上，首先需要思考哪里需要去除，瑕疵有什么特征，再去选择相应的工具。每种工具都有它的独到之处，只有正确、合理地选择和使用才能更轻松地编辑图像。

第3章
常用的照片调色操作

调色对于照片的处理是非常重要的，图像的色彩很大程度决定了画面效果的“好坏”。在日常拍摄的照片中，经常会遇到画面太暗或太亮；或者画面看起来灰蒙蒙的；或者本应该是白色的物体却看起来不太干净；或者风景照片没有实际场景那般艳丽等问题，还会遇到需要将彩色照片变为黑白照片的情况。Photoshop具有非常强大的调色功能，想要处理这些简单的问题，其实只需要使用到“亮度/对比度”“自然饱和度”“照片滤镜”“黑白”“去色”这几个命令，更多的调色命令以及高级的调色操作将在后面章节学习。

学习目标

熟练掌握调整画面明暗的方法
熟练掌握增强或减弱画面鲜艳程度的方法
掌握更改画面色温的方法
掌握制作黑白图像的方法

思维导图

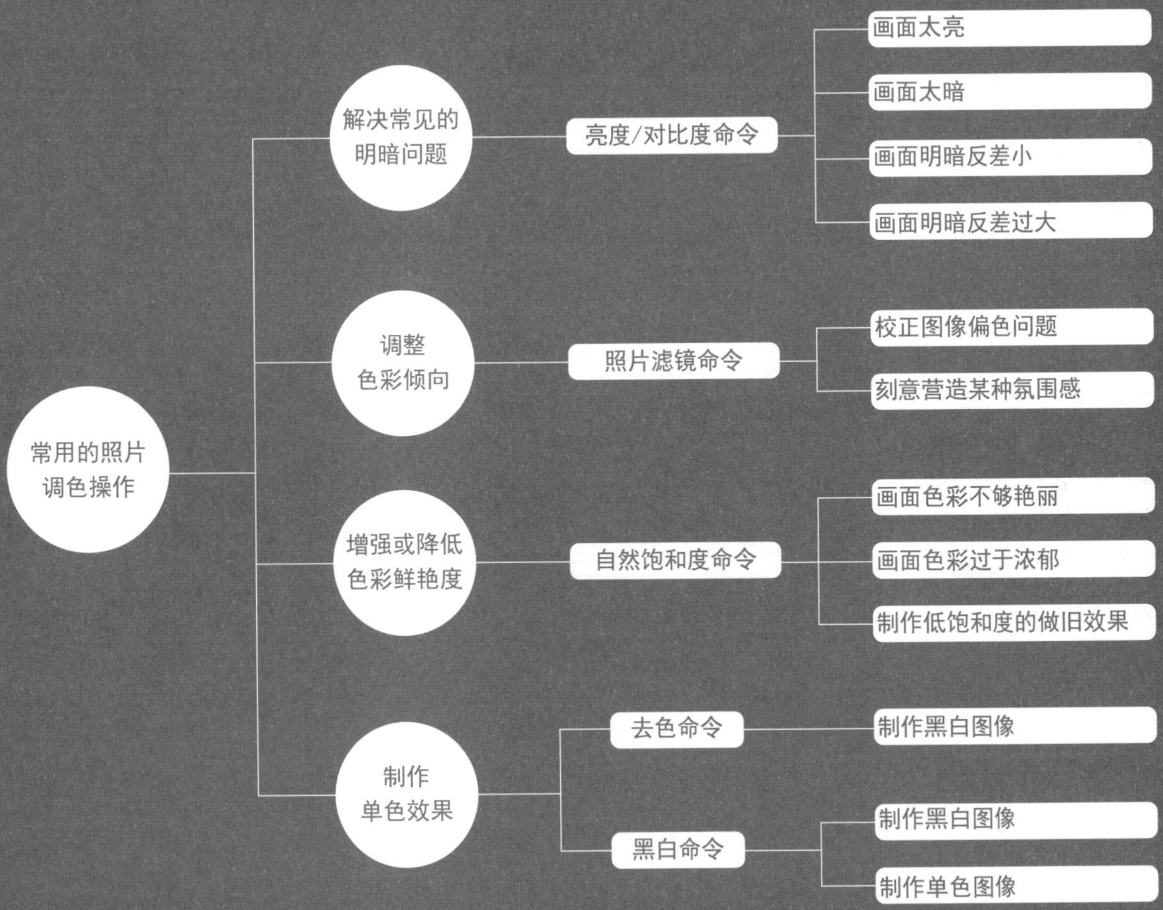

- 常用的照片调色操作
  - 解决常见的明暗问题
    - 亮度/对比度命令
      - 画面太亮
      - 画面太暗
      - 画面明暗反差小
      - 画面明暗反差过大
  - 调整色彩倾向
    - 照片滤镜命令
      - 校正图像偏色问题
      - 刻意营造某种氛围感
  - 增强或降低色彩鲜艳度
    - 自然饱和度命令
      - 画面色彩不够艳丽
      - 画面色彩过于浓郁
      - 制作低饱和度的做旧效果
  - 制作单色效果
    - 去色命令
      - 制作黑白图像
    - 黑白命令
      - 制作黑白图像
      - 制作单色图像

3.1 调整照片明暗

功能速查

“亮度/对比度”命令常用于使图像变得更亮/更暗，校正“偏灰”（对比度过低）的图像，增强对比度使图像更“抢眼”，或弱化对比度使图像柔和。

无论是日常拍摄的照片还是需要在版面中使用的图像素材，画面的明暗问题经常会给人造成困扰。例如画面看起来太暗或者画面看起来太亮等。这些问题使用“亮度/对比度”命令就可以轻松解决。

“亮度/对比度”命令中包含两个选项，亮度数值用于控制画面的明暗程度，对比度数值用于调整画面的明暗反差，如图3-1所示。

图3-1

“亮度/对比度”操作很简单，提高图像的亮度可以使画面看起来更亮；降低图像的亮度可以使画面变暗；增强画面亮部区域的亮度，并降低画面暗部区域的亮度则可以增强画面对比度；反之则会降低画面对比度。对比效果见表3-1。

表 3-1　亮度 / 对比度参数效果对比

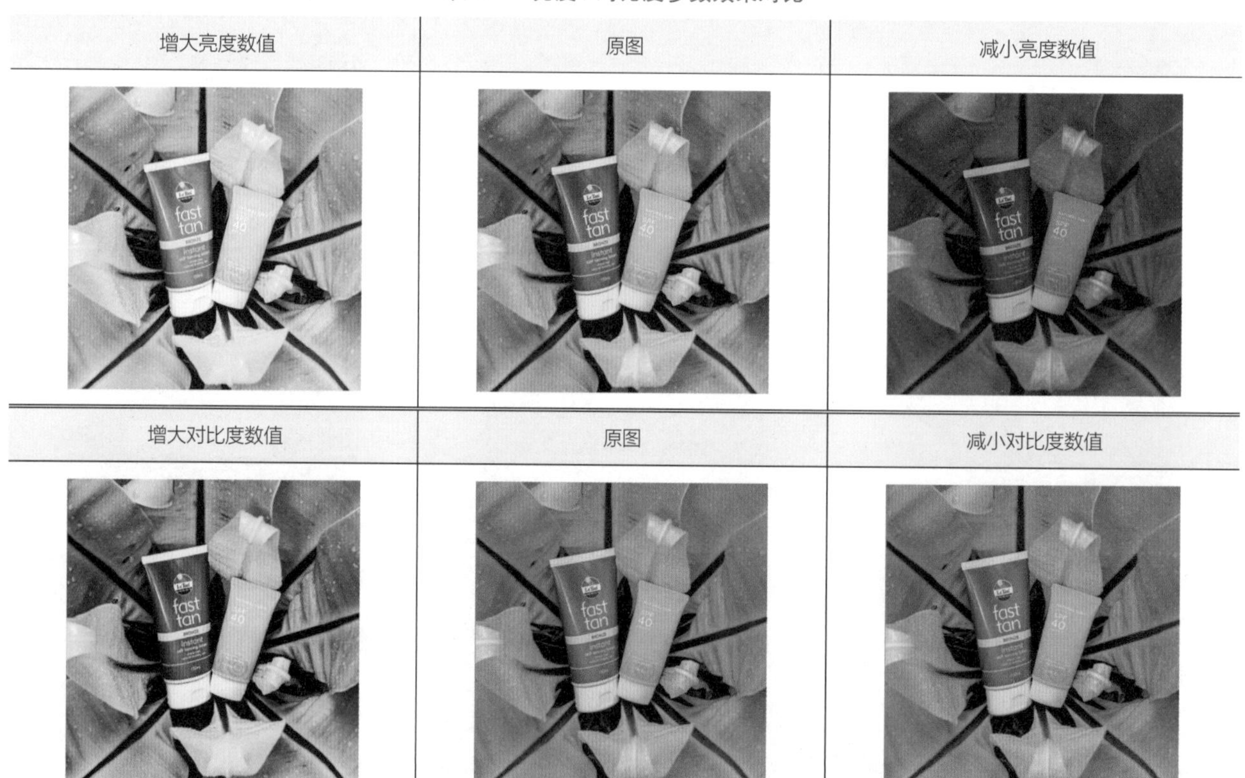

增大亮度数值	原图	减小亮度数值
增大对比度数值	原图	减小对比度数值

3.1.1 认识“亮度对比度”调色命令

（1）将素材图片打开，此时画面看起来有一些暗，白色盘子看起来灰蒙蒙的，食物也显得不那么美味，如图3-2所示。

图3-2

（2）执行“图像>调整>亮度/对比度”命令，在“亮度/对比度”窗口中先勾选“预览”选项，这样可以一边设置参数一边查看效果。“亮度”选项用来调整画面的亮度，向右拖动滑块可以增加数值，从而提高画面的亮度，如图3-3所示。

图3-3

（3）此时画面效果，如图3-4所示。

图3-4

重点笔记

向左拖动“亮度”滑块可以降低画面的亮度，如图3-5所示为“亮度”调整为-80的效果。

图3-5

（4）“对比度”选项用于调节图片亮部与暗部的对比程度。向右拖动滑块可以增加对比度数值，从而增加画面的明暗反差，亮部变得更亮，暗部变得更暗，如图3-6所示。

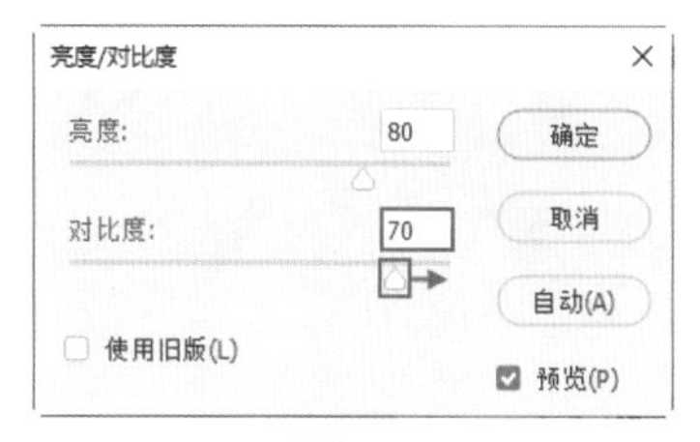

图3-6

（5）设置完成后单击“确定”按钮，效果如图3-7所示。

图3-7

重点笔记

向左拖动“对比度”滑块可以降低画面对比度。“对比度”降低，原本亮部变暗，暗部变亮。画面整体会产生一种明暗反差小、柔和甚至是灰蒙蒙的感觉。如图3-8所示为低对比度的图像。

图3-8

3.1.2 实战：照片太暗怎么办

文件路径

实战素材/第3章

操作要点

使用“亮度/对比度”命令提亮画面

案例效果

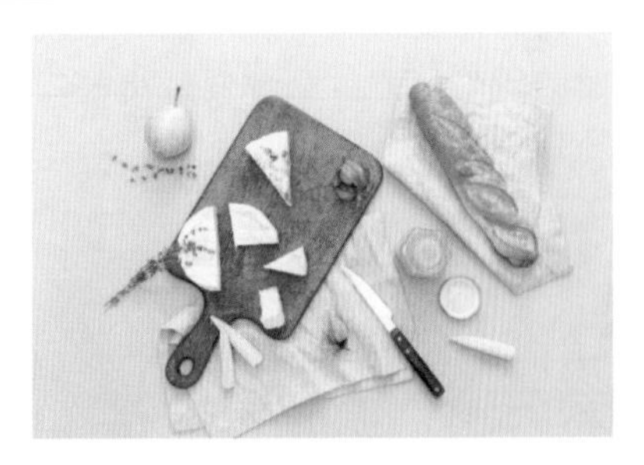

图3-9

操作步骤

（1）将素材图片打开，观察图片发现画面整体偏暗，如图3-10所示。

图3-10

（2）执行“图像>调整>亮度/对比度”命令，在弹出的“亮度/对比度”窗口中勾选“预览”选项，接着向右侧拖动滑块，或者设置数值为110，设置完成后单击“确定”按钮提交操作，如图3-11所示。

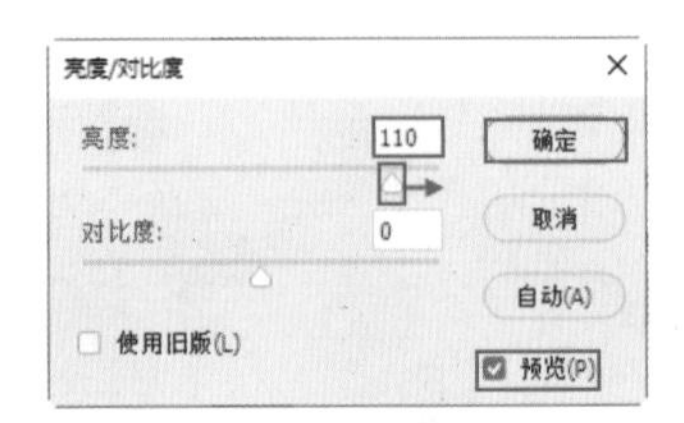

图3-11

（3）此时画面变亮，画面内容更加美观，效果如图3-12所示。

图3-12

3.1.3 实战：照片太亮怎么办

文件路径

实战素材/第3章

操作要点

使用“亮度/对比度”命令压暗画面

案例效果

图3-13

操作步骤

（1）执行“文件>打开”命令将背景素材1打开，如图3-14所示。

图3-14

（2）然后执行“文件>置入嵌入对象”命令，将风景素材2置入到文档内，按下键盘上的Enter键提交操作。风景图像存在一定的曝光过度的问题，如图3-15所示。

（3）选择风景图层，单击鼠标右键执行“栅格化图层”命令，将智能图层转换为普通图层，如图3-16所示。

图3-15　　图3-16

（4）选中风景图层，执行“图像>调整>亮度/对比度”命令，向左拖动“亮度”滑块或设置数值为-80，如图3-17所示。

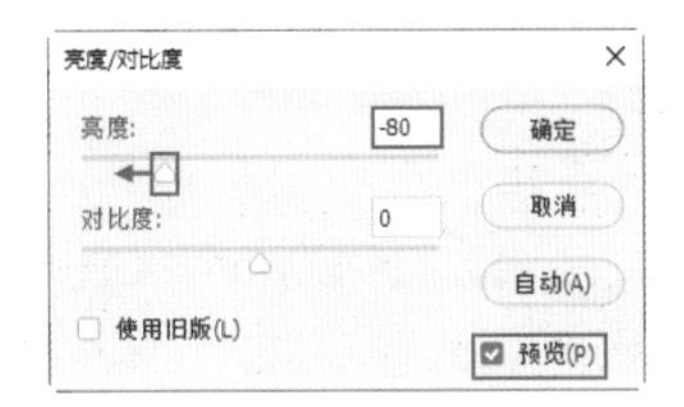

图3-17

（5）通过预览可以看到风景图片的亮度被压暗了，原本曝光的部分可以看到更多的细节，如图3-18所示。

图3-18

（6）向右拖动“对比度”滑块或者设置数值为14，增加画面的对比度，单击“确定”按钮提交操作，如图3-19所示。此时画面效果如图3-20所示。

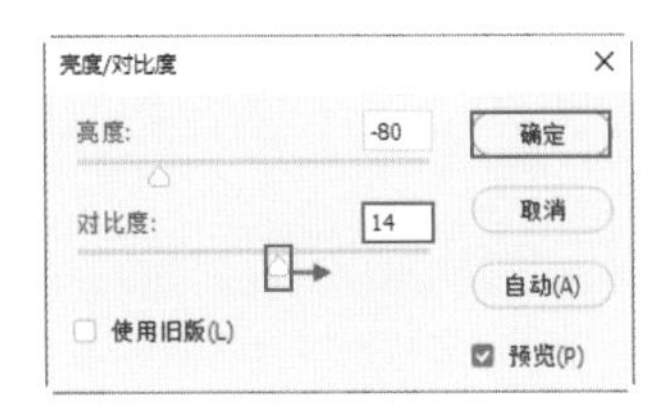

图3-19

图3-20

3.1.4　实战：灰蒙蒙的照片怎么处理

文件路径

实战素材/第3章

操作要点

使用“亮度/对比度”命令增强明暗反差

案例效果

图3-21

操作步骤

（1）将素材1打开，可以看到风景图片给人一种灰蒙蒙的感觉，这是因为画面对比不够强，如图3-22所示。

图3-22

（2）选中风景图层，执行“图像>调整>亮度/对比度”命令，向右拖动“对比度”滑块或设置数值为100，如图3-23所示。

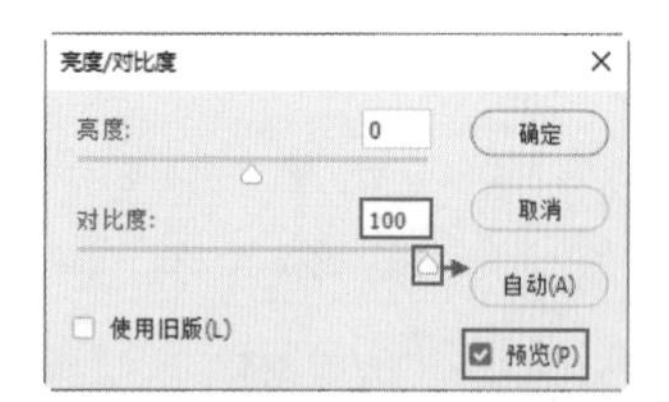

图3-23

（3）此时画面的对比度增加了，图片的效果看起来也更具视觉冲击力，如图3-24所示。

图3-24

（4）接着向右拖动“亮度”滑块或者设置数值为10，适当提高画面的亮度。最后单击“确定”按钮提交操作，如图3-25所示。

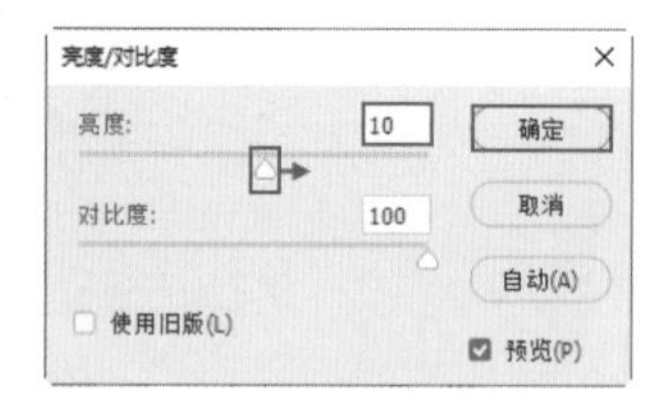

图3-25

（5）案例完成效果如图3-26所示。

图3-26

3.2 调整照片色彩倾向

不同的色彩有着不同的情感，调整照片的色彩倾向可以强化照片的氛围，辅助照片情感的表达。在Photoshop的调色命令中有很多种用于调整画面颜色倾向的命令，本节将介绍其中最简单也最常用的“照片滤镜”命令，如图3-27和3-28所示分别为原图与使用“照片滤镜”得到的不同颜色倾向的效果。

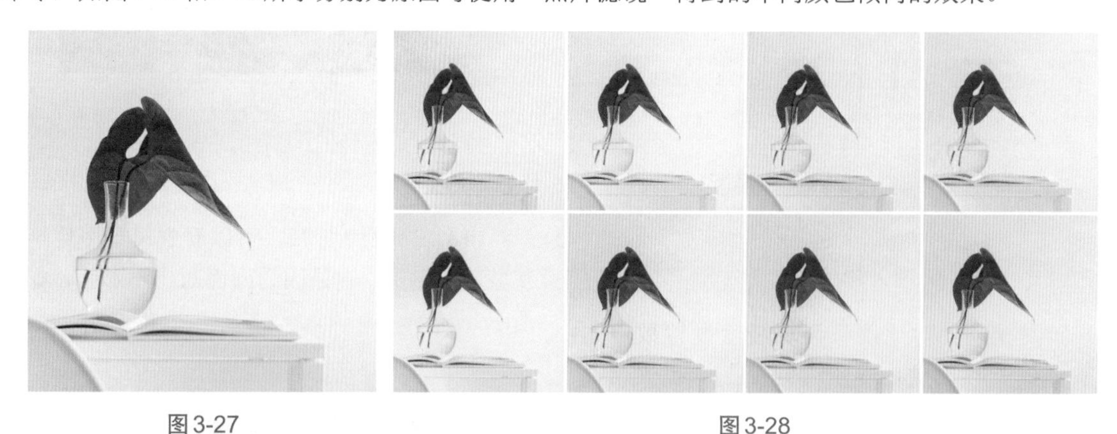

图3-27　　图3-28

3.2.1 认识“照片滤镜”调色命令

功能速查

“照片滤镜”命令是通过模拟相机镜头前的彩色滤镜，使图像产生不同的颜色倾向。

（1）将素材图片打开，如图3-29所示。

图3-29

（2）执行“图像>调整>照片滤镜”命令，打开“照片滤镜”窗口。“滤镜”选项用来选择预设的调色效果。例如此处选择“加温滤镜（85）”。“浓度”选项用来设置滤镜应用到图像中颜色的含量，数值越高颜色越浓。参数设置如图3-30所示。

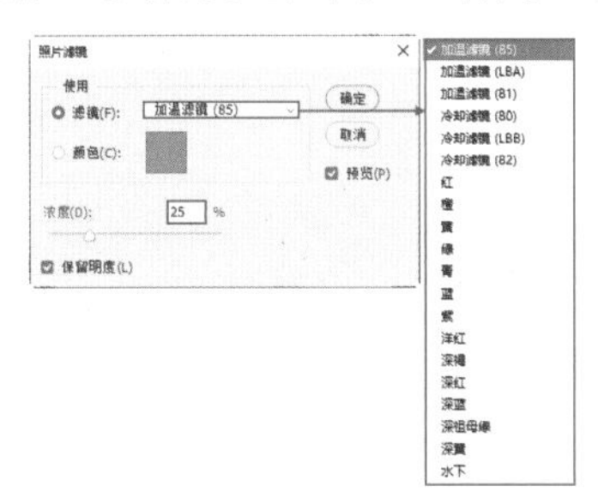

图3-30

（3）勾选“预览”选项，此时画面像被覆盖了一层橙色的薄膜，效果如图3-31所示。

图3-31

（4）也可以直接手动设置“颜色”。选择颜色选项，单击颜色色块，打开“拾色器”窗口，在该窗口中可以选择合适的颜色，如图3-32所示。

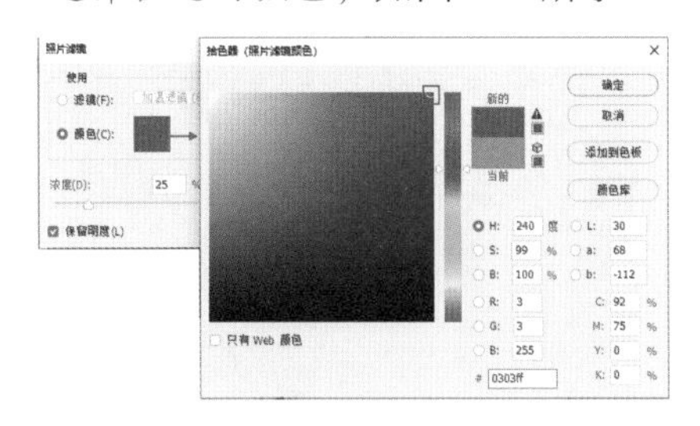

图3-32

（5）设置完成后的画面效果如图3-33所示。

图3-33

3.2.2　实战：如何使画面看起来更干净

文件路径

实战素材/第3章

操作要点

使用“照片滤镜”命令调整画面颜色倾向

案例效果

图3-34

操作步骤

（1）将素材1打开，这张图片看起来偏黄，如图3-35所示。

图3-35

（2）接着执行“图像>调整>照片滤镜”命令，设置“滤镜”为“青”，接着设置“浓度”为25%，如图3-36所示。

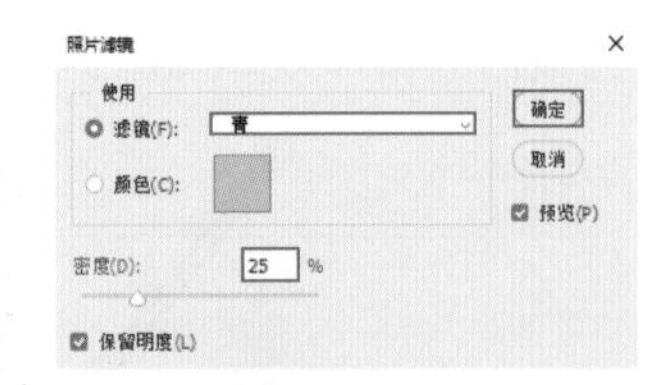

图3-36

（3）调色效果如图3-37所示。

图3-37

3.2.3 实战：照片偏黄怎么办

文件路径

实战素材/第3章

操作要点

1. 使用“照片滤镜”命令更改画面颜色倾向
2. 使用“亮度\对比度”命令提亮画面

案例效果

图3-38

操作步骤

（1）执行“文件>打开”命令，将素材1打开，如图3-39所示。此时可以看到图片为暖调，偏黄程度较大，需要利用冷却滤镜中和过多的暖色成分。

（2）执行“图像>调整>照片滤镜”菜单命令，在打开的“照片滤镜”窗口中设置“滤镜”为“冷却滤镜”，“密度”为25%，设置完成单击“确定”按钮，如图3-40所示。效果如图3-41所示。

图3-39

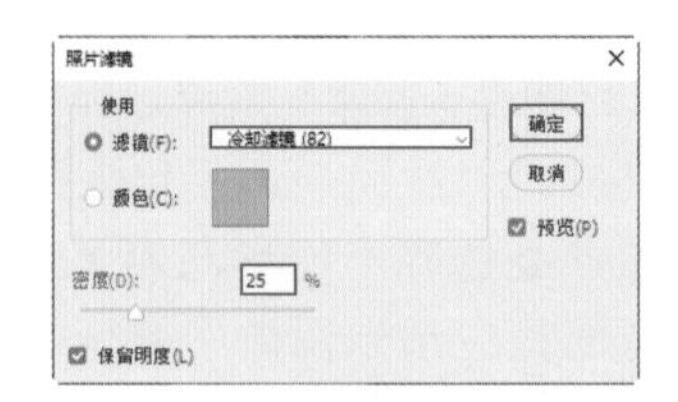

图3-40

图3-41

（3）此时可以看到调整后的照片整体偏暗，所以需要调整其的亮度。执行“图像>调整>亮度\对比度”命令，打开“亮度\对比度”窗口，设置“亮度”为20，然后单击“确定”按钮，如图3-42所示。

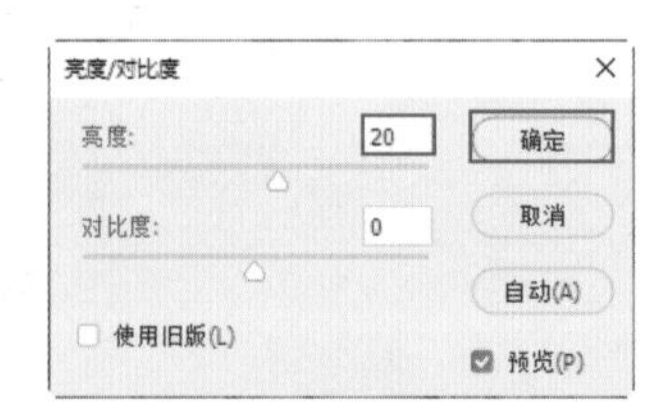

图3-42

（4）本案例制作完成，效果如图3-43所示。

图3-43

3.2.4　实战：如何使照片看起来更温馨

文件路径

实战素材/第3章

操作要点

使用“照片滤镜”命令为照片增加暖色

案例效果

图3-44

操作步骤

（1）执行“文件>打开”命令，将素材1打开，如图3-45所示。此时可以看到图片整体比较偏冷，如果想要增强温馨感，可以适当在图片中增加暖色。

（2）执行“图像>调整>照片滤镜”菜单命令，设置“滤镜”为“加温滤镜”，“密度”为30%，设置完成单击“确定”按钮，如图3-46所示。

（3）本案例制作完成，效果如图3-47所示。

图3-45

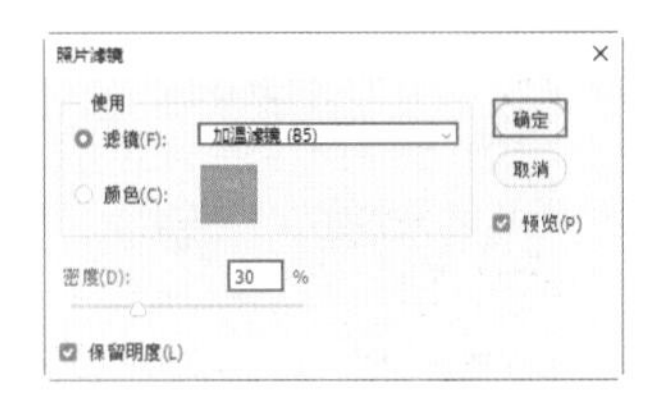

图3-46

图3-47

3.3　调整照片鲜艳程度

“饱和度”就是指色彩的鲜艳程度。图像的饱和度越高，画面看起来越艳丽。调整图像的饱和度并非越高越好，要根据画面主题调整合适的饱和度。不同饱和度的情感表达见表3-2。

表 3-2　不同饱和度的情感表达

类型	低饱和度	中饱和度	高饱和度
正面情感	柔和、朴实	真实、生动	积极、活力
图示			
负面情感	灰暗、压抑	平淡、呆板	艳俗、烦躁
图示			

3.3.1　认识“自然饱和度”调色命令

功能速查

“自然饱和度”可以增强或减弱图像的鲜艳程度。

（1）将素材图片打开，如图3-48所示。

图3-48

（2）执行“图像>调整>自然饱和度”命令。“自然饱和度”选项用来调整图像颜色的鲜艳程度，向左拖动滑块，可以降低颜色的饱和度；向右拖动滑块，可以增加颜色的饱和度。在这里将“自然饱和度”滑块拖动至最右侧或者直接将数值设置为100，如图3-49所示。

图3-49

重点笔记

与“饱和度”选项相比，“自然饱和度”的调整效果相对弱一些，无论将数值调到最小或者最大，都不会得到特别“极端”的颜色。“饱和度”数值调整到最小会得到灰度图像；调整到最大则会得到过于艳丽的效果，如图3-50所示。

图3-50

（3）此时的数值已经最大，虽然画面色彩的鲜艳程度有所增强，但是还不够鲜艳，如图3-51所示。这就是“自然饱和度”选项的一个特点，该选项不会因为数值较高从而引起图像失真。

图3-51

（4）需要继续增加饱和度，可以向右拖动“饱和度”滑块或者设置参数为30，效果如图3-52所示。

图3-52

3.3.2　实战：制作艳丽的风景照片

文件路径

实战素材/第3章

操作要点

1. 使用“亮度\对比度”命令提亮画面
2. 使用“自然饱和度”命令增强画面的鲜艳程度

案例效果

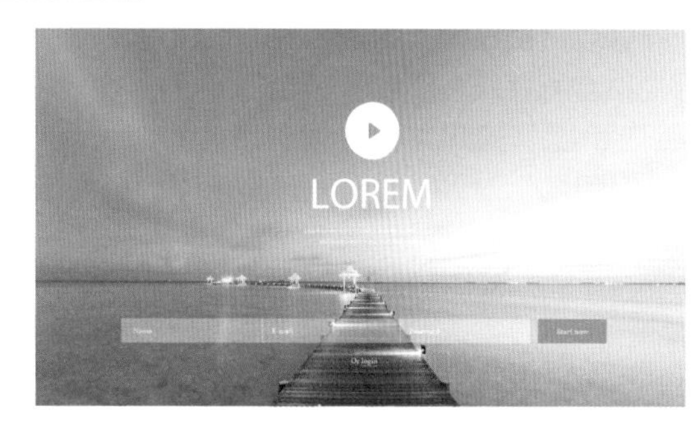

图3-53

操作步骤

（1）执行“文件>打开”命令，将素材1打开，如图3-54所示。此时可以看到图片整体比较暗，所以首先需要提高画面整体的亮度。

图3-54

（2）执行“图像>调整>亮度/对比度”菜单命令，在打开的“亮度\对比度”窗口中设置“亮度”为40，“对比度”为20，设置完成单击“确定”按钮，如图3-55所示。效果如图3-56所示。

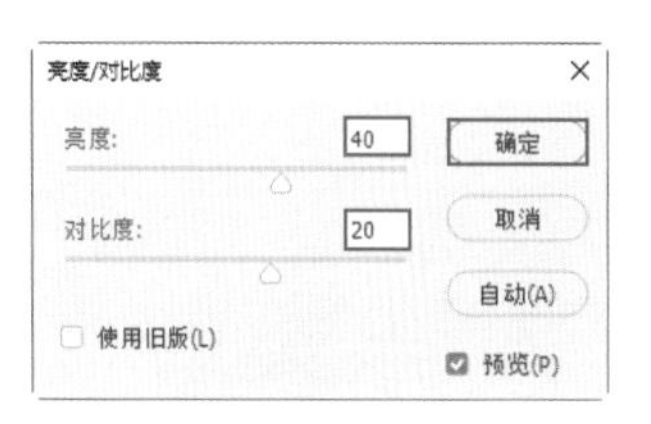

图3-55

图3-56

（3）此时可以看到图片的色彩饱和度比较低，所以可以适当提高图片的饱和度，使图片更加艳丽。执行“图像>调整>自然饱和度”菜单命令，打开“自然饱和度”窗口，接着设置“自然饱和度”为100，“饱和度”为20，设置完成单击“确定”按钮，如图3-57所示。

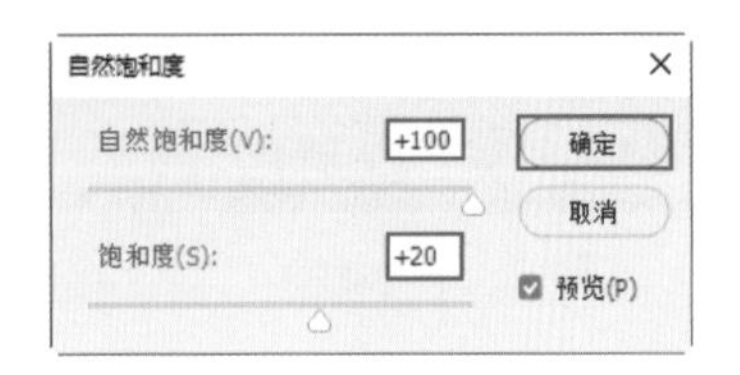

图3-57

（4）此时画面颜色更加饱满，效果如图3-58所示。

图3-58

（5）接着执行“文件>置入嵌入对象”，将素材2置入到画面中，并将其摆放至画面中的合适位置上。本案例制作完成，效果如图3-59所示。

图3-59

3.3.3 实战：降低饱和度制作复古感画面

文件路径

实战素材/第3章

操作要点

使用“自然饱和度”降低画面饱和度

案例效果

图3-60

操作步骤

（1）执行“文件>打开”命令，将素材1打开，如图3-61所示。此时可以看到图片整体的饱和度比较高，要想画面呈现复古感，首先需要降低画面的饱和度。

图3-61

（2）执行“图像>调整>自然饱和度”菜单命令，打开“自然饱和度”窗口，接着设置“自然饱和度”为-100，如图3-62所示。效果如图3-63所示。

图3-62

图3-63

（3）此时可以看到图片的复古氛围还是不够浓郁，所以可以适当降低图片的饱和度。接着在打开的“自然饱和度”窗口中设置“饱和度”为-30，如图3-64所示。

图3-64

（4）本案例制作完成，效果如图3-65所示。

图3-65

3.3.4　实战：统一插图的色感

文件路径

实战素材/第3章

操作要点

1.使用“自然饱和度”调整色彩的饱满度
2.使用“亮度/对比度”命令调整图像明暗

案例效果

图3-66

操作步骤

（1）执行“文件>打开”命令，将分层素材1打开，如图3-67所示。版面中产品插图的明暗程度及色彩的鲜艳程度都不相同，使版面看起来略显凌乱。所以接下来需要对画面中的图片色调进行统一。

图3-67

（2）通过观察可以看到画面中的图5尤为典型，其色彩不够鲜艳，且整体比较偏暗，以此为例进行讲解。使用工具箱中的“移动工具”，在选项栏中勾选“自动选择”选项，设置选定对象为“图层”，接着将光标移动至图片5上单击，即可选中该图层，如图3-68所示。

图3-68

（3）执行“图像>调整>自然饱和度”菜单命令，打开“自然饱和度”窗口，接着设置“自然饱和度”为-100，如图3-69所示。效果如图3-70所示。

图3-69

图3-70

（4）接下来提高图片亮度。执行“图像>调整>亮度/对比度”命令，在弹出来的“亮度/对比度”窗口中设置“亮度”为75，“对比度”为13，设置完成后单击“确定”按钮，如图3-71所示。效果如图3-72所示。

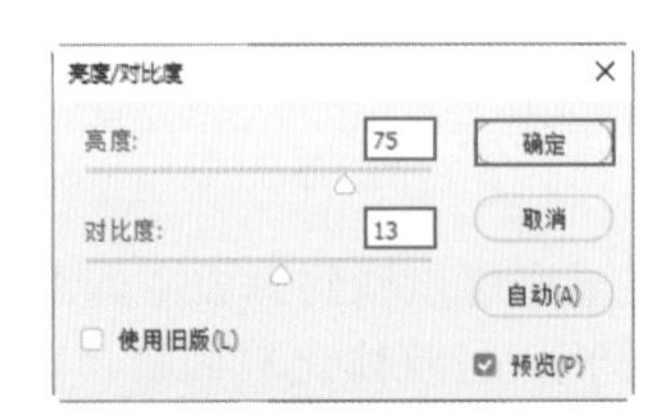

图3-71

图3-72

（5）另外5张图片只需要使用“自然饱和度”命令提高颜色自然饱和度及饱和度数值即可，如图3-73～图3-77所示。

图3-73

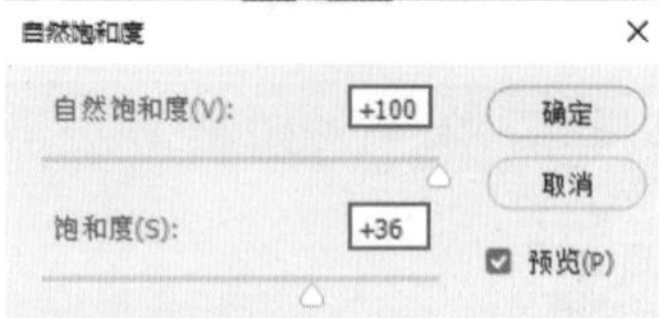

图3-74

图3-75

图3-76

图3-77

（6）本案例制作完成，效果如图3-78所示。

图3-78

3.4 制作黑白照、单色照

黑白效果常见于艺术摄影作品中，“去色”和“黑白”命令都可以将彩色照片处理成黑白照片（表3-3），使用“黑白”命令还可以制作出单色照片效果。

表3-3 “去色”和“黑白”命令说明

命令	去色命令	黑白命令
特点	无需参数设置，一步彩图变黑白 无法调整参数，无法控制明暗效果	可以控制各个颜色转换为灰度后的明暗程度 可以制作单色图像
图示	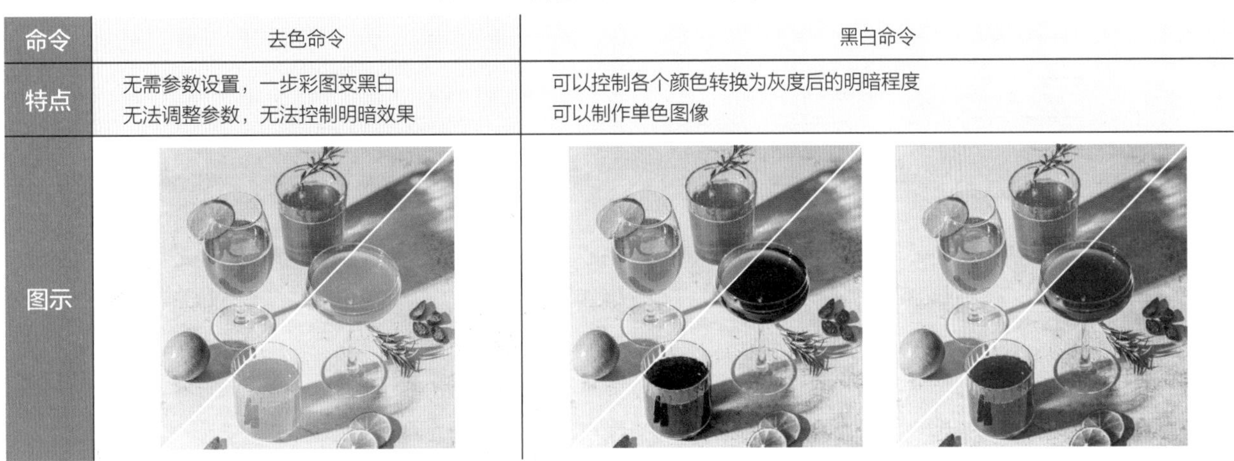	

3.4.1 认识“去色”调色命令

功能速查

“去色”命令可以将彩色图像转变为灰度图像。

（1）打开图片，如图3-79所示。

（2）执行“图像>调整>去色”命令或使用快捷键Shift+Ctrl+U，软件会自然去掉图片中所有彩色部分，只保留黑白灰三色。可以看到图像变为了黑白效果，如图3-80所示。

图3-79

图3-80

3.4.2 认识“黑白”调色命令

功能速查

“黑白”命令可把彩色图像转换为黑色图像，同时还可以控制每一种色调的明暗程度。

（1）将素材图片打开，如图3-81所示。

图3-81

（2）执行“图像>调整>黑白”命令，如图3-82所示。

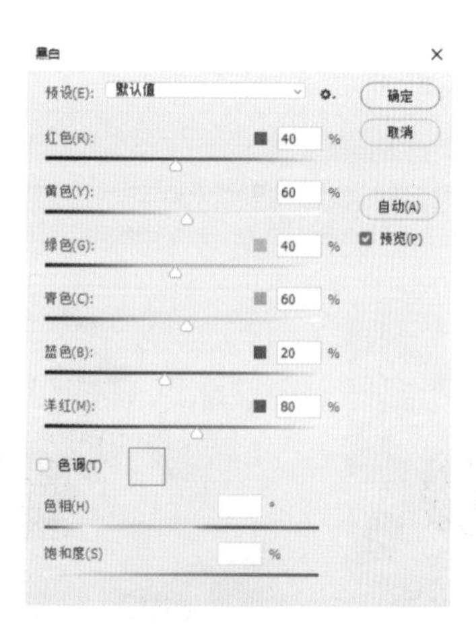

图3-82

（3）此时画面效果如图3-83所示。

图3-83

（4）拖动滑块可以调整每个颜色色调在画面中的含量，从而调整画面效果，如图3-84所示。

图3-84

（5）“色调”选项可以用来制作单色照片。勾选“色调”选项，然后单击右侧的颜色色块，在打开的“拾色器”窗口中设置合适的颜色，如图3-85所示。

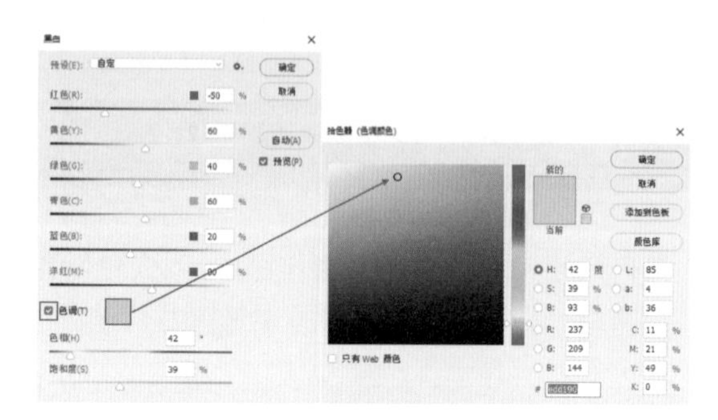

图3-85

（6）此时画面会呈现出单色图像效果，如图3-86所示。

图3-86

疑难笔记

“去色”命令与“黑白”命令有什么不同？

“去色”命令只保留画面的黑白关系，因此画面会丢失很多细节。而“黑白”命令则可以通过参数的设置调整各个颜色在黑白图像中的亮度，这是“去色”命令所不能够达到的，所以如果想要制作高质量的黑白照片，则需要使用“黑白”命令。

3.4.3　实战：一步得到黑白照片

文件路径

实战素材/第3章

操作要点

使用“去色”命令制作黑白照片

案例效果

图3-87

操作步骤

（1）执行“文件>打开”命令，将素材1打开，如图3-88所示。此时可以看到风景照片整体颜色比较多，所以要想得到黑白照片，首先需要去除照片的颜色。

图3-88

（2）执行“图像>调整>去色”菜单命令或者使用快捷键Shift+Ctrl+U，即可快速去除照片的颜色。本案例制作完成效果如图3-89所示。

图3-89

3.4.4　实战：制作细节更加丰富的黑白照片

文件路径

实战素材/第3章

操作要点

1.使用“黑白”命令制作黑白照片
2.调整转换为黑白效果后的各部分的明度

案例效果

图3-90

操作步骤

（1）执行“文件>打开”命令，将素材1打开，如图3-91所示。此时可以看到照片内容比较繁杂，颜色也比较鲜艳，所以要想得到细节丰富的黑白照片，首先需要去除照片的颜色。

图3-91

（2）执行“图像>调整>黑白”菜单命令，打开“黑白”窗口，如图3-92所示。

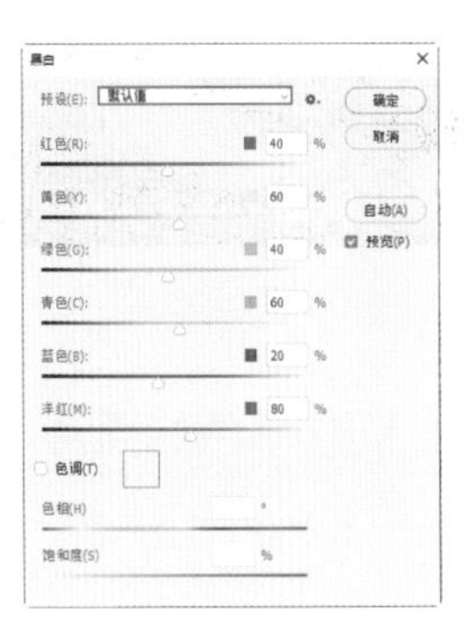

图3-92

（3）采用默认值，勾选“预览”，预览效果如图3-93所示。

图3-93

（4）此时可以看到彩色照片变成了黑白照片，但是照片整体比较暗，明暗对比度也较弱。尤其是天空、水、草地，所以还需要适当调整参数。在打开的“黑白”窗口中设置“红色”为80%、“黄色”为-15%、“绿色”为100%、“青色”为105%、“蓝色”为65%，设置完成后单击“确定”按钮，如图3-94所示。

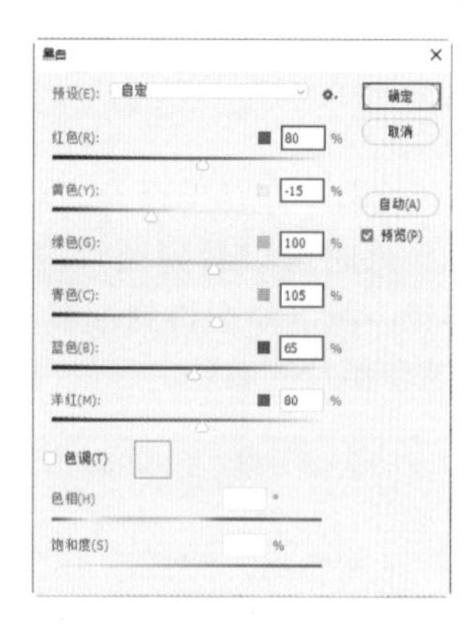

图3-94

（5）此时天空、水面和地面的明度有所提升，细节增强，本案例制作完成，效果如图3-95所示。

图3-95

3.4.5 实战：制作单色的照片

文件路径

实战素材/第3章

操作要点

使用“黑白”命令制作单色图像

案例效果

图3-96

操作步骤

（1）执行“文件>打开”命令，将素材1打开，如图3-97所示。此时可以看到画面右侧照片中的颜色过于抢眼，与版面整体风格不匹配，所以可以将其转换为单色图像。

图3-97

（2）执行“图像>调整>黑白”菜单命令，打开“黑白”窗口，如图3-98所示。

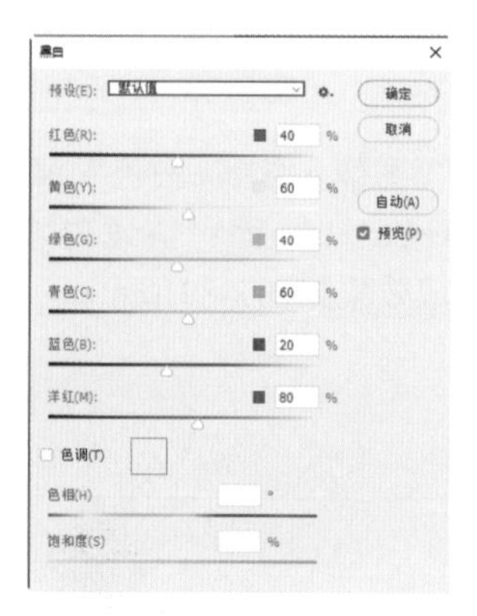

图3-98

（3）默认值的情况下，图像就变为了灰度效果，如图3-99所示。

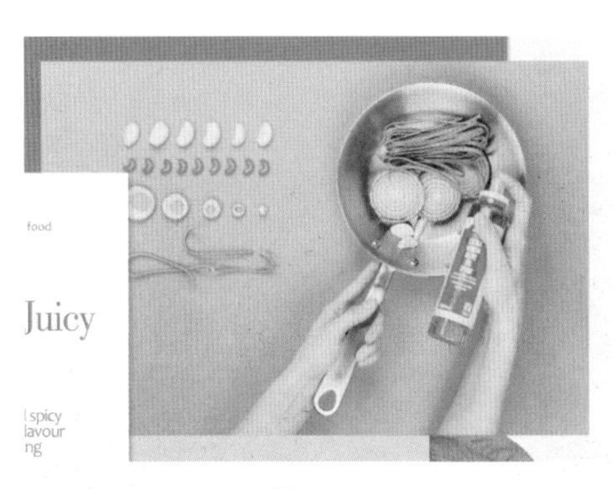

图3-99

（4）接着可以为照片赋予单色。在打开的“黑白”窗口中，勾选“色调”选项，单击右侧色块，打开“拾色器”，设置颜色为浅绿色，设置完成后单击“确定”按钮，如图3-100所示。

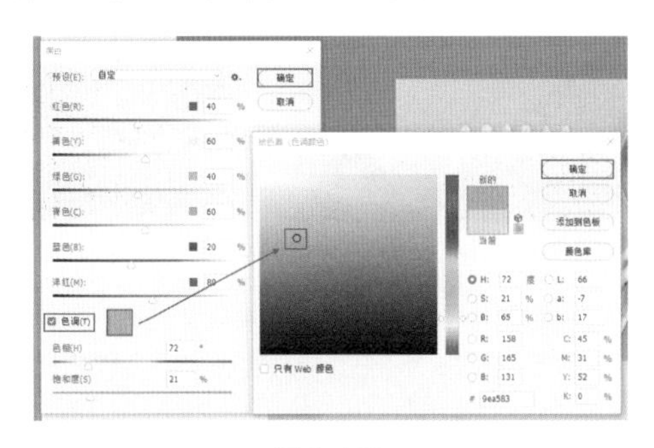
图3-100

本案例制作完成，效果如图3-101所示。

图3-101

3.5　巩固练习：美化食品照片

文件路径

实战素材/第3章

操作要点

1. 使用“自然饱和度”增强图像鲜艳程度
2. 使用“亮度\对比度”增强画面亮度

案例效果

图3-102

操作步骤

（1）打开素材。执行“文件>打开”命令或者使用快捷键Ctrl+O，打开素材1，如图3-103所示。

图3-103

（2）食品照片通常需要给人以美味、诱人的视觉感受，而色彩饱和度较高的美食图像则容易使人产生食欲。但是本张食品照片的颜色饱和度比较低，所以要想食品照片给人一种垂涎欲滴的视觉感受，首先要提升其色彩饱和度。执行“图像>调整>自然饱和度”菜单命令，设置“自然饱和度”为100，“饱和度”为30，设置完成后单击“确定”按钮，如图3-104所示。

图3-104

（3）预览效果如图3-105所示。

图3-105

（4）此时可以看到图片的颜色比较暗，所以需要进行适当提亮。执行“图像>调整>亮度/对比度”菜单命令，设置“亮度”为30，设置完成后单击“确定”按钮，如图3-106所示。

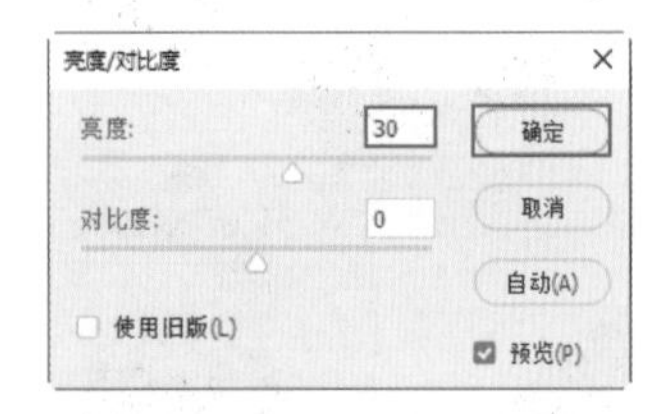

图3-106

本案例制作完成，效果如图3-107所示。

图3-107

本章小结

在Photoshop中，对图像调色的手段很多。不仅可以使用调色命令，还可以使用图层混合来调色；借助通道功能调色；甚至可以使用滤镜功能来调色。本章进行的调色操作是采用调色命令来改变画面颜色。虽然只使用了五个命令，但是已经可以解决很多常见的调色问题了。而Photoshop中的调色命令有二十几种，由此可见，Photoshop的调色功能是非常强大的。

通过本章的学习，图像中常见的明暗、偏色等基础调色问题基本可以解决了。如果想要调整出独具风格、氛围感十足的色调，还需要继续学习后面的高级调色的章节。

第4章 简单排版

排版是一项需要将图形、图像、文字综合运用的工作。如果是较为复杂的版面的编排，甚至可能用到Photoshop的绝大多数核心功能。但对于简单的版面编排，掌握“添加图像”“绘制图形”“填充颜色”“编辑文字”这几项功能基本就可以应对了。本章主要介绍：选区的创建与编辑、填充纯色和渐变色、填充图案、使用“横排文字工具”创建点文字和段落文字、对图层中的对象变形。

学习目标

熟练掌握简单选区的制作方法
熟练掌握颜色设置和填充
熟练掌握渐变颜色编辑和填充的操作
掌握图案的填充
掌握创建文字的方法
熟练掌握对象变换的方法

思维导图

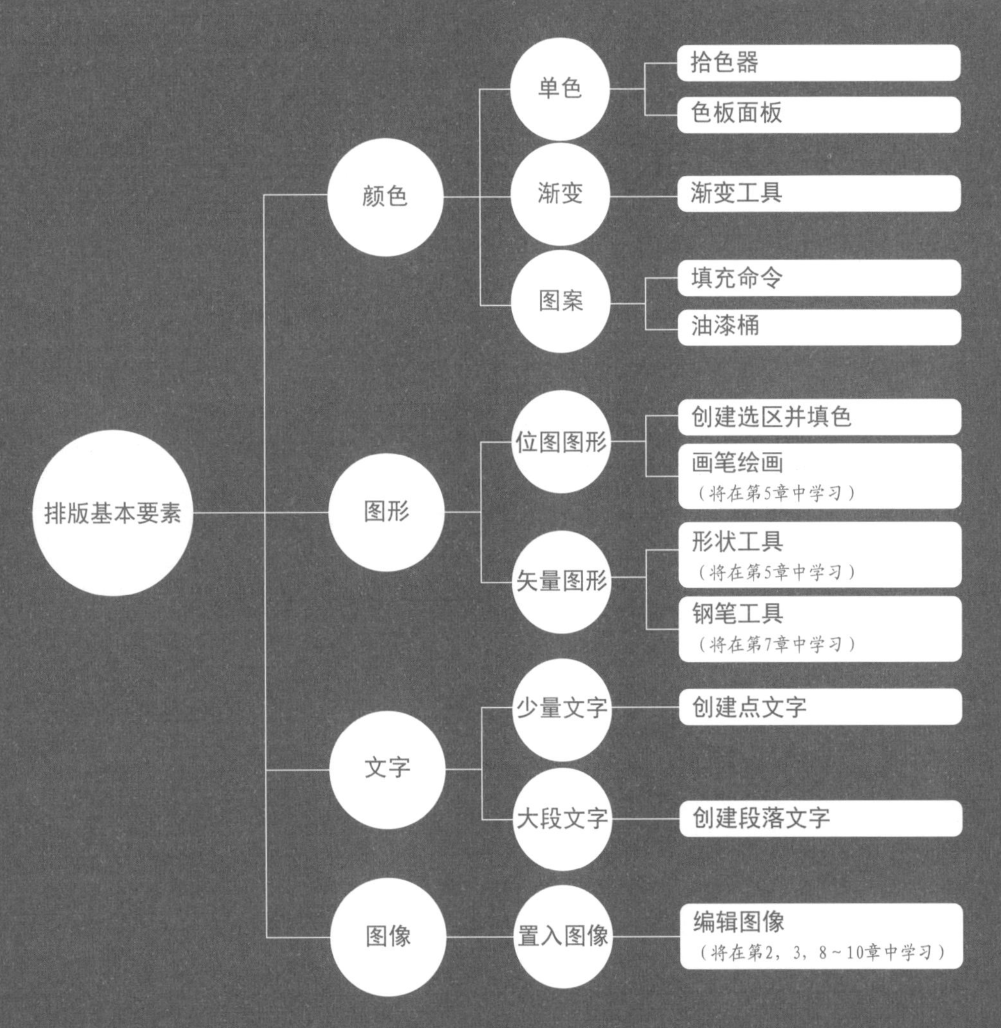

4.1 选区

“选区”是Photoshop非常重要的概念，“选区”也被称为“选框”，可以理解为限定处理范围的“虚线框”。在Photoshop中包含很多种可以创建出选区的工具，本章主要学习“矩形选框工具”、“椭圆选框工具”、“单行选框工具”、“单列选框工具”、“套索工具”、“多边形套索工具”。通过这些工具可以绘制简单的常见选区。常用选区工具说明见表4-1。

表4-1 常用选区工具功能速查

工具名称	矩形选框工具	椭圆选框工具	单行选框工具
工具概述	可以创建长方形选区、正方形选区	可以创建椭圆选区、正圆选区	可以创建与画面等宽的高度为1像素的细长选框
图示			1像素高
工具名称	单列选框工具	套索工具	多边形套索工具
工具概述	可以创建与画面等高的宽度为1像素的细长选框	可以创建出不规则形状的选框	可以创建转角比较强烈的选框
图示	1像素宽		

重点笔记

除此之外，Photoshop中还有一些可以创建出选区的工具，例如“磁性套索工具”“对象选择工具”“快速选择工具”等，这些工具是用于抠图的选区工具，不在本章讲解。

4.1.1 什么是选区

功能速查

“选区”可以理解为选定的区域，在软件中显示为闪烁的虚线，虚线以内的区域为选区。

仅仅有选区还不够，创建选区的意义在于利用选区填充色彩得到图形，如图4-1所示。

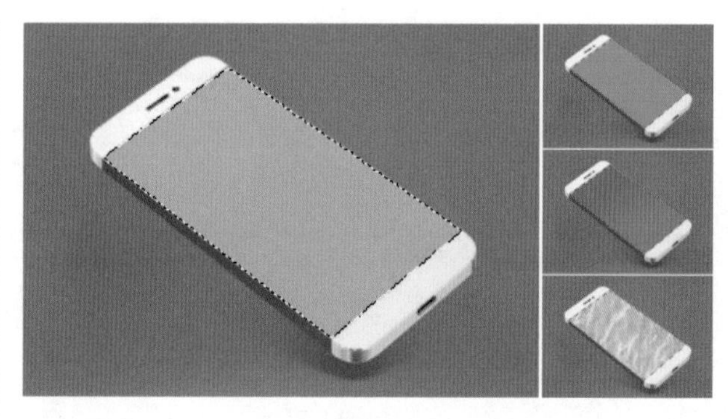

图4-1

或利用选区限定图像的编辑范围。例如想要对画面中某个对象单独进行调色，那么可以先得到其选区，如图4-2所示。

接着进行调色，调色效果会只针对选区内部，如图4-3所示。

图4-2

图4-3

选区可以通过工具进行创建；也可以通过命令编辑已有的选区，得到新选区；还可以将路径转换为选区。在本节中先来学习使用工具绘制简单的选区，以及选区的基本操作，图4-4所示为一些常见选区。

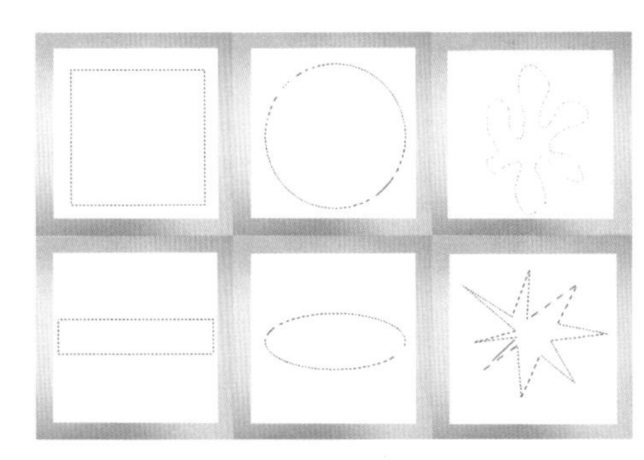

图4-4

4.1.2 创建简单的规则选区

1. 矩形选框工具

“矩形选框工具”既可以创建出长方形选区，也可以创建出正方形选区。

（1）选择工具箱中的“矩形选框工具”，接着在画面中按住鼠标左键拖动，释放鼠标后即可得到一个矩形选区，如图4-5所示。

（2）如果想要绘制正方形的选区，可以按住Shfit键的同时按住鼠标左键拖动，如图4-6所示。

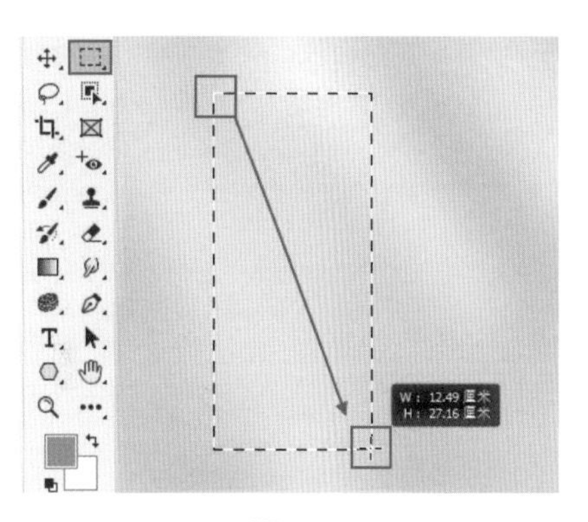

图4-5

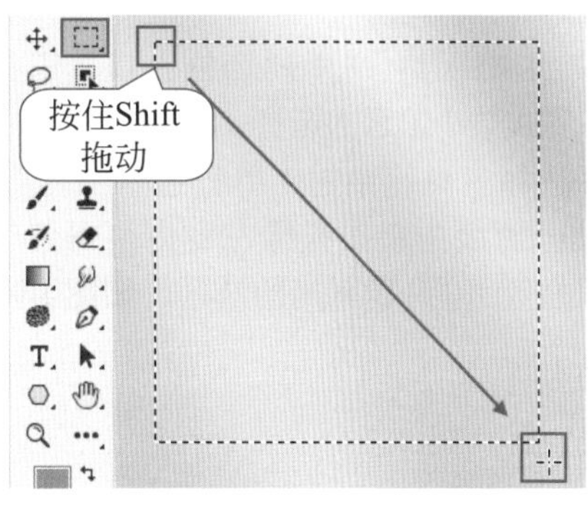

图4-6

2. 椭圆选框工具

“椭圆选框工具”既可以创建出椭圆选区，又可以创建出正圆选区。

（1）选择工具箱中的“椭圆选框工具”，接着在画面中按住鼠标左键拖动，释放鼠标后即可得到一个椭圆形选区，如图4-7所示。

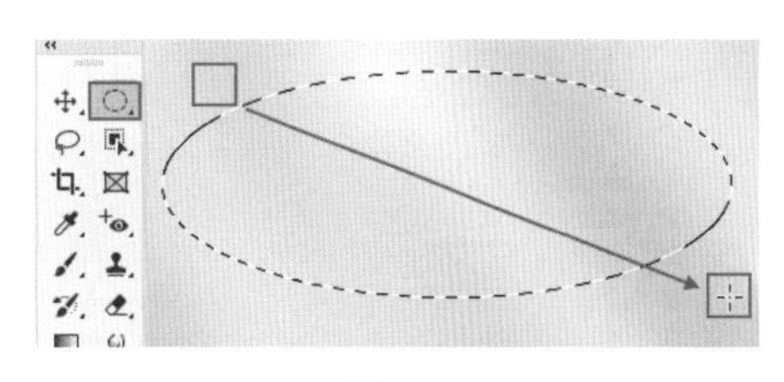

图4-7

重点笔记

“椭圆选框工具”位于选框工具组中，默认情况下选框工具组显示为“矩形选框工具”，想要使用其中隐藏的工具，可以在该按钮上单击鼠标右键，接着会显示工具组中的其他工具，单击相应的按钮即可切换到该工具。

（2）如果想要绘制正圆的选区，可以按住Shfit键的同时按住鼠标左键拖动，如图4-8所示。

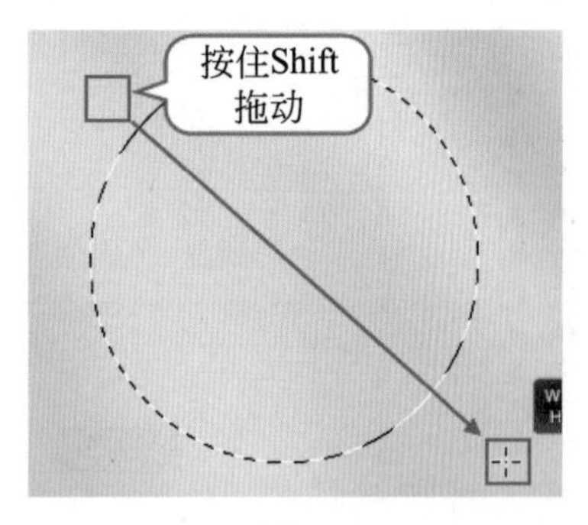

图4-8

3.单行选框工具/单列选框工具

“单行选框工具”“单列选框工具”主要用来创建高度或宽度为1像素的选区。

（1）选择工具箱中的“单行选框工具”，将光标移动至画面中单击鼠标左键即可得到一个横向的，与画面等宽的1像素高的选区，如图4-9所示。

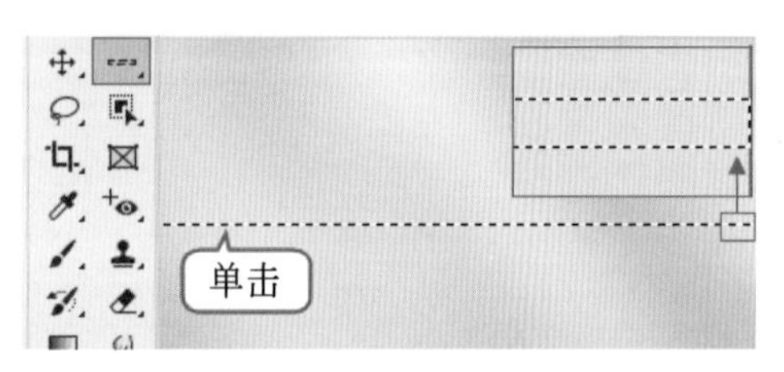

图4-9

（2）选择工具箱中的“单列选框工具”，接着在画面中单击即可绘制纵向的，与画面等高的1像素宽的选区，如图4-10所示。

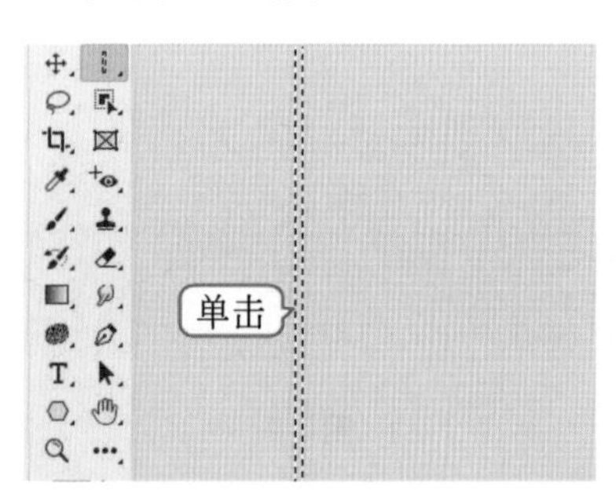

图4-10

4.1.3 创建不规则的选区

1.套索工具

（1）选择工具箱中的“套索工具”，将光标移动至画面中，按住鼠标左键拖动绘制，如图4-11所示。

（2）将光标移动至起始位置后释放鼠标，即可得到选区，如图4-12所示。

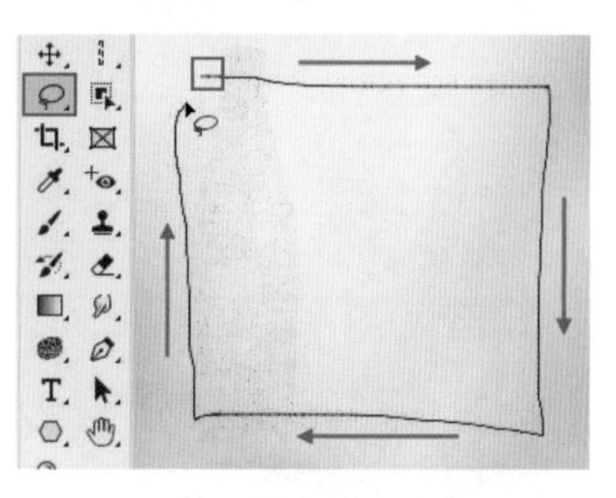

图4-11

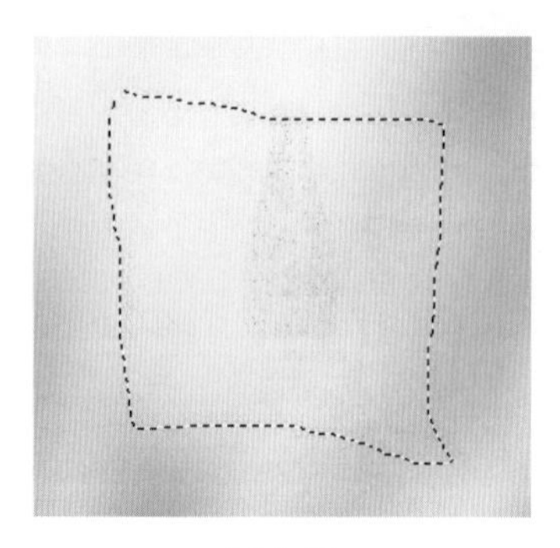

图4-12

重点笔记

如果绘制过程中没有回到起点处单击，而是在中途释放鼠标。软件会在该点与起点之间建立一条直线以封闭选区，如图4-13所示。

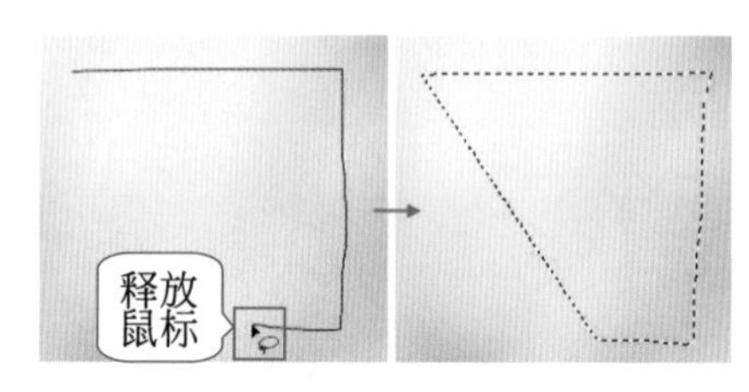

图4-13

2.多边形套索工具

（1）单击“多边形套索工具”，将光标移动到画面中，单击鼠标左键，接着将光标移动至下一个位置单击，如图4-14所示。

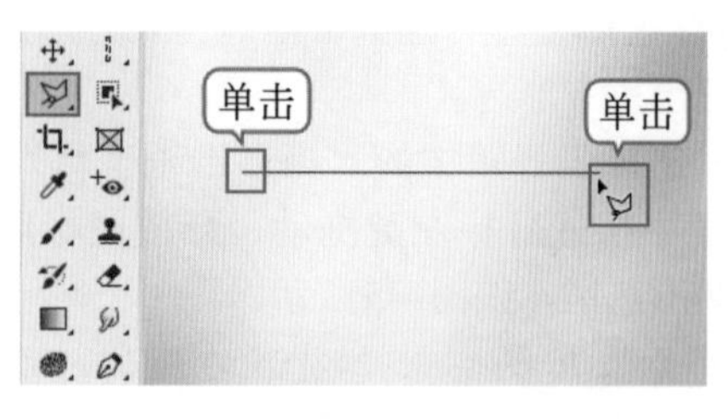

图4-14

使用“多边形套索工具”时，按住Shift键绘制出的线条为水平、垂直或倾斜45°。通常在绘制带有水平、垂直边缘的选区时，需要使用到Shift键，如图4-15所示。

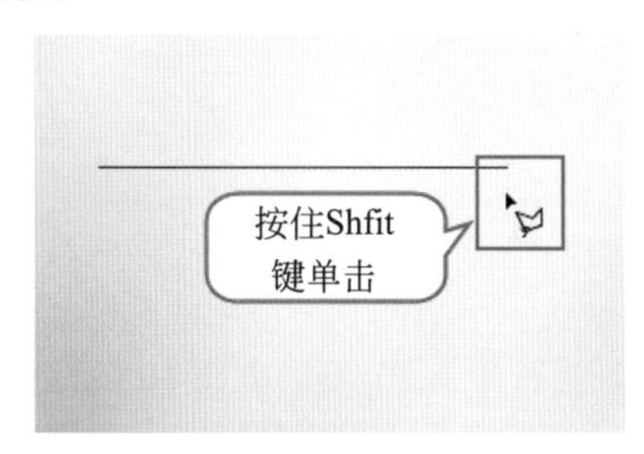

图4-15

（2）最后将光标移动至起始点位置单击，如图4-16所示。

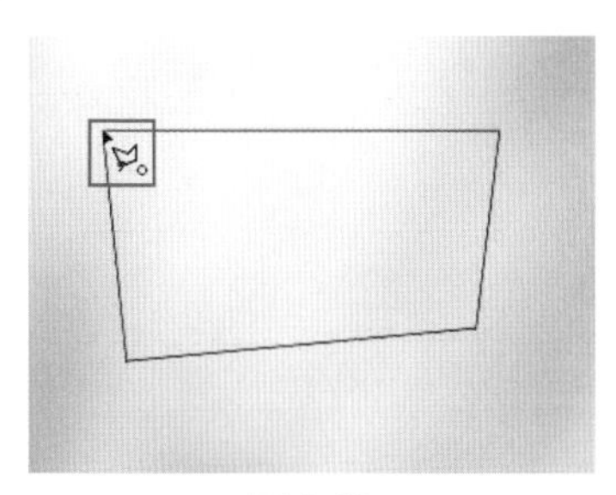

图4-16

（3）随即得到选区，如图4-17所示。

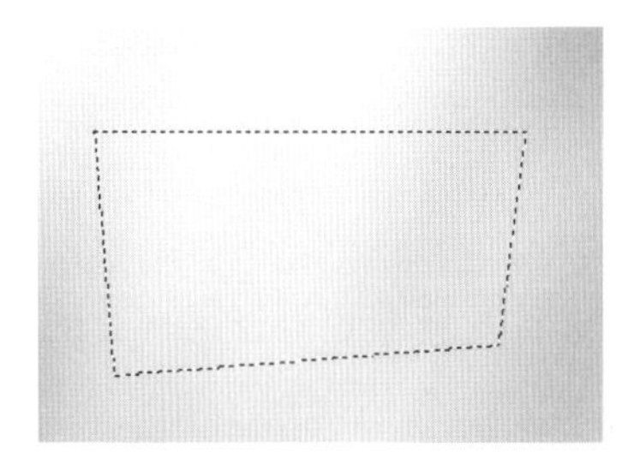

图4-17

使用“多边形套索工具”时，如出现绘制错误的线条，可以按Delete键，删除最近绘制的直线。

4.1.4 选区的使用

1. 选区的移动

选区绘制完成后可以移动选区，以调整其位置。想要移动选区，首先要在使用选区工具的状态下；其次，要保持选区的绘制模式为“新选区”。

（1）使用选框工具绘制一个选区，然后单击选项栏中的“新选区”按钮。将光标移动至选区内，光标变为状后，按住鼠标左键拖动即可移动选区，如图4-18所示。

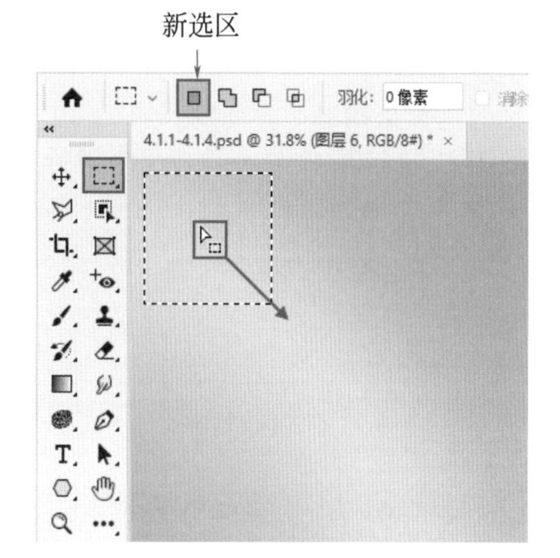

图4-18

重点笔记

按键盘上的→、←、↑、↓键可以1像素的距离移动选区。

（2）释放鼠标完成选区的移动操作，如图4-19所示。

图4-19

可以用“移动工具”移动选区吗？

不能。选区绘制完成后，如果使用“移动工具”移动选区，那么选区中的像素也会移动，如图4-20所示。

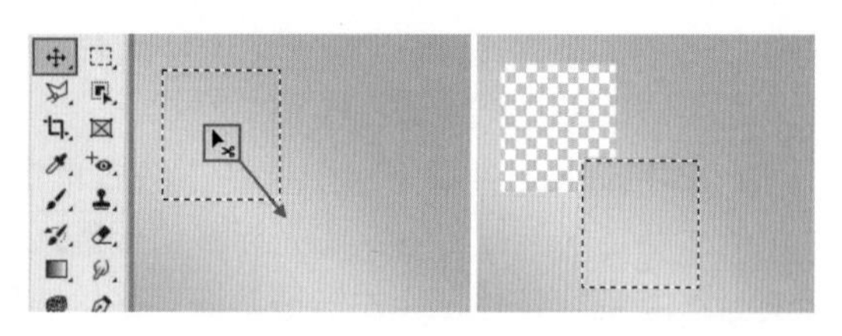

图4-20

2. 选区的运算

选区的运算是指选区之间的“加”“减”“交”。在多种选区工具选项栏中，都有用来进行运算的功能，这里以“矩形选框工具”为例，如图4-21所示。

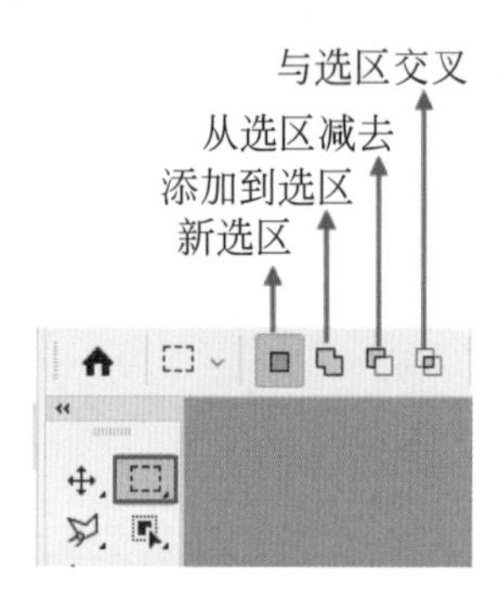

图4-21

（1）选择一个选框工具，单击选项栏中的“新选区”按钮，先绘制一个选区，接着在另外一个位置绘制一个新选区，那么新创建的选区将替代原来的选区，如图4-22所示。

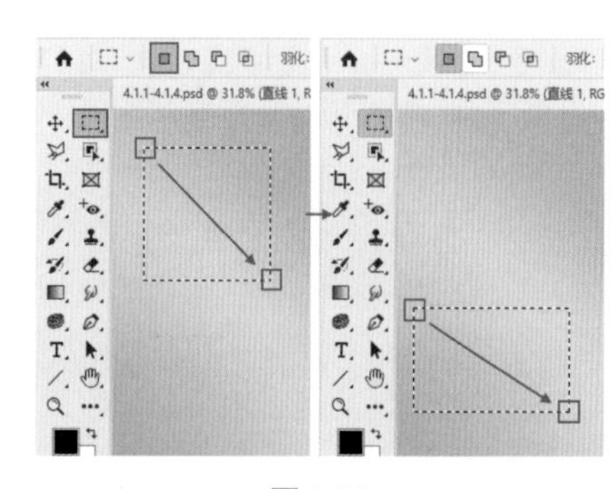

图4-22

（2）如果单击选项栏中的“添加到选区”按钮，在已有选区上方绘制一个新的选区，新创建的选区会被添加到原来的选区中，如图4-23所示。

重点笔记

在使用“新选区”模式下，按住Shift键也可以实现选区相加的操作。

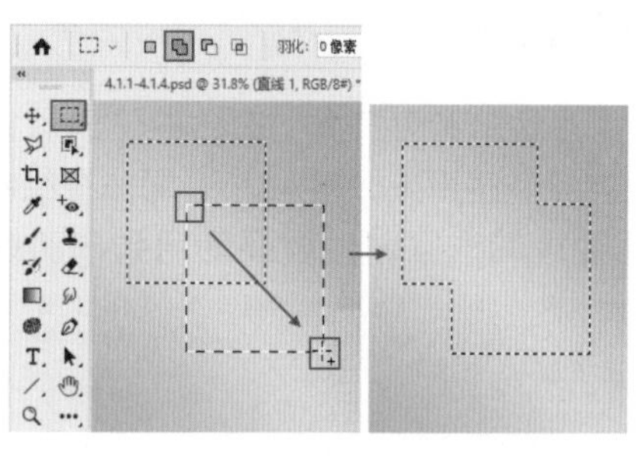

图4-23

（3）如果单击选项栏中的“从选区减去”按钮，在已有选区上方绘制一个新的选区，可以在原始选区上减去新绘制的选区，如图4-24所示。

注意：使用此操作时，新旧选区需要有交叉区域，否则操作无效。

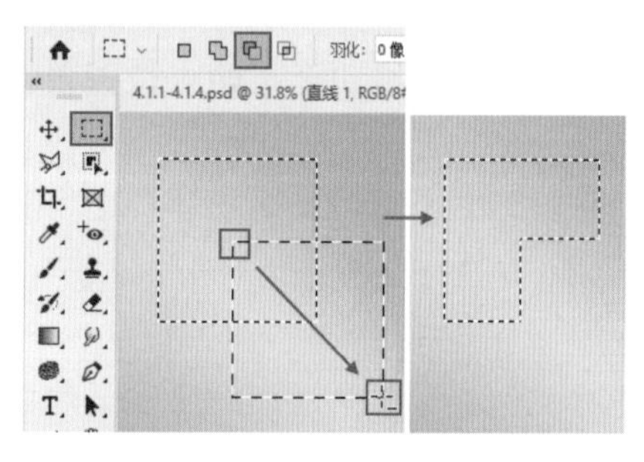

图4-24

重点笔记

在使用“新选区”模式下，按住Alt键也可以实现选区相减的操作。

（4）如果单击选项栏中的“与选区交叉”按钮，在已有选区上方绘制一个新的选区，完成后会只保留原有选区与新创建的选区相交的部分，如图4-25所示。

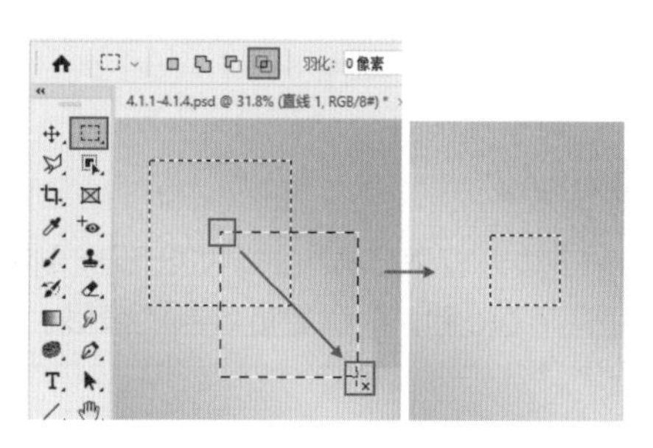

图4-25

3. 选区的羽化

“羽化”选项主要用来设置选区边缘的虚化程度。

（1）选择一个选框工具，在选项栏中输入“羽化”数值，然后在画面中绘制一个选区，如图4-26所示。

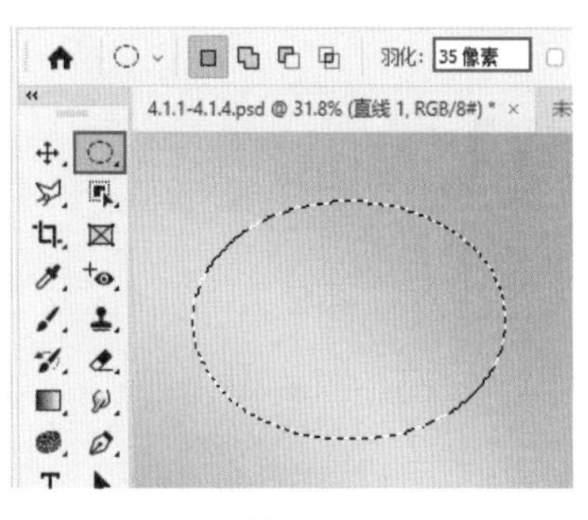

图4-26

（2）为了看清效果，可以使用快捷键Delete键进行前景色的填充。此时可以看到选区边缘羽化的效果，如图4-27所示。

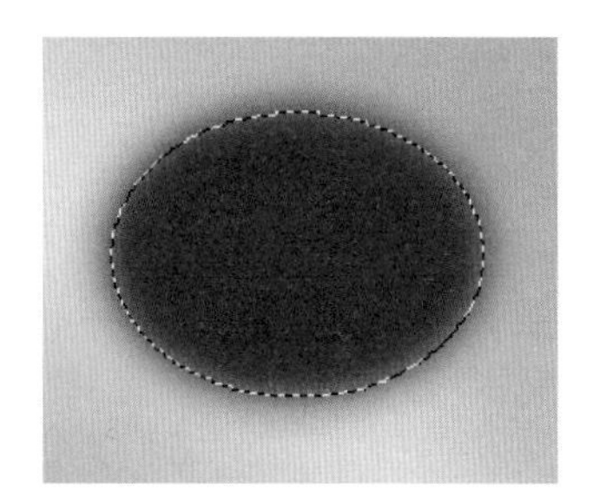

图4-27

（3）还可以先绘制选区，后羽化选区。选区绘制完成后，执行“选择>修改>羽化”命令或者使用快捷键Shift+F6打开“羽化选区”窗口，然后设置“羽化半径”数值，如图4-28所示。

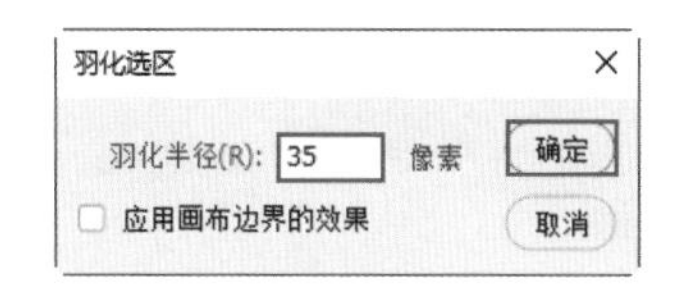

图4-28

重点笔记

当设置的“羽化”数值大于原始选区时，会弹出以下窗口，提醒用户羽化后的选区将不可见，但选区仍然存在，如图4-29所示。

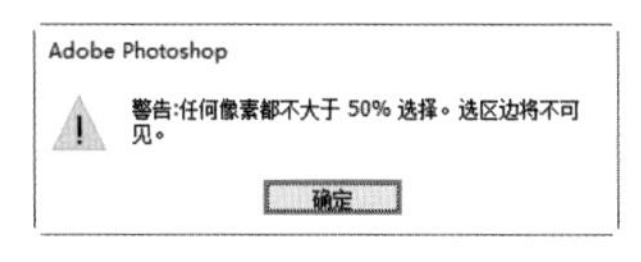

图4-29

4. 载入图层的选区

如果想要载入某一个图层的选区，可以按住Ctrl键单击图层缩览图，如图4-30所示。

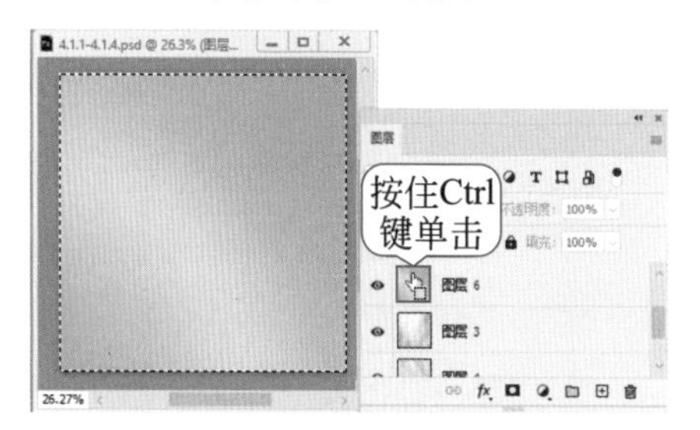

图4-30

5. 取消选区

创建选区后，如果不再需要该选区，执行“选择>取消选择”命令可以取消选区状态。快捷键：Ctrl+D。

6. 全选

“全选”是将所选图层内的全部内容选中。执行“选择>全部”命令即可全选。快捷键：Ctrl+A，如图4-31所示。

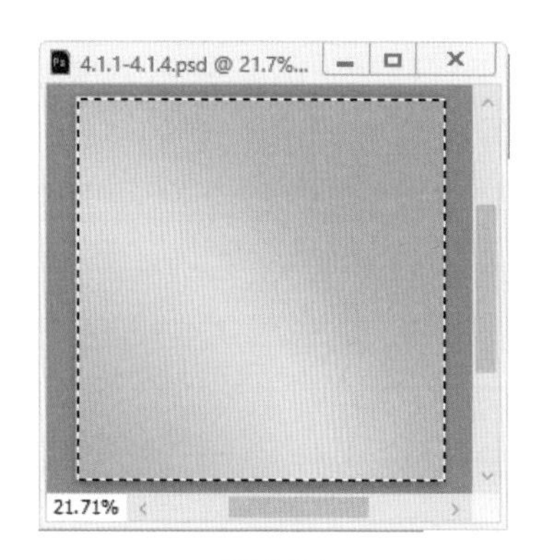

图4-31

7. 反选

“反选”就是得到反向的选区。

（1）首先绘制一个选区，如图4-32所示。

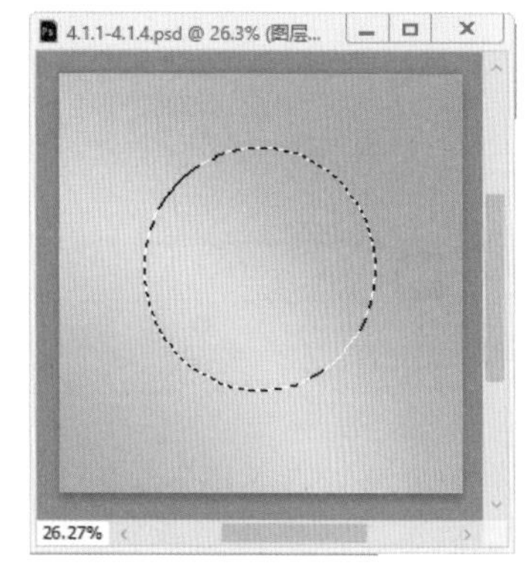

图4-32

（2）执行“选择>反向选择”命令或者使用快捷键Shift+Ctrl+I，可以得到反向的选区，如图4-33所示。

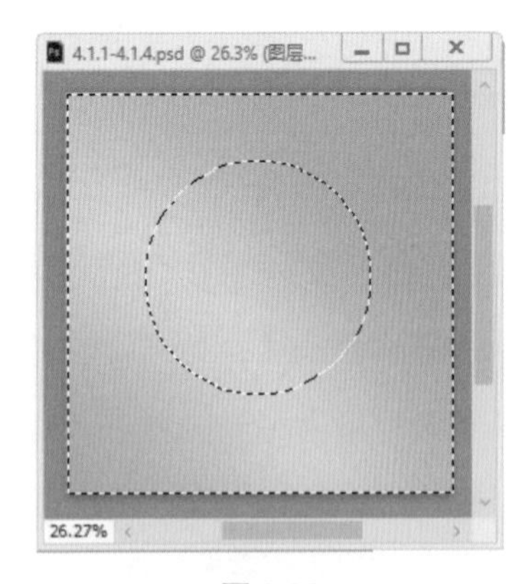

图4-33

8. 存储与载入选区

选区是一种用后即删的功能，如果想要将选区保留下来以备后面使用，就需要使用到“通道”面板。

（1）首先绘制一个选区，在“通道”面板底部单击“将选区储存为通道”按钮，如图4-34所示。

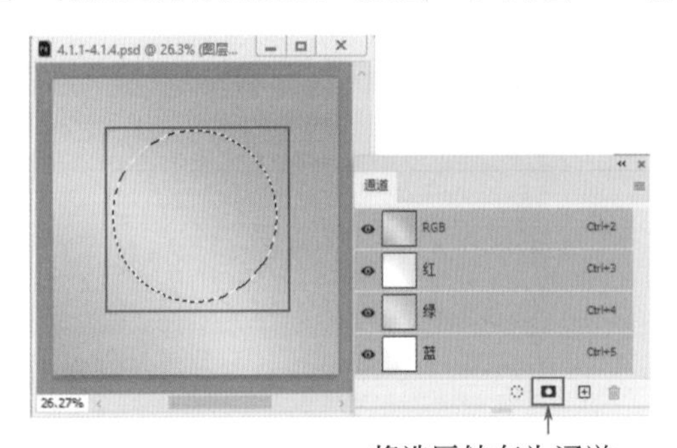

图4-34

（2）可以将选区存储为“Alpha 1”通道，如图4-35所示。

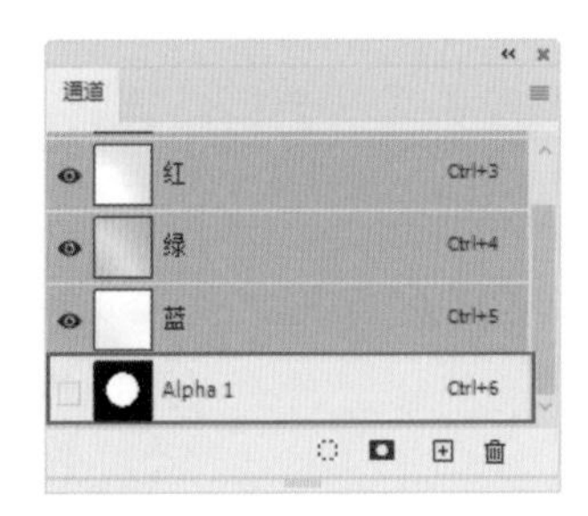

图4-35

（3）如果想要重新载入选区，可以选中之前保存的通道，然后单击“将通道作为选区载入”按钮，即可重新得到选区，如图4-36所示。

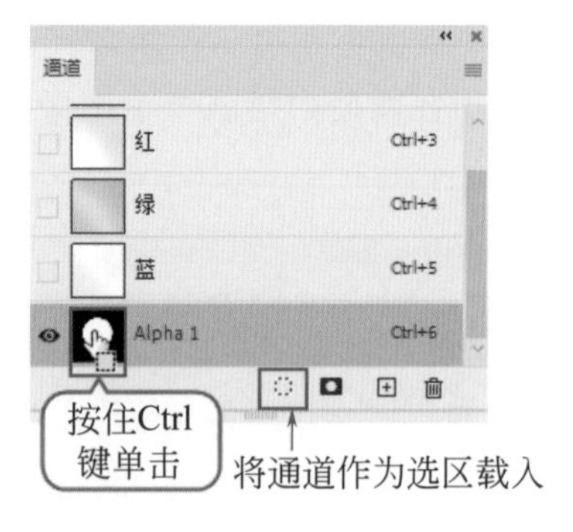

图4-36

4.1.5 实战：复制、剪切、粘贴选区中的内容

文件路径

实战素材/第4章

操作要点

1. 使用“多边形套索工具”绘制选区
2. 使用复制、粘贴命令复制画面局部
3. 使用剪切、粘贴命令剪切画面局部

案例效果

图4-37

操作步骤

（1）将背景素材打开，如图4-38所示。

（2）接着将风景素材2置入到文档中，按下Enter键提交操作，接着将其栅格化，如图4-39所示。

（3）选择工具箱中的“多边形套索工具”，将光标移动至风景图片的边缘，然后以单击的方式绘制，如图4-40所示。

图4-38

图4-39

图4-40

（4）绘制到起始点位置单击，即可得到选区，如图4-41所示。

图4-41

（5）在选择风景素材图层的状态下，执行“编辑>拷贝”命令或者使用快捷键Ctrl+C即可将选区中的像素复制到剪切板中，但是此时画面是没有任何变化的。接着执行“编辑>粘贴”命令或者使用快捷键Ctrl+V粘贴，此时图层面板中会生成一个新的图层。将原来的素材图层隐藏，此时画面中可以看到刚刚选区中复制得到的内容，如图4-42所示。

图4-42

（6）此时案例效果已经制作完成了，接下来尝试使用“剪切”功能。按两次Ctrl+Z将操作撤销到得到选区的这一步，然后选择风景素材图层，如图4-43所示。

图4-43

（7）接着执行“编辑>剪切”命令或者使用快捷键Ctrl+X，此时选区中的像素将消失，如图4-44所示。

图4-44

（8）接着使用快捷键Ctrl+V粘贴，消失的内容将重新被粘贴到画面中，并生成一个新的图层，如图4-45所示。

图4-45

（9）调整粘贴对象的位置，将风景素材隐藏，效果如图4-46所示。

图4-46

4.2 在画面中填充单色

单色是设计作品中最常用的填充方式，如果画面中包含选区，那么选区内的部分会被填充，如图4-47所示。如果没有选区，那么会填充整个画面，如图4-48所示。

图4-47

图4-48

4.2.1 设置单色的方法

（1）在工具箱的底部可以看到前景色和背景色设置按钮（默认情况下，前景色为黑色，背景色为白色），如图4-49所示。

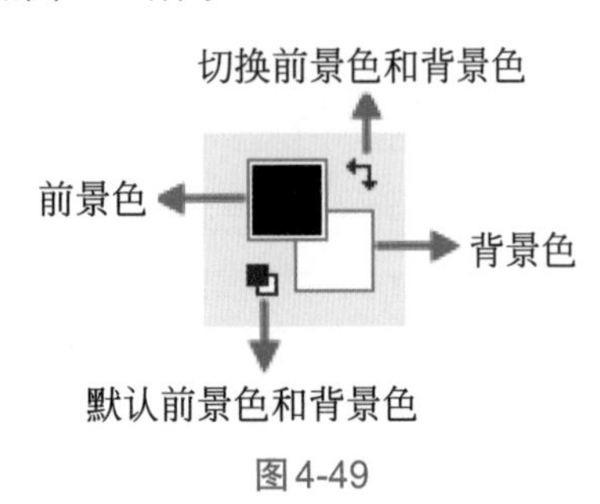

图4-49

（2）单击工具箱底部的“填色”按钮，会弹出拾色器，先拖动中间部分的滑块，选择合适的色相，然后在左侧色域中单击选择颜色。如果想要设定精确数值的颜色，也可以在右侧输入数字，如图4-50所示。

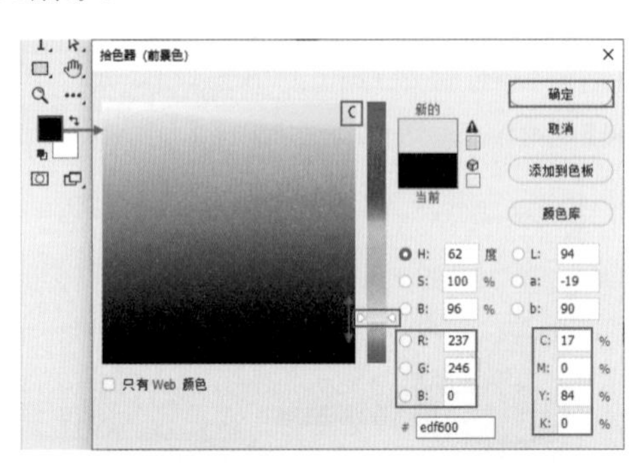

图4-50

拓展笔记

在“拾色器”上还有一些常用的功能，下面来学习一下。

溢色警告：该功能用于印刷品的制作中。当出现该图标时就代表出现了印刷中无法准确印刷的颜色，单击该图标颜色将会替换成最相近的颜色。

不是Web安全色警告：该功能用于网页设计中。当出现该图标时，表示当前所设置的颜色不能在网页上准确显示。单击下方的相近的颜色，可以替换为适合网页显示的颜色。

只有Web颜色：该功能用于网页设计中。勾选该选项以后，在色域中只显示能在网页设计中使用的安全色。

颜色库：单击该按钮，可以打开“颜色库”对话框。

（3）设置完成后单击“确定”按钮，可以看到前景色发生了变化，如图4-51所示。

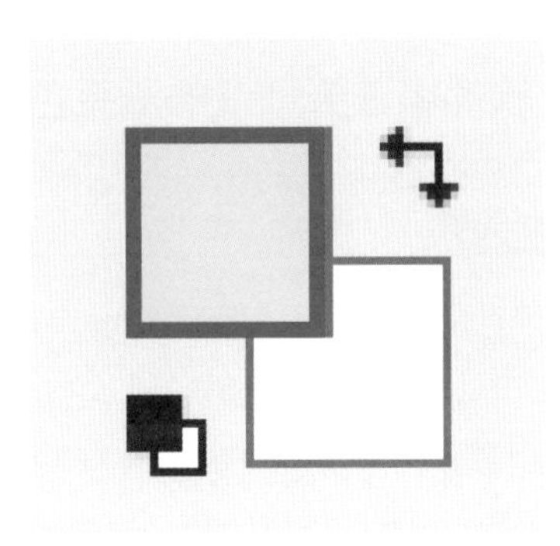

图4-51

（4）单击“切换前景色和背景色”按钮，可以将当前的前景色和背景色互换，如图4-52所示。

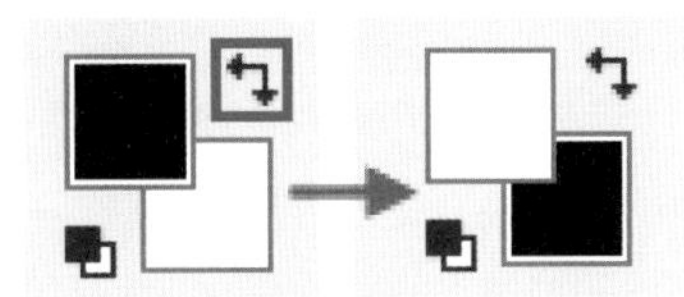

图4-52

（5）单击“默认前景色与背景色”按钮，可以恢复默认的前景色和背景色，如图4-53所示。

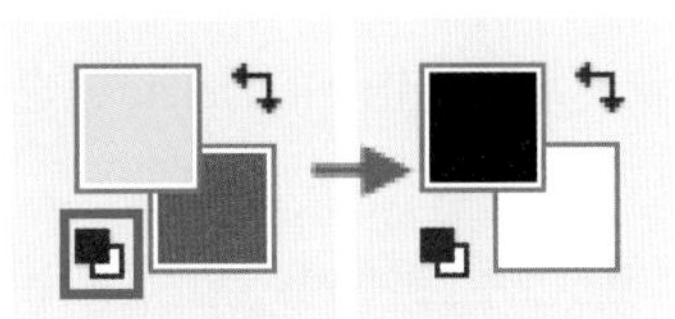

图4-53

拓展笔记

为什么分为前景色和背景色？

前景色使用的频率较高，绘制图形、填充、描边颜色的设置都是使用前景色；而在使用部分滤镜或部分画笔设置时，才会使用到背景色。

（6）除了直接设置颜色外，还可以从图像中拾取颜色作为前景色或者背景色。单击工具箱中的“吸管工具”，在画面中单击鼠标左键，单击的位置的颜色会被拾取为前景色，如图4-54所示。

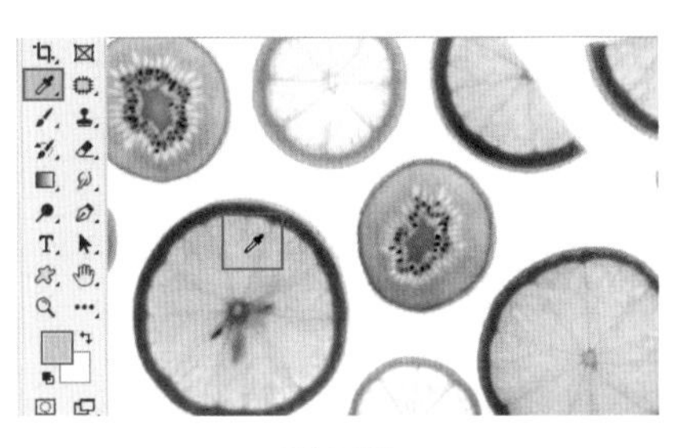

图4-54

（7）使用“吸管工具”按住Alt键单击，则会将颜色拾取为背景色，如图4-55所示。

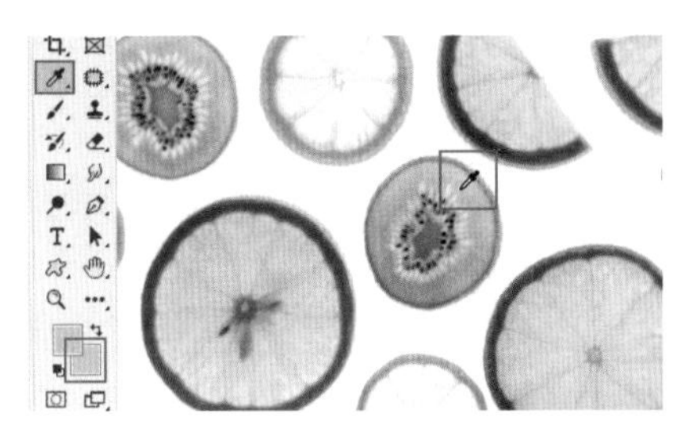

图4-55

4.2.2 快速填充单色

功能速查

填充前景色快捷键：Alt+Delete。填充背景色快捷键：Ctrl+Delete。

（1）新建一个空白文档，接着单击前景色按钮，在“拾色器”中首先将中间的滑块调整到黄绿色的位置，然后在左侧色域中选择一个非常浅的黄绿色，单击“确定”按钮，完成操作，如图4-56所示。

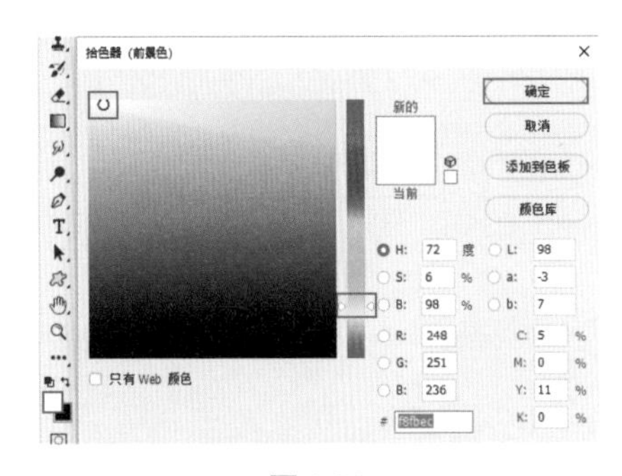

图4-56

（2）此时前景色变为很浅的绿色，使用快捷键Alt+Delete键，即可将前景色填充到画面中，如图4-57所示。

快速入门篇

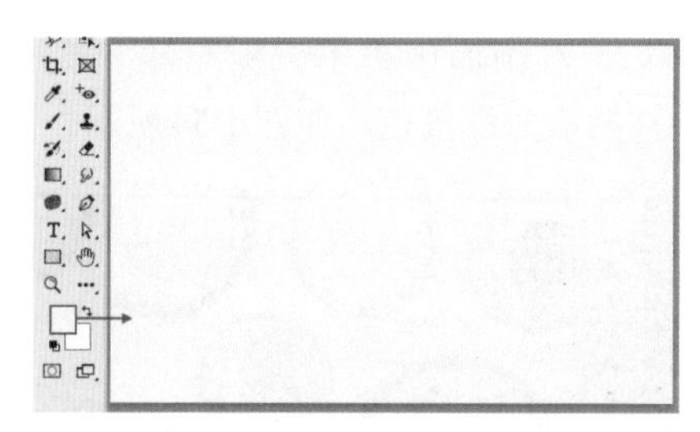

图4-57

（3）使用“矩形选框工具”，在画面下半部分按住鼠标左键绘制一个矩形选区。设置合适的背景色，接着使用背景色填充快捷键Ctrl+Delete进行填充，效果如图4-58所示。完成后使用Ctrl+D取消选区。

图4-58

（4）选择工具箱中的“椭圆选框工具”，在画面中间位置按Shift键的同时按住鼠标左键拖动绘制一个正圆选区，如图4-59所示。

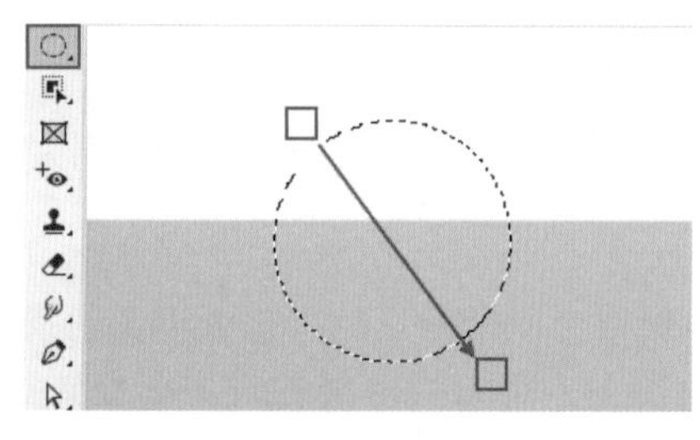

图4-59

（5）当前的前景色仍然为浅绿色，继续使用快捷键Alt+Delete键进行填充，如图4-60所示。

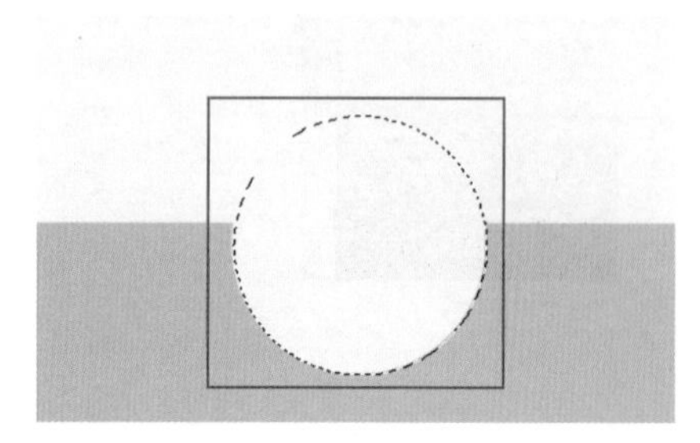

图4-60

（6）最后，置入水果素材，案例完成效果如图4-61所示。

图4-61

4.2.3 从软件中选择预设的漂亮色彩

功能速查

“色板”面板中带有大量预先设定好的颜色，单击即可使用。

（1）执行“窗口>色板”命令，打开“色板”面板。该面板中有很多颜色组，例如单击“蜡笔”左侧的按钮展开颜色组，然后在色块上方单击，即可将前景色设置为该颜色，如图4-62所示。

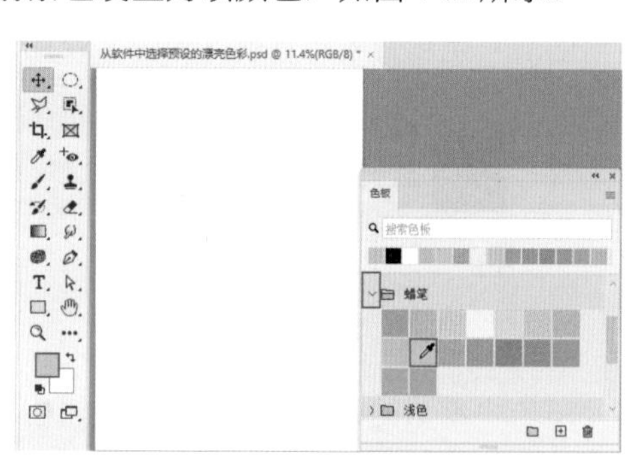

图4-62

（2）接着使用快捷键Alt+Delete键进行填充，如图4-63所示。

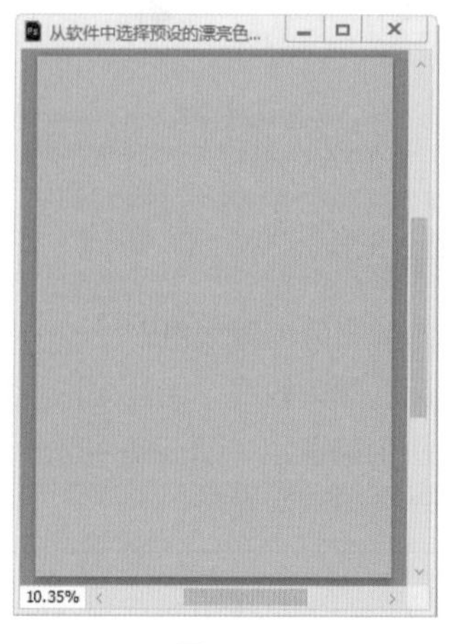

图4-63

（3）也可以为选区内的部分填充颜色。使用“椭圆选框工具”绘制一个圆形选区，如图4-64所示。

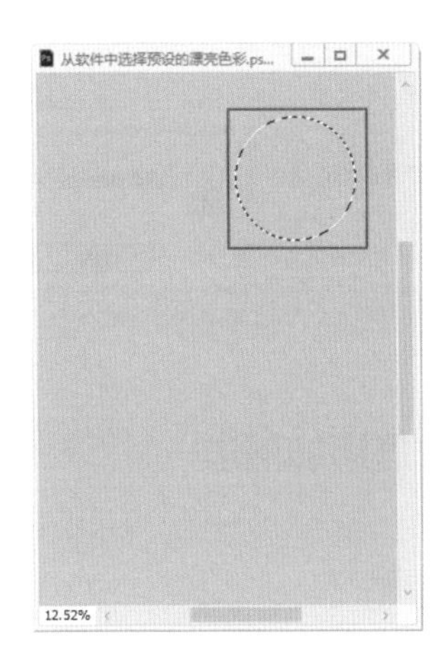

图4-64

（4）在“色板”面板中选中另一个颜色，然后在该色块处按住鼠标左键向选区内拖动，如图4-65所示。

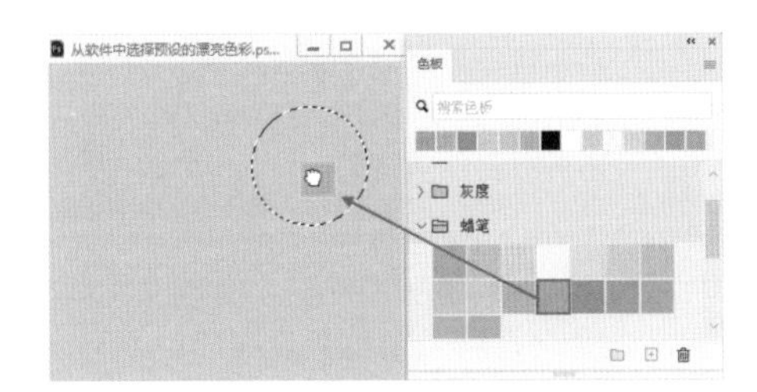

图4-65

（5）释放鼠标后，选中的颜色会被填充到选区内，如图4-66所示。

图4-66

（6）以拖动填充颜色的方式会自动生成“颜色填充”图层，双击图层缩览图会打开“拾色器”窗口，在这里更改填充的颜色，图层颜色也会随之发生变化，如图4-67所示。

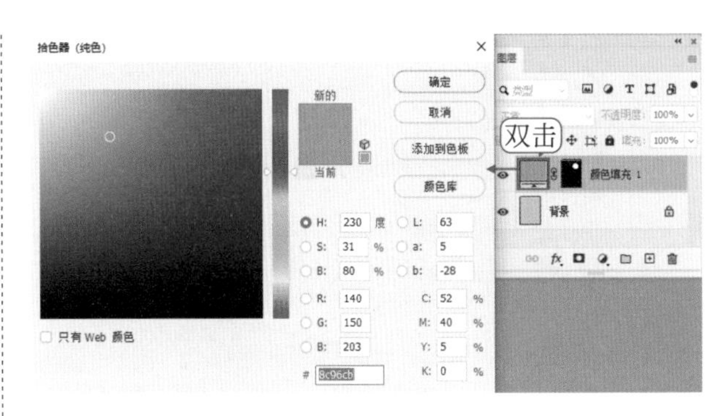

图4-67

（7）继续绘制其他彩色的正圆，如图4-68所示。

图4-68

（8）将前景色素材置入到文档内，案例完成效果如图4-69所示。

图4-69

重点笔记

按住Alt键单击颜色色块，可以设置颜色为背景色，如图4-70所示。

快速入门篇

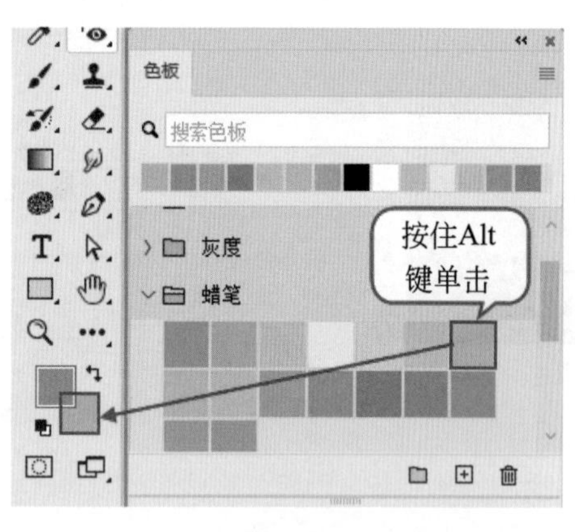

图4-70

（9）还可以将自定义的颜色存储到“色板”中，以便后面使用。首先设置合适的前景色，接着单击“色板”底部的“创建新色板”按钮 ⊞，如图4-71所示。

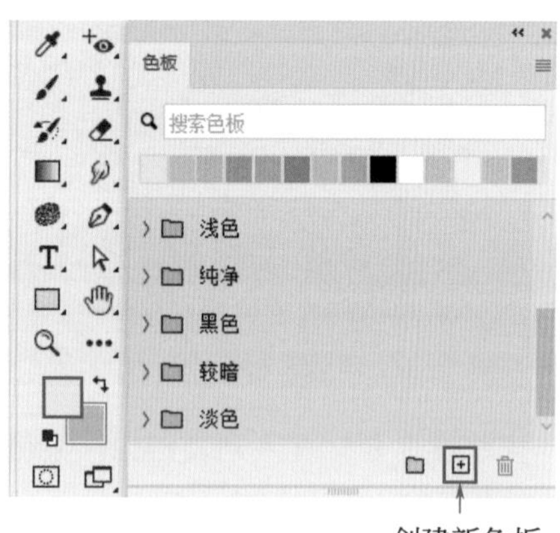

图4-71

（10）接着会弹出“色板名称”窗口，设置名称后单击“确定”按钮提交操作，颜色就会出现在色板中，如图4-72所示。

图4-72

（11）色板面板中的颜色也可以删除。选中色块，单击面板底部的“删除色板”按钮 🗑，随后单击“确定”按钮即可删除，如图4-73所示。

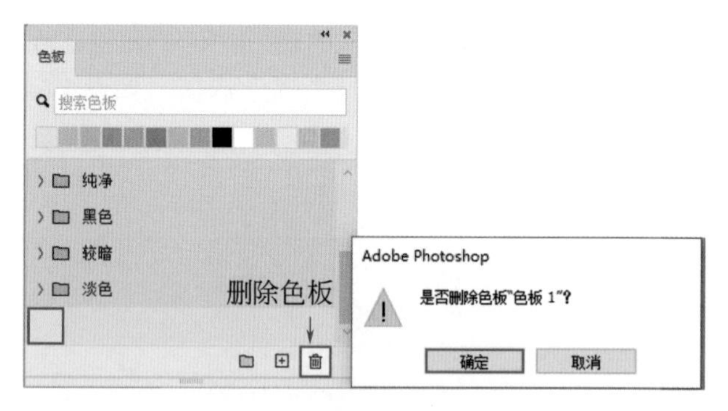

图4-73

4.2.4 为选区添加描边

功能速查

为选区“描边”是指在选区边缘添加一圈轮廓色。执行“编辑>描边”命令，可以设置描边的宽度、颜色及位置等属性。

（1）首先绘制一个选区，如图4-74所示。

图4-74

（2）执行“编辑>描边”命令，打开“描边”窗口。“宽度”选项用来设置描边粗细，“颜色”选项用来设置描边颜色，单击颜色色块可以打开“拾色器”窗口，然后进行颜色的选择，如图4-75所示。

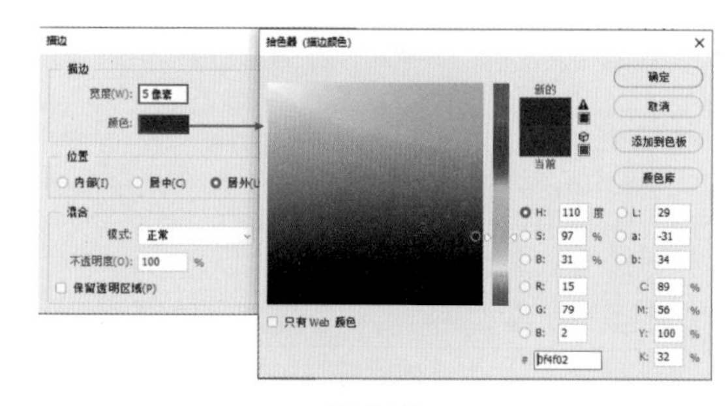

图4-75

（3）位置选项用来设置描边相对于选区边缘的位置，有“内部”“居中”和“外部”三种，如图4-76所示。

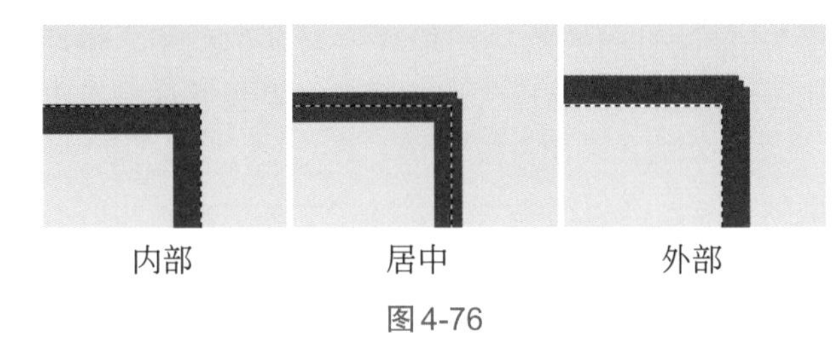

图4-76

（4）“不透明度”选项用来设置描边的透明效果。“混合模式”选项用来设置描边颜色与下方图层的混合模式，参数设置如图4-77所示。

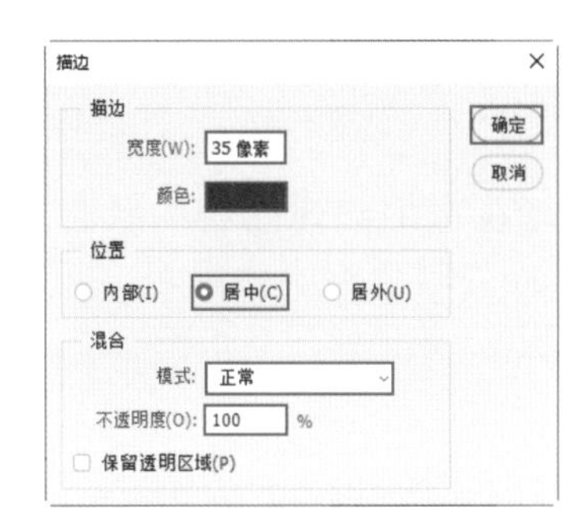

图4-77

（5）设置完成后单击“确定”按钮，效果如图4-78所示。

图4-78

4.2.5　实战：儿童照片排版

文件路径

实战素材/第4章

操作要点

1. 使用多种工具绘制合适的选区
2. 删除选区中的图像
3. 为选区填充颜色
4. 载入图层的选区

案例效果

图4-79

操作步骤

（1）新建文档。执行“文件>新建”命令，新建一个合适大小的空白文档，如图4-80所示。

图4-80

（2）置入素材。执行“文件>置入嵌入对象”命令，将素材1置入画面中，并将其进行“栅格化”，如图4-81所示。

图4-81

（3）选中图片图层，使用“移动工具”，按住鼠标左键向左移动至合适位置上，如图4-82所示。

图4-82

（4）选择工具箱中的“矩形选框工具”，在图片的右侧按住鼠标左键，从左上向右下拖动，绘制一个矩形选区，如图4-83所示。然后按下Delete键将选区内的图像删除。效果如图4-84所示。

图4-83

图4-84

（5）选择工具箱中的“椭圆选框工具”，在右侧画面中的中间偏下的位置按住鼠标左键绘制一个椭圆形的选区，如图4-85所示。

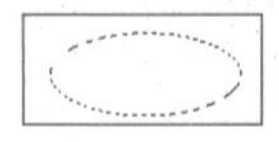

图4-85

（6）接着单击“图层”面板中的新建按钮，新建一个图层，如图4-86所示。

图4-86

（7）单击工具箱中的“前景色”，打开“拾色器”，拖动右侧的滑块选择一个合适的色相，然后在右侧的色域中选择合适的颜色，设置完成后单击“确定”按钮，如图4-87所示。

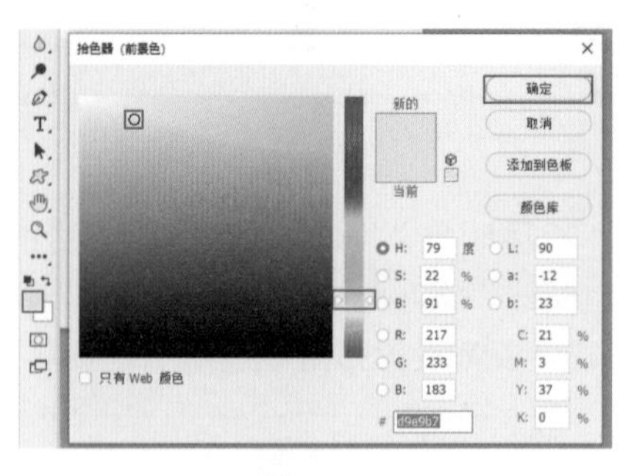

图4-87

（8）接着在选中新建图层的状态下，使用快捷键Alt+Delete为其填充上浅绿色，并使用快捷键Ctrl+D取消选区，效果如图4-88所示。

图4-88

（9）使用同样的方法在浅绿色的椭圆上绘制一个竖向的浅灰绿色椭圆形，如图4-89所示。

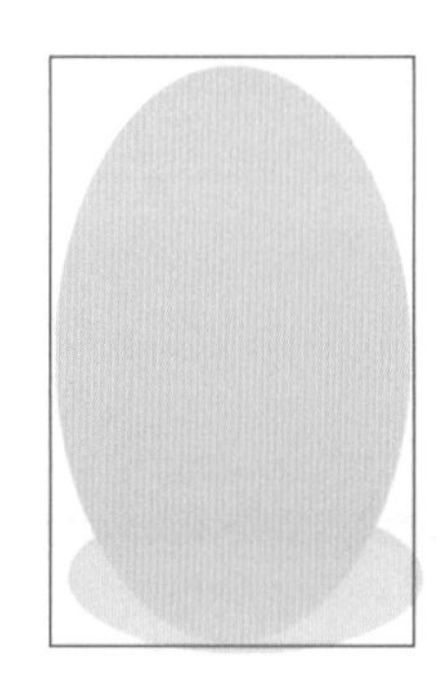

图4-89

（10）执行“文件>置入嵌入对象”，将素材1再次置入画面中，并将其向右移动，如图4-90所示。

图4-90

（11）为了方便接下来的操作，可以适当降低该图片的透明度，如图4-91所示。

图4-91

（12）按住Ctrl键的同时单击浅灰绿色椭圆形图形，载入其选区。然后选择工具箱中的“椭圆选框工具”，按住鼠标左键向左拖动选区，如图4-92所示。

图4-92

（13）接着单击右侧的图片，使用快捷键Ctrl+C进行复制，使用快捷键Ctrl+V进行粘贴，如图4-93所示。

图4-93

（14）单击素材1图层的 👁 按钮，关闭图层的显示，效果如图4-94所示。

图4-94

（15）单击图层面板中的“新建”按钮，新建一个图层。接着选择工具箱中的“矩形选框工具”，在画面的中间位置绘制一个细长的矩形选区，如图4-95所示。

（16）单击“前景色”按钮，在拾色器中将前景色设置为黄色，接着在选中新建图层的状态下使用快捷键Alt+Delete进行填充，如图4-96所示。使用快捷键Ctrl+D取消选区。

图4-95　　图4-96

（17）同样的方法制作出另外几个彩色的线条分割线，如图4-97所示。

图4-97

（18）执行“文件>置入嵌入对象”命令，将素材2置入画面中，然后调整其大小，将其摆放在右下角。本案例制作完成，效果如图4-98所示。

图4-98

4.3 在画面中填充渐变

渐变色常用于设计作品中，是两种或两种颜色过渡产生的效果，如图4-99所示。使用“渐变工具”可以填充渐变，但是想要设定渐变颜色则需要使用到“渐变编辑器”。

图4-99

4.3.1 认识渐变工具

（1）首先绘制一个选区，选中工具箱中的“渐变工具”，然后在选区内按住鼠标左键拖动，如图4-100所示（此时无需考虑其他因素）。

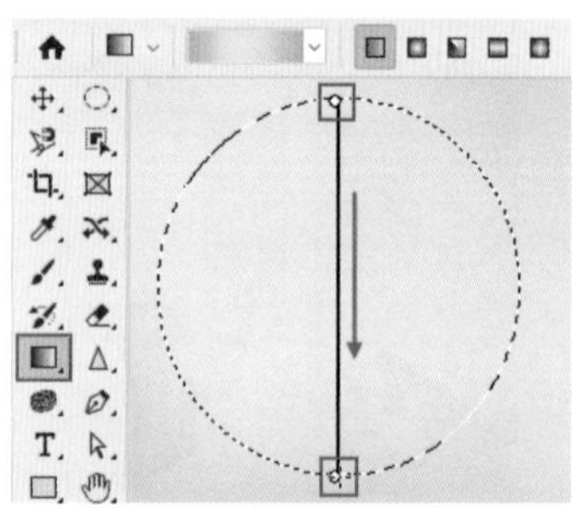

图4-100

（2）释放鼠标后完成渐变颜色的填充操作，如图4-101所示。

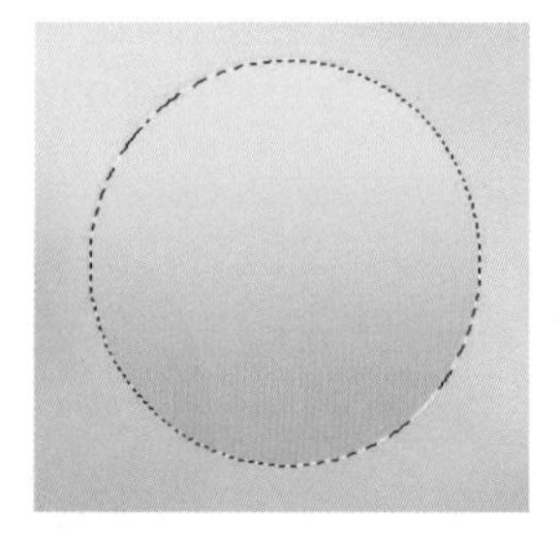

图4-101

（3）默认情况下使用的是“线性渐变”，是一种直线式的渐变方式。在选项栏中可以选择其他渐变类型，如图4-102所示。

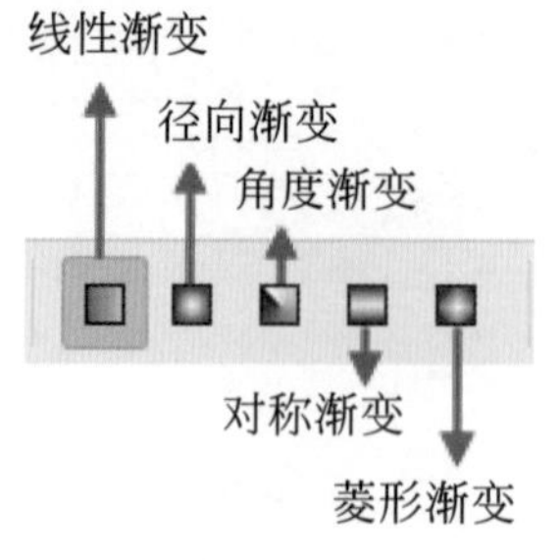

图4-102

（4）“径向渐变”是以起点作为渐变的中心向外侧扩散的圆形渐变，如图4-103所示。

（5）“角度渐变”则是围绕起点以逆时针扫描方式的渐变，如图4-104所示。

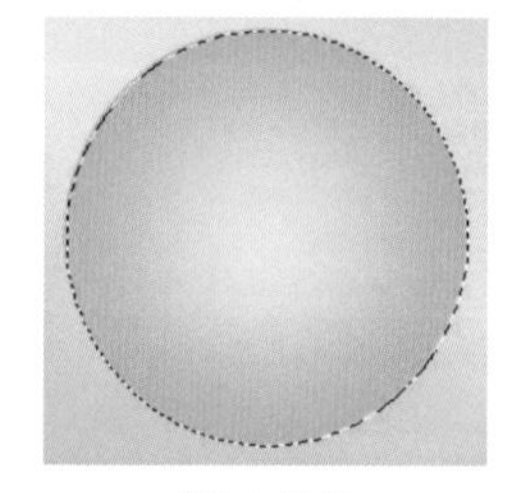

图4-103

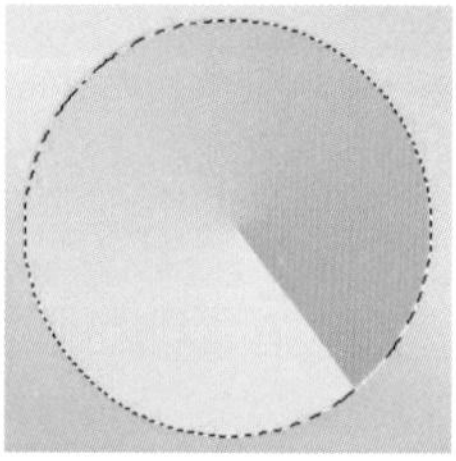

图4-104

（6）“对称渐变”会生成两侧对称的渐变效果，如图4-105所示。

（7）“菱形渐变”是以菱形方式从起点向外产生渐变，如图4-106所示。

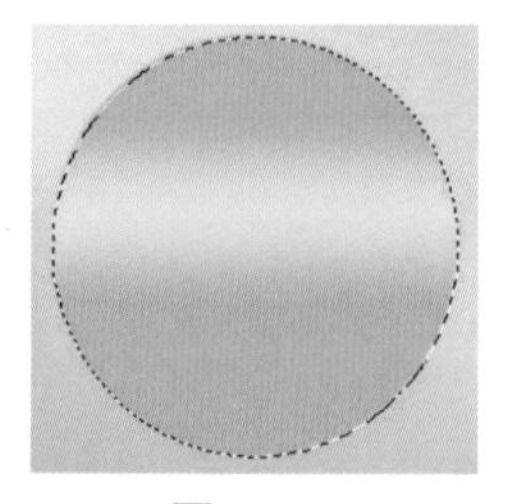

图4-105

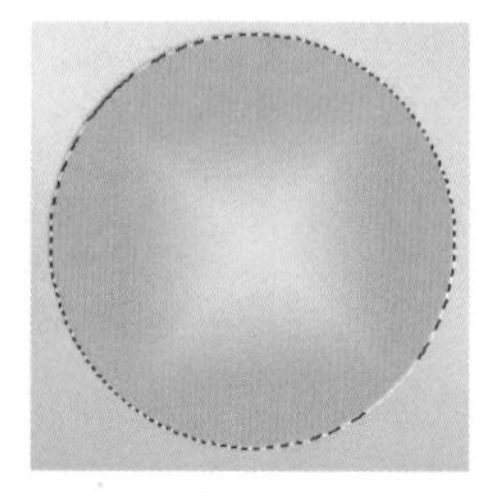

图4-106

（8）选项栏中的“混合模式”是用于设置渐变颜色与图层本身内容的颜色混合方式，如图4-107所示。

图4-107

（9）选项栏中的“不透明度”选项用于设置渐变的透明效果。数值越小，渐变效果越透明，如图4-108所示。

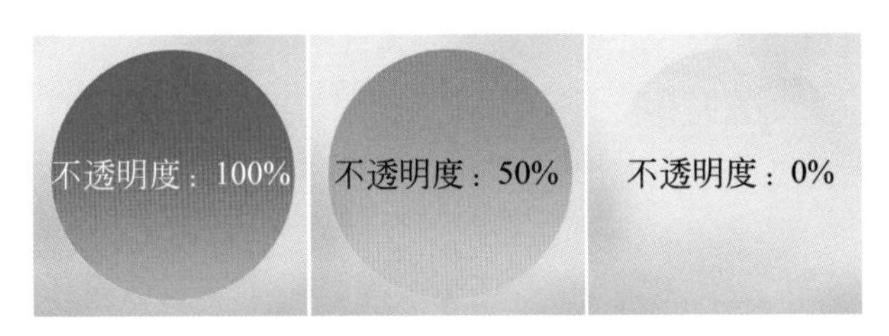

图4-108

（10）选项栏中的“反向”选项 反向 用于转换渐变中的颜色顺序。

（11）选项栏中的“方法”用来设置渐变颜色将如何显示在画布上。“可感知”最接近人类在真实世界的感知和融合光线的方式；“线性”更接近自然光下的渐变效果；“古典”为旧版本软件的渐变展现方式，如图4-109所示。

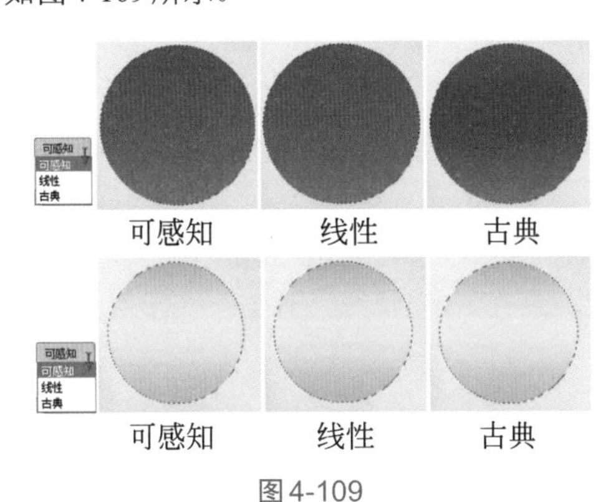

图4-109

4.3.2 使用已有的渐变颜色

（1）默认情况下Photoshop提供了多种渐变颜色，在选项栏中可以选择已有的渐变颜色进行填充，如图4-110所示。

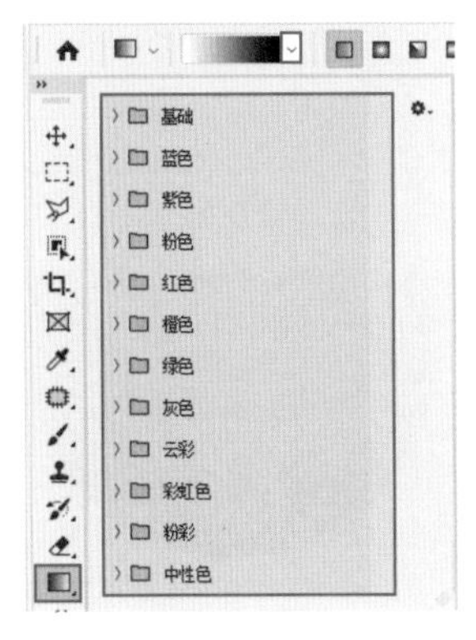

图4-110

（2）展开渐变组可以看到其中的渐变预览图，效果如图4-111所示。

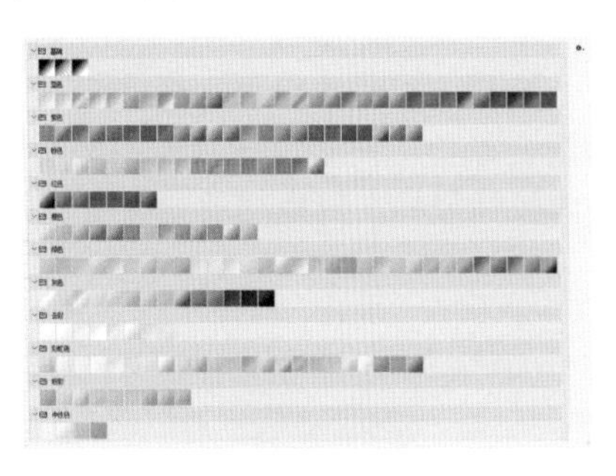

图4-111

（3）单击选项栏中渐变色条右侧的按钮，在下拉面板中可以看到很多渐变组，展开其中一个渐变组，根据缩览图单击一个合适的渐变颜色，如图4-112所示。

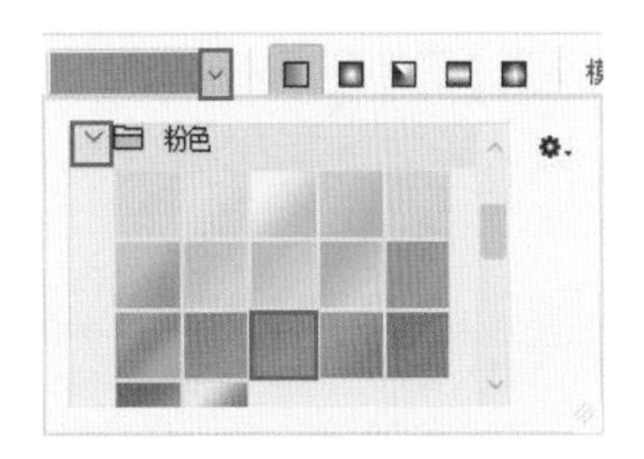

图4-112

（4）接着选择合适的渐变模式，然后在画面中按住鼠标左键拖动，释放鼠标后完成渐变填充操作，效果如图4-113所示。

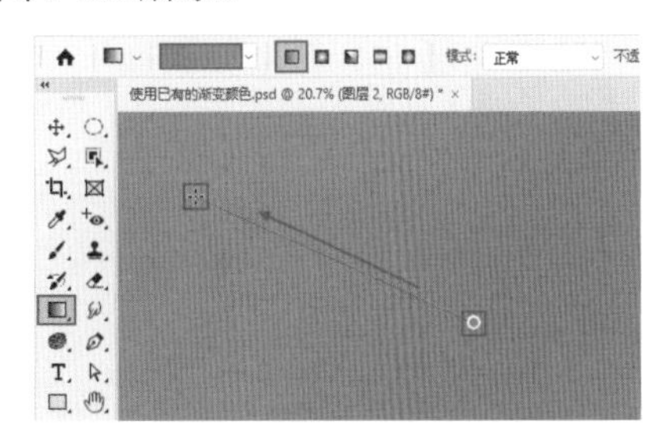

图4-113

（5）接着新建一个图层，使用“矩形选框工具”绘制选区，如图4-114所示。

图4-114

（6）接着将前景色设置为白色，选择“渐变工具”，单击渐变色条右侧的按钮，在下拉面板中展开“基础”组，然后单击选择第二个“前景色到透明”渐变。这样可以快速得到一个由前景色白色到透明度的渐变颜色，接着设置合适的渐变类型，然后在选区内按住鼠标左键拖动填充渐变，如图4-115所示。

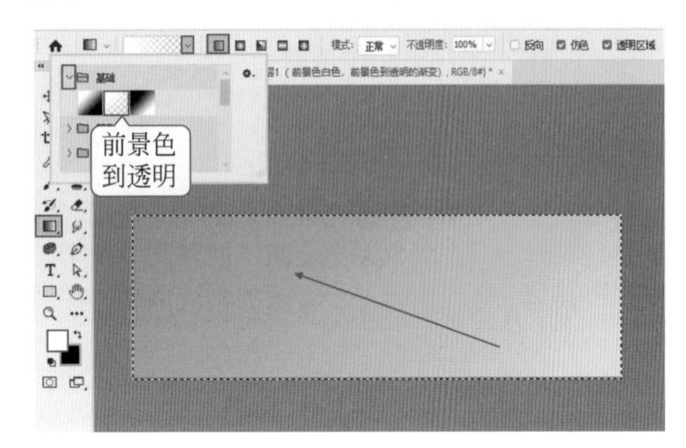

图4-115

疑难笔记

为什么选择了带有透明效果的渐变，填充之后却发现没有透明效果？

遇到这种情况，可以看一下选项栏中的“透明区域”是否未被勾选，启用该选项即可。

（7）最后可以添加文字和素材，一个简单的商品海报就制作完成了，效果如图4-116所示。

图4-116

“基础”渐变组重点选项

“基础”渐变组中包含“前景色到背景色渐变”“前景色到透明渐变”和“黑白渐变”，这三种渐变也是日常最为常用的三种渐变，如图4-117所示。

“前景色到背景色渐变”如图4-118所示。

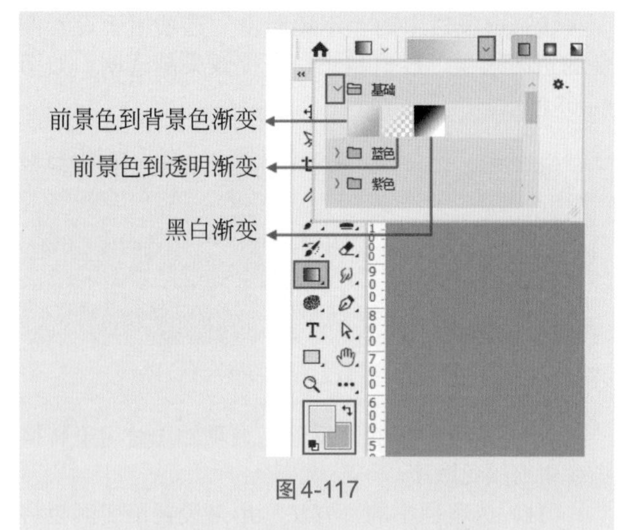

图4-117

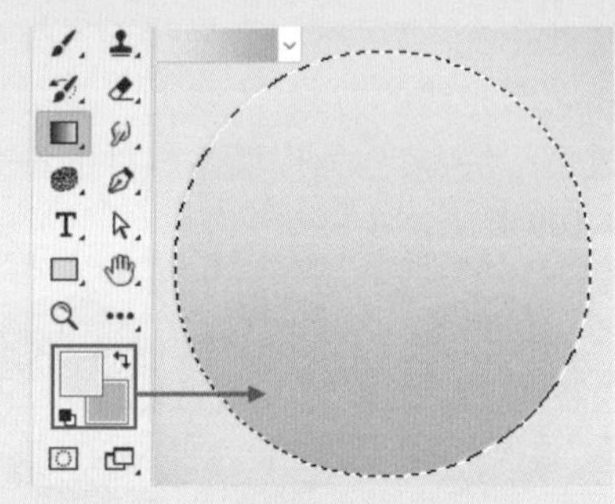

图4-118

“前景色到透明渐变”如图4-119所示。

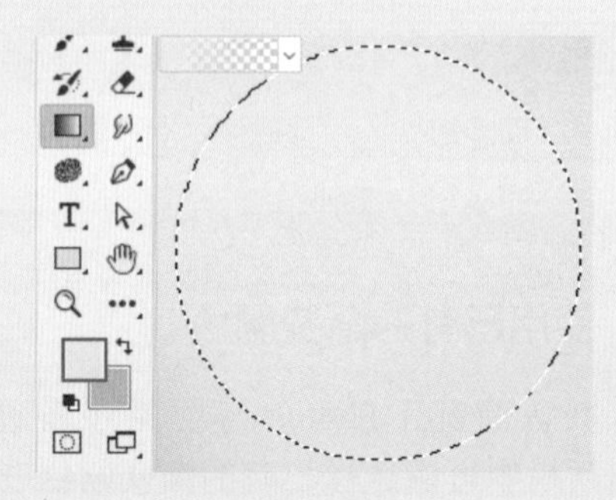

图4-119

“黑白渐变”如图4-120所示。

图4-120

4.3.3 填充其他的渐变颜色

（1）单击选择工具箱中的“渐变工具”，单击选项栏中的 ，打开“渐变编辑器”窗口。在“预设”选项中可以选择预设的渐变颜色，如图4-121所示。

图4-121

（2）在窗口下方也可以自定义渐变颜色。双击色标 可以在“拾色器”中设置色标的颜色，如图4-122所示。

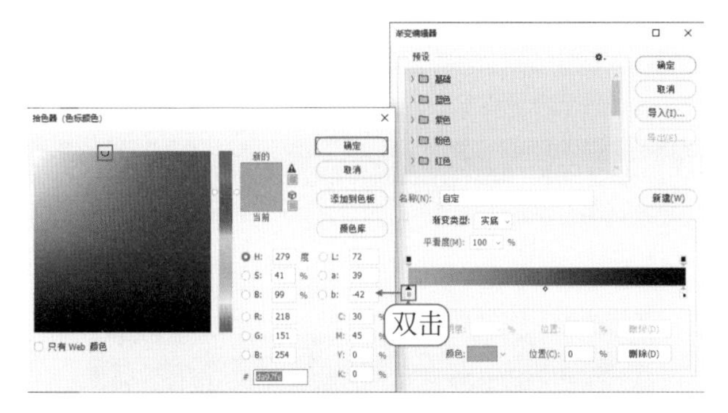

图4-122

（3）如果要添加色标，可以将光标移动至渐变色条的下方，光标变为 状后单击即可添加色标，然后可以更改色标的颜色，如图4-123所示。

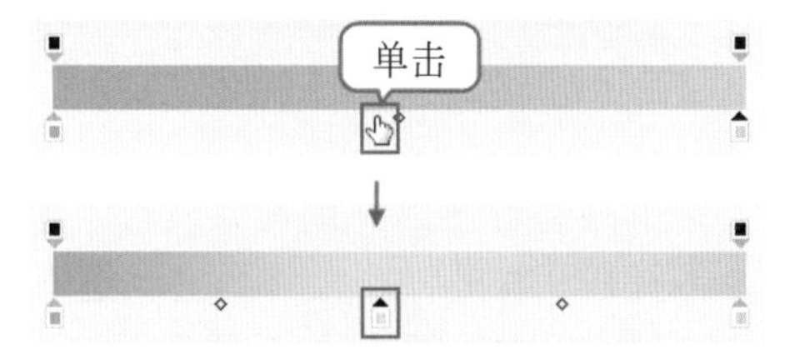

图4-123

（4）选中色标，按住鼠标左右拖动可以更改颜色所处的位置，如图4-124所示。

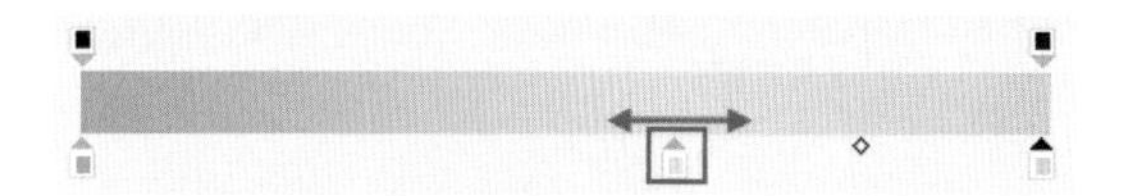

图4-124

（5）渐变编辑完成后，在画面中按住鼠标左键拖动进行填充，如图4-125所示。

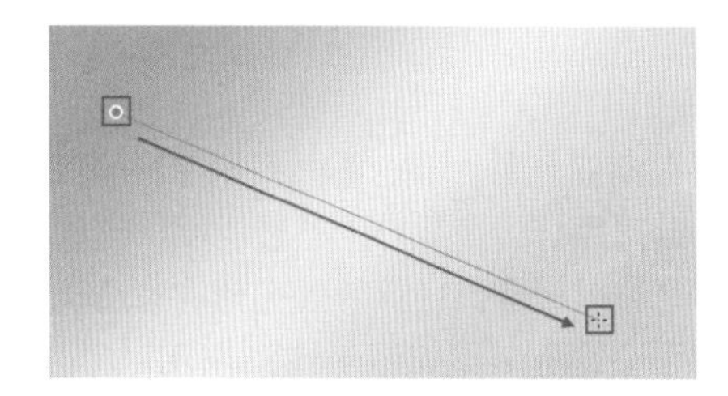

图4-125

（6）继续新建图层，绘制矩形选区，然后填充青蓝色系的渐变颜色，效果如图4-126所示。

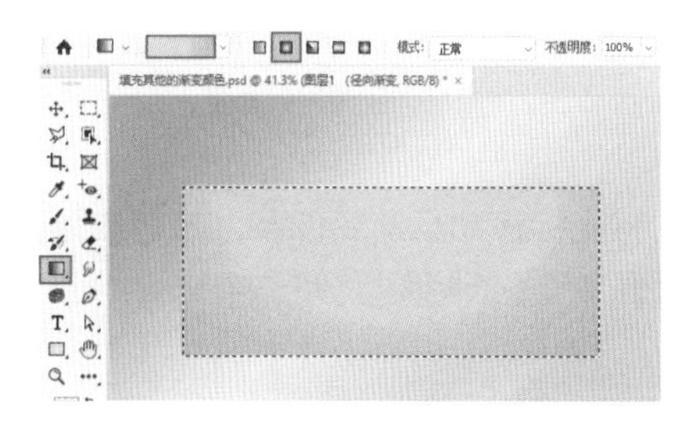

图4-126

（7）最后添加素材和文字，一幅梦幻色调的海报就制作完成了，如图4-127所示。

图4-127

拓展笔记

（1）两个色标之间都有一个◇，这是“颜色中心”滑块。拖动滑块可以调整颜色的过渡效果，如图4-128所示。填充效果如图4-129所示。

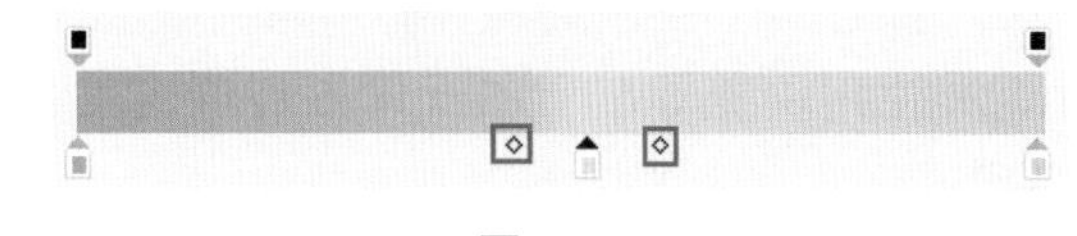

图4-128

快速入门篇

图4-129

（2）在渐变色条上方的色标用来控制渐变的不透明度。单击选择色标，在下方“不透明度”选项数值框内输入数值，可以设置该色标所处位置的不透明度，如图4-130所示。填充效果如图4-131所示。

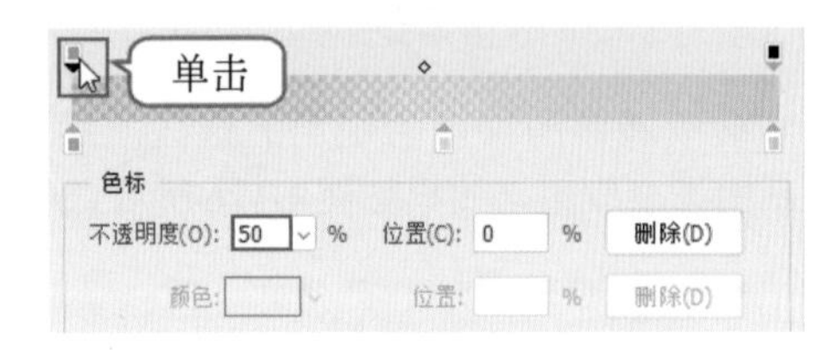

图4-130

（3）将光标移动至渐变色条上方单击可以添加色标，然后更改“不透明度”，如图4-132所示。

图4-131

图4-132

（4）若要删除色标，可以单击选中色标，然后单击下方的“删除”按钮，如图4-133所示。

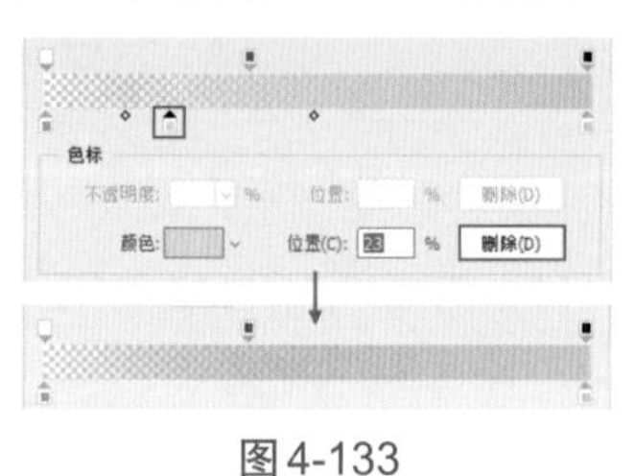

图4-133

4.4 在画面中填充图案

在Photoshop中不仅可以填充纯色和渐变色，图案也可以作为一种填充方式。想要填充图案，可以使用“编辑>填充”命令，还可以使用“油漆桶工具”。

4.4.1 使用填充命令

功能速查

“填充”命令可对整个画面或选区内的部分填充单色或图案。

（1）新建一个空白文档，将前景色设置为红褐色，并使用快捷键Alt+Delete键进行填充，如图4-134所示。

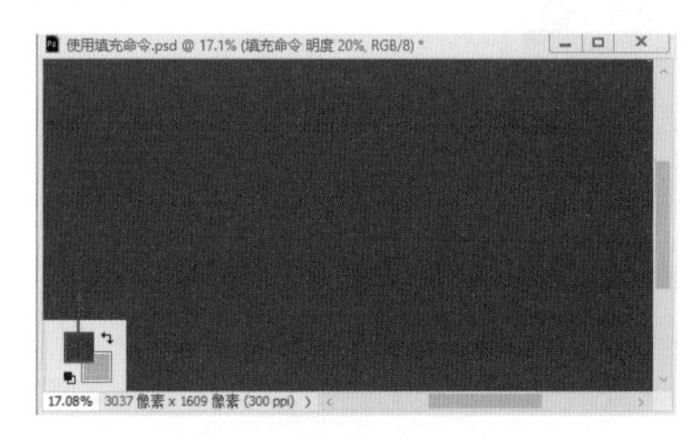

图4-134

（2）接下来为背景填充图案。执行“编辑>填充”命令，打开“填充”窗口。“内容”选项用来设置所填充的内容，在这里选择“图案”，接着单击“自定图案”按钮，在下拉面板中选择合适的图案，如图4-135所示。

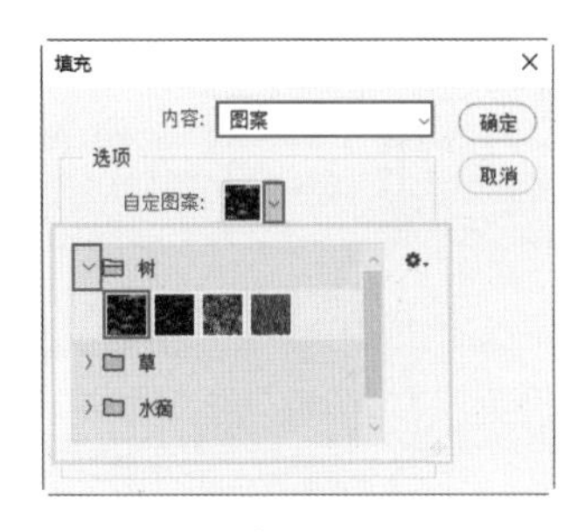

图4-135

（3）“模式”选项用来设置所选图案与图层内容之间的混合模式，在这里设置“模式”为“明度”。“不透明度”用来设置填充内容的不透明度，在这里设置数值为20%，参数数值完成后单击“确定”按钮，如图4-136所示。

图4-136

（4）此时的画面中可以看到所选的图案融合到之前填充的颜色中，效果如图4-137所示。

图4-137

（5）最后添加素材，一款复古风格的产品广告就制作完成了，如图4-138所示。

图4-138

4.4.2 使用油漆桶工具

功能速查

“油漆桶工具”可以对画面中颜色接近的区域填充前景色或图案。

（1）将素材打开，如图4-139所示。

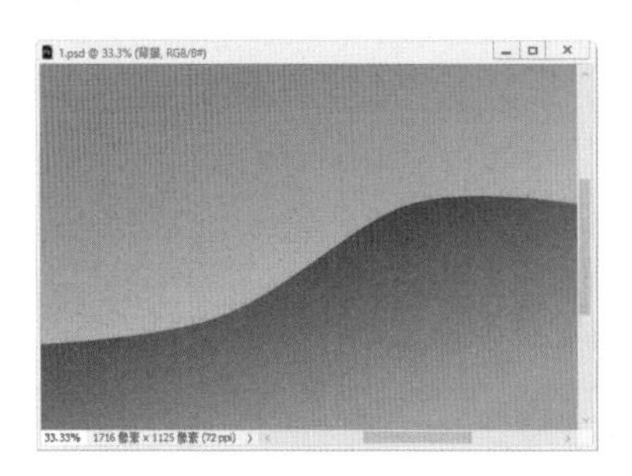

图4-139

（2）接下来导入外部的图案素材。单击选择工具箱中的“油漆桶工具”，在选项栏中设置填充模式为“图案”，接着单击右侧的倒三角按钮，在下拉面板中单击按钮，接着执行“导入图案”命令，如图4-140所示。

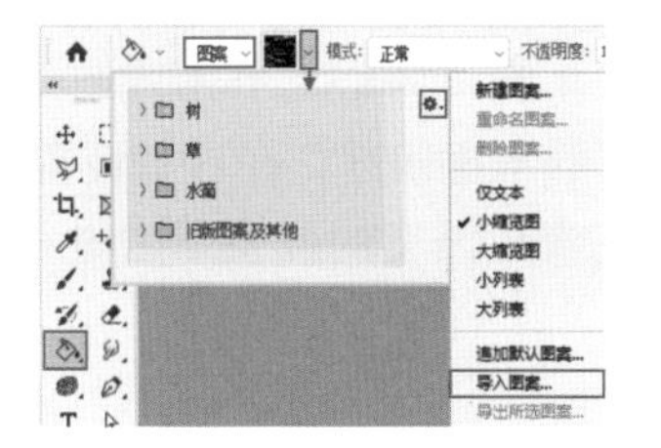

图4-140

（3）在打开的“载入”窗口中找到素材文件夹，然后单击选择2.pat（.pat是图案的专属文件格式），接着单击“载入”按钮完成载入，如图4-141所示。

图4-141

（4）再次打开图案下拉面板，选择刚刚载入的图案。将“容差”设置为100。勾选“连续的”选项，然后将光标移动至画面中单击，此时颜色相近的区域将被填充图案，如图4-142所示。

快速入门篇

图4-142

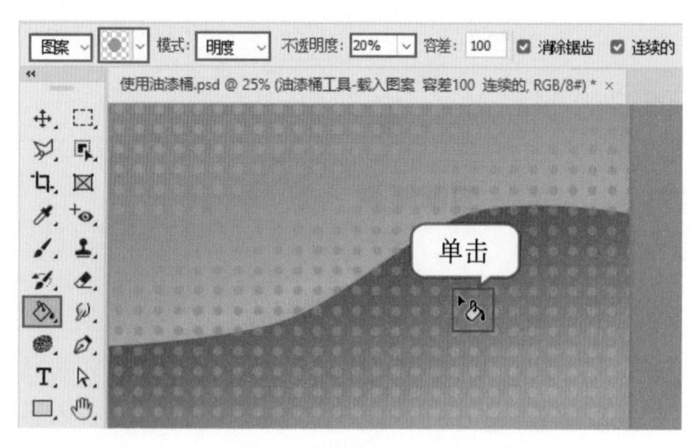

图4-143

拓展笔记

“容差”选项用来设置被填充区域的颜色与鼠标单击处颜色的相似程度，数值越大填充范围越大。

勾选“连续的”选项可以使填充的范围限定在连续的颜色相似的区域中。如果取消该选项，那么即使与鼠标单击的位置不相连的区域，只要颜色差异在容差范围之内，也会被填充到。

（5）接下来填充青蓝色的区域。在选项栏中，“模式”选项是用来设置填充内容的混合模式，在这里设置“模式”为“明度”。“不透明度”选项用来设置填充内容的不透明度，在这里设置数值为20%，设置完成后在青色渐变的位置单击进行填充，如图4-143所示。

重点笔记

使用“油漆桶工具”进行填充时，如果创建了选区，填充的区域为选区中的颜色接近的范围。

如果对单色图层以及空图层填充，那么则会填充整个画面。

“油漆桶工具”重点选项

消除锯齿：勾选该选项后，可以平滑填充选区的边缘。

所有图层：勾选该选项后，可以对所有可见图层中的合并颜色数据填充像素；关闭该选项后，仅填充当前选择的图层。

4.5 文字排版

设计作品中怎么能少得了文字？想要在画面中添加文字，就需要使用到与文字相关的工具、命令或者面板。在Photoshop的工具箱中可以看到文字工具组，其中包括四种工具，如图4-144所示。其中“横排文字工具”和“直排文字工具”用于创建横向排列和垂直排列的文字，而“直排文字蒙版工具”和“横排文字蒙版工具”并不能创建文字，只能创建出横向或竖向的文字选区，如图4-145所示。

图4-144

图4-145

Photoshop中的文字工具可以创建出多种文字形式，例如想要制作少量的文字，可以创建点文字；想要制作大段规整排列的正文时，需要创建段落文字；想要制作沿着不规则路线排列的文字，可以创建路径文字；想要制作排列在不规则形态范围内文字，需要创建区域文字。

无论是点文字、段落文字、路径文字或是区域文字，工具箱中的这四种工具都可以创建出来，创建的方法也基本相同，区别在于创建出的是文字还是文字选区。

本节主要介绍使用“横排文字工具”“直排文字工具”创建点文字和段落文字的方法。其他功能将在第6章节学习。点文字和段落文字的对比见表4-2。

表 4-2　点文字和段落文字的对比

文字类别	点文字	段落文字
文字特点	可以灵活排布 可以随意摆放 需要手动换行	无需手动换行 可以轻松更改大段文字的外轮廓 可以轻松设置大段文字的对齐方式 可以方便地制作规整排列的大段文字
适用情况	少量文字，如标志文字、艺术字、广告主题文字、广告语等	大段文字，如杂志、书籍、画册中需要整齐排列的文字
图示	创建文字　创建文字	

4.5.1　认识文字工具

功能速查

用于创建文字的工具有两种：“横排文字工具”“直排文字工具”。这两种工具都可以创建点文字、段落文字、路径文字、区域文字，区别在于创建的文字方向不同。

使用“横排文字工具”在画面中单击所创建的文字为“点文字”。按住鼠标左键拖动绘制文本框所创建的文字为段落文字。

（1）选择工具箱中的“横排文字工具”T，将光标移动至画面中单击，随即画面会显示闪烁的光标，如图4-146所示。

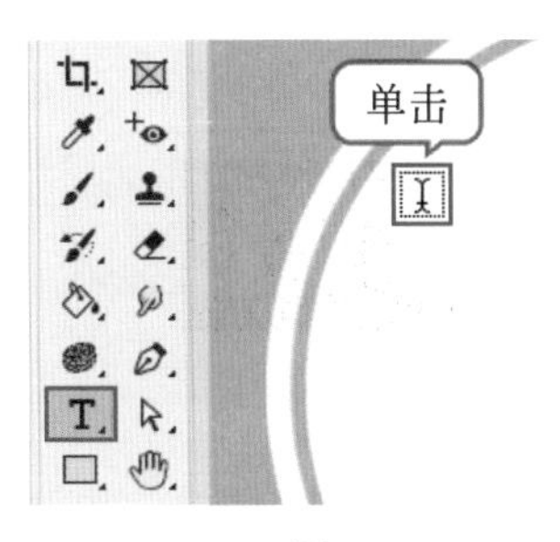

图4-146

（2）接着需要在选项栏中设置文字的属性。单击“设置字体系列”倒三角按钮，在下拉列表中可以选择字体；“设置字体大小”选项用来设置文字的字号，在这里设置数值为180点；接着单击“设置文本颜色”按钮，可以在打开的“拾色器”窗口中设置颜色，如图4-147所示。

图4-147

拓展笔记

在文字工具的选项栏中可以设置文字的常用属性，可以在输入文字之前设置，也可以选中已有的文字图层

快速入门篇

之后设置。

IT：切换文本的方向，例如将横排文字变为直排文字。

Swis721 Hv BT　Heavy：这两个选项用于选择字体系列以及设置字体样式。

180点：设置文字大小。

锐利：设置文字边缘的抗锯齿方式。

用于设置多行文字的对齐方式，分别为左对齐、居中对齐、右对齐。

用于设置文本颜色。

对已有的文字单击该按钮，可创建变形效果。

单击打开“字符”面板和“段落”面板。

3D：使用该功能可为文字创建3D效果。

（3）设置完成后，在画面中输入文字，如图4-148所示。

图4-148

重点笔记

在文字输入状态下，将光标移动到文字内容的旁边，当它变为时按住鼠标左键拖动，可以移动文字位置，如图4-149所示。

图4-149

（4）以这种方式创建的文字为“点文字”，如果继续输入文字，文字会一直沿着横向或纵向进行排列，如果输入过多甚至会超出画面显示区域。如果想要换行，可以按下键盘上的Enter键，然后继续输入文字，如图4-150所示。

图4-150

（5）想要进行其他操作之前，需要先提交文字编辑操作。单击选项栏中的按钮提交操作（快捷键Ctrl+Enter键），如图4-151所示。

图4-151

（6）在提交文字编辑操作后，会生成一个文字图层，文字图层保留文字属性。想要重新更改文字属性，需要选中文字图层，然后在“横排文字工具”选项栏中可以更改文字属性。例如在这里单击“居中文本对齐”按钮，文字将居中对齐。适当调整文字位置，效果如图4-152所示。

图4-152

（7）如果想要更改部分字符的属性，那么需要将字符选中。将光标移动至所选字符的边缘，然后按住鼠标左键拖动，被选中的文字处于高亮显示，如图4-153所示。

图4-153

（8）选中文字后可以在选项里中更改文字的属性，效果如图4-154所示。

图4-154

重点笔记

双击文字图层缩览图即可将文字全选，如图4-155所示。

图4-155

4.5.2 实战：轻松创建少量的文字

文件路径

实战素材/第4章

操作要点

1. 使用“横排文字工具”创建点文字
2. 更改部分文字的颜色
3. 设置多行文字的对齐方式

案例效果

图4-156

操作步骤

（1）将背景素材打开，如图4-157所示。

图4-157

（2）选择工具箱中的“横排文字工具” T，在选项栏中选择合适的字体、字号，设置文字颜色为白色，设置完成后在画面中单击插入光标，如图4-158所示。

图4-158

（3）输入文字，如图4-159所示。

图4-159

（4）在“横排文字工具”的状态下，在部分文字上按住鼠标左键拖动选中，然后在选项栏中将文字颜色更改为青灰色，如图4-160所示。

图4-160

快速入门篇

（5）颜色更改完成后单击选项栏中的✓按钮提交操作，如图4-161所示。

图4-161

（6）再次选中工具箱中的“横排文字工具”，在画面中单击插入光标；设置合适的字体、字号，单击“右对齐文本”按钮设置文字对齐方式为右对齐；将文本的颜色设置为白色；输入文字，在需要换行时可以按下Enter键。文字输入完成后单击选项栏中的✓按钮提交操作，如图4-162所示。

图4-162

（7）文字输入完成后，画面效果如图4-163所示。

图4-163

4.5.3 大段文字排版

版面编排中经常会使用到大段的文字，如书籍、杂志、画册的内页中。如果使用之前学习的“点文字”的方式制作大段的文字，很难得到整齐排列的文本，也无法便捷地编辑整段文字的形态。这时就可以使用“段落文本”。

（1）选择工具箱中的“横排文字工具”T，然后在画面右下角空白区域中按住鼠标左键拖动，释放鼠标后完成文本框的绘制，如图4-164所示。

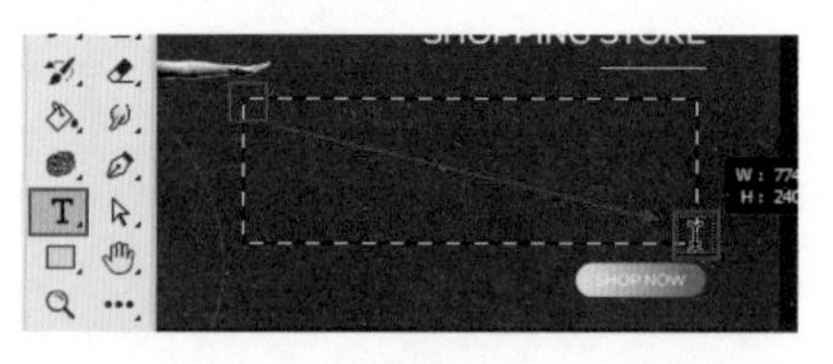

图4-164

（2）接着在选项栏中设置合适的字体、字号，单击“左对齐文本”按钮，设置文本对齐方式为左对齐，然后设置文字颜色为白色。接着在文本框内输入文字，在文字输入过程中当文字输入到文本框边缘处会自动换行，如图4-165所示。

图4-165

重点笔记

如果最初设置的字号过大，可能会造成输入了文字后，文本框也没有文字显示的情况。

（3）当文本框的右下角出现⊞时，表示文本框内有未显示的字符。拖动文本框控制点将文本框适当放大可以显示隐藏的字符，如图4-166所示。

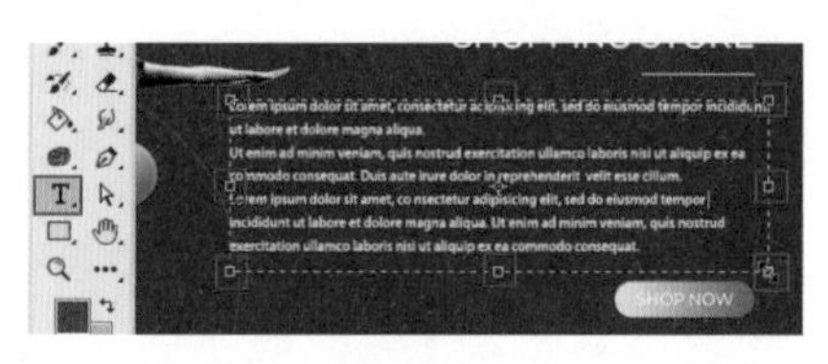

图4-166

（4）文字输入完成后按下键盘上的Ctrl+Enter键提交操作，如图4-167所示。

（5）段落文本最大的优势就在于可以轻松地调整文本框的大小。拖动文本框边缘的控制点，随着文本框大小的调整，文字的排列方式也会自动改变，如图4-168所示。

图4-167

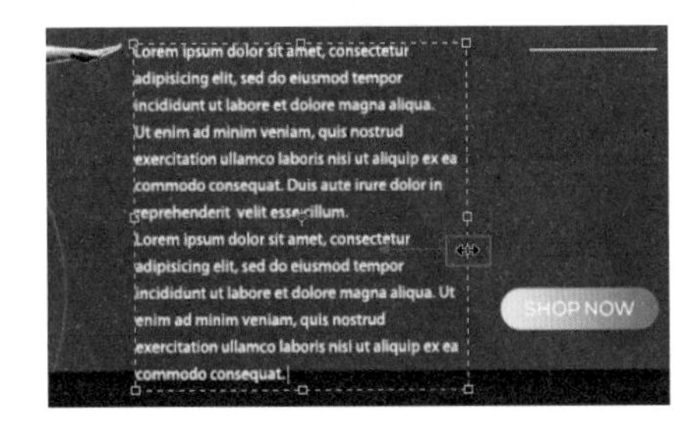

图4-168

重点笔记

在调整段落文本框时，将光标放在文本框控制点外侧，光标变为带有弧度的双箭头时，按住鼠标左键拖动即可旋转文本框。

4.5.4 实战：制作简单的画册内页

文件路径

实战素材/第4章

操作要点

1. 文字工具的使用
2. 制作少量文字
3. 制作大段文字

案例效果

图4-169

操作步骤

（1）执行“文件>新建”命令，新建一个合适大小的竖向空白文档，如图4-170所示。

图4-170

（2）将前景色设置为天蓝色，使用快捷键Alt+Delete进行填充，如图4-171所示。

图4-171

（3）选择工具箱中的“矩形选框工具”，绘制一个比画面稍小一些的矩形选区，如图4-172所示。

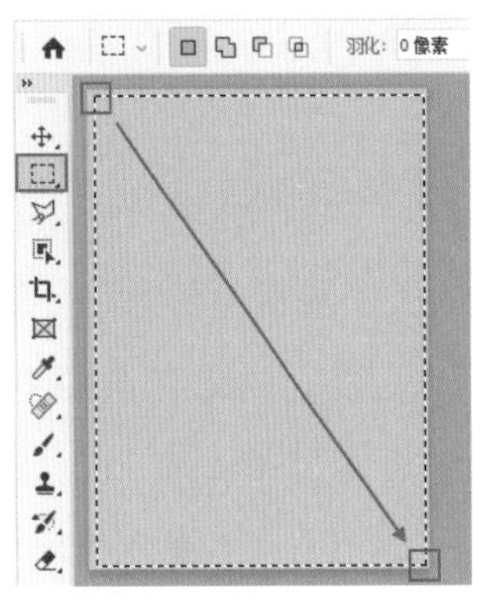

图4-172

（4）接着单击“图层”面板中的“新建”按钮⊞，新建一个图层，如图4-173所示。

图4-173

（5）设置前景色为白色，并使用快捷键Alt+Delete为其填充白色，如图4-174所示。

图4-174

（6）使用Ctrl+D取消选区，如图4-175所示。

图4-175

（7）执行“文件>置入嵌入对象”命令，将素材1置入画面中，并调整其大小与位置，如图4-176所示。

（8）选择工具箱中的“矩形选框工具”，在右侧绘制一个矩形的选区，如图4-177所示。

图4-176

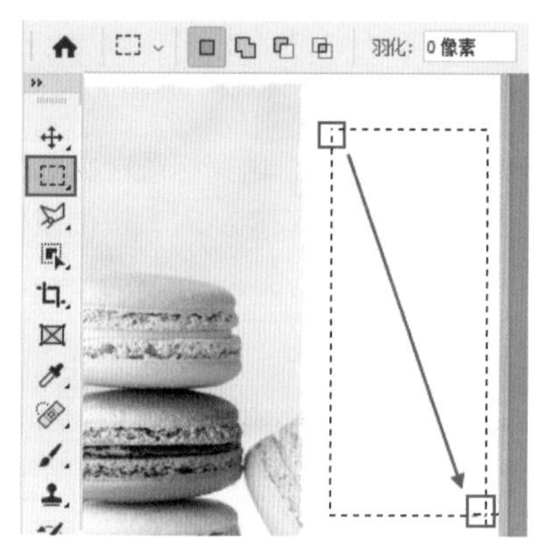

图4-177

（9）接着新建一个图层，将“前景色”设置为天蓝色，并使用快捷键Alt+Delete为其填充上前景色，然后再取消选区，效果如图4-178所示。

图4-178

（10）用同样的方式绘制上方的小一些的矩形，如图4-179所示。

图4-179

（11）选择工具箱中的“横排文字工具”，在顶部矩形上单击，然后选项栏中设置合适的字体、字号与颜色，并输入合适的文字，使用快捷键Ctrl+Enter提交操作，如图4-180所示。

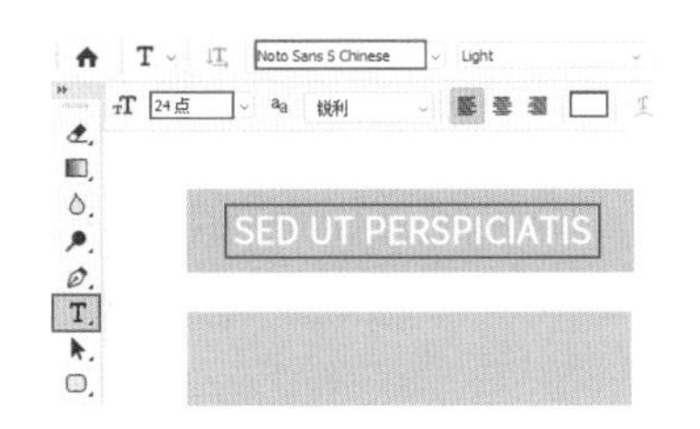

图4-180

（12）继续使用“横排文字工具”，在天蓝色矩形上按住鼠标左键拖动，绘制一个矩形文本框，如图4-181所示。

图4-181

（13）输入文字，并在选项栏中设置合适的字体、字号与颜色，如图4-182所示。

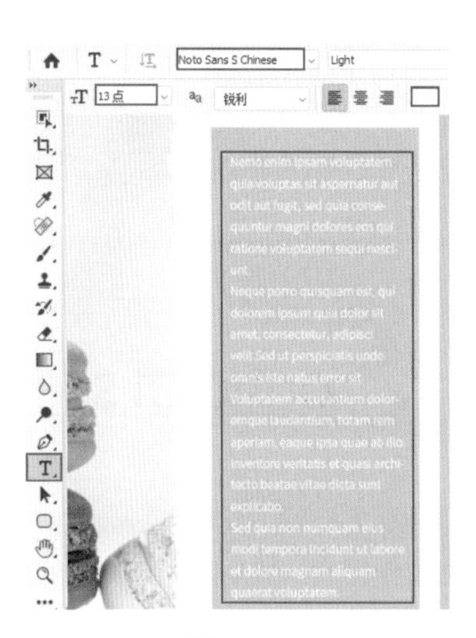

图4-182

（14）执行“文件>置入嵌入对象”命令，将素材2置入到画面中，并将其缩小至合适大小后，摆放在右侧的蓝色矩形的下方，如图4-183所示。

图4-183

（15）选择工具箱中的“横排文字工具”，在素材1的下方输入英文“S”，接着在选项栏中设置合适的字体、字号与颜色，选择一个具有手写感的字体，如图4-184所示。

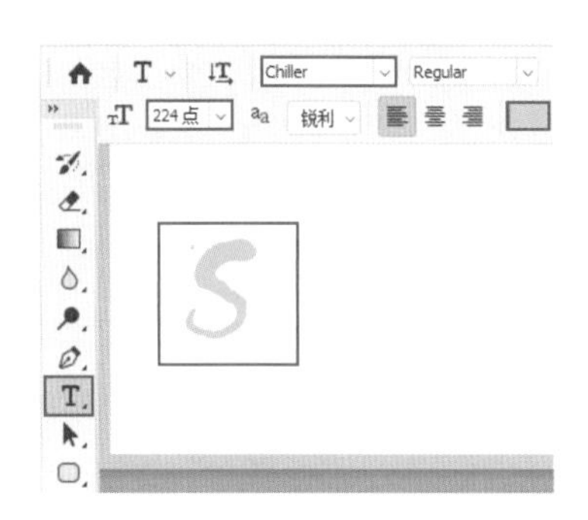

图4-184

（16）继续使用“横排文字工具”，在其右侧添加一行点文字，并在选项栏中设置合适的字体、字号与颜色，如图4-185所示。

图4-185

本案例制作完成，效果如图4-186所示。

图4-186

4.6　对象的变换

在Photoshop中，可以变换图层的方式有很多种，例如使用“自由变换”命令可以缩放、旋转、斜切、扭曲和变形图层；使用“内容识别缩放”命令可以在保持主体物不变的情况下缩放背景；“操控变形”命令可以随心所欲地对图层进行变形。

4.6.1　图层的自由变换

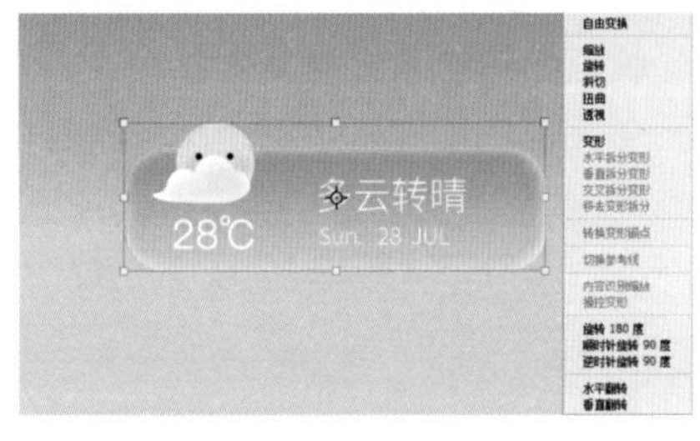

图4-187

对象的自由变换包括缩放、旋转、斜切、扭曲和变形。选择图层，执行“编辑>自由变换”命令，然后在定界框内部单击鼠标右键，在快捷菜单中可以看到多种变换命令，如图4-187所示。自由变换命令不仅可以对图层操作，还可以变换路径对象。自由变换功能说明见表4-3。

表4-3　自由变换功能说明

功能名称	放大	缩小	旋转
功能简介	向外侧拖动控制点，放大对象	向内侧拖动控制点，缩小对象	光标变为↰状后拖动控制点可以进行旋转
图示			
功能名称	斜切	扭曲	变形
功能简介	以水平或垂直方向进行变形	水平或垂直方向同时变形	拖动控制柄和控制点进行变形
图示			

（1）将素材文档打开，然后选择图层1，如图4-188所示。

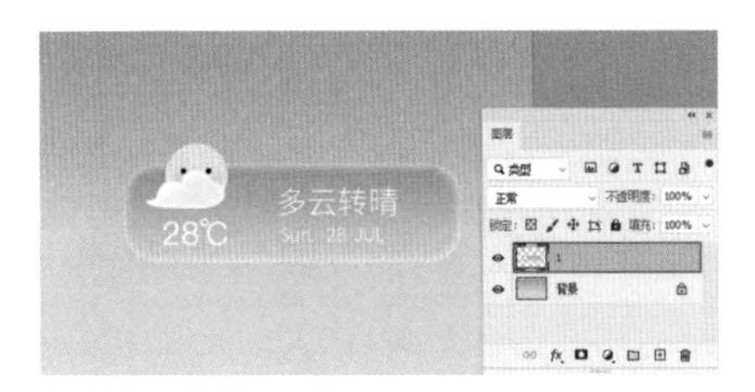

图4-188

（2）执行“编辑>自由变换”命令或者使用快捷键Ctrl+T，图层四周会出现自由变换的定界框，定界框上还有八个方形的控制点。在选项栏中可以看到自由变换操作的选项设置，如图4-189所示。

图4-189

拓展笔记

：勾选该选项，则会在自由变换时显示变换的中心点。单击上的白色控制点，可以调整中心点的位置。中心点位置不同，旋转的效果也不相同。

X: 0.00 像素 Δ Y: 0.00 像素：用于设置图层的坐标位置，X为横向坐标，Y为纵向坐标。

W: 100.00% H: 100.00%：用于设置图层的宽度W和高度H的缩放比例。如果按钮处于按下的状态，表示在缩放过程中，图层的长宽比会被锁定。

∠ 0.00 度：用于设置图层的旋转角度。

H: 0.00 度 V: 0.00 度：H用于设置图层的水平斜切角度，V用于设置垂直斜切角度。

插值：两次立方：用于设置对象变换的差值方式。

：单击该按钮，图层进入变形状态。

⊘：单击取消当前变换操作。

✓：单击确认当前变换操作。

（3）向外拖动控制点可以将图形放大，如图4-190所示。

图4-190

重点笔记

若要完成变换可以按键盘上的Enter键。若要中途取消变换可以按键盘上的ESC键。

（4）向内拖动控制点可以缩小图形，如图4-191所示。

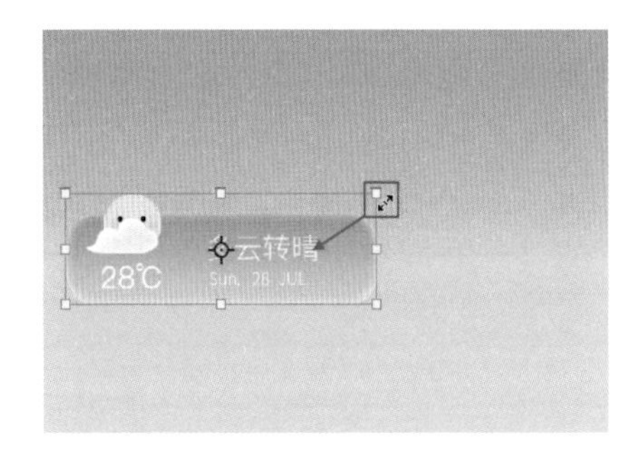

图4-191

（5）默认情况下为等比缩放，如果要进行不等比的缩放，可以单击选项栏中的“保持长宽比”按钮，取消其激活状态，然后拖动控制点即可进行不等比的缩放，如图4-192所示。

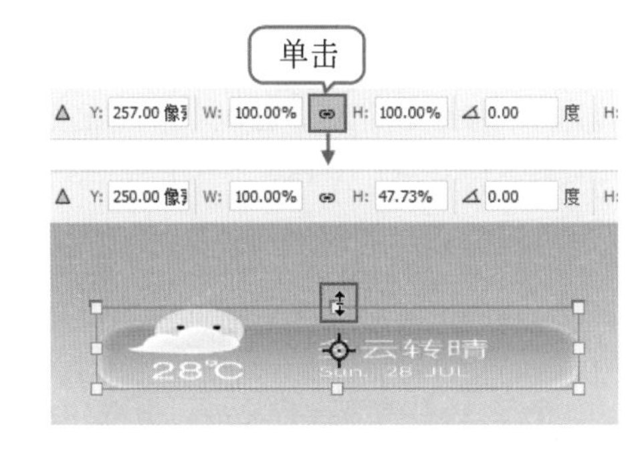

图4-192

重点笔记

在“保持长宽比”激活的状态下，可以按住Shift键拖动光标进行不等比缩放，如图4-193所示。

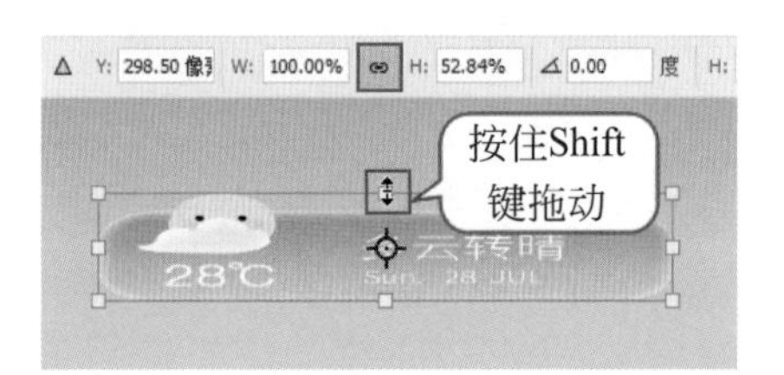

图4-193

（6）将光标移动至定界框以外，当光标变为弧形的双箭头↰后，按住鼠标左键并拖动光标即进行旋转，如图4-194所示。

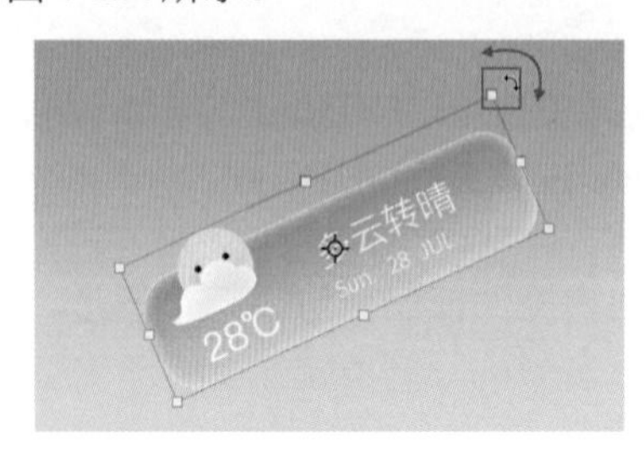

图4-194

（7）在选项栏中启用“中心点”后，自由变换定界框中央会出现⌖。按住鼠标左键拖动可以更改中心点位置，接着旋转图层，则会以新的中心点位置旋转，如图4-195所示。

图4-195

重点笔记

旋转的同时按住Shift键，会以15°的倍数进行旋转，例如旋转30°、45°、60°、75°、90°等，如图4-196所示。

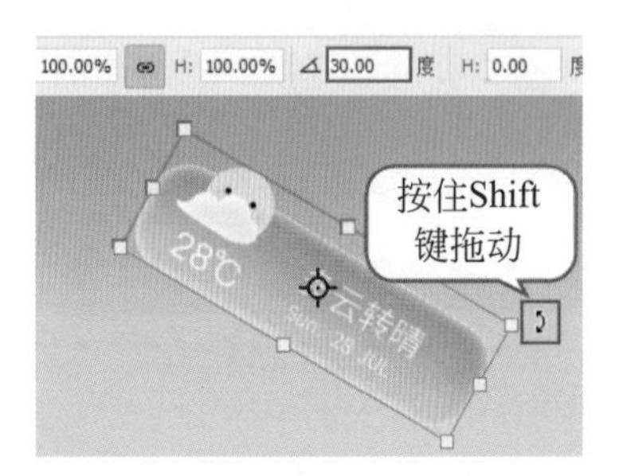

图4-196

（8）单击鼠标右键，选择“斜切”命令，如图4-197所示，然后拖动控制点，即可看到变换效果，如图4-198所示。

图4-197

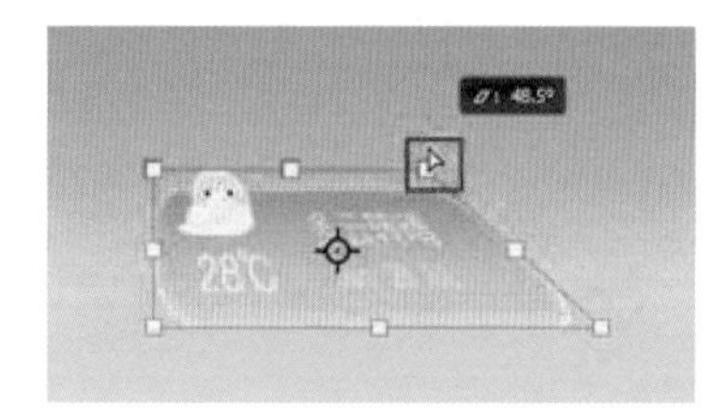

图4-198

（9）单击鼠标右键，选择“扭曲”命令，拖动控制点可以进行扭曲变形，如图4-199所示。

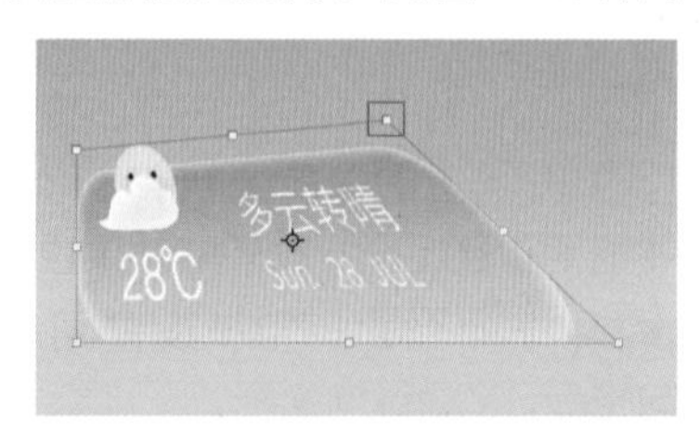

图4-199

重点笔记

在自由变换状态下，按住Ctrl键拖动控制点也可以直接进行扭曲操作，如图4-200所示。

图4-200

（10）单击鼠标右键，选择“透视”命令，拖动一个控制点即可产生透视效果，如图4-201和图4-202所示。

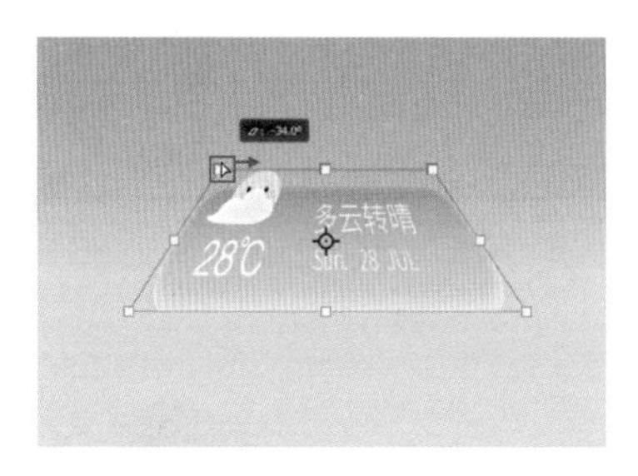

图4-201

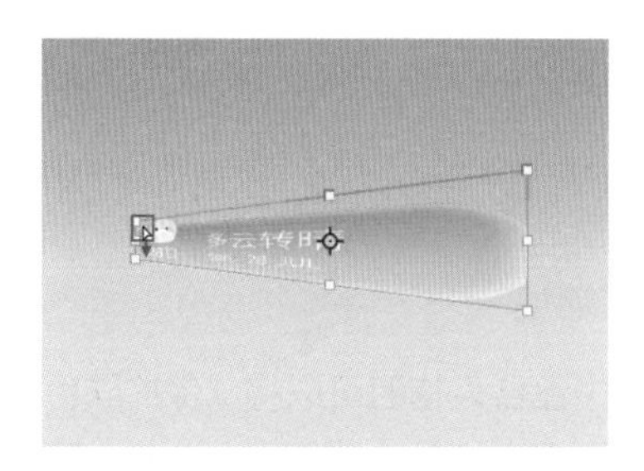

图4-202

（11）单击鼠标右键，执行“变形”命令，接着拖动控制点即可使图层形态发生变化，如图4-203所示。

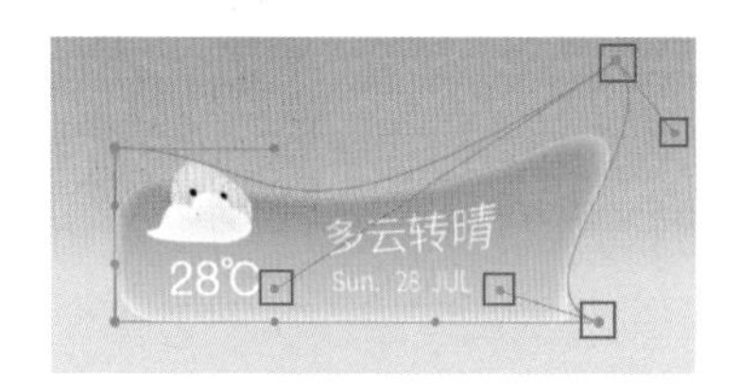

图4-203

“变形”重点选项

变形选项栏中的选项，如图4-204所示。

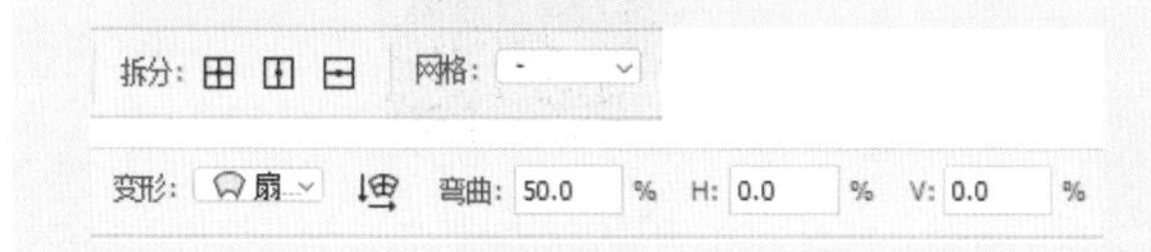

图4-204

拆分：“拆分”选项可以添加网格点，网格点越多，对图层细节变形的控制越精细，但过多的网格可能会造成操作不便。单击⊞按钮将光标移动至定界框内部，单击即可添加交叉的控制点，如图4-205所示。单击◫按钮可以添加垂直方向的控制点，如图4-206所示。单击⊟按钮可以添加水平方向的控制点，如图4-207所示。

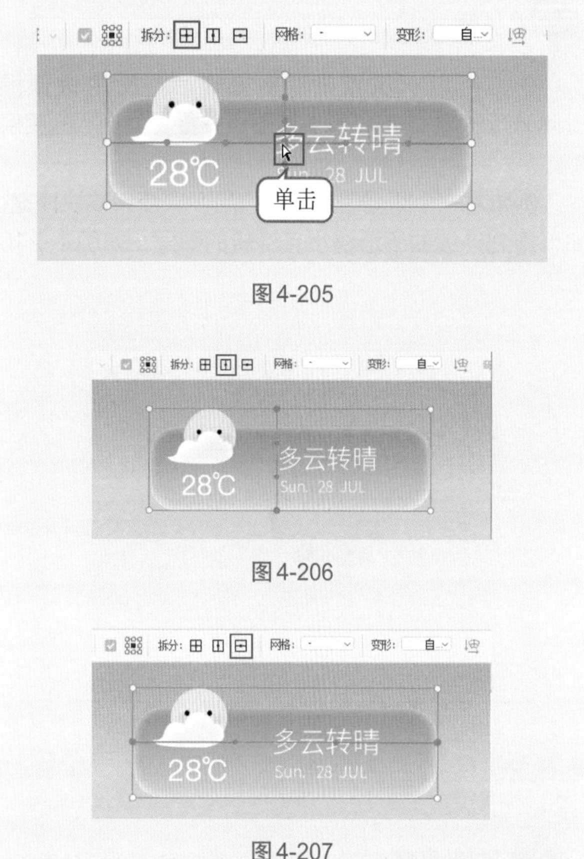

图4-205

图4-206

图4-207

网格：网格选项用来选择变形网格的数量。单击倒三角按钮，在下拉列表中可以选择预设的网格数量，如图4-208所示。

图4-208

变形：选项用来选择预设的变形形状，在选项栏中设置变形效果，如图4-209所示。

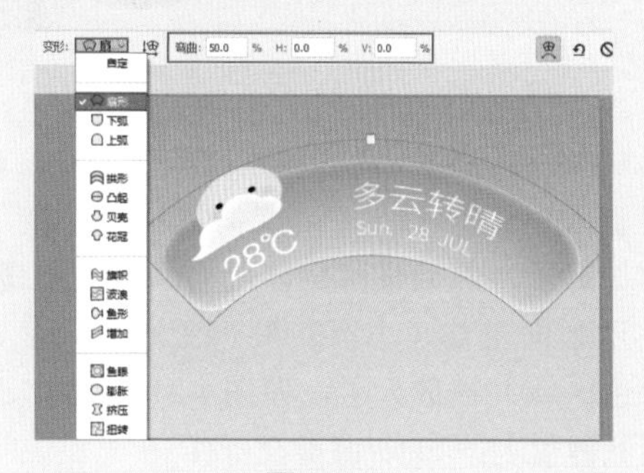

图4-209

快速入门篇

拓展笔记

在进行过一次自由变换操作后，使用快捷键Shift+Ctrl+Alt+T可以复制该图层并重复上一次的变换操作。

例如对一个图层旋转并缩放后多次使用该快捷键，即可得到连续的逐渐缩小且旋转的图层，如图4-210所示

图4-210

4.6.2 保持主体物不变的图层缩放

功能速查

"内容识别缩放"命令可以在保持主体物不发生过大形变的前提下，缩放整个画面的大小。

（1）将素材打开，如图4-211所示。想要将当前的图像填满整个画面，如果采用常规的横向拉伸，画面主体物必然会产生非常奇怪的变形，而使用"内容识别缩放"则可以避免这种问题的发生。

图4-211

（2）执行"编辑>内容识别缩放"命令，或者使用快捷键Alt+Shift+Ctrl+C。取消选项栏中的"保持长宽比"选项，然后横向拉伸画面。随着图像放大，可以发现画面主体（小狗）没有变形，只有背景部分（粉色区域）被放大了，如图4-212所示。变形完成后按下键盘上的Enter键提交操作。

（3）最后添加文字，效果如图4-213所示。

图4-212

图4-213

重点笔记

当画面中包含人物时可以将"保护肤色"选项激活，接着将画面进行放大或缩小，此时人物几乎没有变化，如图4-214所示。

图4-214

如果不激活该选项，那么在缩放的幅度过大时，人物就会发生变形，如图4-215所示。

图4-215

4.6.3 随心所欲的变形

功能速查

"操控变形"功能需要在图层上设定多个控制点，然后通过拖动控制点来改变图层的形态。

（1）将素材打开，选择图层1，如图4-216所示。

图4-216

（2）执行“编辑>操控变形”命令，图层会显示网格，将光标移动至网格上方，单击可以添加多个控制点（此处被称为图钉），如图4-217所示。

图4-217

重点笔记

这些图钉既起到调整对象的位置的作用，还起到固定局部内容使之不发生位移的作用。

（3）如果想要删除控制点，可以按住Alt键单击即可删除，如图4-218所示。

图4-218

（4）按住鼠标左键拖动控制点，可以使图层产生变形效果，如图4-219所示。

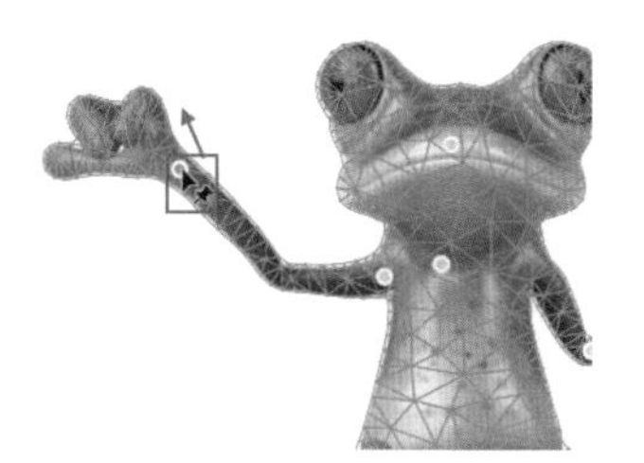

图4-219

（5）按住Alt键将光标移动至控制点附近，会显示用来旋转的控件，按住鼠标左键拖动可以旋转，如图4-220所示。

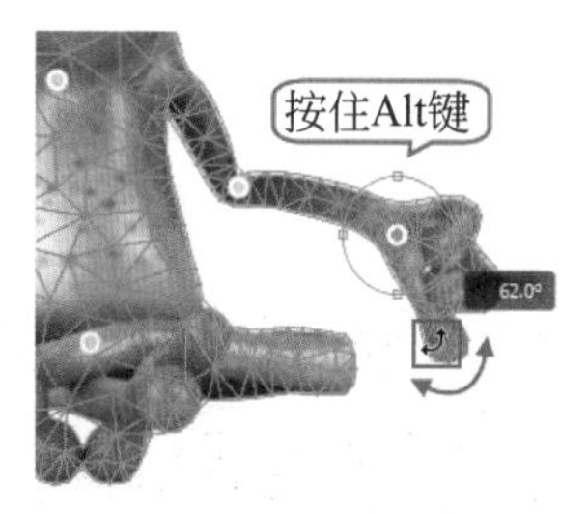

图4-220

（6）变形编辑完成后按下键盘上的Enter键提交操作，如图4-221所示。

图4-221

4.6.4 实战：自由变换制作拉伸感背景

文件路径

实战素材/第4章

操作要点

1. 复制图像局部内容
2. 使用自由变换拉伸图层

案例效果

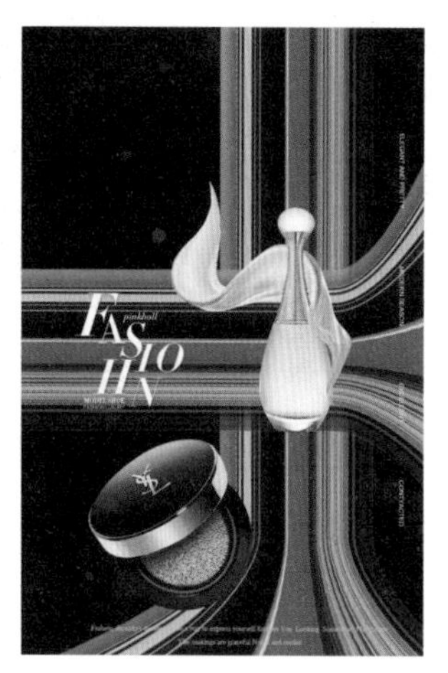

图4-222

操作步骤

（1）执行“文件>打开”命令，打开素材1，如图4-223所示。

（2）执行“文件>置入嵌入对象”命令，将素材2置入当前文件中，并将其摆放在画面左下角处，缩放到合适大小并旋转，如图4-224所示。

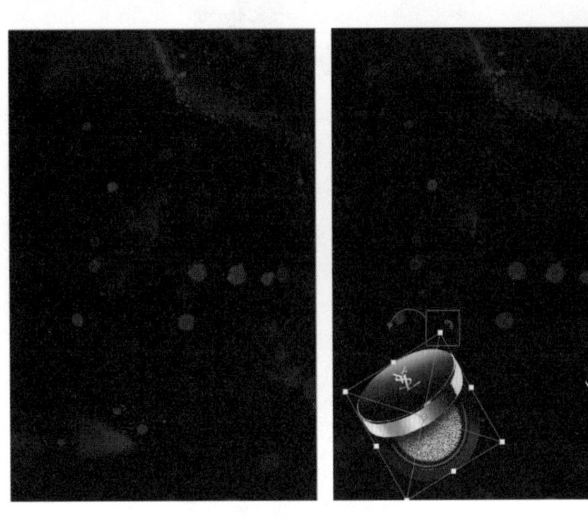

图4-223　　图4-224

（3）按下Enter键完成操作，如图4-225所示。

（4）选择工具箱中的“矩形选框工具”，在化妆品上按住鼠标左键拖动，绘制一个细长的矩形选区，如图4-226所示。

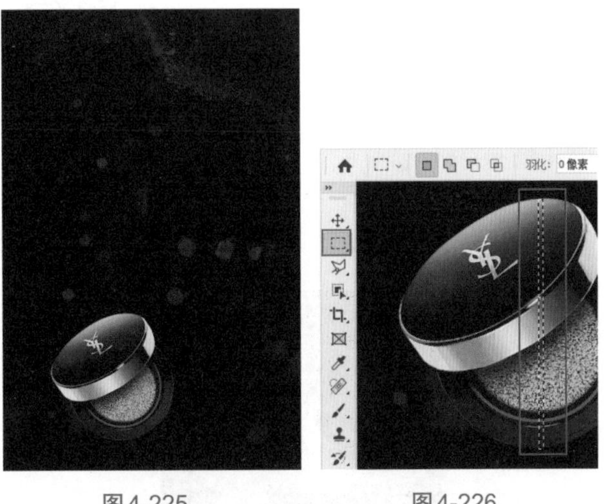

图4-225　　图4-226

（5）在选中化妆品图层的状态下，使用快捷键Ctrl+J拷贝出选区内的图像。然后隐藏化妆品图层，如图4-227所示。

（6）选中拷贝的图像，使用“自由变换”快捷键Ctrl+T，接着在选项栏中取消“保持长宽比”，如图4-228所示。

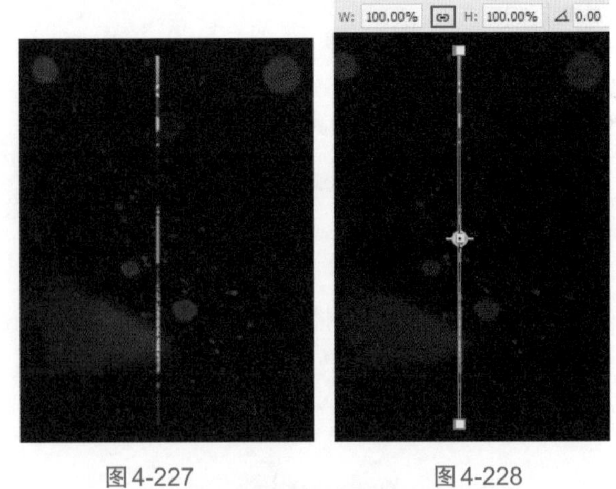

图4-227　　图4-228

（7）然后先竖向压缩，再横向拉伸，如图4-229所示。

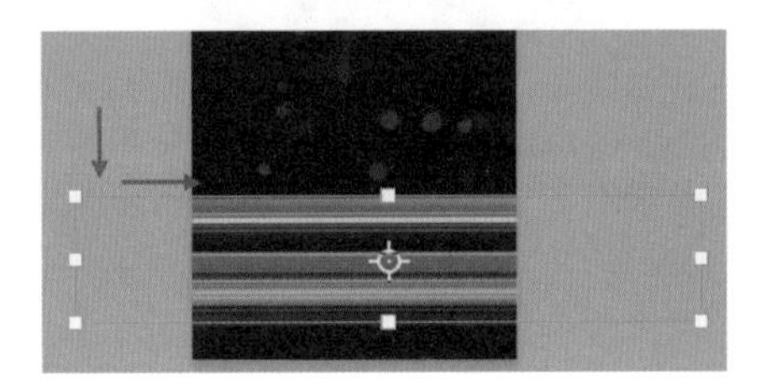

图4-229

（8）将光标放在定界框以外的一角处，按住Shift键的同时拖动控制点，将其旋转90度，并调整其位置，如图4-230所示。

图4-230

（9）单击鼠标右键，在弹出来的快捷菜单中执行“变形”命令，如图4-231所示。

（10）再次单击鼠标右键，在快捷菜单中执行“水平拆分变形”命令，然后在定界框上单击确定控制点位置，如图4-232所示。

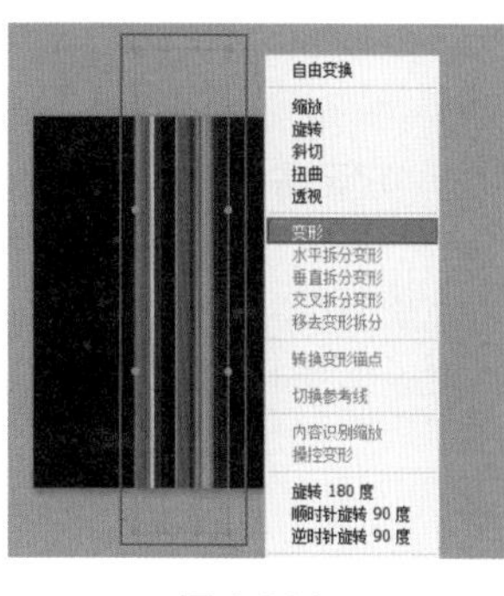

图4-231

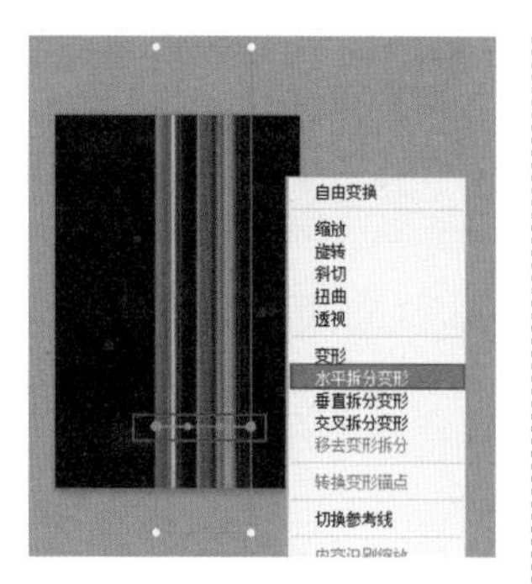

图4-232

（11）按住鼠标左键拖动下方两侧的控制点，调整图层底部的形态，如图4-233所示。

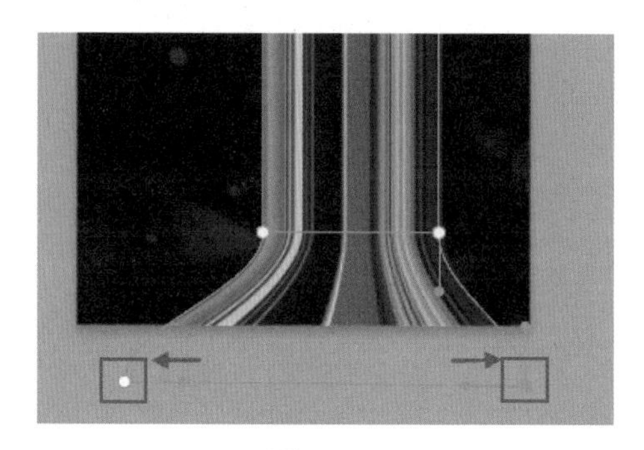

图4-233

（12）适当调整其位置，按下键盘上的Enter键提交操作，效果如图4-234所示。

（13）选中该图层，使用复制图层快捷键Ctrl+J。再使用“自由变换”快捷键Ctrl+T，将其旋转90度的同时移动其位置，然后按下Enter键提交操作，如图4-235所示。

（14）显示出化妆品图层，并将其移动到顶部，如图4-236所示。

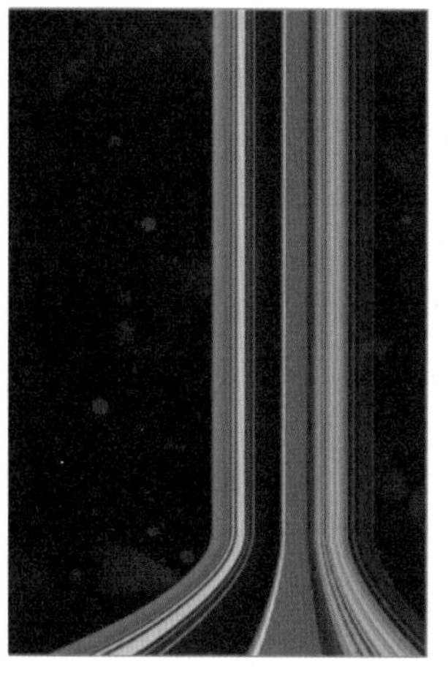

图4-234

图4-235

（15）继续使用同样的方法置入素材3与素材4，并调整其大小与位置。本案例制作完成，效果如图4-237所示。

图4-236

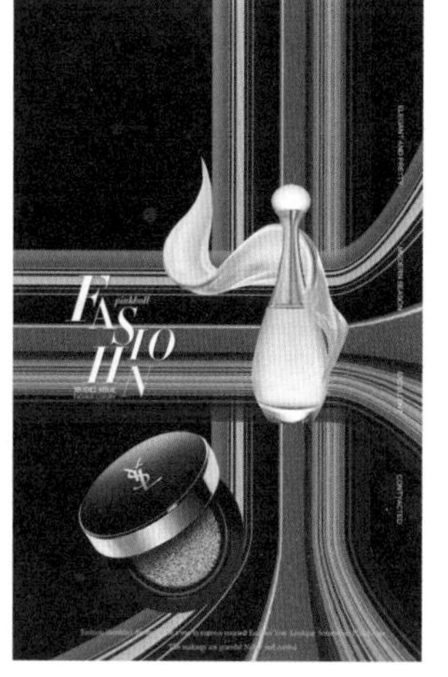

图4-237

4.7　精准排版的辅助工具

4.7.1　标尺与参考线

功能速查

“标尺”在制图排版中发挥着重要作用，如度量和定位版面中的对象，让图稿更加精准。“参考线”可以精准定位，所以常被使用于移动、变换、对齐、绘图中。

（1）执行“视图>标尺”命令或者使用快捷键Ctrl+R，文档图像的上方和左侧会出现带有刻度的标尺，如图4-238所示。

图4-238

拓展笔记

横、竖两条标尺的零刻度线位置被称为“原点”，默认情况下位于画板的左上角。如果想要设置原点的位置，可以将光标移动至原点位置，按住鼠标向画板中拖动，释放鼠标，光标最后定位的位置将作为横竖两条标尺的0刻度点，如图4-239所示。

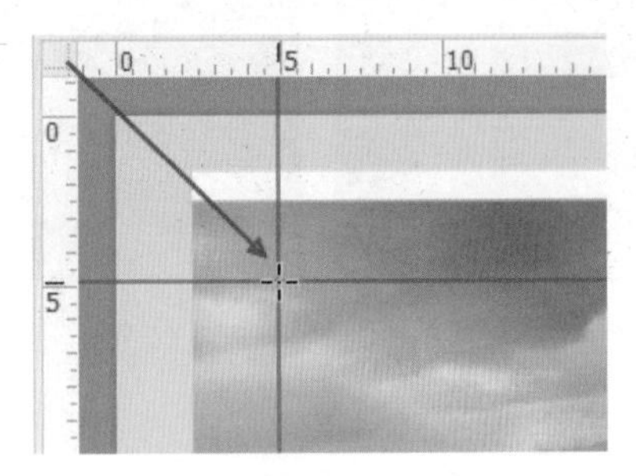

图4-239

如果想要还原默认的原点位置，可以双击左上角标尺交叉的位置，即可将0刻度线还原到默认为位置，如图4-240所示。

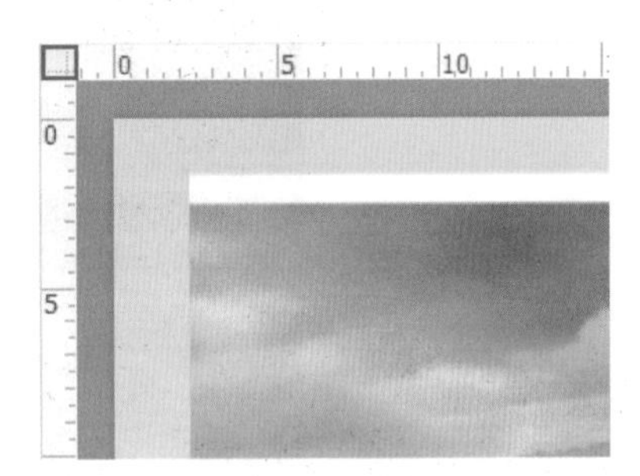

图4-240

（2）将光标移动至画面顶部的水平标尺上方，按住鼠标左键向下拖动，释放鼠标即可创建水平方向的参考线，如图4-241所示。

图4-241

重点笔记

参考线是一种虚拟的辅助线，它无法被打印输出。

（3）同理，将光标移动至竖向标尺上方，按住鼠标左键向画面中拖动，释放鼠标即可创建垂直方向的参考线，如图4-242所示。

图4-242

（4）当画面中已有参考线后，执行“视图>对齐”命令，启用“对齐”功能。接着在“视图>对齐到”子菜单中确保“参考线”命令为启用状态，如图4-243所示。

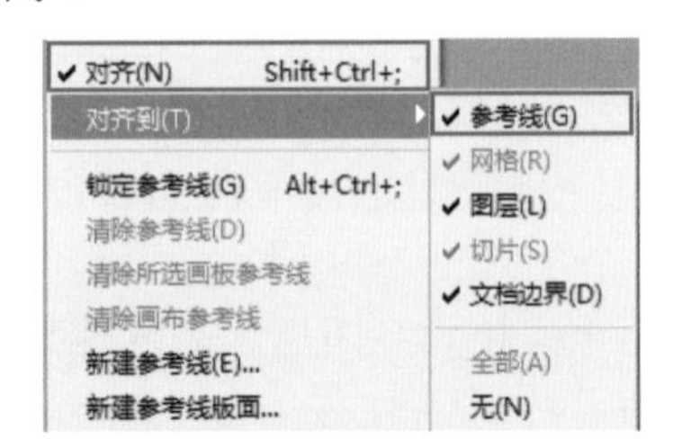

图4-243

（5）随后，移动或变换图层时，图像边缘会自动吸附到参考线的位置，以保证制图的准确性。

重点笔记

如果想要调整参考线的位置。可以使用“移动工具”按住鼠标左键并移动。

如果想要删除参考线，可以使用“移动工具”将参考线移动到画面外部。

如果想要清除画面中的所有参考线，可以执行“视图>清除参考线”命令。

如果想要锁定或解锁参考线，可以执行“视图>锁定参考线”命令。

4.7.2　使用网格辅助制图

功能速查

使用“网格”可以更为精准地绘制图形或者确定绘制对象的位置。

（1）执行“视图>显示>网格”命令或者使用快捷键“Ctrl+”，即可在画布中显示出网格，如图4-244所示。

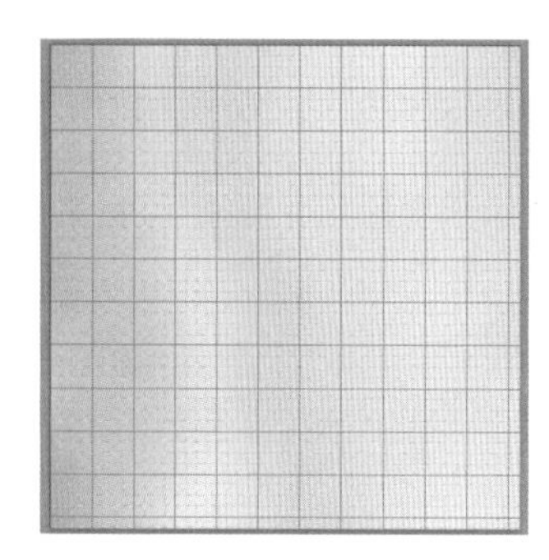

图4-244

（2）当画面中已有参考线后，执行“视图>对齐”命令，启用“对齐”功能。接着在“视图>对齐到”子菜单中确保“网格”命令为启用状态，如图4-245所示。

（3）随后，移动或变换图层时，图像边缘会自动吸附到网格线的位置，如图4-246所示。

（4）如果想要隐藏网格，可以执行“视图>隐藏网格”命令或者再次按下快捷键：Ctrl+”即可隐藏网格，如图4-247所示。

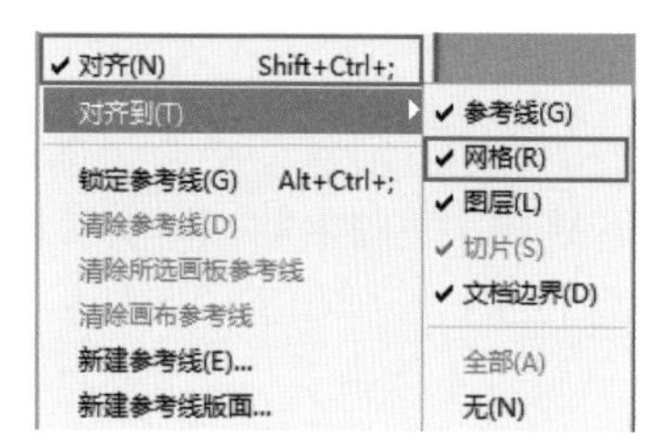

图4-245

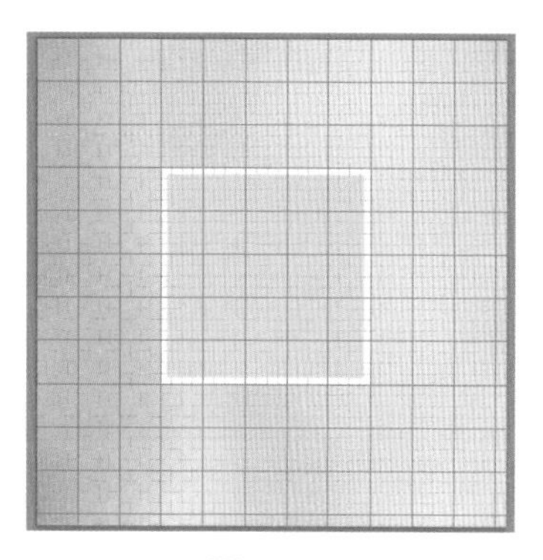

图4-246

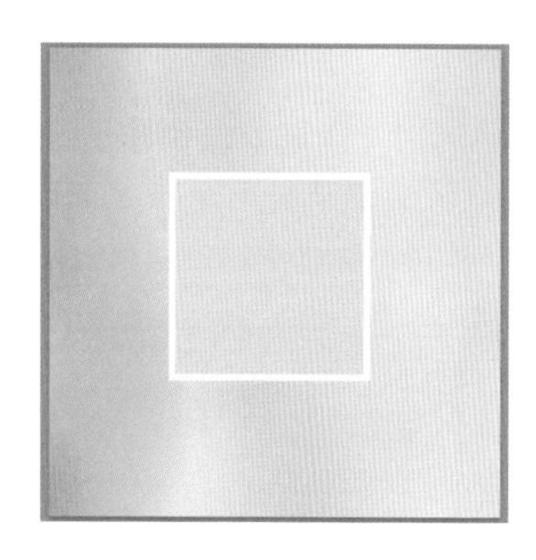

图4-247

4.8　巩固练习：粉色系护肤品展示

文件路径

实战素材/第4章

操作要点

1. 制作渐变色的背景及图形
2. 使用“多边形套索工具”绘制多边形选区
3. 使用“描边”命令为图层添加描边

案例效果

图4-248

操作步骤

（1）执行“文件>新建”命令，创建一个竖向的空白文档。单击工具箱中的“渐变工具”，单击选项栏中的渐变色条，在弹出的“渐变编辑器”中编辑一个浅粉色到白色的渐变，颜色编辑完成后点击“确定”按钮，接着在选项栏中单击“线性渐变”按钮，如图4-249所示。

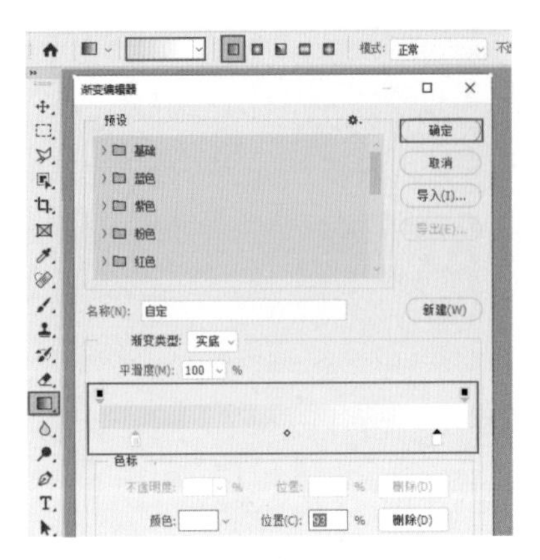

图4-249

（2）在“图层”面板中选中背景图层，回到画面中，按住鼠标左键从左下至右上拖动填充渐变，释放鼠标后完成渐变填充操作，如图4-250所示。

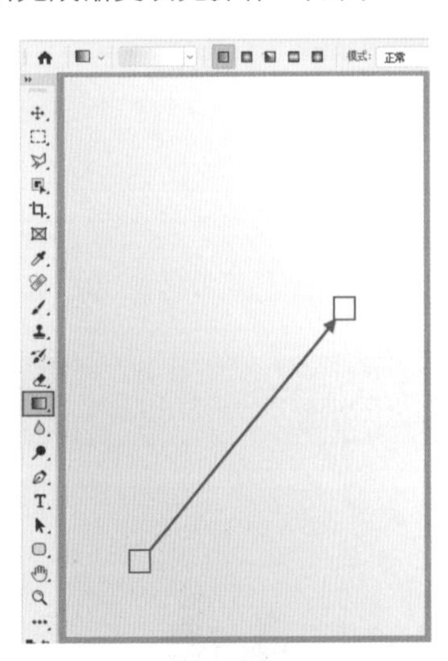

图4-250

（3）新建图层，使用工具箱中的“椭圆选框工具”，在画面上方鼠标左键拖动绘制一个椭圆形选区，设置前景色为粉色，使用Alt+Delete进行填充，如图4-251所示。接着使用快捷键Ctrl+D取消选区。

（4）继续使用“椭圆选框工具”，在选项栏中单击“新选区”按钮，然后按住鼠标左键向下垂直移动选区，如图4-252所示。

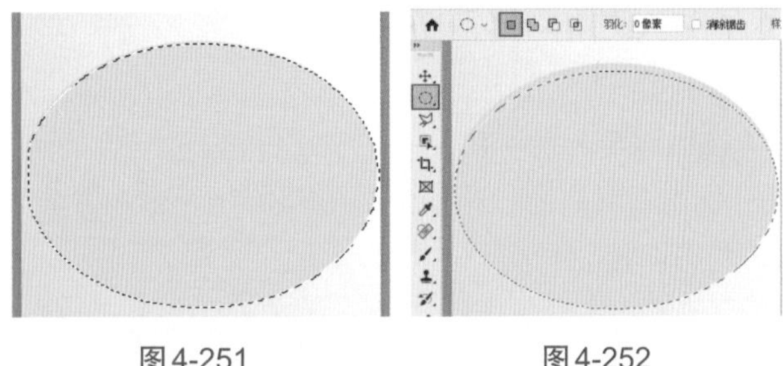

图4-251　图4-252

（5）移动完毕，按下Delete键删除选区中的内容，效果如图4-253所示。

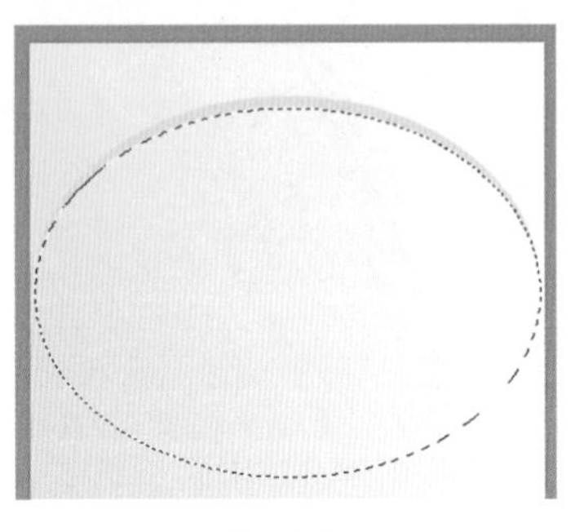

图4-253

（6）使用快捷键Ctrl+D取消选区，效果如图4-254所示。

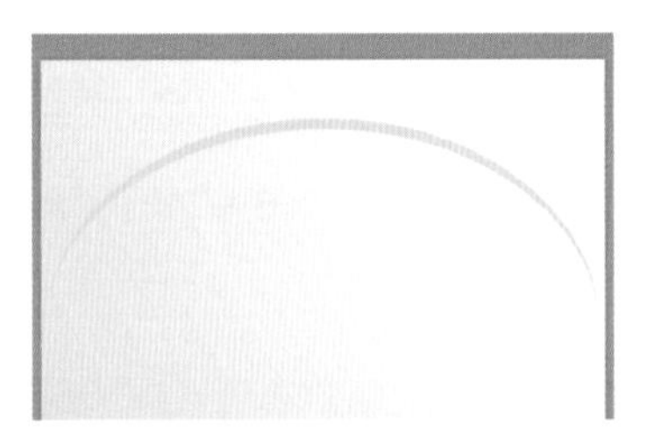

图4-254

（7）执行“文件>置入嵌入对象”命令，将护肤品素材置入到画面中，调整其大小及位置后按下Enter键完成置入。在“图层”面板中右键单击该图层，在弹出的菜单中执行“栅格化图层”命令，如图4-255所示。

图4-255

（8）在“图层”面板中选中护肤品素材，使用快捷键Ctrl+J将其拷贝出一份，并将其向右移动。使用“自由变换”快捷键Ctrl+T，将其等比例放大，如图4-256所示。调整完毕之后按下Enter键结束变换。

图4-256

（9）制作渐变条。单击工具箱中的“多边形套索工具”，在素材下方多次单击绘制一个多边形选区，如图4-257所示。

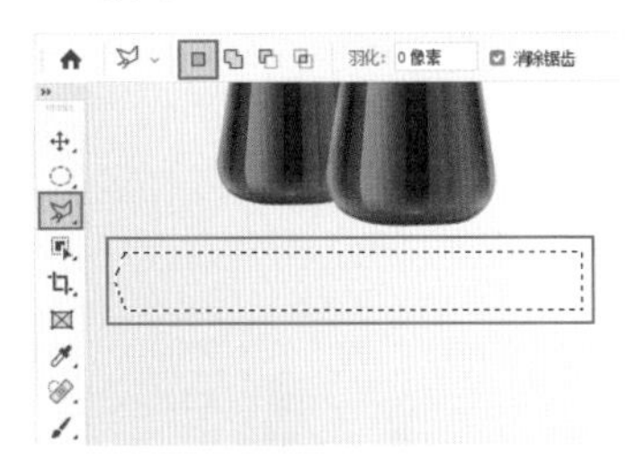

图4-257

（10）选择工具箱中的“渐变工具”，单击选项栏中的渐变色条，在弹出的“渐变编辑器”中编辑一个粉红色系的渐变，颜色编辑完成后单击“确定”按钮，接着在选项栏中单击“线性渐变”按钮，如图4-258所示。

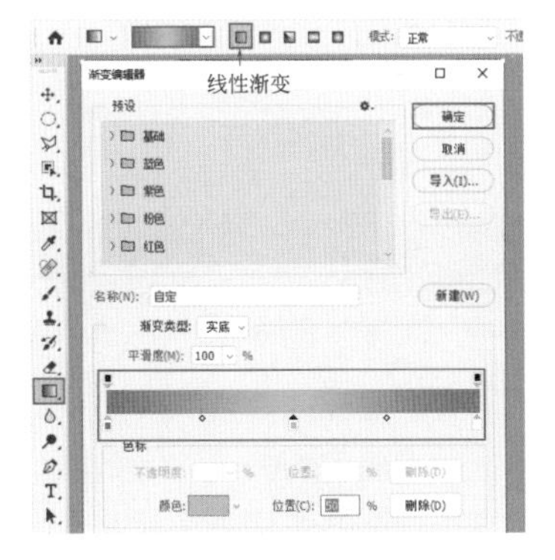

图4-258

（11）单击图层面板底部的“新建”按钮，新建一个图层。在使用“渐变工具”的状态下，在选区内按住鼠标左键拖动，为其填充渐变颜色，如图4-259所示。

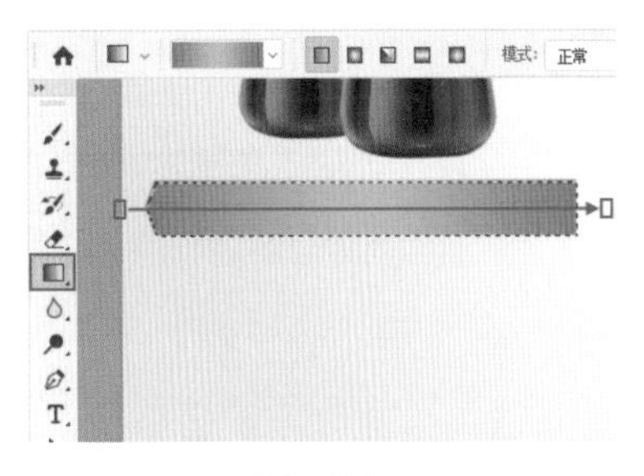

图4-259

（12）执行“文件>置入嵌入对象”命令，将蝴蝶结素材置入到画面中，调整其方向及位置后按下Enter键完成置入。在“图层”面板中右键单击该图层，在弹出的菜单中执行“栅格化图层”命令，如图4-260所示。

图4-260

（13）单击工具箱中的“横排文字工具”，在选项栏中设置合适的字体、字号，文字颜色设置为白色，设置完毕后在渐变条上单击鼠标建立文字输入的起始点，接着输入文字，文字输入完毕后按下键盘上的快捷键Ctrl+Enter键，如图4-261所示。

图4-261

（14）新建一个图层，选择工具箱中的“多边形套索工具”，在下方绘制一个稍小一些的多边形选区，如图4-262所示。

图4-262

（15）选择工具箱中的“渐变工具”，在选项栏中设置一个稍深一些的粉红色系的线性渐变，如图4-263所示。

（16）新建一个图层，在选区上拖动，为其填充渐变色，效果如图4-264所示。

图4-263　　图4-264

（17）选择工具箱中“椭圆选框工具”，在渐变多边形的右侧按住Shift键的同时绘制一个正圆，如图4-265所示。

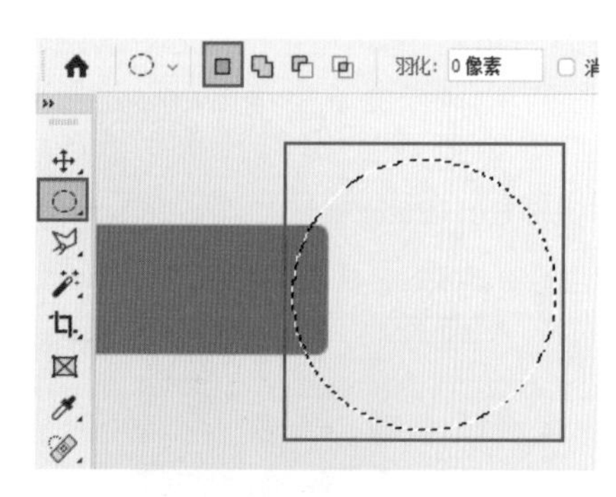

图4-265

（18）新建一个图层，选择工具箱中的“渐变工具”，在保持相同设置的前提下，在选区上拖动为其填充渐变，如图4-266所示。

（19）执行“编辑>描边”命令。在弹出来的“描边”窗口中，设置“宽度”为3像素，“颜色”为白色，“位置”为居外。设置完成后单击“确定”按钮，如图4-267所示。

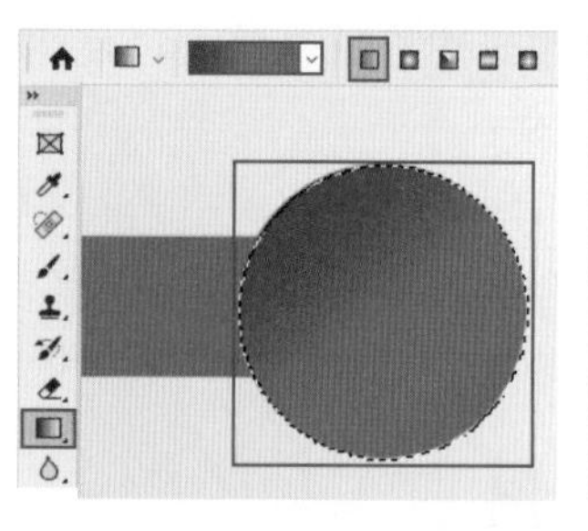

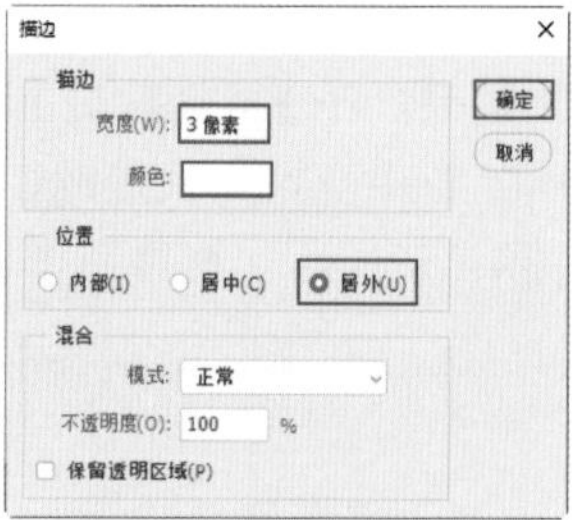

图4-266　　图4-267

（20）使用快捷键Ctrl+D取消选区，效果如图4-268所示。

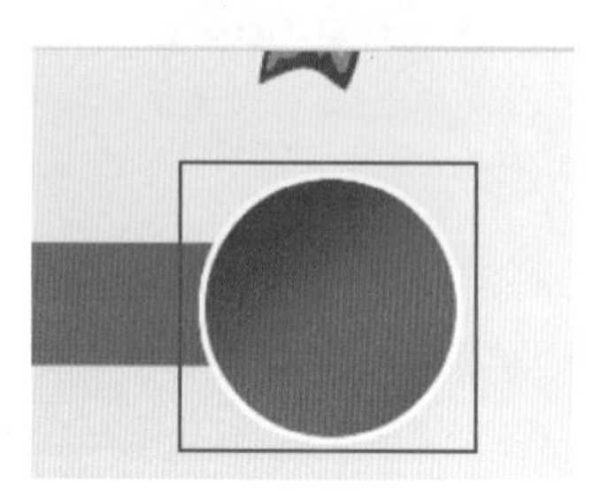

图4-268

（21）继续使用同样的方法制作画面中的其他文字。本案例制作完成，效果如图4-269所示。

图4-269

本章小结

在本章中，选区的创建与编辑、填充纯色与渐变色、对象的变换是较为重要的知识点。这部分功能可以用于版面中简单的图形的绘制以及画面背景色的填充。本章只学习了文字功能的基础知识，能够创建少量的文字以及大段的文字后，就可以轻松地在画面中添加文字了。当然，本章的文字功能也是为了后面章节中高级的文字应用奠定基础。

第5章 轻松绘画

在Photoshop中，绘画的方式大致可分为两大类：一种是以“画笔工具”为主的位图绘画，绘制出的是可以重复覆盖、局部擦除及内容编辑的像素；另外一种是矢量绘图，主要以“形状工具”和“钢笔工具”绘图为主，绘制出的对象为由路径和其内部色彩组成的“形状”对象。其中“形状工具”可以绘制出常见的几何图形，“钢笔工具”可以绘制复杂的矢量图形。本章主要介绍“画笔”绘图及“形状工具”绘图，“钢笔工具”绘图将在第7章学习到。

学习目标

掌握使用“画笔”工具绘图的方法
熟练掌握“橡皮擦”工具的使用方法
掌握绘制常见的几何图形

思维导图

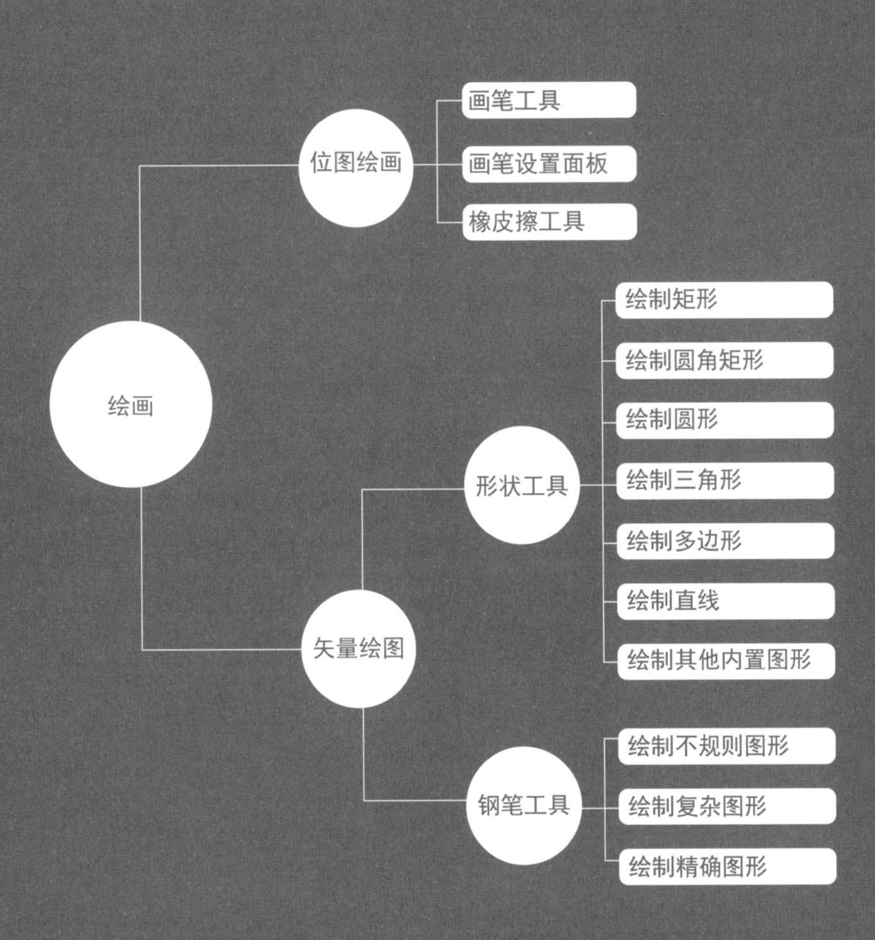

5.1 画笔绘画

“画笔工具”是一种非常灵活的绘图工具，就像现实中的彩笔一样，能够以设定好的颜色（前景色），按照鼠标拖动的路径在画面中留下相应的笔触。“画笔工具”可以选择的笔尖类型非常多，不同的绘制方法可以得到不同的效果。画笔工具的各种使用方法见表5-1。

表5-1 画笔工具的各种使用方式

绘制方式	以单击的方式，可以得到单个笔触的效果。例如画笔样式选择为圆形，那么单击得到的就是一个圆点	按住鼠标左键并拖动，可以得到连续的线条。即使画笔笔尖样式比较特殊，也会得到连续的线。而奇特的笔尖只会在断开的线条处看到一些边缘	使用大直径、半透明的柔边圆画笔大面积地涂抹，可以得到晕染的效果，常用于绘图或制作背景	“画笔工具”配合“画笔设置”面板，可以绘制出多种奇特的笔触。如断开的笔触、不规则分布的笔触、带有纹理的笔触、多种颜色的笔触等
图示				

5.1.1 画笔工具

功能速查

“画笔工具”有两种绘制方式，在画面中单击可以绘制出与画笔笔尖样式相同的一个“点”；按住鼠标左键拖动可以绘制出连续的“线”。

（1）新建一个空白文档，并填充为黄色，如图5-1所示。

图5-1

（2）新建图层，选择工具箱中的“画笔工具”，接着将前景色设置为深黄色，接着单击选项栏中的按钮，打开“画笔预设”选取器。首先需要在下半部分的笔尖列表中选择合适的笔尖，其中“柔边圆”和“硬边圆”两种笔尖最常用。“大小”选项用来设置画笔笔尖的大小，在这里设置为600像素；“硬度”选项用来设置圆形笔尖边缘的清晰程度，在这里设置为50%，参数设置如图5-2所示。

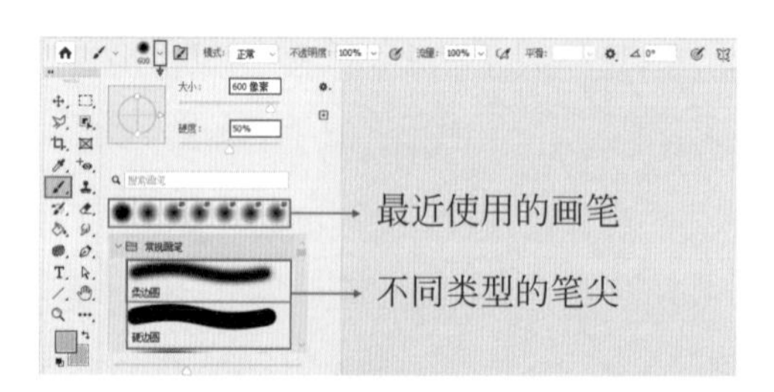

图5-2

重点笔记

“柔边圆”和“硬边圆”画笔的区别在于“硬度”数值，如果将“柔边圆”的“硬度”设置为100%，得到的效果与“硬边圆”画笔的效果是相同的，如图5-3所示。

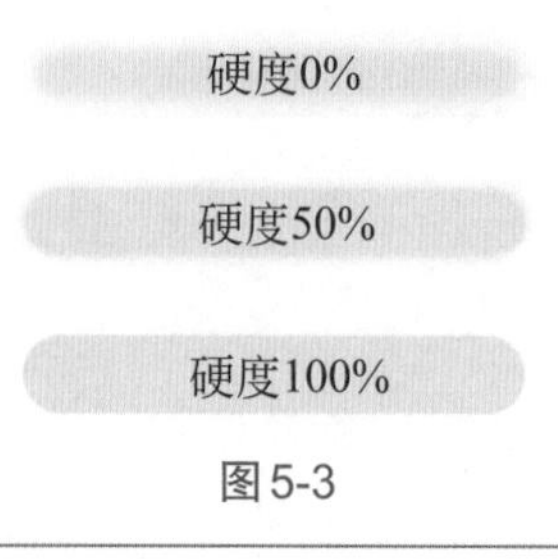

图5-3

（3）参数设置完成后将光标移动至画面中单击，即可得到一个边缘羽化的圆形，如图5-4所示。

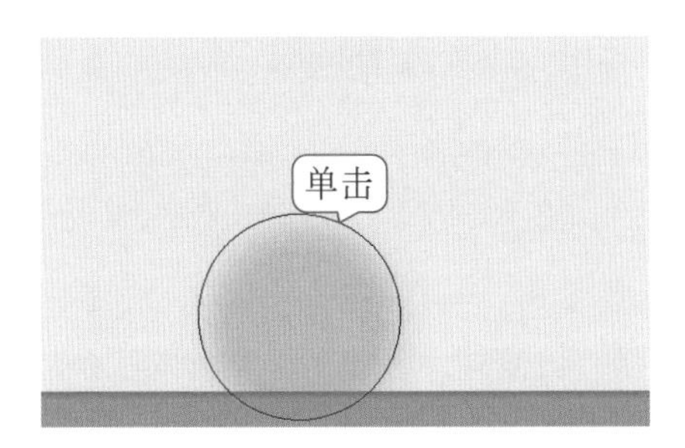

图5-4

（4）适当调整笔尖大小，在画面右上角单击，绘制出另外一个圆形笔触，如图5-5所示。

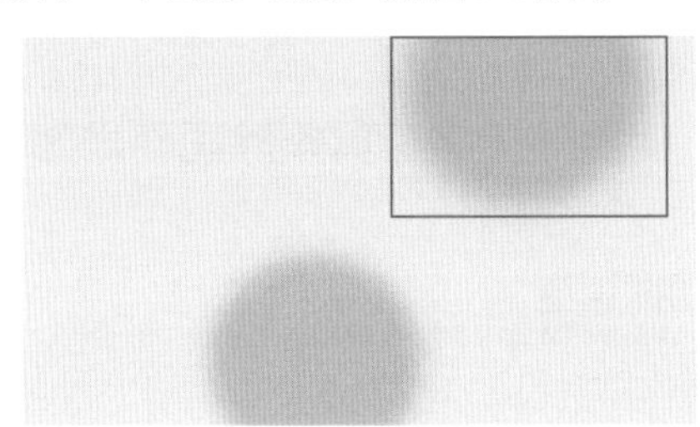

图5-5

重点笔记

在英文输入法下按下键盘上的“]”键可以增大笔尖大小；按下键盘上的“[”键可以减小笔尖大小。

（5）选择“画笔工具”，将前景色设置为白色，打开“画笔预设”选取器，设置“大小”为100像素。然后展开“干介质画笔”组，选择合适的笔尖，设置完成后在画面中按住鼠标左键拖动，可以绘制出奇特笔触的线条，如图5-6所示。

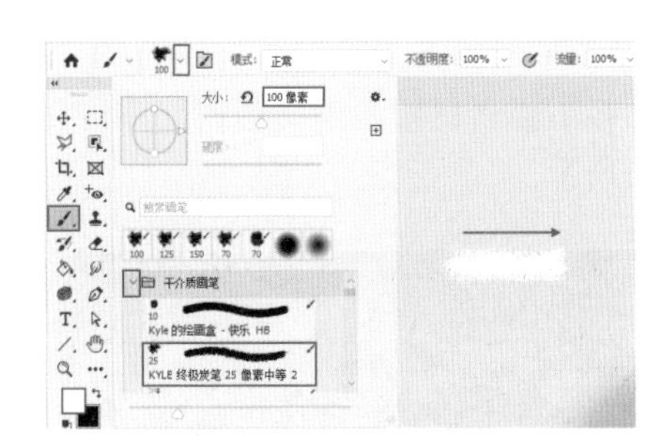

图5-6

重点笔记

单击“画笔预设”选取器右上角的⚙按钮，菜单中的“画笔名称”“画笔描边”和“画笔笔尖”三个命令用来设置笔尖、名称、画笔描边的显示与隐藏，如图5-7所示。

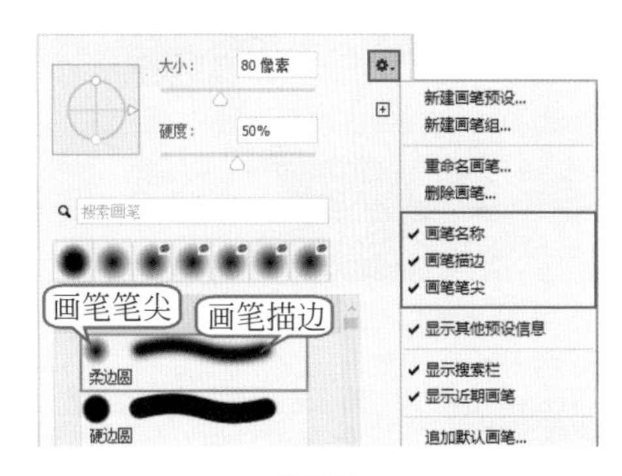

图5-7

（6）继续按住鼠标左键拖动进行绘制，书写字母F。在绘制过程中按住Shift键拖动可以绘制直线，如图5-8所示。

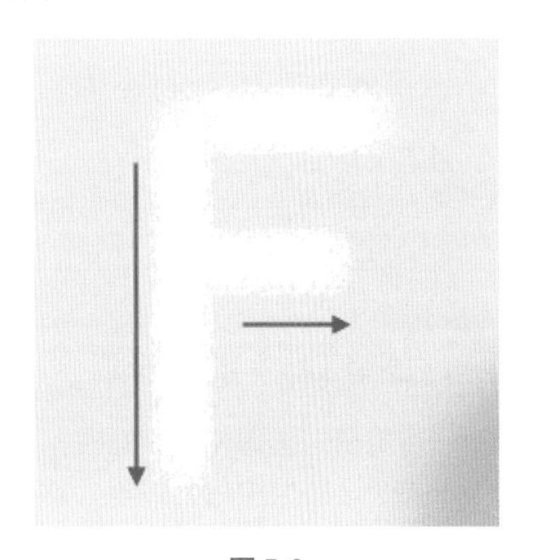

图5-8

（7）继续绘制出手写感的字母，如图5-9所示。

图5-9

疑难笔记

徒手写文字总是写不好看怎么办？

为了制作出手写感的效果，同时又要保持文字的美观，可以先使用“横排文字工具”输入相应的文字，然后在上方新建图层，并按照文字的形态绘制线条。

（8）最后添加素材，案例效果如图5-10所示。

图5-10

重点笔记

画笔工具组中还有一个“铅笔工具”，该工具的使用方法与选项都与“画笔工具”几乎一致，但“铅笔工具”绘制的线条边缘具有颗粒感，视觉效果非常不平滑，如图5-11所示。

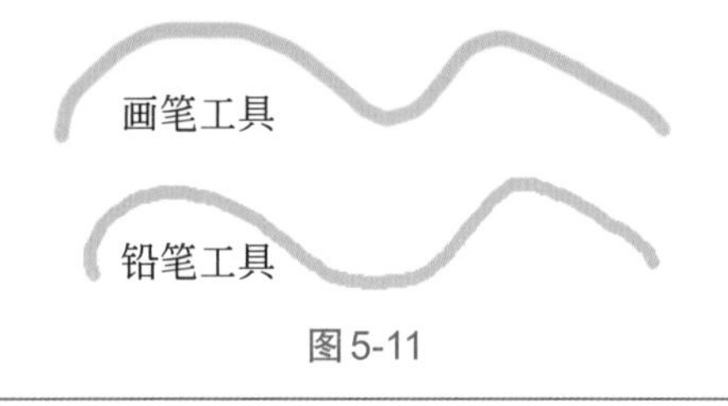

图5-11

“画笔工具”重点选项

：单击可打开“画笔设置”面板。

模式：如果所选图层中包含像素，那么在这里设置模式后，新绘制的内容就会以该模式混合到图层内容中，如图5-12所示。

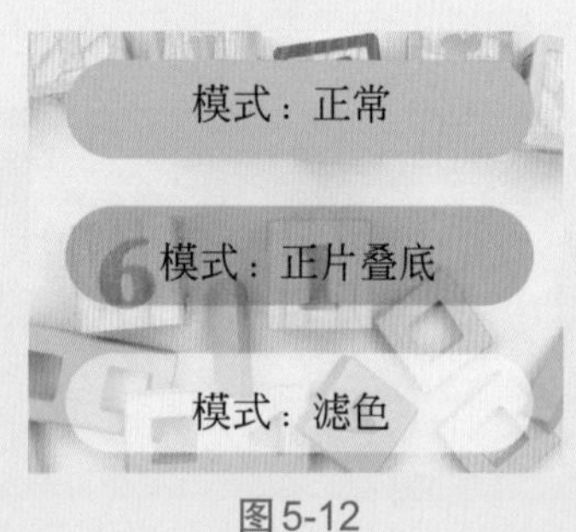

图5-12

不透明度：设置笔触的不透明效果，数值越小，越透明，如图5-13所示。

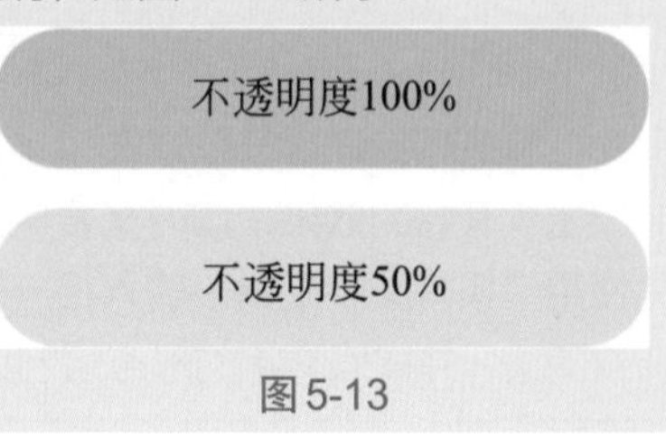

图5-13

流量：用于设置画笔的流速，如图5-14所示。

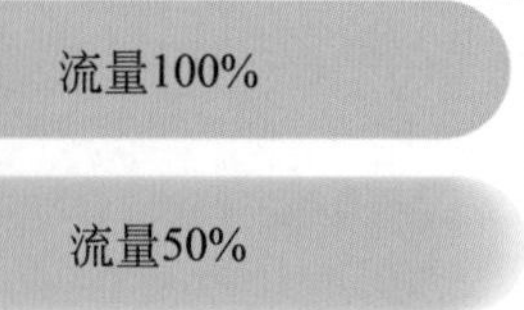

图5-14

平滑：数值越大，徒手绘制出的线条越平滑、流畅。

：“角度”数值用于设置画笔笔尖旋转的角度，笔尖旋转后，绘制出的笔触会有变化。对于圆形画笔，设置该选项无效。

5.1.2 使用橡皮擦工具擦除画面局部

功能速查

“橡皮擦工具”用于擦除普通图层中的像素。

（1）新建一个空白文档，然后填充绿色，如图5-15所示。

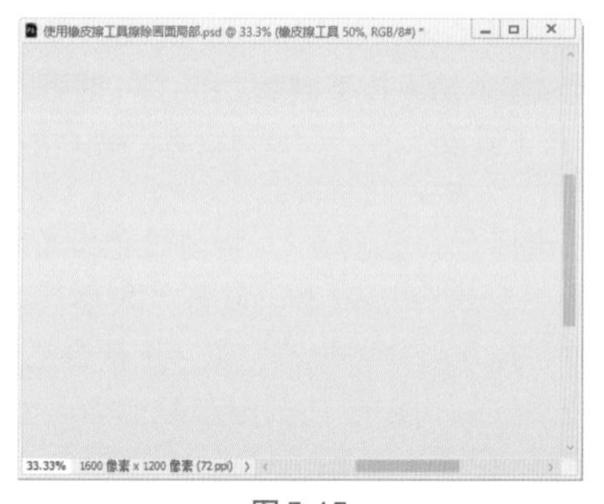

图5-15

（2）将小猫素材置入到文档内，并将其栅格化，如图5-16所示。

图5-16

重点笔记

“橡皮擦工具”只可以对普通图层进行擦除，智能对象、文字图层、3D图层等特殊图层无法擦除局部像素。如需擦除特殊图层，需要将特殊图层转换为普通图层后操作。

（3）选择“橡皮擦工具”，选择一个柔边圆笔尖，设置笔尖“大小”700像素，“不透明度”选项用来设置擦除强度，在这里设置数值为50%，设置完成后在画面中按住鼠标左键拖动涂抹，光标经过的位置像素将被擦除。因为降低了“不透明度”数值，所以会保留半透明的效果，如图5-17所示。

图5-17

重点笔记

“橡皮擦工具”擦除的效果会受到橡皮擦笔尖的设置的影响，如果橡皮擦笔尖为方形，那么擦除的边缘也会产生变化。

（4）继续在画面边缘涂抹进行擦除操作，如图5-18所示。

图5-18

（5）最后添加文字素材，效果如图5-19所示。

图5-19

5.1.3 绘制奇特的笔触

功能速查

“画笔设置”面板具有非常强大的笔尖形态设置功能，不仅可以选择不同的笔尖，还可以通过设置得到不规则笔触，例如：不连续的笔触、随机分布的笔触、不同颜色的笔触、带有透明效果的笔触等。

（1）选择“画笔工具”后，执行“窗口>画笔设置”命令或者使用快捷键F5可以打开“画笔设置”面板，或者单击选项栏中的按钮打开“画笔设置”面板，如图5-20所示。

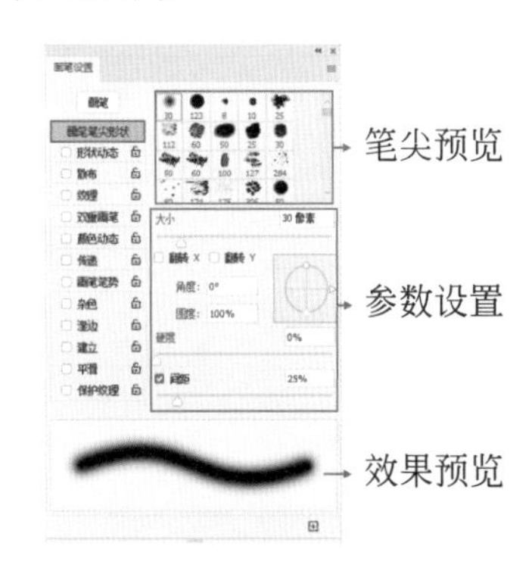

图5-20

重点笔记

“画笔设置”面板不仅可以用于“画笔工具”的笔尖设置，“橡皮擦工具”“仿制图章工具”“加深工具”“减淡工具”等具有笔尖属性的工具都可以在这里设置参数。

（2）首先选择一个柔边圆笔尖，接着设置笔尖“大小”为200像素，“间距”选项栏用来设置每个笔

尖之间的距离，设置数值为1000%，参数设置如图5-21所示。此时绘制出的是由断开圆点组成的效果，如图5-22所示。

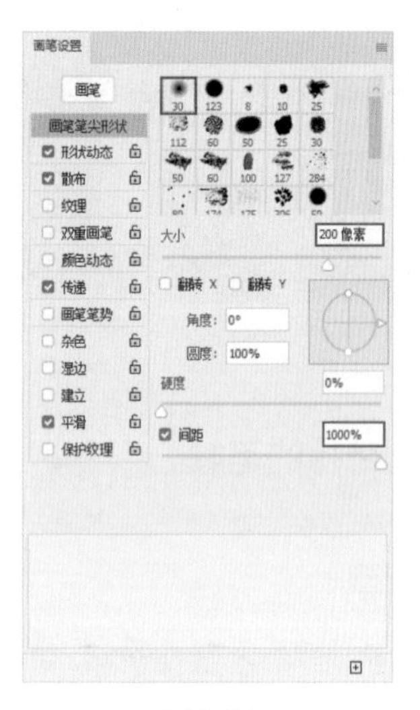

图5-21

图5-22

（3）单击“画笔设置”面板左侧的“形状动态”，切换到相应的选项页面。这里可以设置出带有大小不同、角度不同、圆度不同笔触效果的线条。“大小抖动”选项用来设置笔尖大小的改变方式，在这里设置数值为100%。底部可以看到当前笔尖的预览效果，如图5-23所示。当前绘制出的笔触有大有小，绘制效果如图5-24所示。

图5-23

图5-24

重点笔记

在“画笔设置”面板中，单击名称位置可以进入到选项页面中；如果勾选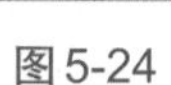则启用该效果，是无法打开对应选项页面的，如图5-25所示

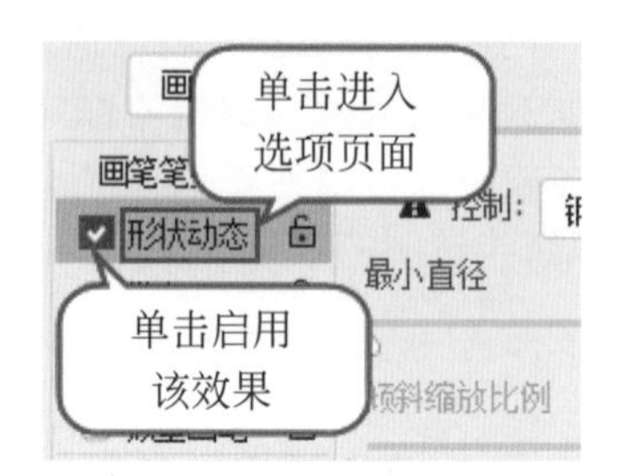

图5-25

（4）单击“散布”，进入到“散布”选项页面中。这里可以使画笔笔迹沿着绘制的线条扩散，并且设置扩散笔迹的数目和位置。“散布”选项用来设置笔迹在描边中的分散程度，该值越高，分散的范围越广。在这里将数值设置为1000%，如图5-26所示。此时绘制出的笔触位置较为随机，如图5-27所示。

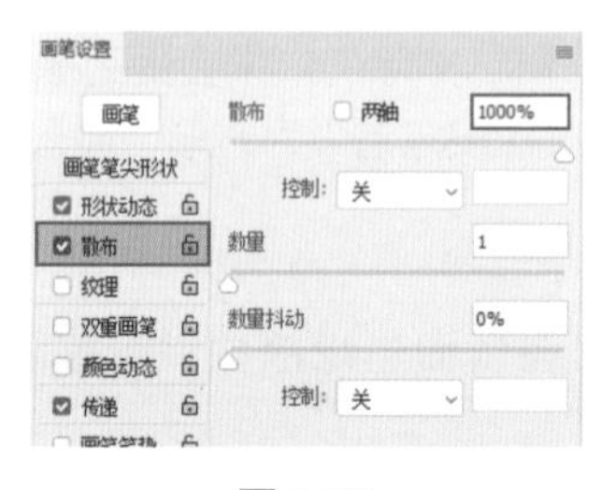

图5-26

图5-27

（5）单击“传递”进入到“传递”选项页面中。这里可以设置笔触的不透明度、流量、湿度、混合等数值来控制油彩在描边路线中的变化方式。将“不透明度抖动”设置为100%，如图5-28所示。此时绘制出的每个笔触都会带有不同的透明度效果，如图5-29所示。

图5-28

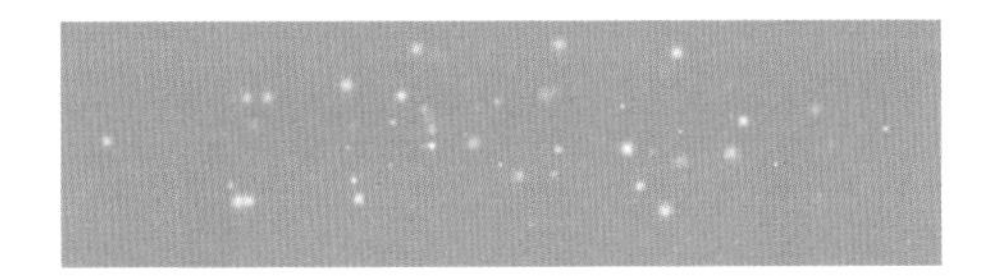

图5-29

（6）设置完成后，将光标移动至画面中，按住鼠标左键拖动可以绘制出大小不同、透明度不同、分散的圆形笔触。这些笔触就如同光斑一样，可以作为画面的点缀，效果如图5-30所示。

图5-30

5.1.4 实战：店铺优惠券

文件路径

实战素材/第5章

操作要点

1.使用“橡皮擦工具”擦除图形边缘

2.使用“画笔设置”面板选择合适的笔尖

3.使用“画笔工具”绘制不规则线条

案例效果

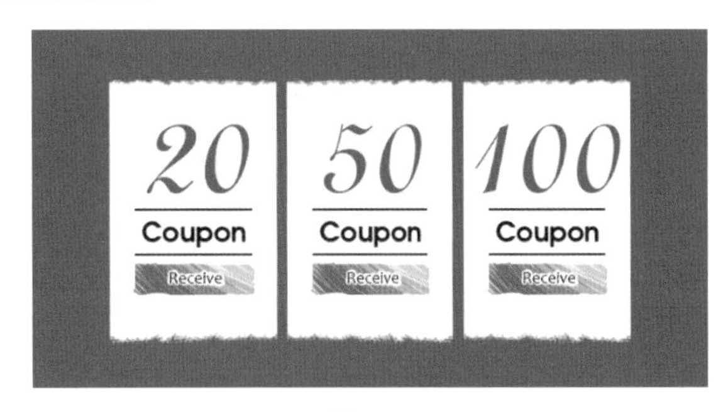

图5-31

操作步骤

（1）执行“文件>新建”命令，创建一个空白文档，如图5-32所示。

图5-32

（2）为背景填充颜色。单击工具箱底部的“前景色”按钮，在弹出的“拾色器”窗口中设置颜色为红色，然后单击“确定”按钮，如图5-33所示。

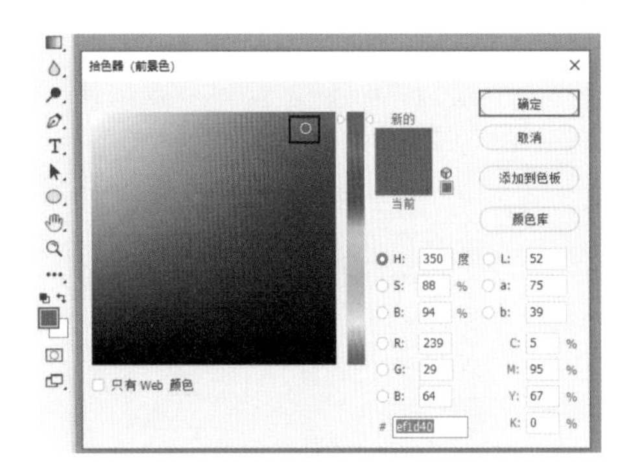

图5-33

（3）在“图层”面板中选择背景图层，使用“前景色填充”快捷键Alt+Delete键进行填充，效果如图5-34所示。

图5-34

（4）新建图层，单击“矩形选框工具”，在画面中按住鼠标左键拖动，绘制出一个矩形选区，如图5-35所示。

图5-35

（5）设置前景色为白色，使用Alt+Delete键进行填充，如图5-36所示。然后使用Ctrl+D取消选区。

图5-36

（6）在工具箱中选择“橡皮擦工具”，单击选项栏中的“画笔设置”按钮，打开“画笔设置”面板。在其中选择一个合适的笔尖样式，设置“画笔大小”为25像素，如图5-37所示。

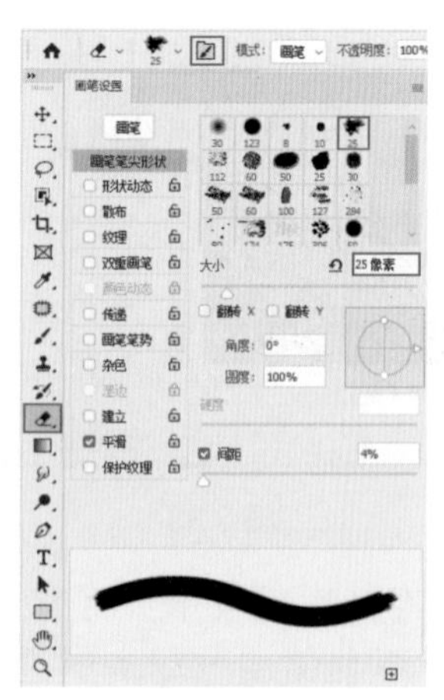

图5-37

（7）在“图层”面板中选中矩形图层，在矩形上方边缘位置擦除，得到不规则的图形边缘，如图5-38所示。

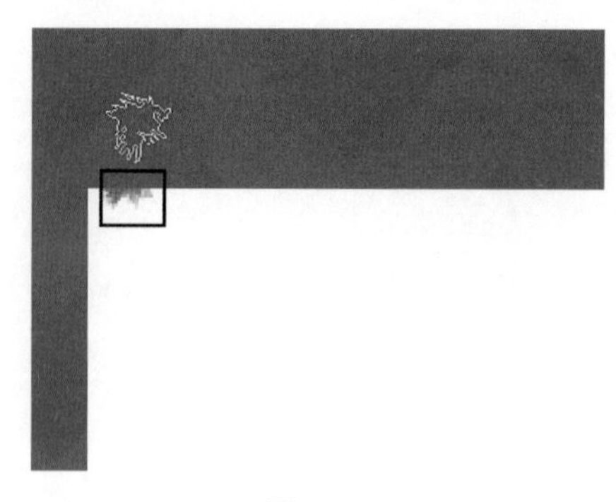

图5-38

（8）继续使用同样的方法擦除白色矩形的上方边缘和下方边缘，如图5-39所示。

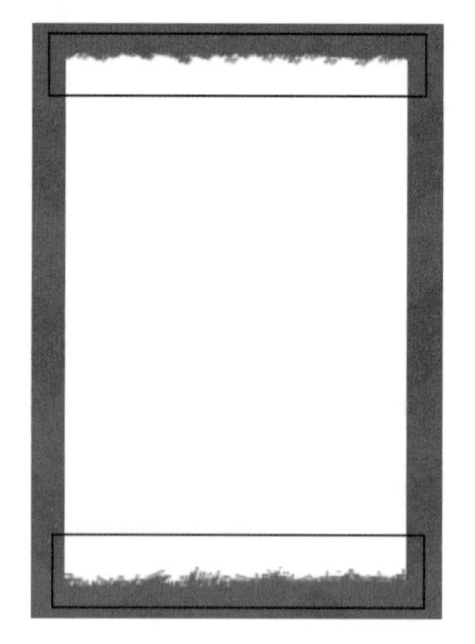

图5-39

（9）单击“横排文字工具”，在白色矩形上方单击鼠标，建立文字输入的起始点。接着输入文字，文字输入完毕后按下键盘上的快捷键Ctrl+Enter键。在选项栏中设置合适的字体、字号，文字颜色设置为粉红色，如图5-40所示。

图5-40

（10）继续使用同样的方法将下方黑色文字制作出来，如图5-41所示。

图5-41

（11）单击“矩形选框工具”，绘制一个细长的矩形选区，如图5-42所示。

图5-42

（12）新建一个图层。接着设置前景色为黑色，使用Alt+Delete键进行填充，如图5-43所示。

图5-43

（13）使用Ctrl+D取消选区。选中黑色矩形图层，使用快捷键Ctrl+J，复制出一个相同的图层。回到画面中，按住Shift键的同时将复制出的矩形向下垂直移动至合适的位置，如图5-44所示。

图5-44

（14）在“图层”面板中创建新图层。选择工具箱中的“画笔工具”，单击选项栏中的“画笔预设”选取器，在下拉面板中选择“Kyle的喷溅画笔”，设置画笔“大小”为80像素，如图5-45所示。

图5-45

（15）在选项栏中单击 按钮，在弹出的“画笔设置”面板中取消勾选画笔设置选项，设置间距为1%，如图5-46所示。

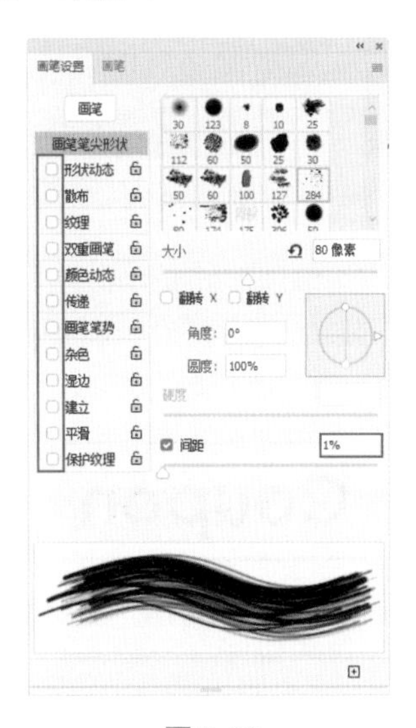

图5-46

（16）新建图层，在工具箱底部设置“前景色”为紫色，设置完成后将画笔移动到直线的下方拖动鼠标左键进行绘制，如图5-47所示。

图5-47

（17）更改工具箱底部的“前景色”，然后继续使用同样的方法将其他颜色绘制出来。彩虹笔触绘制完成，如图5-48所示。

图5-48

（18）单击“套索工具”，在文字下方绘制一个接近长方形的不规则选区，如图5-49所示。

图5-49

（19）选中彩虹笔触的图层，使用快捷键Shift+Ctrl+I反选选区，接着按下Delete键删除选区内的部分，并取消选区的选择，效果如图5-50所示。

图5-50

（20）继续使用刚才输入文字的方法在彩虹上方输入合适的文字，如图5-51所示。

图5-51

（21）在“图层”面板中选中刚绘制的文字图层，按住Ctrl键的同时，鼠标左键单击缩览图，载入文字的选区，画面效果如图5-52所示。

图5-52

（22）执行“选择>修改>扩展”命令，在弹出的“扩展选区”窗口中设置“扩展量”为3像素，单击“确定”按钮，如图5-53所示。

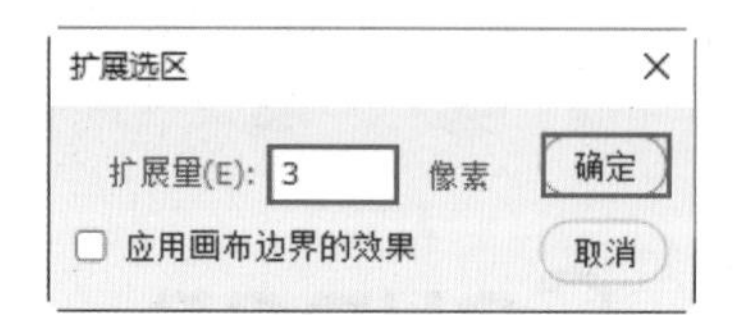

图5-53

（23）选区扩展效果如图5-54所示。

图5-54

（24）在文字图层下方新建一个图层，设置“前景色”为白色，设置完成后使用“前景色填充”快捷键Alt+Delete进行填充，画面效果如图5-55所示。

图5-55

（25）在“图层”面板中按住Ctrl键依次单击加选除背景图层以外的所有图层，使用快捷键Ctrl+G将加选图层编组，图层组命名为“1”，如图5-56所示。

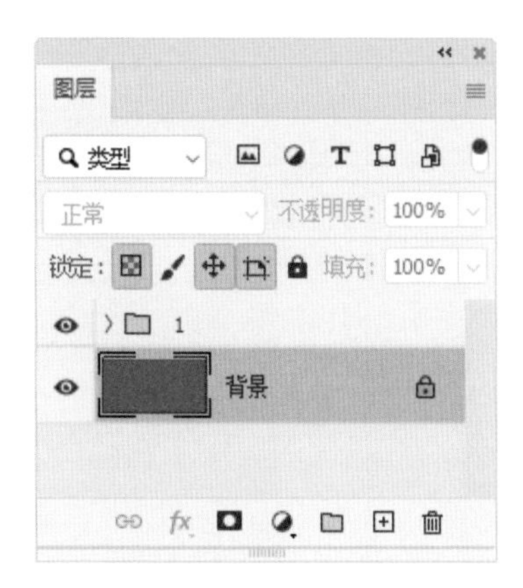

图5-56

（26）选中“1”图层组，使用快捷键Ctrl+J，复制出一个相同的图层组并将其命名为“2”，然后回到画面中按住Shift键同时将“2”图层组水平向右移动至合适的位置，如图5-57所示。

图5-57

（27）使用同样的方法再复制一个图层组，命名为“3”，回到画面将其移动至合适的位置。此时画面效果如图5-58所示。

图5-58

（28）在“图层”面板中单击“2”图层组，找到数字图层并更改文字，如图5-59所示。

图5-59

（29）使用同样的方法改变“3”图层组中的数字。本案例制作完成，效果如图5-60所示。

图5-60

5.2 轻松绘制几何图形

图形是画面中常出现的元素。前面章节的学习使我们可以通过使用选区工具绘制选区并填色来得到几何图形。通过这种方法制作的图形不仅形态有限，而且无法方便地更改颜色或者描边的属性。而通过“形状工具组”则可以轻松地绘制多种常见的几何图形，而且还可以轻松设置这些几何图形的填充颜色及轮廓属性。“形状工具组”中包括：矩形工具、椭圆工具、三角形工具、多边形工具、直线工具和自定形状工具六种工具，具体说明见表5-2。

表 5-2　形状工具组功能及说明

功能名称	矩形工具	椭圆工具	三角形工具
功能简介	可以绘制矩形和正方形，以及带有圆角的矩形	可以绘制出椭圆形和正圆形	可以绘制三角形和带有圆角的三角形
图示			
功能名称	多边形工具	直线工具	自定形状工具
功能简介	可以绘制出各种边数的多边形（最少为3条边）以及星形	可以绘制出直线和带有箭头的直线	可以从内置的形状列表中选择图形并绘制
图示			

5.2.1 认识三种矢量工具的绘图模式

“形状工具组”中的工具与“钢笔工具”都是典型的矢量工具，在绘制之前需要设置合适的工具模式，否则可能绘制出不带颜色的“路径”对象。“形状工具组”中的工具包含三种绘图模式：“形状”“路径”和“像素”。本节中需要使用“形状”模式，该模式可以设置图形的颜色，如图5-61所示。“形状工具组”三种绘图模式说明见表5-3。

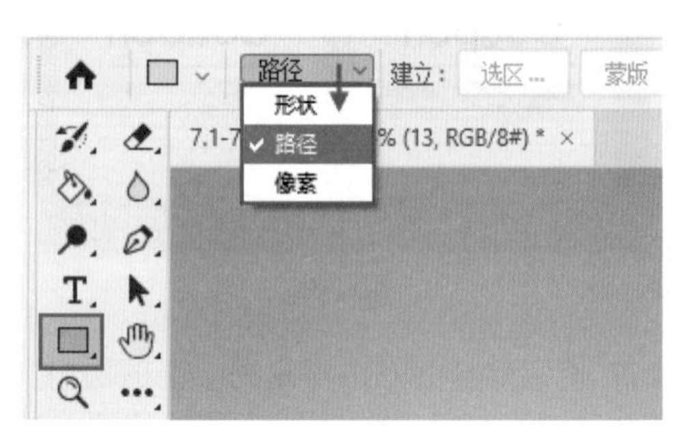

图5-61

表 5-3　“形状工具组”三种绘图模式说明

功能名称	形状模式	路径模式	像素模式
功能简介	该模式绘制出的是矢量对象，带有路径，而且还可以设置填充颜色与描边的属性。绘制时自动新建形状图层。钢笔工具与形状工具皆可使用此模式	该模式只能绘制出不带颜色填充属性的路径。路径无实体，不需依附于图层，打印输出不可见。但路径可以转换为选区后填充。钢笔工具与形状工具皆可使用此模式	该模式绘制出的是由像素组成的位图对象。直接在所选图层中以前景色填充绘制的区域。形状工具可用此模式，钢笔工具不可用
图示			

1. “形状”绘制模式

选择“形状”绘制模式时，可以在选项栏中设置填充与描边，然后去绘制形状；也可以先绘制形状，然后在选项栏中更改填充与描边。在这里采用先绘制图形，再去更改属性的方法。

（1）选择一个矢量工具，在选项栏中设置绘制模式为“形状”，在画面绘制图形。绘制完成后选择形状图层，在使用矢量绘图工具的状态下，还可以在选项栏中更改填色描边，如图5-62所示。

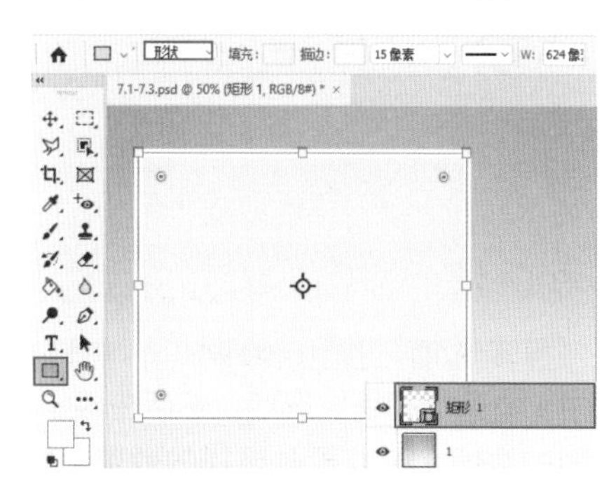

图5-62

（2）单击“填充”按钮，在填充面板中可以设置形状的填充内容，如图5-63所示。

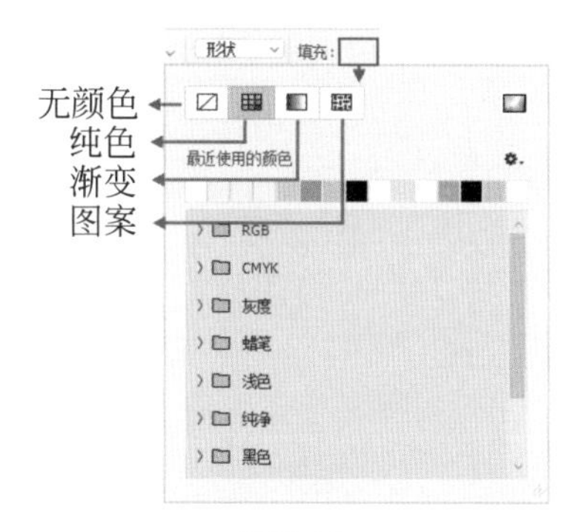

图5-63

（3）单击“无颜色”按钮，可以去除填充颜色，如图5-64所示。

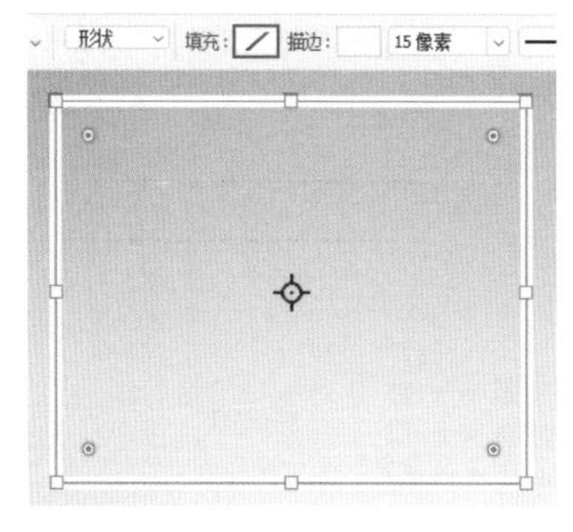

图5-64

（4）单击“纯色”填充按钮，在下拉面板中有很多预设的颜色。展开颜色组，还可以看到很多颜色色块，单击色块即可为图形填充相对应的颜色，如图5-65所示。

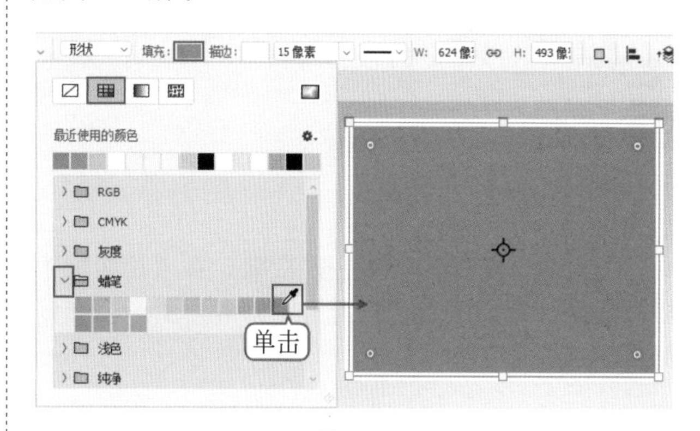

图5-65

（5）预设的颜色是有限的，如果要自定义颜色，可以单击按钮，打开“拾色器”窗口。在“拾色器”中可以随意选择颜色，如图5-66所示。矩形效果如图5-67所示。

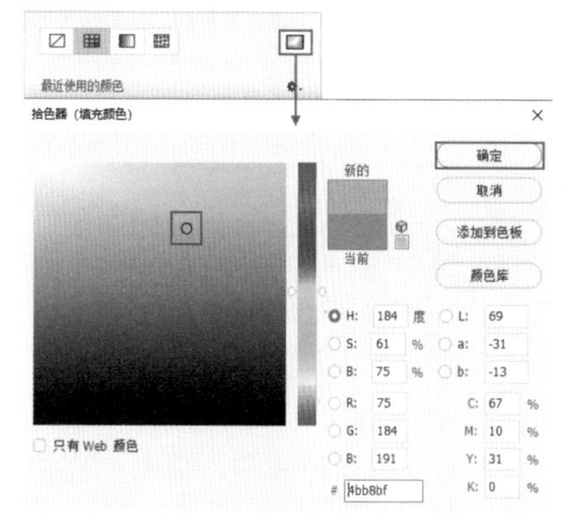

图5-66

图5-67

（6）单击填充设置面板的“渐变”填充按钮，可以选择预设渐变或者编辑出所需的渐变颜色。其使用方法与“渐变编辑器”相同，如图5-68所示。

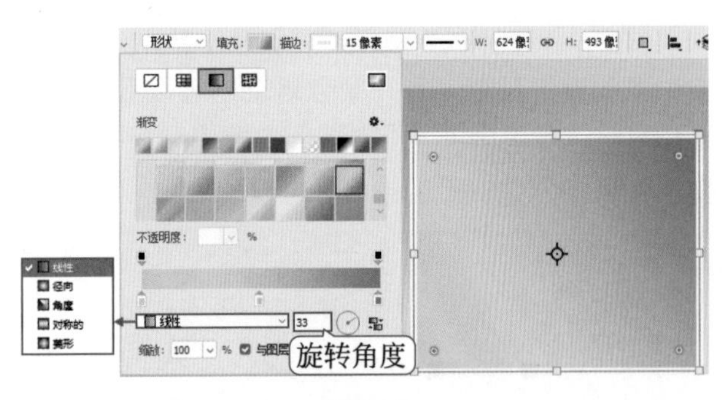

图5-68

（7）单击“图案”填充按钮，在下拉面板中打开任意一个图案组，单击图案即可为图形填充该图案，如图5-69所示。

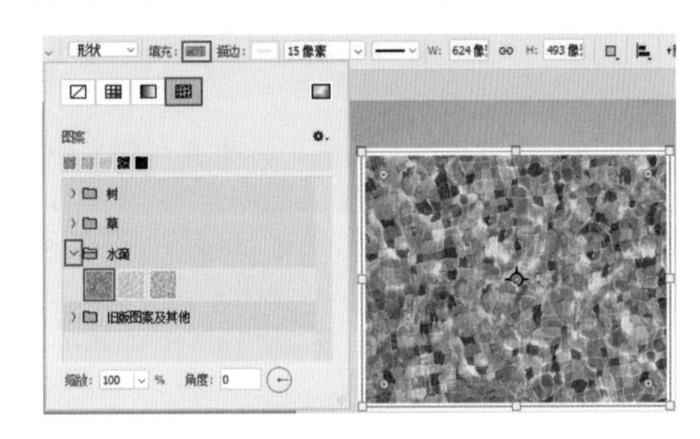

图5-69

“图案”填充重点选项

缩放：能够调整图案的缩放比例。

角度：能够调整图案的旋转角度。

（8）接下来设置描边选项，单击“描边”按钮，在下拉面板中可以设置描边的颜色，其操作方法与设置“填充”方法相同。在“描边宽度”数字框内输入数值，可以更改描边的粗细，如图5-70所示。

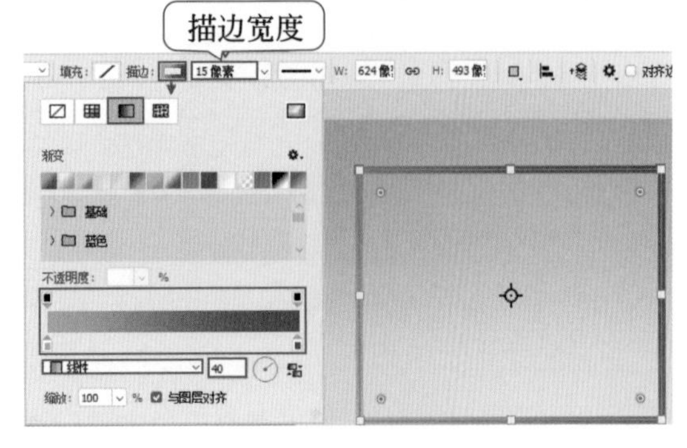

图5-70

（9）单击“设置形状描边类型”按钮，在下拉面板可以选择描边样式，默认的为实线描边，还可以选择虚线描边，如图5-71所示。

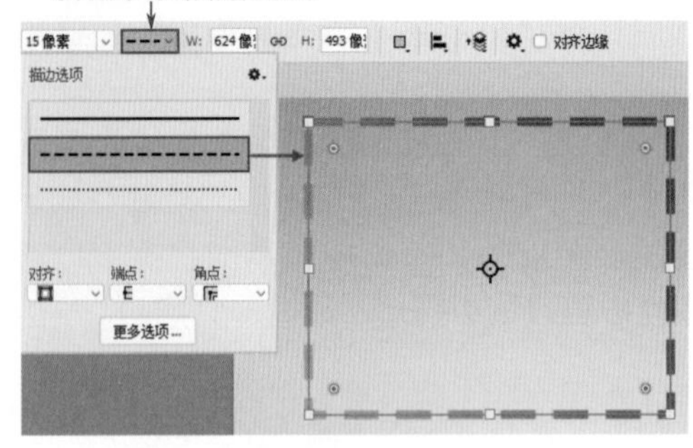

图5-71

重点笔记

单击“更多选项”按钮，在打开的“描边”窗口中，勾选“虚线”选项，然后在数字框内填写虚线和间隙的数值，可以更改虚线的效果，如图5-72所示。

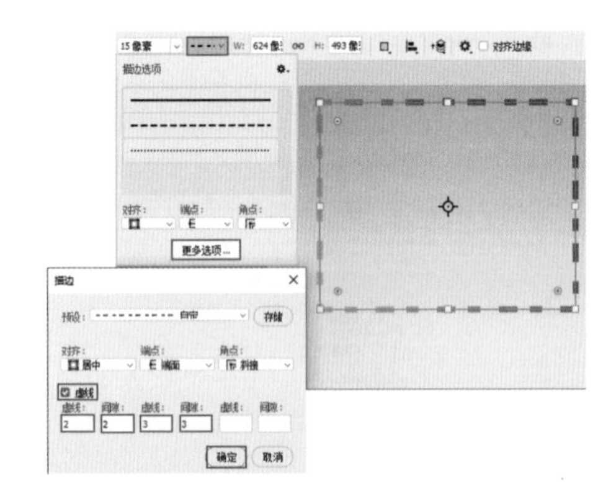

图5-72

（10）“对齐”选项用来设置描边的所处位置，如图5-73所示，如图5-74所示为不同“对齐”选项的对比效果。

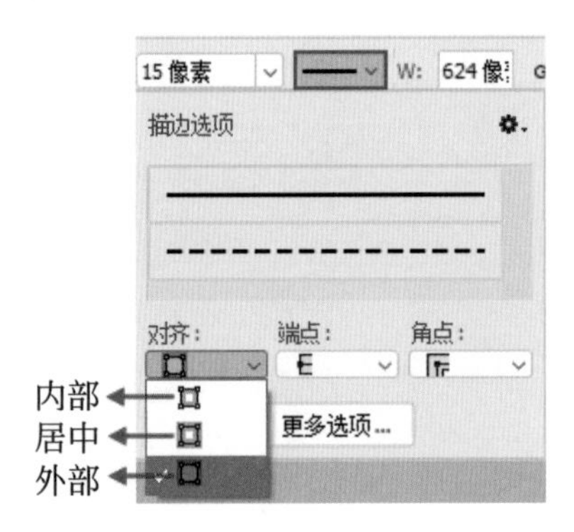

图5-73

对齐：内部　对齐：居中　对齐：外部

图5-74

（11）“端点”选项用来设置开放路径的两端锚点处的描边的类型，如图5-75所示，图5-76所示为不同“端点”选项的对比效果。

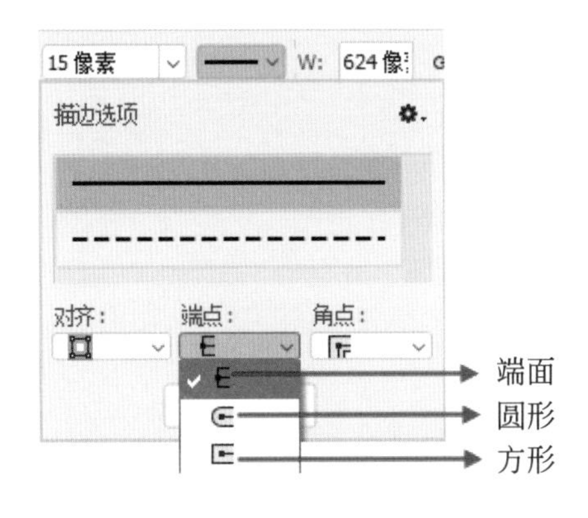

图5-75

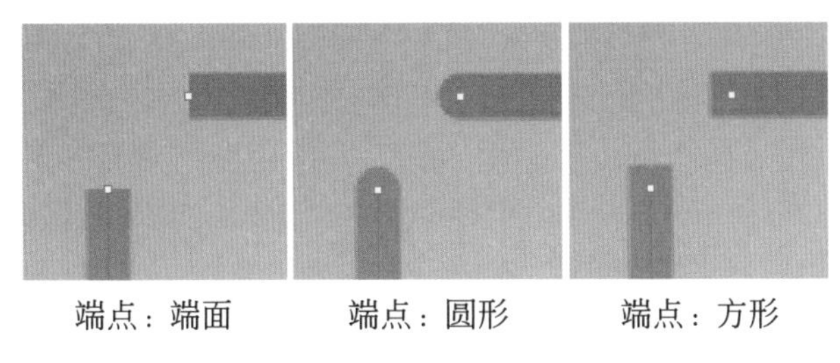

图5-76

（12）“角点”选项用于设置路径转角处的样式，如图5-77所示，图5-78所示为不同“角点”选项的对比效果。

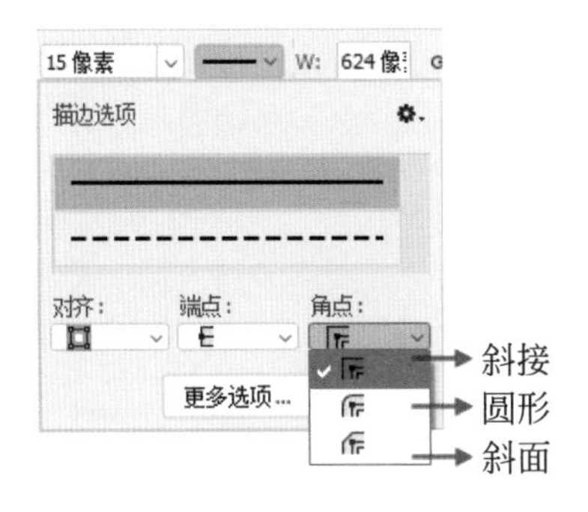

图5-77

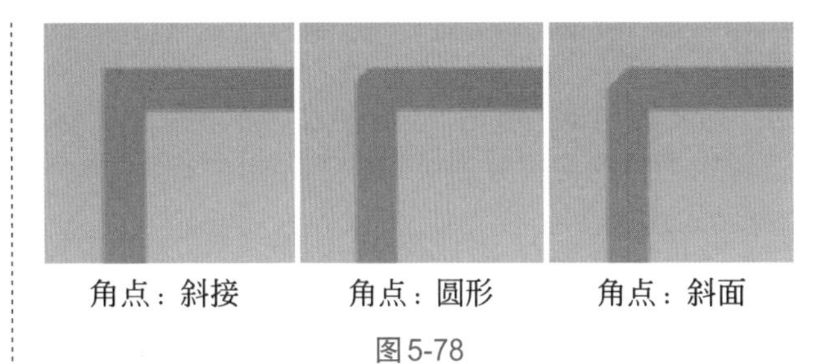

图5-78

2.“路径”绘制模式

选择“矩形工具”，在选项栏中设置绘制模式为“路径”，然后按住鼠标左键拖动，即可绘制出矩形路径，如图5-79所示。由于路径并不具有实体，也没有色彩等属性，所以并不作为本章学习的重点。

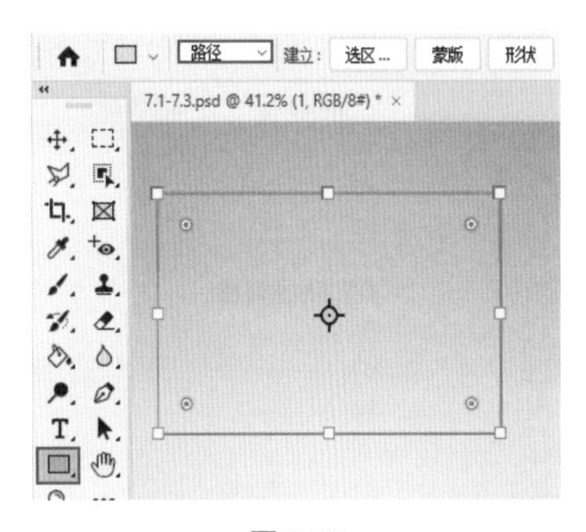

图5-79

3.“像素”绘制模式

“像素”模式绘制出的是像素对象。由于其不是矢量的形状对象，所以也无法随时在选项栏中更改填充和描边属性。

首先设置合适的前景色，在选项栏中设置绘制模式为“像素”，然后按住鼠标左键拖拽进行绘制，绘制完成后只有以前景色填充的图形，没有路径，如图5-80所示。

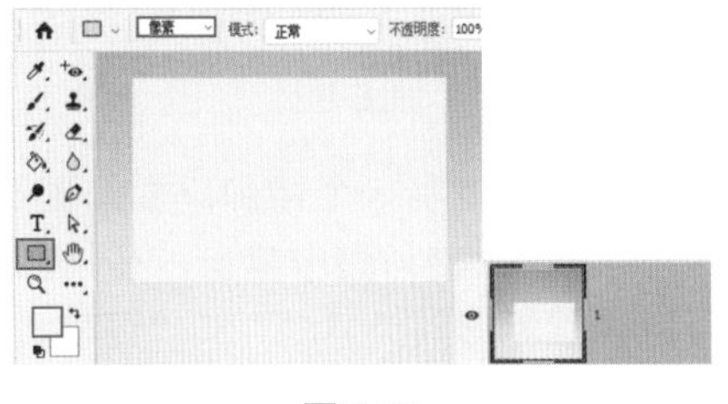

图5-80

重点笔记

“像素”模式无法在“钢笔工具”状态下启用。

快速入门篇

5.2.2 认识形状工具

虽然“形状工具组”中包括多种形状绘制工具，但这些工具的使用方法大同小异，接下来以“矩形工具”为例讲解。

（1）选择“矩形工具”，在选项栏中设置“绘制模式”为“形状”，设置“填充”为无，单击描边按钮描边：，在下拉面板中单击按钮，展开“灰度”组，单击选择白色，最后将描边粗细设置为15像素，如图5-81所示。

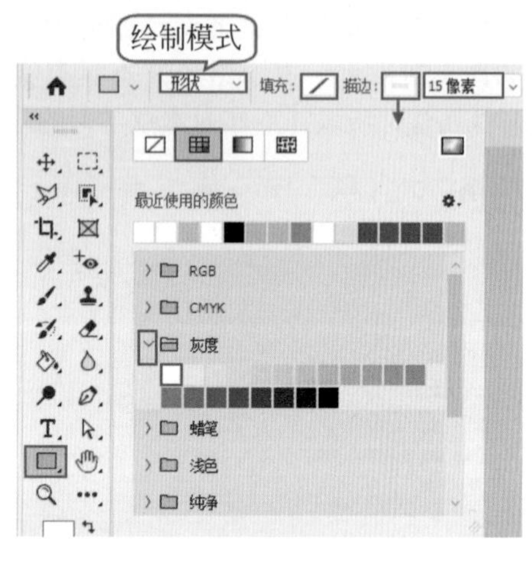

图5-81

（2）在画面中按住鼠标左键拖动，释放鼠标即可得到一个白色矩形，如图5-82所示。

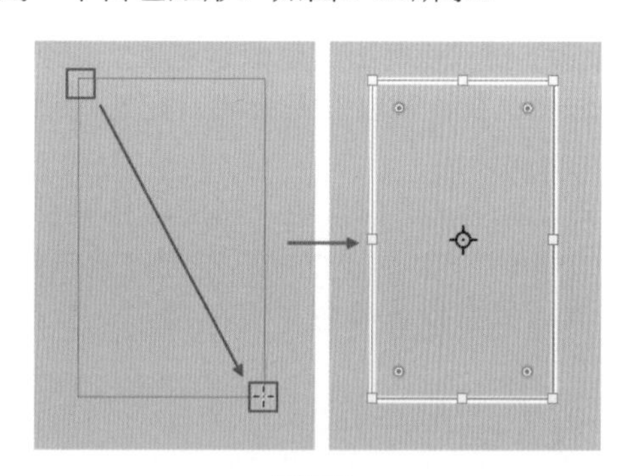

图5-82

（3）如果想要绘制一个精确尺寸的图形，可以选择“矩形工具”，在画面中单击，在“创建矩形”窗口中可以设置矩形的“宽度”和“高度”，设置完成后单击“确定”按钮，如图5-83所示。

重点笔记

该方法对除“直线工具”以外的其他形状工具均有效。

图5-83

（4）会得到一个精确尺寸的矩形，如图5-84所示。

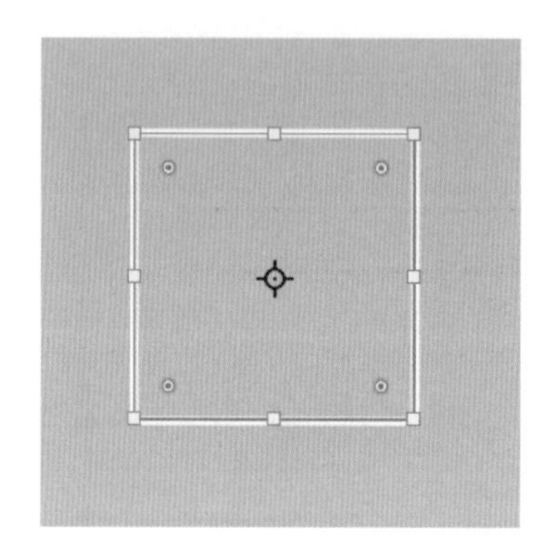

图5-84

5.2.3 设置形状对象的属性

使用“矩形工具”“椭圆工具”“三角形工具”“多边形工具”和“直线工具”，在“路径”和“形状”绘制模式下绘制的图形或路径都可以在“属性”面板中设置属性。

（1）选择一个矢量绘图工具，在选项栏中设置绘制模式为“形状”或“路径”，然后绘制一个图形。选中矢量图层后，在“属性”面板中可以设置该图形的属性，如图5-85所示。

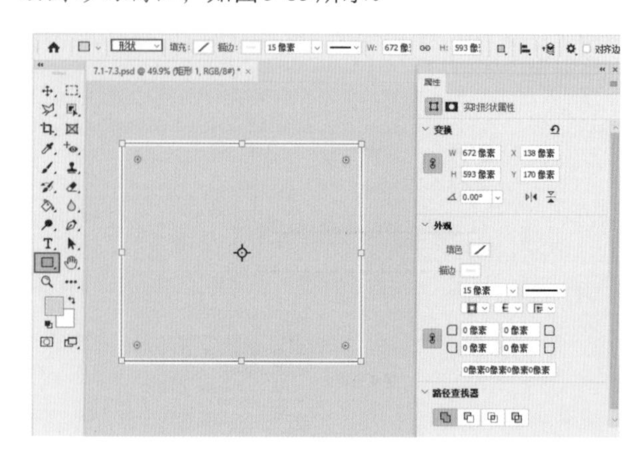

图5-85

重点笔记

"属性"面板中包含一些常规的属性设置，如：宽度高度（W/H）、位置坐标（X/Y）、角度、翻转、填色、描边。以上为绝大多数形状工具绘制的几何图形都可以设置的选项。

除此之外，不同的工具还具有一些特殊的属性设置选项，如矩形工具可以在"属性"面板中设置圆角半径，多边形可以设置边数等。

"自定形状工具"绘制出的对象无法设置以上参数。

（2）选中绘制的图形，"W"选项用来设置图形的宽度，"H"选项用来设置图形的高度，在数值框内输入数值后按下键盘上的Enter键提交操作，可以看到图形大小发生了变化，如图5-86所示。

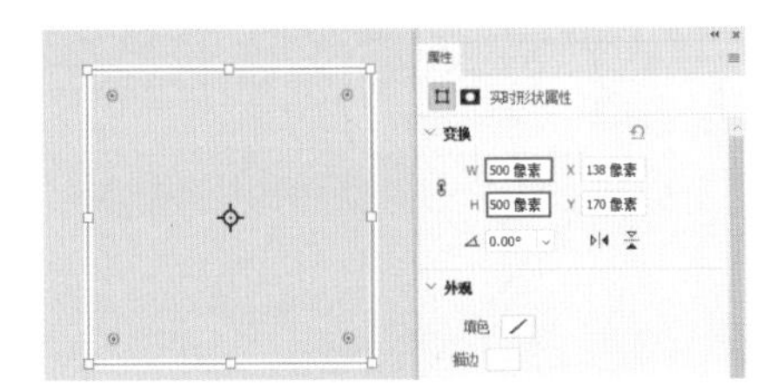

图5-86

（3）选中绘制的图形，"X"选项用来设置图形的水平位置，"Y"选项用来设置图形的垂直位置，例如将数值设置为0，此时图形将被移动至画面的左上角，如图5-87所示。

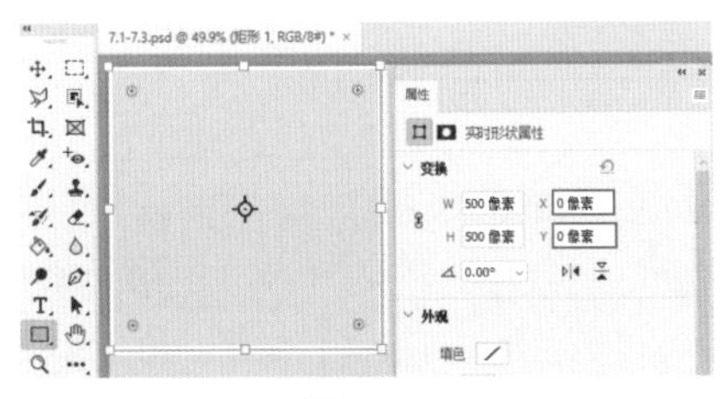

图5-87

（4）"旋转"选项用来设置图形的旋转角度，在数字框内输入数值后按下键盘上的Enter键提交操作，如图5-88所示。

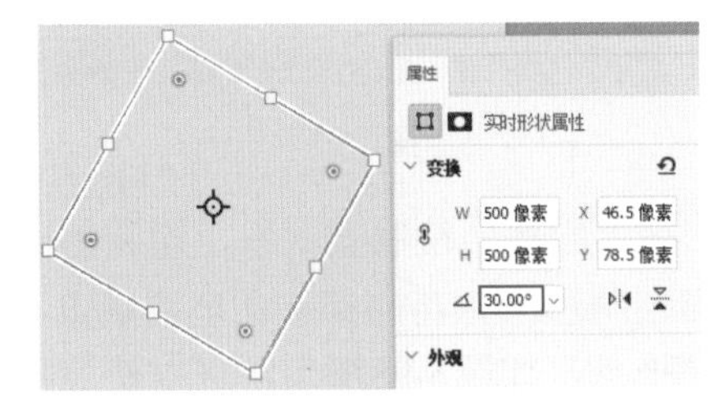

图5-88

（5）选中图形，单击"水平翻转"按钮，可以将选中图形进行水平方向的翻转，如图5-89所示。

图5-89

（6）若单击"垂直翻转"按钮，可以将选中的图形进行垂直方向的翻转，如图5-90所示。

图5-90

（7）在"外观"选项组中可以更改图形的填色、描边的颜色，还可以更改描边的属性，如图5-91所示。

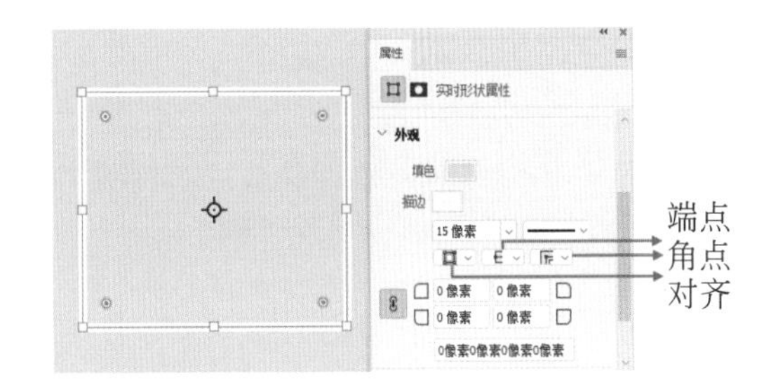

图5-91

（8）在属性面板中可以更改图形特有的参数。例如矩形可以更改圆角半径的数值。默认情况下链接为激活的状态，在一个数值框内输入数值另外三个同时发生变化，如图5-92所示。

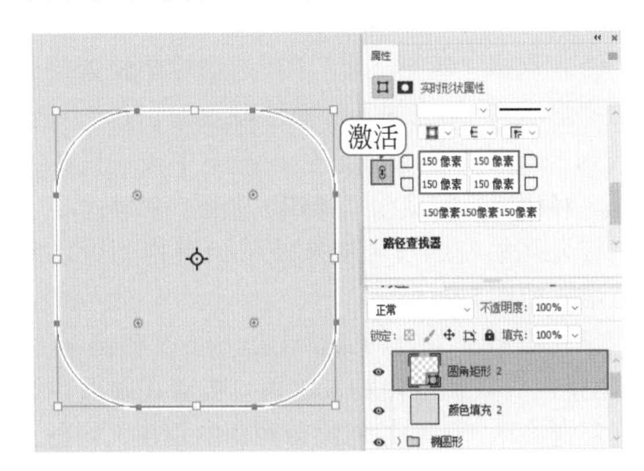

图5-92

（9）取消链接激活，可以分别设置三个圆角半径的数值，如图5-93所示。

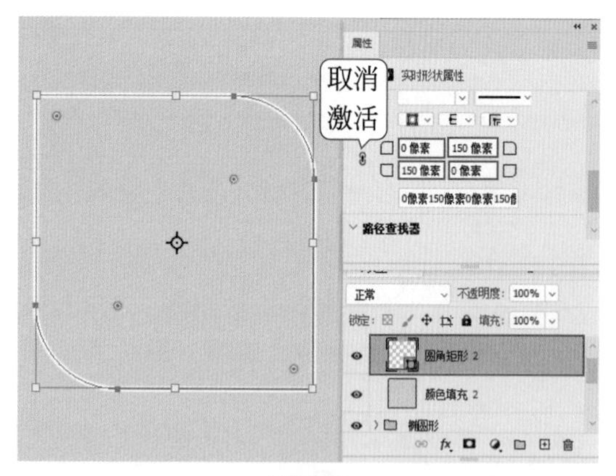

图5-93

（10）使用不同工具绘制的图形，在“属性”面板中显示的选项也是不同的，选择多边形时，在“属性”面板中可以设置多边形的边数、圆角半径、星形比例和平滑缩进比例选项，如图5-94所示。

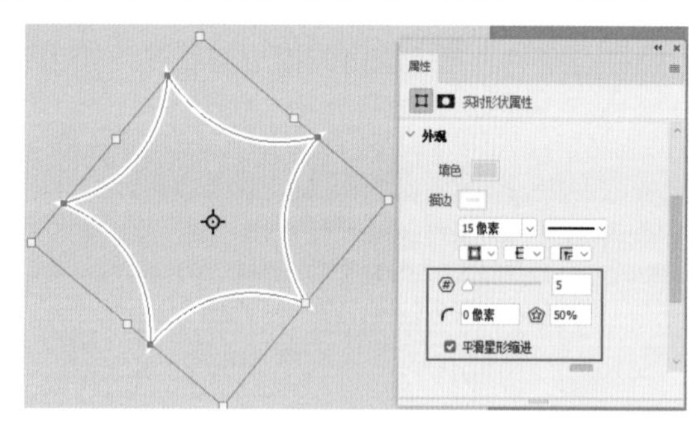

图5-94

5.2.4 绘制矩形

功能速查

使用“矩形工具”可以绘制矩形和正方形，还可以改变圆角半径得到圆角矩形。

（1）选择“矩形工具”，在选项栏中设置绘制模式为“形状”，填充为无，描边颜色为白色，“描边”粗细为15像素，设置完成后在画面中按住鼠标左键拖动，释放鼠标完成绘制操作，如图5-95所示。

（2）在绘制的过程中按住Shift键拖动可以绘制正方形，如图5-96所示。

（3）选择“矩形工具”后，可以在选项栏中“圆角半径”数值框内输入数值。接着在画面中按住鼠标左键拖动，可以绘制出带圆角的矩形，如图5-97所示。

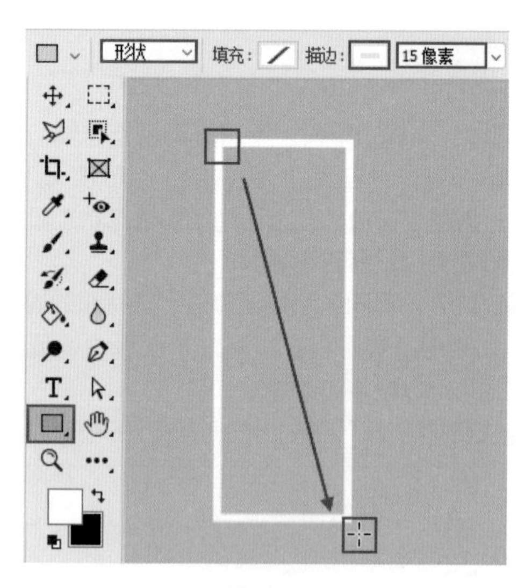

图5-95

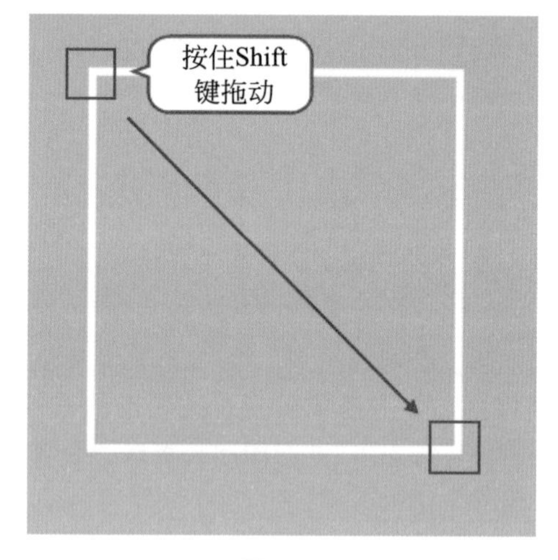

图5-96

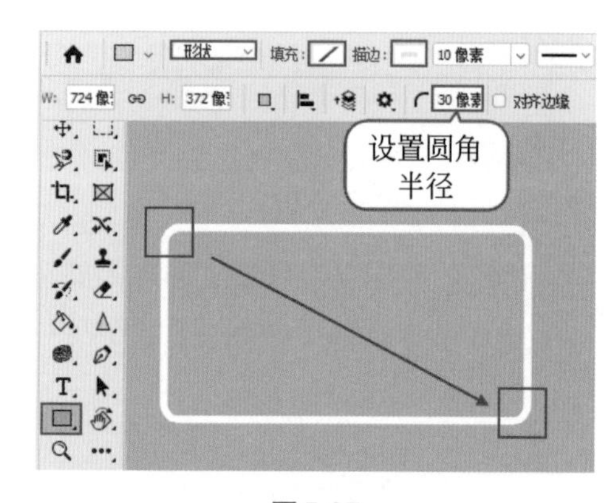

图5-97

（4）在“形状”绘制模式下，绘制的图形如果带有圆形控制点 ◎ ，将光标移动至控制点上方，按住鼠标并拖动，如图5-98所示，可以使尖角变为圆角，得到一个圆角矩形，如图5-99所示。

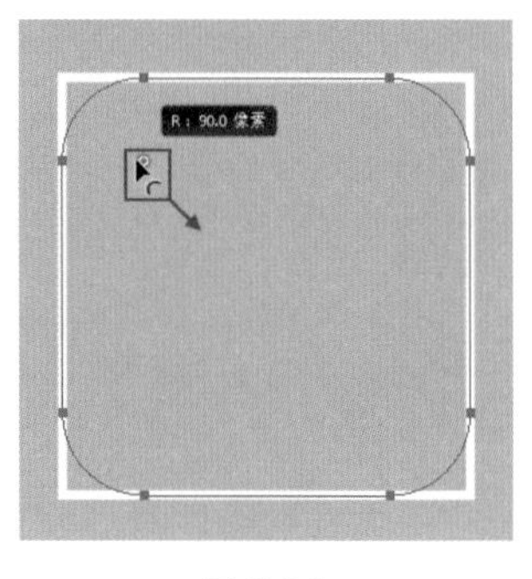

图 5-98

图 5-99

5.2.5　绘制圆形

功能速查

使用“椭圆工具”可绘制出椭圆形和正圆形。

（1）选择“椭圆工具”，在选项栏中设置绘制模式为“形状”，描边为白色，设置完成后在画面中按住鼠标左键拖动，释放鼠标后完成椭圆形的绘制操作，如图 5-100 所示。

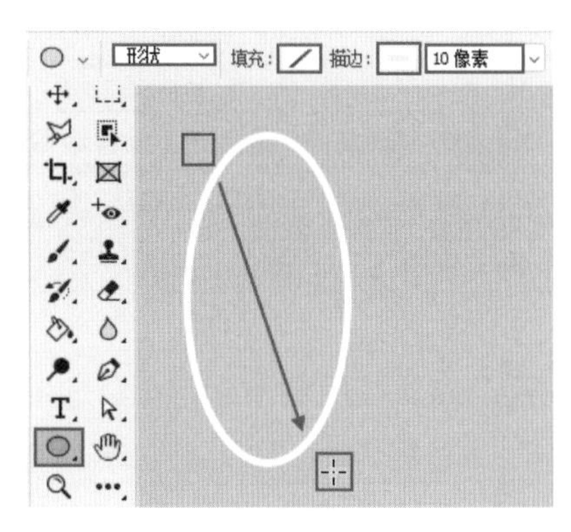

图 5-100

（2）在绘制的过程中如果按住Shift键拖动可以绘制正圆形，如图 5-101 所示。

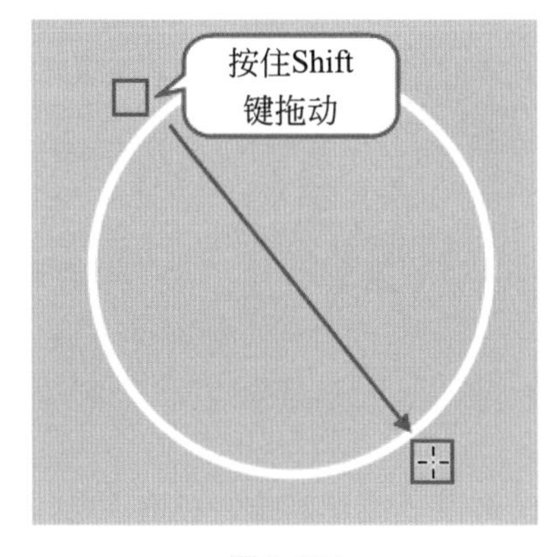

图 5-101

重点笔记

选择“椭圆工具”在画面中单击，可以在“创建椭圆”窗口中设置圆形的尺寸，如图5-102所示。

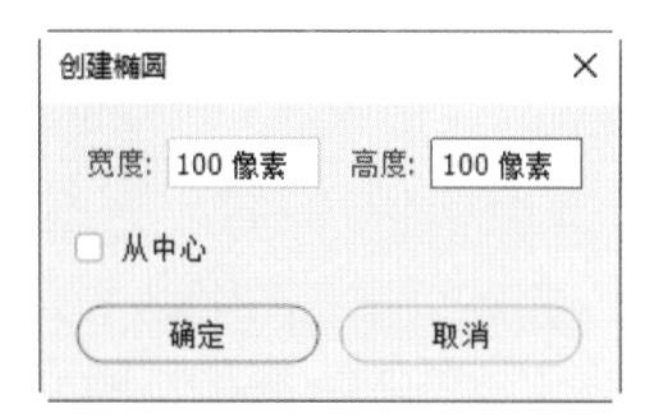

图 5-102

单击“确定”按钮后，即可得到相应尺寸的图形，如图5-103所示。

图 5-103

5.2.6　绘制三角形

功能速查

使用“三角形工具”可以绘制三角形和带有圆角的三角形。

（1）选择“三角形工具”，在选项栏中设置绘制模式为“形状”，设置描边为白色，接着在画面中按住鼠标左键拖动，释放鼠标后完成三角形的绘制，如图 5-104 所示。

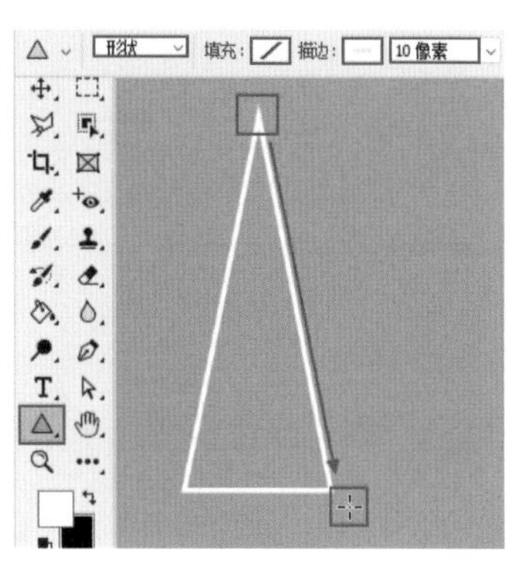

图 5-104

（2）在绘制的过程中如果按住Shift键拖动，可以绘制一个正三角形，如图5-105所示。

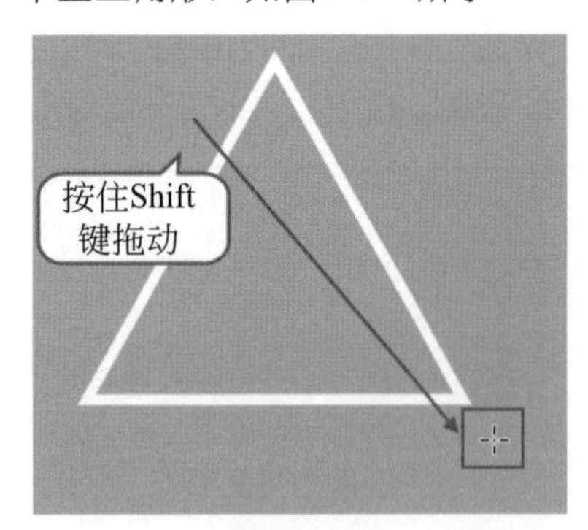

图5-105

（3）将光标移动至圆形控制点 ◉ 上方，按住鼠标左键向内侧拖动可以将尖角更改为圆角，如图5-106所示。

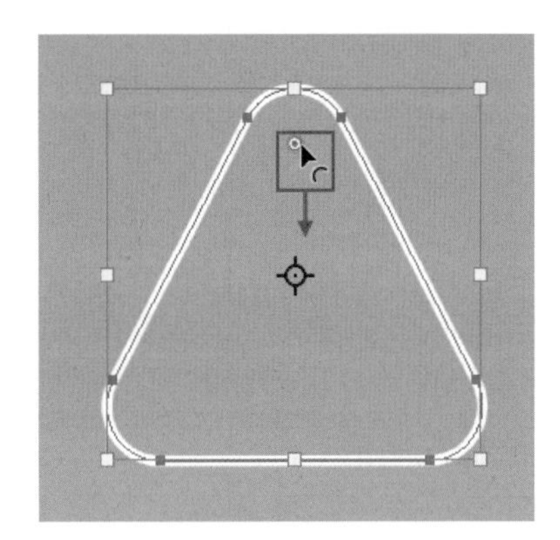

图5-106

（4）也可以在绘制之前，在选项栏中设置圆角半径，然后再进行绘制，如图5-107所示。

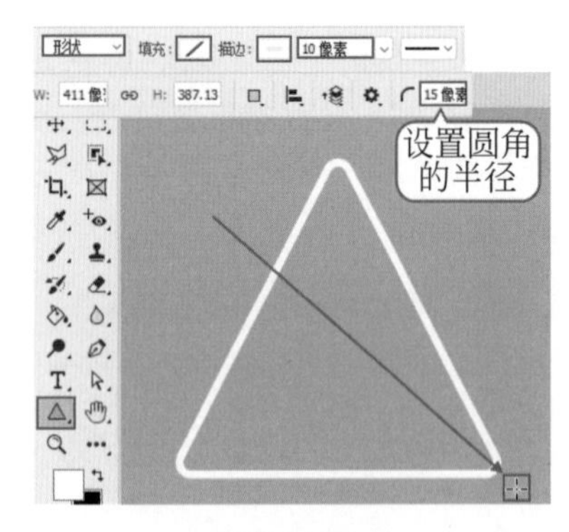

图5-107

重点笔记

选择“三角形工具”，在画面中单击，在“创建三角形”窗口中可以设置三角形的尺寸，如图5-108所示。

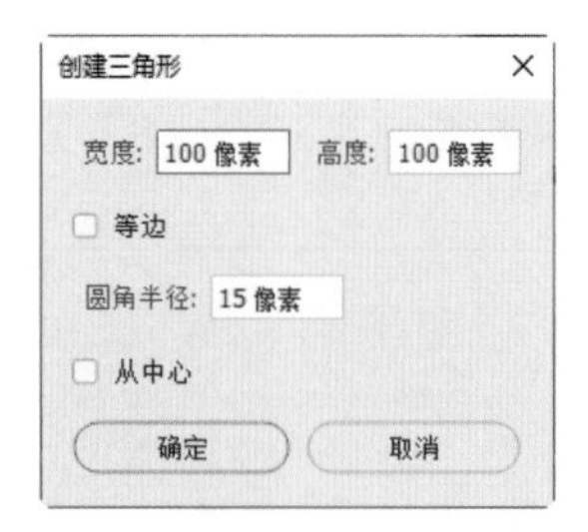

图5-108

5.2.7 绘制多边形

功能速查

使用“多边形工具”可以创建出各种边数的多边形（最少为3条边）以及星形。

（1）选择“多边形工具” ，设置绘制模式为“形状”，描边为白色，设置边数为5，然后在画面中按住鼠标左键拖动，释放鼠标后即可得到一个五边形，如图5-109所示。

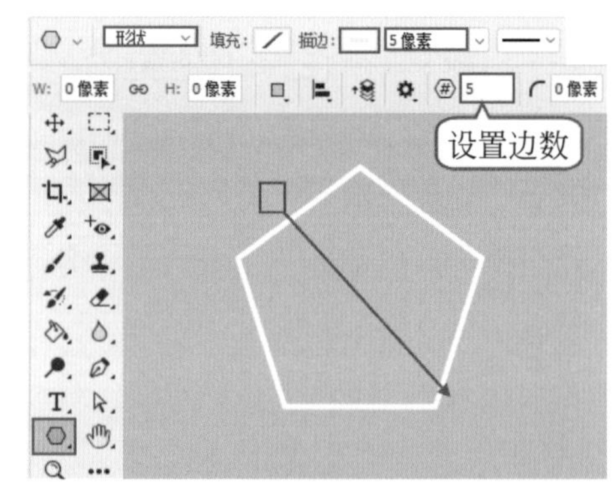

图5-109

（2）在绘制之前，在选项栏中先设置好圆角半径，就可以绘制出带有圆角的多边形，如图5-110所示。

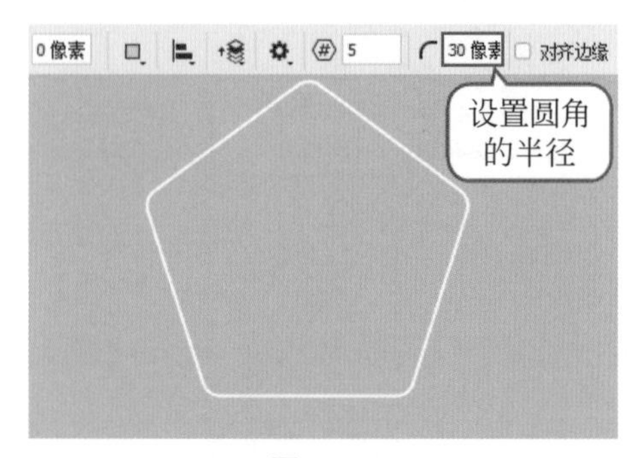

图5-110

（3）也可以将光标移动至圆形控制点 ◉ 上方，按住鼠标左键向内侧拖动，可以将尖角更改为圆角，

如图5-111所示。

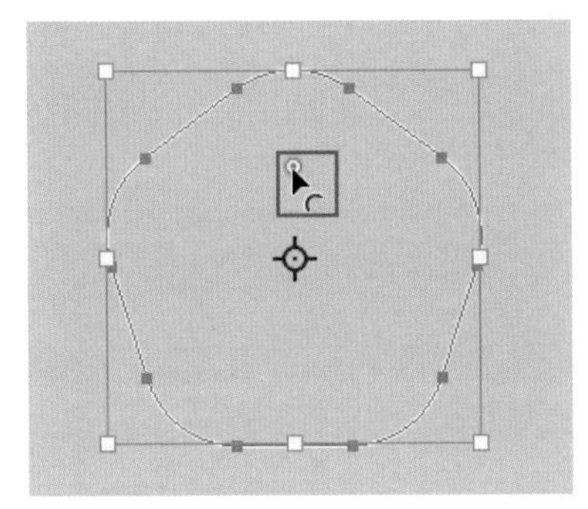

图5-111

（4）选择“多边形工具”，单击选项栏中的⚙按钮，在下拉面板中，“星形比例”选项用来设置星形的比例。数值为100%时可以绘制多边形，将数值设置为50%，则可以绘制一个星形，如图5-112所示。

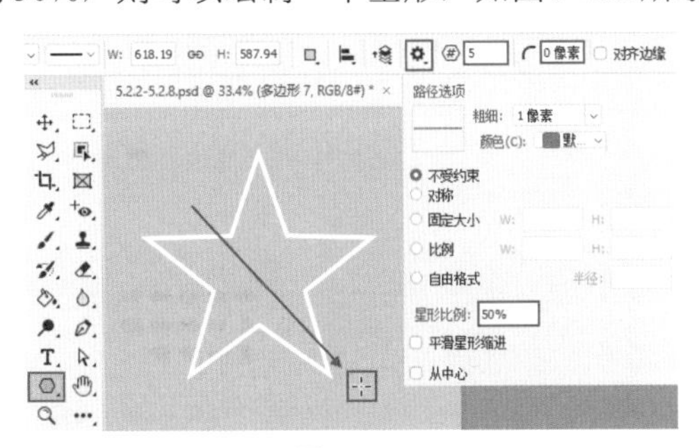

图5-112

（5）“星形比例”数值越小星形的尖角越尖锐，如图5-113所示为“星形比例”为35%的效果。

图5-113

（6）勾选“平滑星形缩进”选项，可以得到边线平滑的星形，如图5-114所示。

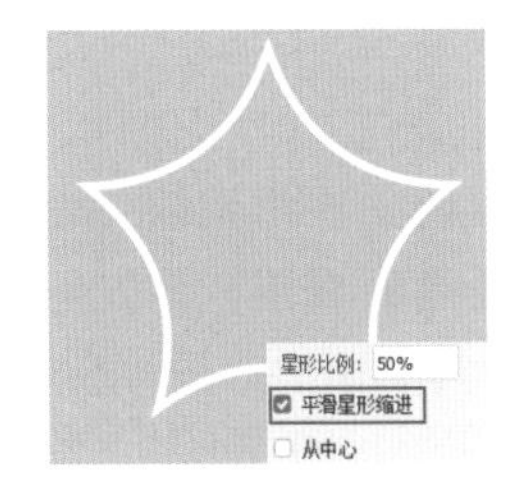

图5-114

重点笔记

选择“多边形工具”，在画面中单击，在弹出的“创建多边形”窗口中可以进行精确尺寸的设置，如图5-115所示。

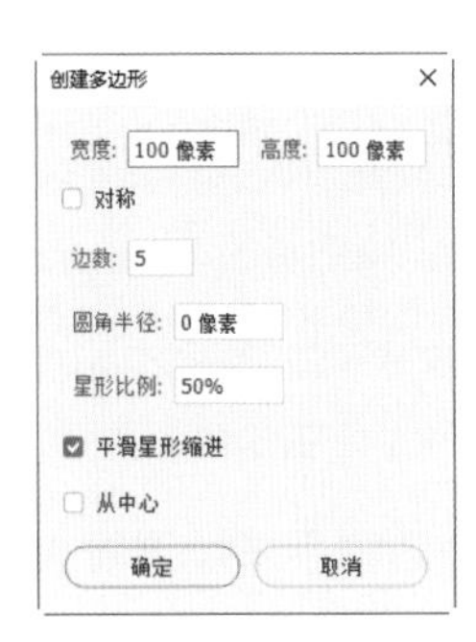

图5-115

5.2.8　绘制直线

功能速查

使用“直线工具”可以创建出直线和带有箭头的线条。

（1）选择“直线工具”，在选项栏中设置绘制模式为“形状”，将“填充”设置为白色，“粗细”选项用于控制直线的宽度。设置完成后在画面中按住鼠标左键拖动，释放鼠标完成直线的绘制，如图5-116所示。

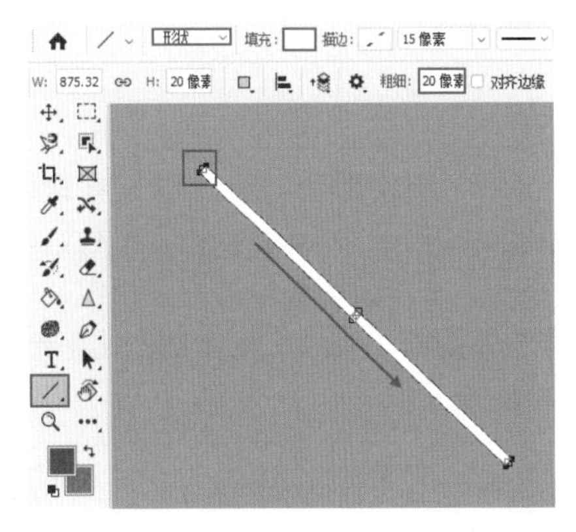

图5-116

（2）在绘制之前，单击选项栏中的⚙按钮，在下拉面板中勾选“起点”选项，这样就可以在直线起点位置添加箭头。接着在“宽度”和“长度”数值框内输入数值，设置箭头的宽度和长度。设置完成后在画面中按住鼠标左键拖动，可以绘制一个带有箭头的直线，如图5-117所示。

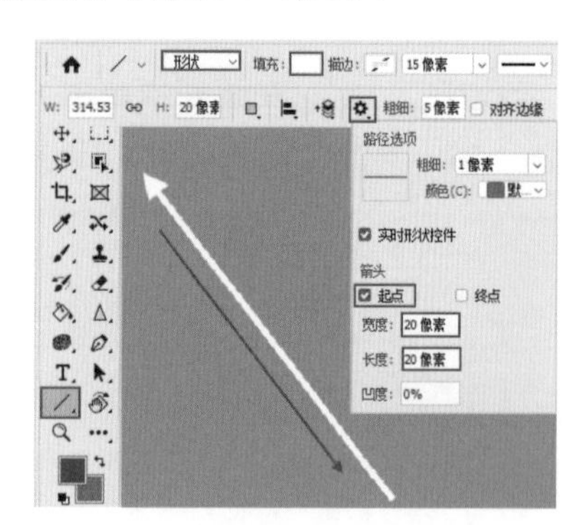

图5-117

（3）“凹度”选项用来设置箭头的凹陷程度，范围为–50%～50%，图5-118所示为“凹度”为50%的效果。

图5-118

5.2.9 绘制其他软件内置的图形

功能速查

使用“自定形状工具”可以绘制内置的形状。

（1）选择“自定形状工具”，在选项栏中设置绘制模式为“形状”，设置描边为白色，接着单击“形状”按钮，在下拉面板中展开图形组，单击选择图形，接着在画面中按住鼠标左键拖动，绘制图形，如图5-119所示。

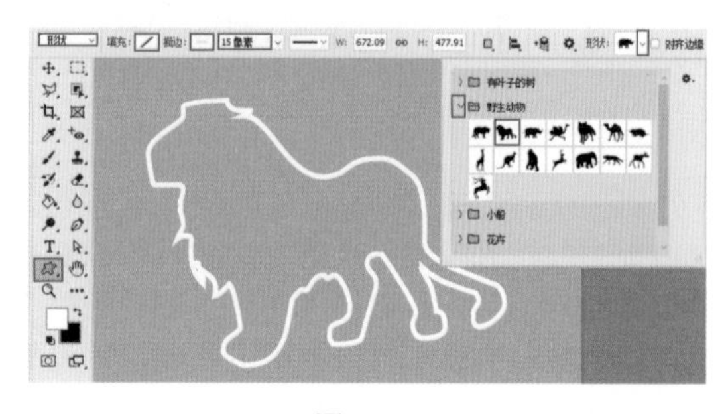

图5-119

（2）除了目前列表中的图形外，还可以载入旧版的形状。执行“窗口>形状”命令，打开“形状”面板。单击面板菜单按钮，执行“旧版形状及其它”命令，如图5-120所示。

图5-120

（3）接下来在“自定形状工具”的形状列表中就可以看到更多的形状了，如图5-121所示。

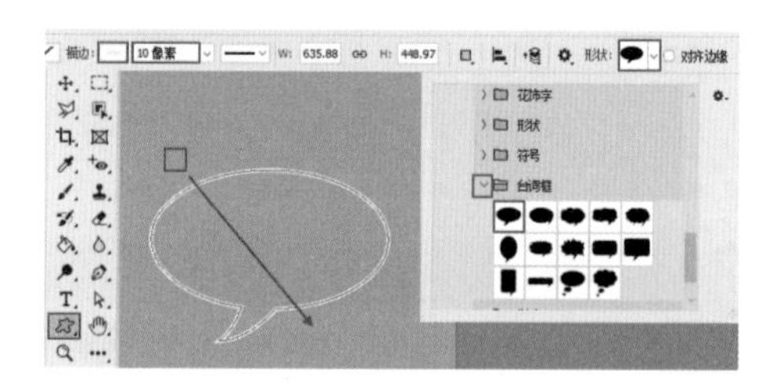

图5-121

（4）还可在“形状”面板中直接创建形状。在“形状”面板中选择一个形状，按住鼠标左键向画面中拖动，如图5-122所示。

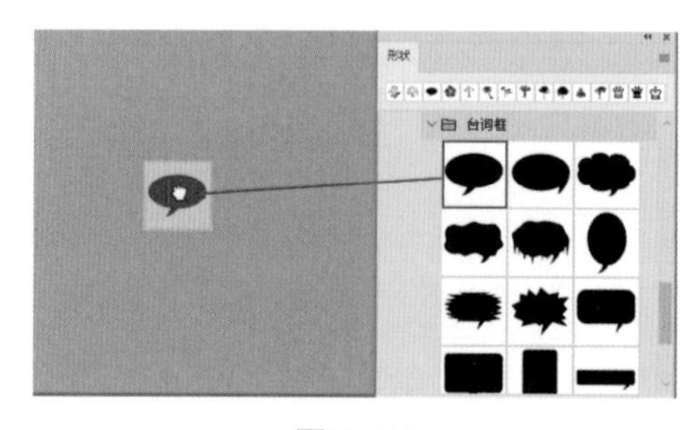

图5-122

（5）释放鼠标后完成形状的创建，如图5-123所示。

（6）“自定形状工具”之所以被称为“自定形状”，是由于可以将一些常用的矢量路径创建为“自定形状”，以便于随时调用。首先需要设置绘制模式为“路径”，然后绘制图形，接着执行“编辑>定义自定形状”命令，在弹出的“形状名称”窗口中设置合适的名称，然后单击“确定”按钮，如图5-124所示。

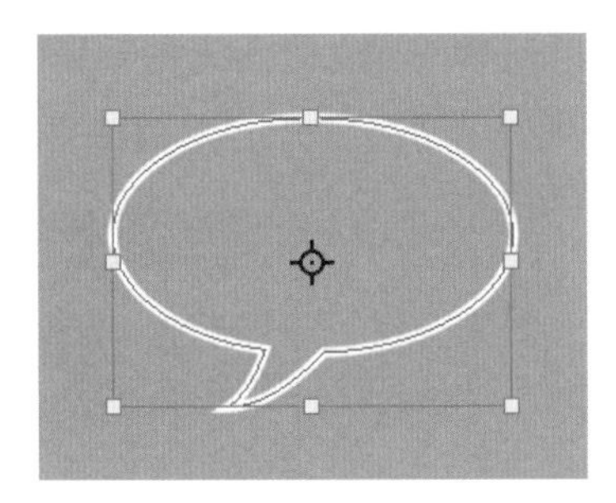

图5-123

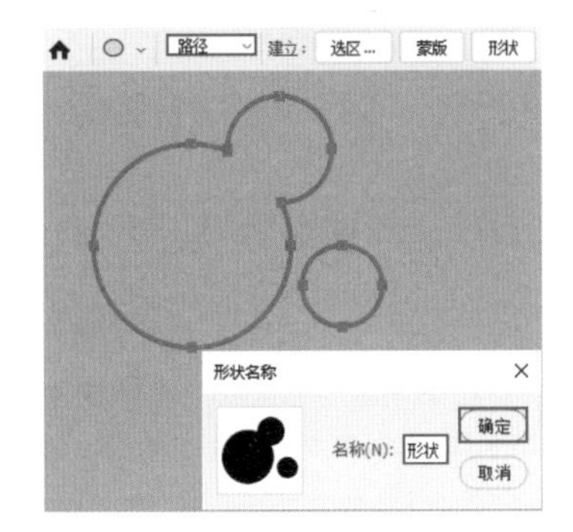

图5-124

（7）接着在“形状”面板中就可以看到定义的形状，如图5-125所示。

图5-125

拓展笔记

如需删除新增的自定形状，可以在列表中该形状处单击右键，执行“删除形状”按钮。

5.2.10 实战：儿童服饰展示图

文件路径

实战素材/第5章

操作要点

使用“矩形工具”绘制版面中的图形

案例效果

图5-126

操作步骤

（1）执行“文件>新建”命令，创建一个空白文档，如图5-127所示。

图5-127

（2）单击“矩形工具”，在选项栏中设置“绘制模式”为“形状”，“填充”为蓝色，“描边”为无。设置完成后在画面上方按住鼠标左键拖动绘制出一个矩形，如图5-128所示。

图5-128

（3）在“图层”面板中选中蓝色矩形图层，使用快捷键Ctrl+J复制出一个相同的图层。将复制出的图形向下移动至画面的底部，如图5-129所示。

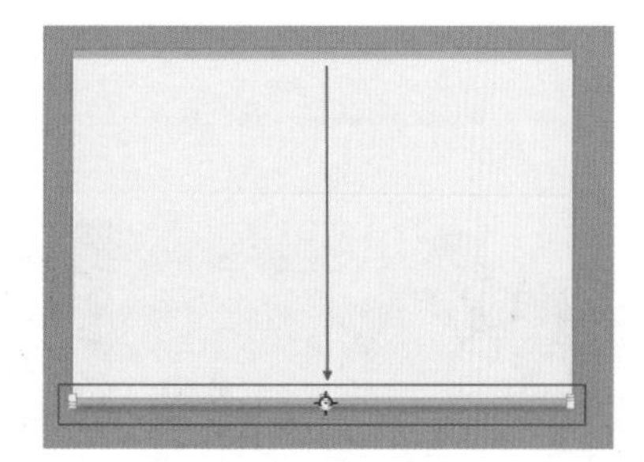

图5-129

（4）执行“文件>置入嵌入对象”命令，将素材1置入到画面中，放置左上角，然后按下Enter键完成置入，如图5-130所示。

图5-130

（5）使用同样的方法将其他素材依次置入，摆放在合适位置上。效果如图5-131所示。

图5-131

（6）单击“矩形工具”，在选项栏中设置“绘制模式”为“形状”，“填充”为青色，“描边”为无。设置完成后在画面中合适的位置按住鼠标左键拖动绘制出一个矩形，如图5-132所示。

图5-132

（7）使用同样的方法在合适的位置绘制右边蓝色矩形，如图5-133所示。

图5-133

（8）单击“横排文字工具”，在画面左上角单击确定文字的起始点，接着输入文字。文字输入完毕后按下快捷键Ctrl+Enter提交操作。接着在选项栏中设置合适的字体、字号，文字颜色设置为青色，如图5-134所示。

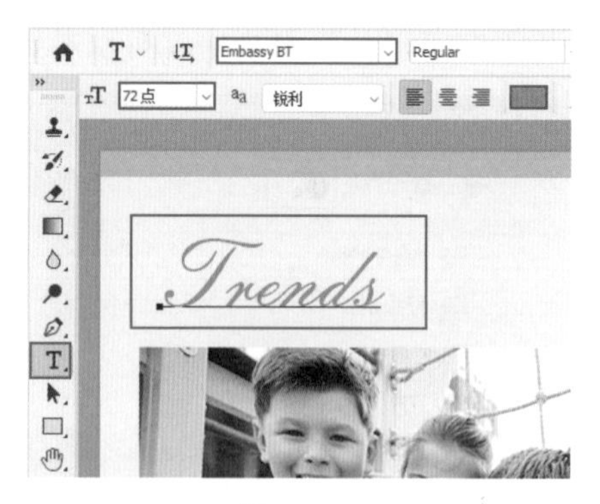

图5-134

（9）继续使用“横排文字工具”在画面中键入其他文字。本案例制作完成，效果如图5-135所示。

图5-135

5.2.11 实战：使用矩形工具制作简洁图标

文件路径

实战素材/第5章

操作要点

1. 使用“矩形工具”绘制版面中的元素
2. 设置合适的圆角数值得到独特的圆角矩形图形

案例效果

图5-136

操作步骤

（1）新建文档。执行“文件>新建”命令，新建一个合适大小的横向空白文档，如图5-137所示。

图5-137

（2）选择“矩形工具”，在选项栏中设置“绘制模式”为形状，“填充”为淡青色，“描边”为无，设置完成后在画面左侧，按住鼠标左键由左上向右下拖动，绘制一个矩形，如图5-138所示。

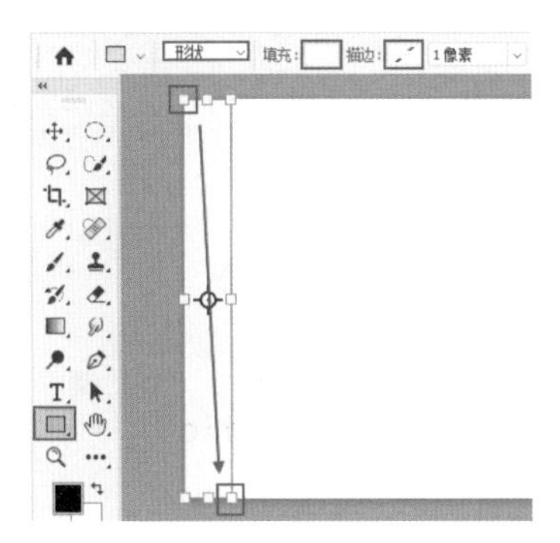

图5-138

（3）在“图层”面板中选中浅青色矩形图层，使用复制图层快捷键Ctrl+J，复制出一个相同的图层，到画面中按住Shift键的同时将复制出的图形向右移动至画面的最右侧，如图5-139所示。

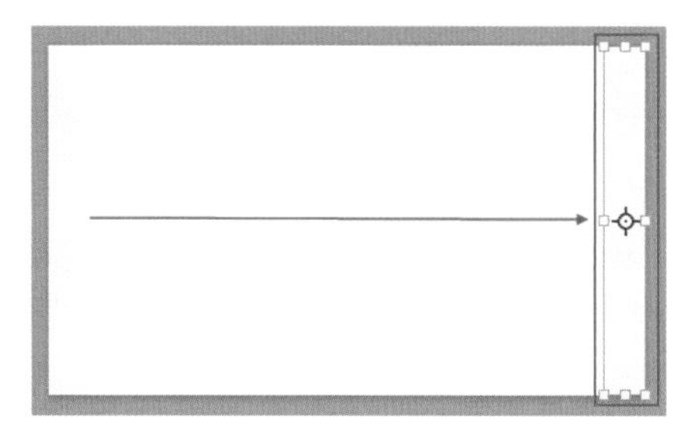

图5-139

（4）选择“矩形工具”，在选项栏中设置“绘制模式”为形状，“填充”为紫色，“描边”为无，“圆角半径”为60像素，设置完成后在画面中按Shift键的同时拖动鼠标，绘制一个圆角正方形，如图5-140所示。

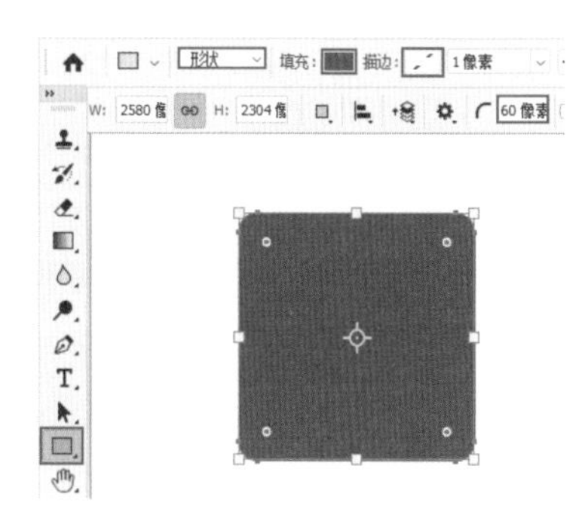

图5-140

（5）接着将光标移动至定界框的边角控制点外部，按住鼠标左键拖动的同时按住Shift键，将其旋转45度，如图5-141所示。

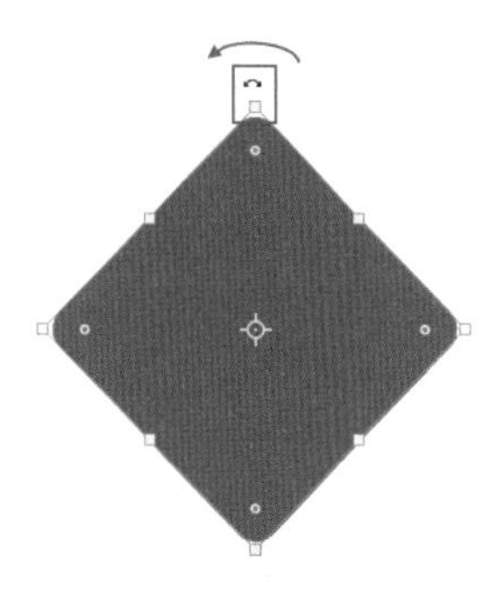

图5-141

（6）选中该圆角矩形，按住Shift+Alt键的同时按住鼠标左键向右拖动，即可复制出一份相同大小的圆角矩形，如图5-142所示。

图5-142

（7）选中右侧的圆角矩形，接着选择“矩形工具”，在选项栏中设置“填充色”为黄色，如图5-143所示。

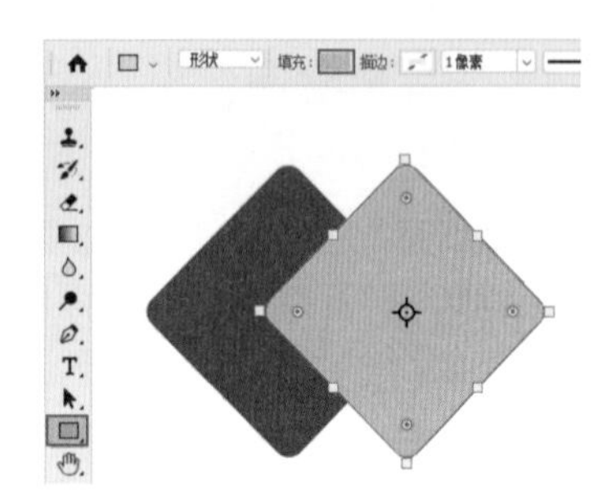

图5-143

（8）选择“矩形工具”，在选项栏中设置“绘制模式”为形状，“填充”为紫红色，“描边”为无，“圆角半径”为60像素，设置完成后在画面中按Shift键的同时拖动鼠标，绘制一个圆角矩形，如图5-144所示。

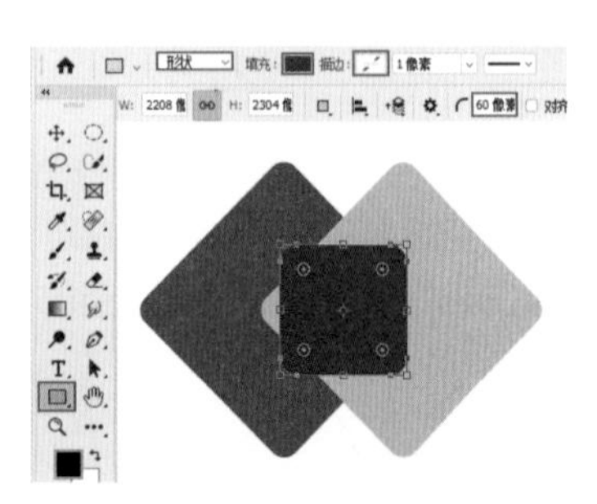

图5-144

（9）接着将光标移动至定界框的边角控制点上，按住鼠标左键拖动的同时按住Shift键，将其旋转45°，如图5-145所示。

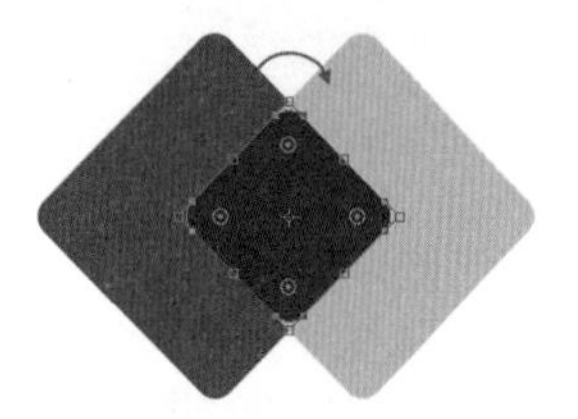

图5-145

（10）执行“窗口>属性”命令，打开“属性”面板，单击“将角半径值链接到一起”按钮，取消链接。然后将“左上角半径”与“右下角半径”设置为0像素，如图5-146所示。效果如图5-147所示。

图5-146

图5-147

（11）选择“横排文字工具”，在图形的下方键入文字，在选项栏中设置合适的字体与字号，如图5-148所示。

图5-148

（12）继续使用同样的方法在文字下添加文字。本案例制作完成，效果如图5-149所示。

图5-149

5.3 巩固练习：制作书籍内页展示效果

文件路径

实战素材/第5章

操作要点

使用“画笔工具”绘制阴影和高光

案例效果

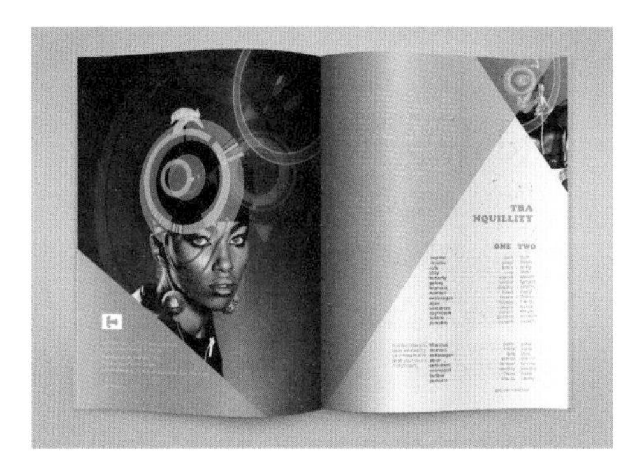

图5-150

操作步骤

（1）执行“文件>打开”命令，打开素材1，如图5-151所示。

图5-151

（2）执行“文件>置入”命令，置入素材2，如图5-152所示。

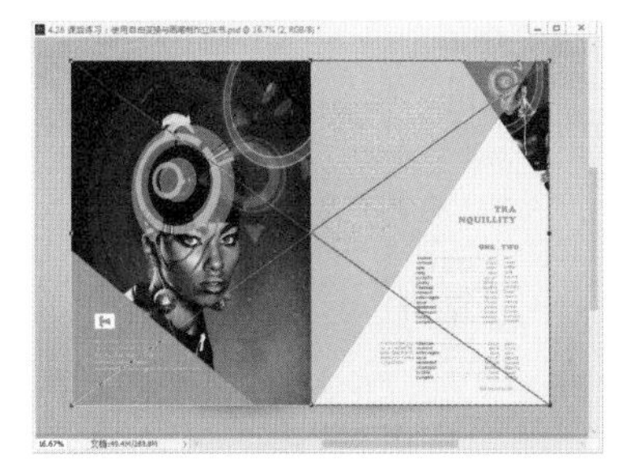

图5-152

（3）按下键盘上的Enter键确定置入操作。在图层面板中选择该图层，单击鼠标右键执行“栅格化图层”命令，将其转换为普通图层。画面效果如图5-153所示。

图5-153

（4）在素材2图层中，选择“矩形选框工具”，然后框选右侧页面，建立选区，如图5-154所示。

图5-154

（5）按住Ctrl+X进行剪切，如图5-155所示。

图5-155

（6）使用粘贴快捷键Ctrl+V，将右侧页面粘贴为独立图层，如图5-156所示。

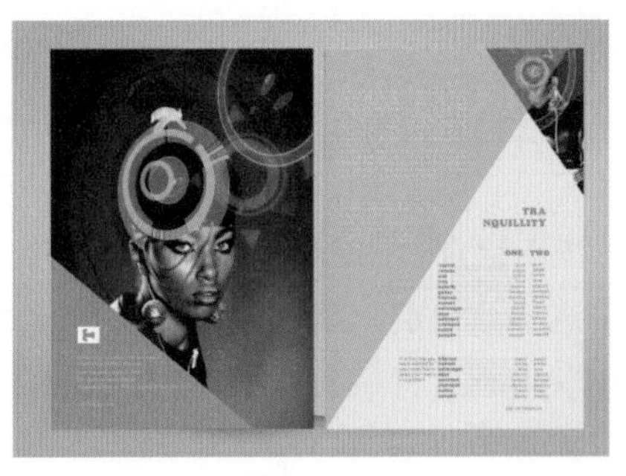

图5-156

（7）为了便于观察，设置图层不透明度为20%，如图5-157所示。

图5-157

（8）选择左侧页面，执行“编辑>自由变换”命令，继续单击右键，选择“变形”命令，如图5-158所示。

图5-158

（9）调整控制点的位置，使之与底部页面形状相匹配，如图5-159所示。

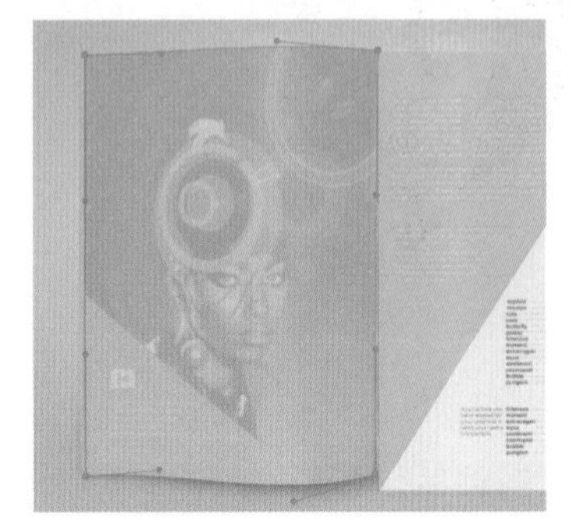

图5-159

（10）将图层“不透明度”设置为100%，如图5-160所示，效果如图5-161所示。

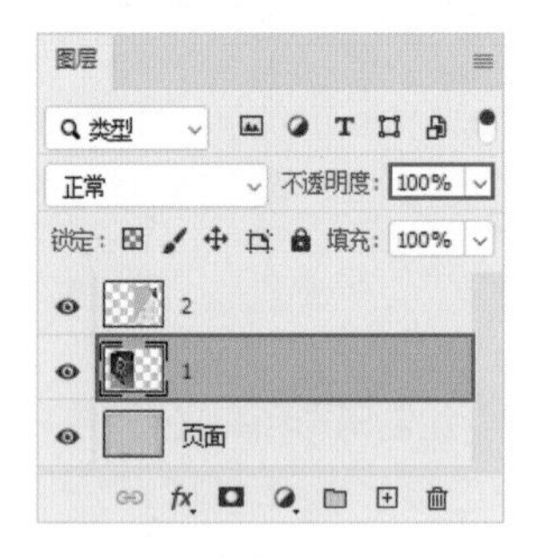

图5-160

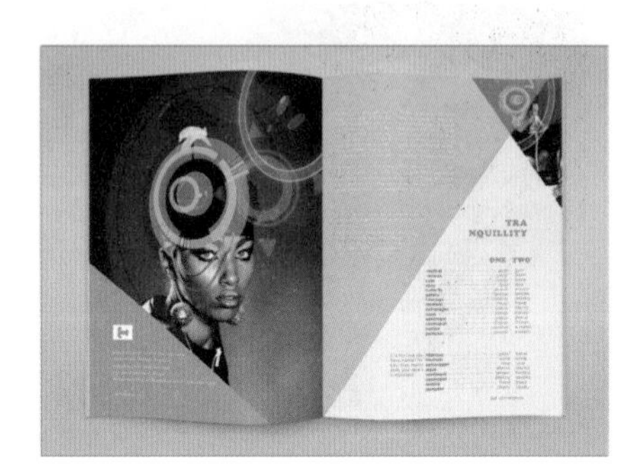

图5-161

（11）用同样的方法对右侧页面进行自由变换，如图5-162所示。

图5-162

（12）按住Ctrl键单击左侧页面的缩览图，载入选区，如图5-163所示。

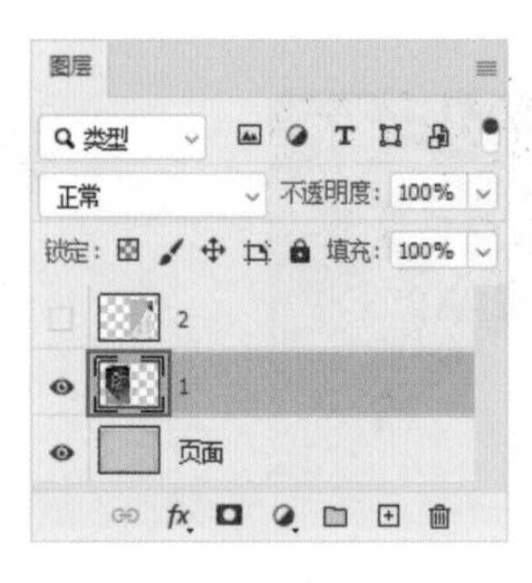

图5-163

（13）选区效果如图5-164所示。

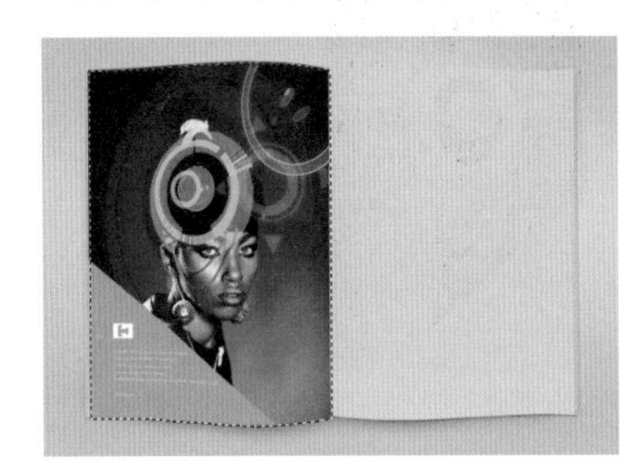

图5-164

（14）设置前景色为深蓝色，单击“画笔工具”，设置较大的画笔大小，硬度为0，不透明度设置为50%。新建图层，然后在右侧边缘绘制竖向的阴影，如图5-165所示。

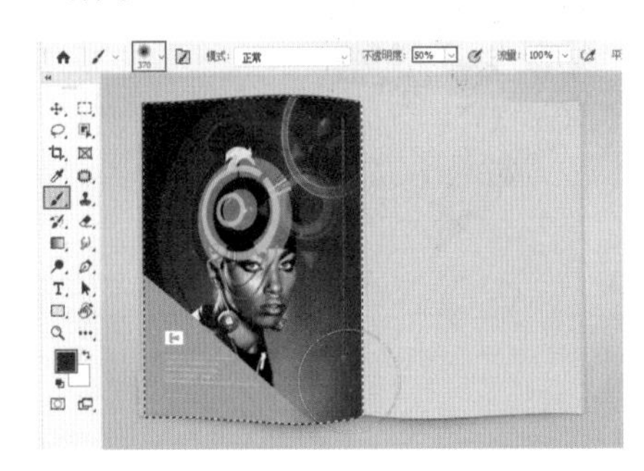

图5-165

（15）新建图层，按住Shift在页面中部区域纵向涂抹，此时效果如图5-166所示。

图5-166

（16）在图层面板中单击该图层，调整“不透明度”为10%，如图5-167所示。

图5-167

（17）效果如图5-168所示。

图5-168

（18）继续新建图层，设置前景色为白色，使用较大的画笔在页面左侧边缘绘制，效果如图5-169所示。

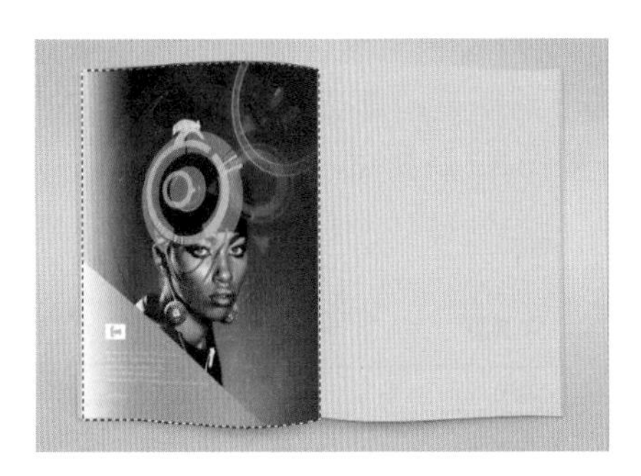

图5-169

（19）将该图层“混合模式”设置为“柔光”，如图5-170所示。

图5-170

（20）此时画面效果如图5-171所示。

图5-171

（21）继续新建图层，使用“画笔工具”，在页面偏右位置绘制高光，如图5-172所示。

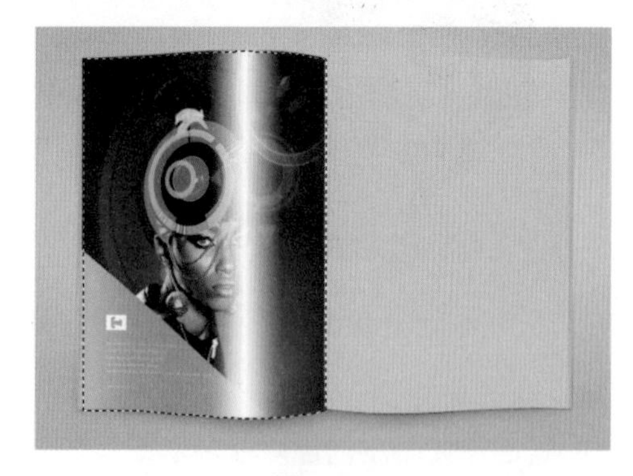

图5-172

（22）继续设置“混合模式”为“柔光”，并调整相应的不透明度，即可将左侧页面的立体效果呈现出来，如图5-173所示。

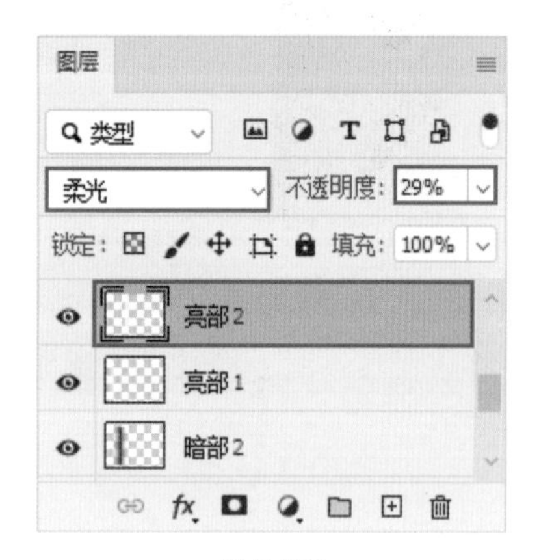

图5-173

（23）使用快捷键Ctrl+D取消选区，效果如图5-174所示。

图5-174

（24）用同样的方法制作右侧页面的阴影和光泽，效果如图5-175所示。

图5-175

本章小结

学习了本章的知识，基本可以满足设计作品中经常需要使用到的简单的图形处理情况。使用画笔绘图可以绘制随意的笔触，而想要绘制规则的图形则需要使用形状工具。有些复杂的图形也可以尝试通过多个简单图形组合而成。

Ps

高级拓展篇

第6章 文字的高级应用

文字是设计作品中非常常见的元素，第5章介绍了如何创建点文字和段落文字，除此之外，在Photoshop中还可以制作出另外三种文字：路径文字、区域文字和变形文字。想要制作出精致的版面效果，仅仅创建出文字是远远不够的，往往还需要设置更多文字的属性。在本章中将学习如何通过“字符”和“段落”面板编辑文字，在最后一节中还会学习如何为图层添加图层样式，以得到各种奇特质感的文字效果。

学习目标

掌握路径文字、区域文字和变形文字的制作方法
掌握通过“字符”面板、“段落”面板更改文字属性的方法
熟练掌握图层样式的添加与编辑的方法

思维导图

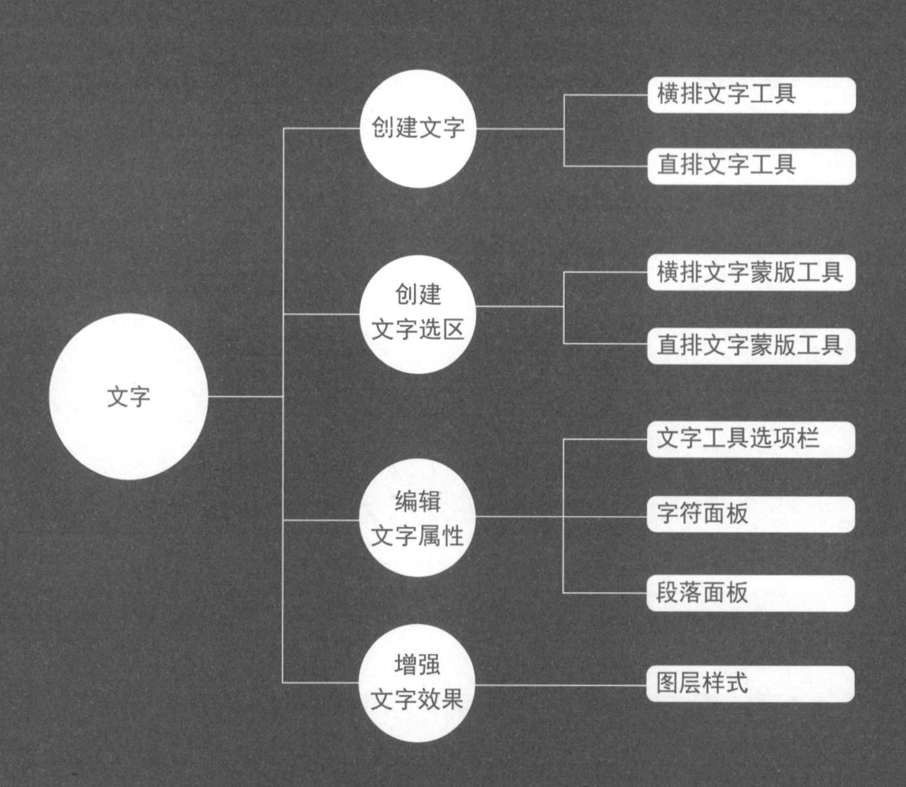

6.1　设置更多的文字属性

通过前面章节的学习，我们了解到使用“横排文字工具”或“直排文字工具”时，可以在选项栏中设置文字的字体、字号、颜色、对齐方式等常用的属性。但Photoshop对于文字属性的设置还不止于此。想要设置更多的文字属性，可以通过“字符”面板与“段落”面板。

“字符”面板与文字工具选项栏对比，还可以设置如行距、字距、垂直缩放、水平缩放等选项，如图6-1所示。在“段落”面板中，提供了用于设置段落编排格式的常用选项。通过“段落”面板，可以设置段落文本的对齐方式和缩进量等参数，如图6-2所示。

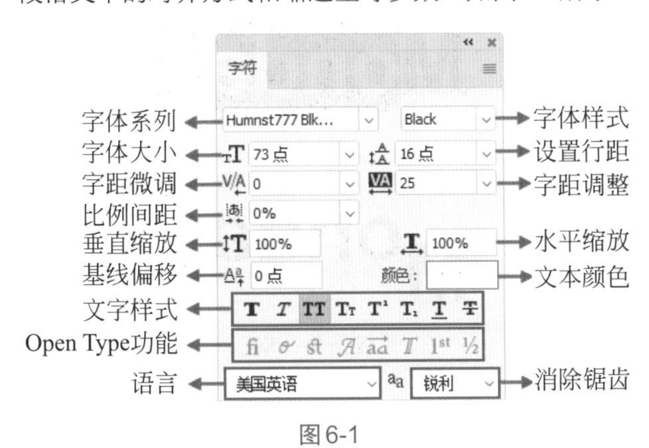

图6-1

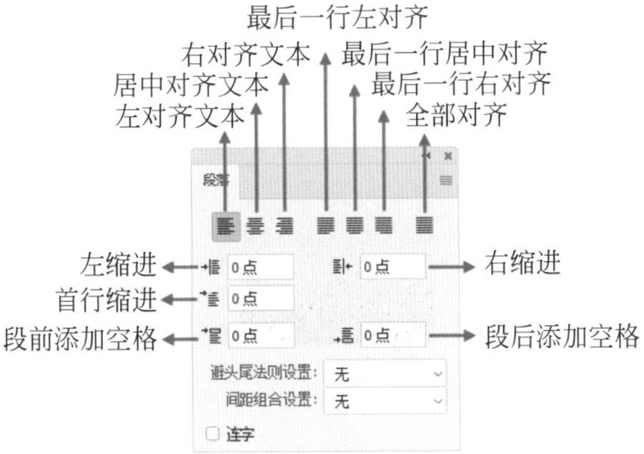

最后一行左对齐
右对齐文本
最后一行居中对齐
居中对齐文本
最后一行右对齐
左对齐文本
全部对齐
段落
左缩进
0 点
0 点
右缩进
首行缩进
0 点
段前添加空格
0 点
0 点
段后添加空格
避头尾法则设置：无
间距组合设置：无
连字

图6-2

6.1.1　字符面板

功能速查

“字符”面板中包含了更多的文字编辑选项，以应对更复杂的文字编辑。执行“窗口>字符”命令可以打开“字符”面板。

（1）选择工具箱中的“横排文字工具”T，在画面中单击插入光标，然后输入文字，文字输入完成后按下键盘上Ctrl+Enter键提交操作，如图6-3所示。

图6-3

（2）文字内容输入完成后再通过“字符”面板进行文字属性的更改。选中文字图层，执行“窗口>字符”命令打开“字符”面板，如图6-4所示。

图6-4

（3）单击“字体系列”倒三角按钮，在下拉菜单会显示字体名称。将光标移动到字体名称上方，即可查看预览效果。单击即可选择该字体，如图6-5所示。

图6-5

（4）“字体大小”选项用来设置文字的大小。单击“字体大小”倒三角按钮，在下拉列表中可以选择预设的字号，也可以在数值框内输入数值设置字号，如图6-6所示。

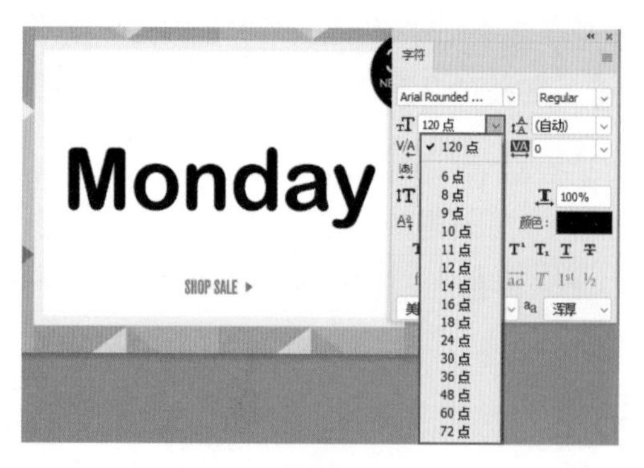

图6-6

（5）在需要调整间距的位置单击插入光标，接着调整“字距微调”，将数值调大后可以看到字符产生了一定的距离，如图6-7所示。

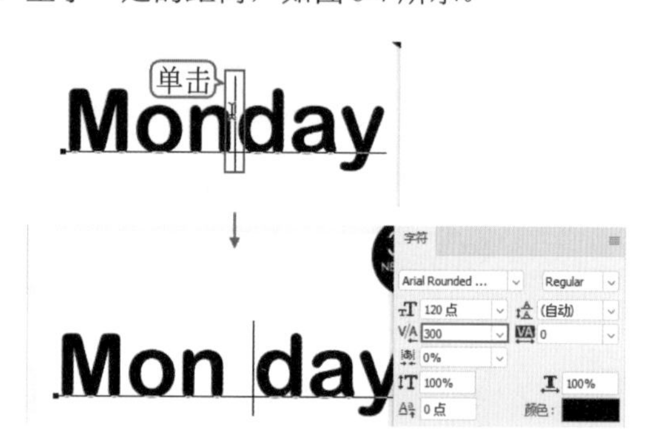

图6-7

（6）“字距调整”选项能够调整字符与字符之间的距离，默认数值为0。字距之间的距离越小，视觉效果越紧凑；距离越大，视觉效果越松散，图6-8所示为不同参数的对比效果。

图6-8

（7）“垂直缩放”选项可以调整文字的高度，默认数值为100%。当数值大于100%时文字“变高”，当数值小于100%时文字“变矮”，如图6-9所示。

图6-9

（8）“水平缩放”可以调整文字的宽度，默认数值为100%。当数值大于100%时文字“变宽”，当数值小于100%时文字“变窄”，如图6-10所示。

图6-10

（9）在“基线偏移”中输入正值时，文字会上移；输入负值时，文字会下移，图6-11所示为对部分字符设置基线偏移为60点的效果。

图6-11

（10）“颜色”选项可以设置文字的颜色。单击该按钮打开“拾色器”，在“拾色器”窗口中进行颜色的设置，如图6-12所示。文字效果如图6-13所示。

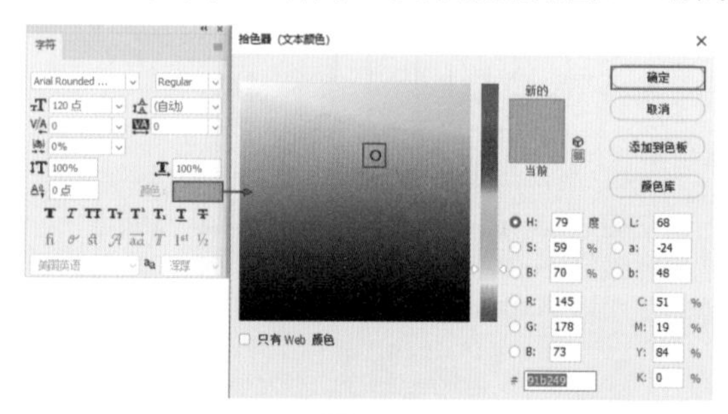

图6-12

图6-13

（11）“设置行距”选项需要两行或两行以上的文字。该选项用于设置上一行文字基线与下一行文字基线之间的距离。数值越大，行与行之间越远。默认情况下，“设置行距”为“自动”，如图6-14所示。

图6-14

（12）此时两行文字之间的距离有些远，将数值设置为80点，效果如图6-15所示。

图6-15

（13）“文字样式”用来为选中的文字添加样式。包括“仿粗体”**T**、“仿斜体”*T*、“全部大写字母”TT、“小型大写字母”Tт、“上标”T¹、“下标”T₁、“下划线”T、“删除线”T。单击按钮即可添加效果。图6-16所示为添加仿粗体、仿斜体、全部大写字母和删除线的效果。

图6-16

6.1.2　实战：制作书法文字

文件路径

实战素材/第6章

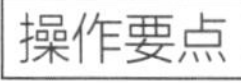

操作要点

使用“直排文字工具”创建纵向排列的文字

案例效果

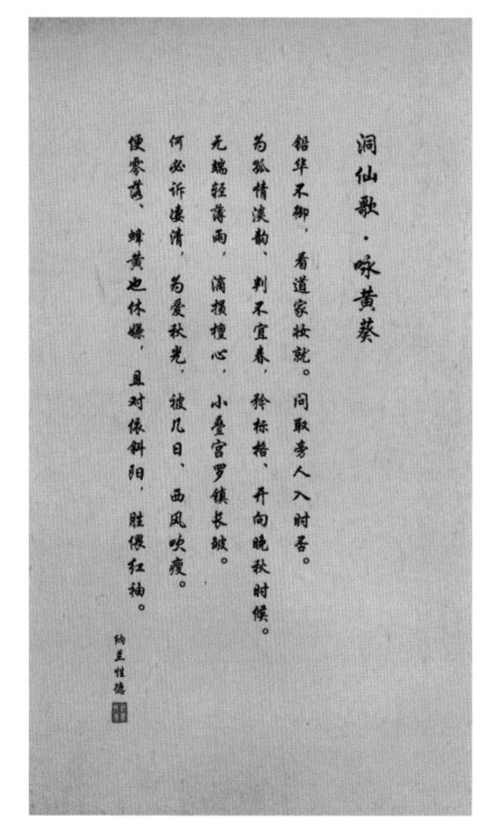

图6-17

操作步骤

（1）执行“文件>打开”命令，打开素材1，如图6-18所示。

图6-18

（2）选择工具箱中的“直排文字工具”，在画面的右侧单击，在选项栏设置合适的字体、字号，然后输入文字，文字沿直线排列，如图6-19所示。

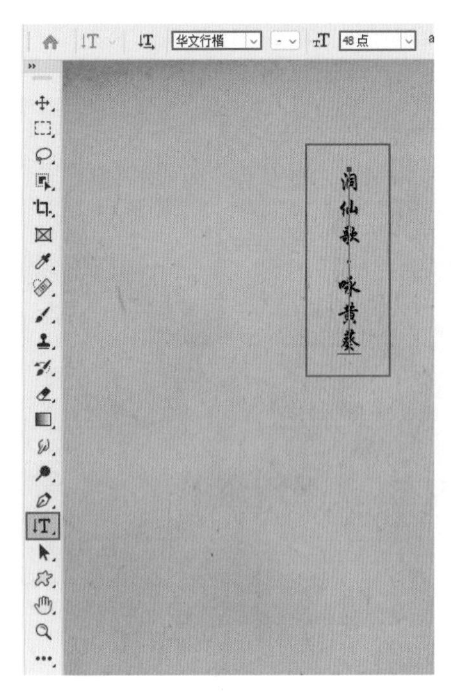

图6-19

（3）继续使用“直排文字工具”，在标题文字的左侧键入多行文字，每行文字输入完成后按下Enter键换行，如图6-20所示。

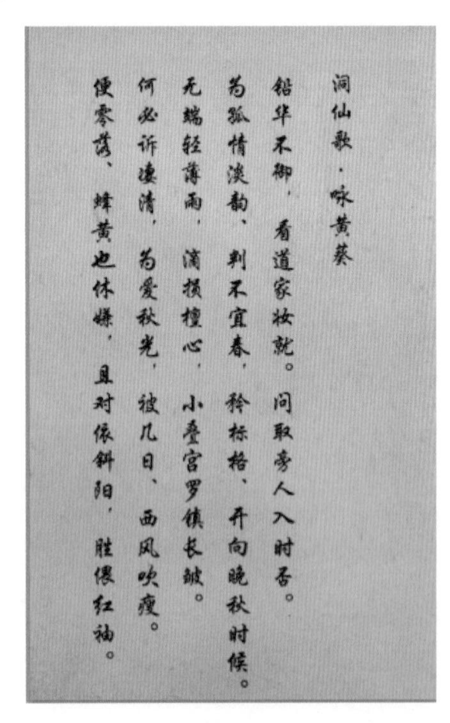

图6-20

（4）接着在打开的“字符”面板中，设置“字号”为36点，“行距”为72点，如图6-21所示。效果如图6-22所示。

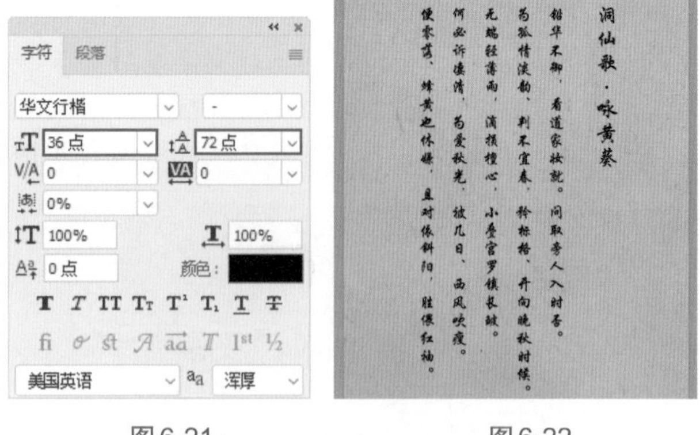

图6-21　　图6-22

（5）继续使用同样的方法在文字的左下方添加合适的文字，如图6-23所示。

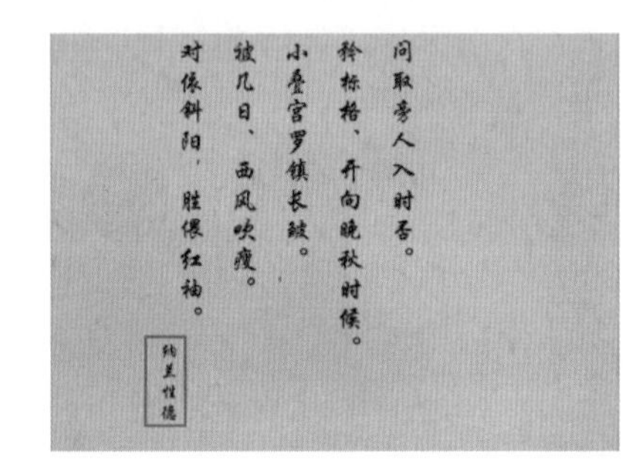

图6-23

（6）执行“文件>置入嵌入对象”命令，将素材2置入到当前画面中，并将其移动至左下方。本案例制作完成，效果如图6-24所示。

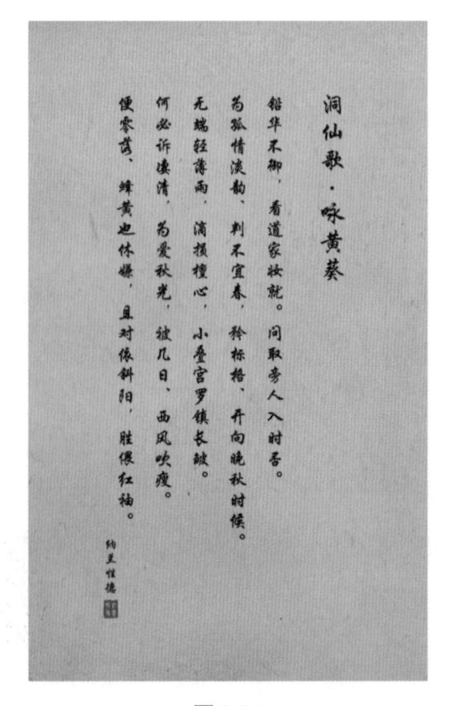

图6-24

6.1.3　段落面板

功能速查

“段落”面板常用于设置大段文字的属性，例如对齐方式、缩进数值、段落间距等。执行“窗口>段落”命令可以打开“段落”面板。

（1）选择工具箱中的“横排文字工具”T，在画面中按住鼠标左键拖动绘制一个文本框，然后在文本框内输入文字，如图6-25所示。

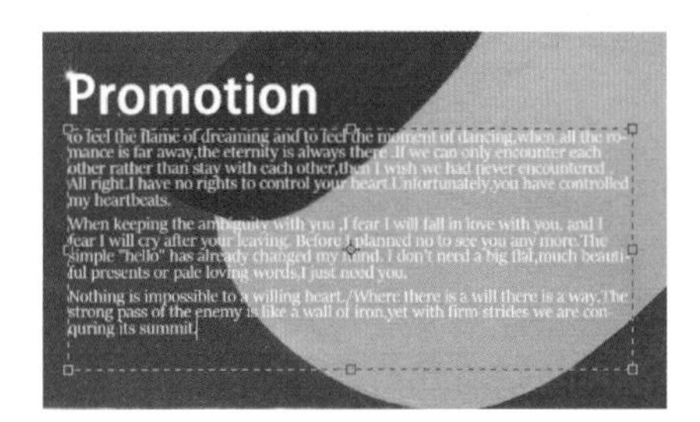

图6-25

重点笔记

“段落”面板中的参数常用于对段落文字进行设置，但是其中绝大部分参数也可以对大段的点文字使用。

（2）执行“窗口>段落”命令可以打开“段落”面板，如图6-26所示。

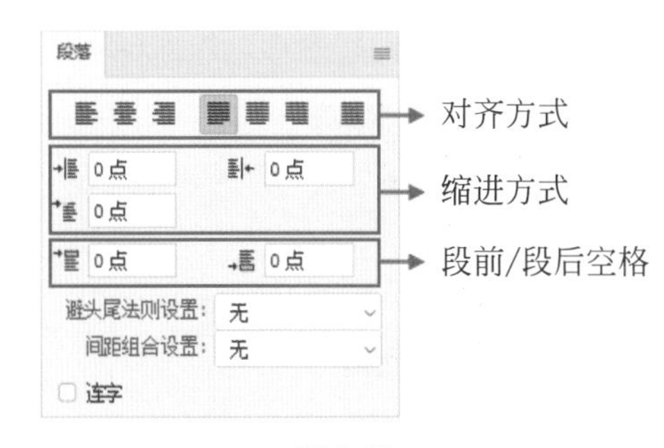

图6-26

（3）“左对齐文本”效果如图6-27所示。

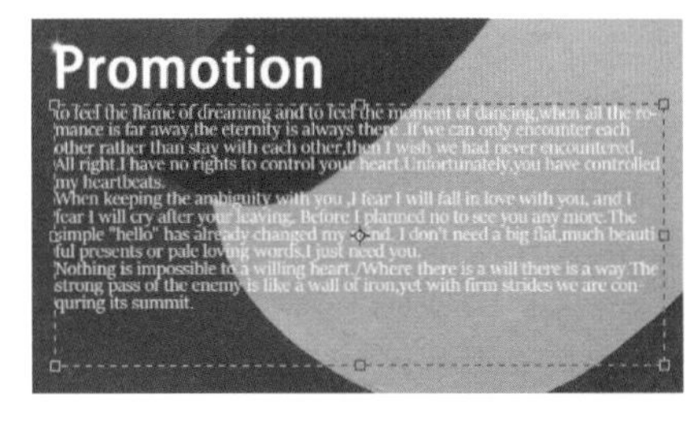

图6-27

（4）“居中对齐文本”效果如图6-28所示。

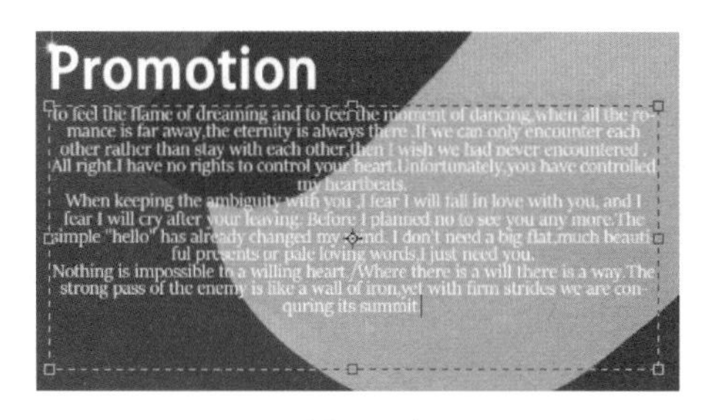

图6-28

（5）“右对齐文本”效果如图6-29所示。

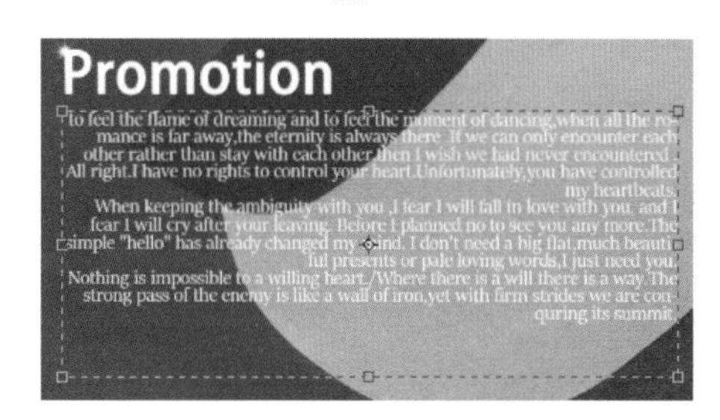

图6-29

（6）单击“最后一行左对齐”按钮，可以使段落文本两侧对齐，最后一行左对齐，如图6-30所示。点文字无法使用这种对齐方式。

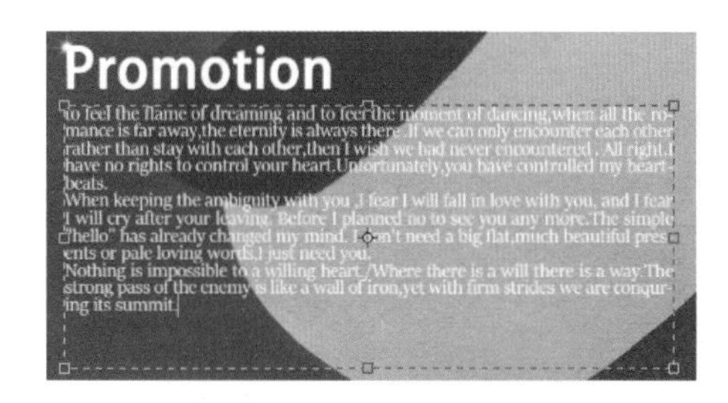

图6-30

（7）单击“最后一行居中对齐”按钮，可以使段落文本两侧对齐，最后一行居中对齐，如图6-31所示。点文字无法使用这种对齐方式。

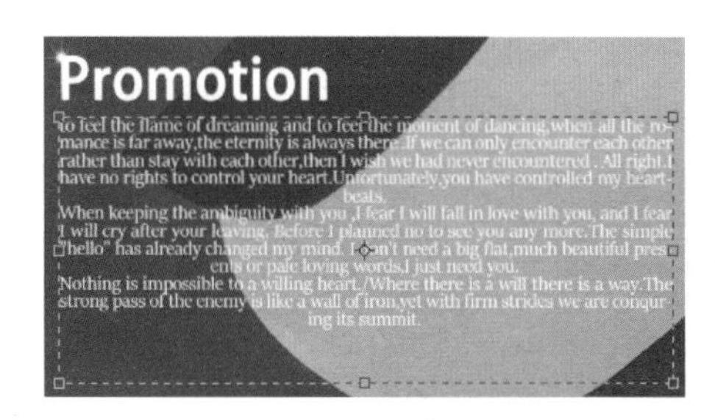

图6-31

（8）单击“最后一行右对齐”按钮，可以使段落文本两侧对齐，最后一行右对齐，如图6-32所示。点文字无法使用这种对齐方式。

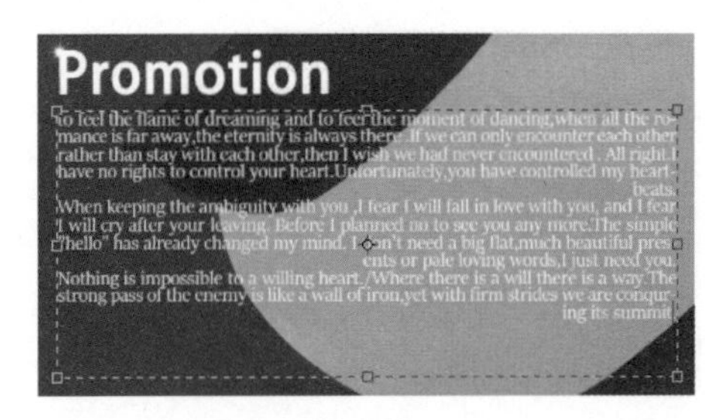

图6-32

（9）选中文字图层，单击“全部对齐”按钮，可以看到强制文本左右两端对齐，如图6-33所示。点文字无法使用这种对齐方式。

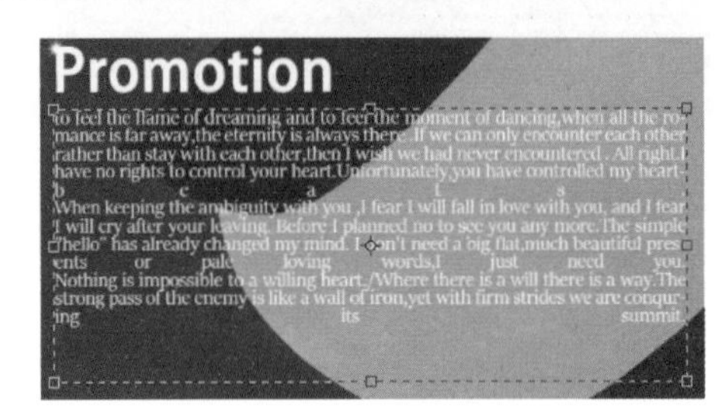

图6-33

（10）左缩进能调整段落文本左侧的缩进量，当数值为正数时，段落文字向右侧移动；当数值为负数时，段落文字向左侧移动，图6-34所示为不同参数的对比效果

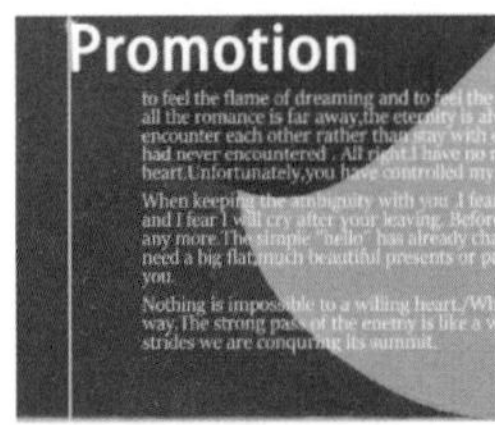

左缩进：200点

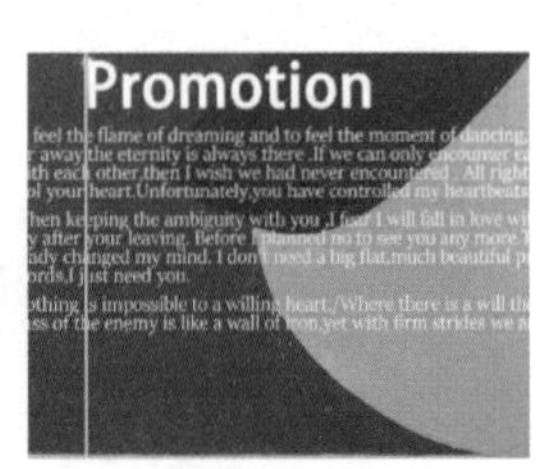

左缩进：-200点

图6-34

（11）右缩进用于设置段落文本右侧的缩进量。当数值为正数时，文本右侧向左移动；当数值为负数时，文本右侧向右移动，如图6-35所示。

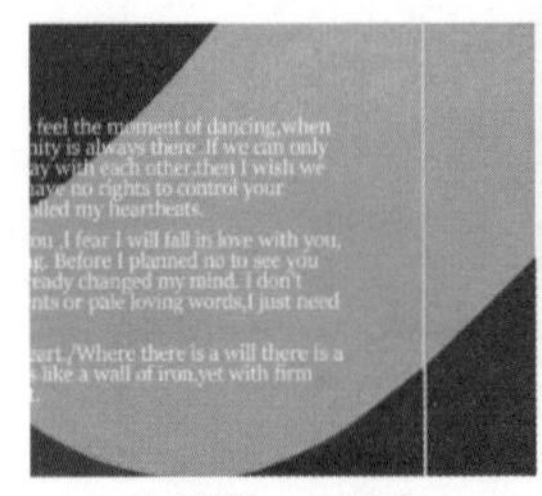

右缩进：200点

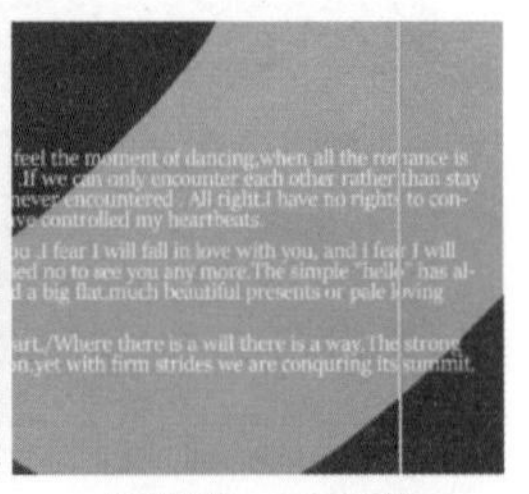

右缩进：-200点

图6-35

（12）在“首行缩进”选项中输入数值，可以看到每段文字开头都会留下一定的空白，图6-36所示为100点的效果。

图6-36

（13）“段前添加空格”可以在选中段落与前一个段落之间添加一定的间距。首先需要在段落文字中插入光标。接着在“段前添加空格”数值框内输入数值，就可以看到选中段落与前一个段落产生了一段距离，如图6-37所示。

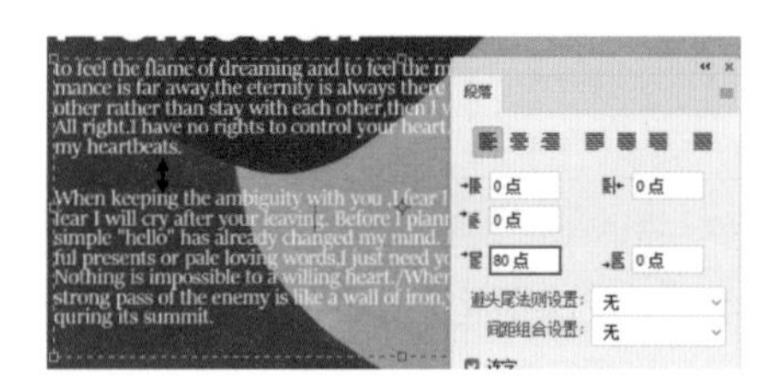

图6-37

（14）“段后添加空格”可以设置光标所在段落与后一个段落之间的间隔距离，如图6-38所示。

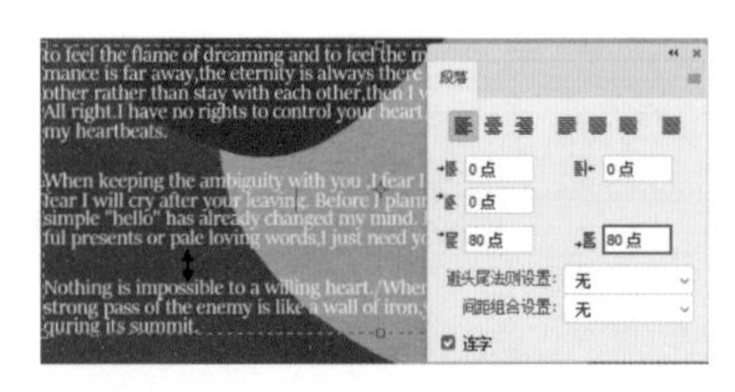

图6-38

6.1.4 文字的编辑操作

（1）将素材打开，选中文字图层，如图6-39所示。

图6-39

（2）接着单击鼠标右键执行“栅格化文字”命令，随即文字图层被转换成普通图层，如图6-40所示。

图6-40

（3）转换为普通图层后，文字将失去文字属性，无法再进行字体、字号的更改，但是可以进行擦除、添加滤镜等操作，图6-41所示为使用橡皮擦擦除部分像素后的效果。

图6-41

（4）选中文字图层，单击鼠标右键执行“创建工作路径”命令，如图6-42所示。

图6-42

（5）接着会得到文字的路径，使用“直接选择工具”，选中锚点后按住鼠标左键拖动，可以看到路径形态发生变化，而原本的文字没有发生改变，如图6-43所示。

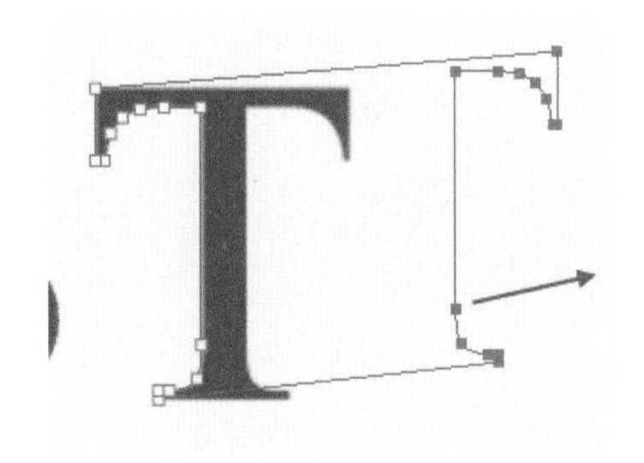

图6-43

（6）选中文字图层，单击鼠标右键，执行“转换为形状”命令，如图6-44所示。

图6-44

（7）文字图层将转换为形状图层，文字上方会显示锚点，如图6-45所示。

图6-45

（8）使用矢量工具可以对文字的形态进行更改。这种方法常用于制作变形字、艺术字、标志，如图6-46所示。

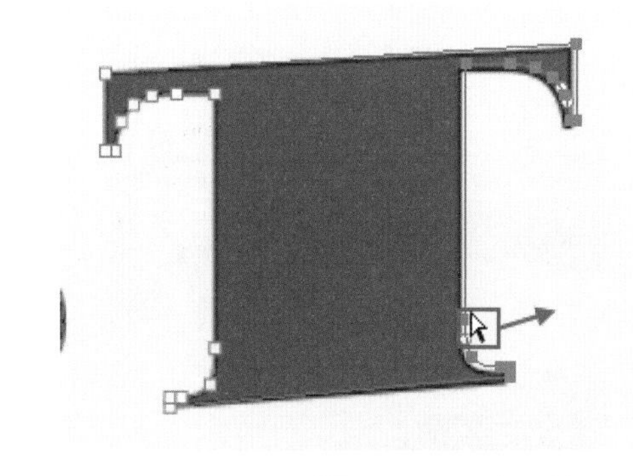

图6-46

6.1.5 实战：制作卡通文字

文件路径

实战素材/第6章

操作要点

1. 将文字转换为形状后编辑文字外形
2. 使用图层样式制作带有投影的文字

案例效果

图6-47

操作步骤

（1）执行“文件>打开”命令，打开素材1，如图6-48所示。

图6-48

（2）单击工具箱中“横排文字工具”按钮，在选项栏中设置合适的“字体样式”，设置“字体大小”为150点，“字体颜色”设置为白色，键入文字，如图6-49所示。

（3）在“图层”面板中选择文字图层，单击鼠标右键执行“转换为形状”命令，如图6-50所示。效果如图6-51所示。

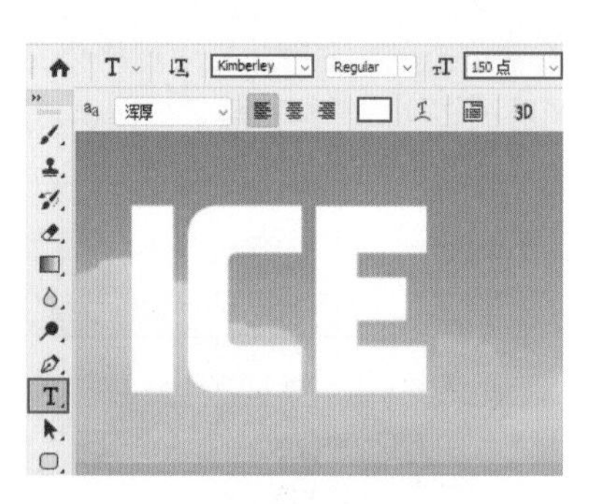

图6-49

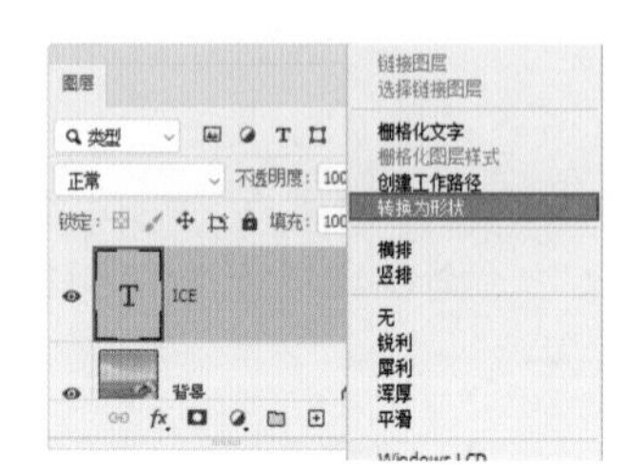

图6-50

图6-51

（4）首先调整中间的字母。使用“钢笔工具”，将光标移动到其中一个锚点处，光标变为“删除锚点工具”，如图6-52所示。

图6-52

（5）单击鼠标左键，删除该锚点，效果如图6-53所示。

图6-53

（6）继续使用“钢笔工具”删除多余的锚点，如图6-54所示。

图6-54

（7）下面调整已有锚点的位置。将光标移动到一个锚点处，按住Ctrl键，光标变为“直接选择工具”时按住鼠标左键向下拖拽，如图6-55所示。

图6-55

（8）使用同样方法改变其他锚点的位置，如图6-56所示。

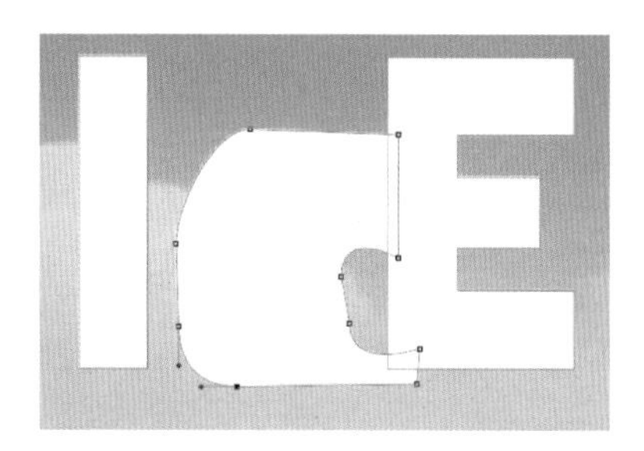

图6-56

（9）将光标移动到要更改的锚点处，按住Ctrl键，当光标变为“直接选择工具”时，单击鼠标左键，此时会出现控制柄，效果如图6-57所示。

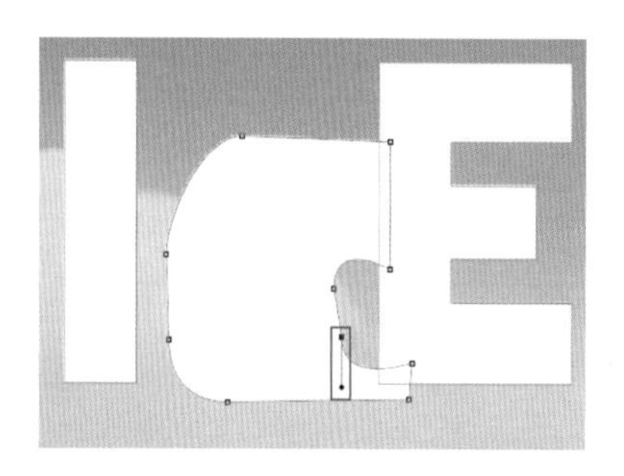

图6-57

（10）将光标移动到控制柄上，按住Alt键，当光标改变为“转换点工具”时，按住鼠标左键拖动控制柄，改变字母的轮廓，效果如图6-58所示。

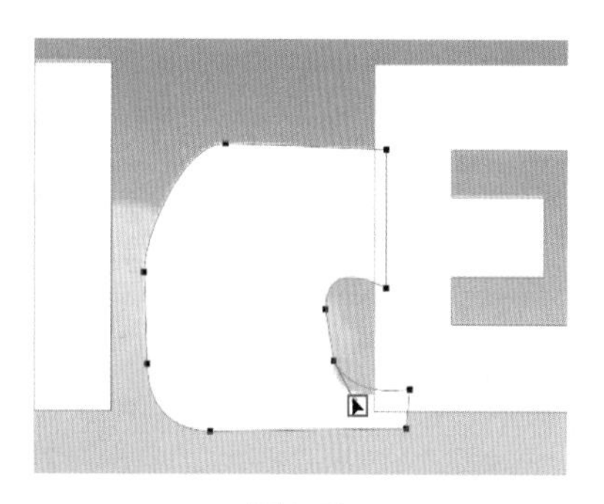

图6-58

（11）使用上述方法调节其他字母的轮廓，效果如图6-59所示。

图6-59

（12）单击图层面板底部的“添加图层样式”按钮，选择“投影”命令，如图6-60所示。

图6-60

（13）在弹出的“图层样式”对话框中设置“混合模式”为正片叠底，设置一种合适的颜色，“不透明度”设置为75%，“角度”为125度，“距离”为5像素，“大小”为5像素，如图6-61所示。效果如图6-62所示。

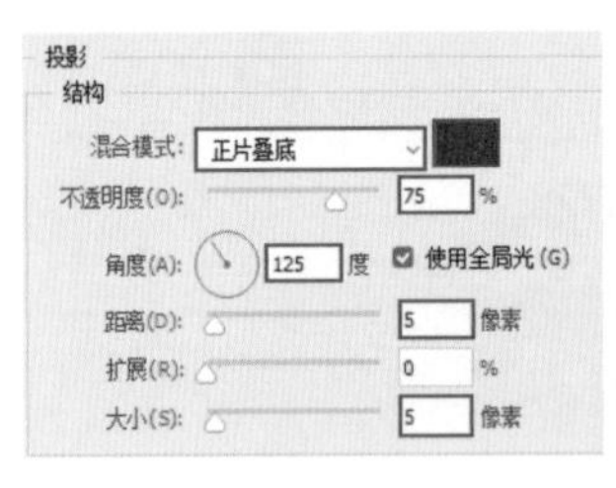

图6-61

图6-62

（14）使用同样方法键入其他文字，并为文字做变形处理，效果如图6-63所示。

图6-63

（15）右键单击添加阴影的图层，执行“拷贝图层样式”命令，如图6-64所示。

图6-64

（16）再将光标移动至第二行标题文字上，右击执行“粘贴图层样式”命令，如图6-65所示。

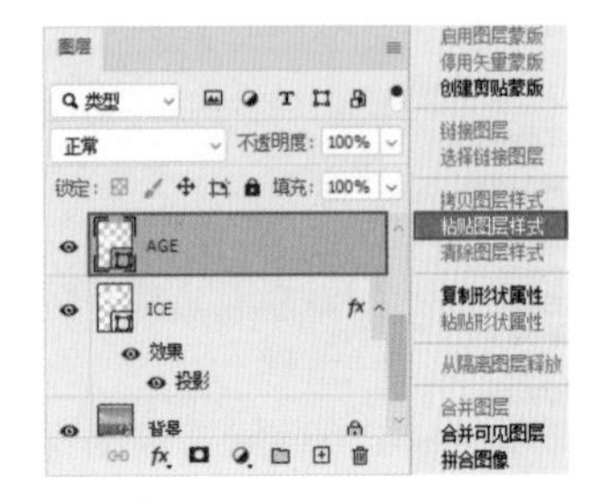

图6-65

（17）为该图层添加了相同的阴影效果，如图6-66所示。

图6-66

（18）在“图层”面板中选择主体文字下方的小字母图层。单击图层面板底部的“添加图层样式”按钮，选择“外发光”命令，如图6-67所示。

（19）在弹出的“图层样式”对话框中设置“混合模式”为正常，“不透明度”为75%，设置一种合适的颜色，“方法”为柔和，“扩展”为30%，“大小”为5像素，如图6-68所示。效果如图6-69所示。

图6-67　　图6-68

图6-69

（20）使用同样方法，为画面中最下方的文字添加相同的效果，效果如图6-70所示。

图6-70

（21）在“图层”面板中选择画面中红色字母所在图层，单击图层面板底部的“添加图层样式”按钮，选择“描边”命令，在弹出的“图层样式”对话框中设置“大小”为2像素，“位置”为外部，设置“填充类型”为颜色，“颜色”设置为白色，如图6-71所示。效果如图6-72所示。

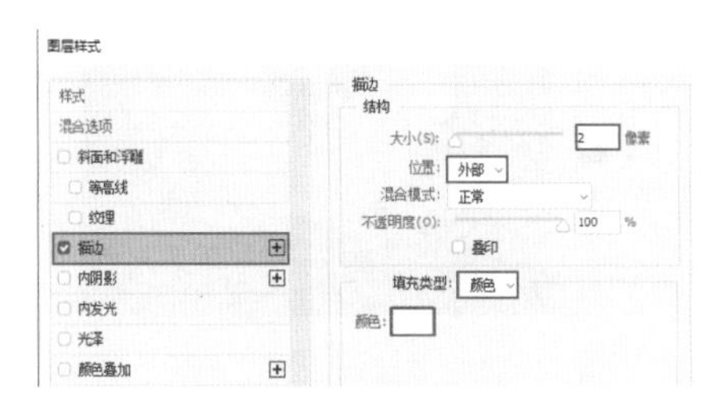

图6-71

图6-72

（22）执行“文件>置入嵌入对象”命令，将素材2置入到画面中。本案例制作完成，效果如图6-73所示。

图6-73

6.2　制作不规则排列的文字

通过之前的学习，创建少量的文字和大段的文字都不是什么难事了。但如果想要在一个特殊的范围内（如三角形内部）添加文字，使文字按照某个形态排列，或创建出带有一定变形效果的文字，就需要使用到本节的知识了。在本节中将会学习如何创建路径文字、区域文字和变形文字。3种文字功能对比见表6-1。

表6-1　3种文字功能对比

功能名称	路径文字	区域文字	变形文字
功能简介	路径文字是一种按路径走向排列的文字行	区域文字是在闭合路径中创建的文字，路径的形态决定整段文字的外形	文字变形功能可以为未栅格化的文字添加一系列的内置变形效果
图示		Veryl Keshi DECORATION ART	Happy Valentine Day

6.2.1　路径文字

功能速查

路径文字是一种沿着已绘制的路径排列的文字。改变路径的形态，则会改变路径文字排列的走向。

（1）路径文字需要使用的路径既可以使用“钢笔工具”，又可以使用“形状工具”绘制。选择“椭圆工具”，在选项栏中设置绘制模式为“路径”，然后在画面中按住鼠标左键拖动绘制一个圆形路径，如图6-74所示。

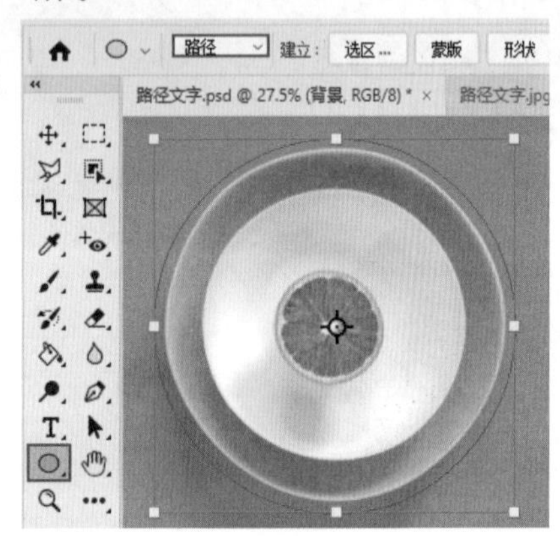

图6-74

（2）选择工具箱中的“横排文字工具”，将光标移动至路径上方，光标变为![]状后单击，如图6-75所示。

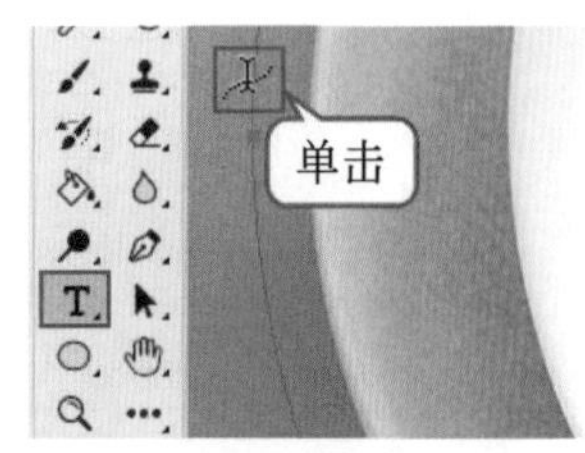

图6-75

（3）接着输入文字，文字会沿着路径的形态排列，如图6-76所示。

图6-76

（4）选择工具箱中的“直接选择工具”，拖动锚点的位置会更改路径的走向，路径发生变化后文字的排列也会发生改变，如图6-77所示。

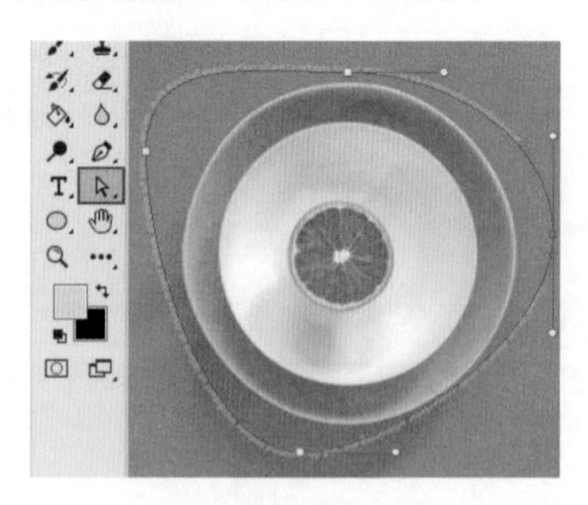

图6-77

（5）选择工具箱中的“路径选择工具”，将光标移动至路径文字的上方，光标变为![]状，按住鼠标左键拖动可以更改文字在路径上的位置，如图6-78所示。

图6-78

6.2.2　区域文字

功能速查

区域文字是在闭合路径的内部创建的文字。

（1）选择工具箱中的“钢笔工具”，在选项栏中设置绘制模式为“路径”，然后绘制一个闭合路径，如图6-79所示。

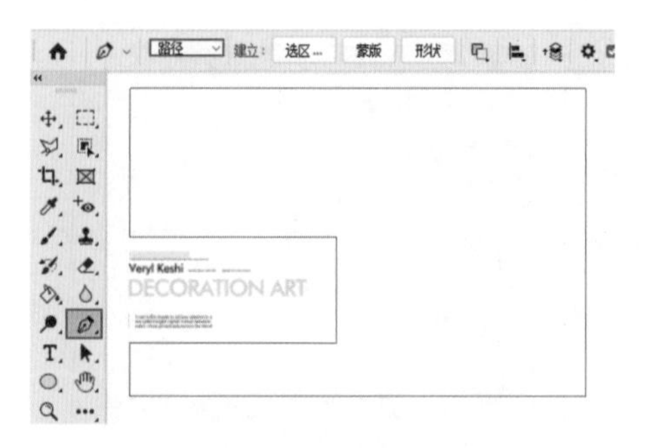

图6-79

（2）选择工具箱中的“横排文字工具”，将光标移动至闭合路径的内部，光标变为Ⓘ状后单击，如图6-80所示。

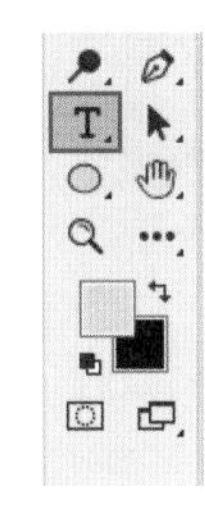

图6-80

（3）接着输入文字，文字会自动排列在路径的内部，如图6-81所示。

图6-81

重点笔记

改变路径的形态，文字的排列范围也会发生变化。如果文字过多无法展示，那么路径的下方会显示⊕。删除多余的文字或调整路径的形态即可。

6.2.3　变形文字

功能速查

输入的文字可以通过“创建文字变形”功能，快速添加一系列的内置变形效果。

（1）选中已有的文字图层，选择工具箱中的“横排文字工具”，单击选项栏中的“创建文字变形”按钮$\underline{T}$，如图6-82所示。

图6-82

重点笔记

“创建文字变形”功能只可以对未栅格化的文字图层使用。且在使用文字工具的状态下，选项栏中才会出现“创建文字变形”按钮。添加了“仿粗体”样式**T**的文字无法使用变形功能。

（2）随即会弹出“变形文字”窗口，单击“样式”倒三角按钮可以选择变形的样式，在这里选择“凸起”，接着选择“水平”，“弯曲”设置为50%，如图6-83所示。

图6-83

（3）最后单击“确定”按钮提交操作。文字效果如图6-84所示。

图6-84

（4）如果想要去除文字变形，可以选中文字图层，再次打开“变形文字”窗口，然后设置“样式”为“无”，单击“确定”按钮，即可将文字还原为之前效果，如图6-85所示。

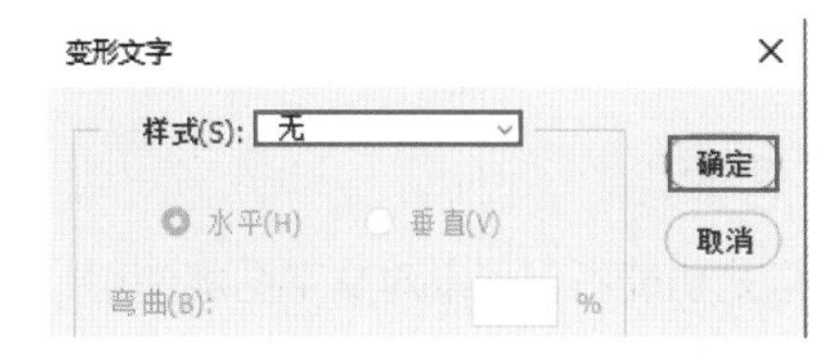

图6-85

6.3 文字与图层样式

在设计作品中，作为重点展示的文字经常会伴随着一些特殊的样式出现，如带有投影的文字、会发光的文字、带有立体感的文字等。想要制作出这些效果，可以为文字图层添加“图层样式”。在Photoshop中包含10种图层样式，投影、内阴影、外发光、内发光、斜面和浮雕、光泽、颜色叠加、渐变叠加、图案叠加与描边效果。添加图层样式时，可以为一个图层添加多个样式，制作出更加丰富和神奇的效果。图层样式说明见表6-2。

表 6-2　图层样式说明

样式名称	斜面和浮雕	描边	内阴影	内发光
功能简介	使图层产生从画面中凸起的立体的浮雕效果	使用颜色、渐变以及图案来描绘图像的轮廓边缘	在紧靠图层内容的边缘向内添加阴影，使图层产生向内凹陷的效果	沿图层内容的边缘向内创建发光效果
图示				
样式名称	光泽	颜色叠加	渐变叠加	图案叠加
功能简介	可以使图层产生带有光泽的凸起感	可以在图像上叠加某种颜色，并且可以设置颜色叠加的混合模式与不透明度	可以在图层上叠加指定的渐变色，并且可以设置渐变色叠加的混合模式与不透明度	可以在图层上叠加图案，并且可以设置图案叠加的混合模式与不透明度
图示				
样式名称	外发光	投影		
功能简介	沿图层内容的边缘向外创建发光效果	可以为图层模拟出向后的投影效果		
图示				

重点笔记

图层样式功能不仅可以对文字图层使用，其他的带有图像内容的图层也可使用，如普通图层、智能对象、3D图层、形状图层等。

6.3.1　如何使用图层样式

（1）将素材文件打开，然后选中需要添加图层样式的图层，如图6-86所示。

图6-86

（2）单击“图层”面板底部的“添加图层样式”按钮 fx，然后在弹出的菜单中执行“描边”命令，如图6-87所示。

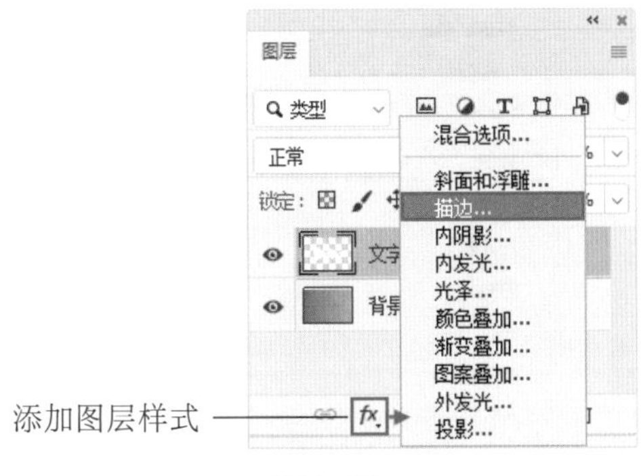

图6-87

重点笔记

执行“图层>图层样式”命令，在子菜单中也可以为图层添加图层样式。

在图层面板中，双击图层名称右侧的空白位置，也可以打开“图层样式”窗口，如图6-88所示。

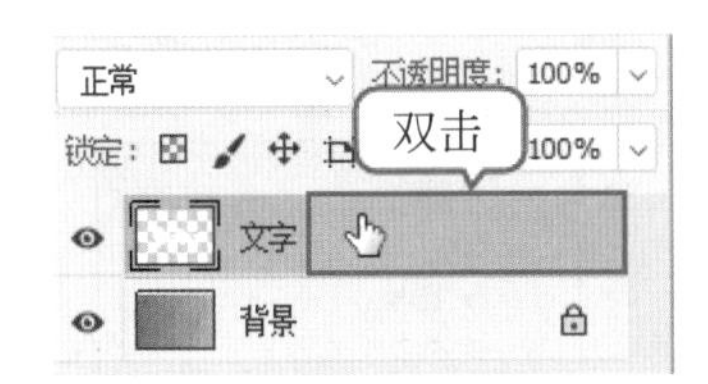

图6-88

（3）随即会打开“图层样式”中的“描边”设置页面，每个样式的参数设置选项既有相同的，也有不同的。但在实际的使用过程中，只需边调整参数边观察画面效果，得到合适的效果即可。在“描边”页面中可以使用颜色、渐变以及图案来描绘图像的轮廓边缘。例如此处将“大小”设置为20像素，“位置”为“外部”，“混合模式”为正常，“不透明度”为100%，“填充”类型为颜色，颜色设置为绿色，接着勾选“预览”选项，如图6-89所示。

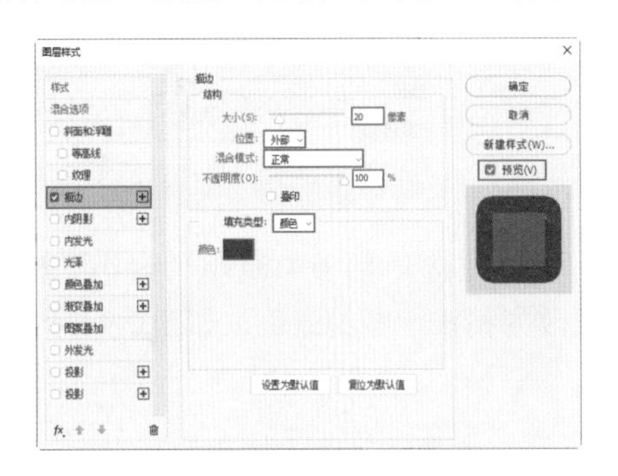

图6-89

（4）此时文字添加了绿色的描边，如图6-90所示。

图6-90

（5）在打开的“图层样式”窗口左侧为样式列表，单击样式的名称可以打开相对应的页面，如图6-91所示。

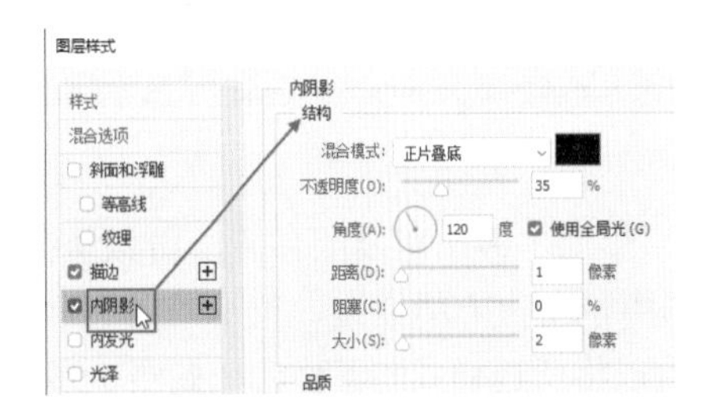

图6-91

（6）在列表左侧当图层样式处于勾选☑时表示样式为启用状态，取消勾选☐表示未使用该样式，如图6-92所示。

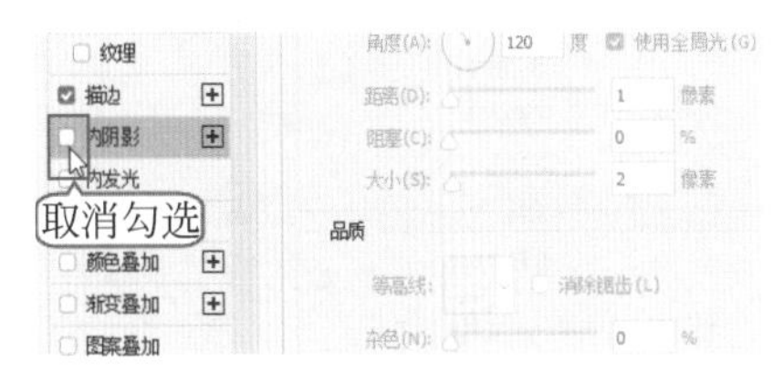

图6-92

（7）在样式列表中，有部分样式带有⊞按钮，这表示该样式可以添加多次。例如单击描边右侧的⊞按钮，会添加一个新的描边。然后单击选择位于上方的“描边”样式，如图6-93所示。

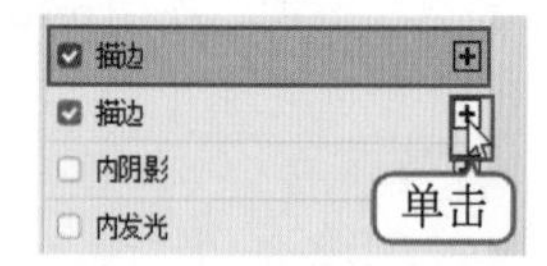

图6-93

（8）接着在选项栏卡中减小“大小”数值，并将颜色更改为稍浅一些的绿色，如图6-94所示。

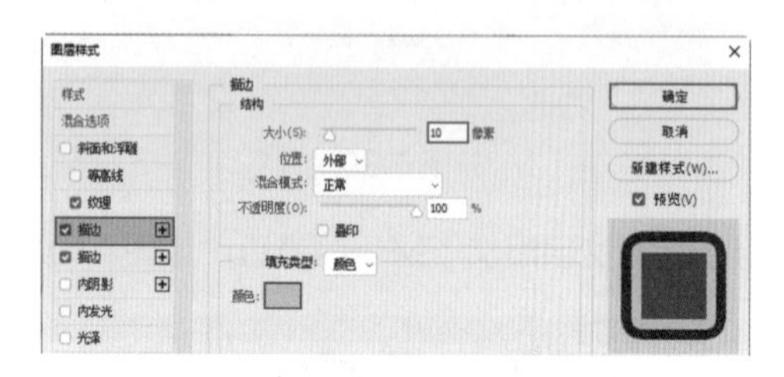

图6-94

（9）此时文字呈现出双层描边的效果，如图6-95所示。

图6-95

（10）添加了多个相同的样式，可以更改样式的顺序，选中位于上方的描边，单击“向下移动效果”按钮可以将所选样式向下移动，如图6-96所示。

图6-96

（11）因为样式顺序发生了改变，所以画面效果也会发生改变，上层的样式遮挡住了下层的样式，如图6-97所示。同理单击“向上移动效果”按钮即可将所选样式向上移动。

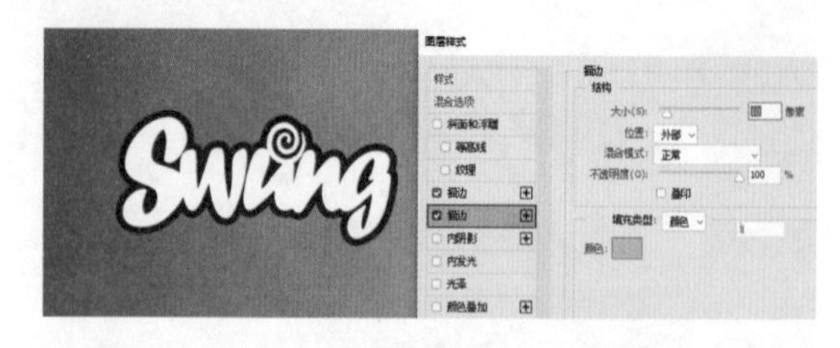

图6-97

（12）添加多个相同样式后，如果想要删除某个样式，也在列表中单击将其选中，然后单击列表底部的“删除效果”按钮，即可将其删除，如图6-98所示。

图6-98

（13）当图层样式添加完成后，可以单击“确定”按钮提交操作。此时图层面板中可以看到所添加图层样式的名称，如图6-99所示。

图6-99

（14）单击“效果”左侧的按钮，即可将样式效果隐藏，如图6-100所示，再次单击可以显示效果。

图6-100

（15）单击单个图层样式名称左侧的 👁 按钮，即可将对应的样式效果隐藏，如图6-101所示。再次单击可以显示该效果。

图6-101

（16）如果要将图层的所有的图层样式删除，可以将光标移动至图层右侧的图层样式图标 fx 处，按住鼠标左键向“删除图层”按钮处拖动，释放鼠标后即可将图层样式删除，如图6-102所示。

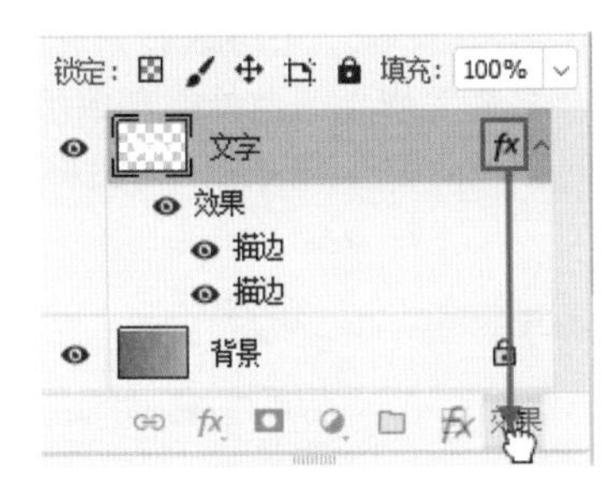

图6-102

（17）如果要删除某个样式，可以将光标移动至样式名称上方，按鼠标左键向“删除图层”按钮处拖动，释放鼠标后即可将所选样式删除，如图6-103所示。

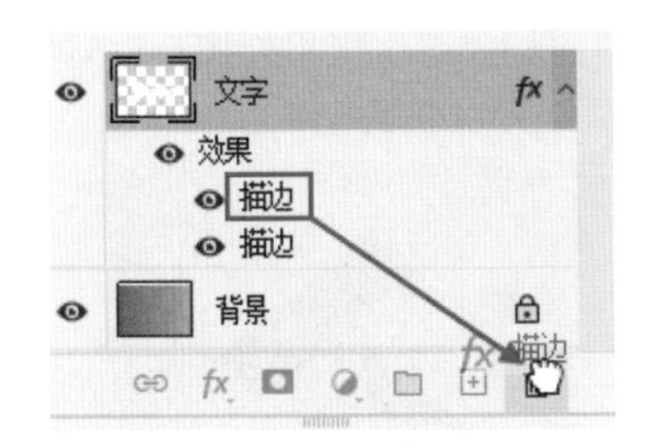

图6-103

（18）图层样式可以复制给其他图层。选中添加图层样式的图层，单击鼠标右键执行“拷贝图层样式”命令，如图6-104所示。

图6-104

（19）然后选中其他图层，单击鼠标右键执行“粘贴图层样式”命令，即可将图层样式复制给其他图层，如图6-105所示。

图6-105

重点笔记

将光标移动至图层样式图标的位置，然后按住Alt键向其他图层上方拖动（此时光标会变为 ▶ 状），释放鼠标后可以将图层样式复制给其他图层，如图6-106所示。

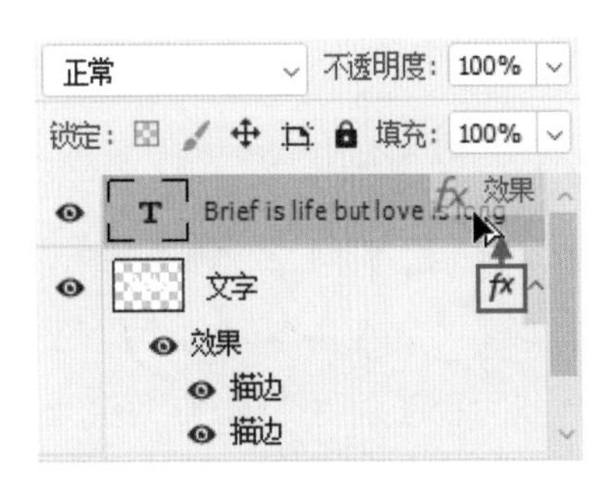

图6-106

（20）随后两个图层就具有了相同的图层样式，效果如图6-107所示。

图6-107

（21）图层样式可以进行整体尺寸的缩放。在图层样式图标的位置单击鼠标右键执行“缩放效果”命令，如图6-108所示。

图6-108

（22）在弹出的“缩放图层效果”窗口中勾选“预览”，然后拖动“缩放”滑块进行图层样式的缩放操作，如图6-109所示。

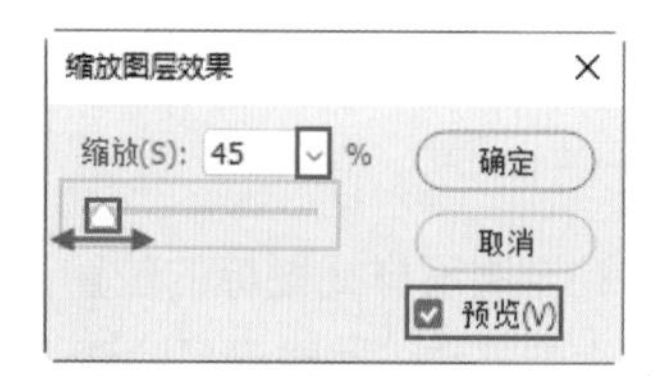

图6-109

（23）效果满意后，单击“确定”按钮提交操作。图层样式的比例发生了改变，效果如图6-110所示。

图6-110

6.3.2 认识常用的图层样式

在图层样式列表中可以看到软件中包含十种图层样式：描边、内阴影、外发光、内发光、斜面和浮雕、光泽、颜色叠加、渐变叠加、图案叠加与投影效果。

1. “斜面和浮雕”样式

“斜面和浮雕”样式可以为图层添加高光与阴影，使图像产生立体的浮雕效果。

（1）将素材文件打开，选择需要添加样式的图层。单击图层面板底部的“添加图层样式”按钮，选择“斜面和浮雕”命令，如图6-111所示。

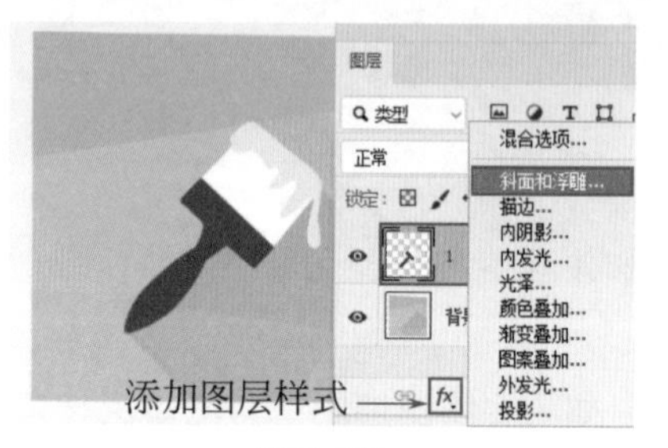

图6-111

（2）打开“图层样式”窗口，在“斜面和浮雕”页面中设置图层凸起的样式及方法，设置凸起的深度、方向、大小等参数，还可以设置用于营造凸起感的阴影以及高光等属性。此处的参数虽然多，但随着调整可实时在画面中看到效果，如图6-112所示。

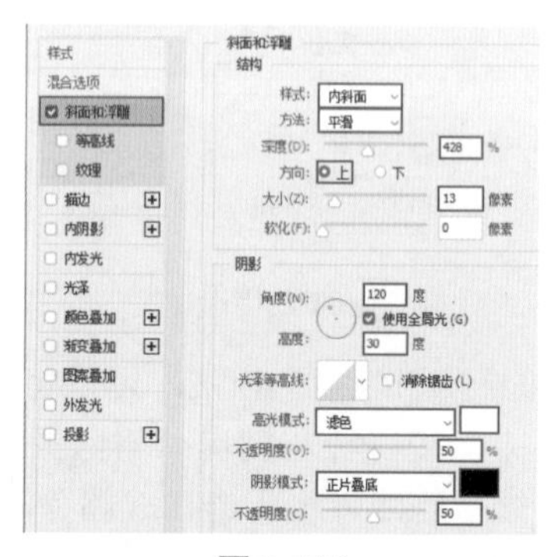

图6-112

（3）“斜面和浮雕”效果如图6-113所示。

图6-113

（4）启用“等高线”，可以在浮雕中创建凹凸起伏的效果。单击“等高线”选项，在弹出的“等高线编辑器”中更改曲线形状，如图6-114所示。

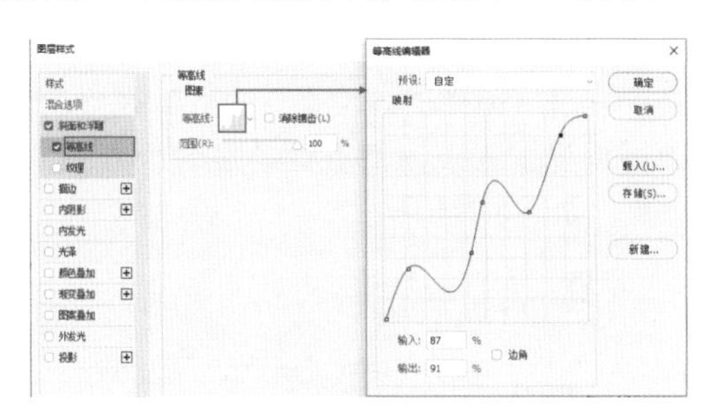

图6-114

（5）此时图层边缘凸起部分的效果发生了变化，如图6-115所示。

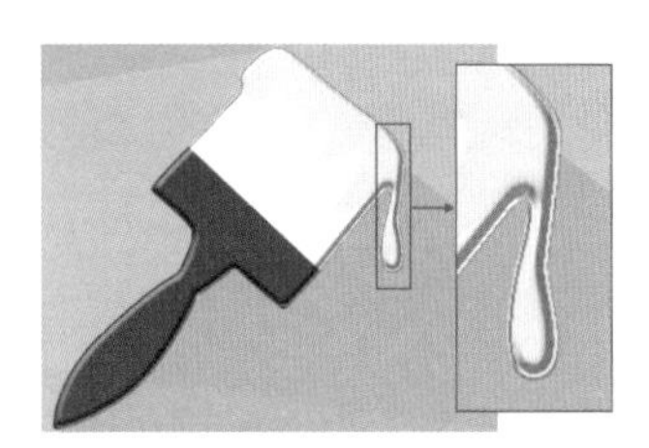

图6-115

（6）“纹理”效果可以为图层添加图案浮雕效果。单击“纹理”，在“纹理”页面中单击“图案”按钮，在下拉面板中选择图案，如图6-116所示。

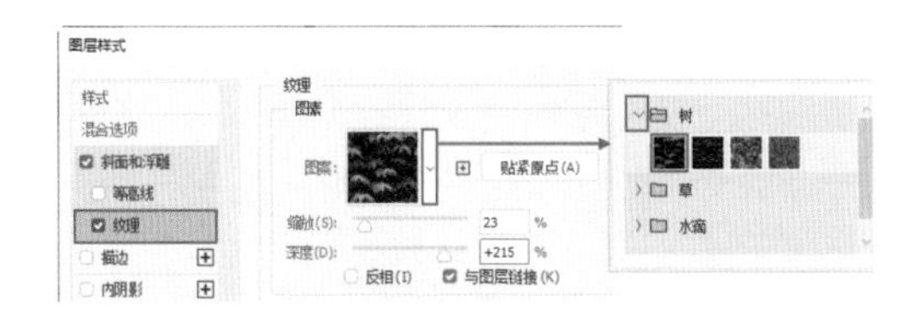

图6-116

（7）此时可以看到图层带有凹凸不平的凸起效果，如图6-117所示。

图6-117

2.“描边”样式

“描边”样式可以使用颜色、渐变以及图案来描绘图像的轮廓边缘。

（1）选择图层1，单击图层面板底部的“添加图层样式”按钮，选择“描边”命令。在“描边”页面中首先需要选择“填充类型”，例如此处选择“颜色”，接着设置描边的大小、位置、混合模式、不透明度等参数，如图6-118所示。

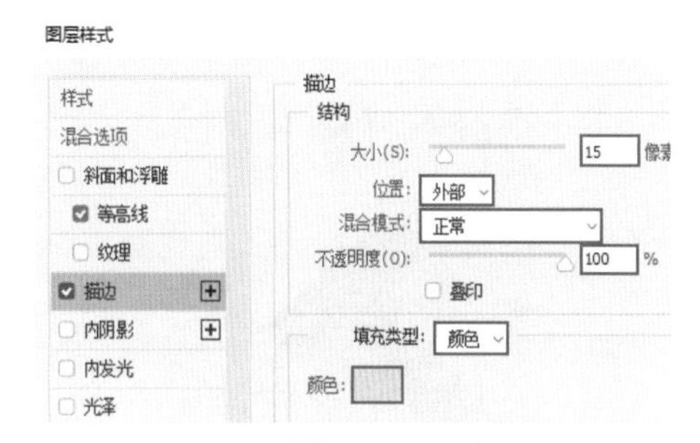

图6-118

（2）图6-119所示为使用纯色描边的效果。

图6-119

（3）将“填充类型”设置为“渐变”，单击渐变色条，可以在打开的“渐变编辑器”窗口中进行渐变颜色的设置，如图6-120所示。

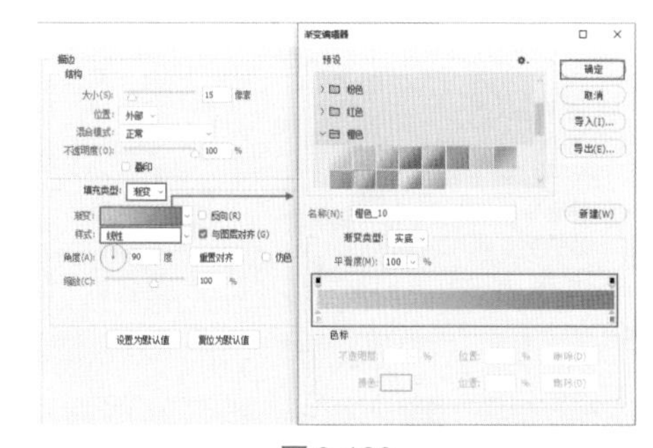

图6-120

（4）图6-121所示为渐变色描边的效果。

图6-121

（5）将“填充类型”设置为“图案”，单击“图案”倒三角按钮，在下拉面板中单击选择一个图案，如图6-122所示。

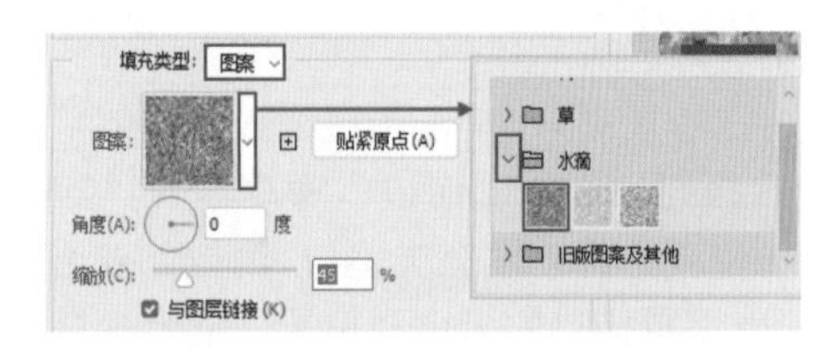

图6-122

（6）图案描边的效果如图6-123所示。

图6-123

3.“内阴影”样式

“内阴影”样式在紧靠图层内容的边缘向内添加阴影，使图层产生向内凹陷的效果。

（1）选择图层1，单击图层面板底部的“添加图层样式”按钮，选择“内阴影”命令。在“内阴影”页面中可以设置内阴影的颜色、混合模式、不透明度、角度、距离、大小等参数，如图6-124所示。

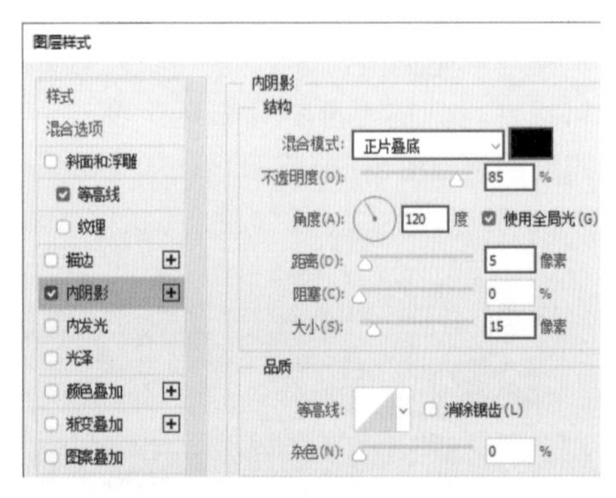

图6-124

（2）“内阴影”样式效果如图6-125所示。

图6-125

4.“内发光”样式

“内发光”样式可以沿图层内容的边缘向内创建发光效果。

（1）选择图层1，单击图层面板底部的“添加图层样式”按钮，选择“内发光”命令。在“内发光”页面中可以设置内发光的颜色、混合模式及不透明度等参数，如图6-126所示。

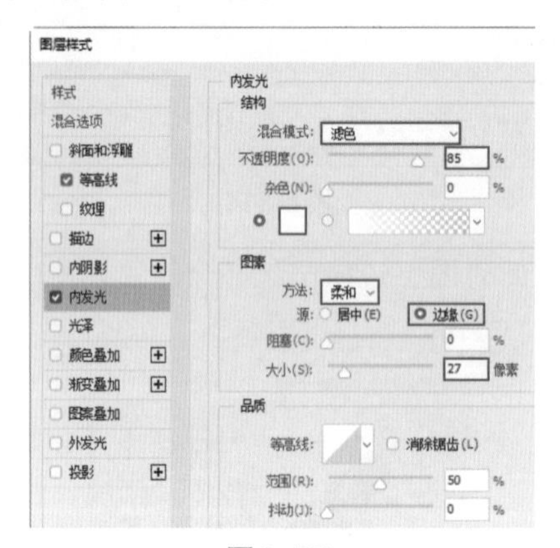

图6-126

（2）“内发光”效果如图6-127所示。

图6-127

5.“光泽”样式

“光泽”样式可以使图层产生带有光泽的凸起感。

（1）选择图层1，单击图层面板底部的“添加图层样式”按钮，选择“光泽”命令。在“光泽”页面中可以设置光泽的颜色、混合模式、不透明度、角度、距离、大小等参数，如图6-128所示。

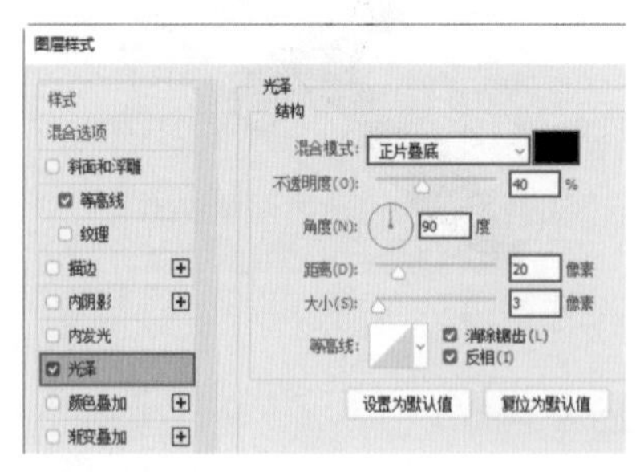

图6-128

（2）“光泽”效果如图6-129所示。

图6-129

6.“颜色叠加”样式

“颜色叠加”样式可以在图像上叠加某种颜色，并且可以设置颜色叠加的混合模式与不透明度。

（1）选择图层1，单击图层面板底部的“添加图层样式”按钮，选择“颜色叠加”命令。在“颜色叠加”页面中设置用于叠加的颜色，接着可以设置叠加的“混合模式”与“不透明度”，如图6-130所示。

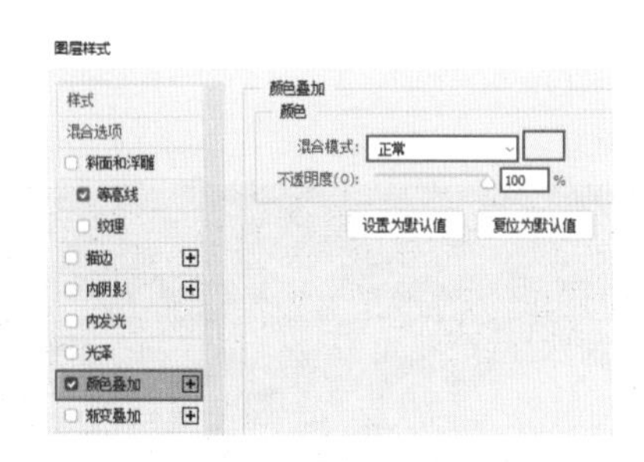

图6-130

（2）“颜色叠加”效果如图6-131所示。

图6-131

7.“渐变叠加”样式

“渐变叠加”样式可以在图层上叠加指定的渐变色，并且可以设置渐变色叠加的混合模式与不透明度。

（1）选择图层1，单击图层面板底部的“添加图层样式”按钮，选择“渐变叠加”命令。在“渐变叠加”页面中首先需要设置渐变的颜色、样式以及角度，接着设置叠加的混合模式、不透明度等参数，如图6-132所示。

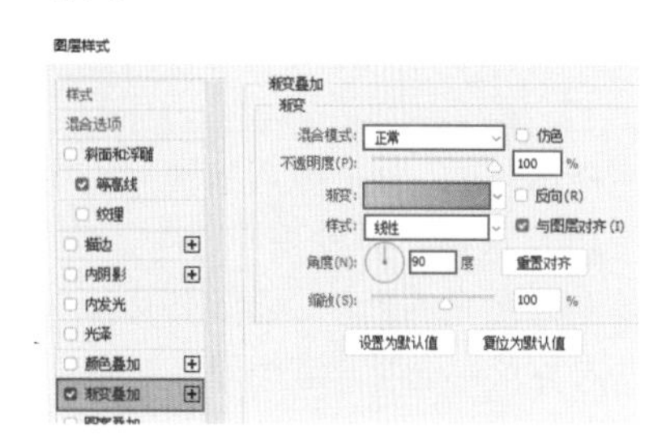

图6-132

（2）“渐变叠加”效果如图6-133所示。

图6-133

8.“图案叠加”样式

“图案叠加”样式可以在图层上叠加图案，并且可以设置图案叠加的混合模式与不透明度。

（1）选择图层1，单击图层面板底部的“添加图层样式”按钮，选择“图案叠加”命令。在“图案叠加”页面中可以选择用于叠加的图案，并设置图案的角度、缩放比例。接着可以设置叠加的混合模式及不透明度等，如图6-134所示。

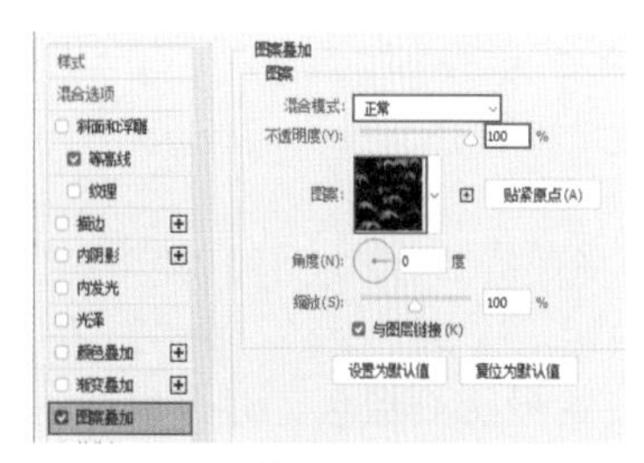

图6-134

（2）“图案叠加”效果如图6-135所示。

图6-135

9.“外发光”样式

“外发光”样式可以沿图层内容的边缘向外创建发光效果。

（1）选择图层1，单击图层面板底部的“添加图层样式”按钮，选择“外发光”命令。在“外发光”页面中可以设置发光的颜色、混合模式、不透明度等属性，与“内发光”选项非常相似，如图6-136所示。

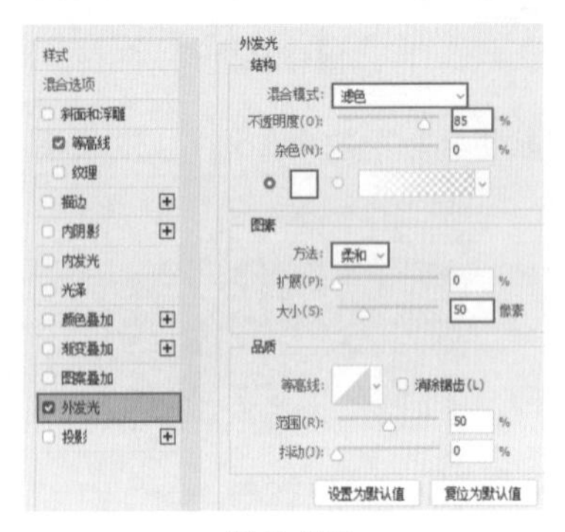

图6-136

（2）“外发光”效果如图6-137所示。

图6-137

10.“投影”样式

使用“投影”样式可以为图层模拟出向后的投影效果。

（1）选择图层1，单击图层面板底部的“添加图层样式”按钮，选择“投影”命令。在“投影”页面中可以设置投影灯颜色、混合模式、不透明度、角度、距离、大小等参数，如图6-138所示。

图6-138

（2）“投影”效果如图6-139所示。

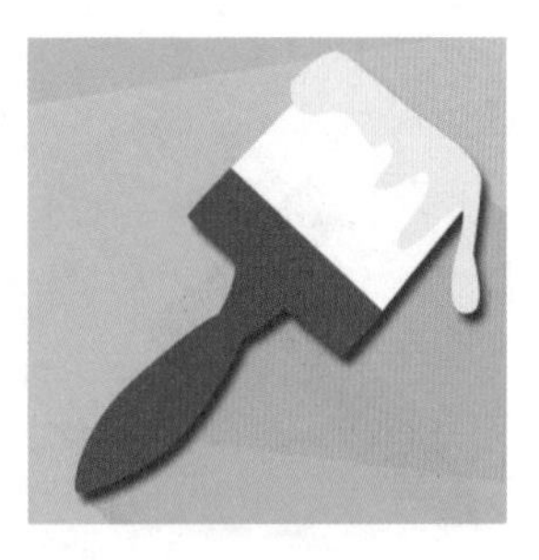

图6-139

6.3.3 实战：金属质感标志

文件路径

实战素材/第6章

操作要点

1. 调整文字的外形
2. 使用图层样式制作金属质感

案例效果

图6-140

操作步骤

（1）执行“文件>新建”命令，新建文件。设置前景色为黑色，按下填充前景色快捷键Alt+Delete为图层填充前景色，如图6-141所示。

图6-141

（2）执行“文件>置入”命令，置入铁板文件素材1，如图6-142所示。

图6-142

（3）设置图层“不透明度”为20%，如图6-143所示，效果如图6-144所示。

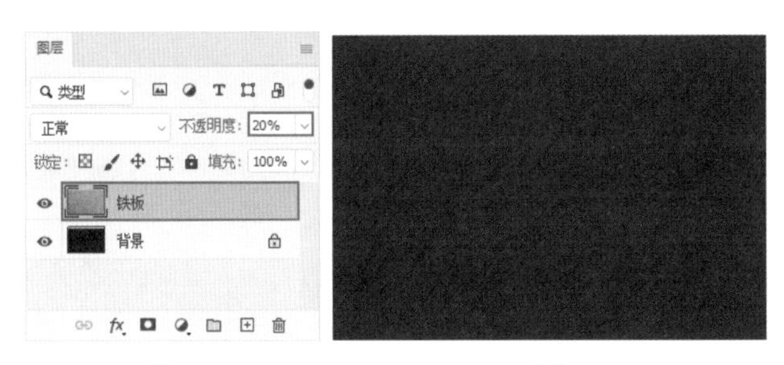

图6-143　　图6-144

（4）使用“横排文字工具”T，在选项栏中设置好合适的参数，然后在画面中键入字母“LOVE”，如图6-145所示。

图6-145

（5）选中文字图层，执行“文字>转换为形状”命令，然后使用“直接选择工具”选中字母E右上角的锚点，向左移动，效果如图6-146所示。

图6-146

（6）选中“LOVE”图层，单击图层面板底部的“添加图层样式”按钮，选择“渐变叠加”命令，设置“混合模式”为正常，“不透明度”为100%，设置“渐变颜色”为金色系渐变，“样式”为线性，“角度”为90度，如图6-147所示。效果如图6-148所示。

图6-147

图6-148

（7）继续使用“横排文字工具”键入文字“E”，如图6-149所示。

图6-149

（8）执行“文字>转换为形状”命令，然后选择“直接选择工具”，调整锚点位置，编辑字母形状，如图6-150所示。

图6-150

（9）继续使用同样的方法拖动锚点，调整其位置，同时可以拖动控制杆，控制曲线的弧度，效果如图6-151所示。

图6-151

（10）继续使用同样的方法键入其他文字，并将其转换为形状，调整文字的形态，如图6-152所示。

图6-152

（11）选择中间的字母E图层，命名为“E 1”，单击图层面板底部的“添加图层样式”按钮，选择“渐变叠加”命令，设置“不透明度”为100%，“渐变颜色”为蓝色系渐变，“样式”为线性，“角度”为90度，如图6-153所示。效果如图6-154所示。

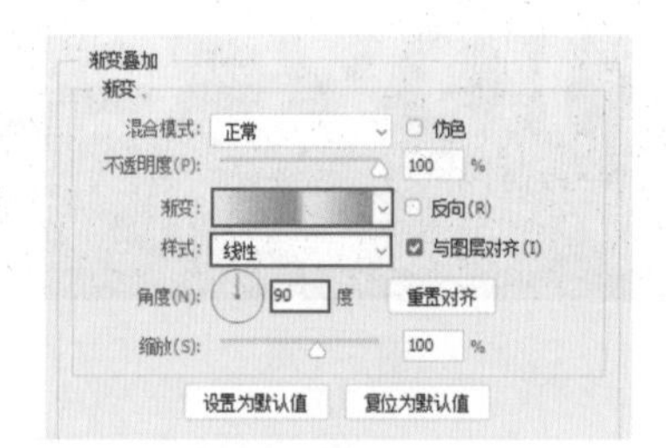

图6-153

图6-154

（12）选中右侧的字母E图层，命名为“E 2”。接着选中“E 1”图层的“渐变叠加”，按住Alt键的同时按住鼠标左键向上拖动，至执行“E 2”图层时释放鼠标，即可为“E 2”图层赋予相同的图层样式，如图6-155所示

图6-155

（13）双击E2图层面板中“渐变叠加”样式，如图6-156所示。

图6-156

（14）重新打开“图层样式”窗口，在打开的窗口中设置“渐变颜色”为绿色系渐变，如图6-157所示。效果如图6-158所示。

图6-157

图6-158

（15）使用工具箱中的“矩形工具”，设置“绘制模式”为形状，“描边”为无，“半径”为60像素，在画面中按住Shift键绘制圆角矩形，如图6-159所示。

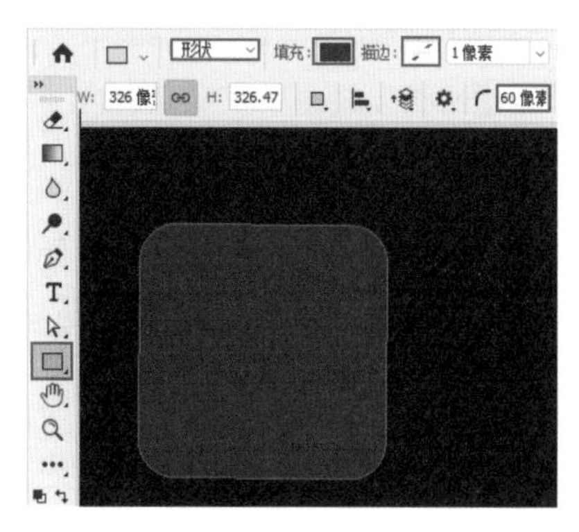

图6-159

（16）按下“自由变换”快捷键Ctrl+T调出定界框，接着按住Shift键拖动边角控制点，将其旋转45度，如图6-160所示。

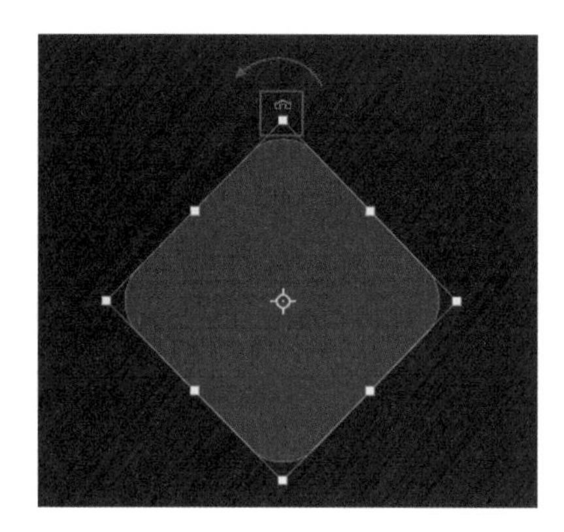
图6-160

（17）右键单击“LOVE”图层的图层样式，执行“拷贝图层样式”命令，如图6-161所示。

图6-161

（18）然后选中该图层，单击鼠标右键，执行“粘贴图层样式”命令，如图6-162所示。效果如图6-163所示。

图6-162

图6-163

（19）按下复制图层快捷键Ctrl+J复制该图层，然后将其放置在黄色渐变圆角矩形图层的下方，并向左下方移动，如图6-164所示。

图6-164

（20）更改其渐变叠加颜色为蓝色系渐变，如图6-165所示。效果如图6-166所示。

图6-165

图6-166

（21）继续复制图层，更改渐变叠加颜色为绿色，并将其放置在蓝色渐变圆角矩形之下，效果如图6-167所示。

图6-167

（22）使用工具箱中的“横排文字工具”，在右侧文字的下方键入文字。本案例制作完成，效果如图6-168所示。

图6-168

6.3.4 实战：休闲游戏标志

文件路径

实战素材/第6章

操作要点

1. 使用图层样式增强文字效果
2. 使用混合模式为画面添加光效

案例效果

图6-169

操作步骤

（1）执行“文件>新建”命令，新建文件，如图6-170所示。

图6-170

（2）选择工具箱中的“渐变工具”，在选项栏中单击渐变色块，在弹出的“渐变编辑器”中编辑一个粉色系的渐变，并单击“确定”按钮，接着单击选项栏中的“线性渐变”按钮，如图6-171所示。

图6-171

（3）按住鼠标左键在画面拖动填充，如图6-172所示。

图6-172

（4）执行“文件>置入嵌入对象”命令，将素材1置入当前文件中，并将其栅格化，如图6-173所示。

图6-173

（5）选择工具箱中的“横排文字工具”，在素材1的中间位置键入文字，如图6-174所示。

图6-174

（6）选择该文字图层，使用快捷键Ctrl+J将其拷贝出一份，并将其颜色更改为浅粉色的同时将其向上移动，如图6-175所示。

图6-175

（7）选择粉色文字的图层，单击图层面板底部的“添加图层样式”按钮，选择“内发光”命令，如图6-176所示。

添加图层样式

图6-176

（8）打开“图层样式”面板，设置“混合模式”为“滤色”，“不透明度”为50%，“颜色”为白色，“方法”为柔和，“源”为“边缘”，“阻塞”为20%，“大小”为20像素，“范围”为38%，如图6-177所示。此时的文字效果如图6-178所示。

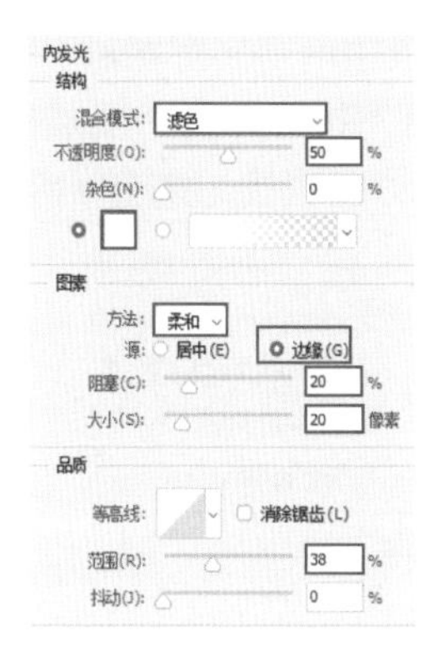

图6-177

图6-178

（9）接着在“图层样式”面板中勾选“渐变叠加”选项，编辑一个紫色到粉色的渐变，并设置“不透明度”为60%，“样式”为“线性”，“角度”为90度。设置完成后单击“确定”按钮，如图6-179所示。效果如图6-180所示。

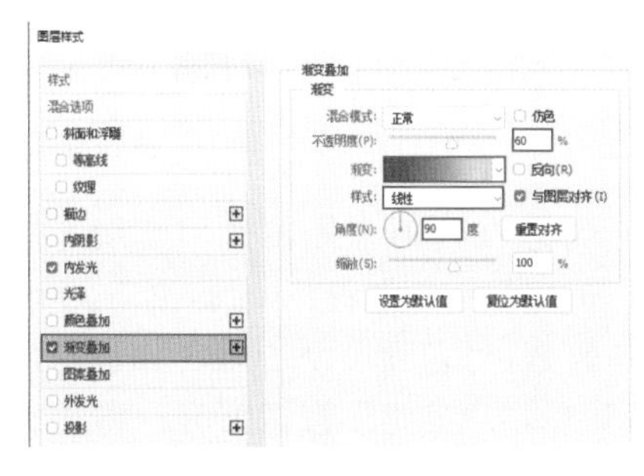

图6-179

图6-180

（10）接着选中两个文字图层，单击图层面板底部的“创建新组”按钮，两个图层被放置在同一组中，更改名称，方便查找，如图6-181所示。

图6-181

（11）选中该图层组，单击图层面板底部的“添加图层样式”按钮，选择“描边”命令，如图6-182所示。

（12）打开“图层样式”面板，设置“大小”为10像素，“位置”为外部，“填充类型”为颜色，“颜色”为紫红色，如图6-183所示。

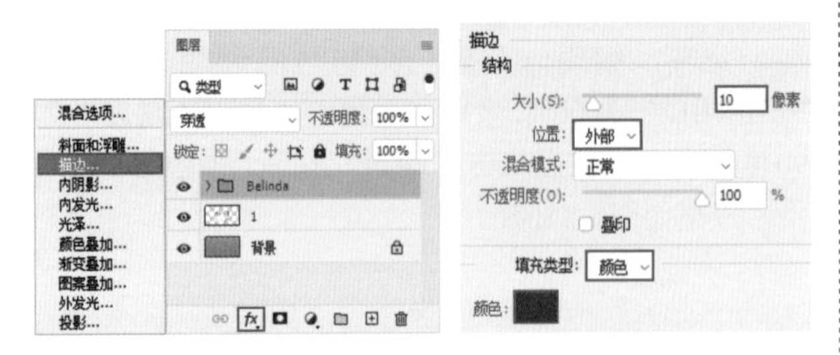

图6-182　　图6-183

（13）勾选左侧的“外发光”选项，在右侧的面板中设置“颜色”为青色，“扩展”为40%，“大小”为60像素，“范围”为50%，如图6-184所示。设置完成后单击“确定”按钮即可。效果如图6-185所示。

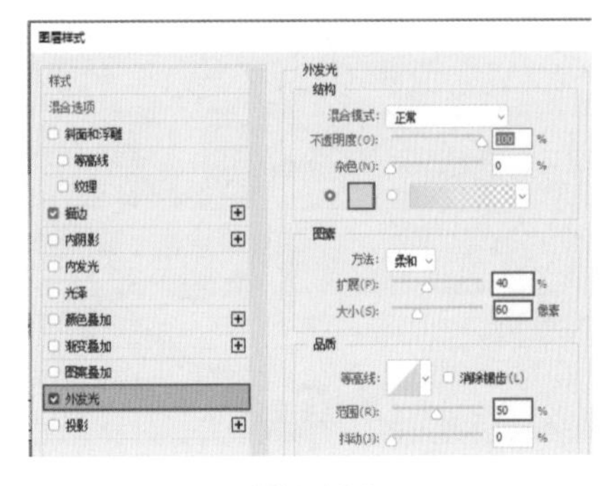

图6-184

图6-185

（14）继续使用同样方法制作另外一组文字，效果如图6-186所示。

图6-186

（15）执行“文件>置入嵌入对象”命令，将素材2置入当前文档中，将其进行栅格化。并在图层面板中设置“混合模式”为“滤色”，如图6-187所示。

图6-187

（16）本案例制作完成，效果如图6-188所示。

图6-188

6.4 巩固练习：画册内页排版

文件路径

实战素材/第6章

操作要点

1. 使用“横排文字工具”制作标题文字
2. 使用“横排文字工具”制作大段文字
3. 制作沿圆环路径排列的文字
4. 使用“字符”面板编辑文字属性

案例效果

图6-189

操作步骤

（1）新建文档。执行“文件>新建”命令，新建一个A4大小的横向空白文档，如图6-190所示。

图6-190

（2）选择工具箱中的“椭圆工具”，在选项栏中设置“绘制模式”为“形状”，“填充”为偏黄的灰色，“描边”为无，设置完成后，在页面左上角按住Shift键拖动绘制一个较小的正圆，如图6-191所示。

（3）接着选择工具箱中的“横排文字工具”，在正圆下方键入文字，并使用“自由变换”快捷键Ctrl+T，拖动控制点将其旋转至合适的角度，如图6-192所示。

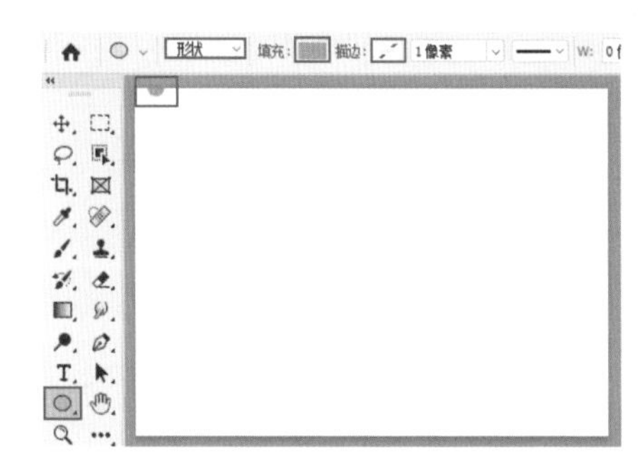

图6-191

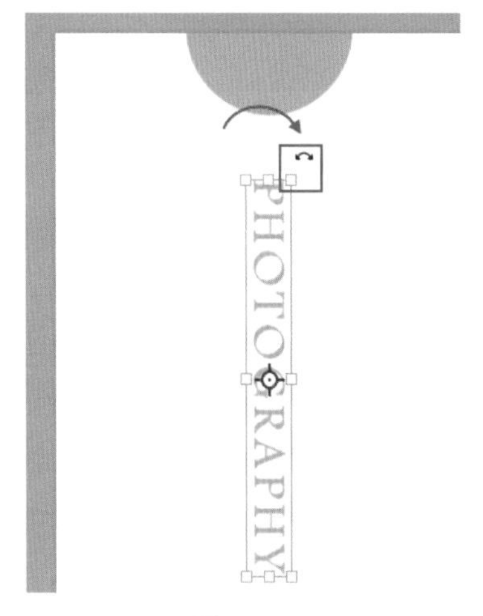

图6-192

（4）选中文字上方的正圆，按住Alt+Shift键将其向下拖动至文字下，然后使用“自由变换”快捷键Ctrl+T，将其缩放至合适大小，效果如图6-193所示。

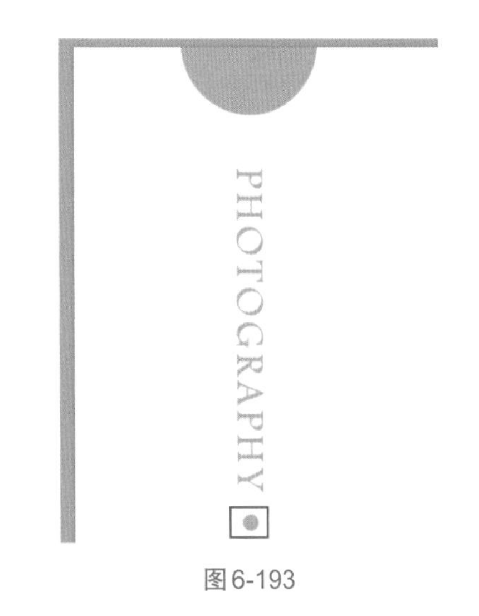

图6-193

（5）接着制作圆形图标。选择工具箱中的“椭圆工具”，在选项栏中设置“绘制模式”为形状，设置“填充”为无，“描边”为相同的颜色，“描边粗细”为5像素，设置完成后在版面中间位置绘制正圆，如图6-194所示。

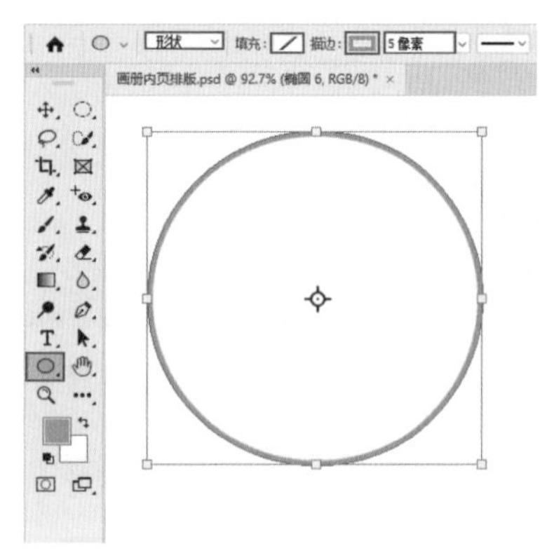

图6-194

（6）选择正圆，使用快捷键Ctrl+J将正圆图层复制一份，然后将光标放在一角处，按住Alt+Shift键拖到控制点，中心等比缩小正圆，如图6-195所示。

（7）以同样的方式再复制一份正圆并适当放大，该正圆将用于制作路径文字，如图6-196所示。

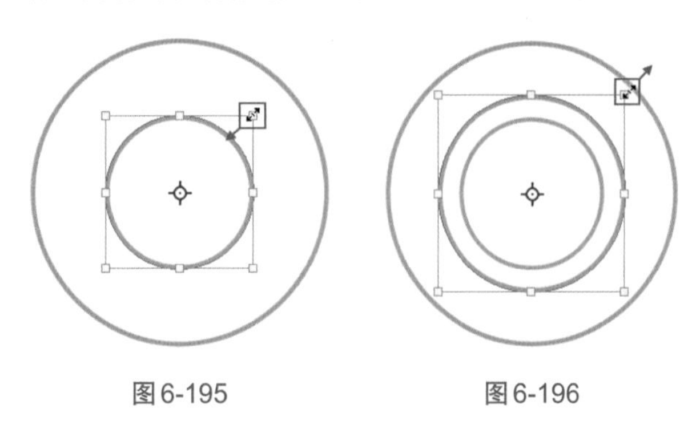

图6-195　　图6-196

（8）选中中间的圆形，选择工具箱中的“横排文字工具”，将光标移动至其上，当光标变为 时单击，输入合适的文字，并删除中间的正圆，如图6-197所示。

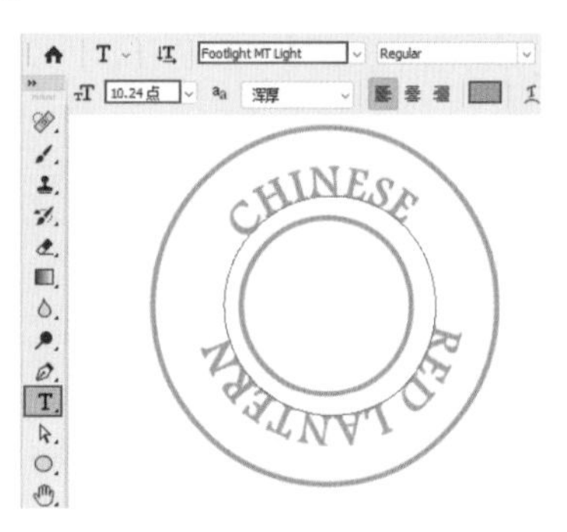

图6-197

（9）使用“椭圆工具”，设置“绘制模式”为形状，“填充”为黄调的灰色，“描边”为无，设置完成后按住Shift键拖动绘制一个正圆。选中该正圆，按住Alt键将其向右拖动，快速复制一份相同的正圆，如图6-198所示。

图6-198

（10）选择工具箱中的“矩形工具”，在选项栏中设置“绘制模式”为形状，“填充”为黑色，“描边”为无，绘制一个细长条的矩形，充当分割线，如图6-199所示。

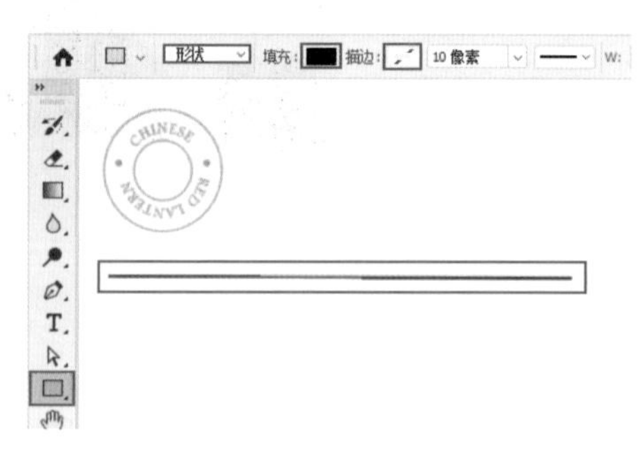

图6-199

（11）选择工具箱中的“横排文字工具”，在分割线的下方键入文字，如图6-200所示。

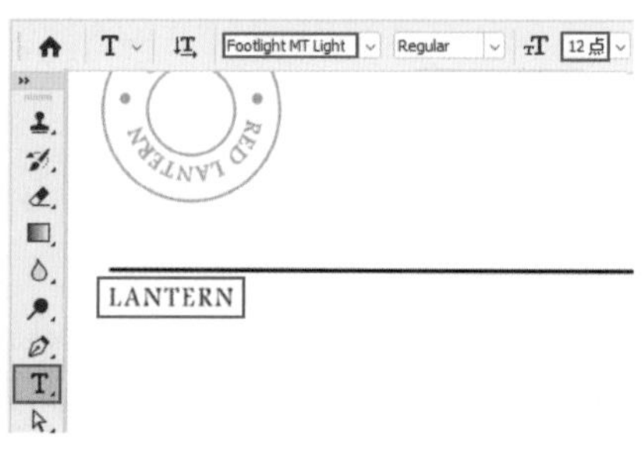

图6-200

（12）继续使用同样的方法在该文字下方添加文字，如图6-201所示。

（13）选择工具箱中的“椭圆工具”，在画面中绘制两个正圆圆环，如图6-202所示。

图6-201 　　　　图6-202

（14）选择工具箱中的“横排文字工具”，在画面中拖动，绘制一个矩形文本框，并键入文字，如图6-203所示。

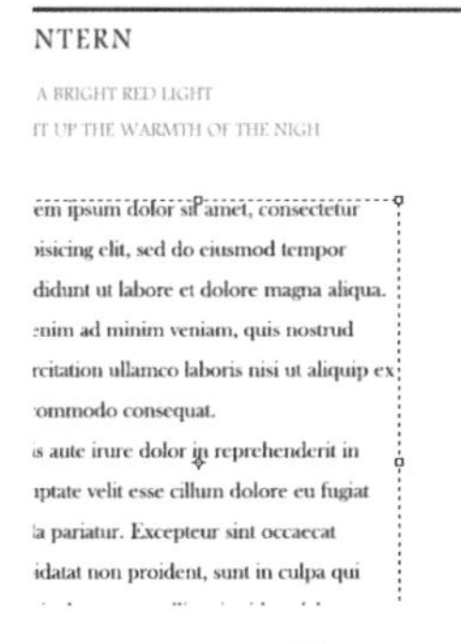

图6-203

（15）选中文字，执行“窗口>字符”命令，调出“字符”窗口，设置“字间距”为-30，如图6-204所示。

（16）接着在“段落”面板中设置合适的对齐方式，设置“段前间距”为10点，如图6-205所示。效果如图6-206所示。

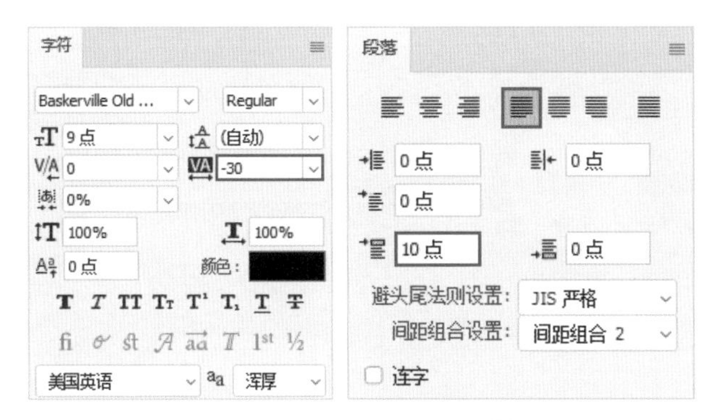

图6-204　　　　图6-205

（17）将左侧的文字复制到右侧，更改其中内容，如图6-207所示。

（18）执行“文件>置入嵌入对象”命令，将素材1置入当前文档中，并将其栅格化，摆放在版面的右侧，如图6-208所示。

图6-206

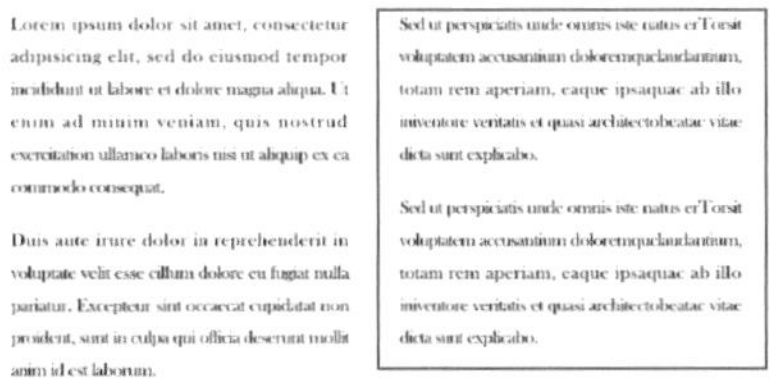

图6-207

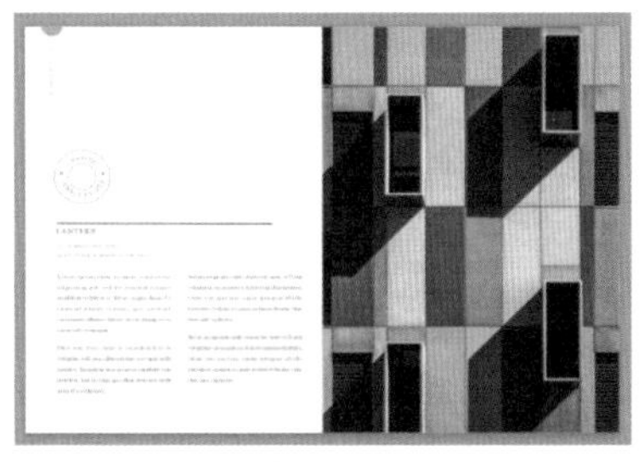

图6-208

（19）选中图片，执行“图像>调整>去色”命令，即可将其变为无色彩的黑白图片。本案例制作完成，效果如图6-209所示。

图6-209

本章小结

通过本章的学习，可以创建多种“奇特”的文字，如：路径文字、区域文字、变形文字。通过“字符”面板、“段落”面板可以为文字设置复杂的属性，以便得到更加准确的文字排版效果。学会了图层样式功能，还可以制作更加复杂的艺术字，以及制作带有特殊质感的图形等。

第7章 矢量绘画

矢量对象是一类特殊的元素，它是由路径和依附于路径的色彩构成的。矢量对象边缘清晰、色彩鲜明，常用于标志设计、VI设计、广告设计、包装设计、插画设计、服装款式图设计等领域。矢量绘图也是Photoshop的一项重要功能。前面的章节已经介绍了绘制简单几何图形的矢量工具——“形状工具”的使用方法，而复杂或不规则的矢量图形则无法通过“形状工具”绘制得到。所以，本章就来学习使用钢笔工具绘制复杂的矢量图形的方法。

学习目标

认识不同类型的绘制模式
熟练掌握应用钢笔工具绘制复杂图形的方法
熟练掌握路径形态调整的方法

思维导图

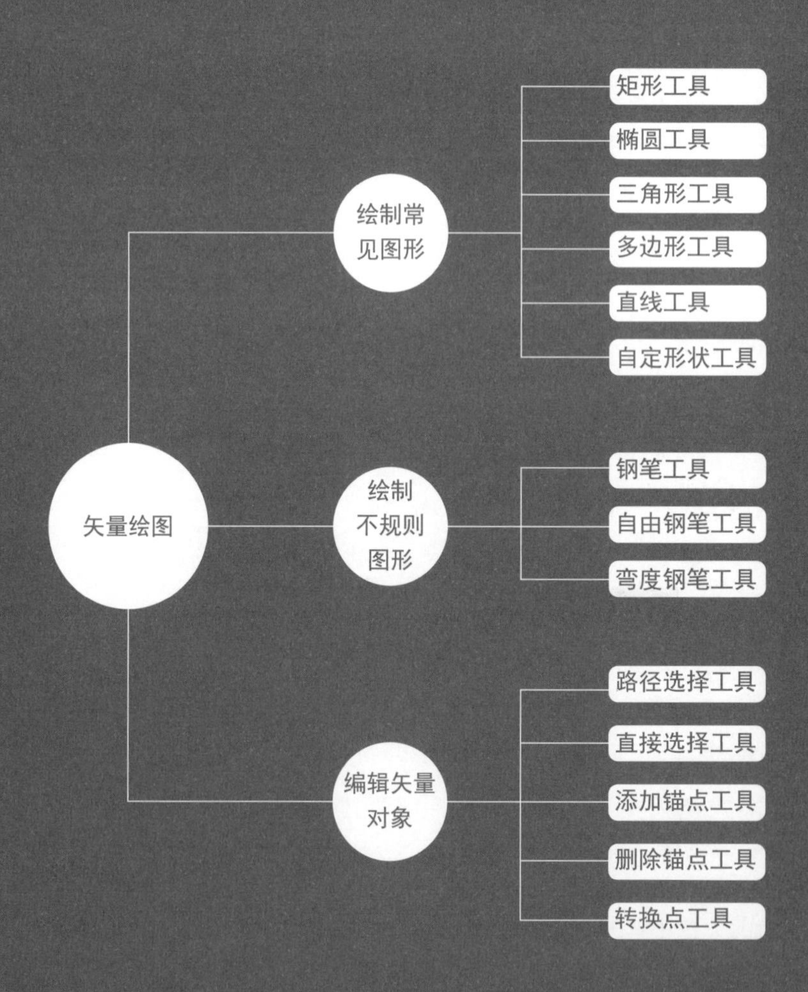

7.1　什么是矢量绘图

在学习矢量绘图之前，首先来认识一下什么是矢量绘图，了解一下矢量绘图的特点，以及与位图的区别。

7.1.1　认识矢量图

与位图相对的是矢量图。矢量图是由路径和依附于路径的色彩构成的。改变了路径的形态，就可以更改矢量对象的外形。如果想要更改矢量对象的色彩，则需要更改矢量对象的填充和描边颜色。典型的矢量制图软件有Illustrator、CorelDRAW等，矢量制图软件存储的矢量文档都具有特殊的文件格式，例如.ai（Illustrator文档）、.cdr（CorelDRAW文档）。这些矢量文档想要在电脑上预览通常需要安装特定的软件，而且无法上传到网页上。矢量图与位图的对比见表7-1。

表7-1　矢量图与位图的对比

类型	优势	劣势	常用领域
位图	色彩层次丰富，画面更细腻，贴近真实 位图更常见，照片、网页图片皆为位图 格式更通用，方便预览和传输 位图处理功能更加丰富 位图制图及预览软件众多，常见位图制图软件：Photoshop	文件大小受尺寸限制，图像尺寸越大，文件越大 制作尺寸过大的文件（例如几米长的户外广告）可能给软件运行造成过大的负担，甚至无法操作 如将尺寸小的位图放大后使用，画面会变模糊	数码照片处理 常规尺寸的设计项目，如海报、广告、卡片、包装、画册等
矢量图	可做超大尺寸的文档，且不会给软件带来过大负担 元素缩放不受影响 色彩明快、风格独特 制图相对难度较小 常用的矢量制图图软件：Jllustrator、CorelDRAW	矢量图像文档预览软件较少 无法直接上传网络 绘制写实感元素难度较大 位图可编辑程度相对较小 容易产生画面单薄之感	超大尺寸的设计项目，如户外巨幅广告、楼盘围挡等 UI设计、标志设计等经常需要对元素缩放的项目

虽然Photoshop是一款以位图处理为主的软件，但Photoshop中也可以创建和编辑矢量对象。在Photoshop中有两种矢量对象：路径和形状。路径是虚拟对象，无法输出或打印。但路径形态的可控性很强，可以编辑出复杂且精确的路径。而路径绘制完毕后，常需要转换为选区，然后进行抠图，或对选区内的部分进行编辑。而形状对象是由路径和色彩构成的，不仅可以精确地编辑外形，可以方便地更改形状对象的填充颜色、轮廓颜色、轮廓粗细等属性的设置，如图7-1所示。

在Photoshop中使用画笔工具绘制出的内容是位图对象，而运用钢笔工具、形状工具绘制出的对象为矢量对象。位图经过缩放后会出现模糊的情况，而矢量图形不会，矢量图即使经过很大比例的缩放后仍然可以保持清晰。所以，户外大型喷绘或巨幅海报等印刷尺寸较大的项目经常需要使用矢量制图软件制作。

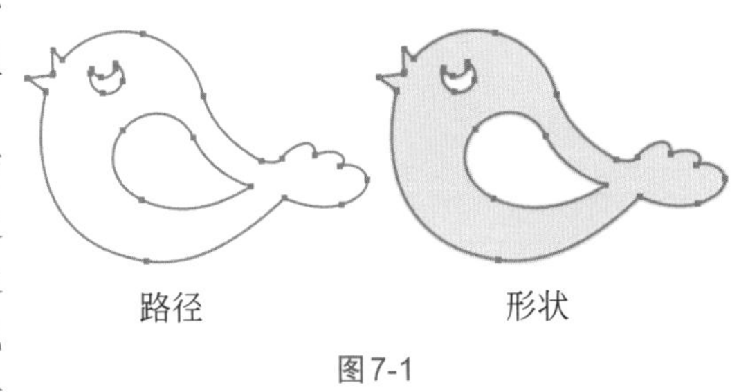

图7-1

7.1.2　认识路径与锚点

矢量对象是由路径构成的，而路径是由锚点组成的。“锚点”就是路径上一个一个用于控制路径走向的点，如图7-2所示。所以，也可以说锚点的形态和位置决定了矢量对象的外形，如图7-3所示。

图7-2

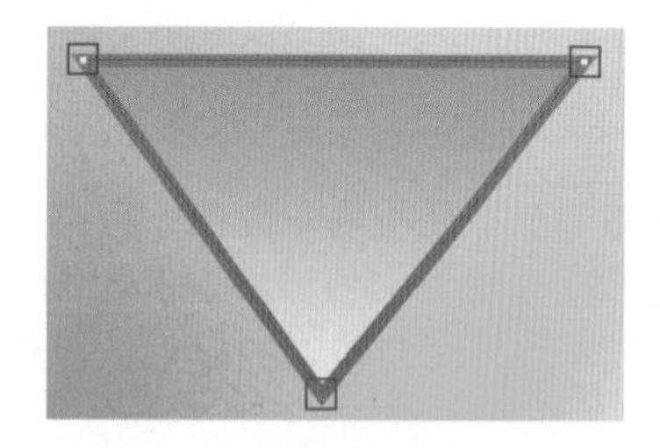

图7-3

锚点有两种类型，其中一种带有方向线和手柄，拖动手柄可以更改方向线，从而更改路径的走向。这种锚点可以调整为平滑的锚点或尖角的锚点，如图7-4所示。

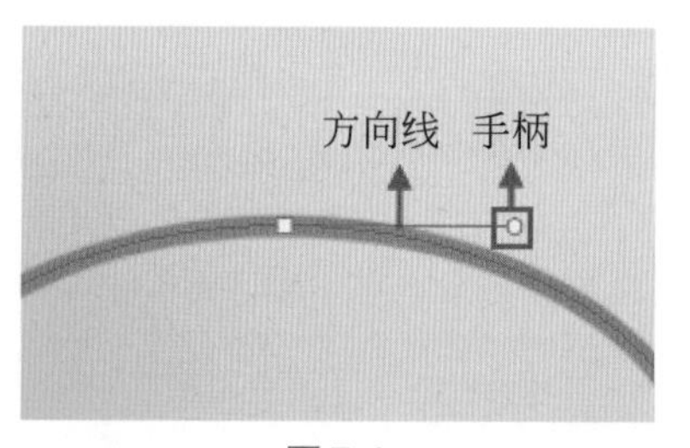

图7-4

另一种没有方向线的锚点为尖角锚点，如图7-5所示。

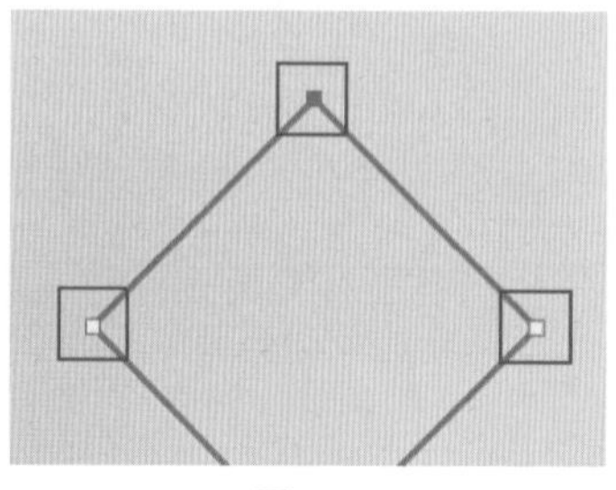

图7-5

7.2　学习钢笔绘图

如图7-6所示为“钢笔工具”工具组，前三种钢笔工具用于绘制矢量对象，后三种工具用于编辑矢量对象的形态。“钢笔工具”“自由钢笔工具”和“弯度钢笔工具”这三种工具只有“形状”和“路径”两种绘制模式，无法以“像素”模式绘图。其中“钢笔工具”最常用，使用该工具可以绘制精确且复杂的路径，还可以通过将路径转换为选区进行抠图。钢笔工具具体功能见表7-2。

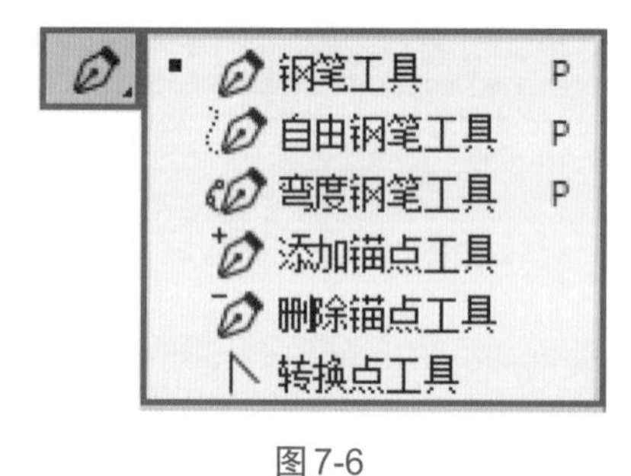

图7-6

表7-2　钢笔工具功能说明

工具名称	钢笔工具	自由钢笔工具	弯度钢笔工具
工具概述	用于创建精确路径/形状对象的工具	用于创建随意的、非精确的路径/形状对象的工具	可以方便地创建带有弧度的路径/形状对象的工具
图示			

续表

工具名称	添加锚点工具	删除锚点工具	转换点工具
工具概述	用于在路径上添加新的锚点	用于删除路径上已有的锚点	用于将尖角锚点转换为平滑锚点，或将平滑锚点转换为尖角锚点
图示			

7.2.1 钢笔绘制直线

（1）选择工具箱中“钢笔工具”，在选项栏中进行选项的设置。为了清晰展示，此处设置为“形状”模式，并设置合适的轮廓色。设置完成后在画面中单击，单击处出现一个锚点。然后将光标移动至下一个位置单击，两次单击形成一段直线路径，如图7-7所示。

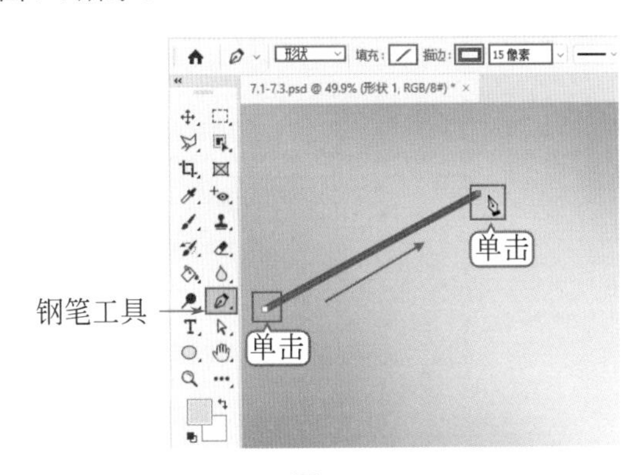

图7-7

（2）继续以单击的方式进行绘制，需要结束路径的绘制操作时，可以按下键盘上的Esc键退出操作，如图7-8所示。

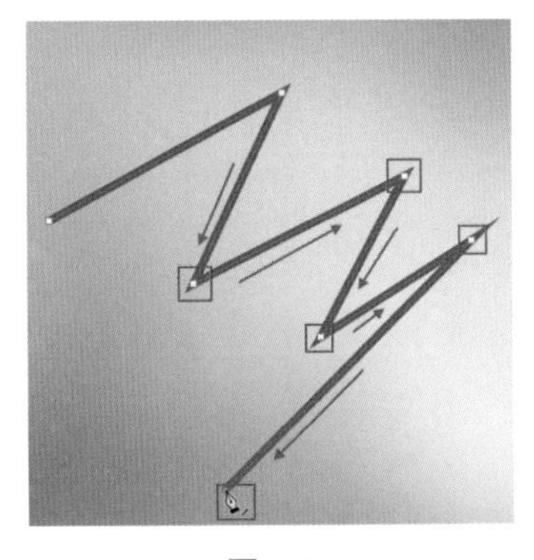

图7-8

重点笔记

使用“钢笔工具”在画面中单击，然后按住Shift键单击可以绘制一段水平或垂直方向的直线路径，如图7-9所示。

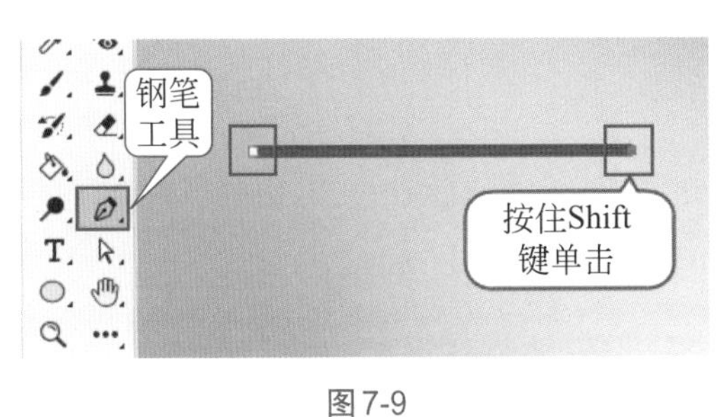

图7-9

7.2.2 钢笔绘制曲线

（1）选择工具箱中的“钢笔工具”，在画面中单击确定起始锚点的位置，接着将光标移动至另外一个位置，按住鼠标左键并拖动，随着拖动会看到方向线。拖动方向线可以控制路径的走向，释放鼠标可以看到曲线路径，如图7-10所示。

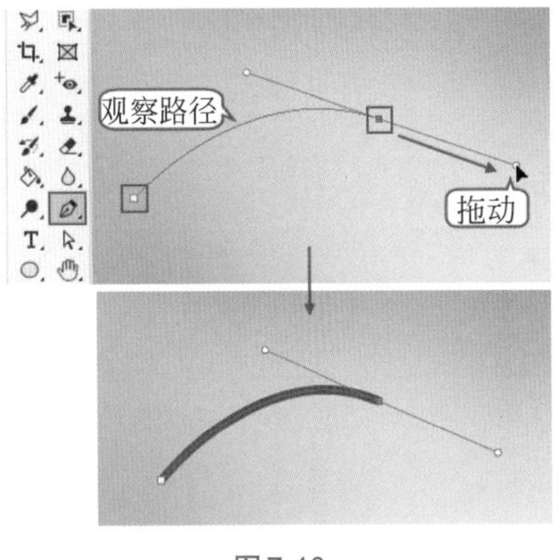

图7-10

（2）将光标移动至下一个位置，按住鼠标左键并拖动，释放鼠标后可以看到曲线路径，如图7-11所示。

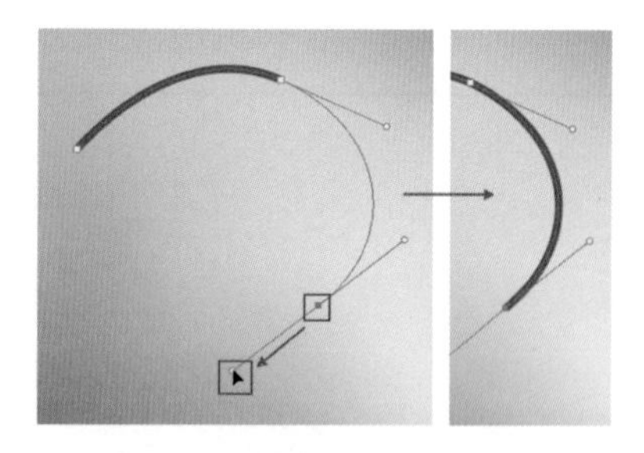

图7-11

（3）继续进行曲线的绘制，如图7-12所示。

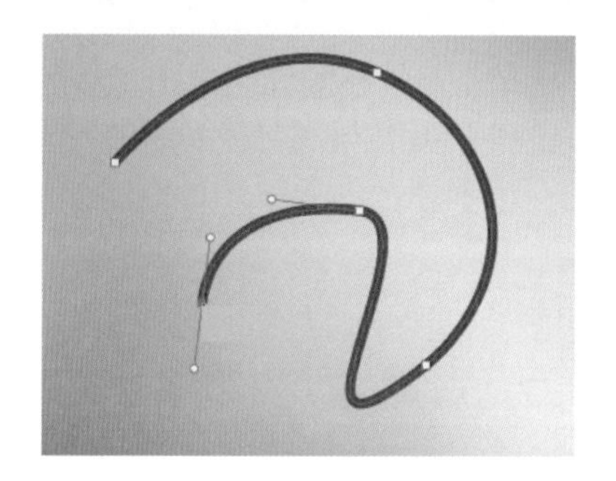

图7-12

7.2.3 钢笔绘制简单的形状

“钢笔工具”的可控性比较强，其优点是既可以勾画平滑的曲线，也可以绘制复杂的不规则线条。本节中将使用“钢笔工具”绘制一个心形。

（1）选择工具箱中的“钢笔工具”，设置绘制模式为“形状”，设置填充颜色为“无”，设置合适的描边颜色。在画面中单击确定起始锚点的位置，接着将光标移动至下一个位置按住鼠标左键拖动绘制一段曲线，如图7-13所示。

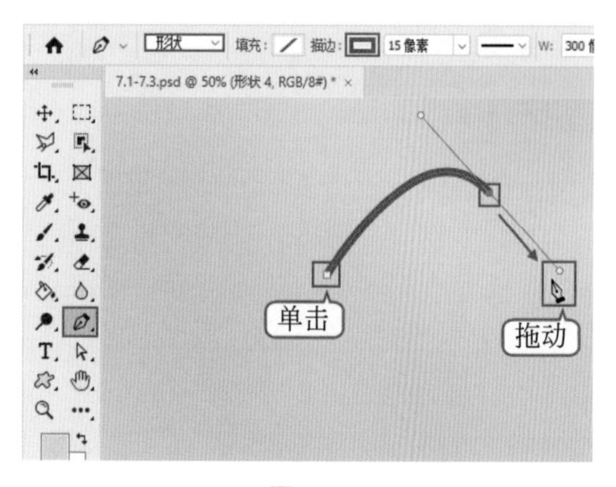

图7-13

（2）继续绘制第三个曲线锚点。因为心形底部为尖角，需要将底部的平滑点转换为尖角锚点。在“钢笔工具”状态下按住Alt键光标会变为转换点工具状态，在平滑锚点上方单击即可将平滑锚点转换为尖角锚点，如图7-14所示。

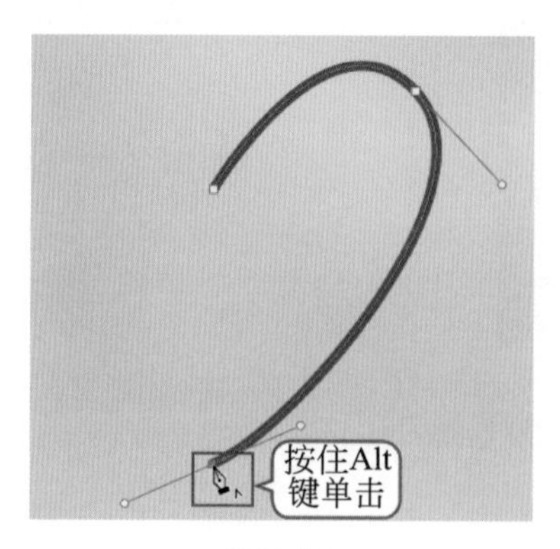

图7-14

（3）接着继续进行绘制，可以得到带有转折的曲线。在绘制的过程中如果要更改锚点的位置，按住Ctrl键可以切换到“直接选择”工具，光标变为状。接着拖动锚点可以更改锚点的位置，如图7-15所示。释放鼠标可以切换回“钢笔工具”。

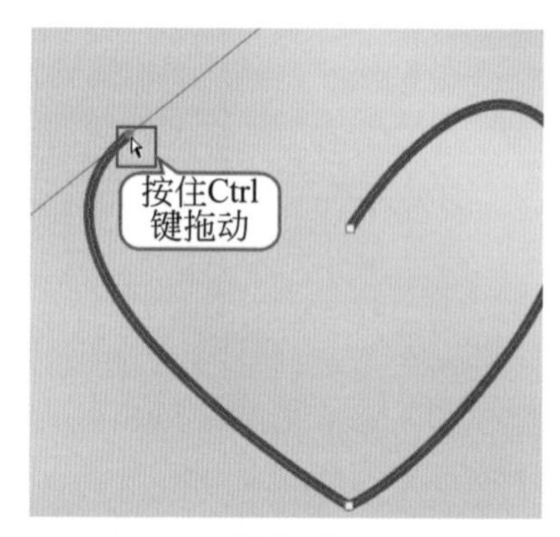

图7-15

（4）再次按住Ctrl切换到“直接选择”工具，拖动手柄可以更改路径的走向，如图7-16所示。

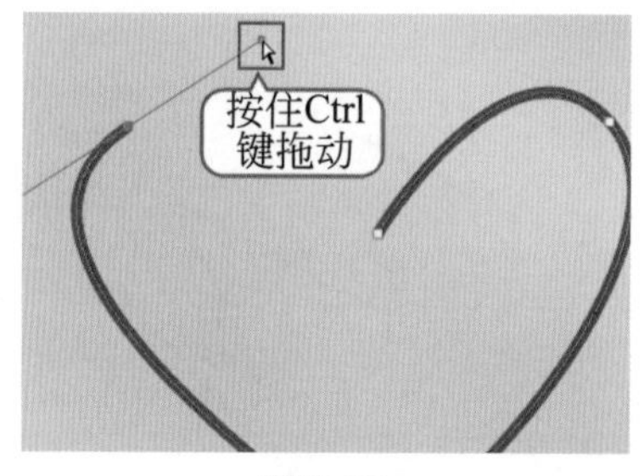

图7-16

（5）将光标移动至起始锚点位置，光标变为状后单击，完成闭合路径的绘制，如图7-17和图7-18

所示。

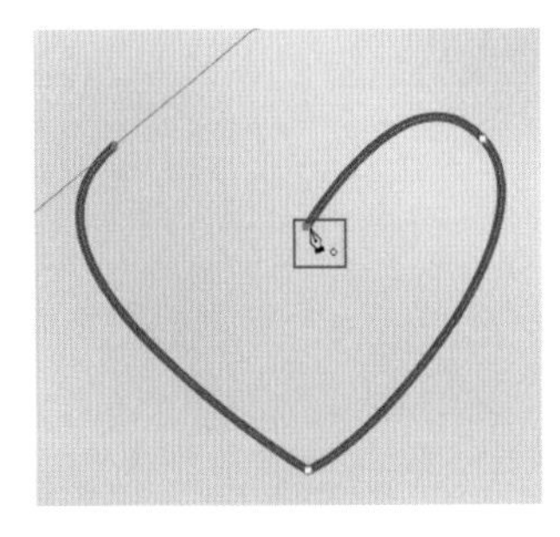

图7-17

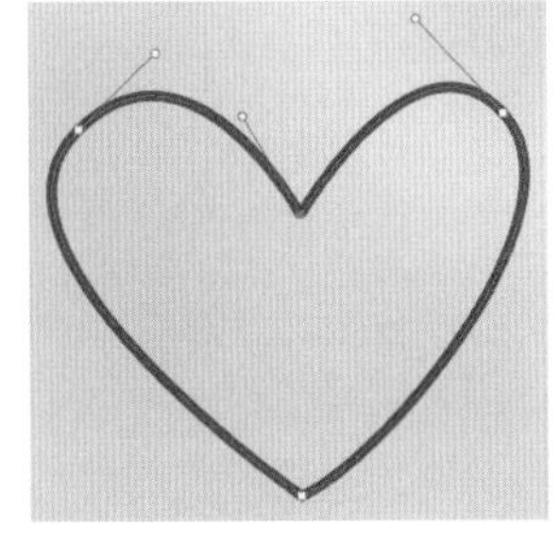

图7-18

7.2.4 钢笔绘制复杂的形状

在本节中将绘制一个稍微复杂的矢量图形，在绘制较为复杂的既有曲线区域又有折线区域的图形时，可以先绘制出图形的大致轮廓，然后使用矢量编辑工具对路径进行调整。

（1）在绘制较为复杂图形时，可以先找到一个用于参考的对象辅助绘制。例如此处使用一个字母作为参照物，如图7-19所示。

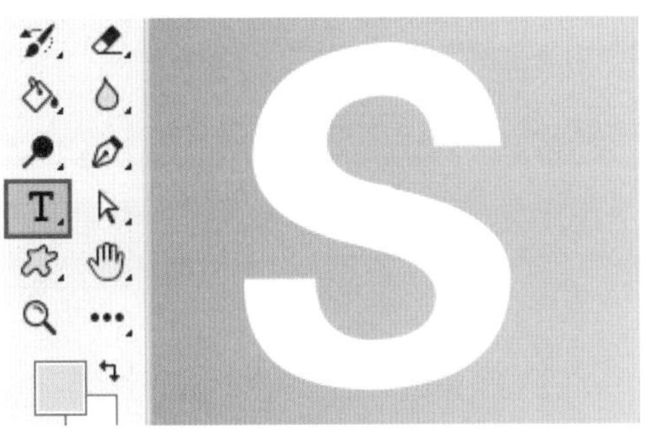

图7-19

（2）接着选择工具箱中的“钢笔工具”，然后以单击的方式绘制出大致的轮廓，如图7-20所示。

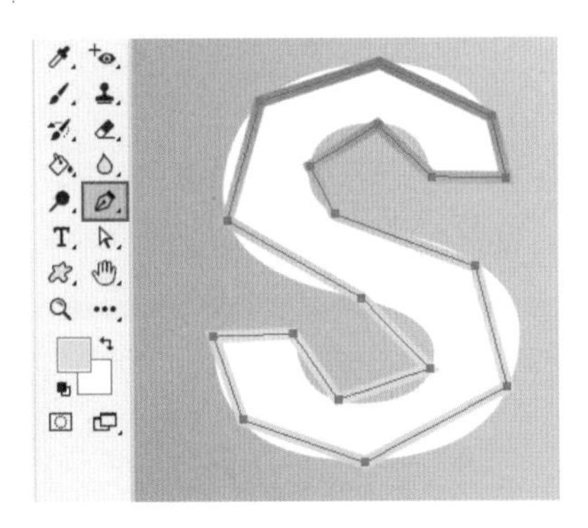

图7-20

（3）选择工具箱中的“直接选择工具”，在锚点上单击可以将锚点选中，按住鼠标左键拖动可以更改锚点的位置，如图7-21所示。

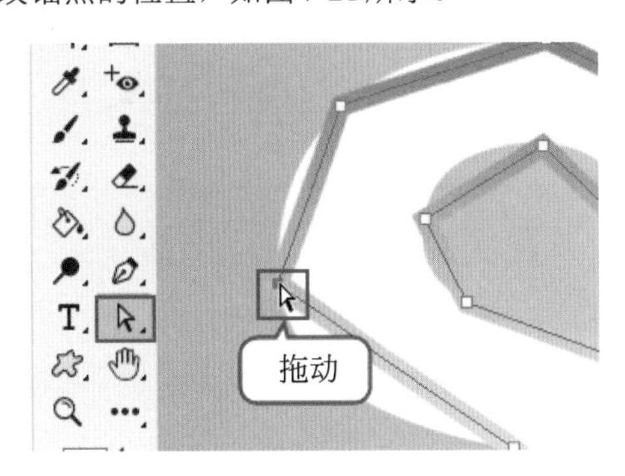

图7-21

（4）以单击方式绘制路径所产生的锚点均为尖角锚点，这就需要将尖角锚点转换为平滑锚点，这样才能得到曲线路径。选择工具箱中的“转换点”工具，将光标移动至尖角锚点上方按住鼠标左键拖动，此时路径将会转换为曲线，如图7-22所示。

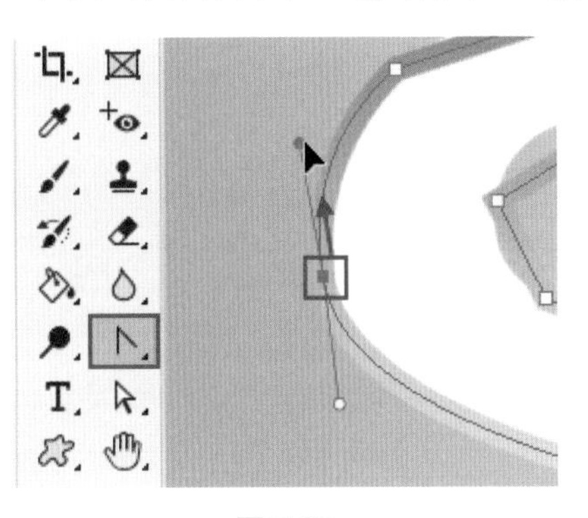

图7-22

重点笔记

使用“转换点”工具在平滑锚点上单击可以将平滑锚点转换为尖角锚点，如图7-23所示。

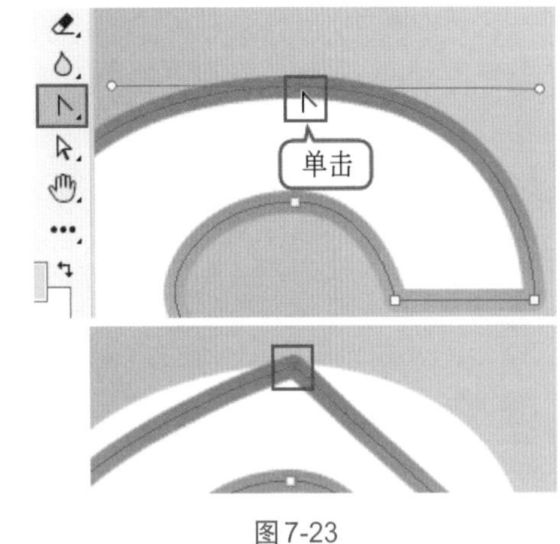

图7-23

（5）为了保证路径的平滑，需要将多余的锚点删除。选择工具箱中的“删除锚点工具”，将光标移动至锚点上方，此时光标会变为状，单击鼠标左键即可将锚点删除，如图7-24所示。

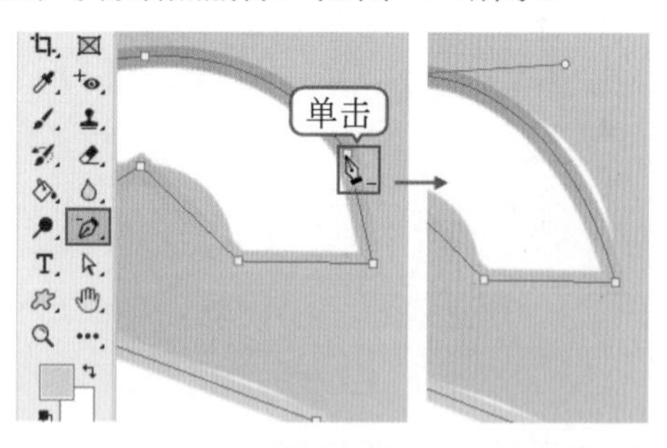

图7-24

（6）在编辑路径过程中，如果需要添加锚点，可以选择工具箱中的“添加锚点”工具，将光标移动至路径上方，光标变为状后单击鼠标左键即可添加锚点，如图7-25所示。

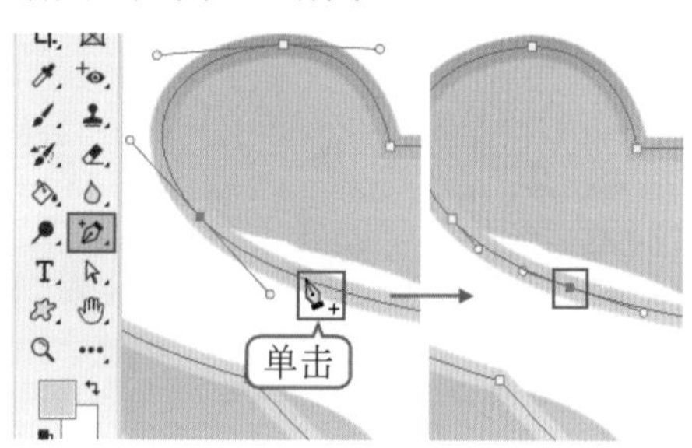

图7-25

重点笔记

在使用“钢笔工具”的状态下，如果选项里中的 自动添加/删除 处于勾选状态下，将光标移动至锚点上方，光标变为状后单击可以删除锚点，如图7-26所示。

将光标移动至路径上没有锚点的位置，光标变为状后单击可以添加锚点，如图7-27所示。

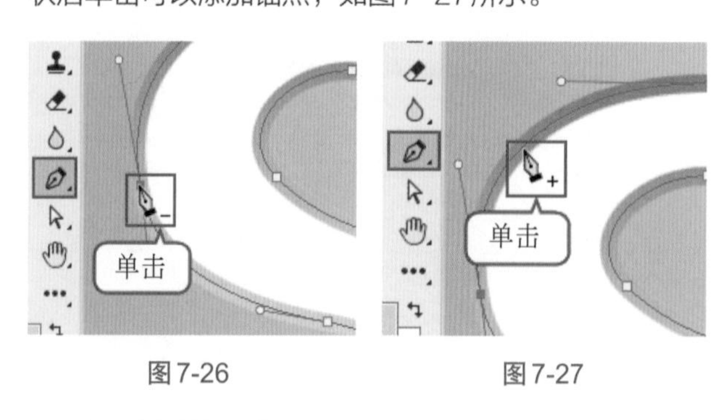

图7-26　　图7-27

（7）继续对锚点和路径进行调整，效果如图7-28所示。

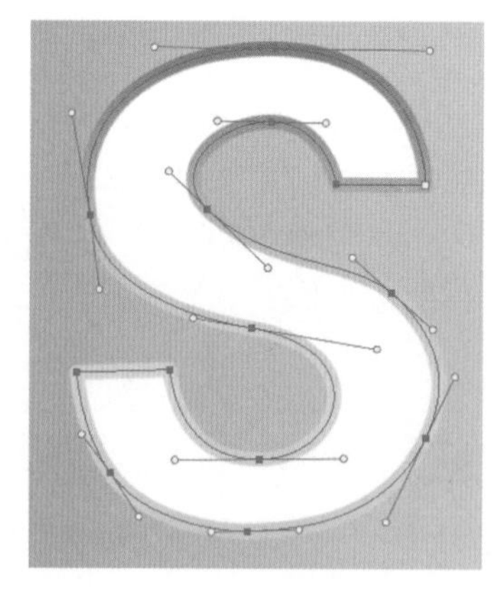

图7-28

7.2.5　实战：可爱风格优惠标签

文件路径

实战素材/第7章

操作要点

1. 设置矩形的圆角数值
2. 复制椭圆形状得到连续图形
3. 使用“钢笔工具”绘制折线

案例效果

图7-29

操作步骤

（1）执行“文件>新建”命令，创建一个空白文档，如图7-30所示。

图7-30

（2）为背景填充颜色。单击工具箱底部的“前景色”按钮，在弹出的“拾色器”窗口中设置颜色为灰绿色，然后单击“确定”按钮，如图7-31所示。

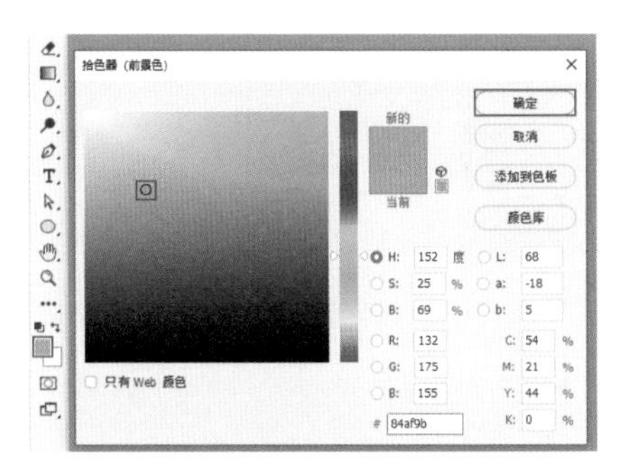

图7-31

（3）在“图层”面板中选择背景图层，使用“前景色填充”快捷键Alt+Delete键进行填充，效果如图7-32所示。

图7-32

（4）单击工具箱中的“矩形工具”，在选项栏中设置“绘制模式”为形状，“填充”为白色，“描边”为无，“半径”为40像素，设置完成后在画面中间位置按住鼠标拖动绘制一个圆角矩形，效果如图7-33所示。

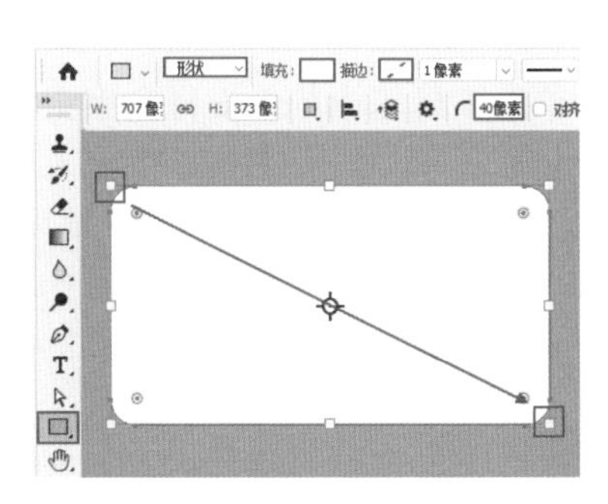
图7-33

（5）在“图层”面板中选中圆角矩形图层，单击图层面板底部的“添加图层样式”按钮，选择“外发光”命令，在“图层样式”窗口中设置“混合模式”为“正常”，“不透明度”为85%，“杂色”为66%，“颜色”为深一些的灰绿色，“方法”为柔和，“扩展”为3%，“大小”为29像素，如图7-34所示。

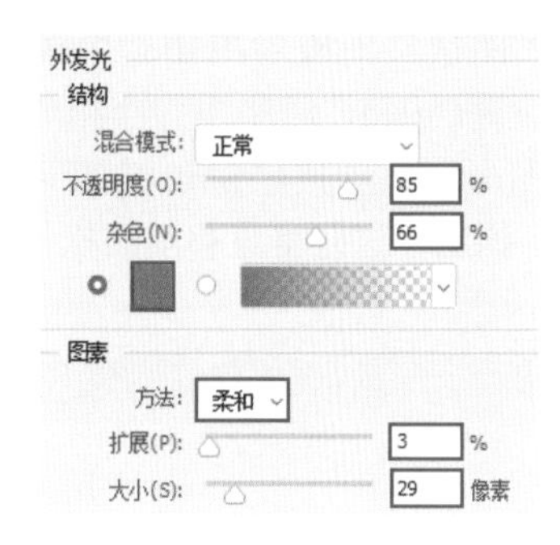

图7-34

（6）设置完成后单击“确定”按钮，效果如图7-35所示。

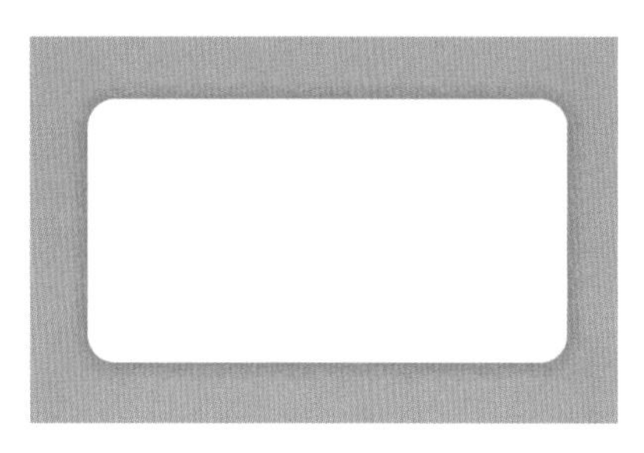
图7-35

（7）单击工具箱中的“矩形工具”，在选项栏中设置“绘制模式”为形状，“填充”为浅橘黄色，“描边”为无，设置完成后在白色圆角矩形上方按住鼠标拖动绘制一个圆角矩形，效果如图7-36所示。

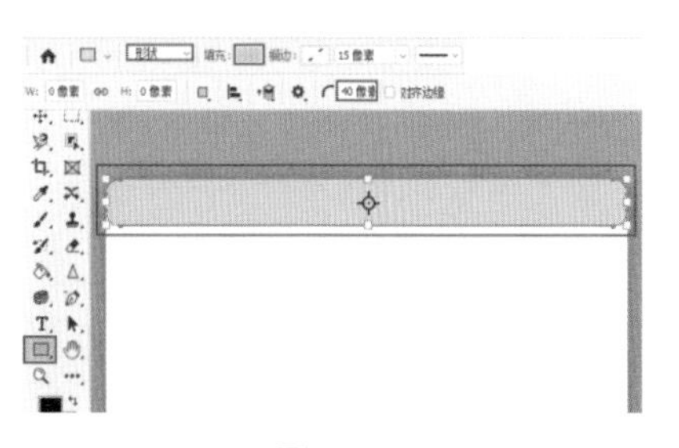
图7-36

（8）接着执行“窗口>属性”命令，打开“属性”窗口，单击按钮，将四个圆角数值的“链接”断开，设置上方两个半径为40像素、下方两个半径为0像素，按下Enter键完成此操作，如图7-37所示。

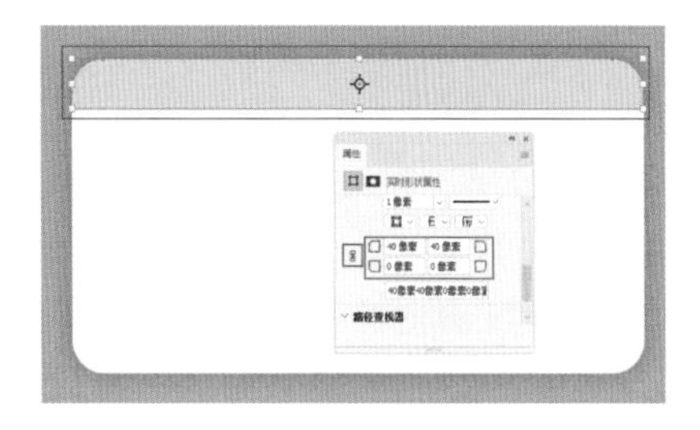
图7-37

（9）在“图层”面板中单击选中该图层，使用复制图层快捷键Ctrl+J，复制出一个相同的图层，选中复制出的图形，然后按住Shift键的同时按住鼠标左键将其向下拖动，进行垂直移动的操作，如图7-38所示。

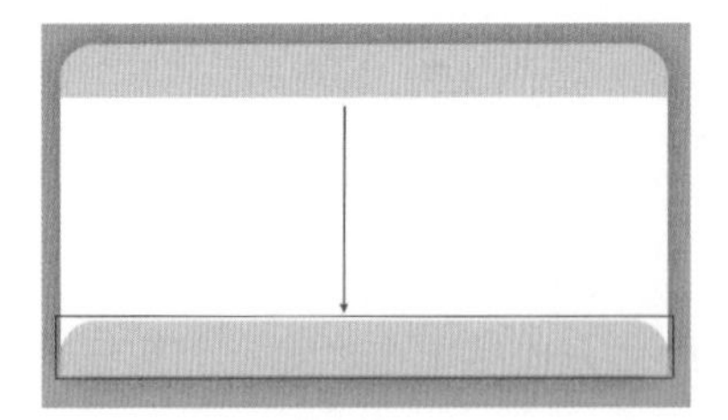

图7-38

（10）使用“自由变换”快捷键Ctrl+T调出定界框，单击右键在弹出的菜单中执行“垂直翻转”命令，然后鼠标左键按住上方的控制点向上拖动将图形加宽一些，如图7-39所示。

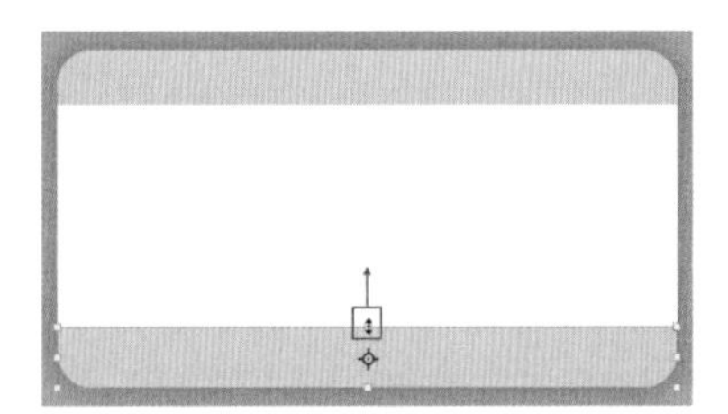

图7-39

（11）在选中该图层的状态下，选择工具箱中的“矩形工具”，在选项栏中设置“填充”为粉色，效果如图7-40所示。

图7-40

（12）使用工具箱中的“椭圆工具”，在选项栏中设置“绘制模式”为形状，“填充”为浅橘黄色，“描边”为无。设置完成后在画面的左上方按住Shift键的同时按住鼠标左键拖动绘制一个正圆形，如图7-41所示。

（13）在“图层”面板中选中浅粉色圆形图层，使用复制图层快捷键Ctrl+J，复制出一个相同的图层，然后使用“自由变换”快捷键Ctrl+T调出定界框，按住Shift键的同时鼠标左键按住复制出的圆形向右拖动，如图7-42所示。

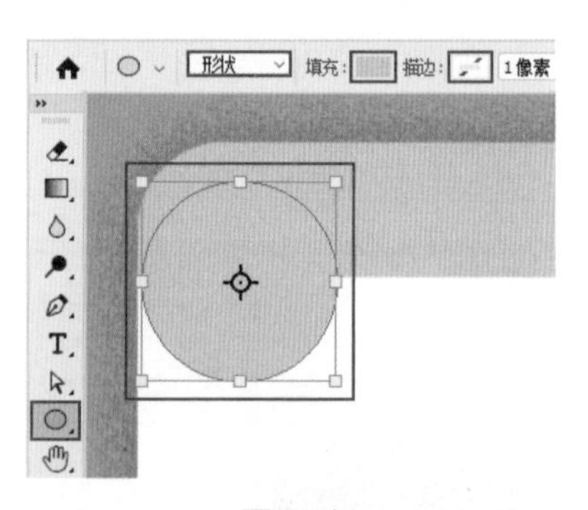

图7-41

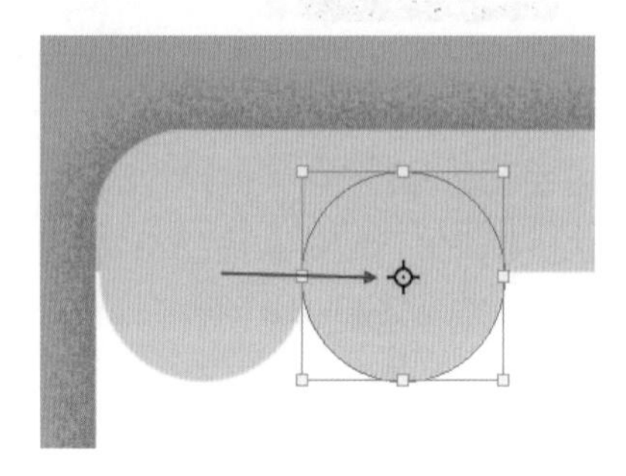

图7-42

（14）移动完毕之后按下Enter键结束变换，接着多次使用快捷键Ctrl+Shift+Alt+T键，将后面其他圆形复制出来，如图7-43所示。

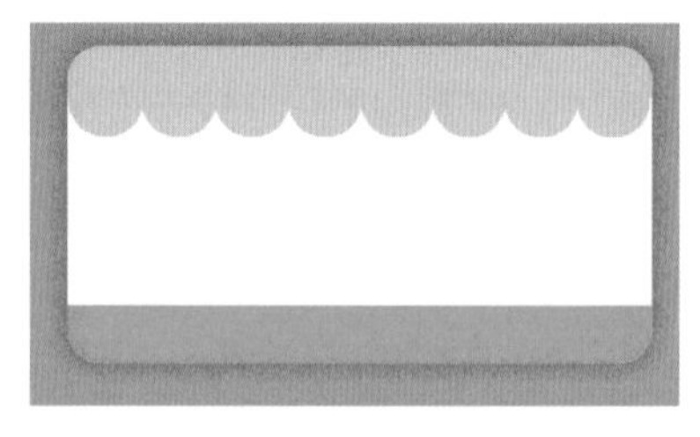

图7-43

（15）单击工具箱中的“横排文字工具”，在画面中合适的位置单击鼠标建立文字输入的起始点，接着输入文字，文字输入完毕后按下键盘上的快捷键Ctrl+Enter键。接着在选项栏中设置合适的字体、字号，将文字颜色设置为粉红色，效果如图7-44所示。

图7-44

（16）继续使用同样的方法添加其他文字，如图7-45所示。

图7-45

（17）单击工具箱中的“钢笔工具”，在选项栏中设置“绘制模式”为形状，设置“填充”为无，“描边”为浅粉色，“描边粗细”为5像素。然后参考文字的外轮廓以多次单击的方式绘制折线，如图7-46所示。

图7-46

（18）继续绘制，直至将整个轮廓闭合，如图7-47所示。

图7-47

（19）最终完成效果如图7-48所示。

图7-48

7.2.6 实战：多彩产品主图

文件路径

实战素材/第7章

操作要点

1. 使用“矩形工具”绘制方形图形
2. 使用“钢笔工具”绘制不规则的图形

案例效果

图7-49

操作步骤

（1）执行“文件>新建”命令，创建一个合适大小的空白文档，如图7-50所示。

图7-50

（2）单击工具箱中的“矩形工具”，在选项栏中设置“绘制模式”为形状，“填充”为玫粉色，“描边”为无。设置完成后在画面左侧位置按住鼠标左键拖动绘制出一个矩形，如图7-51所示。

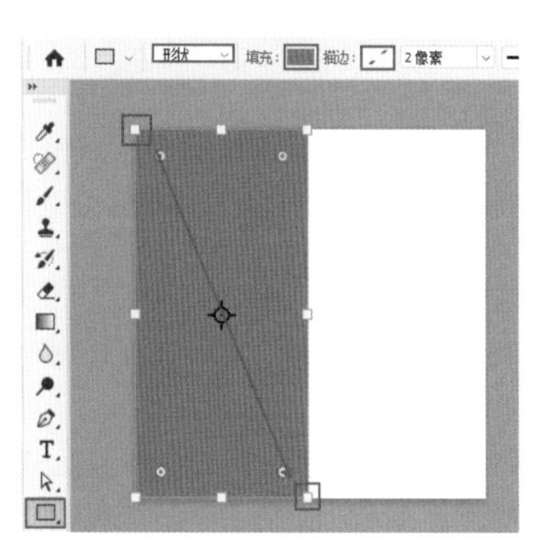

图7-51

（3）在“图层”面板中选中玫红色矩形图层，使用快捷键Ctrl+J，复制出一个相同的图层，按住Shift键的同时按住鼠标左键将其向右拖动，进行平行移动的操作，如图7-52所示。

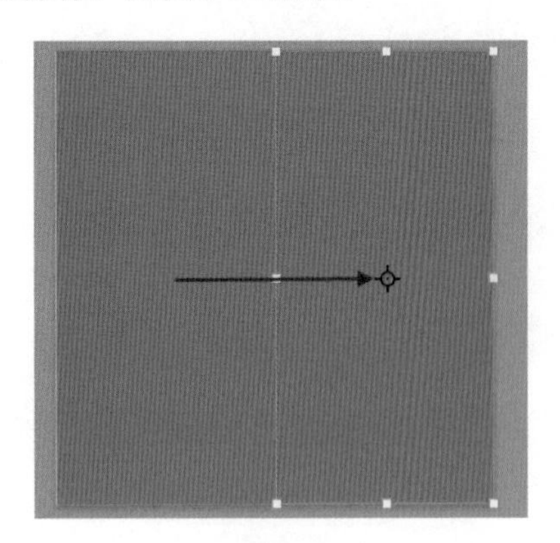

图7-52

（4）在选中右侧矩形的状态下，选择工具箱中的“矩形工具”，在选项栏中设置“填充”为浅蓝色，效果如图7-53所示。

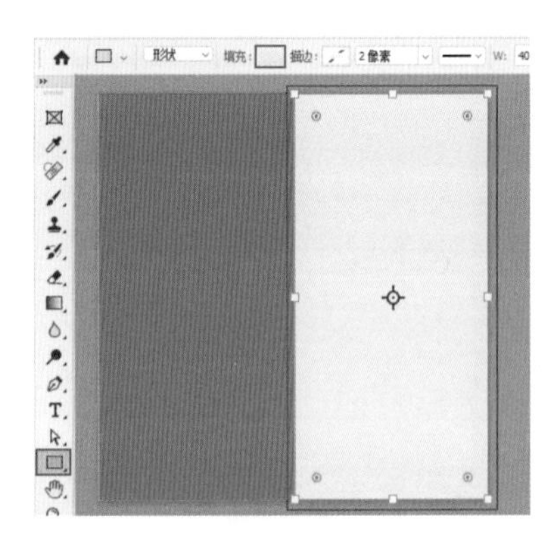

图7-53

（5）制作主体文字。单击工具箱中的“横排文字工具”，在画面的上方单键入文字，并在选项栏中设置合适的字体、字号与颜色，如图7-54所示。

图7-54

（6）继续使用同样的方法键入其他文字，如图7-55所示。

图7-55

（7）制作背景上方装饰图形。单击工具箱中的“矩形工具”，在选项栏中设置“绘制模式”为“形状”，“填充”为绿色，“描边”为无。设置完成后在文字的上方按住鼠标左键拖动绘制出一个矩形，如图7-56所示。

图7-56

（8）在“图层”面板中选中绿色矩形图层，使用快捷键Ctrl+J复制出一个相同的图层，按住Shift键的同时按住鼠标左键将其向右拖动，如图7-57所示。

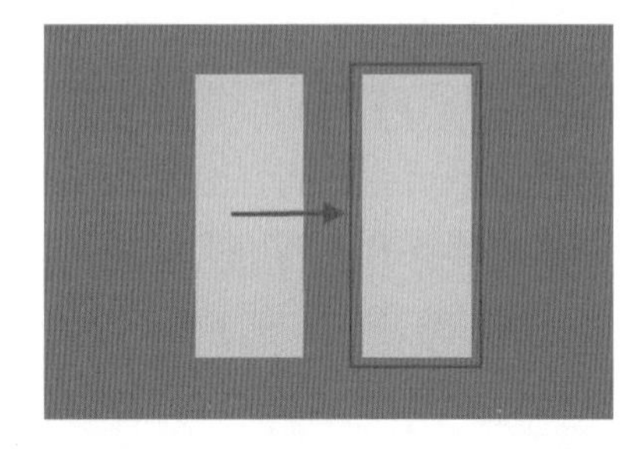

图7-57

（9）使用相同的方法复制另外三个矩形，如图7-58所示。

图7-58

（10）选中第二个矩形，单击工具箱中的任意形状工具，在选项栏中设置“填充”为黄色，如图7-59所示。

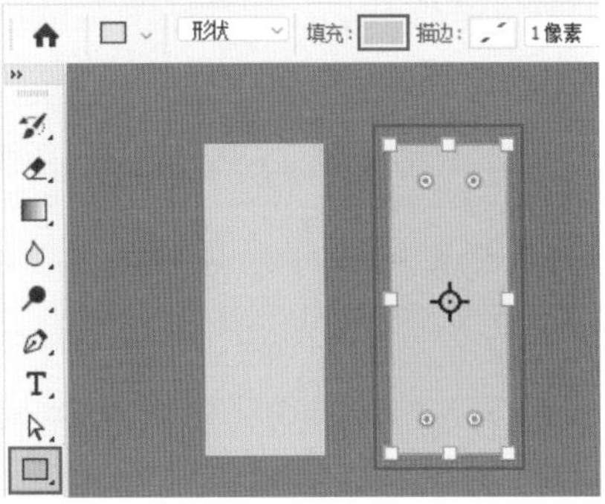

图7-59

（11）继续使用同样的方法将后面三个矩形的颜色依次更改，如图7-60所示。

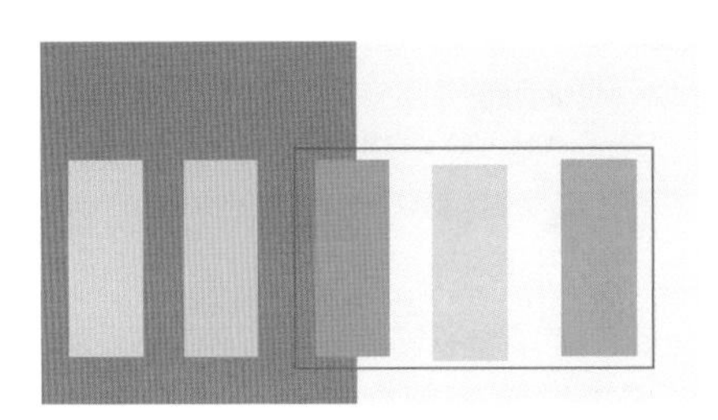

图7-60

（12）选择工具箱中的“钢笔工具”，在选项栏中设置“绘制模式”为形状，“填充”为青色，“描边”为无。接着在画面中以单击的方式绘制图形的大概轮廓，如图7-61所示。

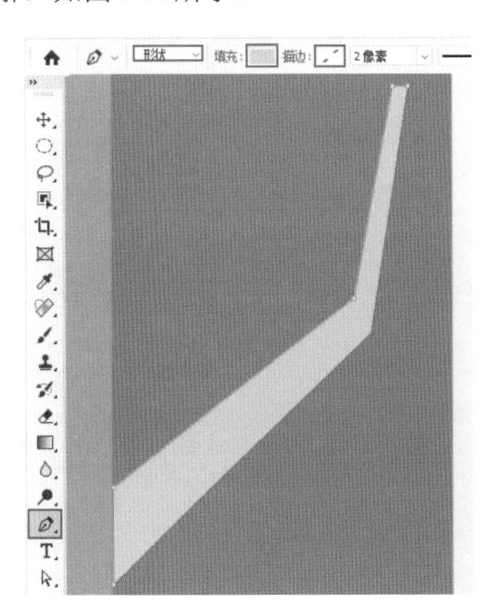

图7-61

（13）然后在使用“钢笔工具”的状态下，按住Alt键切换到“转换点工具”的同时拖动锚点，调整锚点两侧的控制杆，如图7-62所示。

（14）右侧调整完毕，继续使用同样的方法调整左侧的锚点，如图7-63所示。

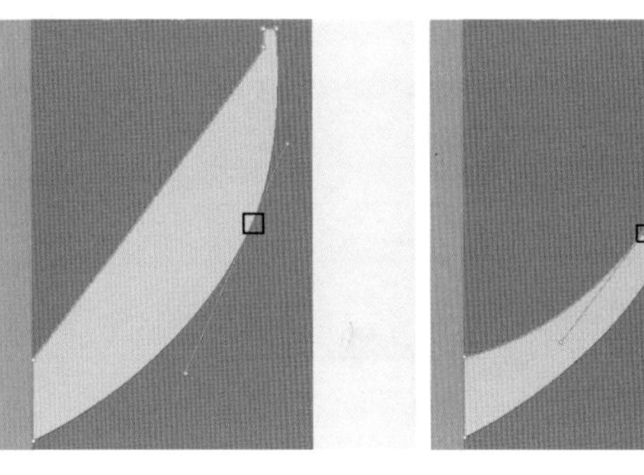

图7-62　　图7-63

（15）继续使用同样的方法绘制出画面中其他装饰图形，如图7-64所示。

图7-64

（16）执行“文件>置入嵌入对象”命令，将口红素材1置入到画面中，调整其大小及位置后按下Enter键完成置入。在图层面板中右键单击该图层，在弹出的菜单中执行“栅格化图层”命令，如图7-65所示。

图7-65

（17）为口红制作投影。单击工具箱中的“椭圆选框工具”，在选项栏中设置“羽化”为5像素，然后在口红素材下方按住鼠标左键拖动绘制选区，如图7-66所示。

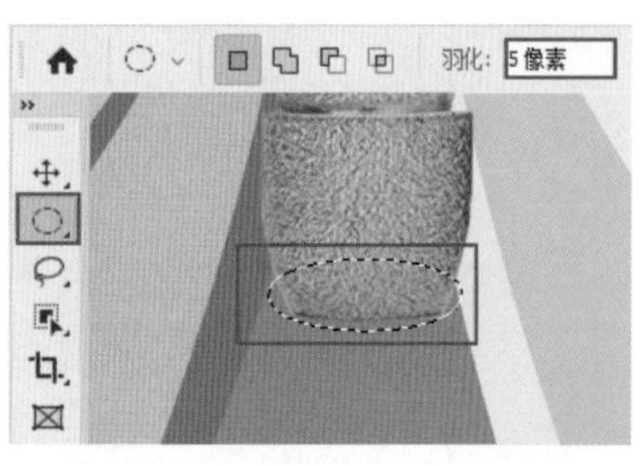

图7-66

（18）创建一个新图层，在工具箱下方将“前景色”设置为深粉色，使用快捷键Alt+Delete为选区添加颜色，如图7-67所示。接着使用快捷键Ctrl+D取消选区。

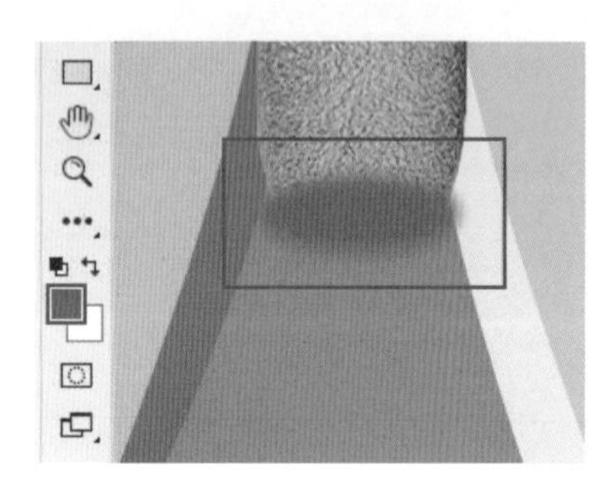
图7-67

（19）在“图层”面板中选中投影图层，将其移动至口红素材图层的下方，画面效果如图7-68所示。

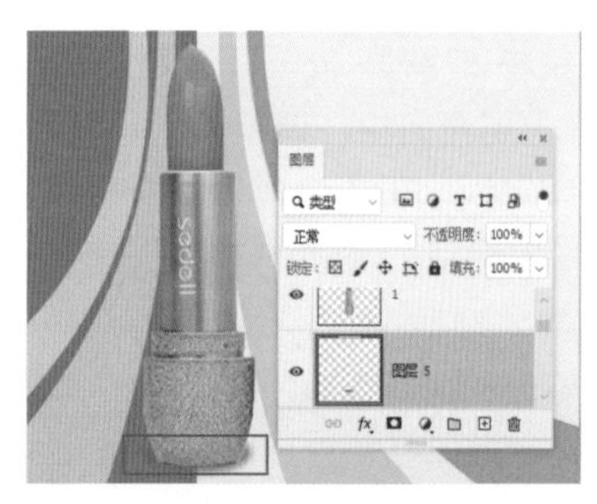
图7-68

（20）继续使用同样的方法将其他口红置入到画面中，摆放在合适的位置，然后添加投影，如图7-69所示。

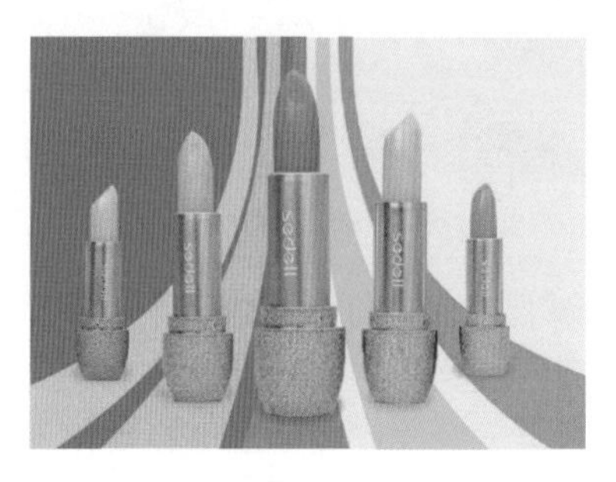
图7-69

（21）在“图层”面板中按住Ctrl键依次单击加选置入的口红图层，然后使用编组快捷键Ctrl+G将加选图层编组，命名为“口红”，如图7-70所示。

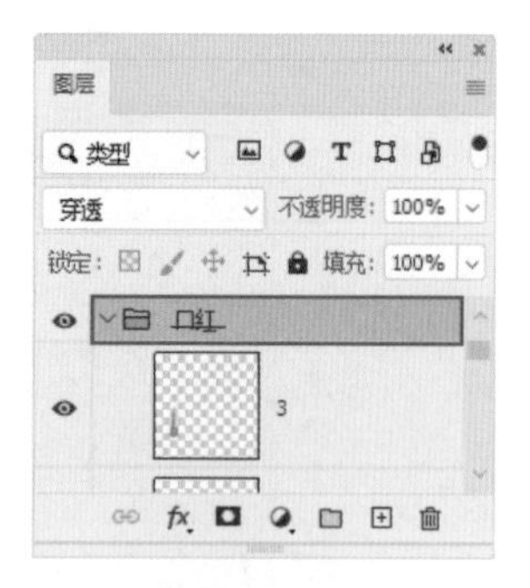

图7-70

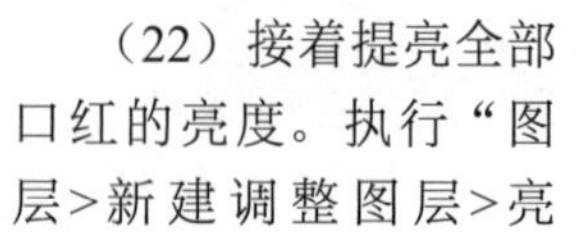

（22）接着提亮全部口红的亮度。执行“图层>新建调整图层>亮度/对比度”命令，在弹出的“新建图层”窗口中单击“确定”按钮，如图7-71所示。

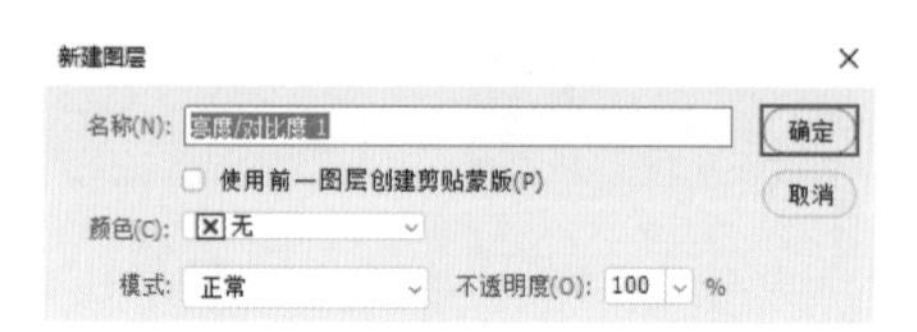

图7-71

（23）接着在“属性”面板中，设置“亮度”为10，“对比度”为100，单击面板下方的按钮使调色效果只针对下方图层，如图7-72所示。

（24）此时该调整图层只作用于口红图层组，如图7-73所示。本案例制作完成，效果如图7-74所示。

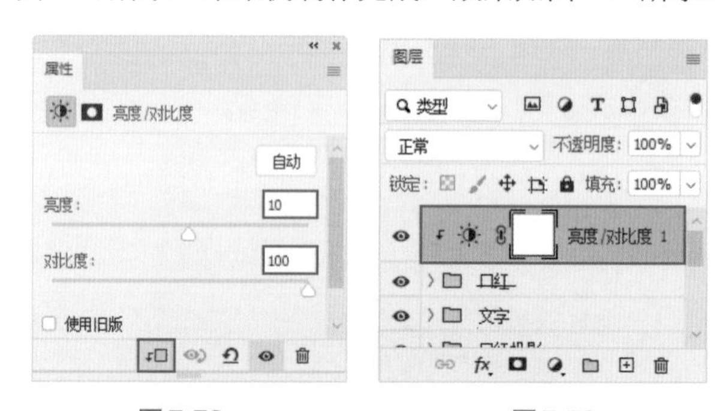

图7-72　图7-73

图7-74

7.3　矢量对象的编辑操作

“形状”图层具有图层的各种属性，可以进行位置、大小、形态、透明度、混合模式等属性的调整。而作为矢量对象的“形状”“路径”更具有另外一些可以操作的编辑方式。

7.3.1　选择与移动路径

功能速查

使用“路径选择工具”可以选择和移动路径。

（1）在“路径”绘制模式下绘制一段路径，如图7-75所示。

图7-75

（2）选择工具箱中的“路径选择工具”，在路径上单击即可将路径选中，如图7-76所示。

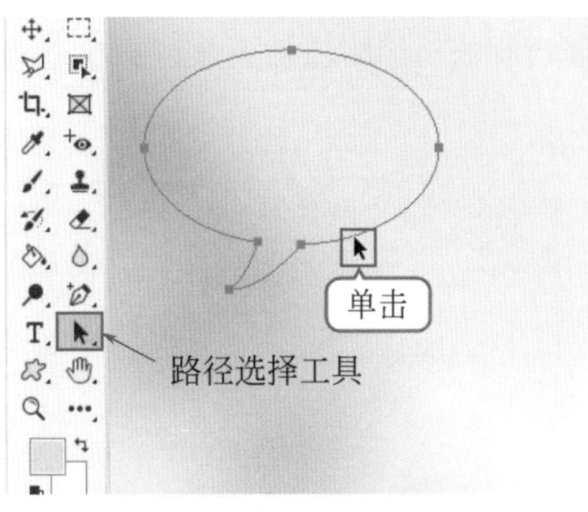

图7-76

（3）选中路径后按住鼠标左键拖动，释放鼠标后完成路径的移动，如图7-77所示。

（4）在有多个路径的情况下，按住Shift键单击可以加选路径，如图7-78所示。

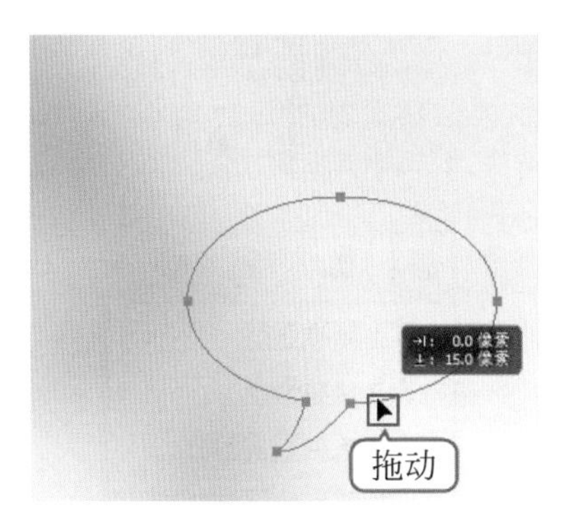

图7-77

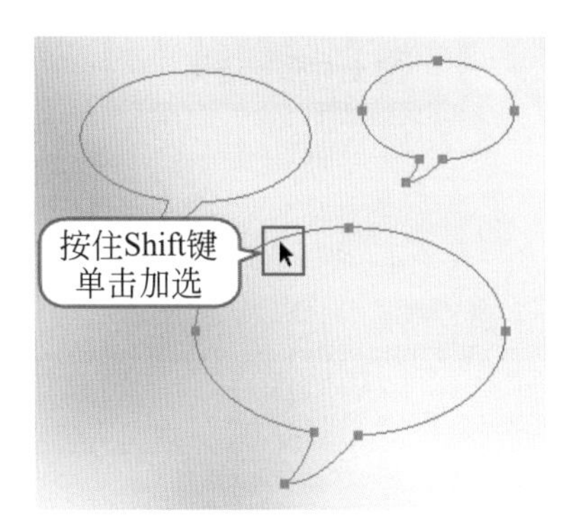

图7-78

重点笔记

在选择“路径选择工具”状态下按住Ctrl键可以转换到“直接选择工具”。

（5）如果操作对象为形状时，也可以使用“路径选择工具”调整形状中的路径对象，而形状中的路径形态发生了变化，形状图层自然也就发生了变化，如图7-79所示。

图7-79

7.3.2 设置合适的“路径操作”

选区可以相加相减，路径也可以。需要注意的是，在进行路径操作之前，需要先在选项栏中选择合适的操作模式，再去进行图形的绘制。“钢笔工具”或“形状工具”都可进行此设置，如图7-80所示。路径操作功能说明见表7-3。

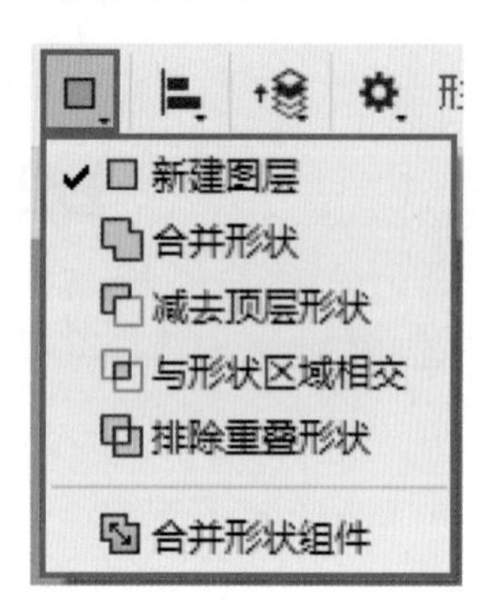

图7-80

表7-3 路径操作功能说明

功能名称	功能简介	图示
新建图层	每次绘制都会得到新的形状图层，或者得到新的独立的路径	
合并形状	新绘制的图形将添加到原有的图形中	
减去顶层形状	从原有的图形中减去新绘制的图形部分	
与形状区域交叉	只保留新图形与原有图形的交叉区域	
排除重叠形状	只保留新图形与原有图形重叠部分以外的区域	
合并形状组件	可以将多个路径合并为一个路径	

续表

（1）在“形状”绘制模式下，默认的模式为“新建图层”，在该模式下绘制的图形都是独立的，每个形状均为独立图层，如图7-81所示。

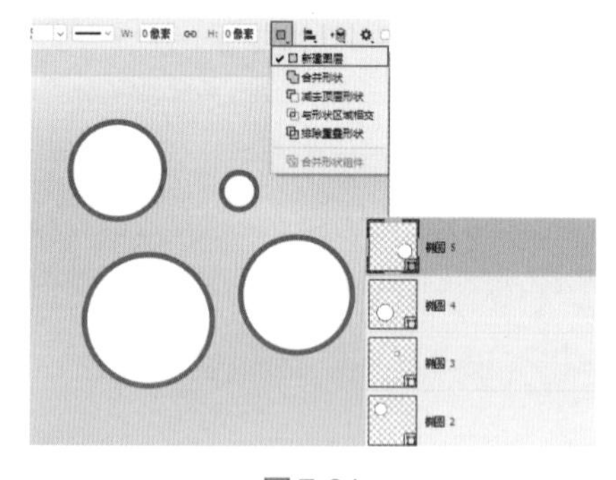

图7-81

（2）在绘制图形之前，将路径运算模式设置为“合并形状”，然后绘制两个相互重叠的图形，可以看到新绘制的图形将添加到原有的图形中，如图7-82所示。

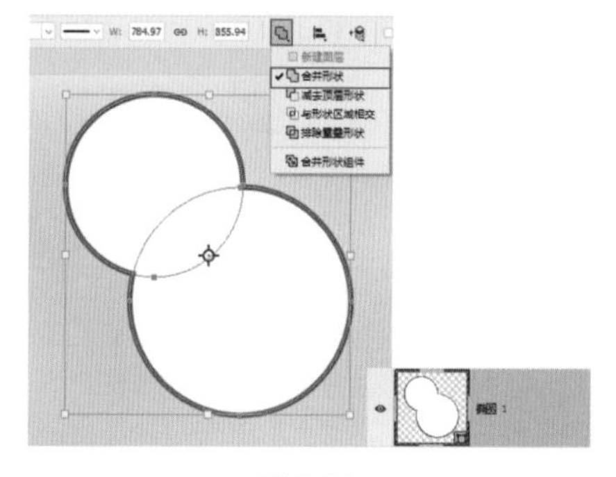

图7-82

（3）在绘制图形之前，将路径运算模式设置为“减去顶层形状”，然后绘制两个相互重叠的图形，可以看到从原有的图形中减去了新绘制的图形，如图7-83所示。

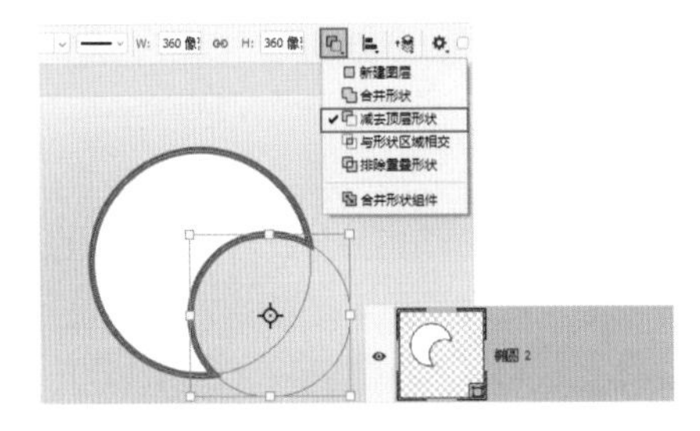

图7-83

（4）在绘制图形之前，将路径运算模式设置为“与形状区域交叉”，然后绘制两个相互重叠的图形，可以得到两个图形相互交叉的区域，如图7-84所示。

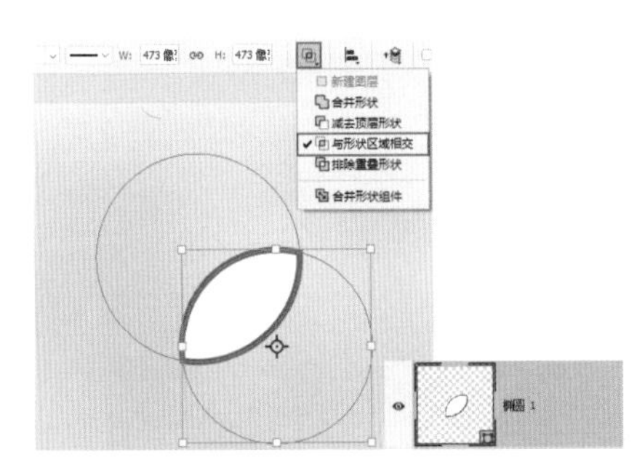

图7-84

（5）在绘制图形之前，将路径运算模式设置为“排除重叠形状”，然后绘制两个相互重叠的图形，可以得到新图形与原有图形重叠部分以外的区域，如图7-85所示。

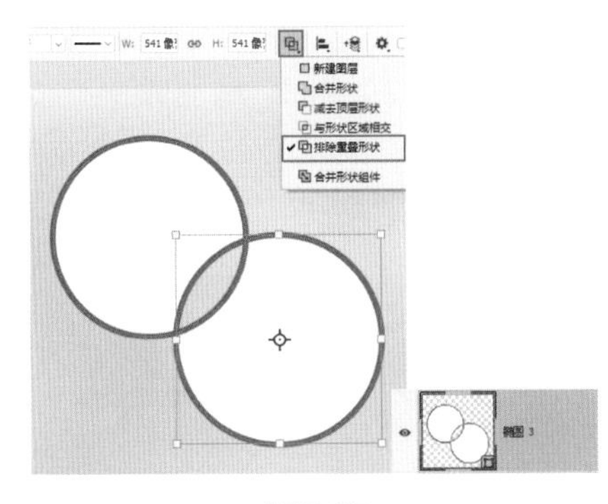

图7-85

重点笔记

如果已经绘制了一个对象，然后设置“路径操作”，可能会直接产生路径运算效果。例如先绘制了一个图形，然后设置“路径操作”为“减去顶层形状”，即可得到反方向的内容，如图7-86所示。

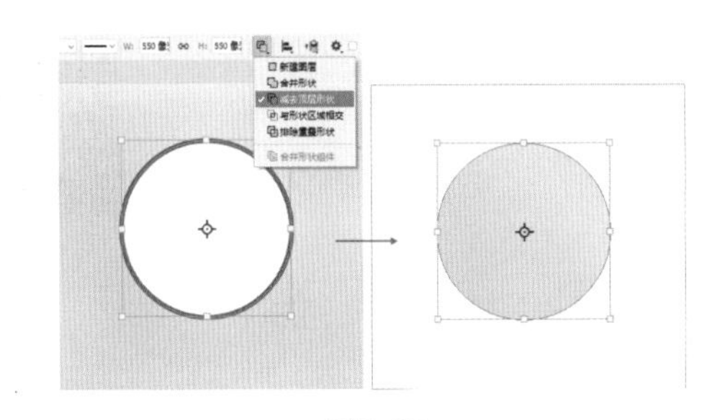

图7-86

（6）选中多个路径，接着选择“合并形状组件”，如图7-87所示，即可将多个路径合并为一个路径，如图7-88所示。

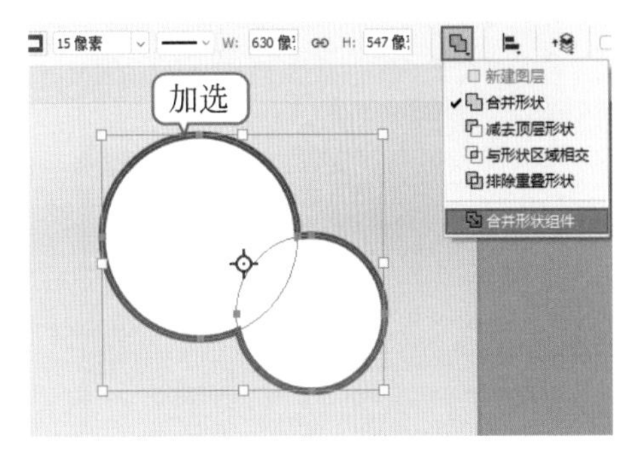

图7-87

图7-88

（7）在“路径”绘制模式下，也需要先选择“路径操作”的方式，例如选择“合并形状”然后绘制两个闭合路径，接着使用快捷键Ctrl+Enter键将路径转换为选区，即可查看此时路径的范围，如图7-89所示。

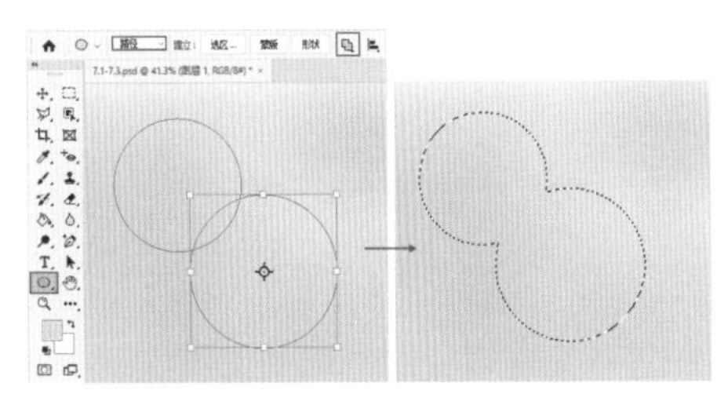

图7-89

7.3.3 实战：形状加减制作几何感图形海报

文件路径

实战素材/第7章

操作要点

1. 使用“路径操作”制作不规则图形
2. 使用相似的渐变填充图形

案例效果

图7-90

操作步骤

（1）执行“文件>新建”命令，创建一个合适大小的空白文档，如图7-91所示。

图7-91

（2）选择工具箱中的“渐变工具”，在选项栏中单击“线性”按钮，并单击渐变色块，在弹出来的“渐变编辑器”中编辑一个紫色到蓝色的渐变，单击“确定”按钮，如图7-92所示。

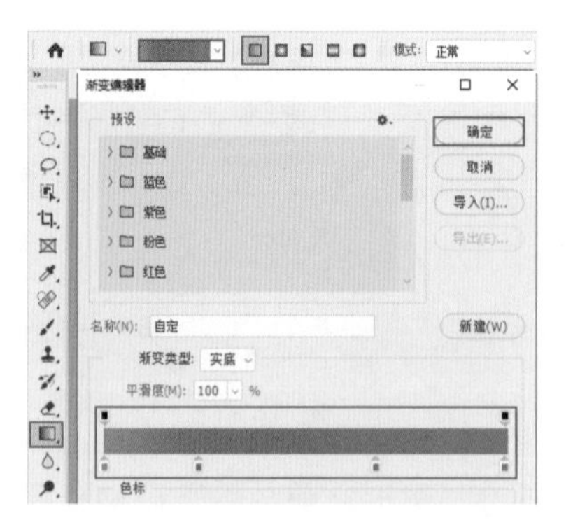

图7-92

（3）在画面中按住鼠标左键拖动，为其填充渐变色，效果如图7-93所示。

图7-93

（4）然后选择工具箱中的“矩形工具”，在选项栏中设置“绘制模式”为形状，“填充”为紫色到粉色的线性渐变色，“描边”为无，“合并模式”为“合并形状”，如图7-94所示。

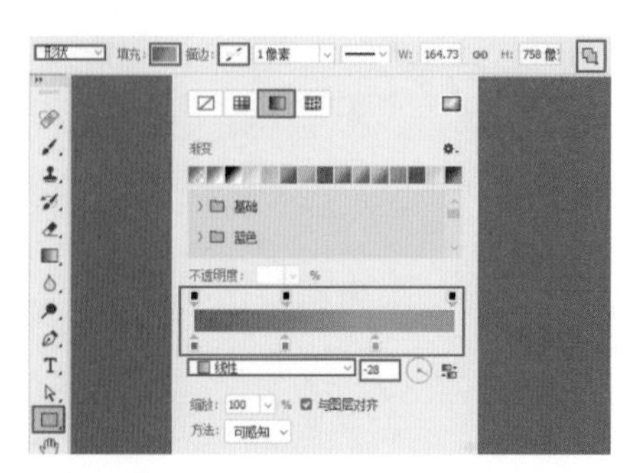

图7-94

（5）使用“矩形工具”在画面中拖动绘制一个矩形，如图7-95所示。

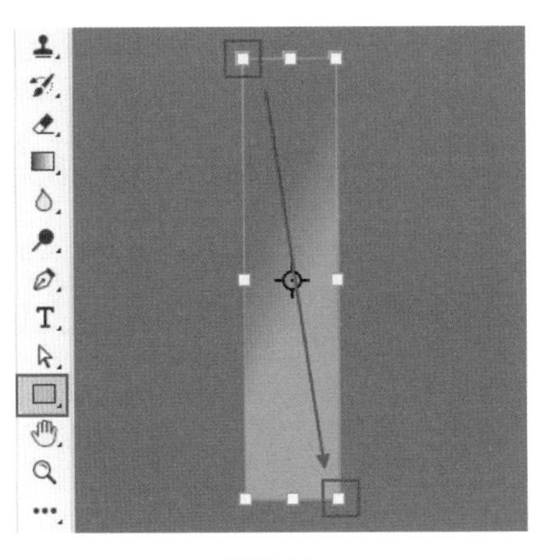

图7-95

（6）接着继续使用同样的方法在渐变矩形的右下角绘制一个矩形，这样两个矩形合并为一个整体，效果如图7-96所示。

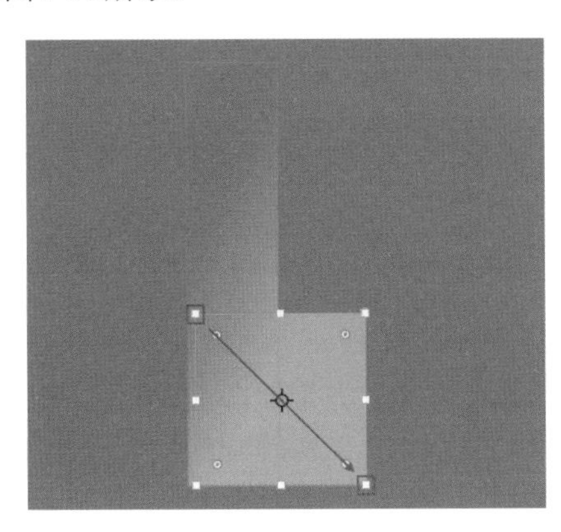

图7-96

（7）在不选中任何矢量图层的情况下，选择工具箱中的“矩形工具”，在选项栏中设置“绘制模式”为形状，“填充”为紫色到粉色的线性渐变色，“描边”为无，“合并模式”为“减去顶层形状”，如图7-97所示。

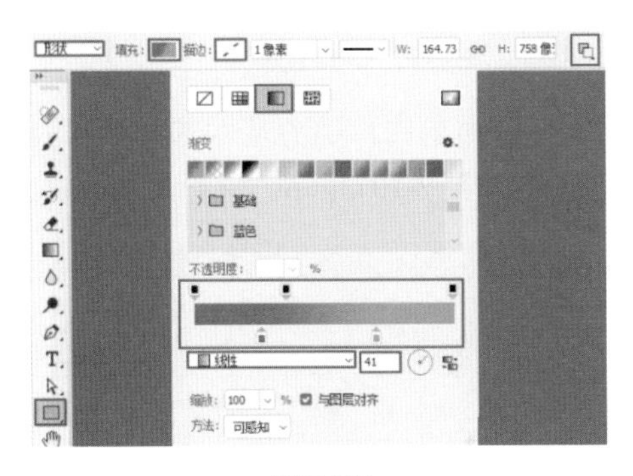

图7-97

（8）接着在画面中按住鼠标左键拖动绘制一个矩形，如图7-98所示。

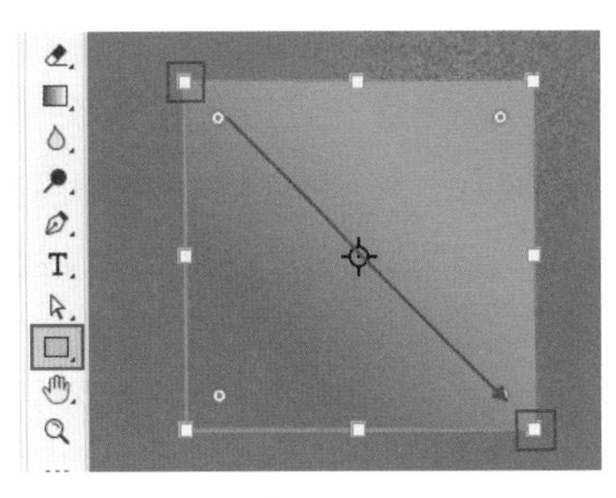

图7-98

（9）继续使用该工具在矩形的左上方再次绘制一个矩形，此时原始的图形被减去了一部分，如图7-99所示。

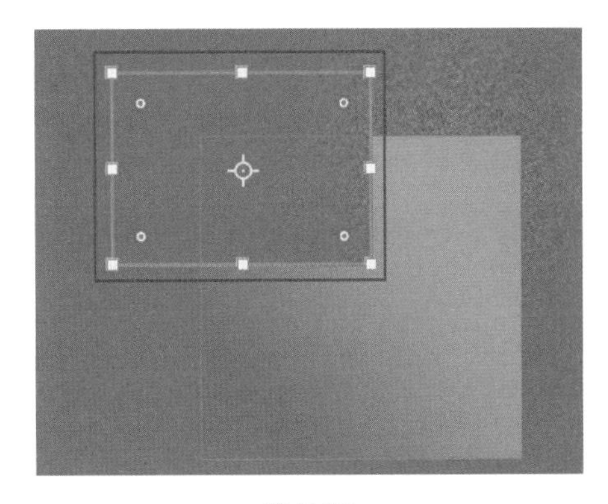

图7-99

（10）取消选择任何图层，继续使用“矩形工具”，在选项栏中设置“绘制模式”为形状，“填充”为透明到粉色的线性渐变色，“描边”为无，“合并模式”为“减去顶层形状”，如图7-100所示。

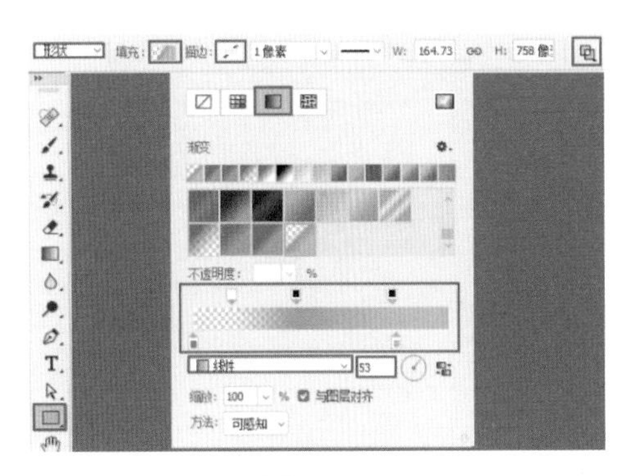

图7-100

（11）使用“矩形工具”在画面中按住Shift键拖动绘制一个正方形，如图7-101所示。

（12）继续使用该工具，在渐变矩形的右下角绘制一个稍小一些的正方形，两个图形交叉的部分被隐藏，效果如图7-102所示。

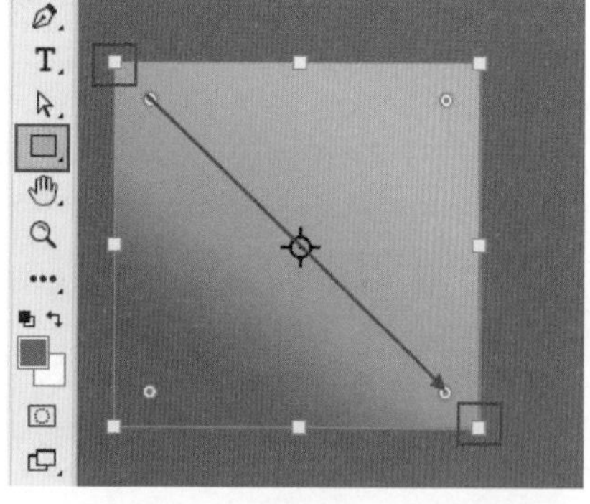

图7-101

图7-102

（13）使用同样的方法制作画面中的其他图形，如图7-103所示。

图7-103

（14）选择工具箱中的“横排文字工具”，在画面右侧中间的位置键入文字，并执行“窗口>字符”命令，在打开的“字符”窗口中设置合适的字体与字号，并设置“行距”为88点，单击“下划线”按钮，如图7-104所示。

（15）使用同样的方法键入其他的文字，如图7-105所示。

图7-104

图7-105

（16）选择工具箱中的“矩形工具”，在选项栏中设置“绘制模式”为形状，“填充”为白色，“描边”为无，在上方文字的顶端绘制一个矩形，如图7-106所示。

图7-106

（17）继续使用同样的方法在下方文字的右侧绘制一个矩形，如图7-107所示。

图7-107

（18）选择工具箱中的“椭圆工具”，在选项栏中设置“绘制模式”为形状，“填充”为灰色，“描边”为无，在下方文字的上面按住Shift键拖动，绘制一个正圆，如图7-108所示。

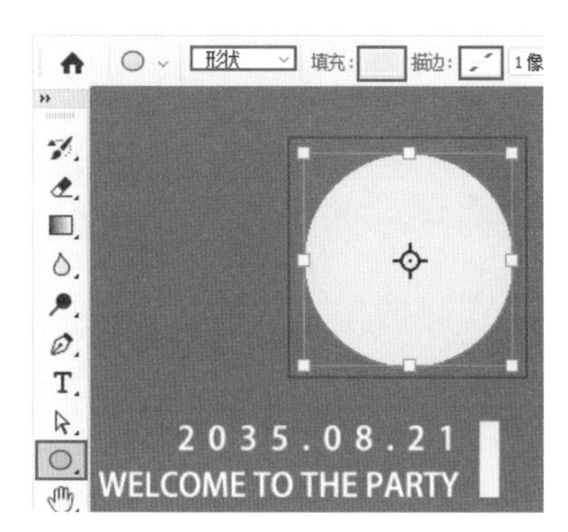

图7-108

（19）选中工具箱中的“横排文字工具”，在正圆上键入文字，如图7-109所示。

图7-109

（20）本案例制作完成，效果如图7-110所示。

图7-110

疑难笔记

能对路径进行旋转、缩放、变形等操作吗？

对路径的变换与对图层的“自由变换”非常相似。选中路径，执行“编辑>自由变换路径”命令或者使用自由变换快捷键Ctrl+T，即可进行变换，如图7-111所示。

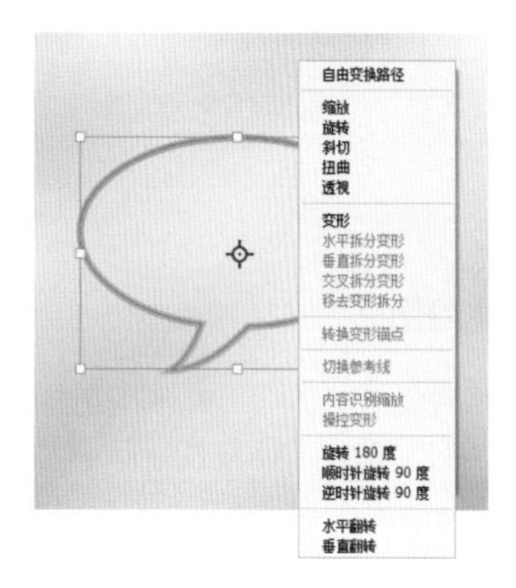

图7-111

7.3.4 路径的对齐与分布

想要对形状对象中的多个路径进行对齐与分布，首先需要确保所有路径在同一个图层内，接着使用“路径选择工具”选择多个路径，单击选项栏中的“路径对齐方式”按钮，在下拉面板中单击按钮进行对齐与分布，如图7-112所示，图7-113所示为顶对齐的效果。

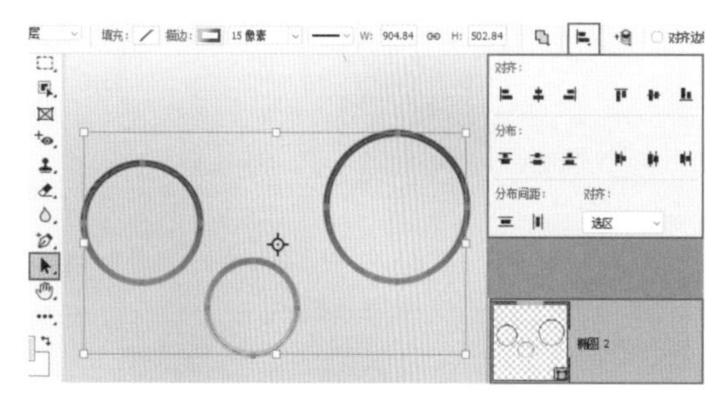

图7-112

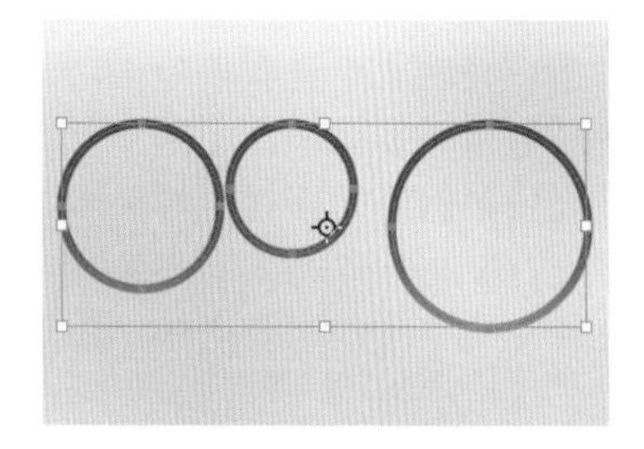

图7-113

如果需要对多个路径对象进行对齐与分布的操作，则只需要使用“路径选择工具”选择多个路径，然后在选项里中进行设置，如图7-114所示。

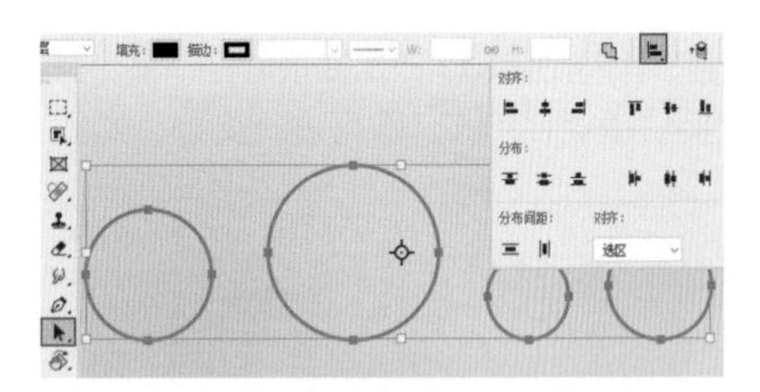

图7-114

7.3.5 删除路径

使用“路径选择工具”单击选择需要删除的路径，如图7-115所示。接着按一下键盘上的Delete键进行删除，如图7-116所示。

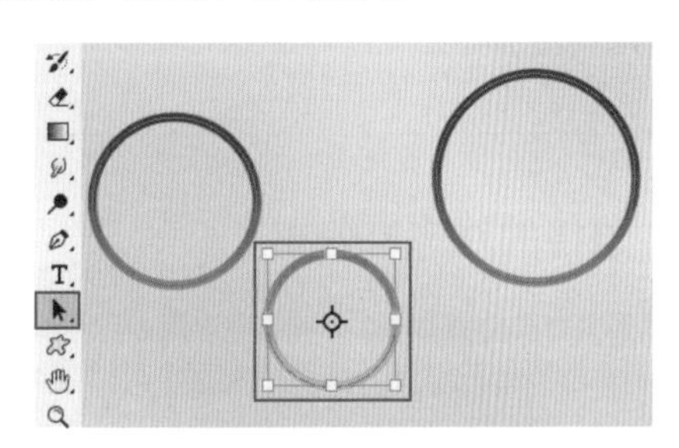

图7-115

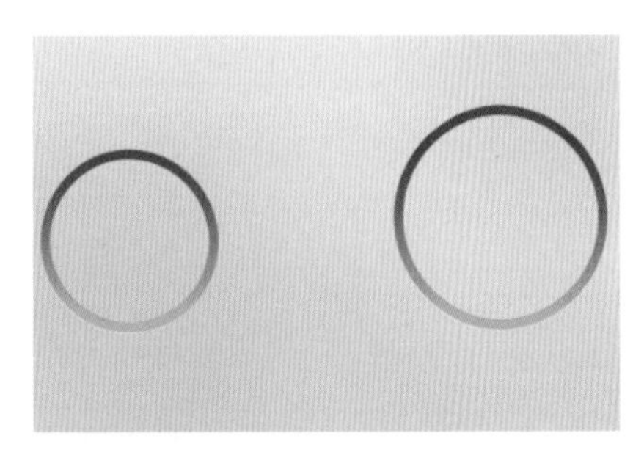

图7-116

7.3.6 将路径建立为选区/形状/蒙版

“路径”对象是虚拟对象，它不依附于图层，也不能打印输出，同时也不具有填色描边等属性。所以，创建路径通常是制图操作中的一个环节，而非最终结果。大多数时候，得到了路径后可以通过转换为选区后进行抠图、填充或局部编辑的操作，也可以将路径转化为带有颜色的形状，或转换为图层的矢量蒙版。

（1）选择矢量绘图工具，在选项栏中设置“绘制模式”为路径，然后在画面中按住鼠标左键拖动绘制一个闭合路径，如图7-117所示。

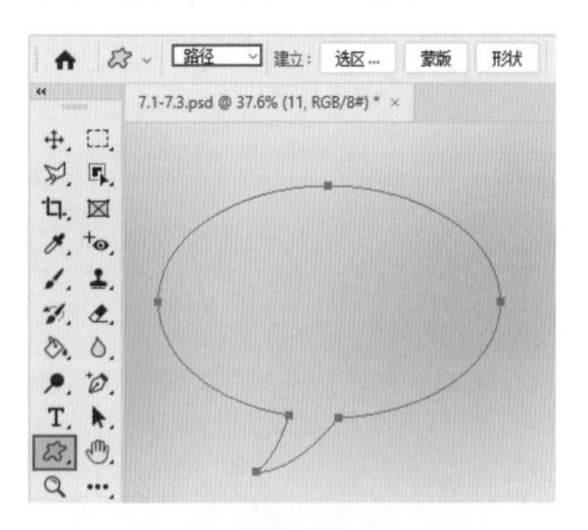

图7-117

（2）如果要将路径转换为选区，可以单击选项栏中的 选区... 按钮，随即会弹出的“建立选区”窗口，在该窗口中设置合适的“羽化半径”，然后单击“确定”按钮，如图7-118所示。

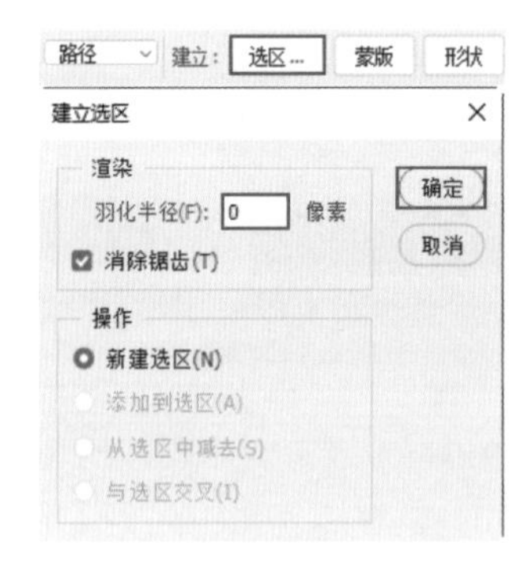

图7-118

拓展笔记

羽化半径：设置当前路径转换为选区后选区边缘的模糊程度，数值越大，选区边缘虚化程度越大。

操作：如果当前文档中已有选区，那么此选项即可设置新建的选区与已有选区的相加、相减等运算方式。

（3）选区效果如图7-119所示。

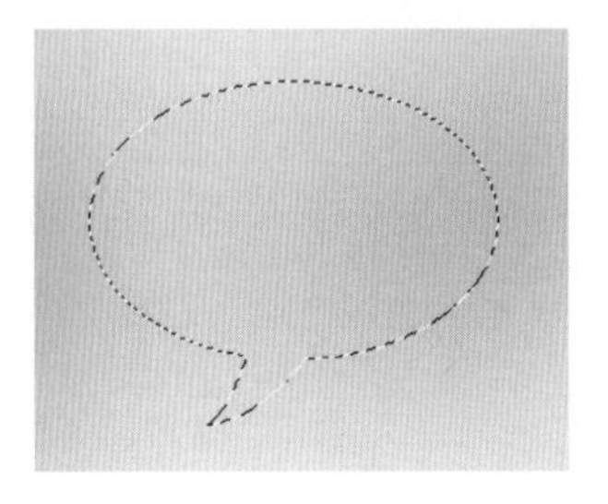

图7-119

重点笔记

路径绘制完成后，使用快捷键Ctrl+Enter键可以将路径转换为选区。

（4）路径绘制完成后，单击选项栏中的 蒙版 按钮，即可为所选图层创建矢量蒙版，路径以外的部分被隐藏。调整矢量蒙版中路径的形态，可以改变图层显示的效果，如图7-120所示。

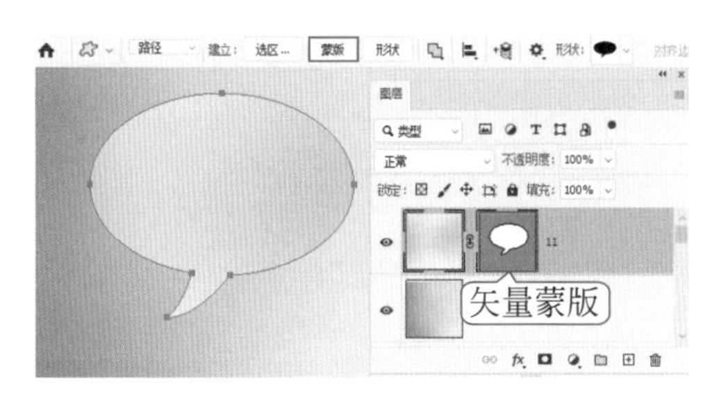

图7-120

（5）路径绘制完成后，单击选项栏中的 形状 按钮，即可将路径转换为形状，然后选择“形状”模式，设置填充与描边，如图7-121所示。

图7-121

拓展笔记

执行“窗口>路径”命令可以打开“路径”面板，“路径”面板主要用来储存、管理以及调用路径，如图7-122所示。

在“路径”面板底部包括多个功能实用的按钮，如：用前景色填充路径●、用画笔描边路径○、将路径作为选区载入⬚、从选区生成工作路径◇、添加蒙版■、创建新路径⊞、删除当前路径🗑。

图7-122

在“路径”面板中单击路径，文档窗口中就会显示该路径。单击“路径”面板的空白区域，即可隐藏该路径。

如果想要将路径存储在“路径”面板中，可以双击其缩略图，打开“存储路径”对话框，设置完成后即可将其保存到“路径”面板中。

7.3.7 实战：活力感人物创意海报

文件路径

实战素材/第7章

操作要点

1. 使用钢笔工具绘制不规则路径，转换选区后填色
2. 使用椭圆工具绘制图形
3. 设置图层不透明度

案例效果

图7-123

操作步骤

（1）执行“文件>新建”命令，创建一个合适大小的空白文档，并设置“前景色”为青色，使用快捷键Alt+Delete，将背景填充为青色，如图7-124所示。

（2）选择工具箱中的“椭圆工具”，在选项栏中设置“绘制模式”为形状，“填充”为黄色，“描边”为无，设置完成后在画面中间位置按住Shift键绘制一个正圆，效果如图7-125所示。

图7-124

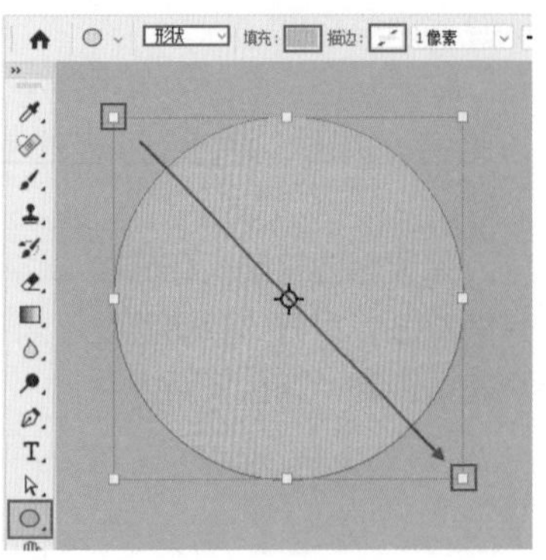

图7-125

（3）选择工具箱中的“钢笔工具”，在选项栏中设置“绘制模式”为路径，然后在画面中绘制一个飘动的丝带图形，如图7-126所示。

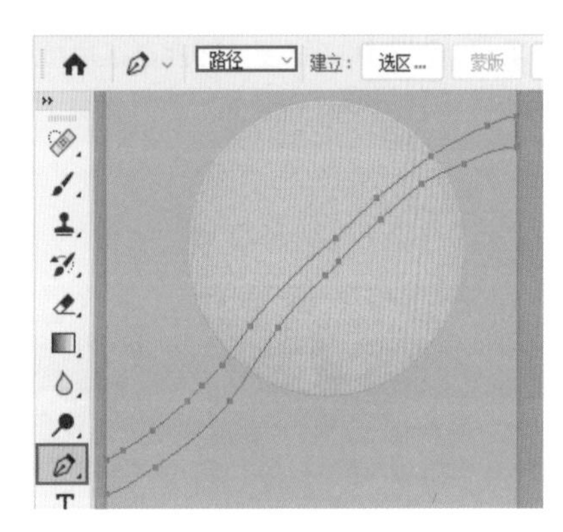

图7-126

（4）使用快捷键Ctrl+Enter载入选区，如图7-127所示。

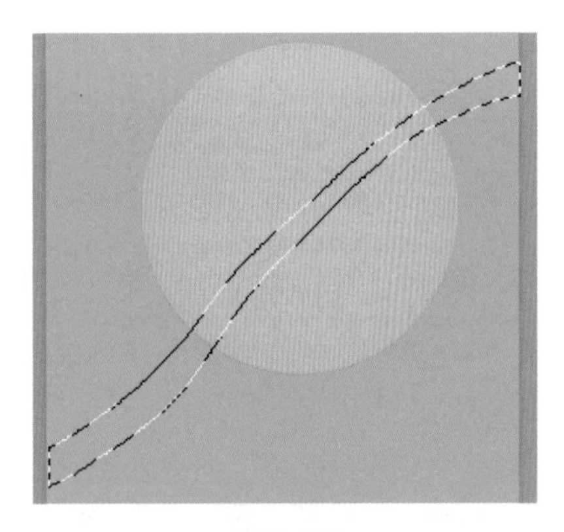

图7-127

（5）新建图层，接着将“前景色”设置为天蓝色，新建一个图层，使用快捷键Alt+Delete为选区填充颜色，并取消选区，如图7-128所示。

（6）选中该图层，在图层面板中设置“混合模式”为“正片叠底”，如图7-129所示。

图7-128

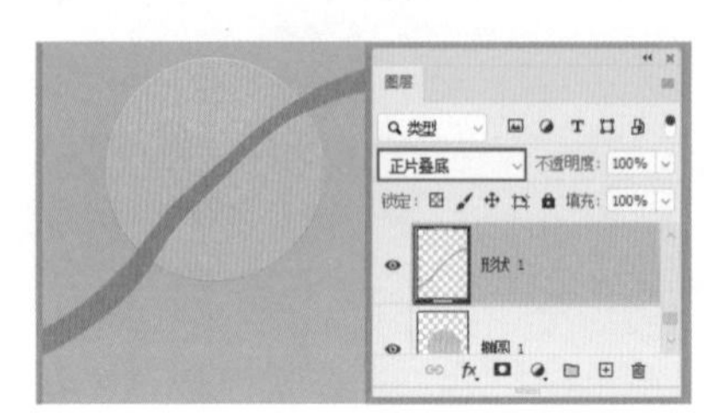

图7-129

（7）使用同样的方法在画面中绘制出另外一条丝带图形，如图7-130所示。

图7-130

（8）接着在图层面板中将“不透明度”设置为50%，让其产生半透明的效果，如图7-131和图7-132所示。

图7-131

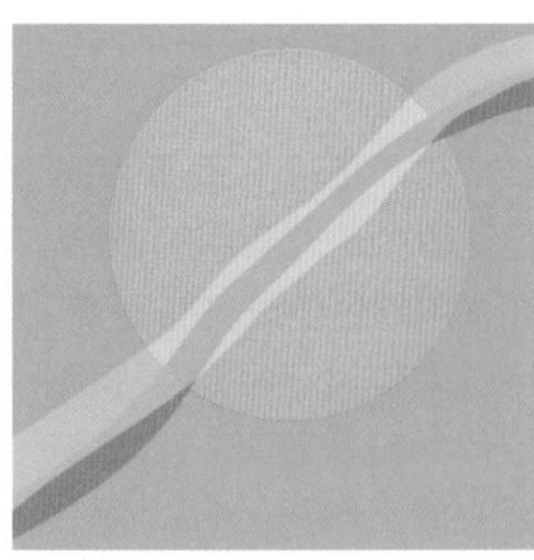

图7-132

（9）选择工具箱中的“椭圆工具”，在选项栏中设置“绘制模式”为形状，“填充”为橘色，“描边”为无，设置完成后在黄色正圆上绘制一个稍小一些的正圆形，如图7-133所示。

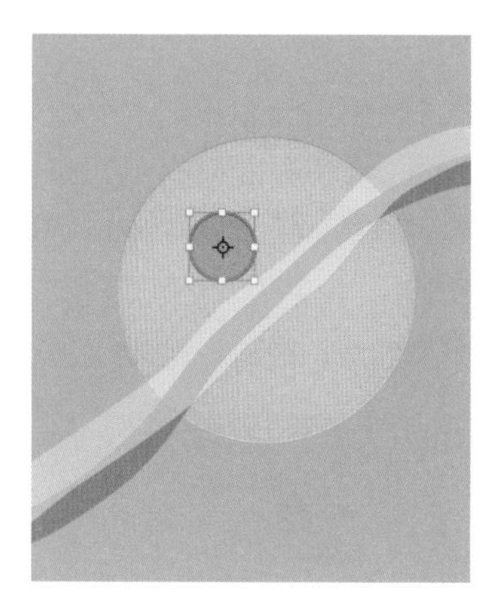

图7-133

（10）执行“文件>置入嵌入对象”命令，将素材1置入画面中，调整其大小，如图7-134所示。

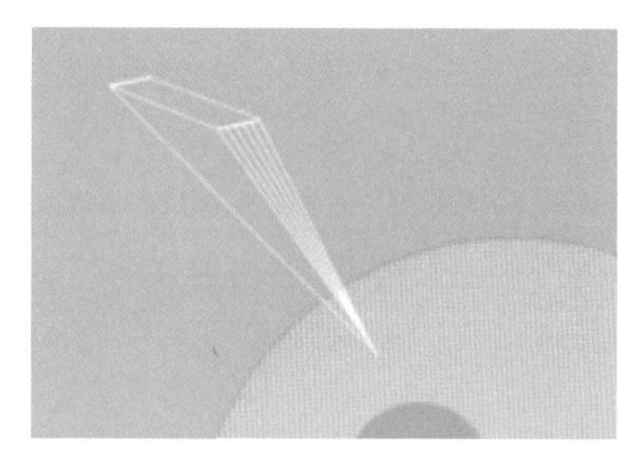

图7-134

（11）选中该图层，按住Alt将其向下拖动，快速复制出一份，并将其移动至合适位置的同时使用自由变换快捷键Ctrl+T，将其旋转至合适的角度，如图7-135所示。

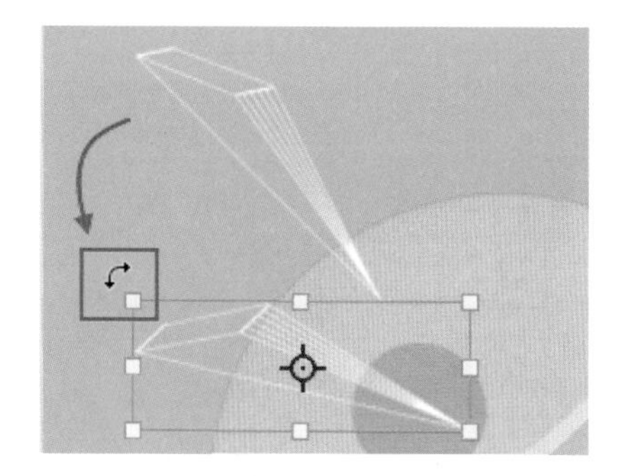

图7-135

（12）继续使用同样的方法制作出另外一个线条图案，如图7-136所示。

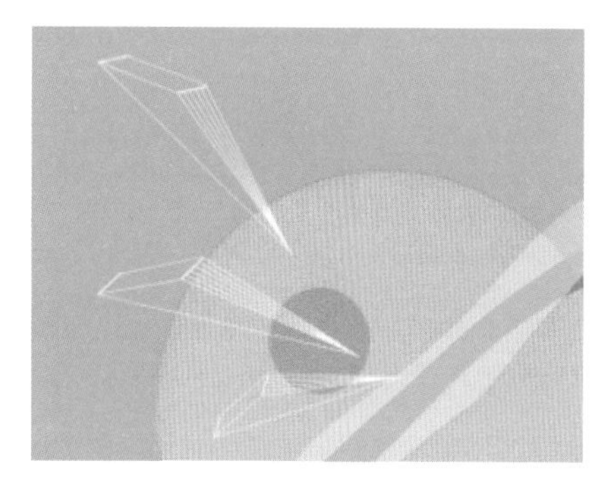

图7-136

（13）执行“文件>置入嵌入对象”命令，将素材1置入画面中，调整大小，如图7-137所示。

图7-137

（14）选择工具箱中的“椭圆工具”，在选项栏中设置“绘制模式”为形状，“填充”为白色，“描边”为无，设置完成后在人物的右侧按住Shift键绘制一个正圆，如图7-138所示。

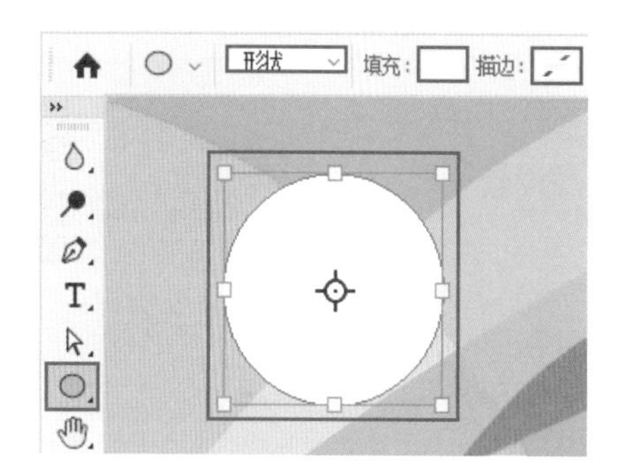

图7-138

（15）接着在图层面板中将其的“不透明度”为80%，如图7-139所示。效果如图7-140所示。

图7-139

图7-140

（16）使用同样方法制作其他的正圆，并适当调整其不透明度，如图7-141所示。

图7-141

（17）选择工具箱中的“横排文字工具”，在绿色的大正圆上键入文字，并使用快捷键Ctrl+T将其旋转至合适的角度，如图7-142所示。

图7-142

本案例制作完成，效果如图7-143所示。

图7-143

7.4 巩固练习：空间感服饰广告

文件路径

实战素材/第7章

操作要点

1. 使用“钢笔工具”绘制图形
2. 使用图层样式增强图形的层次感

案例效果

图7-144

操作步骤

（1）新建文档。执行“文件>新建”命令，新建一个合适大小的横向空白文档，如图7-145所示。

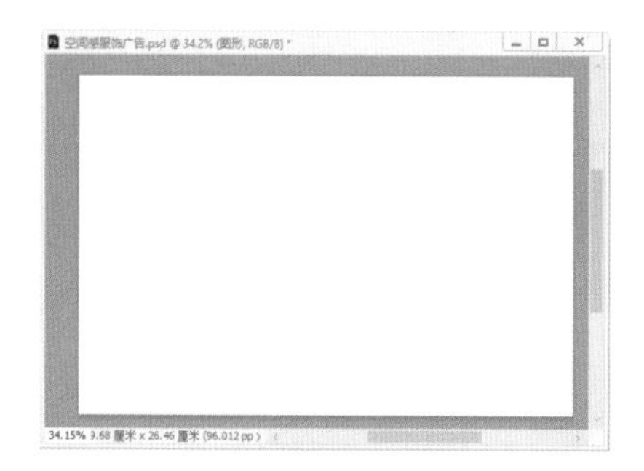

图7-145

（2）选择工具箱中的“钢笔工具”，在选项栏中设置“绘制模式”为形状，“填充”为青色到绿色的渐变，“描边”为无，如图7-146所示。

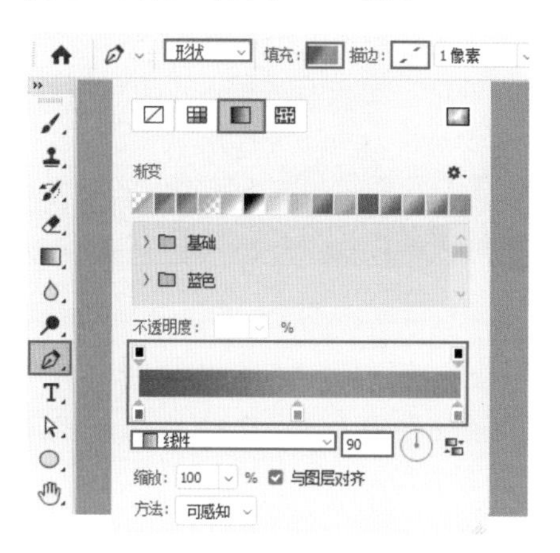

图7-146

（3）在“钢笔工具”使用的状态下，在右上角通过多次单击绘制一个不规则四边形，如图7-147所示。

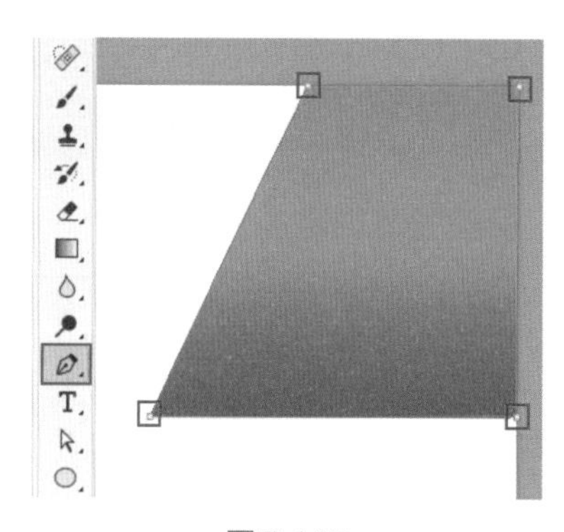

图7-147

（4）继续使用“钢笔工具”在该图形的左侧绘制一个三角形，如图7-148所示。

图7-148

（5）选中三角形图层，单击图层面板底部的“添加图层样式”按钮，选择“投影”命令，在打开的“图层样式”面板中设置“混合模式”为“正片叠底”，“不透明度”为75%，“角度”为172度，“扩展”为44%，“大小”为144像素，如图7-149所示。效果如图7-150所示。

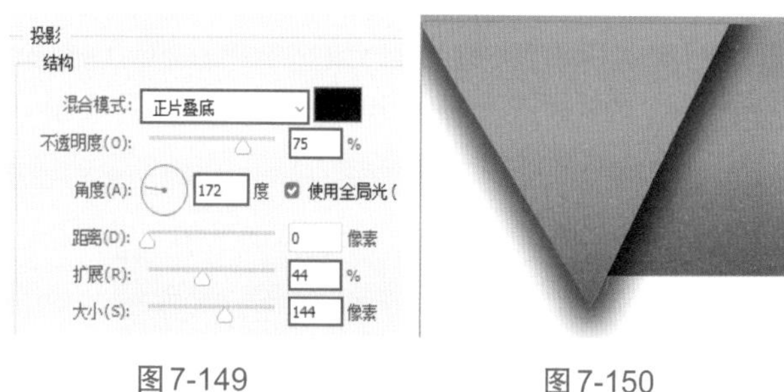

图7-149　　图7-150

（6）使用同样的方法在画面中绘制另外一个三角形，如图7-151所示。

图7-151

（7）选择工具箱中的“钢笔工具”，在版面左下方绘制一个四边形，并在选项栏中为其设置合适的填充颜色，如图7-152所示。

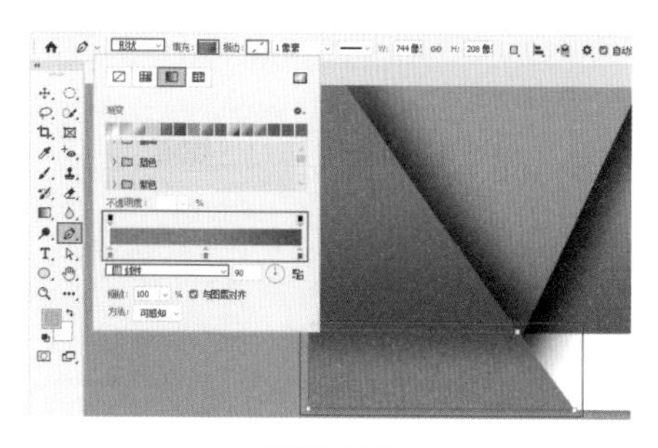

图7-152

（8）接着继续使用“钢笔工具”在画面中空白的区域绘制四边形进行填补，并为其填充上合适的渐变色，如图7-153所示。

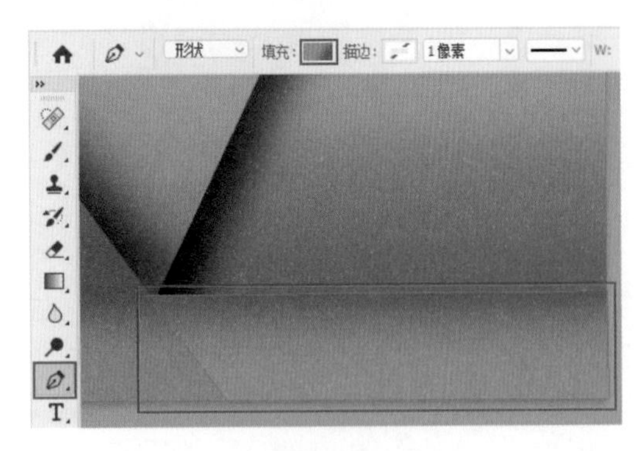

图7-153

（9）选择工具箱中的“椭圆工具”，在选项栏中设置“绘制模式”为形状，“填充”为红色，“描边”为无。设置完成后在画面中按住Shift键拖动绘制一个正圆，如图7-154所示。

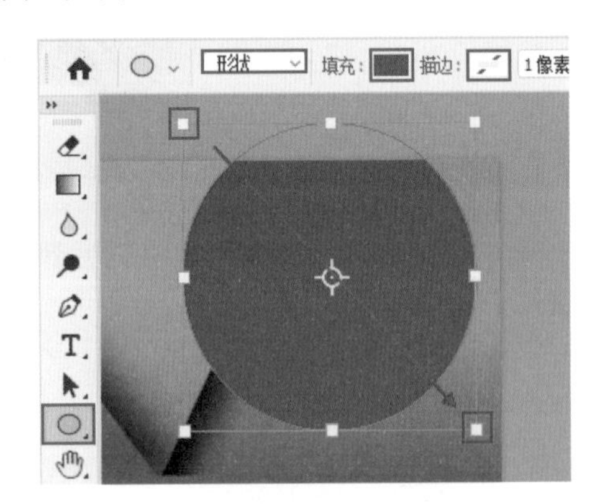

图7-154

（10）选中正圆，单击图层面板底部的“添加图层样式”按钮，选择“内阴影”命令，打开“图层样式”面板，设置“混合模式”为“正片叠底”，“不透明度”为46%，“角度”为172度，“距离”为48像素，“阻塞”为35%，“大小”为65像素，如图7-155所示。效果如图7-156所示。

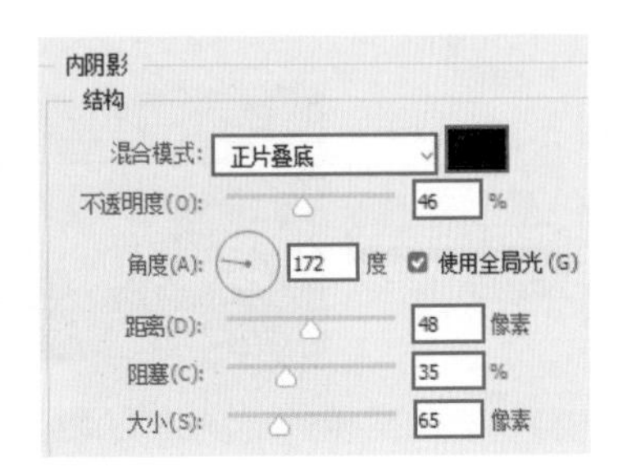

图7-155

图7-156

（11）继续使用同样的方法制作另外一个稍小一些的正圆，并为其添加合适的内阴影，如图7-157所示。

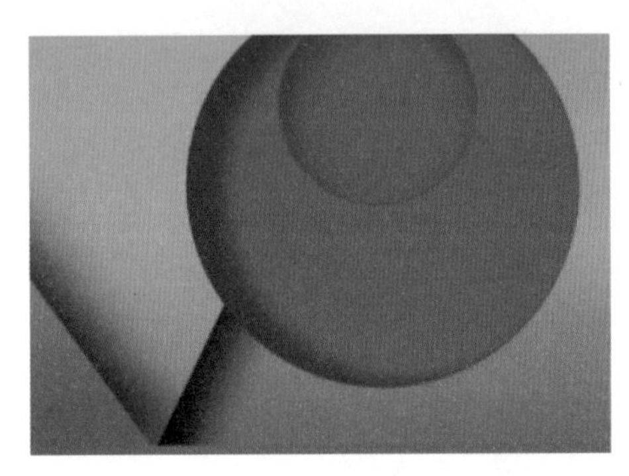

图7-157

（12）执行“文件>置入嵌入对象”命令，将素材1置入当前文件中，并调整其大小，将其摆放至画面右侧，如图7-158所示。

图7-158

（13）选择工具箱中的“横排文字工具”，在左侧的版面中键入合适的文字。执行“窗口>字符”命令，在打开的“字符”面板中设置“行距”为115点，“字间距”为-25，并单击“仿粗体”按钮，如图7-159所示。

（14）继续使用同样的方法在主文字的下方添加另外一行文字。本案例制作完成，效果如图7-160所示。

图7-159

图7-160

本章小结

矢量绘图是设计制图中非常常用的操作，在前的章节中已经学习了运用“形状工具组”绘制简单常见的矢量图形，而通过本章的学习，又可以利用“钢笔工具”绘制复杂的矢量对象。有了这些工具，绝大多数的图形绘制操作都可以完成了。另外“钢笔工具”不仅常用在矢量绘图的过程中，在精确抠图的领域中，“钢笔工具”也是必备工具，所以一定要勤加练习，熟练掌握使用“钢笔工具”绘制复杂图形、路径的方法。

高级拓展篇

第8章 高级调色技法

在Photoshop中，提供了二十多种调色命令，除去前面章节学习过的几种简单调色命令外，本章还将系统地学习另外十几种调色命令。掌握了这些命令，不仅可以解决照片处理中常见的“问题色彩”，还能够将照片调整出多种多样的色彩。除了调色命令外，图层的混合模式功能以及通道功能也可以实现画面颜色的更改。其实，无论是调色命令还是混合模式，使用起来都非常简单，真正的难点在于发现问题后，选择什么命令去解决问题，以及要调整出一个什么样的效果才令人满意。我们生活在一个五彩缤纷的世界中，万事万物都有自己的颜色，我们也在日常生活中积累了对色彩的不同认知，所以调色不仅仅是考验对命令的熟练应用，还考验对色彩的感知。

学习目标

了解色彩的基础知识
熟练掌握调整图层的使用方法
掌握常用调色命令的使用方法
熟练掌握混合模式的设置方法

思维导图

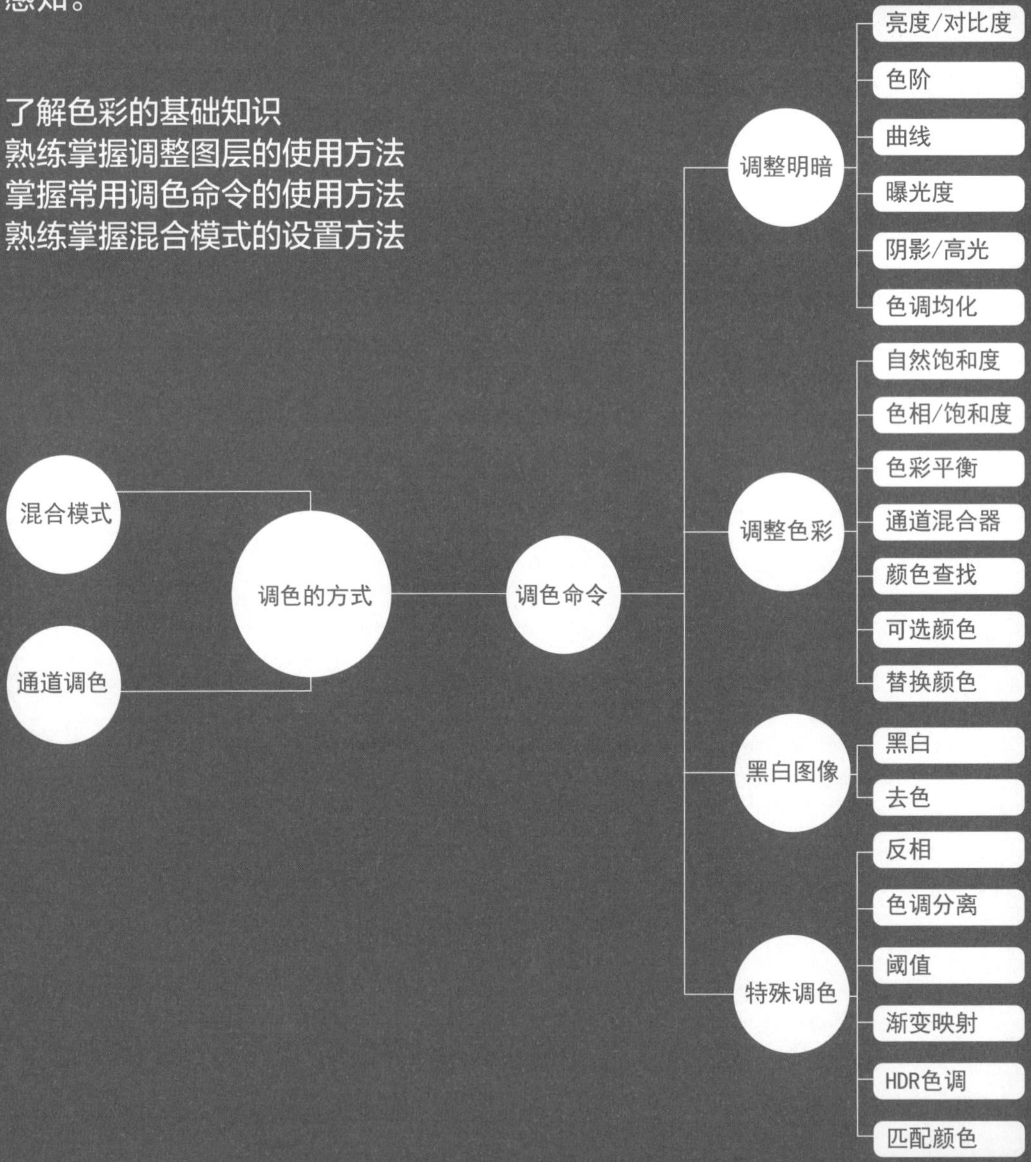

- 调色的方式
  - 混合模式
  - 通道调色
  - 调色命令
    - 调整明暗
      - 亮度/对比度
      - 色阶
      - 曲线
      - 曝光度
      - 阴影/高光
      - 色调均化
    - 调整色彩
      - 自然饱和度
      - 色相/饱和度
      - 色彩平衡
      - 通道混合器
      - 颜色查找
      - 可选颜色
      - 替换颜色
    - 黑白图像
      - 黑白
      - 去色
    - 特殊调色
      - 反相
      - 色调分离
      - 阈值
      - 渐变映射
      - HDR色调
      - 匹配颜色

8.1　调色的基础知识

“调色”操作始终离不开对颜色属性的更改。所以在进行调色之前我们首先需要学习与色彩相关的一些知识。

首先，构成色彩的基本要素是：色相、明度和纯度。这三种属性以人类对颜色的感觉为基础，互相制约，共同构成人类视觉中完整的颜色表现。

色彩对于图像而言更是非常重要，Photoshop提供了完善的色彩和色调调整功能，它不仅可以自动对图像进行调色，还可以根据个人喜好或要求处理图像的色彩。

8.1.1　色彩的三大属性

色彩的三大属性是指色彩具有的色相、明度、纯度三种属性。

1. 色相

色相是色彩的外貌，是色彩的首要特征。例如红色、黄色、绿色。黑、白、灰三色属于“无彩色”，其他的任何色彩都属于“有彩色”，如图8-1所示。

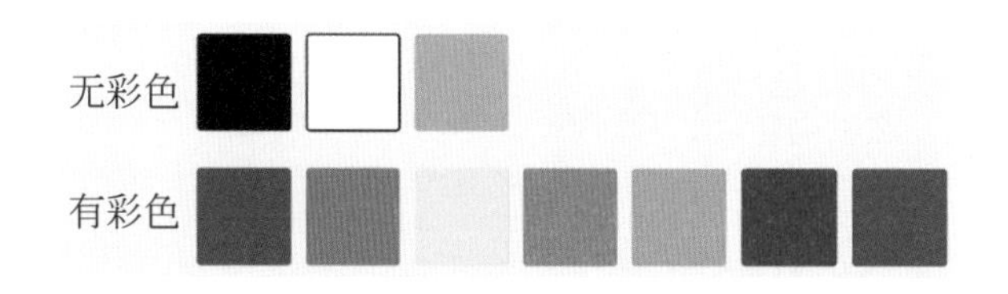

图8-1

各种色彩都有着属于自己的特点，给人的感觉也都是不相同的，有的会让人兴奋、有的会让人忧伤、有的会让人感到充满活力，还有的则会让人感到神秘莫测。在调色之前首先要计划好画面要传达的情感。

红：热情、欢乐、朝气、张扬、积极、警示
橙：兴奋、活跃、温暖、辉煌、活泼、健康
黄：阳光、活力、警告、快乐、开朗、吵闹
绿：健康、清新、和平、希望、新生、安稳
青：冰凉、清爽、理性、清洁、纯净、清冷
蓝：理性、专业、科技、现代、成熟、刻板
紫：浪漫、温柔、华丽、高贵、优雅、敏感

黄色的包装给人活力、鲜明的视觉感受

蓝灰色调的摄影作品给人神秘、冷峻的感觉

2. 明度

物体表面反射光的程度不同，色彩的明暗程度就会不同，这种色彩的明暗程度称为明度。

不同的颜色明度有差异。每一种纯色都有与其相应的明度。黄色明度最高，蓝紫色明度最低，红、绿色为中间明度。

相同色相的颜色也会有明度差异。同一种颜色根据其加入黑色或加入白色数量的多少，明度也会有所不同，如图8-2所示。

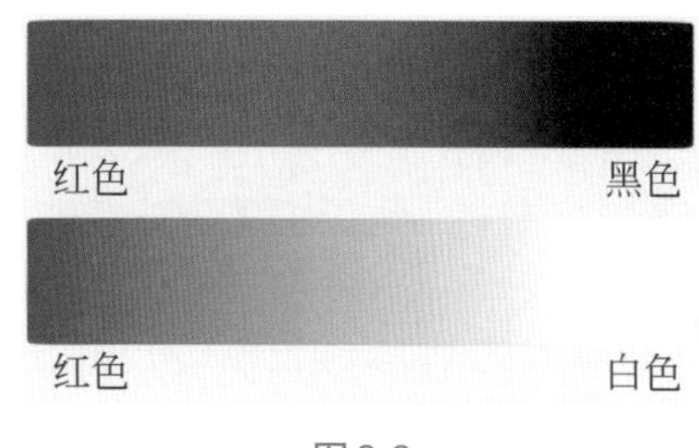

图8-2

3. 纯度

颜色纯度用来表现色彩的鲜艳程度，也被称为饱和度。纯度最高的色彩就是原色，随着纯度的降低，色彩就会变淡。纯度降到最低就失去色相，变为无彩色，也就是黑色、白色和灰色，图8-3所示为不同颜色添加同一种灰色后颜色纯度发生的变化。

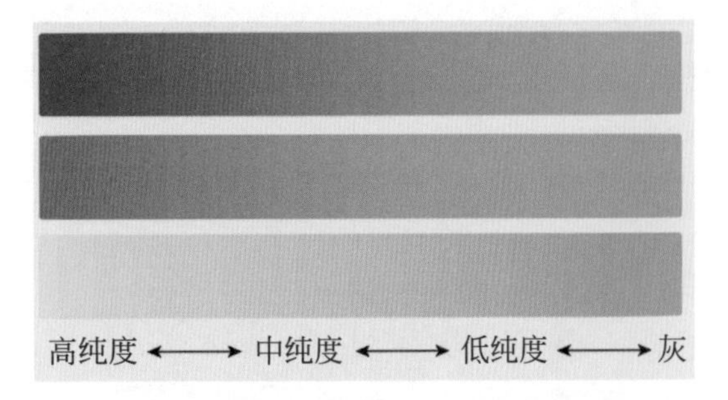

图8-3

高纯度

低纯度

8.1.2 调色与颜色模式

颜色模式是数字世界中表示颜色的一种方式，不同的应用范围决定了颜色模式的选择。

（1）新建文档之初，在“新建文档”窗口中“颜色模式”选项中可以选择颜色模式，如图8-4所示。

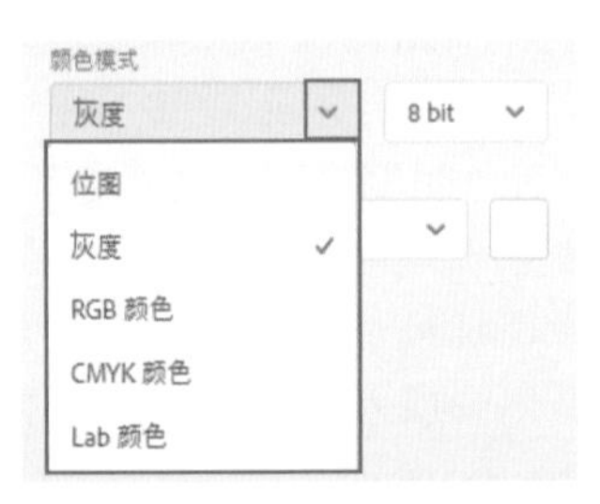

图8-4

（2）如果要更改已有的图像文件的颜色模式，可以执行“图像>模式”命令。在子菜单中可以看到多种颜色模式，包括：位图模式、灰度模式、双色调模式、索引颜色模式、RGB颜色模式、CMYK颜色模式、Lab颜色模式和多通道模式，如图8-5所示。

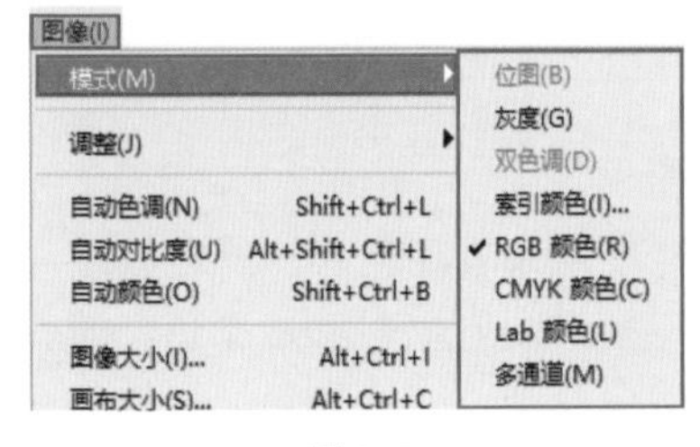

图8-5

（3）虽然可以看到多种颜色模式，并不是所有的颜色模式都常用，其中RGB颜色模式、CMYK颜色模式、灰度模式比较常用。

RGB颜色模式分别代表红色（Red）、绿色（Green）和蓝色（Blue），这三种色彩就是光学三原色。RGB颜色模式又被称为“加色模式”，这是因为在自然界中肉眼所能看到的任何色彩都可以由这三种色彩混合叠加而成。RGB颜色模式适用于在显示器、投影仪、扫描仪、数码相机等设备中显示的图像。

CMYK颜色模式分别代表青色（Cyan）、洋红色（Magenta）、黄色（Yellow）和黑色（Black）。CMYK颜色模式也被称为减色模式。CMYK颜色模式适用于需要打印、印刷输出的文档。

重点笔记

通常来说，印刷中可以使用的颜色较电脑上显示的数量要少很多。所以，RGB的图像转换为CMYK后，画面颜色会变得不那么艳丽。

灰度模式不带有任何的颜色信息，将彩色图像转换为灰度模式后，画面中的颜色信息都会被删除掉。

拓展笔记

Lab颜色模式是色域最宽的色彩模式，也是最接近真实世界颜色的一种色彩模式，通常使用在将RGB转换为CMYK过程中，可以先将RGB图像转换为Lab模式，然后再转换为CMYK。

8.1.3 认识通道

“通道”是图像文件的一种颜色数据信息存储形式，它与图像文件的颜色模式密切关联。

（1）将素材图片打开，该图片为RGB颜色模式，如图8-6所示。

图8-6

（2）执行“窗口>通道”命令，打开“通道”面板，可以看到红、绿、蓝以及复合通道。默认情况下复合通道处于被选中的状态，复合通道显示RGB合在一起的颜色信息，也就是当前看到的画面颜色，如图8-7所示。

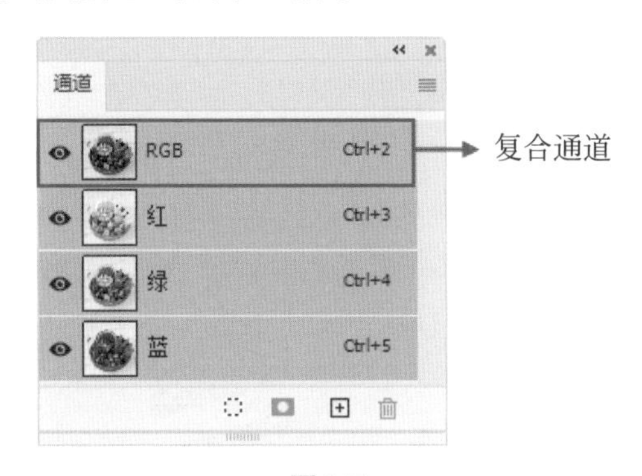

图8-7

（3）在通道里，白色区域表示该区域的相应颜色成分最多，黑色表示该区域不含有该颜色。例如，单击“红”通道，其他颜色通道将会隐藏。此时观察画面，画面中本该红色的部分（例如：西瓜、草莓、西柚）在画面中都呈现接近白色的浅灰。所以在红色通道中，只显示和红色有关的颜色信息，如图8-8所示。

图8-8

（4）颜色模式与通道是相对应的，颜色模式不同，所包含的通道也不同。如果打开的图片或者文档是CMYK颜色模式，那么将有四个颜色模式，如图8-9所示。

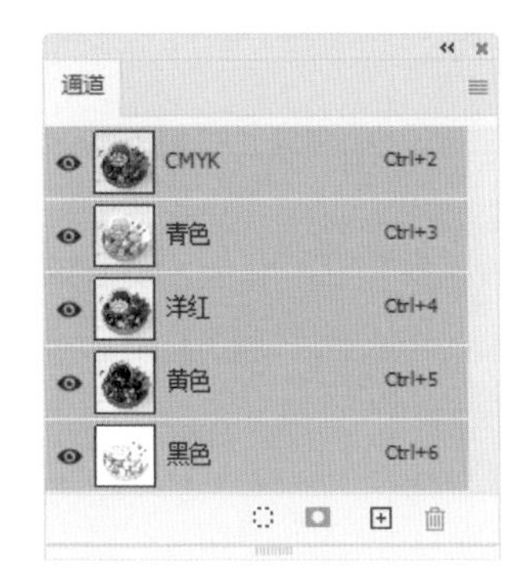

图8-9

（5）调色操作也是脱离不开通道的，很多调色命令都可以对单独的通道进行颜色调整。例如“曲线”命令，“色阶”命令，如图8-10和图8-11所示。在这里可以对单独的颜色通道进行调整，从而影响画面的颜色倾向。而不同的颜色模式，其构成通道也不相同，所以调色效果也会有所不同。

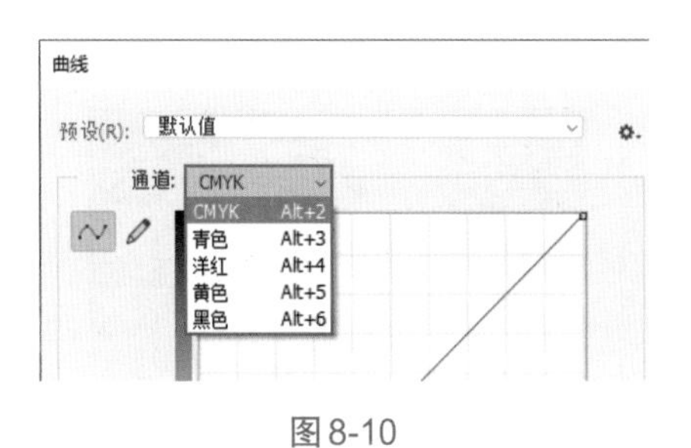

图8-10

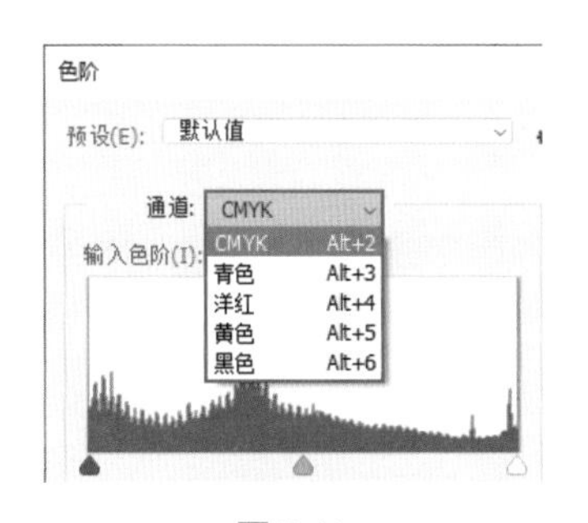

图8-11

重点笔记

不同颜色模式下，使用相同的调色命令调色，得到的结果可能是不同的。本书中绝大多数的调色案例均是在RGB颜色模式下进行的。

8.1.4 基本调色原理

在进行图像调色之前，首先需要思考一下，为什么要调色？需要调色无非出于以下两种原因：图像色彩方面存在问题，需要解决；想要借助调色操作使图像更美观，或呈现出某种特殊的色彩。

1.使用调色功能校正色彩错误

针对第一种情况，首先需要对图像存在的问题进行分析。可以从图像的明暗和色调两个方面来分析，画面看起来太亮了，还是看起来太暗了？画面色彩是否过于暗淡？本应是某种颜色的物体是否看起来颜色不同了？这些问题大多通过观察即可得出结论，而发现问题之后就可以有针对性的解决。表8-1列举了几种常见的问题及解决方案。

表 8-1　照片调色常见问题及解决方案

常见问题	曝光不足，即画面过暗	曝光过度，即画面过亮	画面偏灰，整个画面对比度较低
解决方案	提高画面整体亮度	降低画面整体亮度	增强对比度，增强亮部区域与暗部区域的反差
常用命令	亮度 / 对比度、曲线、色阶、曝光度	亮度 / 对比度、曲线、色阶、曝光度	亮度 / 对比度、曲线、色阶等
对比效果			
常见问题	画面亮部区域过亮，导致亮部区域细节不明显	画面暗部区域过暗，导致画面暗部一片“死黑”，缺少细节	画面偏色。例如画面色调过于暖或过于冷，或偏红、偏绿
解决方案	单独降低亮部区域的明度，不可进行画面整体明度的调整	单独提升暗部区域的明度，不可进行画面整体明度的调整	分析画面颜色成分，减少过多的色彩，或增加其补色
常用命令	阴影 / 高光	阴影 / 高光	色彩平衡、照片滤镜、可选颜色等
对比效果			
常见问题	画面颜色感偏低，使图像看起来灰蒙蒙的	改变画面局部的明度或色彩	
解决方案	增强自然饱和度 / 饱和度	绘制出局部的选区，配合调整命令进行单独调色；或者使用调整图层调色后，在调整图层蒙版中用黑白控制调色操作的影响范围	
常用命令	自然饱和度	调整图层	
对比效果			

2.使用调色功能美化图像

解决了图像色彩方面的“错误”后，经常需要对图像进行美化。不同的色彩传达着不同的情感，想要画面主题突出，令人印象深刻，不仅需要画面内容饱满、生动，还可以通过色调去烘托气氛。图8-12和图8-13所示为传达不同情感主题的画面。

图8-12

图8-13

8.1.5 如何调色?

到这里，就要开始调色命令的学习了。在Photsohop中，调色命令有两种使用方法。第一种是通过菜单栏中的命令直接对所选的某一个图层进行操作，该调色命令只作用于所选图层。图8-14所示为原图，图8-15所示为使用了调色命令后的效果。

图8-14

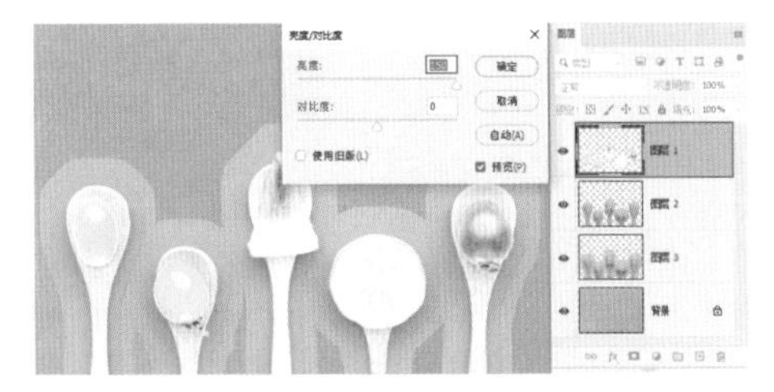

图8-15

另一种方法就是使用“调整图层”对该图层下方的所有图层起作用。如图8-16所示可以看到设置了相同的参数，在图层面板顶部出现了一个调整图层，如图8-17所示可以看到整个画面都产生了调色效果。

图8-16

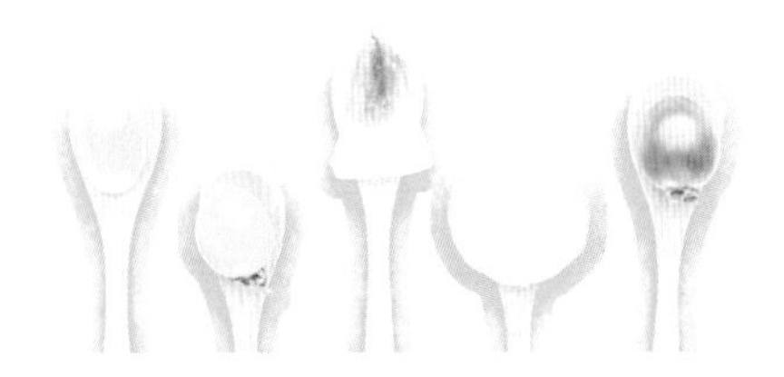

图8-17

8.1.6 调色命令的使用方法

功能速查

执行“图像>调整”命令，在子菜单中选择调色命令，随后设置相应的参数即可。

（1）首先打开一张图像，或者选择需要调色的图层，如图8-18所示。

图8-18

（2）执行“图像>调整”菜单命令，在子菜单下包括很多调色命令，如图8-19所示。

图8-19

（3）例如执行“图像>调整>色相/饱和度”菜单命令，在打开的“色相/饱和度”窗口中，可以先勾选“预览”选项，这样可以直接在画面中观看到调色效果，然后拖动滑块或在数值框内输入数值进行参数的设置，如图8-20所示。

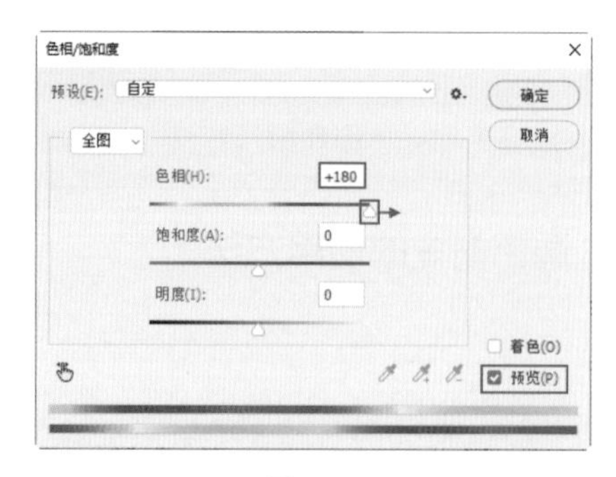

图8-20

（4）随着参数的变化，画面本身的颜色也会发生改变，如图8-21所示。

图8-21

（5）部分调色命令有“预设”选项，通过预设选项能够快速对图像应用系统设置好的参数，从而得到某种特定的效果。例如此处单击“预设”按钮，在下拉列表中选择第一个“氰版照相”预设效果，如图8-22所示。效果如图8-23所示。

图8-22

图8-23

（6）部分调色命令可以对“通道”或“颜色”进行选择，此处可以方便用户对单独的颜色或通道进行调整，例如选择“黄色”，然后拖动“色相”滑块，如图8-24所示。此时画面中黄色像素的颜色会发生改变，而其他颜色的区域不会发生改变，如图8-25所示。

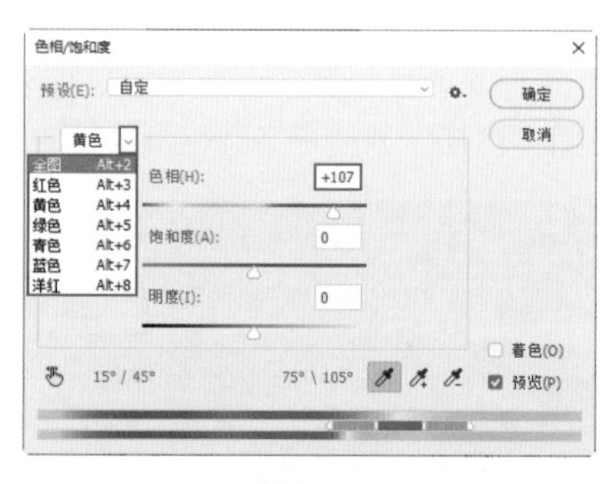

图8-24

图8-25

重点笔记

如果需要将参数还原，只需按住Alt键，此时窗口中的“取消”按钮将会变成“复位”按钮，点击“复位”即可还原数值，如图8-26所示。

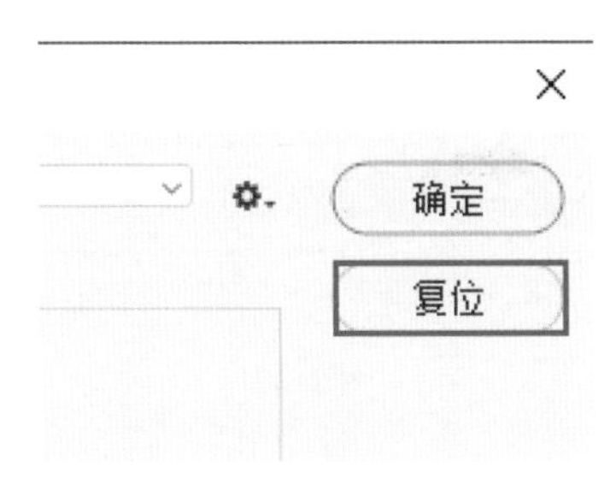

图8-26

8.1.7 调整图层的使用方法

“调整图层”与“调整命令”的参数以及对画面的调色效果是相同的。但是使用的方法略有不同，在功能上“调整图层”也更加强大一些。

（1）首先打开一张图像，如图8-27所示。

图8-27

（2）执行“窗口>调整”命令，打开“调整”面板。在“调整”面板中有多个按钮，单击按钮即可新建一个相应的调整图层。例如单击“色相/饱和度”按钮，如图8-28所示。“调整”面板按钮名称见表8-2。

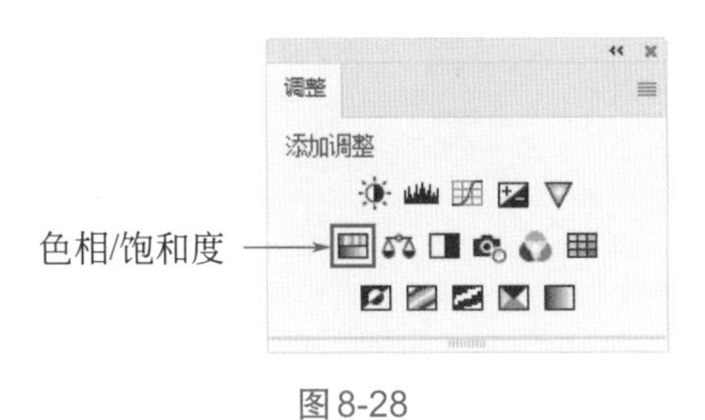

图8-28

表8-2 “调整”面板按钮名称

图示				
名称	亮度/对比度	色阶	曲线	曝光度
图示				
名称	自然饱和度	色相/饱和度	色彩平衡	黑白
图示				
名称	照片滤镜	通道混合器	颜色查找	反相
图示				
名称	色调分离	阈值	可选颜色	渐变映射

重点笔记

“图像>调整”菜单下的调色命令比“调整”面板中可创建的调整图层的类别要多一些，部分调整命令无法以调整图层的形式出现。

（3）接着在图层面板中会出现一个“色相/饱和度”调整图层，如图8-29所示。

（4）选中新创建的调整图层，在“属性”面板中拖动滑块或输入数值，如图8-30所示。此时画面效果会发生相应的变化，如图8-31所示。

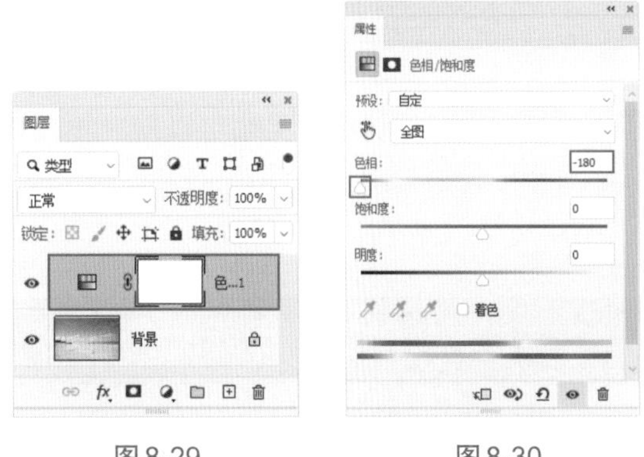

图8-29　图8-30

图8-31

重点笔记

其他创建调整图层的方法

① 执行“图层>新建调整图层”菜单下的调整命令也可创建调整图层。

②“图层”面板底部单击“创建新的填充或调整图层”按钮，然后在弹出的菜单中选择相应的调整命令。

图8-32

（5）默认情况下，调整图层带有一个空白的图层蒙版，如图8-32所示。

（6）单击选中图层蒙版，选择工具箱中的“画笔工具”，将前景色设置为黑色，然后在画面中按住鼠标左键拖动涂抹，光标经过的位置调色效果将被隐藏，例如在蒙版中沙滩位置涂抹黑色，此时的调色效果只显示天空位置，如图8-33所示。调整图层蒙版中，白色部分为被调色的区域，黑色部分不会产生调色效果。

图8-33

（7）调整图层的调色效果也可以随时更改，单击图层面板中调整图层缩览图，可以在“属性”面板中更改参数，从而更改调色效果，如图8-34所示。

图8-34

疑难笔记

“调整图层”有哪些优点?

① 不直接修改图层像素。通过调整图层进行调色，不会直接对图层的像素本身进行修改，修改内容都在调整图层内体现，这样可以避免对原图的破坏。

② 可编辑性强。调整图层可以随时进行参数的更改，同时还可以通过图层蒙版、剪切蒙版对内容控制调整范围。

③ 可以同时影响多个图层的图像。调整图层产生的调色效果会影响到下方的所有可见图层内容，并可以通过改变调整图层的顺序，调整调色效果。

④ 可以设置混合模式和不透明度。调整图层与普通图层一样，具有不透明度和混合模式属性，通过设置调整图层的混合模式和不透明度就能够产生特殊的调色效果。

8.2 解读调色命令

执行“图像>调整”命令，菜单列表中可以看到多种调色命令。其中包括对画面明暗调整和色彩调整的命令。除此之外，还包括很多可用于制作单色图像以及特殊调色效果的命令，如图8-35所示。而且，部分命令可同时对画面的明暗以及色彩进行调整。

初次使用调色命令可能会有些迷惑，虽然大部分命令从名称上能够大致理解其功能，但真正在调色时，要用哪种命令呢？其实并不是每种命令都会被经常使用到，下面就通过表8-3简单认识一下各种调色命令。

图8-35

表 8-3 调色命令

功能	调整明暗	调整色彩	制作单色图像	特殊调色效果
命令	亮度 / 对比度 实用程度：★★★ 用于调整画面明亮程度以及画面的明暗反差	自然饱和度 实用程度：★★★ 自然的增强或降低图像的色彩鲜艳程度	黑白 实用程度：★★ 可将彩色图像转换为灰度图像，同时还可以控制每一种色调变为灰度后的明暗度。另外“黑白”命令还可以将黑白图像转换为带有颜色的单色图像	反相 实用程度：★★ 可以将图像中的某种颜色转换为它的补色，从而创建出负片效果
	色阶 实用程度：★★★ 配合图像直方图，调整画面明暗及色彩倾向	色相 / 饱和度 实用程度：★★★ 可以对图像的全部或某个颜色进行色相、饱和度、明度的处理	去色 实用程度：★★★ 可以将图像中的颜色去掉，使其成为灰度图像	色调分离 实用程度：★ 可以指定图像中每个通道的色调级数目或亮度值，然后将像素映射到最接近的匹配级别
	曲线 实用程度：★★★ 通过调整曲线形状，对图像的明暗度以及色调进行调整	色彩平衡 实用程度：★★★ 运用补色的原理控制图像的颜色分布		阈值 实用程度：★ 用于将图像转换为由黑、白两色构成的图像
	曝光度 实用程度：★★★ 用于调整图片曝光过度或曝光不足等问题	通道混合器 实用程度：★ 针对颜色的各个通道对颜色进行混合调整，可以通过颜色的加减调整，重新匹配通道色调		渐变映射 实用程度：★★ 将图像转换为灰度图像，然后将相等的图像灰度范围映射到指定的渐变填充色，就是将渐变色映射到图像上
	阴影 / 高光 实用程度：★★★ 可单独调整画面暗调区域或高光区域的明暗程度，而不影响其他区域	颜色查找 实用程度：★ 从软件预设好的调色效果中选取一种，快速调色		HDR 色调 实用程度：★ 将图像转换为亮部、暗部细节都非常丰富，且色彩鲜艳的图像
	色调均化 实用程度：★ 调整特定区域或者整幅图片的图像亮度，以便调整不同像素范围的亮度级	可选颜色 实用程度：★★★ 可以在不影响其他主要颜色的情况下有选择地修改任何主要颜色中的印刷色数量		匹配颜色 实用程度：★ 将一幅图片的颜色赋予到另一幅图片中，可以轻松实现图像色调的转变
		替换颜色 实用程度：★★ 可以修改图像中选定色彩的色相、饱和度和明度，使之替换成其他的颜色		

高级拓展篇

8.2.1 色阶

功能速查

“色阶”可以配合图像直方图，调整画面明暗及色彩倾向。

（1）打开一张图片，该图片整体色调阴暗，明度不够，导致秀美的风景看起来不够明快，如图8-36所示。

图8-36

（2）单击“调整”面板中的“色阶”按钮，新建一个色阶调整图层，如图8-37所示。也可以执行“图像>调整>色阶”菜单命令或按Ctrl+L组合键，打开“色阶”窗口也可以进行调整。

图8-37

（3）因为画面偏暗，所以向左拖动白色滑块，或者在下方数值框内容输入数值，此时画面整体的亮度被提高，如图8-38所示。

图8-38

重点笔记

在直方图中从左至右是从暗到亮的像素分布，黑色滑块代表最暗的地方（纯黑），白色滑块代表最亮的地方（纯白），灰色滑块代表中间调。

（4）为了增加画面对比，让画面色调更加鲜明，可以向右拖动黑色滑块或在数值框内输入数值，使暗部变暗，增强画面对比度。此时画面效果如图8-39所示。

图8-39

色阶属性重点选项

预设：单击“预设”下拉列表，可以选择一种预设的色阶对图像进行调整。

自动：单击该按钮，Photoshop会自动调整图像的色阶，使图像的亮度分布更加均匀，从而达到校正图像颜色的目的。

通道：在“通道”下拉列表中可以选择一个通道来对图像进行调整（如RGB、红、绿、蓝通道），以校正图像的颜色。

在图像中取样以设置黑场：使用该吸管在图像中单击取样，可以将单击点处的像素调整为黑色，同时图像中比该单击点暗的像素也会变成黑色。

在图像中取样以设置灰场：使用该吸管在图像中单击取样，可以根据单击点像素的亮度来调整其他中间调的平均亮度。

在图像中取样以设置白场：使用该吸管在图像中单击取样，可以将单击点处的像素调整为白色，同时图像中比该单击点亮的像素也会变成白色。

8.2.2 曲线

功能速查

“曲线”命令通过调整曲线形状，对图像的明暗度以及色调进行调整。

（1）打开素材，当前画面色彩明度偏暗，且缺乏特色，如图8-40所示。

图8-40

（2）单击“调整”面板中的“曲线”按钮，随即会新建一个曲线调整图层，如图8-41所示。也可以执行“图像>调整>曲线”命令或者使用快捷键Ctrl+M，打开“曲线”窗口进行调整。

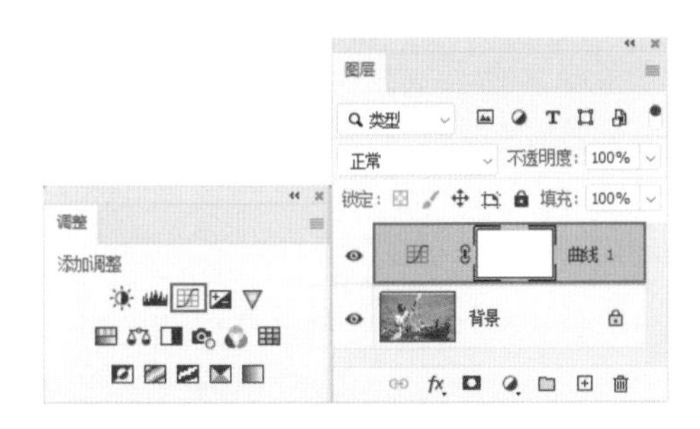

图8-41

（3）首先在曲线上单击添加控制点，然后按住鼠标左键向左上方拖动，随着拖动，曲线形态发生改变，画面整体的亮度被提高了，如图8-42所示。

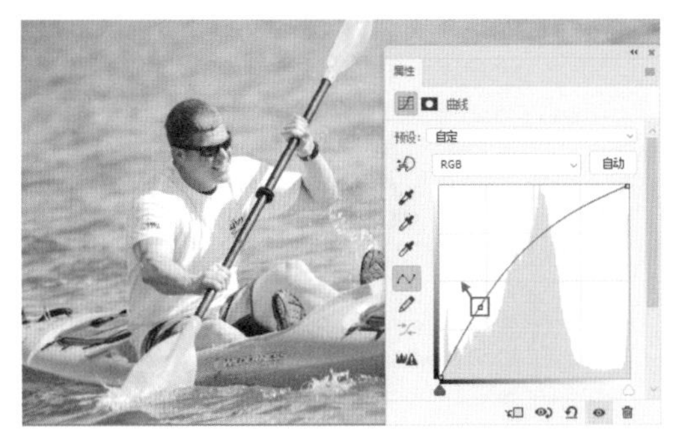

图8-42

（4）为了让画面看起更加清爽，可以向画面添加蓝色。设置通道为蓝色，将曲线向左上拖动，此时画面中蓝色的数量增加了，画面有了蓝色的色彩倾斜，如图8-43所示。

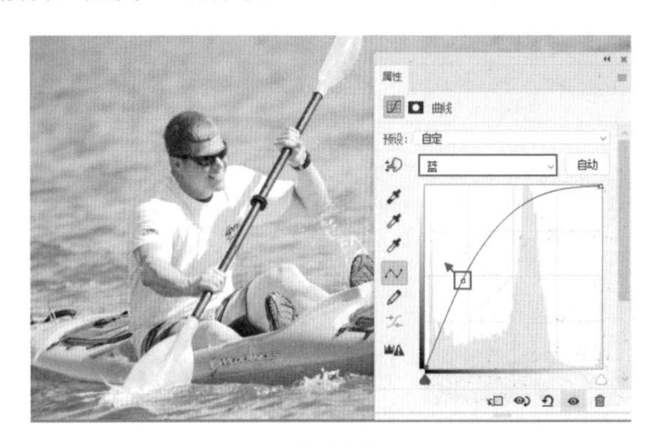

图8-43

（5）接着将光标移动至曲线左下角位置，按住鼠标左键向上拖动，可以增加阴影中的蓝色，让画面暗部呈现蓝紫色调，如图8-44所示。

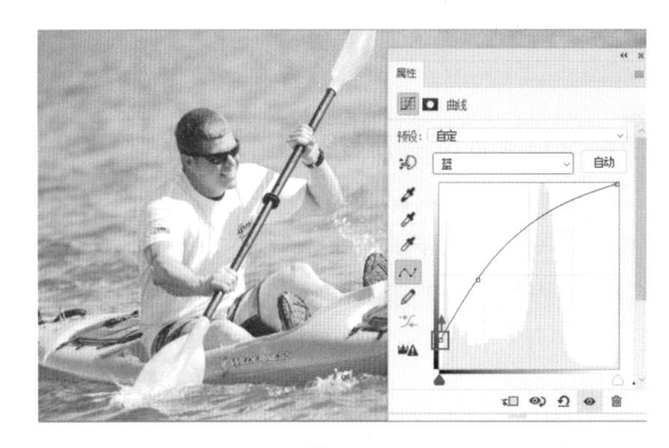

图8-44

（6）接着设置通道为绿色，然后在中间调位置单击添加控制点向左上拖动，可以增加画面中绿色的含量，此时画面倾向于青色调，效果如图8-45所示。常见曲线形态见表8-4。

图8-45

表 8-4　常见曲线形态

	曲线向上，画面整体亮度提高
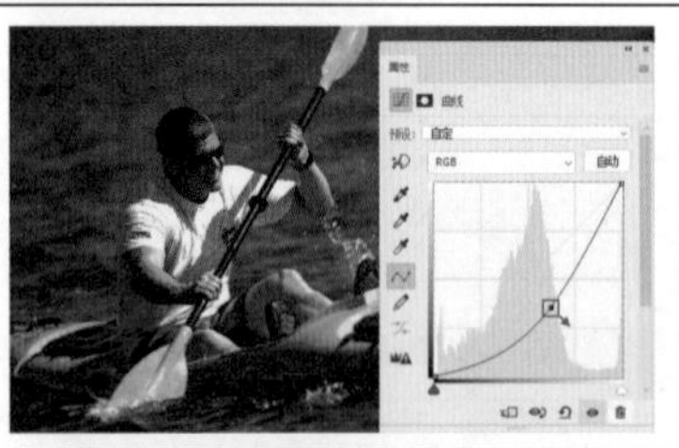	曲线向下画面整体亮度被压暗
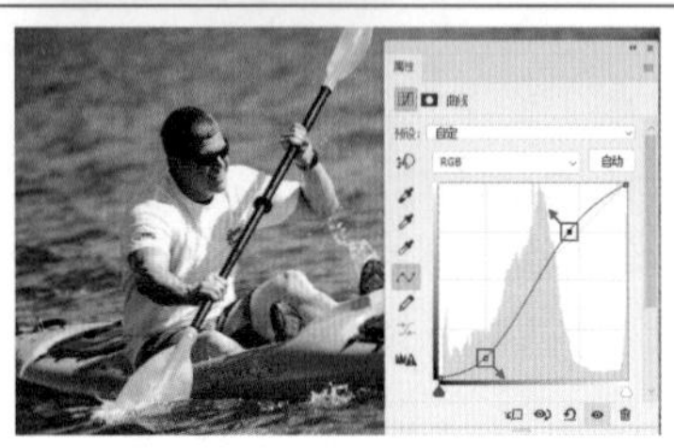	曲线调整为“S”形，高光位置被提亮，阴影位置被压暗，常用来增加画面对比度

重点笔记

以上规律适用于RGB模式图像，而针对于CMYK模式图像使用曲线命令得到的效果可能是恰恰相反的。在CMYK模式下，向左上调整曲线会使图像变暗，如图8-46所示；向右下拖动曲线，会使图像变亮，如图8-47所示。

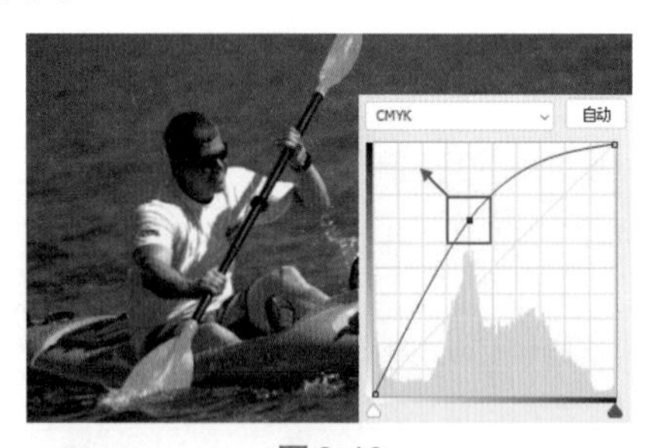

图8-46

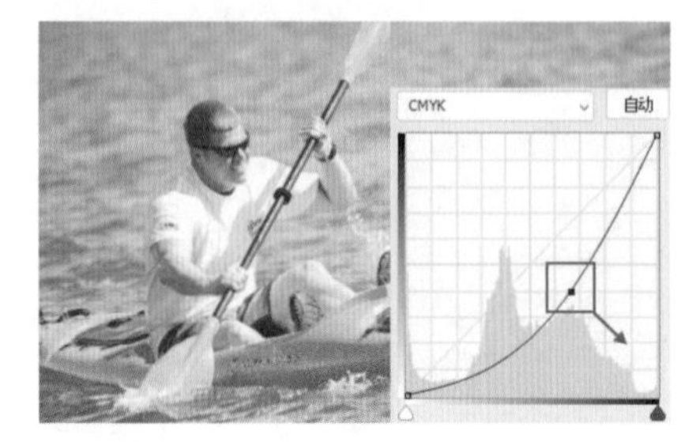

图8-47

8.2.3　曝光度

功能速查

“曝光度”命令可用于增强或减弱画面的曝光程度，使画面变亮或变暗。

（1）打开素材图片，这张图片偏灰、偏暗，很多细节都无法正常显示，如图8-48所示。

图8-48

（2）在“调整”面板中单击“曝光度”按钮新建一个“曝光度”调整图层。在属性面板中，“曝光度”数值用来调整画面的曝光度，向左拖动滑块，可以降低曝光度；向右拖动滑块可以提高曝光度。因为该图偏灰、偏暗，所以向右拖动滑块以提高曝光度，如图8-49所示。也可以执行“图像>调整>曝光度”命令在打开的“曝光度”窗口中进行调整。此时画面效果如图8-50所示。

图8-49

图8-50

曝光度属性重点选项

位移：该选项主要对阴影和中间调区域进行调整，对高光区域影响较小。向左移滑块，高光以外的区域变暗；向右移动滑块，高光以外的区域变亮。

灰度系数校正：用来减淡或加深图片中间调部分，向左移动滑块使中间调区域变亮；向右移动滑块，使中间调区域变暗。

8.2.4　色相/饱和度

功能速查

可以对图像的全部或是某个颜色进行色相、饱和度、明度的处理。

（1）打开素材图片，如图8-51所示。

图8-51

（2）在“调整”面板中单击“色相/饱和度”按钮新建一个“色相/饱和度”调整图层，如图8-52所示。

图8-52

（3）在属性面板中，默认是对全图进行调整，“色相”选项用来更改颜色，拖动滑块或输入数值进行参数的更改，如图8-53所示。也可以执行“图像>调整>色相/饱和度”命令或按Ctrl+U组合键，在打开的“色相/饱和度”窗口进行设置。此时画面效果如图8-54所示。

图8-53

图8-54

（4）“饱和度”选项用来设置色彩的饱和度。向左拖动滑块可以降低画面的颜色饱和度，如图8-55所示；向右拖动滑块可以增加画面的颜色饱和度，如图8-56所示。

图8-55

图8-56

（5）“明度”选用来设置色彩的明亮程度，向左拖动滑块可以降低画面的明度，如图8-57所示；向右拖动滑块可以提高画面的亮度，如图8-58所示。

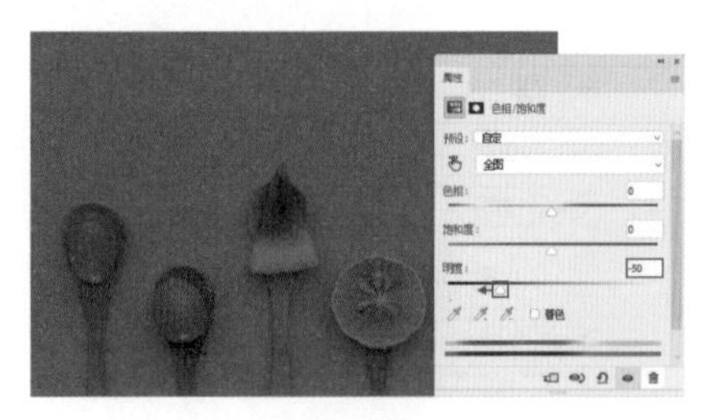

图8-57

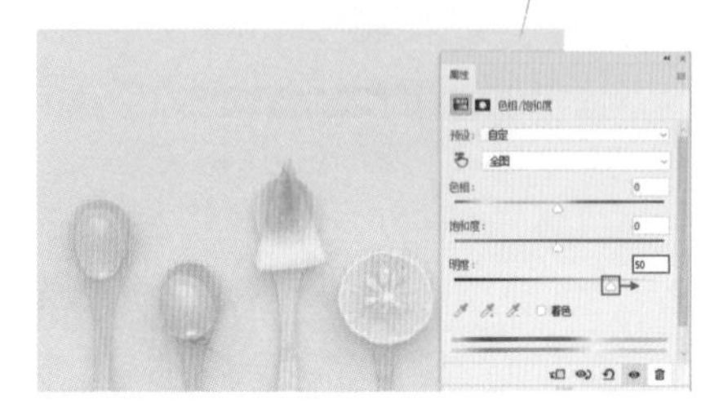

图8-58

（6）还可以对某种颜色进行单独的调整，例如设置颜色为“青色”，然后更改“色相”“饱和度”和“明度”数值，效果如图8-59所示。

图8-59

色相/饱和度属性重点选项

：单击按钮，然后在图像上某个需要调整的颜色处，按住鼠标左键向右拖动可以增加图像的饱和度，向左拖动可以降低图像的饱和度，如图8-60所示。

图8-60

着色：该选项可以制作单色调照片。勾选该项，拖动“色相”滑块可以设置单色照片的颜色，然后更改“饱和度”和“明度”可调整画面颜色的鲜艳程度及亮度，如图8-61所示。

图8-61

8.2.5 色彩平衡

功能速查

运用补色的原理，控制图像的颜色分布。

在“色彩平衡”命令中可以单独调色阴影、中间调和高光区域的色调，而对每种色调的调整是通过对三组互补颜色的成分的增加或减少而实现的。这三组互补色分别是青色-红色、洋红-绿色、黄色-蓝色。增加某一种颜色就意味着减少它的补色。

（1）打开素材图片，单击“调整”面板中的“色彩平衡”按钮，新建一个“色彩平衡”调整图层，如图8-62所示。也可以执行“图像>调整>色彩平衡”菜单命令或按下快捷键Ctrl+B，在打开的“色彩平衡”窗口进行设置。

图8-62

（2）首先在色调列表中选择需要调整的范围，包含“阴影”“中间调”和“高光”，如图8-63～图8-65所示为分别为“阴影”“中间调”和“高光”增加黄色以后的效果。增加了黄色就相当于减少了蓝色。

图8-63

图8-64

图8-65

（3）勾选“保留明度”后，可以在调整图像颜色倾向的同时保持图像各部分原有的明亮程度，如图8-66所示。

图8-66

8.2.6　通道混合器

功能速查

“通道混合器”命令可以对构成画面的各个通道中的内容进行混合，从而改变画面颜色。

（1）想要理解“通道混合器”的操作原理，首先要明白，RGB模式的图像是由红、绿、蓝三种颜色构成的，如图8-67所示。

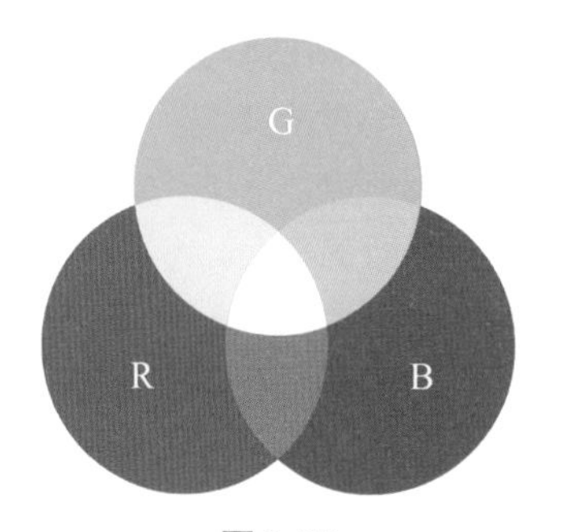

图8-67

（2）画面中每个像素块所呈现出的色彩都是由不同含量的红、绿、蓝三种颜色混合而成的，如图8-68所示。

图8-68

重点笔记

不同颜色模式的图像，在“通道混合器”中的输出通道以及可设置的颜色都不相同。例如RGB颜色模式图像可设置的通道为红、绿、蓝，而CMYK图像能够设置的通道则是青色、洋红、黄色、黑色。

（3）每个颜色的含量信息需要通过通道中的黑白关系记录下来。简单来说，每个通道中的每个像素块的明暗程度就是用来记录此处该通道颜色的数量。越靠近白色表示该颜色成分越多，越接近黑色，则表示该颜色含量越少。所以不同的颜色通道，其黑白效果也略有不同，如图8-69所示。

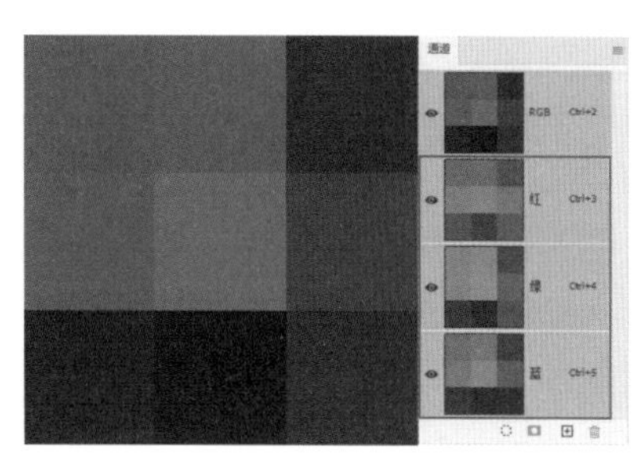

图8-69

（4）“通道混合器”命令可以将当前图像的不同颜色通道中的内容相互混合。一旦某一通道的黑白关系发生改变，该通道所代表的颜色成分也会发生变化，从而改变画面的颜色。例如向红通道中覆盖一定量的绿通道中的黑白信息，或直接将蓝通道中的信息完全覆盖到红通道中。打开素材图片，单击“调整”面板中的“通道混合器”按钮，新建一个“通道混合器”调整图层，如图8-70所示。

图8-70

（5）例如设置“输出通道”为“绿”，此时红色、蓝色数值均为0，绿色数值为100%，如图8-71所示。红绿蓝三个通道内容各不相同，表示构成画面的红、绿、蓝三色成分分布的不同，通道内容如图8-72所示。

图8-71　图8-72

（6）将绿通道中的绿色数值调整为零，如图8-73所示。此时就相当于绿色通道变为黑色，如图8-74所示。画面中完全去除了绿色的成分，呈现出绿色的补色——洋红色，如图8-75所示。

（7）接着增大红色的数值，设置为50%，如图8-76所示。就相当于将红通道的内容以50%的透明度复制到绿通道上，如图8-77所示。随着绿通道中内容的出现，画面中出现了部分的绿色成分，大量的洋红色被中和了一些，如图8-78所示。

图8-73　图8-74

图8-75

图8-76　图8-77

图8-78

（8）继续将“蓝色”数值设置为50%，如图8-79所示。随后绿通道又被覆盖上了50%透明度的蓝通道，如图8-80所示。此时绿通道的总计数达到了100%，画面的明度恢复正常，但色彩发生了变化，如图8-81所示。

图8-79

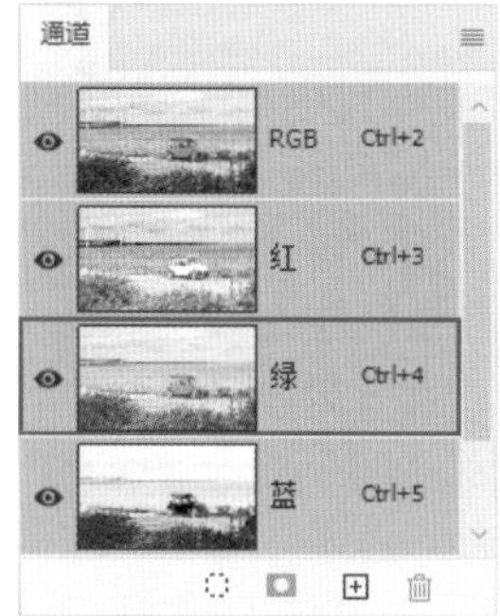

图8-80

图8-81

重点笔记

调整各个颜色的参数时，要注意各个颜色数量相加后等于100时才能够保证图像的明度关系不会发生奇怪的变化。也就是要注意“总计”的数值。如果“总计”数值大于100%，则有可能会丢失一些阴影和高光细节。

“常数”用来设置输出通道的灰度值，负值可以在通道中增加黑色，正值可以通道中增加白色。

（9）勾选“单色”选项以后，图像将变成黑白效果，并且“输出通道”变为灰色。可以通过调整滑块数值调整图片高光及阴影，如图8-82所示。

图8-82

8.2.7　颜色查找

功能速查

在“颜色查找”命令中有多个预设好的调色效果，通过这些调色效果可以进行快速调色。

（1）打开素材图片，单击“调整”面板中的“颜色查找”按钮▦，新建一个“颜色查找”调整图层，如图8-83所示。也可以执行“图像>调整>颜色查找”菜单命令，在打开的“颜色查找”窗口中进行设置。

图8-83

（2）在属性面板中，单击选择用于颜色查找的方式，并在列表中选择合适的类型，选择完成后可以看到图像整体颜色发生了风格化的效果，如图8-84所示。此时画面效果如图8-85所示。

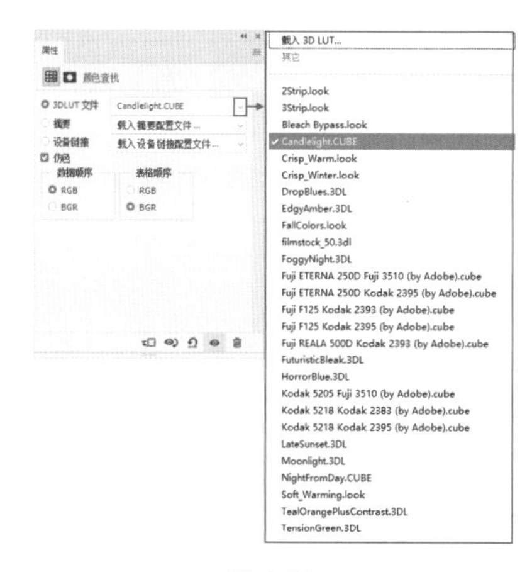

图8-84

图8-85

8.2.8 反相

功能速查

“反相”命令可以将图像中的某种颜色转换为它的补色，从而创建出负片效果。即原来的黑色变成白色，原来的白色变成黑色，彩色也会变为其反相的颜色。

图8-86

（1）将素材图片打开，如图8-86所示。

（2）单击“调整”面板中的“反相”按钮，新建一个“反相”调整图层，无需调整参数即可看到反相的效果，如图8-87所示。也可以执行“图像>调整>反相”菜单命令即可看到反相效果。

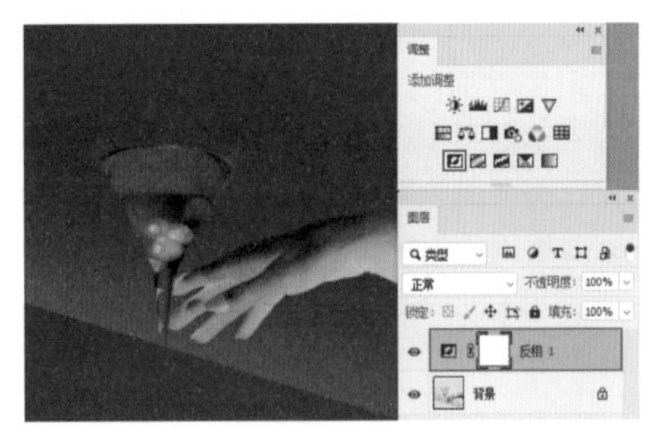
图8-87

重点笔记

“反相”命令是一个可以逆向操作的命令，例如对一张图像执行“反相”命令，创建出负片效果，再次对负片图像执行“反相”命令，又会得到原来的图像。

8.2.9 色调分离

功能速查

“色调分离”命令可以指定图像中每个通道的色调级数目或亮度值，然后将像素映射到最接近的匹配级别。

（1）将素材图片打开，单击“调整”面板中的“色调分离”按钮，新建一个“色调分离”调整图层，如图8-88所示。也可以执行“图层>调整>色调分离”命令，在打开的“色调分离”窗口中进行设置。

图8-88

（2）在属性面板中，拖动“色阶”滑块调整操作，数值越小，分离的色调越多；数值越大，保留的图像细节就越多，如图8-89所示。此时画面效果如图8-90所示。

图8-89

图8-90

8.2.10 阈值

功能速查

“阈值”命令将删除图像中的色彩信息，将其转换为只有黑白两种颜色的图像。

“阈值”是基于图片亮度的一个黑白分界值，比该阈值亮的区域全部变为白色，暗的区域全部变为黑色。

（1）将素材图片打开，单击“调整”面板中的“阈值”按钮，新建一个“阈值”调整图层，如

图8-91所示。也可以执行“图层>调整>阈值”命令，在打开的“阈值”窗口中进行设置。

图8-91

（2）在属性面板中拖动滑块或输入“阈值色阶”数值可以指定一个色阶作为阈值，如图8-92所示。“阈值”效果如图8-93所示。

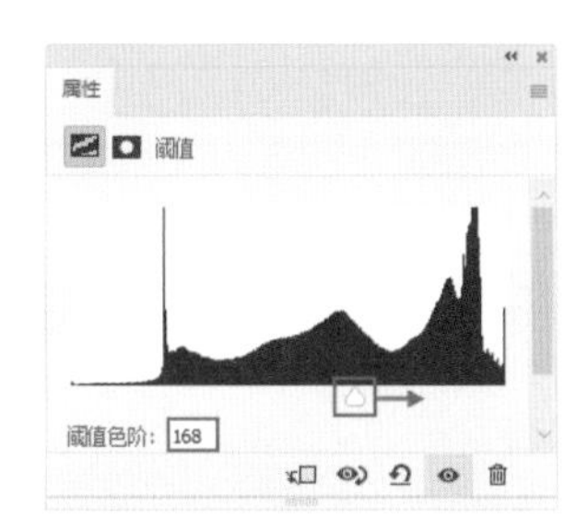

图8-92

图8-93

8.2.11　渐变映射

功能速查

“渐变映射”的工作原理是将图像转换为灰度图像，然后将相等的图像灰度范围映射到指定的渐变填充色，就是将渐变色映射到图像上。

（1）将素材图片打开，单击“调整”面板中的“渐变映射”按钮，新建一个“渐变映射”调整图层，如图8-94所示。也可以执行“图层>调整>渐变映射”命令，在打开的“渐变映射”窗口进行设置。

图8-94

（2）在属性面板中单击渐变色条可以打开“渐变编辑器”窗口，接着可以编辑渐变颜色，如图8-95所示。

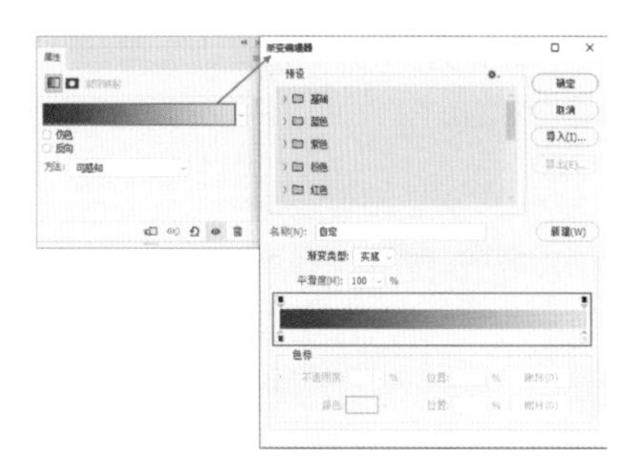

图8-95

（3）渐变色中左侧的颜色会用来替换图像中暗部的颜色。渐变编辑完成后，渐变映射效果如图8-96所示。靠近右侧的颜色会替换为亮部的颜色。

图8-96

（4）在属性面板中勾选“反向”命令，渐变的方向就发生了逆转，所以画面产生的效果也发生相应的变化，如图8-97所示。

图8-97

8.2.12 可选颜色

功能速查

“可选颜色”命令可以在图像中的每个主要原色成分中更改印刷色的数量，也可以在不影响其他主要颜色的情况下有选择地修改任何主要颜色中的印刷色数量。

（1）将素材图片打开，单击“调整”面板中的“可选颜色”按钮，新建一个“可选颜色”调整图层，如图8-98所示。也可以执行“图层>调整>可选颜色”命令，在打开的“可选颜色”窗口进行设置。

图8-98

（2）接下来通过“可选颜色”让草更绿，天更蓝。首先设置颜色为“黄色”，向右滑动“青色”滑块或输入数值，增加画面中的青色。接着向右滑动“洋红”滑块或输入数值，此时画面中绿色区域（草地、树）颜色变得更绿了，如图8-99所示。

图8-99

（3）接下来调整天空颜色。设置颜色为“蓝色”，向右拖动“青色”滑块或输入数值增加画面中的青色，接着向右拖动“洋红”滑块或输入数值增加画面中的洋红色，此时画面中蓝色区域（天空）颜色变得更蓝，如图8-100所示。

图8-100

拓展笔记

在“可选颜色”底部选择“相对”方式，可以根据颜色总量的百分比来修改青色、洋红、黄色和黑色的数量；选择“绝对”方式，可以采用绝对值来调整颜色。根据以上数值，依次对比“相对”与“绝对”的差异，如图8-101所示。

勾选“相对” 勾选“绝对”

图8-101

8.2.13 阴影/高光

功能速查

“阴影/高光”命令常用于修复图像阴影、高光区域过暗或过亮的情况。

“阴影/高光”命令不是简单地使图像变亮或变暗，而是基于暗调或高光中的周围像素变亮或变暗，主要用来美化处于阴影内或逆光拍摄的照片。

（1）将素材图片打开，由于拍摄环境的影响，画面中暗部太暗，亮度又有些亮，导致细节缺失，如图8-102所示。

图8-102

（2）执行“图像>调整>阴影/高光”命令打开“阴影/高光”窗口。阴影“数量”选项用来控制阴影区域的亮度，数值越大，阴影区域就越亮。向右拖动“阴影”数量滑块可以提高阴影的亮度，如图8-103所示。此时画面暗部的细节看得更加清楚，如图8-104所示。

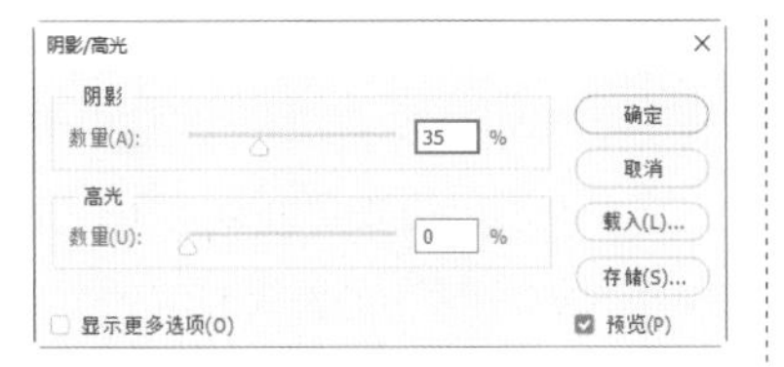

图8-103

（3）高光“数量”选项用来控制高光区域的变暗程度，数值越大，高光区域越暗。向左拖动高光“数量”滑块，高光区域变暗，同时高光区域细节也更加丰富了，如图8-105所示。

图8-104

图8-105

重点笔记

在“阴影/高光”窗口中勾选“显示更多选项”选项，可以显示隐藏的选项，如图8-106所示。

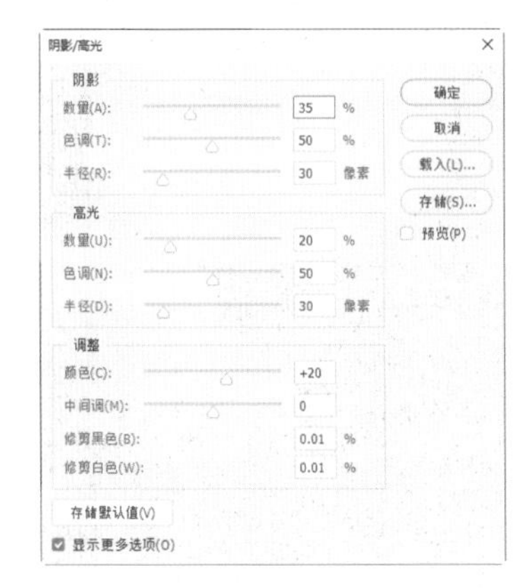

图8-106

8.2.14　HDR色调

功能速查

“HDR色调”即高动态范围，通常在摄影作品中使用，此效果最为突出的特点就是亮部暗部细节都非常丰富。

（1）将素材图片打开，如图8-107所示。

图8-107

（2）执行“图像>调整>HDR色调”命令，打开“HDR色调”窗口，如图8-108所示。此时图像会自动调整色调，此时画面效果如图8-109所示。

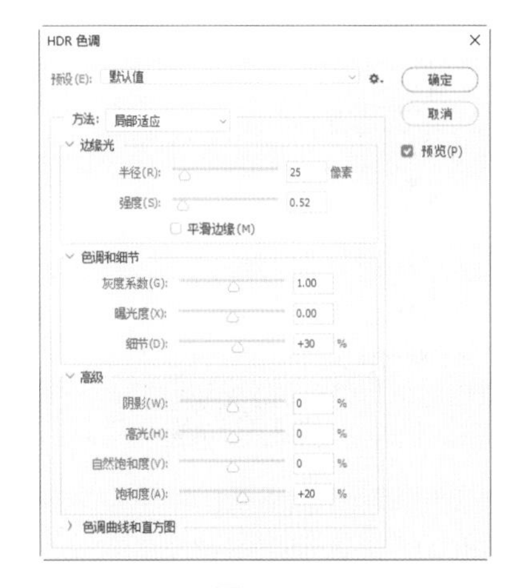

图8-108

图8-109

重点笔记

当文档内有两个或两个以上图层时，执行“HDR色调”命令后会弹出“脚本警告”窗口，阅读警告内容，单击“是”按钮后将会合并图层，然后进行HDR调色；单击“否”按钮可以关闭该窗口，停止调色操作，如图8-110所示。

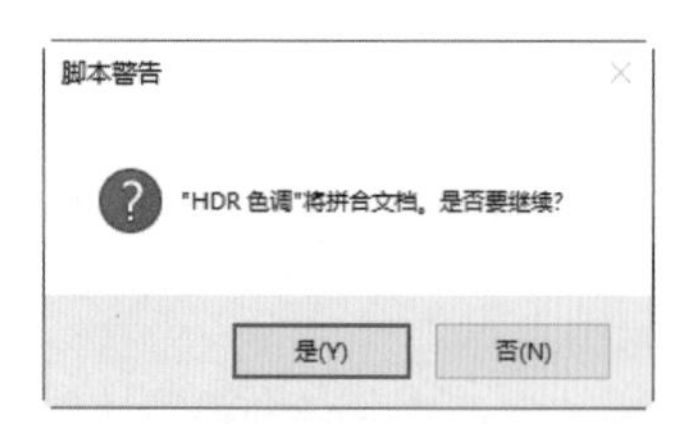

图8-110

“HDR色调”面板重点选项

预设：在下拉列表中可以选择预设的HDR效果，既有黑白效果，也有彩色效果，如图8-111所示。

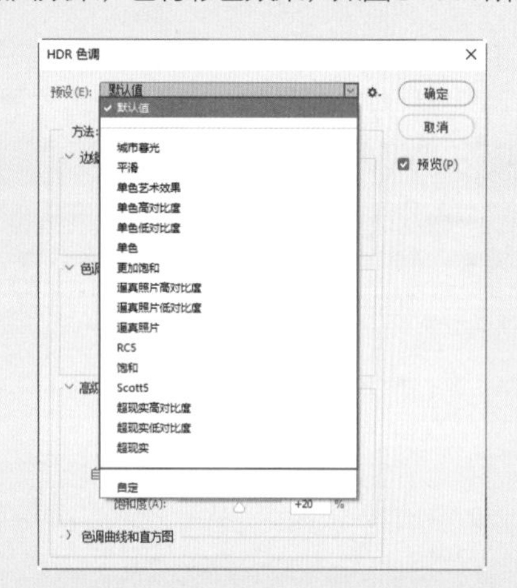

图8-111

方法：选择调整图像采用何种HDR方法。

边缘光：该选项组用于调整图像边缘光的强度，强度越大，画面细节越突出。图8-112与图8-113所示依次为强度为0.5和4时的对比效果图。

图8-112

图8-113

色调和细节：调节该选项组中的选项可以使图像的色调和细节更加丰富细腻。

高级：在该选项组中可以控制画面整体阴影、高光以及饱和度。

色调曲线和直方图：该选项组的使用方法与“曲线”命令的使用方法相同。

8.2.15 匹配颜色

功能速查

“匹配颜色”命令是将一幅图片的颜色赋予到另一幅图片中，使用“匹配颜色”命令可以便捷地更改图像颜色。

（1）将素材1.psd打开，在该文件中有两个图层，如图8-114所示。

图8-114

重点笔记

原图与用于匹配的图像可以为两个独立文件，也可以匹配同一个文档中的不同图层。

（2）接着对背景图层进行调色，为了保护原始图层，可以将背景图层复制一份并移动至所有图层的最上方，如图8-115所示。

（3）选中拷贝的图层，接着执行“图像>调整>匹配颜色”命令，打开“匹配颜色”窗口。首先设置“源”为本文档，接着设置“图层”为“2”，单击“确定”按钮提交操作，如图8-116所示。

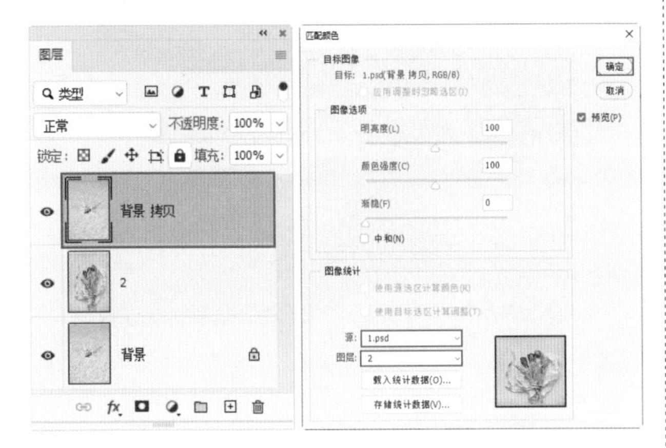

图8-115　　图8-116

（4）此时画面色调从青色调变为了粉色，效果如图8-117所示。

图8-117

8.2.16 替换颜色

功能速查

“替换颜色”命令可以修改图像中选定色彩的色相、饱和度和明度，使之替换成其他的颜色。

（1）将素材图片打开，接下来为天空更改颜色，如图8-118所示。

图8-118

（2）执行“图像>调整>替换颜色”命令，打开“替换颜色”窗口。首先设置需要被替换的颜色，单击“吸管工具”，然后将光标移动至画面中天空的位置单击拾取颜色。在“颜色”选项中可以看到所选择的颜色。“颜色容差”选项用来调整颜色选取的范围，数值越大颜色选取范围越大。在拖动“颜色容差”滑块的过程中可以观察下方的缩览图，当选择位置（也就是天空区域）变为白色后表示其被选中，如图8-119所示。

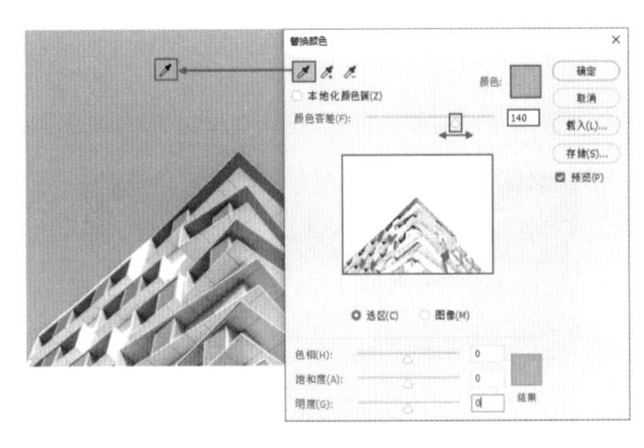

图8-119

（3）编辑替换的颜色，可以通过“色相”“饱和度”和“明度”滑块编辑替换颜色，在“结果”选项中查看替换的颜色。设置完成后单击“确定”按钮提交操作，如图8-120和图8-121所示。

图8-120

图8-121

重点笔记

也可以直接单击“结果”色块，在弹出的“拾色器”中直接设置替换后的颜色。

8.2.17 色调均化

功能速查

“色调均化”命令可以调整选项区域或者调整整幅图片的图像亮度，以便调整不同像素范围的亮度级。

（1）将素材图片打开，如图8-122所示。

图8-122

（2）执行“图像>调整>色调均化”命令，画面各部分的亮度发生了变化，层次感增强，而色彩并没有发生变化，如图8-123所示。

图8-123

（3）若画面中存在选区，如图8-124所示。执行“图像>调整>色调均化”命令，随即会弹出“色调均化”窗口，如图8-125所示。

图8-124

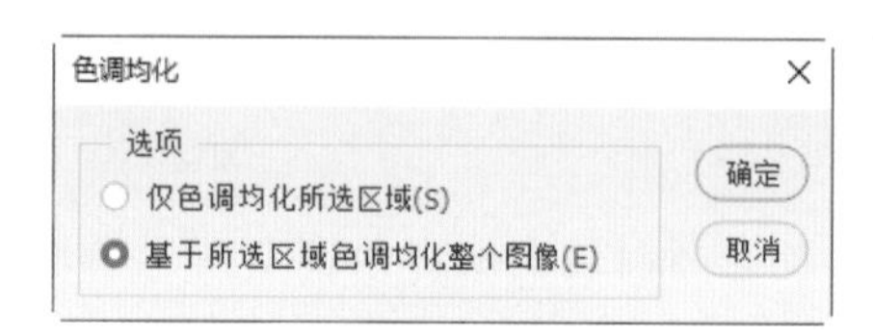

图8-125

（4）若选择“仅色调均化所选区域”选项，则仅均化选区内的像素；若选择“基于所选区域色调均化整个图像”选项，则可以按照选区内的像素均化整个图像的像素，如图8-126所示。

仅色调均化所选区域

基于所选区域色调均化整个图像

图8-126

8.3 调色命令应用实战

8.3.1 实战：轻松美白

文件路径

实战素材/第8章

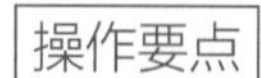

操作要点

使用曲线调整图层单独提亮人物

案例效果

图8-127

操作步骤

（1）执行“文件>打开”命令，打开素材1，如图8-128所示。此时可以看到画面整体比较偏暗，人物在画面中也并不突出，所以需要对人物进行提亮。

图8-128

（2）执行“图层>新建调整图层>曲线”命令，在弹出的窗口中单击“确定”按钮，新建一个“曲线”调整图层。接着打开“属性”面板，在曲线中间位置单击添加控制点，并将其向上拖动，提亮画面，如图8-129所示。

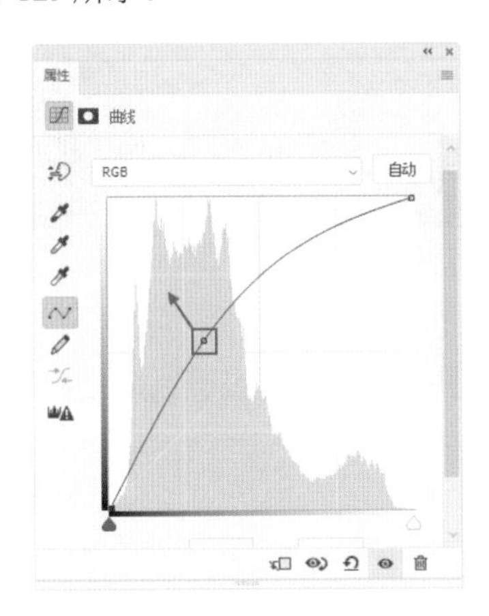

图8-129

（3）选中下方的控制点，将其向右拖动，增强画面对比度，如图8-130所示。效果如图8-131所示。

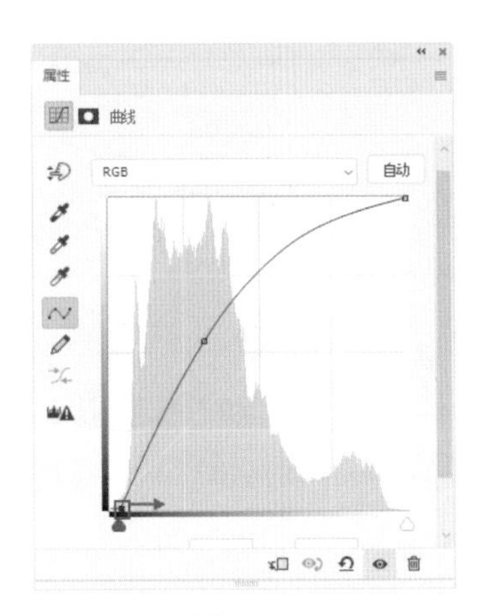

图8-130

图8-131

（4）此时可以看到整个画面都被提亮了，但背景过于明亮，所以需要对提亮的范围进行控制，使其作用于人像。选中“曲线”调整图层的蒙版，选择工具箱中的“画笔工具”，在选项栏中设置合适大小的柔边圆画笔，并设置“不透明度”为80%，如图8-132所示。

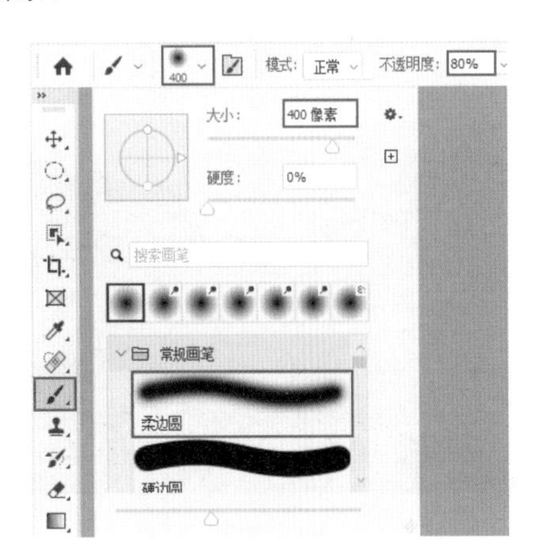

图8-132

（5）单击选择曲线调整图层的图层蒙版，将前景色设置为黑色，然后在背景位置涂抹，隐藏背景位置的调色效果，如图8-133所示。

图8-133

（6）继续进行涂抹，将皮肤以外的调色效果隐藏。效果如图8-134所示。

图8-134

8.3.2 实战：照片暗部看不清怎么办

文件路径

实战素材/第8章

操作要点

使用阴影\高光命令单独提亮画面暗部

案例效果

图8-135

操作步骤

（1）执行“文件>打开”命令，打开素材1，如图8-136所示。此时可以看到照片中暗部区域比较暗，造成细节缺失，无法辨识的现象，所以需要对暗部进行调整，但如果进行整体提亮，有可能造成亮光曝光。

图8-136

（2）执行“图像>调整>阴影\高光”命令，在弹出的“阴影\高光”窗口中，设置“数量”为80%，并单击“确定”按钮，如图8-137所示。

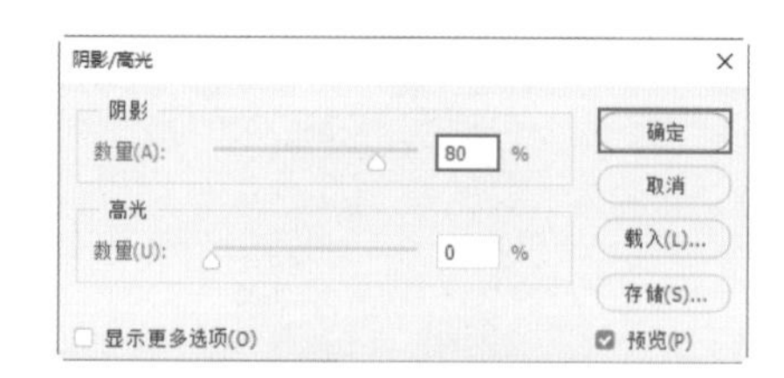

图8-137

（3）暗部被提亮，细节更丰富，且画面亮部区域没有受到影响，本案例制作完成，效果如图8-138所示。

图8-138

8.3.3 实战：快速更改产品颜色

文件路径

实战素材/第8章

操作要点

使用色相/饱和度调整图层，更改画面中某一种颜色的色相

案例效果

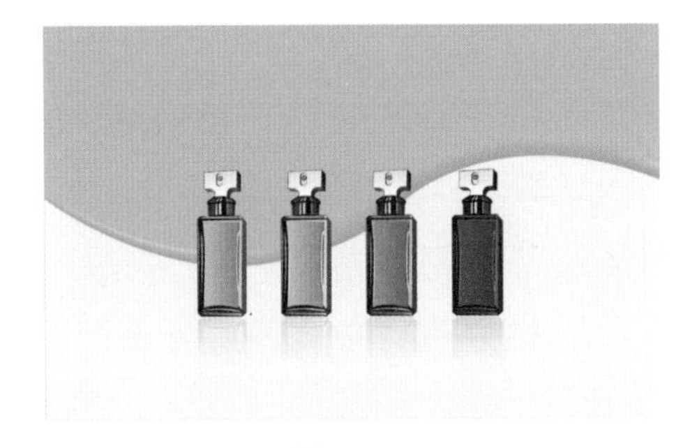

图8-139

操作步骤

（1）执行“文件>打开”命令，打开素材1，如图8-140所示。此时可以看到照片中四个产品的颜色相同，要想快速更改产品颜色，就需要调整色彩的色相属性。

图8-140

（2）选中第二个产品图层，执行“图层>新建调整图层>色相/饱和度”命令，在弹出来的窗口中单击“确定”按钮，即可新建一个“色相/饱和度”调整图层。接着在打开的“属性”面板中设置“色相”为-110，单击下方的“此调整剪切到此图层”按钮，如图8-141所示。此时该调整图层只作用于第二个产品图层，如图8-142所示。效果如图8-143所示。

图8-141　　图8-142

图8-143

（3）使用同样的方法调整另外两个产品。本案例制作完成，效果如图8-144和图8-145所示。最终效果如图8-146所示。

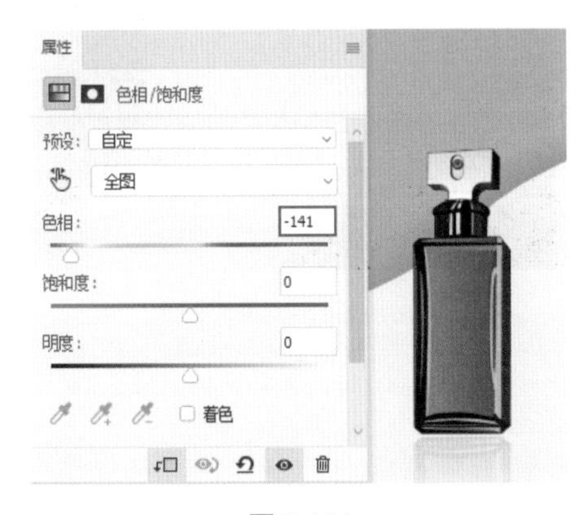

图8-144

图8-145

图8-146

8.3.4 实战：改变画面局部颜色

文件路径

实战素材/第8章

操作要点

1. 使用色相/饱和度改变花朵的颜色
2. 使用自然饱和度增加叶子的鲜艳程度
3. 使用调整图层蒙版控制调色范围

案例效果

图8-147

操作步骤

（1）执行“文件>打开”命令，打开素材1，如图8-148所示。此时可以看到花朵颜色呈现黄绿色，而叶子的绿色不够浓郁且色彩饱和度也偏低。

图8-148

（2）执行“图层>新建调整图层>色相/饱和度”命令，在弹出来的窗口中单击“确定”按钮，即可新建一个“色相/饱和度”调整图层。接着在打开的“属性”面板，设置颜色为黄色，设置“明度”为+70，如图8-149所示。效果如图8-150所示。

（3）选中该图层蒙版，如图8-151所示。选择“画笔工具”，在选项栏中设置合适大小的柔边圆画笔，并设置“不透明度”为70%，设置完成后在右侧的叶子部分按住鼠标左键进行涂抹，如图8-152所示。

图8-149

图8-150

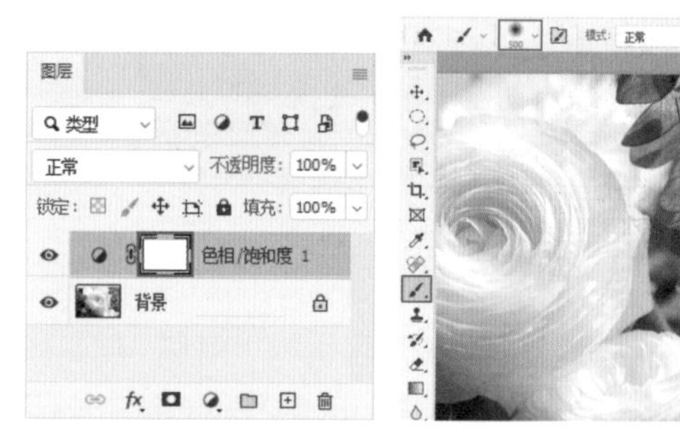

图8-151　图8-152

（4）继续使用“画笔工具”在蒙版中叶子部分涂抹。为了使涂抹的范围更加精准，可以适当调整画笔大小与不透明度，此时效果如图8-153所示。

图8-153

（5）执行“图层>新建调整图层>自然饱和度”命令，在弹出的窗口中单击“确定”按钮，即可新建“自然饱和度”调整图层。接着在打开的“属性”面板中，设置“自然饱和度”为100，“饱和度”为50，如图8-154所示。效果如图8-155所示。

图8-154

图8-155

（6）选中该图层蒙版，选择工具箱中的“画笔工具”，在选项栏中设置合适大小的柔边圆画笔，设置“不透明度”为70%。设置完成后在画面中间的花朵上进行涂抹，使花朵还原回之前的效果，如图8-156所示。

图8-156

（7）继续使用“画笔工具”在画面中其他花朵的位置进行涂抹。本案例制作完成，效果如图8-157所示。

图8-157

8.3.5　实战：配合颜色取样器解决偏色问题

文件路径

实战素材/第8章

操作要点

1. 使用颜色取样器与信息面板观测偏色情况
2. 使用色彩平衡解决图片偏色问题

案例效果

图8-158

操作步骤

（1）执行“文件>打开”命令，打开素材1，如图8-159所示。此时可以看到整体画面出现了较为严重的偏色问题，所以需要对其进行颜色校正。

图8-159

（2）为了精准调整图片偏色，可以利用“信息”面板查看图片的颜色倾向。执行“窗口>信息”命令，打开“信息”面板，如图8-160所示。

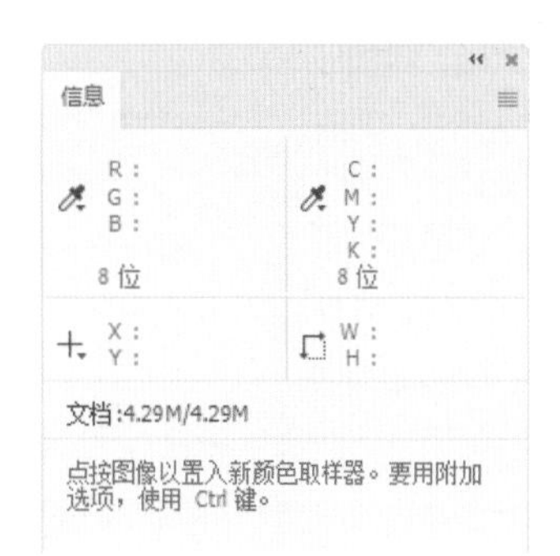

图8-160

（3）首先可以在画面中选区最亮点与最暗点进行颜色取样，查看“RGB”。选择工具箱中的“颜色取样器工具”，在地面与天空的交界处单击取样，此处应该是纯白色。接着在人物裤子处单击进行取样，此处应该为黑色，如图8-161所示。

图8-161

（4）在“信息”面板中观察取样点#1、取样点#2的RGB数值。由于这两处为无彩色，所以RGB数值应该比较接近。但是在该面板中可以看到这两个取样点的R数值都偏高，说明图片整体偏红，如图8-162所示。

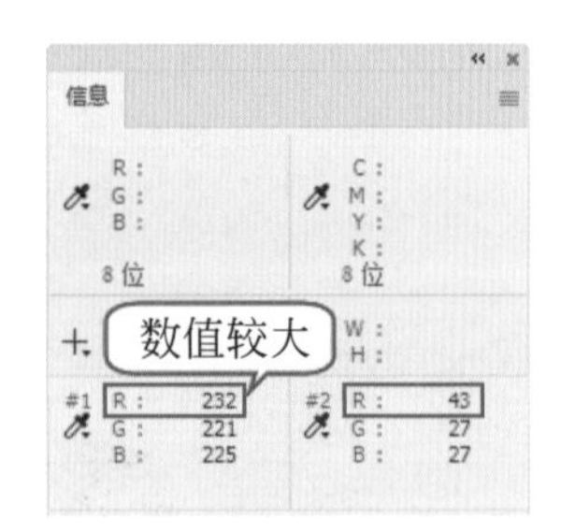

图8-162

（5）接着执行“图层>新建调整图层>色彩平衡”命令，在弹出的窗口中单击“确定”按钮，即可新建一个“色彩平衡”调整图层。接着在打开的“属性”面板中设置“色调”为“中间调”，“青色-红色”为-34，此时可以看到“信息”面板中的“R”数值明显变小了，如图8-163所示。

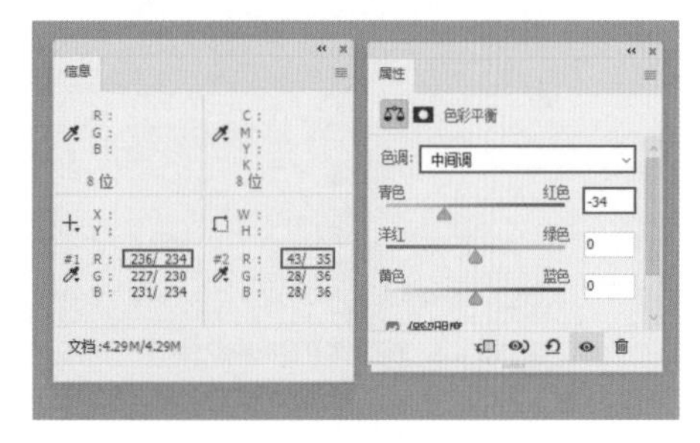

图8-163

（6）接着在“色彩平衡”窗口中设置“洋红-绿色”为3，“黄色-蓝色”为-6，如图8-164所示。

图8-164

（7）在该面板中设置“色调”为“阴影”，“青色-红色”为3，“黄色-蓝色”为6，如图8-165所示。此时可以看到天空的白云部分颜色还有偏差，仍需调整。

图8-165

（8）设置“色调”为“高光”，“青色-红色”为-8，“洋红-绿色”为-3，“黄色-蓝色”为-8，如图8-166所示。

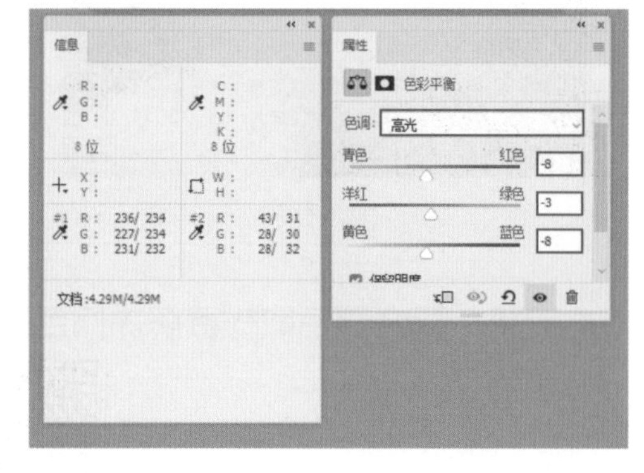

图8-166

本案例制作完，效果如图8-167所示。

图8-167

8.3.6 实战：人物照片变身海报

文件路径

实战素材/第8章

操作要点

1. 使用黑白调整图层制作黑白画面
2. 在调整图层蒙版中还原局部色彩

案例效果

图8-168

操作步骤

（1）执行“文件>打开”命令，打开素材1，如图8-169所示。

（2）执行“图层>新建调整图层>黑白”命令，在弹出的窗口中单击“确定”按钮，即可新建一个“黑白”调整图层，即可将图片调整为黑白照片，效果如图8-170所示。

图8-169

图8-170

（3）选中图层蒙版，选择工具箱中的“画笔工具”，在选项栏中设置合适大小的柔边圆画笔，设置“前景色”为黑色，然后在人物眼珠与嘴唇上进行涂抹，显示出带有色彩的效果，如图8-171所示。

图8-171

（4）执行“文件>置入嵌入对象”命令，将素材2置入当前画面中，将其栅格化的同时使其铺满整个画面，并在图层面板中设置“不透明度”为40%，如图8-172所示。

图8-172

（5）选择工具箱中的“横排文字工具”，在人物上键入文字，如图8-173所示。

图8-173

（6）选中文字，执行“窗口>字符”命令，打开“字符”面板，设置“字间距”为-51，“垂直缩放”为153%，“水平缩放”为131%，“基线偏移”为113点，单击“仿粗体”按钮，如图8-174所示。

（7）在图层面板中设置“不透明度”为80%，如图8-175所示。效果如图8-176所示。

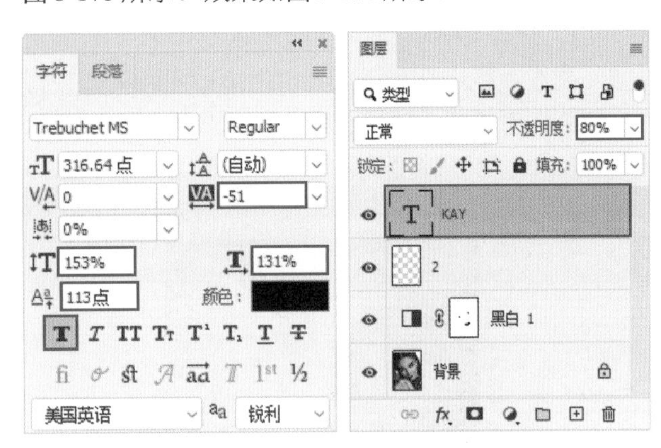

图8-174　　图8-175

图8-176

（8）继续使用同样的方法在画面中键入其他文字。本案例制作完成，效果如图8-177所示。

图8-177

8.3.7 实战：多彩青春色调

文件路径

实战素材/第8章

操作要点

使用照片滤镜调整图层，单独调整每部分色彩

案例效果

图8-178

操作步骤

（1）执行“文件>新建”命令，新建一个大小合适的横向空白文件，如图8-179所示。

图8-179

（2）执行“文件>置入”命令，在弹出的“置入”窗口中选择素材1，单击置入按钮，并放到适当位置，按Enter键完成置入，接着执行“图层>栅格化>图层”命令，将该图层栅格为普通图层，如图8-180所示。

图8-180

（3）接下来需要从照片中提取四块图像作为独立图层。单击工具箱中的“多边形套索工具”在画面中右下角绘制出梯形选区，如图8-181所示。

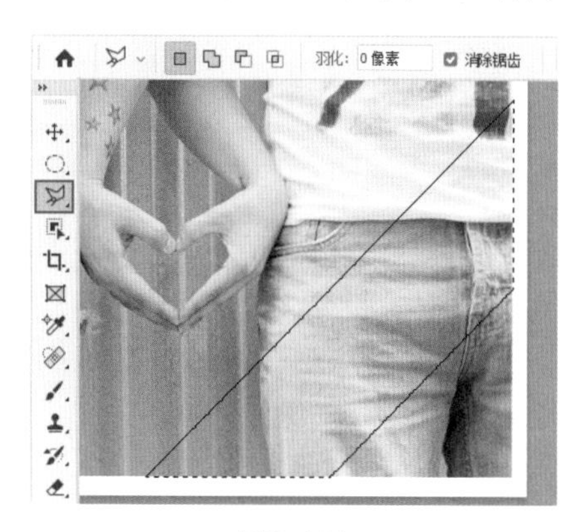

图8-181

（4）使用组合键Ctrl+C拷贝选区，Ctrl+V粘贴出选区中的内容。为了方便查看拷贝出的第一块图像，可以先将原图层关闭，如图8-182所示。

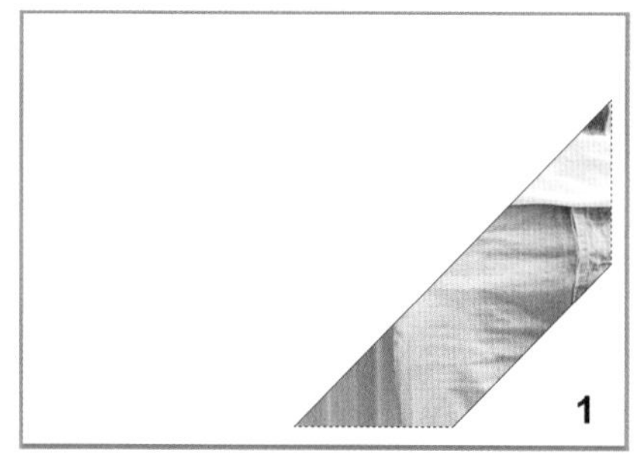

图8-182

（5）使用同样的方法绘制出第二块选区，如图8-183所示。

图8-183

（6）使用快捷键Ctrl+J将选区内的内容拷贝为独立图层，如图8-184所示。

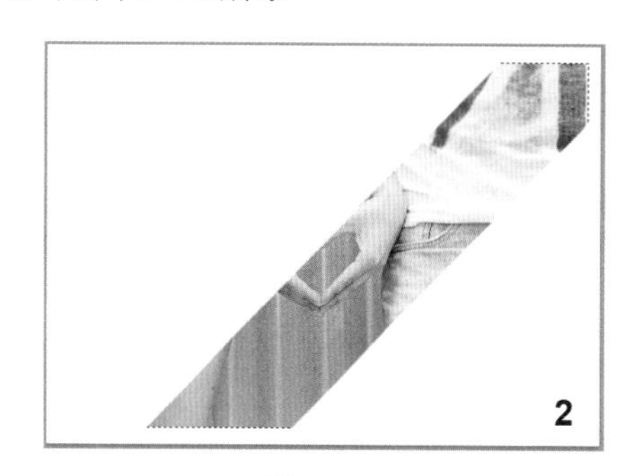

图8-184

（7）继续使用同样的方法制作出第三块和第四块选区，如图8-185所示。

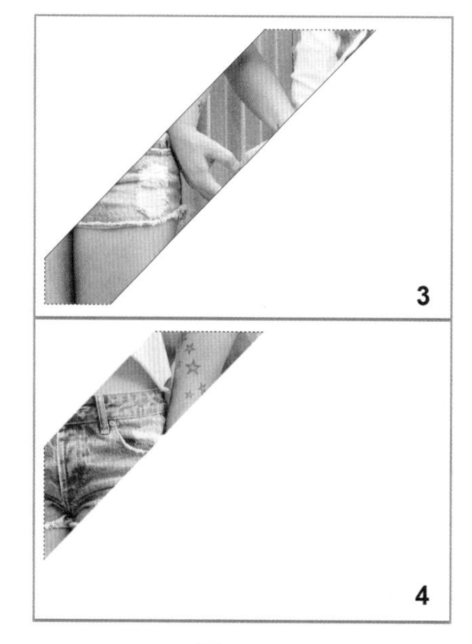

图8-185

（8）对图片进行调色。在图层面板中选择第一块图层，执行“图层>新建调整图层>照片滤镜”命令，新建一个“照片滤镜”调整图层，接着在属性面板中设置“滤镜”为加温滤镜（85），“浓度”为

60%，单击按钮，如图8-186所示。效果如图8-187所示。

图8-186

图8-187

（9）为第二块选区调色。新建一个“照片滤镜”调整图层，接着在属性面板中设置“滤镜”为冷却滤镜（80），“浓度”为60%，单击按钮，如图8-188所示。效果如图8-189所示。

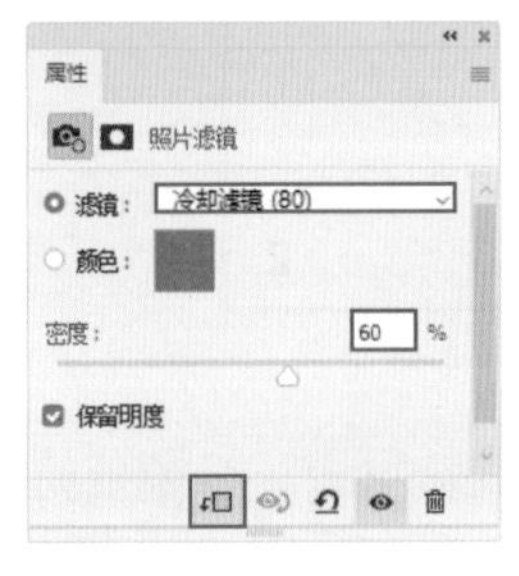

图8-188

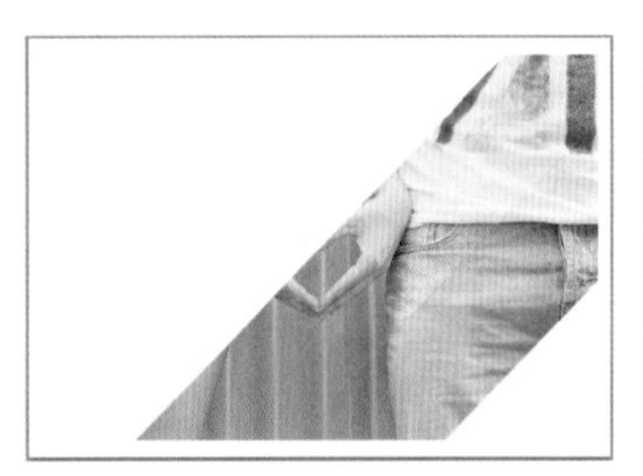

图8-189

（10）为第三块选区调色。新建一个“照片滤镜”调整图层，接着在属性面板中设置“滤镜”为红，“浓度”为60%，单击按钮，如图8-190所示。效果如图8-191所示。

图8-190

图8-191

图8-192

（11）为第四块选区调色。新建一个“照片滤镜”调整图层，接着在属性面板中设置“滤镜”为绿，“浓度”为60%，单击按钮，如图8-192所示。效果如图8-193所示。

（12）在图层面板中将原图打开，效果如图8-194所示。

图8-193

图8-194

（13）为复制出的四块选区添加描边。在图层面板中选择第一块，单击图层面板底部的“添加图层样式”按钮，选择“描边”命令，如图8-195所示。

图8-195

（14）在弹出的图层样式窗口中设置“大小”为10像素，“位置”为外部，“混合模式”为正常，“不透明度”为100%，“填充类型”为颜色，“颜色”为白色，单击“确定”按钮，如图8-196所示。效果如图8-197所示。

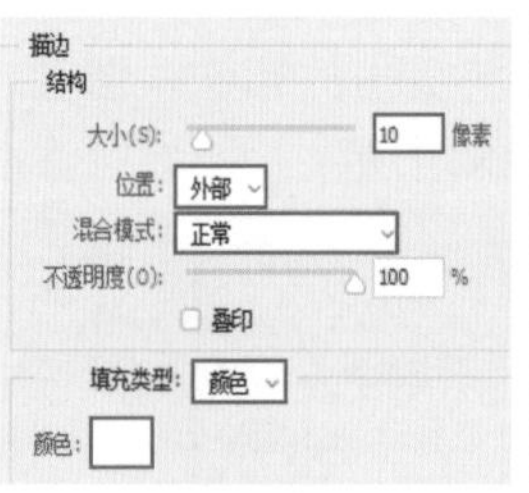

图8-196

图8-197

（15）在图层面板中选择第一块图层，单击右键执行“拷贝图层样式”命令，如图8-198所示。

（16）然后选择第二块图层，单击右键执行“粘贴图层样式”命令，如图8-199所示。

（17）第二个图层产生了相同的图层样式，如图8-200所示。

图8-198　　　　图8-199

图8-200

（18）使用同样的方法为其他两块粘贴图层样式。本案例制作完成，效果如图8-201所示。

图8-201

8.3.8　实战：解决白色物体的偏色问题

文件路径

实战素材/第8章

操作要点

1. 使用自然饱和度去除多余的色彩
2. 使用曲线提亮偏暗的对象

案例效果

图8-202

操作步骤

（1）执行“文件>打开”命令，打开素材1，如图8-203所示。此时可以看到图像具有严重的偏色现象。

图8-203

（2）执行“图层>新建调整图层>自然饱和度”命令，在弹出的窗口中单击“确定”按钮，即可新建一个“自然饱和度”调整图层，接着在弹出的“属性”面板中设置“自然饱和度”为-71，如图8-204所示。

（3）此时可以看到小狗的毛色虽然变白了，但是背景的颜色也被改变了，所以需要对“调整图层”的影响范围进行控制。选中调整图层的图层蒙版，如图8-205所示。

图8-204

图8-205

（4）选择工具箱中的“画笔工具”，前景色设置为黑色，在选项栏中设置合适大小的柔边圆画笔，在背景上进行涂抹，如图8-206所示。

（5）继续使用同样的方法在背景上进行涂抹，隐藏背景的调色效果，如图8-207所示。

图8-206

图8-207

（6）此时可以看到小狗的毛发还有点暗，需要进行提亮，增加白度。执行“图层>新建调整图层>曲线”命令，在弹出的窗口中单击“确定”按钮，即可新建一个“曲线”调整图层，接着打开“属性”面板，在曲线上单击添加控制点，并将其向上拖动，如图8-208所示。

图8-208

（7）选中“自然饱和度”调整图层的图层蒙版，按住Alt将其拖动至“曲线”调整图层上，然后释放鼠标，在弹出的对话框中单击“是”按钮，即可赋予“曲线”调整图层相同的图层蒙版，如图8-209所示。

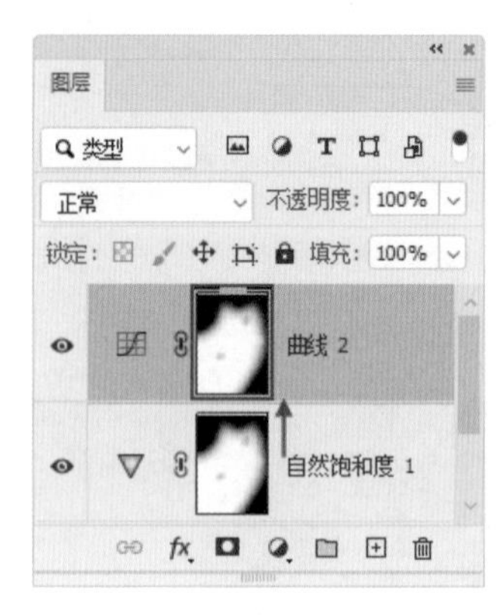

图8-209

本案例制作完成，效果如图8-210所示。

图8-210

8.3.9 实战：巧用渐变映射处理偏色问题

文件路径

实战素材/第8章

操作要点

1. 运用补色原理处理偏色问题
2. 使用渐变映射

案例效果

图8-211

操作步骤

（1）执行“文件>打开”命令，打开素材1，如图8-212所示。此时可以看到照片整体偏黄，尤其是动物的毛发部分，所以可以利用补色的原理校正照片。

图8-212

（2）执行“图层>新建调整图层>渐变映射”命令，在弹出的窗口中单击“确定”按钮提交操作。接着选中调整图层，设置混合模式为“滤色”，如图8-213所示。

图8-213

（3）新建一个“渐变映射”调整图层，在属性面板中单击渐变色条打开渐变编辑器。左侧的色标控制画面暗部，所以将左侧的色标设置为黑色；最右侧的色标控制画面的亮度，因为画面的明度较低可以先将色标设置为白，如图8-214所示。

（4）在当前状态下观察画面效果，此时画面的亮度和对比度都增加了，效果如图8-215所示。

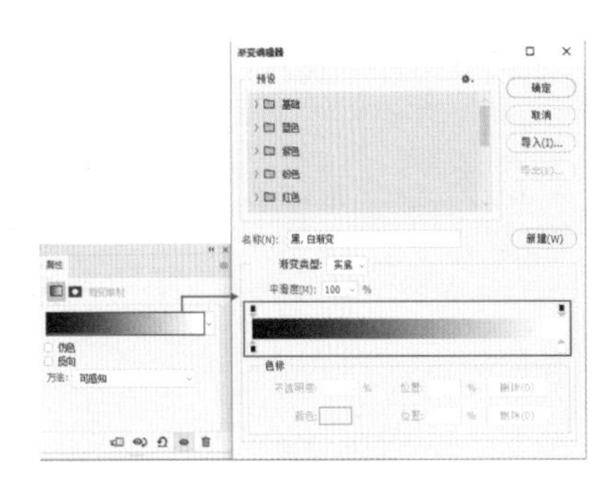

图8-214

图8-215

（5）此时小猫的毛还有些偏黄，不够白。可以通过补色原理更改画面色彩倾向。偏黄的图像可以使用偏冷的颜色来中和，青蓝色就是个不错的选择。在渐变编辑器中双击右侧的色标，在打开的拾色器中设置颜色为青色，然后在色域中拖动，一边拖动一边查看调色效果，如图8-216所示。

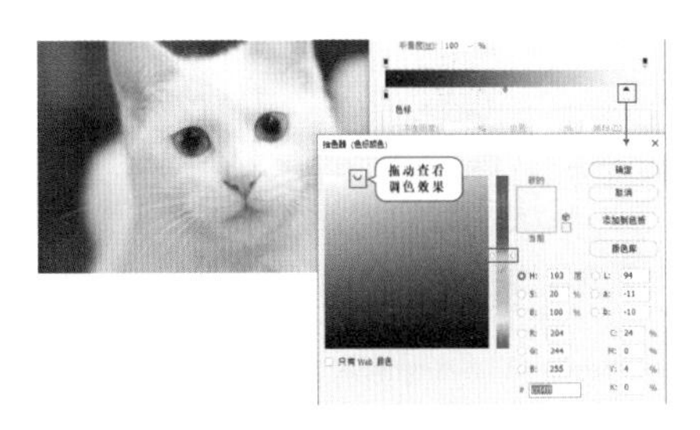

图8-216

（6）调色效果满意后单击“确定”按钮提交操作，案例完成效果如图8-217所示。

图8-217

8.3.10 实战：制作胶片感色调

文件路径

实战素材/第8章

操作要点

1. 使用添加杂色滤镜模拟胶片噪点
2. 使用可选颜色、曲线调整色调

案例效果

图8-218

操作步骤

（1）执行“文件>打开”命令，打开素材1，如图8-219所示。

图8-219

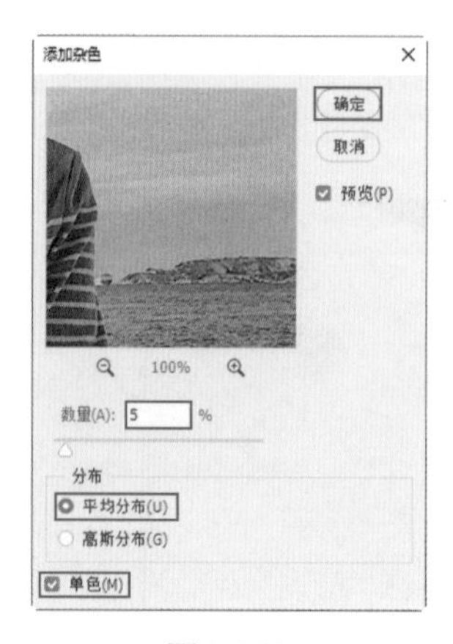

图8-220

（2）执行“滤镜>杂色>添加杂色”命令，在“添加杂色”窗口中设置“数量”为5，“分布”为平均分布，并勾选“单色”选项，设置完成后单击“确定”按钮，如图8-220所示。效果如图8-221所示。

图8-221

（3）执行“图层>新建调整图层>可选颜色”命令，在弹出的窗口中单击“确定”按钮，即可新建一个“可选颜色”调整图层。将“颜色”设置为“白色”，设置“黄色”为40，接着设置“颜色”为“黑色”，设置“青色”为10，“黄色”为-20，参数设置如图8-222和图8-223所示。此时画面效果如图8-224所示。

图8-222

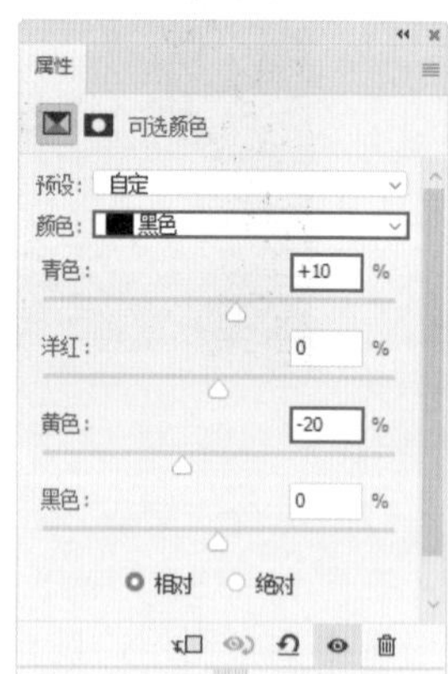

图8-223

图8-224

（4）可以看到整个画面比较黯淡，所以需要对其进行提亮。执行“图层>新建调整图层>曲线”命令，在弹出的窗口中单击“确定”按钮，即可新建一个“曲线”调整图层。然后在曲线中间调上方添加控制点向上方拖动提亮画面亮度，如图8-225所示。本案例制作完成，效果如图8-226所示。

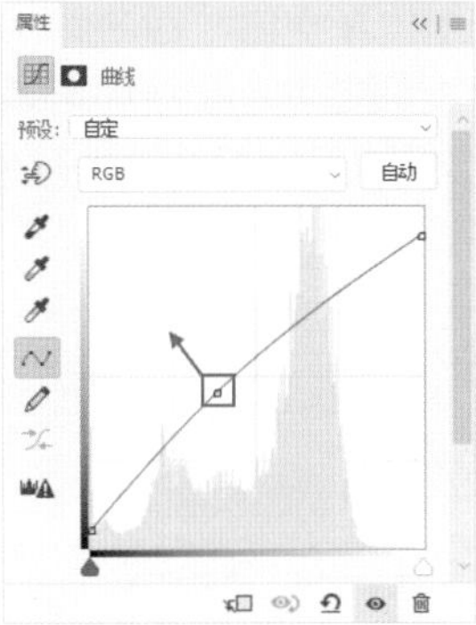

图 8-225

图 8-226

8.3.11 实战：改变画面氛围感

文件路径

实战素材/第8章

操作要点

1. 使用阴影\高光增强暗部细节
2. 使用曲线调整画面色彩

案例效果

图 8-227

操作步骤

（1）执行“文件>打开”命令，打开素材1，如图 8-228 所示。

图 8-228

（2）首先对画面暗部进行提亮，执行“图像>调整>阴影/高光”命令，在弹出来的“阴影\高光”窗口中设置“数量”为10%，如图 8-229 所示。效果如图 8-230 所示。

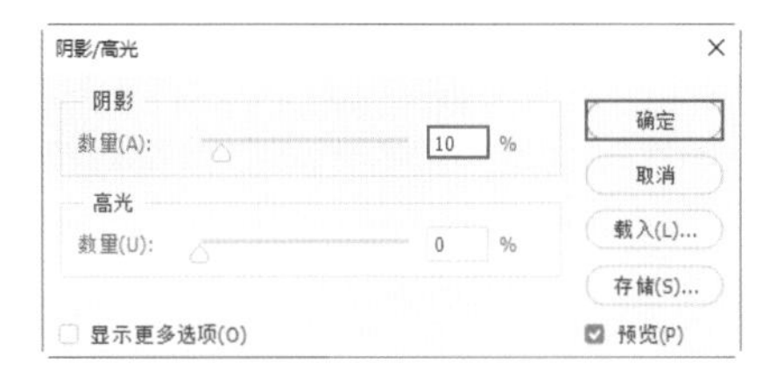

图 8-229

图 8-230

（3）执行“图层>新建调整图层>曲线”命令，在弹出的窗口中单击“确定”按钮，即可新建一个“曲线”调整图层。然后在打开的“属性”面板中在曲线上单击添加控制点，并将其向左上拖动，提亮画面，如图 8-231 所示。此时画面变亮，效果如图 8-232 所示。

（4）接下来调整画面颜色倾向。设置通道为红色，在曲线上单击添加控制点，将其向右下拖动，调整曲线形状，使整个画面呈现出偏绿色的颜色倾向，如图 8-233 所示。

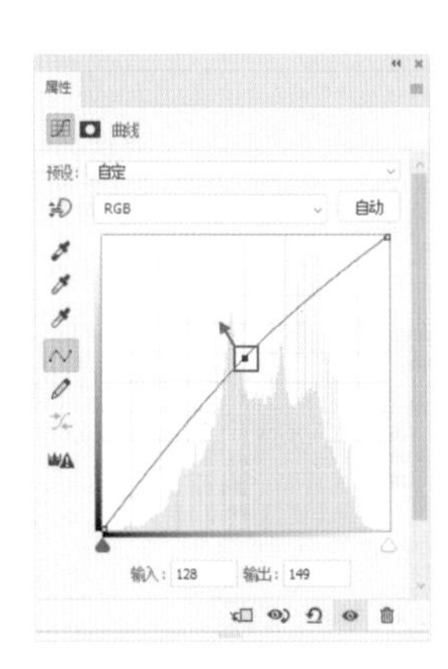

图 8-231

图8-232

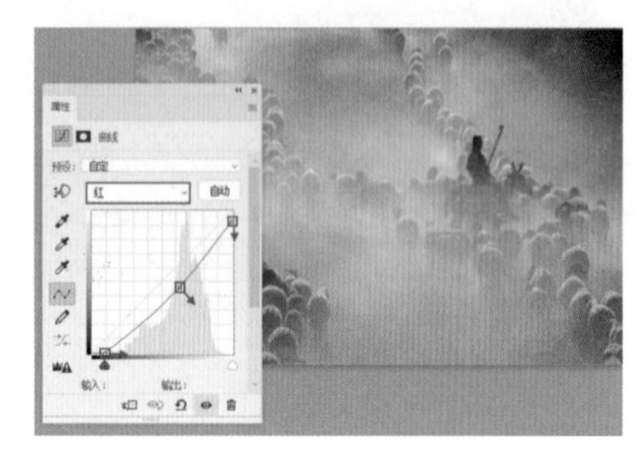

图8-233

（5）设置通道为绿色，先添加控制点，将其向左上拖动，增加中间调的绿色数量。再向右拖动下方控制点，减少暗部区域的绿色数量，如图8-234所示。

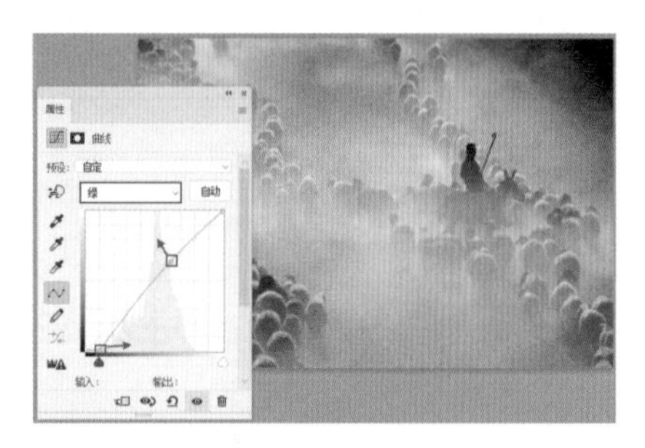

图8-234

（6）设置通道为蓝色，在曲线上单击添加控制点，将其向右上方拖动，增加中间调区域的蓝色数量，并将上方的控制点向下拖动，减少亮部区域的颜色，使整体效果更倾向于冷色调，如图8-235所示。

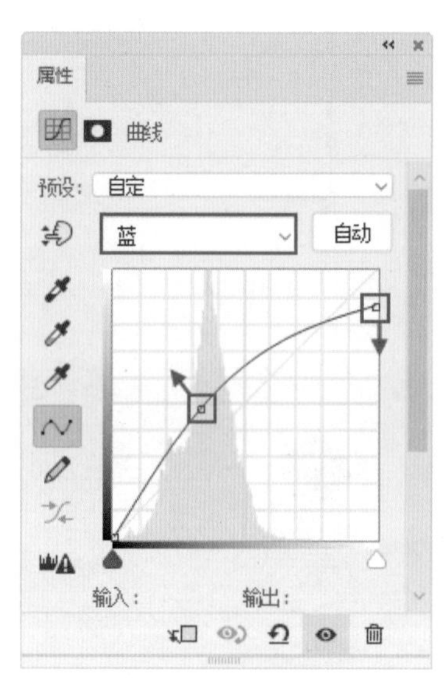

图8-235

本案例制作完成，效果如图8-236所示。

图8-236

8.4　色彩混合法调色

图层的混合模式的工作原理是将两个或多个图层的色彩以某种模式进行混合，从而产生新的颜色效果。不同的色彩混合模式可产生不同的效果，图层混合还可以配合图层的不透明度功能使用。此时如果产生的混合效果过于浓烈，可以降低图层的不透明度，以便得到更柔和的效果。在图层面板中可以对图层的混合模式、不透明度和填充进行设置，如图8-237所示。

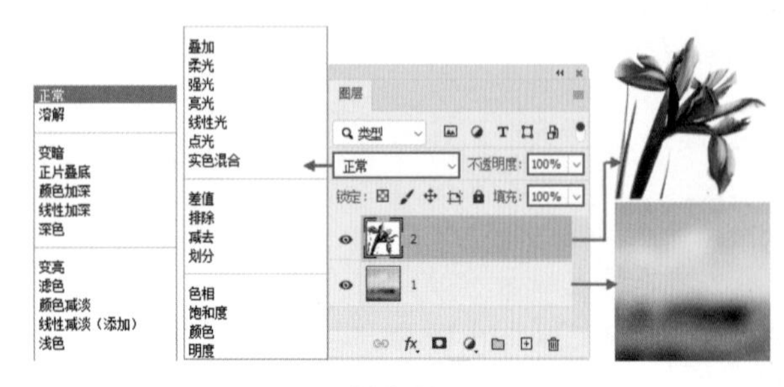

图8-237

在“图层混合模式”列表中可以看到多种可选的混合模式，在制图过程中如果不知道该选择哪一种模式，可以先设定为其中一种，然后在混合模式处滚动鼠标中轮，观看不同模式所产生的效果。不同图层混合模式效果见表8-5。

表 8-5 不同图层混合模式效果

混合模式	正常	溶解（不透明度 50%）	变暗
效果			
混合模式	正片叠底	颜色加深	线性加深
效果			
混合模式	深色	变亮	滤色
效果			
混合模式	颜色减淡	线性减淡（添加）	浅色
效果			
混合模式	叠加	柔光	强光
效果			
混合模式	亮光	线性光	点光
效果			

续表

混合模式	实色混合	差值	排除
效果			
混合模式	减去	划分	色相
效果			
混合模式	饱和度	颜色	明度
效果			

8.4.1 不透明度与混合模式

1. 不透明度与填充

“不透明度”与“填充”都是用于调整图层的透明效果的功能。

（1）将素材打开，在该文档中图层1包括“描边”和“外发光”图层样式，如图8-238所示。

（2）“不透明度”选项控制着整个图层的透明属性，数值越大，图像越清晰。选择图层1，可以在图层面板中直接输入数值设置不透明度，也可以移动滑块设置不透明度，此时图层整体的透明度都发生了变化，如图8-239所示。

（3）“填充”选项只影响图层中的像素和形状的不透明度，对图层原始内容以外的图层样式部分不会产生影响。数值越小越透明。将数值设置为0，此时可以更直观地看到花朵部分变透明了，但图层样式部分没有发生变化，如图8-240所示。

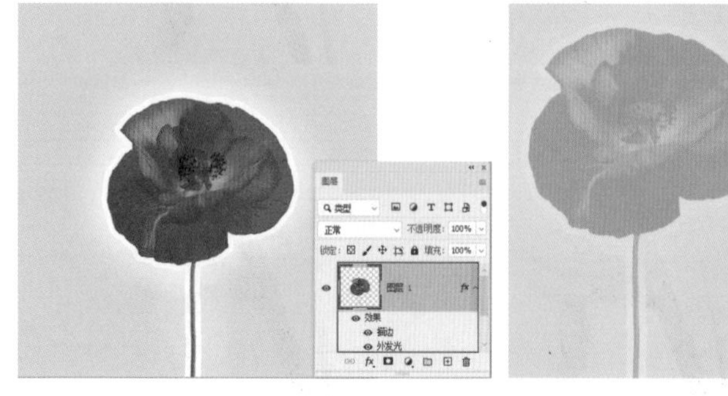

图8-238

图8-239

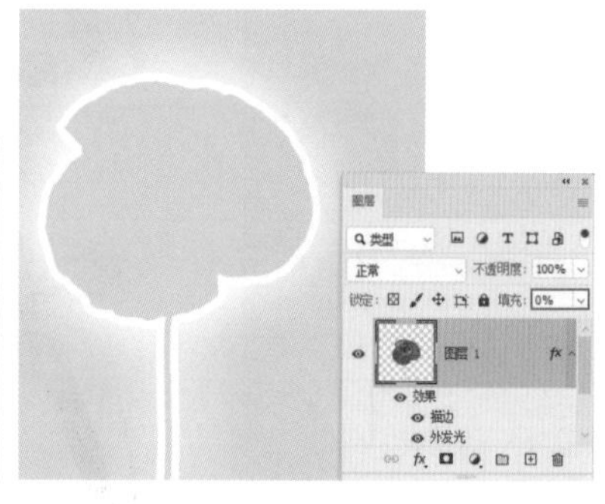

图8-240

2.混合模式

“混合模式”是指一个图层与其下图层的色彩叠加方式，通过这种颜色叠加的形式获得与众不同的特殊效果，通常在调色、合成以及创建各种特效时被广泛使用。

（1）打开素材后，新建图层填充渐变颜色。默认情况下图层模式为“正常”，上层的图像完全覆盖下层的图像，如图8-241所示。

图8-241

（2）单击混合模式的按钮，在下拉菜单中单击即可选择一种混合模式，如图8-242所示。

图8-242

（3）混合模式效果较为丰富，可以先选择一个混合模式查看效果，然后滚动鼠标中轮快速查看不同混合模式的效果，如图8-243所示。

图8-243

（4）在使用混合模式进行调色时，通常会配合不透明度一起使用，如果颜色过于浓，可以降低图层的“不透明度”，如图8-244所示。

（5）“溶解”选项的效果比较特殊，需要先降低图层的不透明度，然后设置图层的混合模式为“溶解”，此时可以看到像素的“颗粒感”，透明度数值越高，颗粒越密集，如图8-245所示。

图8-244

图8-245

拓展笔记

在网络上搜索光效素材，可以发现光效背景大部分都是黑色、深蓝色的背景，如图8-246所示。如果想要将光效添加到画面中，然后将混合模式设置为“滤色”，即可保留光效部分，如图8-247所示。

图8-246

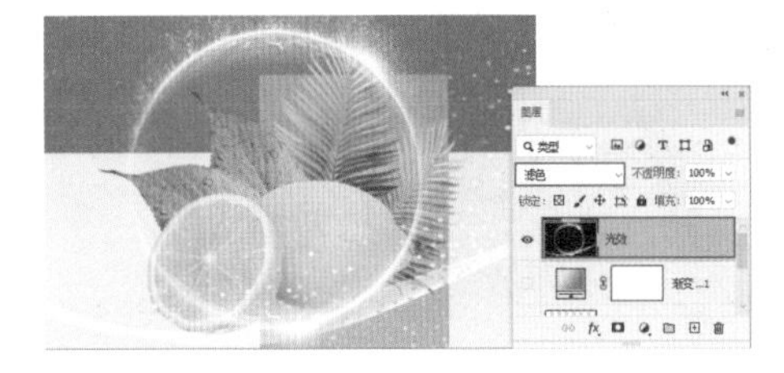

图8-247

8.4.2　实战：渐变发色

文件路径

实战素材/第8章

操作要点

1. 使用混合模式将渐变色融入画面
2. 使用图层蒙版控制渐变色的范围

案例效果

图8-248

操作步骤

（1）执行“文件>打开”命令，打开素材1，如图8-249所示。

（2）单击图层面板底部的“创建新图层”按钮，新建一个空白图层，如图8-250所示。

图8-249

图8-250

（3）选择工具箱中的“渐变工具”，在选项栏中先设置“渐变类型”为“线性”，单击渐变色块，在弹出来的“渐变编辑器”中编辑一个多彩色系渐变，并单击“确定”按钮，如图8-251所示。

（4）在画面中按住鼠标左键由上向下拖动，为空白图层添加上渐变色，如图8-252所示。

图8-251　　图8-252

（5）选中渐变图层，在图层面板中设置“混合模式”为“柔光”，如图8-253所示。

图8-253

（6）选中渐变图层，单击图层面板底部的“添加图层蒙版”按钮，为该图层添加图层蒙版，接着选中图层蒙版，将图层蒙版填充黑色隐藏效果，如图8-254所示。

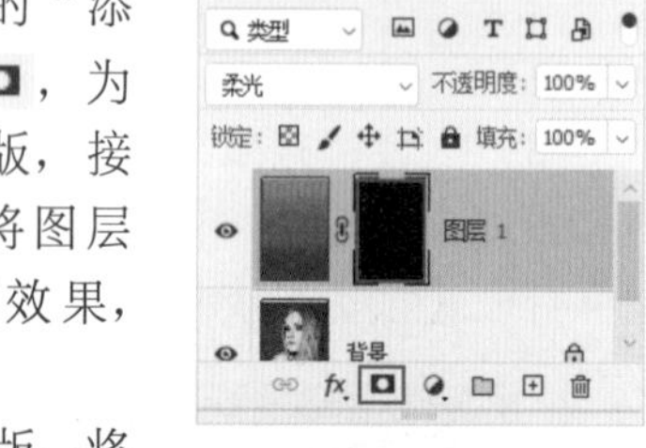

图8-254

（7）选中图层蒙版，将前景色设置为白色，设置合适的笔尖大小，设置“不透明度”为80%，然后在头发位置涂抹显示此处的渐变色效果，如图8-255所示。

图8-255

（8）继续使用“画笔工具”在人物的头发处涂抹。注意在涂抹左侧头发时，可以适当调小画笔，如图8-256所示。

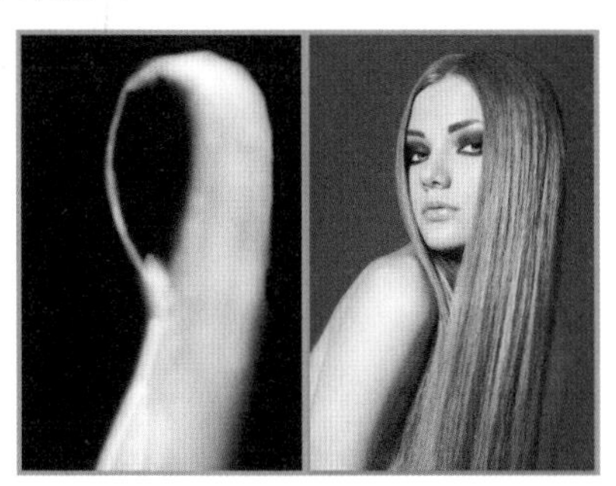

图8-256

（9）此时的头发颜色不够鲜艳，可以选中渐变图层使用快捷键Ctrl+J键将图层复制一份，效果如图8-257所示。

图8-257

（10）如果头发颜色过于鲜艳，可以降低图层的不透明度为50%，效果如图8-258所示。

图8-258

8.4.3 实战：染色人物

文件路径

实战素材/第8章

操作要点

使用混合模式更改局部色彩

案例效果

图8-259

操作步骤

（1）执行“文件>新建”命令，新建一个大小合适的竖向空白，并将前景色设置为黄色，使用快捷键Alt+Delete将其填充为黄色，如图8-260所示，然后取消选区。

（2）执行“文件>置入嵌入对象”命令，将素材1置入到当前画面中，并将其摆放至合适位置上，如图8-261所示。

图8-260

图8-261

（3）按下键盘上的Ctrl单击人物图层，载入选区，如图8-262所示。

（4）选择工具箱中的“快速选择工具”，在选项栏中单击“从选区减去”按钮，设置合适大小的硬边圆画笔。设置完成后在人物腿部进行绘制，将其从选区中减去，如图8-263所示。

图8-262

图8-263

（5）单击图层面板中“创建新图层”按钮，新建一个图层，并将前景色设置为蓝色，使用快捷键Alt+Delete键进行填充，如图8-264所示。然后取消选区。

（6）选中该图层，设置“混合模式”为颜色。效果如图8-265所示。

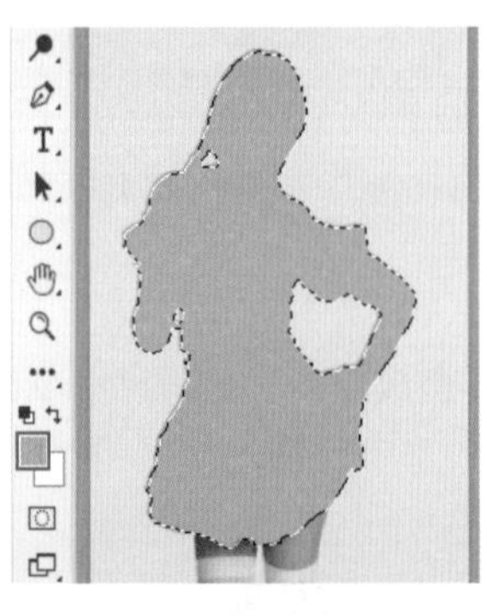

图8-264

图8-265

（7）使用“快速选择工具”，在腿部拖动得到腿部的选区，然后新建图层，将选区填充为黄色，如图8-266所示。

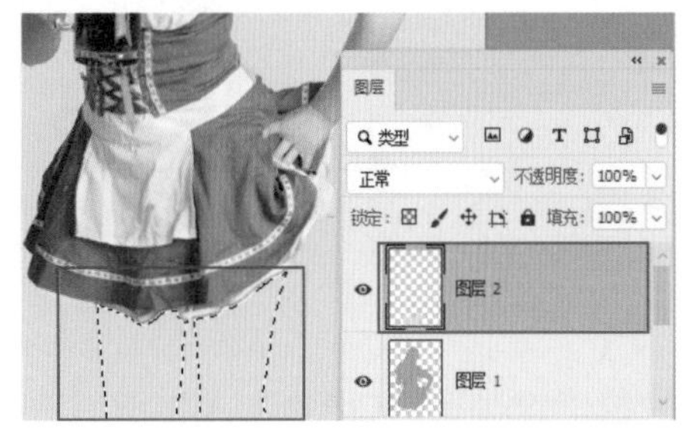

图8-266

（8）在图层面板中设置“混合模式”为颜色，此时腿部产生了黄色的效果，如图8-267所示。

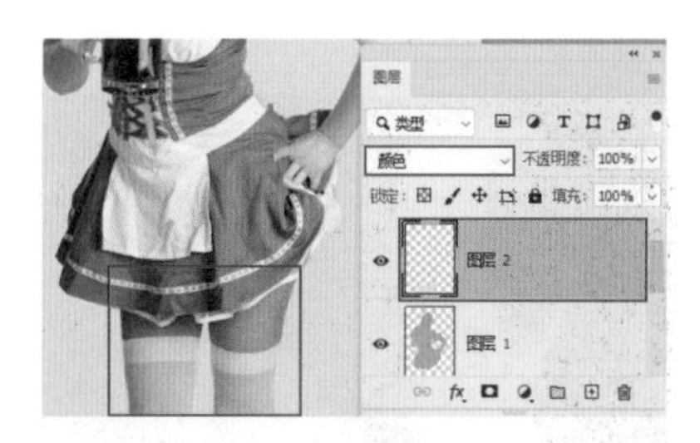

图8-267

（9）选择工具箱中的“直排文字工具”，在人物的右侧键入文字。本案例制作完成，效果如图8-268所示。

图8-268

8.4.4 实战：制作粉嫩洋红色调

文件路径

实战素材/第8章

操作要点

使用混合模式融合图层

案例效果

图8-269

操作步骤

（1）执行“文件>打开”命令，打开素材1，如图8-270所示。

（2）新建图层，选择工具箱中的“画笔工具”，在选项栏中设置合适大小的柔边圆画笔，“不透明度”为30%，并将前景色设置为紫色，在画面左侧涂抹，如图8-271所示。

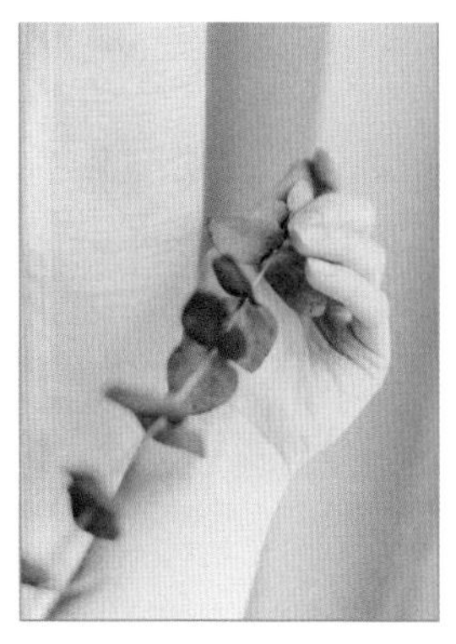

图8-270

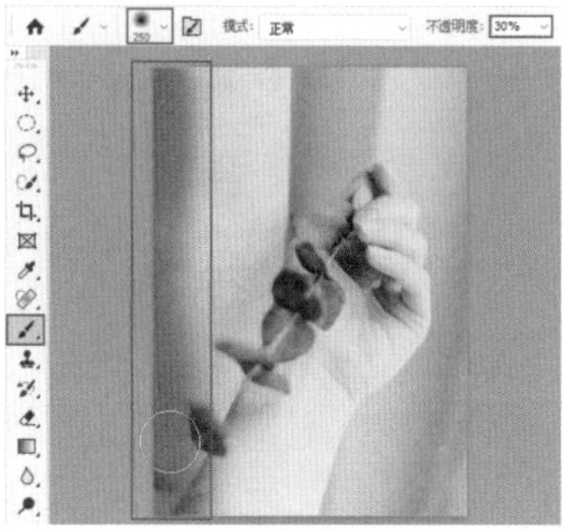

图8-271

（3）接着将前景色设置为粉红色，并在选项栏中调大画笔大小，然后在画面中的其他位置进行涂抹，效果如图8-272所示。

（4）选中该图层，在图层面板中设置“混合模式”为滤色，如图8-273所示。

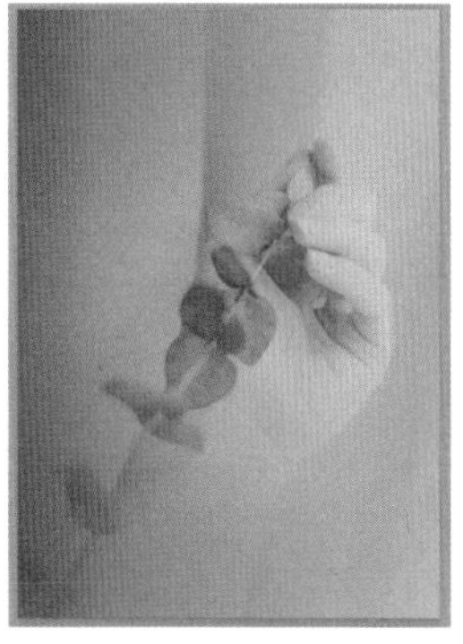

图8-272

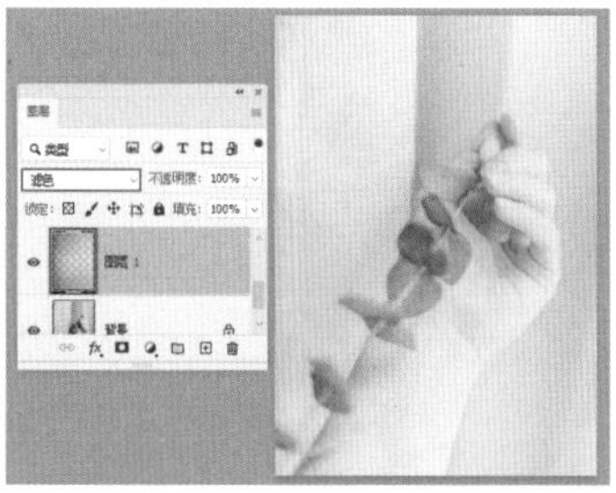

图8-273

（5）选择工具箱中的“横排文字工具”，在画面中键入文字，如图8-274所示。

（6）继续使用同样的方法在主文字下方键入文字。本案例制作完成，效果如图8-275所示。

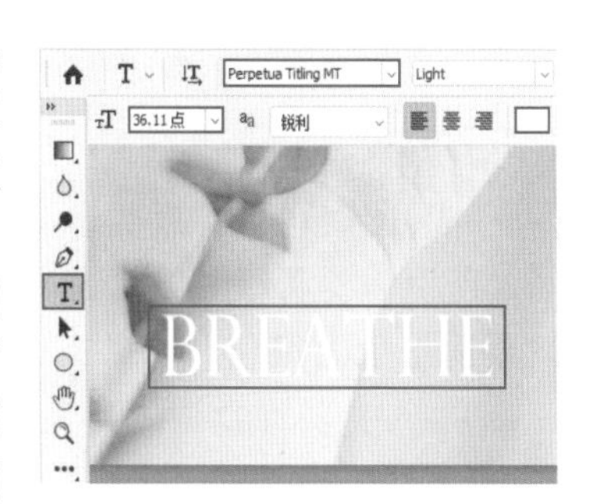

图8-274

图8-275

8.4.5 实战：衣服换颜色

文件路径

实战素材/第8章

操作要点

1. 使用色彩平衡更改服装颜色
2. 使用混合模式将图案融合到服装中

案例效果

图8-276

操作步骤

（1）执行“文件>打开”命令，打开素材1，如图8-277所示。

（2）执行“图层>新建调整图层>色彩平衡”命令，在弹出来的窗口中单击“确定”按钮，打开“属性”面板，设置“青色-红色”为100，“洋红-绿色”为25，“黄色-蓝色”为–100，如图8-278所示。效果如图8-279所示。

图8-277

图8-278

图8-279

（3）选中图层蒙版，选择工具箱中的“画笔工具”，在选项栏中选择稍大一些的硬边圆画笔，在人物衣服以外的区域进行涂抹，将其进行隐藏，如图8-280所示。

图8-280

（4）此时可以看到衣服的边缘位置并不精确，还需要进一步涂抹。继续使用“画笔工具”，在选项栏中将画笔大小调小，适当将画面放大后，在蒙版中衣服的边缘上进行涂抹，将裙子之外的部分隐藏，如图8-281所示。

（5）执行“文件>置入嵌入文件”命令，将素材2置入到画面中，并调整图片大小与位置，如图8-282所示。

图8-281

图8-282

（6）接着在图层面板中设置“不透明度”为90%，“混合模式”为正片叠底，如图8-283所示。

图8-283

（7）选中“色彩平衡”调整图层的图层蒙版，按住Alt键将其向上层图层拖动，如图8-284所示。效果如图8-285所示。

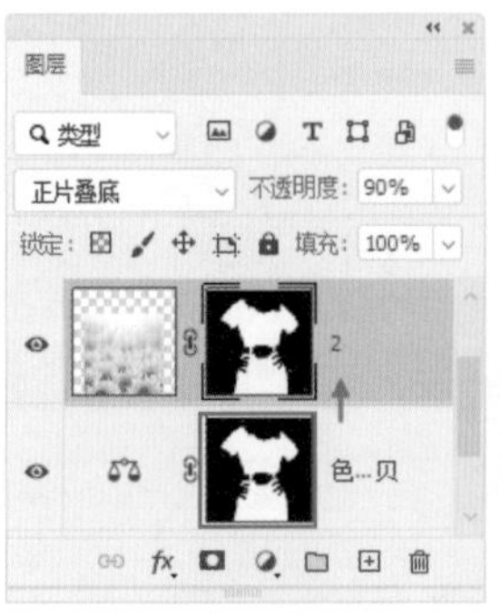

图8-284

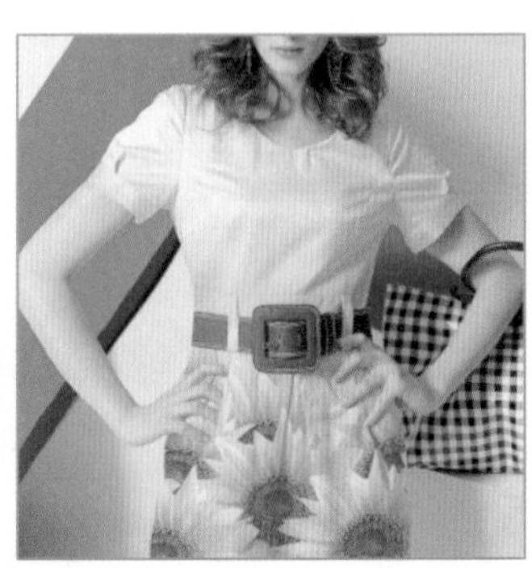

图8-285

（8）此时可以看到裙子上半身的过渡十分不自然，所以需要利用图层蒙版降低上半身的颜色浓度。设置前景色为黑色，选择工具箱中的“画笔工具”，在选项栏中设置合适大小的柔边圆画笔，并设置“不透明度”为20%，设置完成后在胸口、腰部涂抹隐藏调色效果，减少颜色的浓度，如图8-286所示。

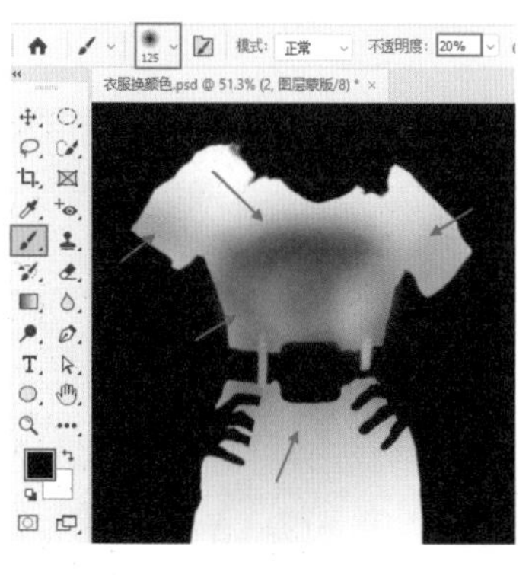

图8-286

本案例制作完成，效果如图8-287所示。

图8-287

8.5　通道调色法

8.5.1　通道与调色

（1）调色命令与通道之间有着密不可分的关联。例如使用曲线快捷键Ctrl+M，单击通道按钮可以看到颜色通道，选择“红”通道，接着将曲线向上扬，这样就可以增加红通道中红色的数量，如图8-288所示。此时的画面效果如图8-289所示。

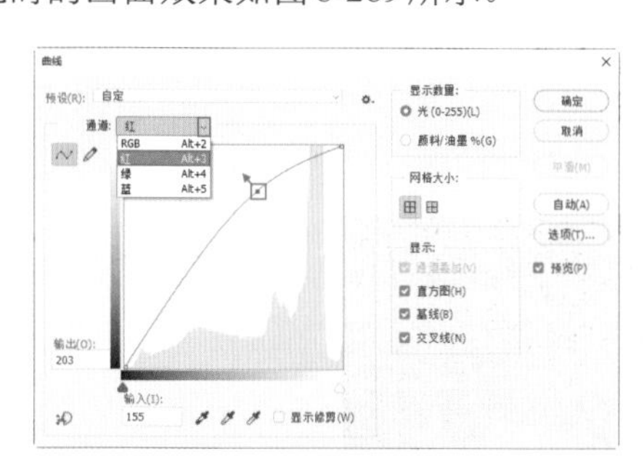

图8-288

图8-289

（2）不只在“曲线”窗口中可以对单独的通道进行颜色的调整，在“色阶”和“通道混合器”中也可以对单独的通道进行调色，如图8-290和图8-291所示。

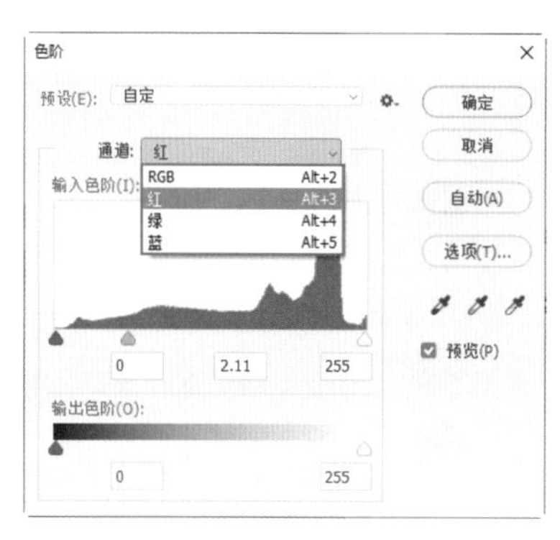

图8-290

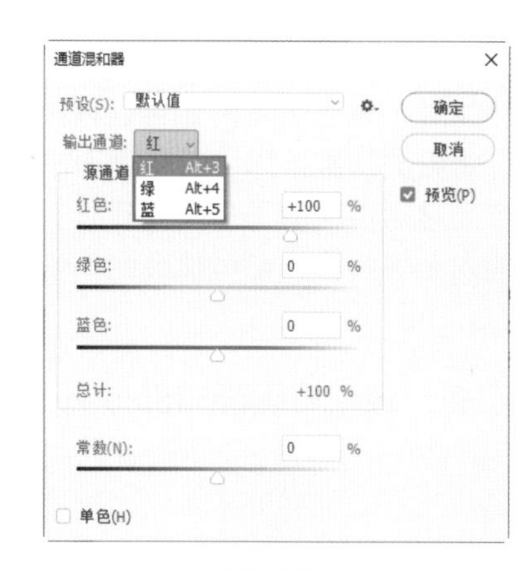

图8-291

（3）其实在调色命令中选择通道并调色的操作，就相当于直接更改通道的黑白关系，如图8-292所示为未调整的原图。

图8-292

（4）例如使用“曲线”命令，单独调整红通道时，向上提升红通道的曲线，画面红色成分增加。回到“通道”面板中，可以看到对应的结果是红通道确实被提亮了，如图8-293所示。

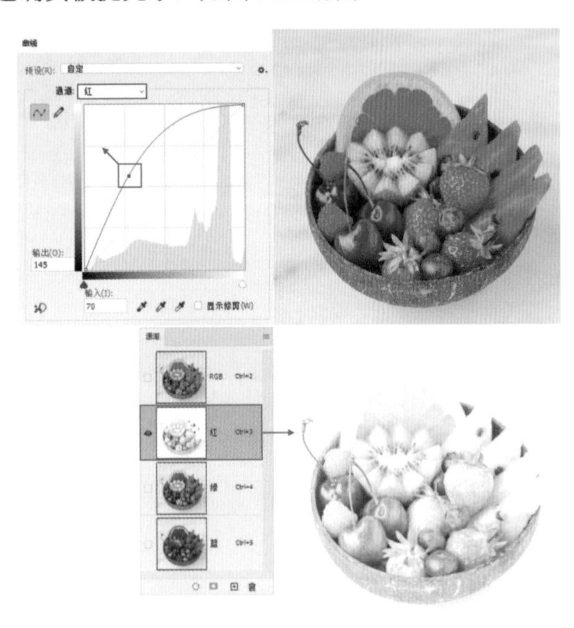

图8-293

（5）明白了这个道理之后，就可以更加方便地运用通道功能进行调色了。例如可以直接选择某个通道，进行明暗的调整，即可改变画面中相应颜色的含量。甚至对通道中的黑白关系进行互换、绘制其一些其他内容等操作，都可能会制作出与众不同的画面效果。

8.5.2 实战：轻松将画面暗部提亮

文件路径

实战素材/第8章

操作要点

1.选择合适的通道载入选区
2.运用混合模式将画面暗部提亮

案例效果

图8-294

操作步骤

（1）执行“文件>打开”命令，打开素材1，如图8-295所示。此时可以看到画面暗部比较暗淡，要想将其提亮，可以通过多种方法。

（2）以一个常规的方法进行提亮。使用快捷键Ctrl+J将其拷贝一份，然后在图层面板中设置其“混合模式”为滤色，如图8-296所示。效果如图8-297所示。

图8-295

图8-296

（3）可以看到利用这种方法提亮，亮部、暗部都被提亮了，而本案例只需要对最暗的部分提亮，所以可以利用通道创建选区，有针对性地进行提亮。执行“窗口>通道”命令，打开通道面板，如图8-298所示。

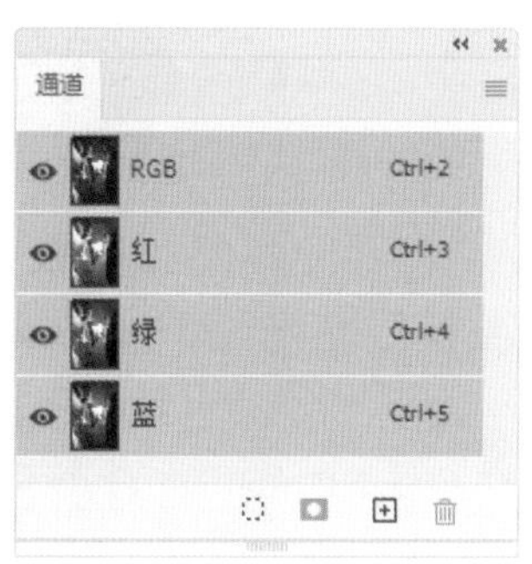

图8-297　　图8-298

（4）查看不同颜色通道的效果，通过对比，可以发现红通道中明暗反差较大，所以可以以红通道为基础进行选区的创建，如图8-299所示。

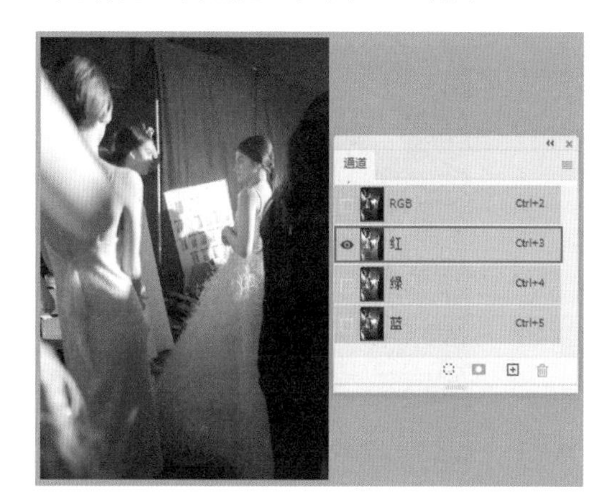

图8-299

（5）将所有通道显示，按住Ctrl键单击红通道，载入选区，并使用反选快捷键Shift+Ctrl+I将选区反选，如图8-300所示。

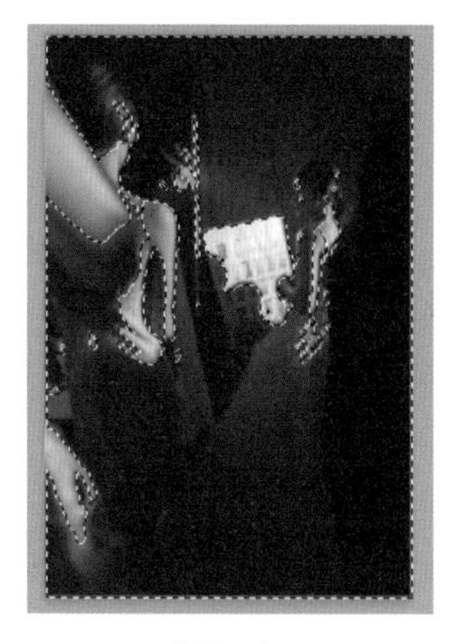

图8-300

（6）接着返回图层面板，选中背景图层，使用快捷键Ctrl+J拷贝出选区内的内容。为了方便展示效果，可以先将背景图层关闭显示，如图8-301所示。

图8-301

（7）选中该图层，在图层面板中设置“混合模式”为滤色，此时变亮的部分集中在暗部区域，如图8-302所示。

图8-302

（8）选中拷贝的图层，使用快捷键Ctrl+J将图层复制一份，继续提高暗部的亮度，如图8-303所示。

图8-303

案例完成效果如图8-304所示。

图8-304

8.5.3 实战：翻转通道制作奇特的画面效果

文件路径

实战素材/第8章

操作要点

对单个通道自由变换

案例效果

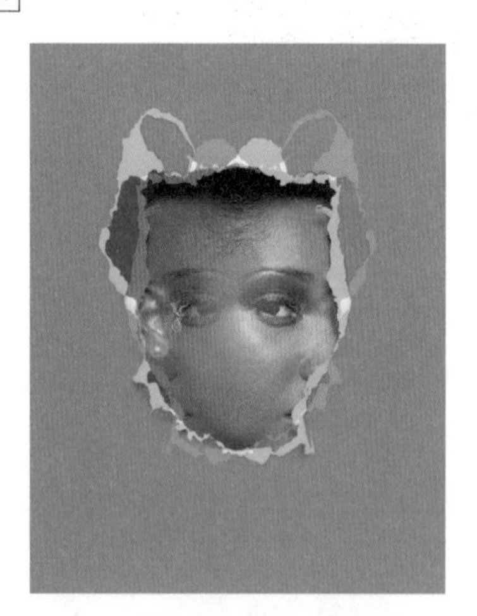

图8-305

操作步骤

（1）执行“文件>打开”命令，打开素材1，如图8-306所示。

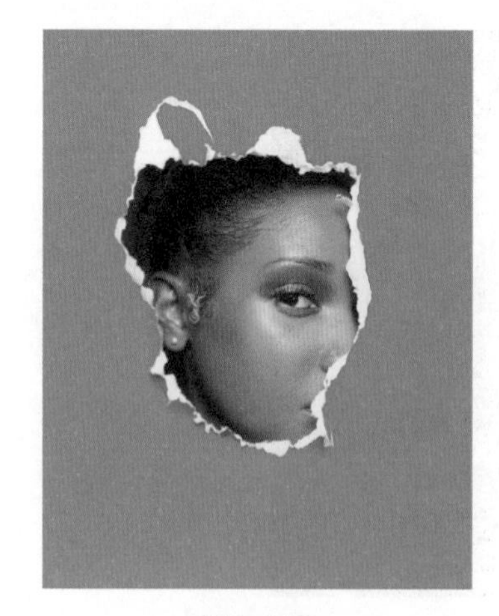

图8-306

（2）执行“窗口>通道”命令，打开通道面板，选中红通道，使用快捷键Ctrl+A全选，接着使用自由变换快捷键Ctrl+T，如图8-307所示。

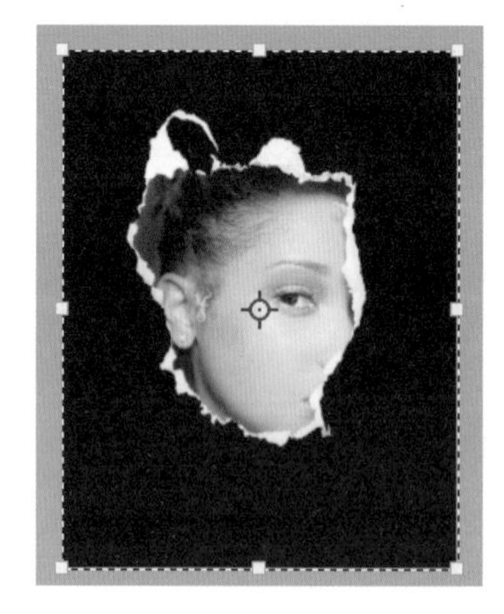

图8-307

（3）单击鼠标右键，执行“水平翻转”命令，如图8-308所示。

图8-308

（4）取消选区，单击RGB通道前的按钮，显示所有通道。随着通道画面的翻转，画面的色彩出现了奇特的变化，如图8-309所示。

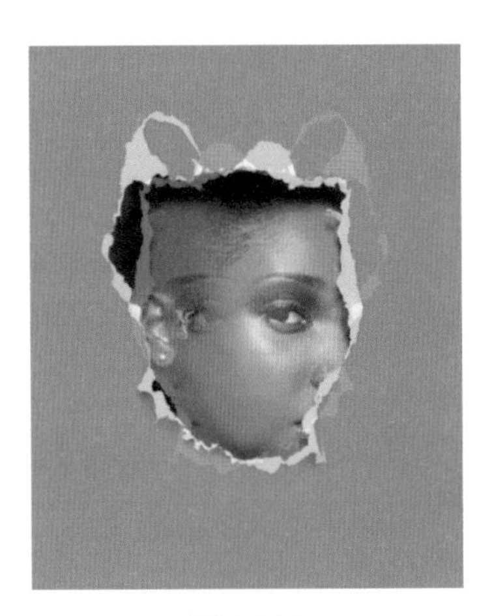

图8-309

（5）在打开的通道面板中选中蓝通道，使用快捷键Ctrl+A进行全选，Ctrl+T调出定界框，接着单击鼠标右键执行“水平翻转”命令，效果如图8-310所示。

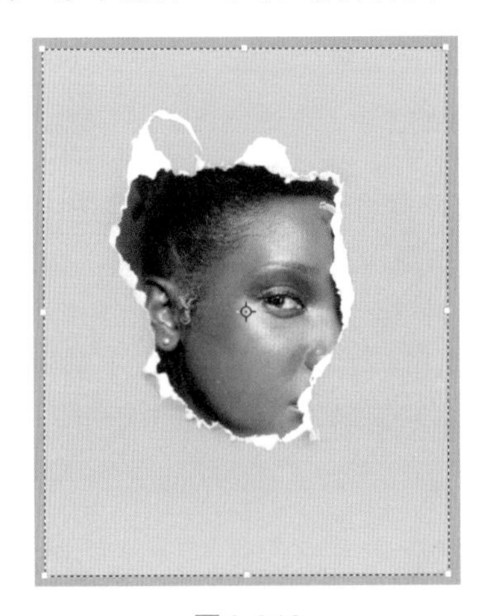

图8-310

（6）然后取消选区，单击RGB通道前的按钮，显示所有通道。

此时本案例制作完成，效果如图8-311所示。

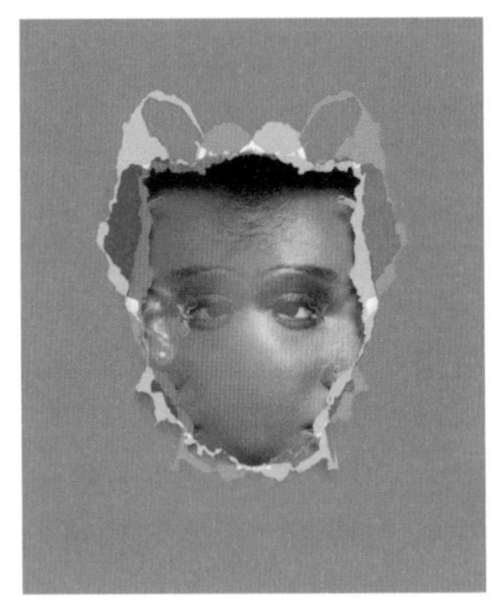

图8-311

8.5.4　实战：巧用通道制作叠影海报

文件路径

实战素材/第8章

操作要点

1. 载入通道选区并填充
2. 使用色相/饱和度调整颜色

案例效果

图8-312

操作步骤

（1）执行“文件>打开”命令，打开素材1，如图8-313所示。

图8-313

（2）执行“文件>置入嵌入对象”命令，将素材2置入画面中，如图8-314所示。

图8-314

（3）关闭背景图层的显示，选中人物图层，执行“窗口>通道”命令，打开通道面板，按住Ctrl键的同时单击绿通道，载入选区，如图8-315所示。

图8-315

（4）使用快捷键Shift+Ctrl+I将选区反选，如图8-316所示。

图8-316

（5）单击图层面板底部的“创建新图层”按钮，新建一个新图层，将前景色设置为棕色，然后使用快捷键Alt+Delete键进行填充，如图8-317所示。使用快捷键Ctrl+D取消选区的选择。

（6）选中该图层，使用快捷键Ctrl+J拷贝一份，将其放置在人物图层的下方，如图8-318所示。

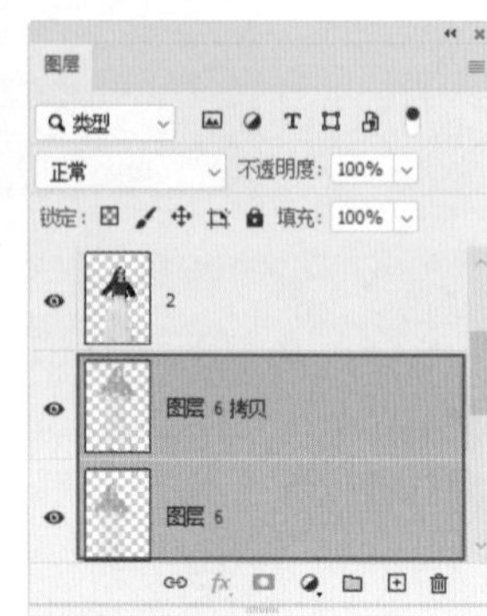

图8-317　　图8-318

（7）打开背景显示，然后选后选中人像，将其向下移动，如图8-319所示。

（8）选中棕色图层，使用自由变换快捷键Ctrl+T，单击鼠标右键，执行“水平翻转”命令，将其从右到左进行翻转，如图8-320所示。

图8-319　　图8-320

（9）将其向左下方移动，然后调整右侧棕色人像的位置，效果如图8-321所示。

（10）选中右侧的棕色人像，执行“图层>新建调整图层>色相/饱和度”命令，在弹出的“新建调整图层”窗口中单击“确定”按钮。然后在打开的“属性”面板中设置“色相”为-100，“饱和度”为-10，单击“此调整剪切到此图层”按钮，将其剪

切到下一图层中，如图8-322所示。效果如图8-323所示。

图8-321

图8-322

（11）执行“文件>置入嵌入对象”命令，将素材3置入画面中。

本案例制作完成，效果如图8-324所示。

图8-323

图8-324

8.6　巩固练习：外景人像写真调色

文件路径

实战素材/第8章

操作要点

1. 使用曲线调整画面亮度及色彩倾向
2. 使用曲线单独调整肤色
3. 从画面中提取部分元素配合混合模式制作前景虚化效果

案例效果

图8-325

操作步骤

（1）新建文档。执行“文件>打开”命令，打开素材1，如图8-326所示。此时可以看到整个画面颜色偏灰，需要对其进行提亮。

图8-326

（2）执行“图层>新建调整图层>曲线”命令，在弹出的窗口中单击“确定”按钮，新建“曲线”调整图层，接着在“属性”面板中单击添加两个控制点并向上拖动，提亮整个画面，如图8-327所示。效果如图8-328所示。

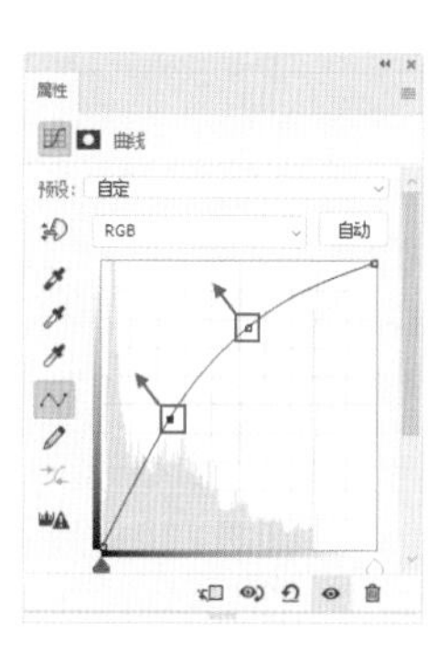

图8-327

图8-328

（3）增加画面的冷暖对比。选择蓝通道，接着选中左下角的控制点将其向上拖动，增加画面阴影部分的蓝色数量；接着选中右上角控制点向下拖动，减少画面中的蓝色数量，使高光部分偏黄。曲线形状如图8-329所示。此时画面效果如图8-330所示。

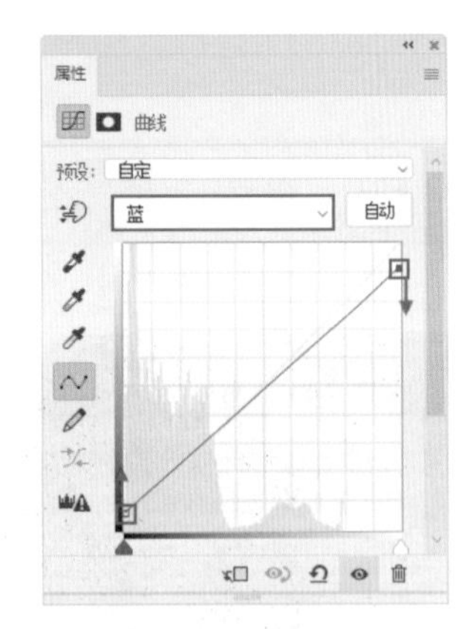

图8-329

图8-330

（4）提亮高光。再次新建一个曲线调整图层，在曲线上方单击添加控制点并向上拖动，提亮整个画面，如图8-331所示。

（5）接着选择图层蒙版，将图层蒙版填充黑色，隐藏调色效果。然后设置前景色为白色，选择工具箱的“画笔工具”，在选项栏中设置大小合适的柔边圆画笔，在人物鼻子凸起处进行涂抹显示调色效果，如图8-332所示。

图8-331

图8-332

（6）继续使用“画笔工具”在面部的其他凸起处进行涂抹，增加五官的立体感。图层蒙版的黑白关系如图8-333所示。效果如图8-334所示。

图8-333

图8-334

（7）新建一个“曲线”调整图层，接着在“属性”面板中单击添加控制点并向上拖动，提亮整个画面，如图8-335所示。

（8）单击列表，选中蓝，然后单击添加控制点，增加画面中的蓝色成分，如图8-336所示。效果如图8-337所示。

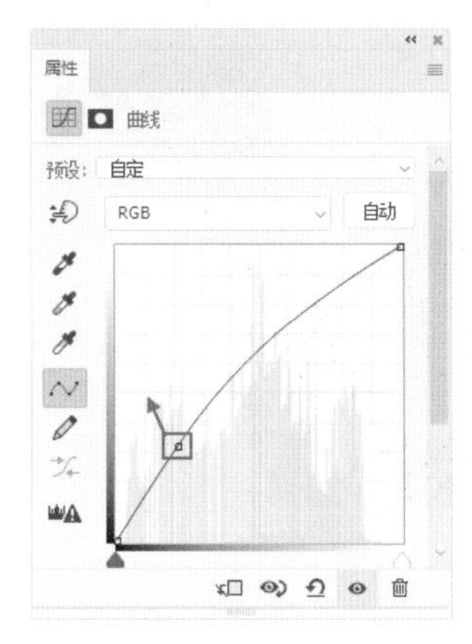

图8-335

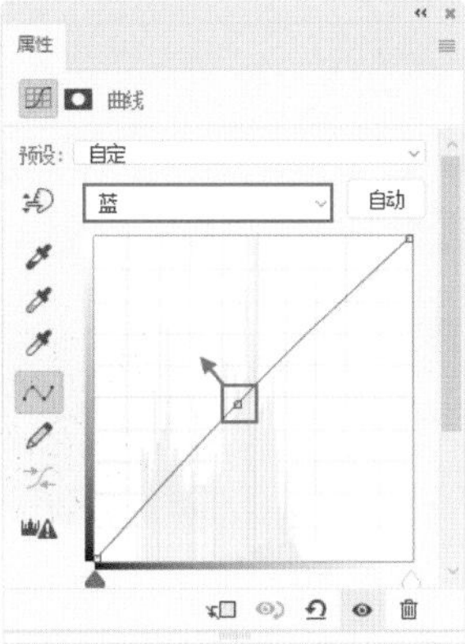

图8-336

图8-337

（9）单击选中该“曲线”调整图层的图层蒙版，将图层蒙版填充黑色隐藏调色效果。选中图层蒙版，使用白色的画笔在面部、颈部涂抹显示调色效果。效果如图8-338所示。

图8-338

（10）选中该曲线调整图层，设置不透明度为40%，让提亮效果更自然，效果如图8-339所示。

（11）接下来制作前景装饰。选择人像图层，选择工具箱中的“套索工具”，在图形的右下角绘制一个选区，如图8-340所示。

图8-339

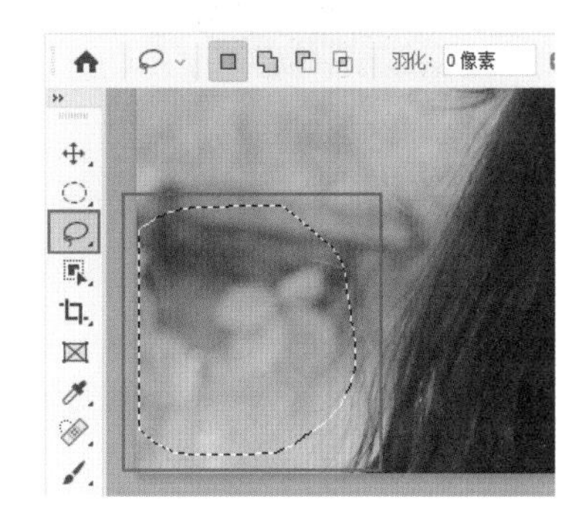

图8-340

（12）使用快捷键Ctrl+J拷贝出选区内的部分，然后将图层移动至画面的最上方，接着使用自由变换快捷键Ctrl+T，拖动边角控制点将其放大，如图8-341所示。按下Enter键提交操作。

图8-341

（13）接着选中该图层，在图层面板中设置“混合模式”为滤色，如图8-342所示。

图8-342

（14）使用柔边圆的橡皮擦工具擦除掉边缘的多余部分，效果如图8-343所示。

图8-343

（15）接着将该图层复制一份，使用自由变换快捷键Ctrl+T，单击鼠标右键执行“水平翻转”命令，将其移动至右上角，如图8-344所示。

图8-344

本案例制作完成，效果如图8-345所示。

图8-345

本章小结

本章学习了三种可以对画面调色的功能，既可以通过调色命令进行调色，还可以使用混合模式更改画面的色彩，以及借助通道功能，调整画面的色彩。很多时候，这三种方式可以结合使用。而对于众多的调色命令，掌握各种命令的特性最主要。要记住，调色命令的使用并不是越多越好，在遇到调色问题时选择合适的命令即可。

第9章
抠图与合成

将某个对象从原来的画面中单独提取出来，这个过程就叫做“抠图”。将提取出来的对象放置在新的画面中，就叫做“合成”。需要抠图的对象千差万别，可能边缘清晰、环境干净，也可能边缘复杂，或者呈现半透明效果。针对不同特征的抠图对象，可以选择不同的工具和方法。本章就来系统学习如何抠图。

学习目标

了解不同抠图工具的特点
熟练掌握具有明显颜色差异图像的抠图操作
熟练掌握钢笔抠图的方法
掌握选择并遮住抠图的方法
掌握通道抠图的使用方法
掌握图层蒙版和剪贴蒙版的使用方法

思维导图

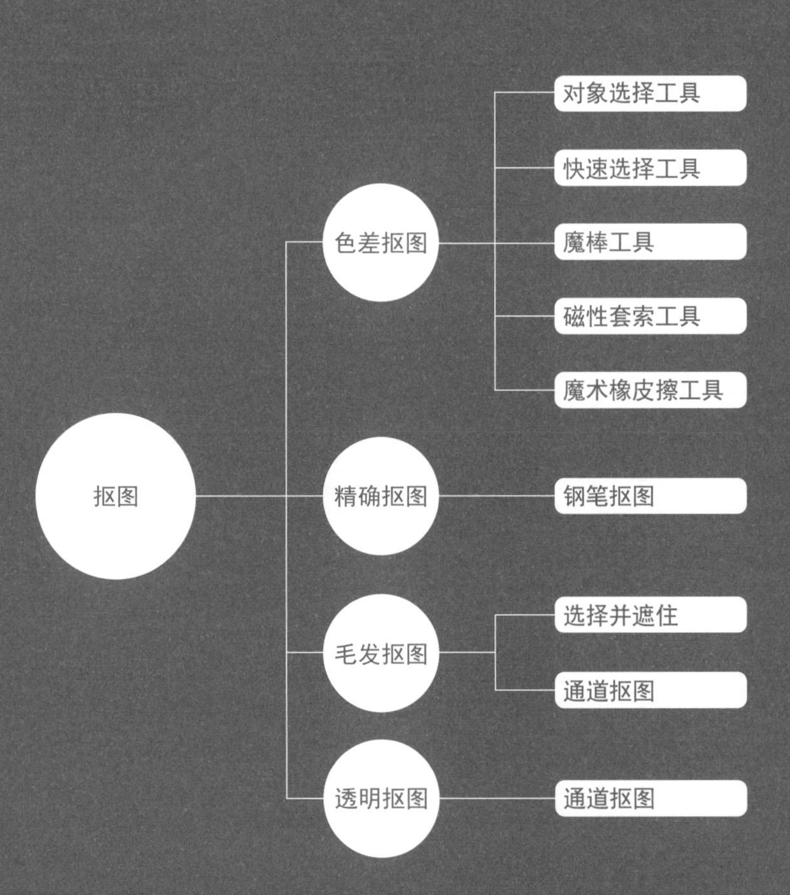

9.1 常用的抠图工具

本节主要讲解“对象选择工具”“快速选择工具”“魔棒工具”“磁性套索工具”和“魔术橡皮擦工具”，这些工具都位于工具箱中，虽然使用方法不同，但是都比较适用于主体物与环境颜色反差较大、对象边缘相对清晰的图像的抠图。而主体物与环境颜色接近，或边缘模糊不清的图像则不太适合，如图9-1所示。常用抠图工具见表9-1。

图9-1

表9-1 常用抠图工具

工具名称	图标	功能简介
对象选择工具		“对象选择工具”可以先绘制对象的大致范围，随后系统会自动识别选区中的主体物，并追踪到抠图对象的边缘
快速选择工具		“快速选择工具”可以使用类似于画笔绘制的方式来得到颜色相近的区域，并且可以通过添加以及减去选区命令，任意调整选区范围
魔棒工具		“魔棒工具”可以通过调整其“容差”数值，获取与取样点颜色相似部分的选区
磁性套索工具		“磁性套索工具”可随着鼠标移动的位置自动识别主体物的边界，并创建出选区
魔术橡皮擦工具		“魔术橡皮擦工具”可以自动识别与鼠标点击位置相同的颜色，并将画面中与之相似的颜色全部清除

9.1.1 对象选择工具

功能速查

“对象选择工具”可以先绘制对象的大致范围，随后系统会自动识别选区中的主体物，并追踪到抠图对象的边缘。

（1）在这里需要为一张主体物与背景颜色差异较大，且主体物边缘比较清晰的图像抠图。单击“对象选择工具”按钮，在选项栏中将模式设置为“矩形”，然后在需要抠取对象位置外侧按住鼠标左键拖动，如图9-2所示。

图9-2

（2）释放选区后选区会自动追踪到抠取对象的边缘，得到其选区，如图9-3所示。

图9-3

（3）模式列表中还有另外一种方式，将“模式”设置为套索，然后在画面中按住鼠标左键拖动绘制选区，如图9-4所示。

（4）释放鼠标后可以得到对象的选区，使用快捷键Ctrl+C进行复制，如图9-5所示。

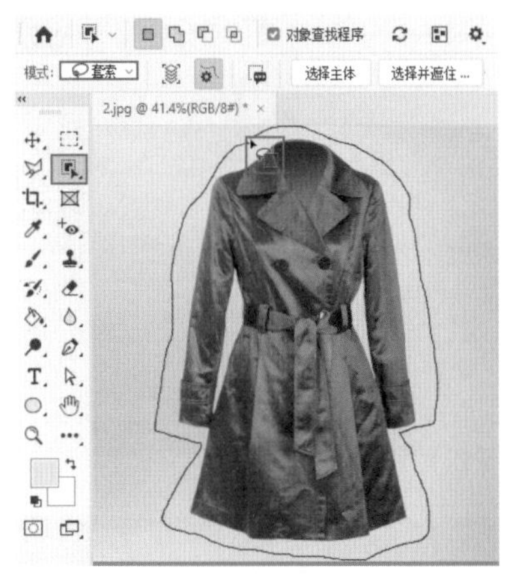

图9-4

图9-5

疑难笔记

什么时候使用“矩形”模式，什么时候使用“套索”模式呢?

当需要抠图的对象外轮廓大致处于矩形范围内，且该范围内不存在其他多余物体时，可使用“矩形”模式。而当主体对象周围还有很多其他的对象，使用“矩形”模式则很容易将其他元素纳入其中，此时应使用“套索”模式。

（5）接着将新的背景图片打开，如图9-6所示。

图9-6

（6）然后使用快捷键Ctrl+V进行粘贴。抠图完成的对象出现在新的背景中，如图9-7所示。

图9-7

9.1.2　快速选择工具

功能速查

“快速选择工具”可以使用类似于画笔绘制的方式来得到颜色相近的区域。并且可以通过添加以及减去选区命令，任意调整选区范围。

使用“快速选择工具”从白色的背景中抠出黄色的水果，如图9-8所示。

图9-8

（1）选择水果图层，单击“快速选择工具”按钮，单击选项栏中的“添加到选区”按钮，这样就可以在原有选区的基础上添加新创建的选区。接着设置合适的笔尖大小，然后将光标移动到主体物的位置按住鼠标左键拖动，随着光标的拖动，可以看到选区会自动追踪对象的边缘而逐渐扩张，如图9-9所示。

（2）继续按住鼠标左键拖动得到整个水果的选区，如图9-10所示。

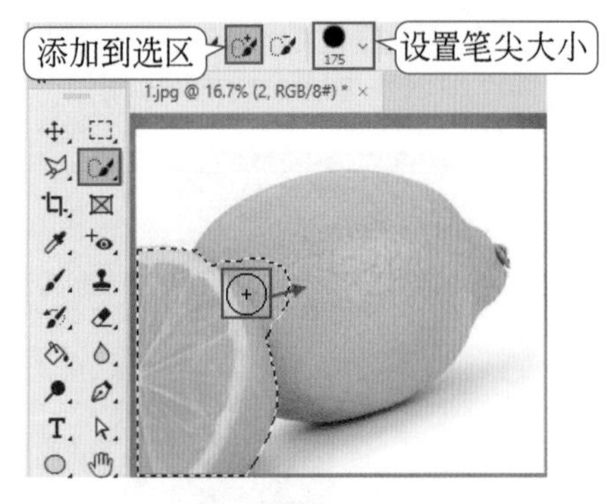

图9-9

图9-10

（3）此时得到了整个水果的选区，案例中只需要半颗柠檬，并且需要有一个清晰的边缘。那么此时就可以就通过选区的运算，“减去”多余的选区。单击“多边形套索工具”按钮，单击选项栏中的“从选区减去”按钮，然后在水果左侧位置绘制一个选区，如图9-11所示。

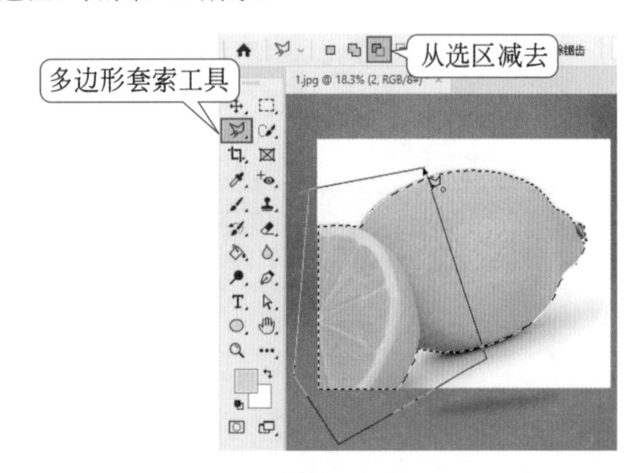

图9-11

（4）选区绘制完成后，会得到水果右侧的选区，如图9-12所示。

（5）为了保护原图层，可以将选区中的像素复制到独立图层。在选中水果图层的状态下，使用快捷键Ctrl+J将选区中的像素复制到独立图层，然后隐藏原图层，如图9-13所示。

图9-12　　图9-13

（6）最后添加文字素材，画面效果更加丰富，如图9-14所示。

图9-14

“快速选择工具”重点选项

新选区：创建一个新的选区。

添加到选区：在原有选区的基础上添加新创建的选区，此时圆形笔尖内为加号。

从选区减去：在原有选区的基础上减去当前绘制的选区，此时圆形笔尖内为减号，如图9-15所示。

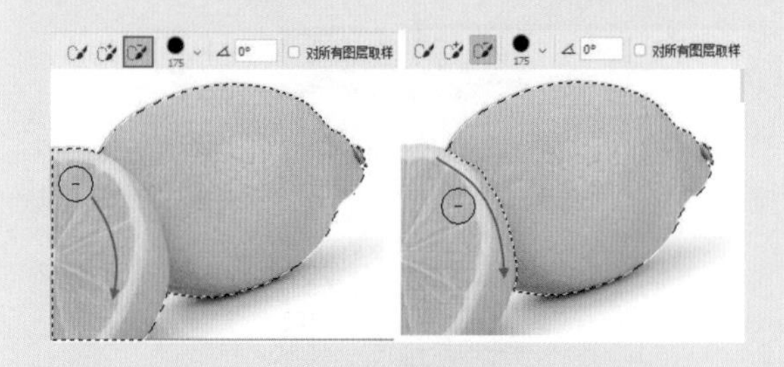

图9-15

9.1.3　魔棒工具

功能速查

“魔棒工具”可以通过调整其“容差”数值，获取与取样点颜色相似部分的选区。

使用“魔棒工具”将化妆品从背景中分离出来，并合成到新的画面中。

（1）由于化妆品图片的背景颜色相对于化妆品而言更加简单，所以可以使用“魔棒工具”创建背景部分选区并删除，以完成抠图操作，如图9-16所示。

图9-16

（2）选择工具“魔棒工具”，在选项栏中单击“添加到选区”。“容差”选项能够控制选区的选择范围，数值越大，对像素相似程度要求越低。这里将“容差”设置为50，勾选“连续”，然后在背景的位置单击，随即可以看到画面中与单击的位置（取样点）颜色相近的范围会被选区选中，如图9-17所示。

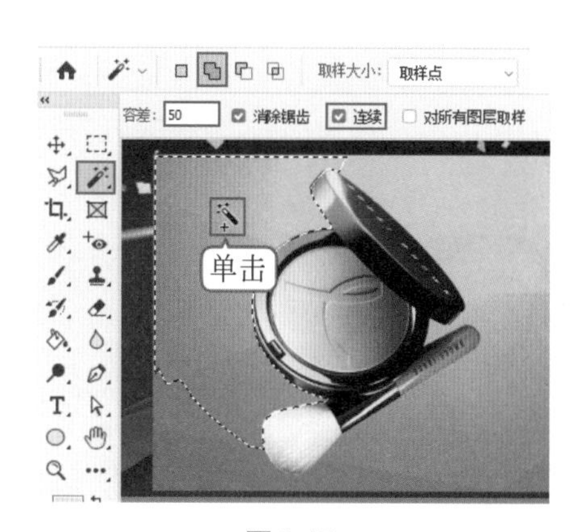

图9-17

（3）继续在背景位置单击直至将蓝色的背景全选中，如图9-18所示。

（4）得到背景选区后，按下键盘上的Delete键将选区中的像素删除，如图9-19所示。

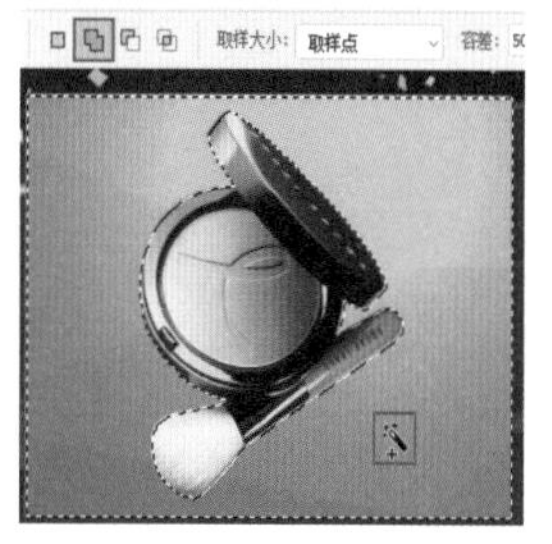

图9-18

图9-19

（5）使用快捷键Ctrl+D取消选区的选择，最后添加文字，效果如图9-20所示。

图9-20

“魔棒工具”重点选项

连续：当选中选项栏中的“连续”选项时，只会创建颜色相连接区域的选区；当取消选中时，画面中所有与取样点相近的颜色都会被包含在选区内，如图9-21所示。

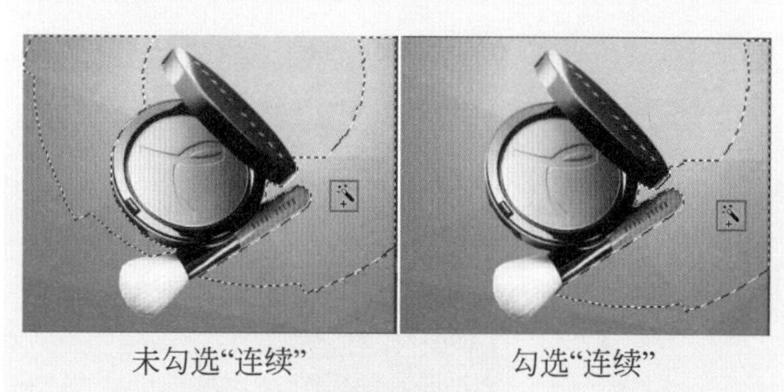

未勾选“连续”　　勾选“连续”

图9-21

9.1.4　磁性套索工具

功能速查

“磁性套索工具”可随着鼠标移动的位置自动识别主体物的边界，并创建出选区。

（1）新建文档，并将背景图层填充黑色。然后置入牛油果素材，并将图层栅格化，如图9-22所示。

图9-22

（2）单击“磁性套索工具”按钮，在选项栏中设置“宽度”为10像素，“对比度”为1%，“频率”为55。设置完成后在主体对象边缘单击，然后沿着对象边缘缓慢拖动鼠标，软件会自动识别主体物的边界，如图9-23所示。

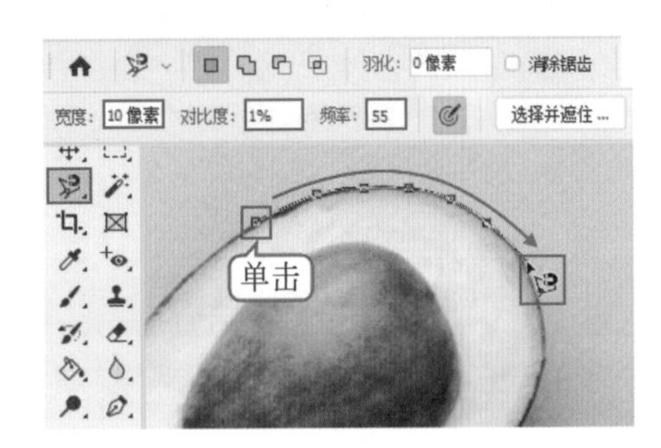

图9-23

（3）继续移动光标，将光标移动到初始锚点的位置，光标变为状后单击，如图9-24所示。

图9-24

重点笔记

若要修正错误的锚点，可以按下键盘上的Delete键，然后移动光标位置重新确定锚点位置。

（4）随即会得到主体物的选区，如图9-25所示。

（5）接着使用快捷键Ctrl+J将选区内的部分复制为独立图层，然后将原图层隐藏。到这里抠图操作完成，如图9-26所示。

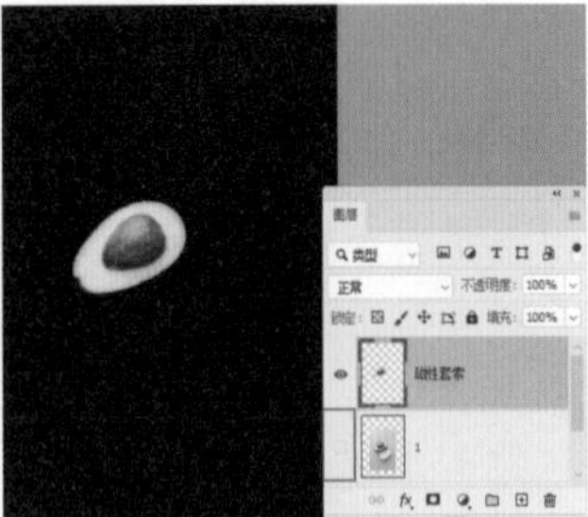

图9-25　　图9-26

（6）下面可以利用抠出的图制作完整的作品。使用自由变换快捷键Ctrl+T，然后拖动控制点进行旋转，如图9-27所示。按下键盘上的Enter键提交操作。

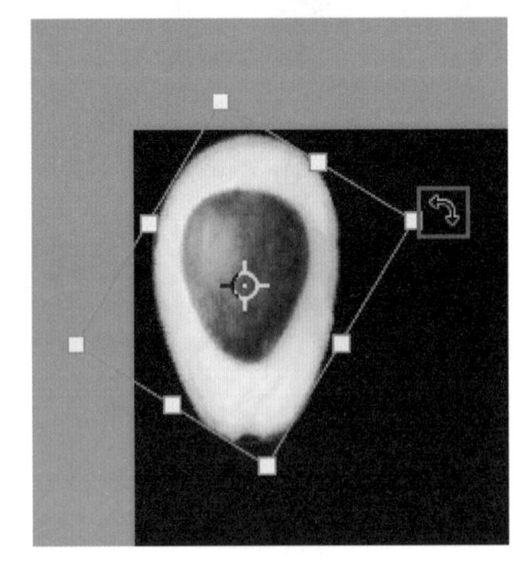

图9-27

（7）将牛油果复制一份向右拖动，然后单击“属性”面板中的“垂直翻转”按钮，进行翻转，如图9-28所示。

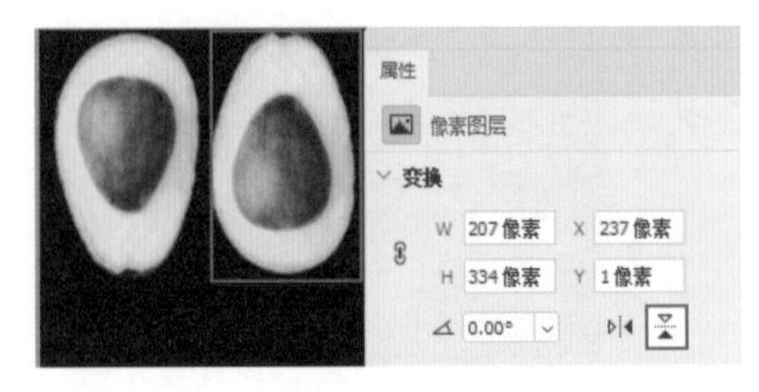

图9-28

（8）继续复制牛油果，铺满整个画面，如图9-29所示。

（9）最后添加图形和文字，完成效果如图9-30所示。

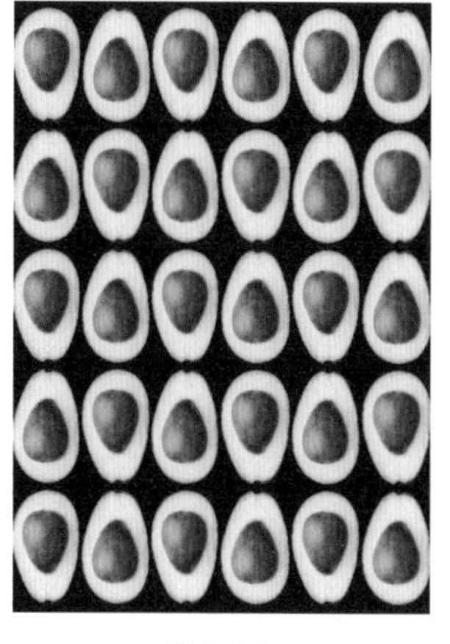
图9-29

图9-30

"磁性套索工具"重点选项

宽度：该数值用于控制光标位置周围有多少个像素能够被"磁性套索工具"检测到。抠图对象的边缘比较清晰，可以设置较大的值；抠图对象的边缘比较模糊时可以设置较小的值。

对比度：抠图对象的边缘比较清晰时，可以设置较大数值；抠图对象的边缘比较模糊时，则要设置较小的数值。

频率：用于设置路径上锚点的数量。数值越高，锚点越多，选区边缘越准确。

9.1.5 魔术橡皮擦工具

功能速查

"魔术橡皮擦工具"可以自动识别与鼠标点击位置相同的颜色，并将画面中与之相似的颜色全部清除。

（1）打开需要抠图的文档，使用"魔术橡皮擦工具"将相机的金色背景擦除，如图9-31所示。

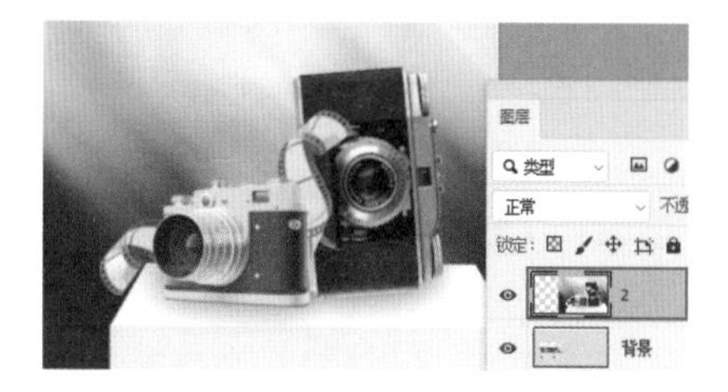

图9-31

（2）选择"魔术橡皮擦工具"按钮，在选项栏中设置"容差"数值为50，勾选"连续"，接着将光标移动至背景的位置单击，随即可以看到擦除了与单击位置颜色相近的区域，如图9-32所示。

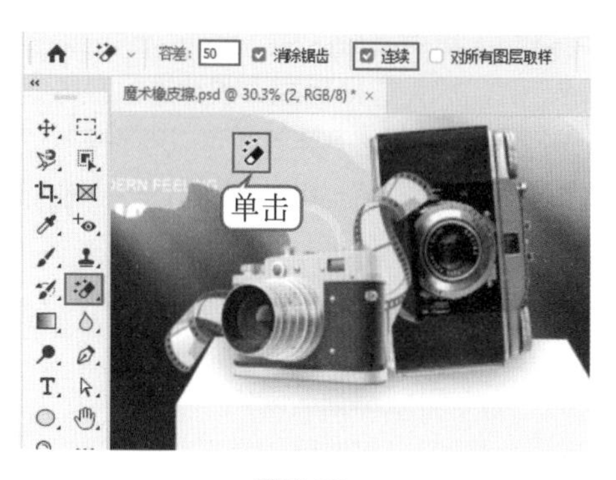

图9-32

重点笔记

为了更好地观察背景是否存在残留像素的问题，可以在下层新建图层，并填充反差较大色彩。

（3）继续以单击的方式擦除背景，当遇到背景与产品颜色相近时，可以降低"容差"数值，如图9-33所示。

图9-33

重点笔记

"魔术橡皮擦"擦除背景后，经常会出现残留部分背景像素的问题。如果遇到这种情况，可以使用"橡皮擦工具"对残留的像素进行擦除。

（4）背景擦除后，案例完成效果如图9-34所示。

图9-34

拓展笔记

使用抠图工具得到选区后，还可以对选区进行进一步的编辑，例如扩大选区范围、收缩选区范围等。执行“选择>修改”命令，在子菜单中可以看到多个命令。

“边界”命令可以将当前选区边界分别向内外扩张，得到边缘处的选区。

“平滑”命令可以将当前选区边缘平滑处理。

“扩展”命令可以将选区向外扩张。

“收缩”命令可以将选区向内缩小。

“羽化”命令可以将选区边缘虚化处理。

9.1.6 实战：制作果汁广告

文件路径

实战素材/第9章

操作要点

1. 使用“快速选择工具”“对象选择工具”抠图
2. 使用“高斯模糊”滤镜与“不透明度”功能调整画面的层次感

案例效果

图9-35

操作步骤

（1）执行“文件>新建”命令，新建一个合适大小的竖向空白文档，如图9-36所示。

（2）单击“渐变工具”按钮，在选项栏中单击“线性”按钮，设置一种浅橘色渐变，设置完成后在画面中由左上向右下拖动，为其填充渐变色，如图9-37所示。

图9-36

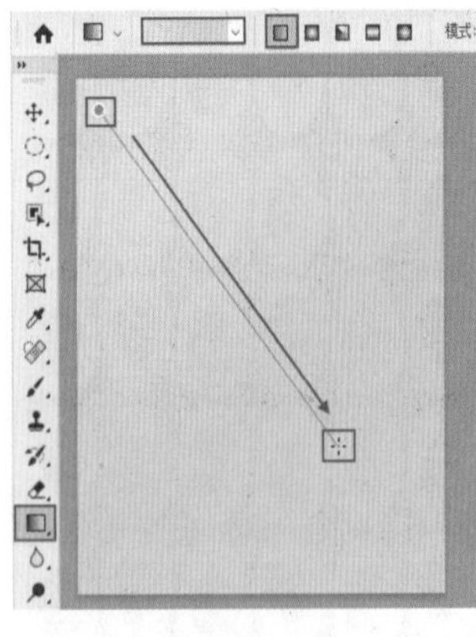

图9-37

（3）选择工具箱的“钢笔工具”，在选项栏中设置“绘制模式”为形状，“填充”为天蓝色，“描边”为无，设置完成后在画面下方绘制一个梯形，如图9-38所示。

（4）执行“文件>置入嵌入对象”命令，置入素材2，将其缩小至合适大小后并向左移动，同时将其栅格化，如图9-39所示。

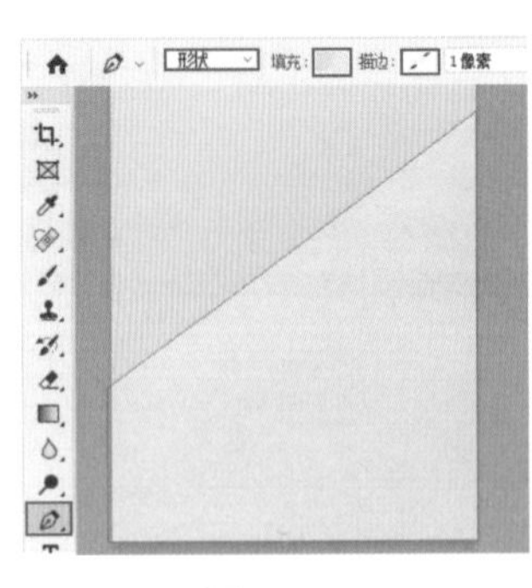

图9-38

图9-39

（5）单击“快速选择工具”，在选项栏中单击打开画笔预设，设置合适的“画笔大小”，“硬度”为100%，如图9-40所示。

（6）接着按住鼠标左键在白色的背景上拖动，得到选区，并按下Delete键，将选区中的像素删除，如图9-41所示。

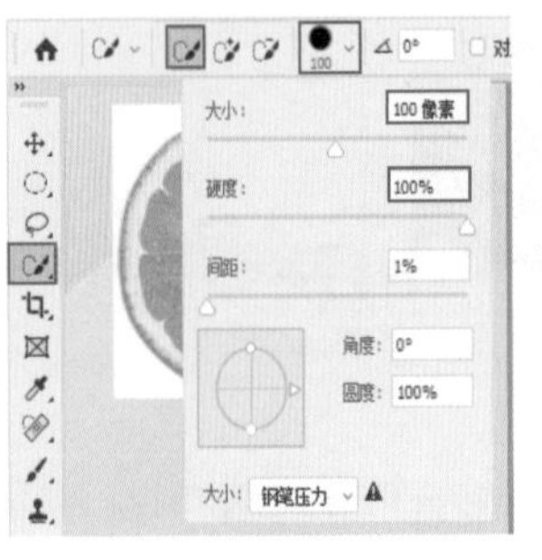

图9-40

图9-41

（7）使用快捷Ctrl+D取消选区的选择。复制四次该图层，并隐藏其中四个图层。选中复制的图层，执行“滤镜>模糊>高斯模糊”命令，在弹出的“高斯模糊”窗口中设置“半径”为4像素，单击“确定”按钮，如图9-42所示。效果如图9-43所示。

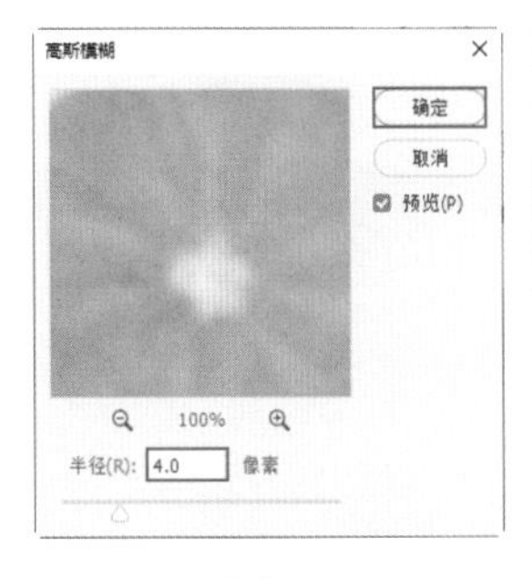

图9-42

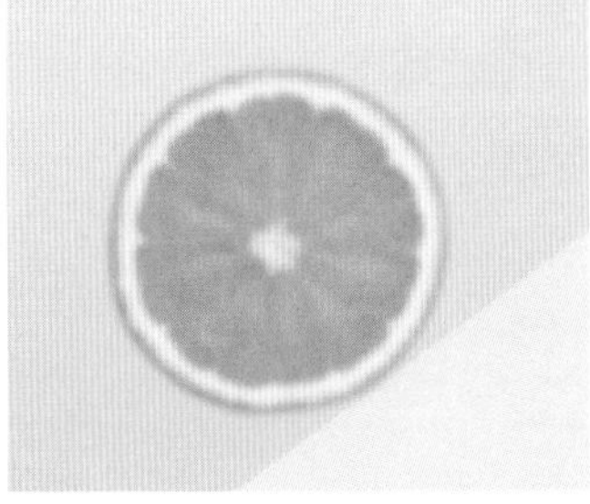

图9-43

（8）显示出清晰的橙子，移动到画面右下方，并适当放大，如图9-44所示。

图9-44

（9）选中该图层，执行“滤镜>模糊>高斯模糊”命令，在弹出的“高斯模糊”窗口中设置“半径”为5像素，单击“确定”按钮，如图9-45所示。效果如图9-46所示。

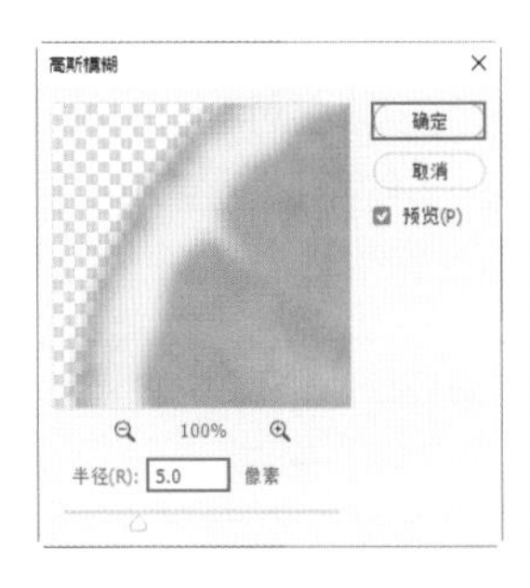

图9-45

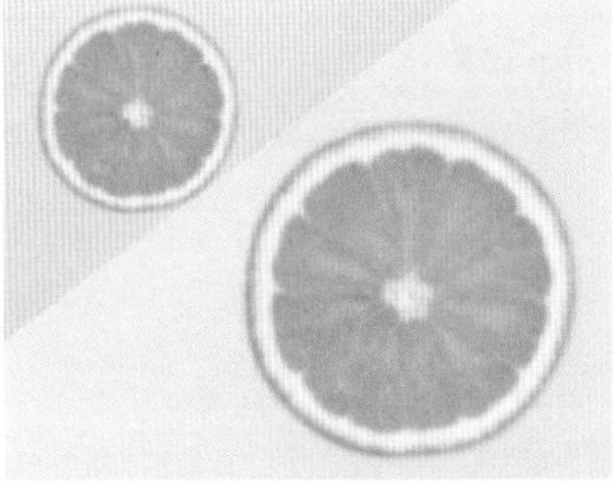

图9-46

（10）接着选中该图层，在图层面板中设置“不透明度”为74%，如图9-47所示。

（11）继续使用同样的方法制作出另外一个橙子，效果如图9-48所示。

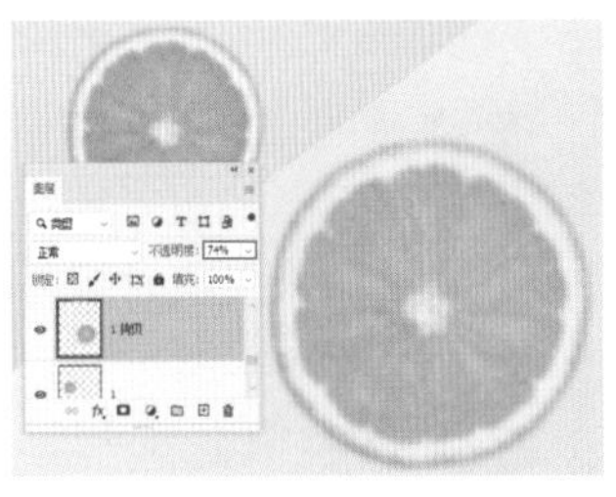

图9-47

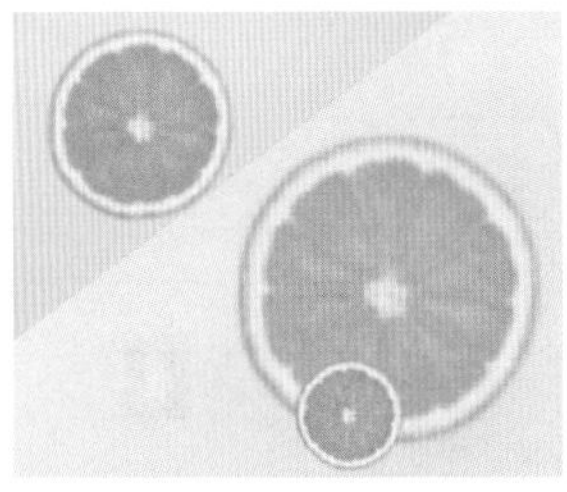

图9-48

（12）执行“文件>置入嵌入对象”命令，将素材1置入画面中，如图9-49所示。

（13）单击“对象选择工具”，在选项栏中设置“模式”为矩形，设置完成后在画面中按住鼠标左键绘制一个矩形选区，使之覆盖到主体物上，如图9-50所示。

图9-49

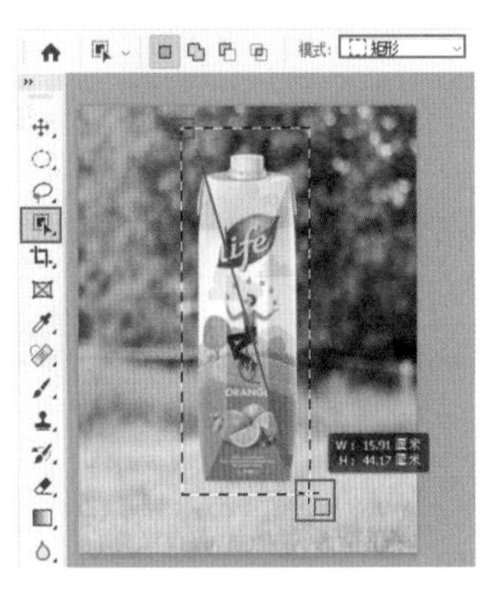

图9-50

（14）释放鼠标后即可完成选区的绘制，得到主体物的选区。效果如图9-51所示。

图9-51

图9-52

（15）接着单击图层面板底部的“添加图层蒙版”按钮，即可隐藏选区以外的背景部分，如图9-52所示。

（16）继续使用同样的方法制作另外两个橙子，如图9-53所示。

图9-53

（17）接着选择最上方的橙子图层，将其“不透明度”设置为50%，如图9-54所示。效果如图9-55所示。

（18）执行“文件>置入嵌入对象”命令，置入素材3，并将其移动至右下角位置。本案例制作完成，效果如图9-56所示。

图9-54

图9-55

图9-56

9.2 高级抠图技法

当主体物与环境色非常接近时，使用之前学习的基于颜色差异的抠图工具进行抠图，很可能造成抠图结果非常不理想的情况。此时通常会选择使用“钢笔工具”抠图。另外，如果遇到对物体边缘的精准度和清晰度要求非常高的情况，也适合使用钢笔抠图法。

使用“钢笔工具”虽然可以准确地抠出例如人像、产品、建筑等这样边缘复杂的对象，但是仍然有一些对象是无法使用之前提到过的工具进行抠图的，例如毛茸茸的小动物、女性的长发。这样的对象边缘实在有些过于“复杂”，使用“钢笔抠图”不仅耗时耗力，而且得到的效果未必如人所愿。想要制作能够准确制作超级复杂的选区可以尝试使用“通道抠图法”。

除此之外，还有一类更“棘手”的对象，例如透明的玻璃杯、半透明的婚纱、天上的云朵、绚丽的光效等。这些具有一定透明属性的对象同样无法使用常规的方法进行提取，此时可以尝试使用“通道抠图法”。常用的高级抠图方式选择见表9-2。

表 9-2　常用的高级抠图方式选择

图像特征	主体物与环境颜色接近	主体物边缘模糊	主体物边缘精度要求高
抠图方式	钢笔抠图	钢笔抠图	钢笔抠图
图示			
图像特征	长毛动物、毛绒玩具	长发人像、带有头发边缘的特写	玻璃杯、酒瓶、饮品
抠图方式	选择并遮住抠图 / 通道抠图	选择并遮住抠图 / 通道抠图	通道抠图
图示			
图像特征	婚纱照、纱帘	云、雾、烟、气	闪电、光束、光斑等深色背景光效图像
抠图方式	通道抠图	通道抠图	通道抠图
图示			

9.2.1　钢笔抠图

如何使用“钢笔工具”抠图呢？“钢笔工具”经常用来绘制形状或路径，而路径对象可以转换为选区，得到选区自然可以完成抠图。之所以使用“钢笔工具”抠图，是由于“钢笔工具”绘制出的路径可调性非常强，可以绘制出非常精确的路径，从而得到精确的选区。

总结一下，钢笔抠图的基本思路可以概括为：使用“钢笔工具”，设置绘制模式为“路径”，沿着主体物边缘绘制路径，随后将路径转换为选区，然后进行抠图操作，如图9-57所示。

图9-57

（1）将背景素材打开，将黑色背景的石膏像素材置入到文档中，并将图层栅格化。在这里需要将石膏像从黑色背景中分离出来，如图9-58所示。

图9-58

（2）单击“钢笔工具”按钮，在选项栏中设置绘制模式为“路径”，接着以单击的方式沿着石膏像边缘进行绘制，绘制出大致的路径，如图9-59所示。

图9-59

（3）在选择“钢笔工具”的状态下，将光标移动至路径上方，光标变为![]状后单击可以添加锚点，如图9-60所示。

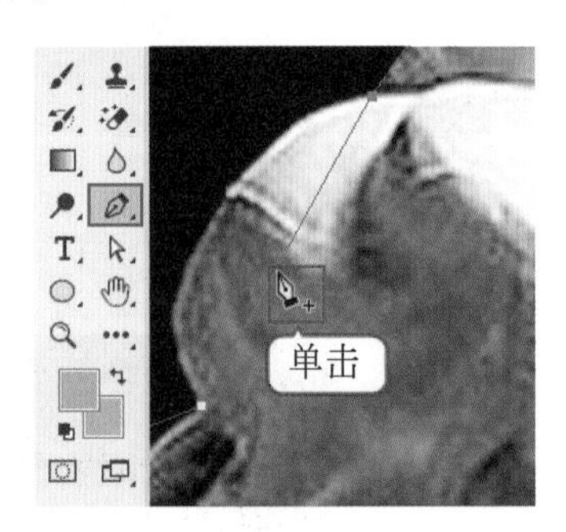

图9-60

（4）在使用“钢笔工具”的状态下按住Ctrl键可以切换到“直接选择工具”，接着拖动锚点更改路径的走向，同时可以配合拖动控制柄更改路径的形态，如图9-61所示。

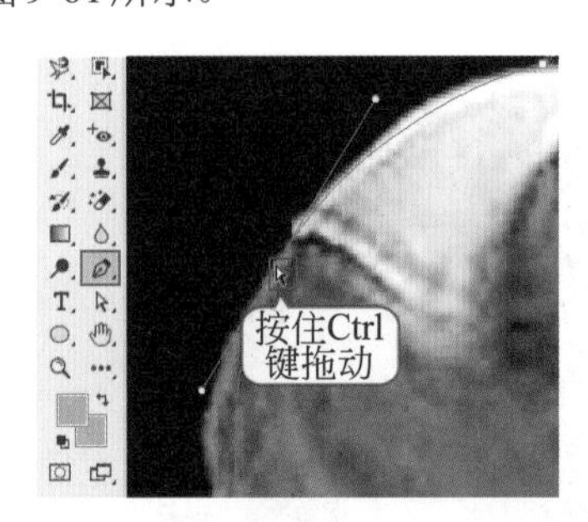

图9-61

重点笔记

也可以在工具箱中“选择工具组”中找到“直接选择工具”，如图9-62所示。在“钢笔工具组”中找到“转换点工具”，如图9-63所示。

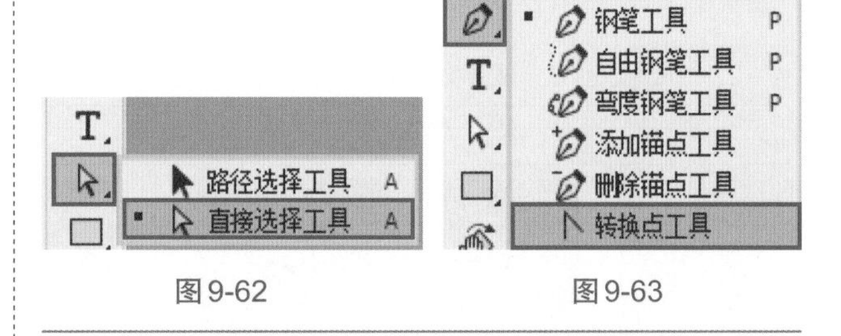

图9-62　图9-63

（5）在使用钢笔工具的状态下，按住Alt键可以切换到“转换点工具”，在锚点上按住鼠标左键拖动可以更改锚点类型，如图9-64所示。

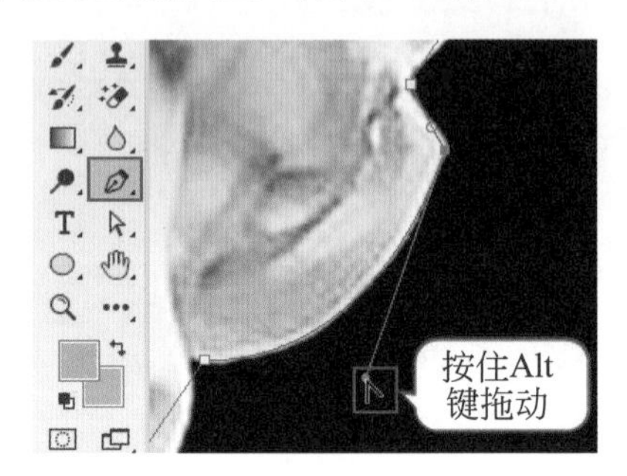

图9-64

重点笔记

若使用“转换点工具”拖动控制柄，可以更改单侧路径走向。

（6）继续对锚点进行调整，调整完成后如图9-65所示。

图9-65

（7）使用快捷键Ctrl+Enter键将路径转换为选区，如图9-66所示。

（8）使用快捷键Ctrl+J将选区内的部分复制到独立图层，然后隐藏原图层，此时画面效果如图9-67所示。

图9-66

图9-67

（9）继续使用“钢笔工具”，设置绘制模式为“路径”，然后在石膏像面部绘制路径，如图9-68所示。

（10）接着使用快捷键Ctrl+Enter键将路径转换为选区，然后使用快捷键Ctrl+X将选区中的像素剪切出来。此时画面效果如图9-69所示。

图9-68

图9-69

（11）接着使用快捷键Ctrl+V，粘贴为独立图层，然后适当调整图层的位置。此时画面效果如图9-70所示。

（12）接着使用画笔工具绘制横截面，增强厚度感，如图9-71所示。

图9-70

图9-71

（13）最后添加文字，案例完成效果如图9-72所示。

图9-72

9.2.2　选择并遮住抠图

功能速查

通过“选择并遮住”可以对选区边缘进行检测，细化选区范围，适合抠取头发、绒毛等对象。

（1）新建一个空白文档，填充合适的颜色作为背景，如图9-73所示。

图9-73

（2）置入人像素材，并将图层栅格化。本案例将要利用“快速选择工具”制作人物的基本选区，然后使用“选择并遮住”命令细化头发部分的选区，如图9-74所示。

（3）单击“快速选择工具”按钮，单击选项栏中的“添加到选区”按钮，设置合适的笔尖大小，然后在人像上按住鼠标左键拖动，得到人像的选区，如图9-75所示。

图9-74

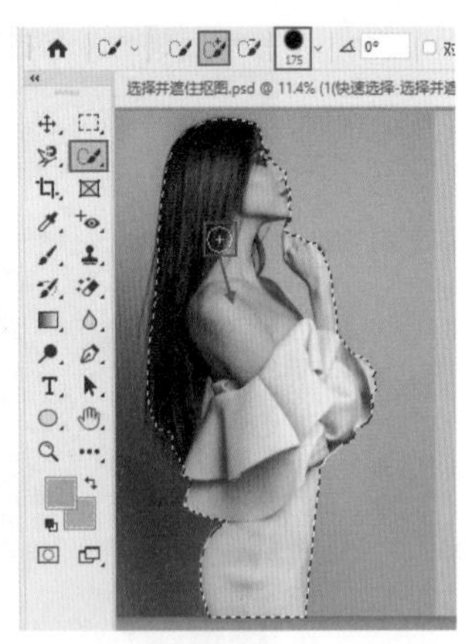

图9-75

（4）因为头发边缘比较复杂，使用“快速选择工具”得到的选区边缘可能不够精准，如图9-76所示。接下来通过“选择并遮住”精确化选区进行抠图。

（5）单击选项栏中的“选择并遮住”按钮或者执行“选择>选择并遮住”命令，进入“选择并遮住”工作区。单击左侧工具箱中的“调整边缘画笔工具”按钮，单击选项栏中的“扩展检测区域”，设置合适的笔尖大小，然后在发梢位置拖动，可以看到选区变得精细，如图9-77所示。

图9-76

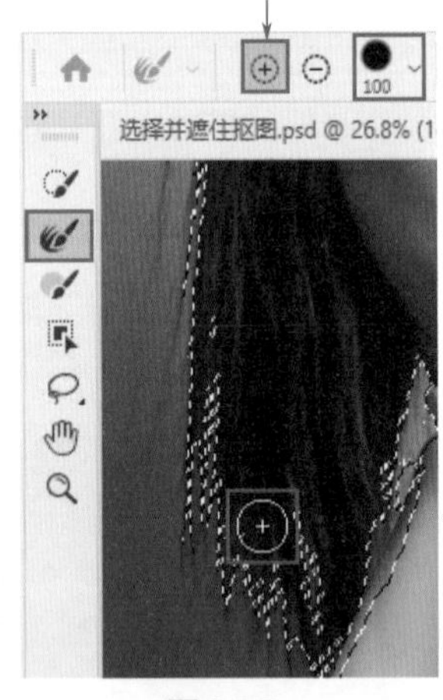

图9-77

（6）接下来需要对下颌位置进行选区的减选。单击“快速选择工具”按钮，单击选项栏中的“从选区减去”按钮，设置合适的笔尖大小，然后在下颌的位置按住鼠标左键拖动，将此处的背景区域从选区中去除掉，如图9-78所示。

（7）再次单击“调整边缘画笔工具”，单击选项栏中的“扩展检测区域”，设置合适的笔尖大小，然后在头发的位置涂抹让选区变得精细，如图9-79所示。

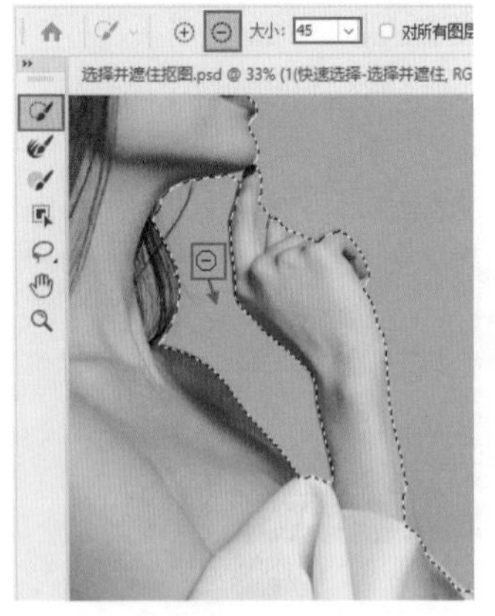

图9-78

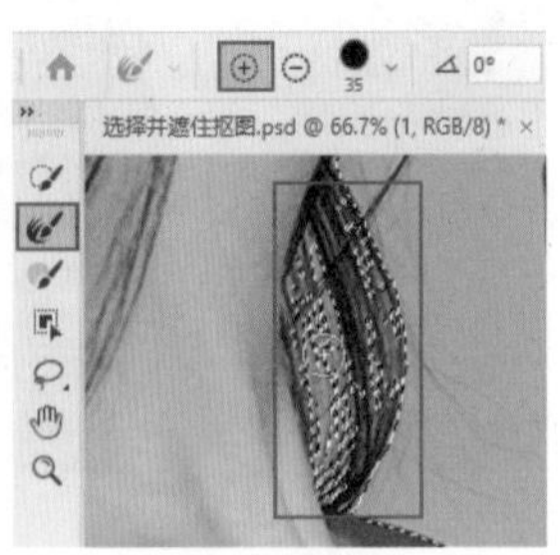

图9-79

（8）得到人像选区后最后需要设置输出选项，单击“输出到”按钮，选择“新建图层”，然后单击“确定”按钮，如图9-80所示。

图9-80

（9）接着可以看到原图层隐藏，选区内的人物部分复制到了独立图层，人物头发边缘非常精细，身体部分也很精准，如图9-81所示。

图9-81

（10）将人物图层的不透明度设置为70%，如图9-82所示。

（11）将人物图层复制一份，缩小一些，然后右下方移动，并将该图层的混合模式设置为“正片叠底”，如图9-83所示。

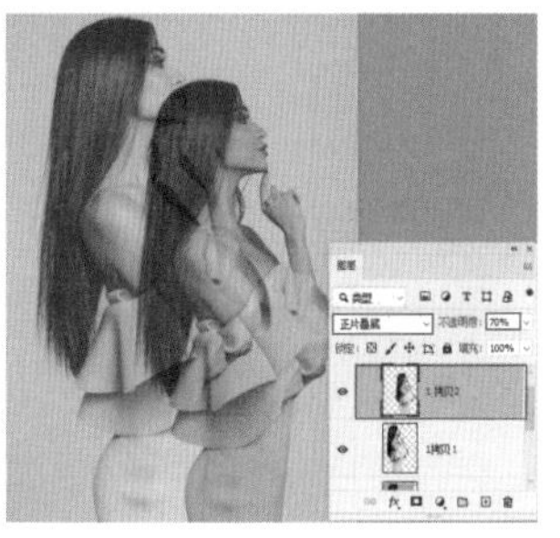

图9-82　　图9-83

（12）最后添加文字和线条装饰。完成效果如图9-84所示。

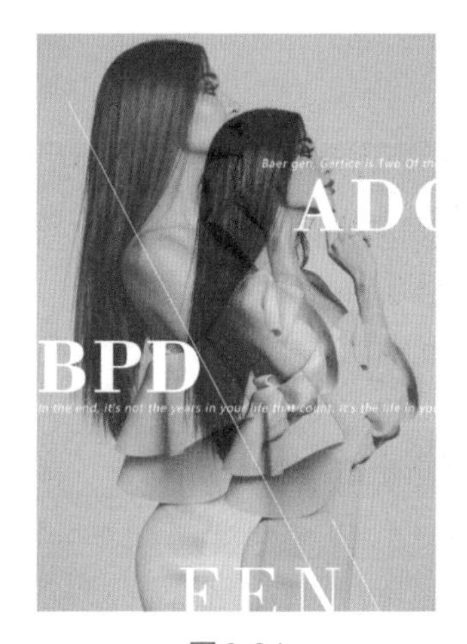

图9-84

"选择并遮住"重点选项

视图模式：单击"视图"后侧的倒三角按钮，在下拉菜单中选择视图，其中包括洋葱皮、闪烁虚线、叠加、黑底、白底、黑白、图层七种视图模式。按F键可以在各个模式之间循环切换，按X键可以暂时禁用所有模式，如图9-85所示。

边缘检测："半径"选项用来控制选区边缘的大小，清晰的边缘可以设置较小的参数，模糊复杂的边缘需要设置较大的参数。"智能半径"自动调整边界区域中发现的硬边缘和柔化边缘的半径。

图9-85

全局调整：用于设置当前选区的平滑程度、边缘虚化程度（羽化），边缘清晰程度（对比度）以及边缘向内或向外移动的程度（移动边缘）。

输出：主要用来消除选区边缘的杂色以及设置选区的输出方式。不同方式的对比见表9-3。

表9-3　不同输出方式的效果对比

方式	说明	图示
选区	会在原有图层中得到对象的选区	
图层蒙版	会以当前选区创建图层蒙版，隐藏选区外的像素	
新建图层	将选区中的像素复制到独立图层，原图层隐藏	
新建带有图层蒙版的图层	隐藏原图层，将图层复制到独立图层，并以选区创建图层蒙版	
新建文档	将抠图对象在新建的文档中打开	
新建带有图层蒙版的文档	将抠图对象在新文档中打开，并且创建图层蒙版	

9.2.3 通道抠图：云

通道抠图自然要使用到“通道”面板。执行“窗口>通道”命令，打开“通道”面板。观察各个通道的黑白图中主体物与背景之间是否有明确的黑白差异？在“通道”的世界中“黑白关系”是可以“换算”成选区的，黑色为选区之外，白色为选区之内，灰色就是半透明的选区。

以云朵图片为例，如图9-86所示。在通道面板中可以看到各个通道的黑白关系，如图9-87所示。

图9-86

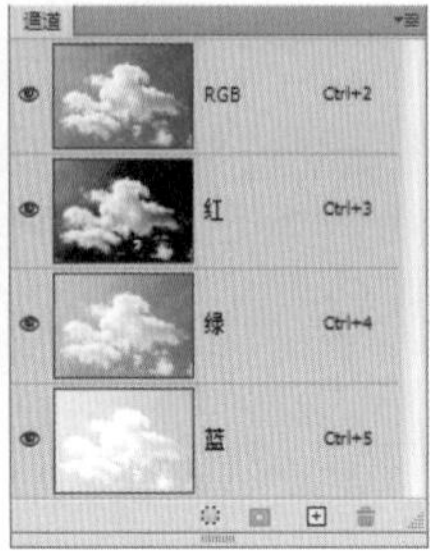

图9-87

如果想要将云朵从图像中提取出来，那么就需要去除天空的蓝色部分。云朵边缘需要很柔和，且云朵上也需要有一定的透明效果。根据以上要求我们可以得到结论：天空部分需要为黑色，云朵部分需要为白色和灰色，云朵边缘需要保留灰色区域。那么我们可以选择一个与我们需求的通道效果最接近的一个通道，此时可以看到红通道的黑白差异较大，比较适合云朵的抠图，如图9-88所示。

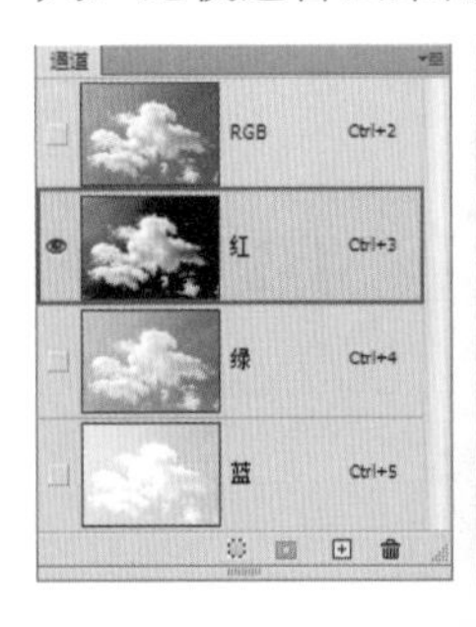

图9-88

由于左上角的天空处不是黑色，所以接下来我们需要继续处理一下通道的黑白关系。在处理之前一定要将所选通道进行复制，在通道单击鼠标右键，执行“复制通道”命令，如图9-89所示。然后选中复制出的通道，如图9-90所示。

重点笔记

通道抠图一定要在复制得到的通道上操作，一旦在原通道上操作，则会影响画面效果。

图9-89

图9-90

进行黑白关系的调整。本图中只需要使用“加深工具”对画面左侧进行加深即可，如图9-91所示。

图9-91

重点笔记

通道抠图过程中对通道的调整不仅可以使用“加深工具”“减淡工具”，还可以使用“画笔工具”“橡皮擦工具”等，以及曲线、亮度/对比度等调色命令。总之，只要能够将通道中的黑白信息处理为需要的效果即可。

通道的黑白关系处理完成后单击通道面板底部的“将通道作为选区载入”按钮，如图9-92所示。此时即可得到选区，黑色的部分在选区之外，白色的部分在选区之内，灰色的部分则为半透明选区，如图9-93所示。

图9-92

图9-93

单击RGB复合通道，显示出画面完整效果，如图9-94所示。此时可以清晰地看到被选中的部分为云朵部分，如图9-95所示。

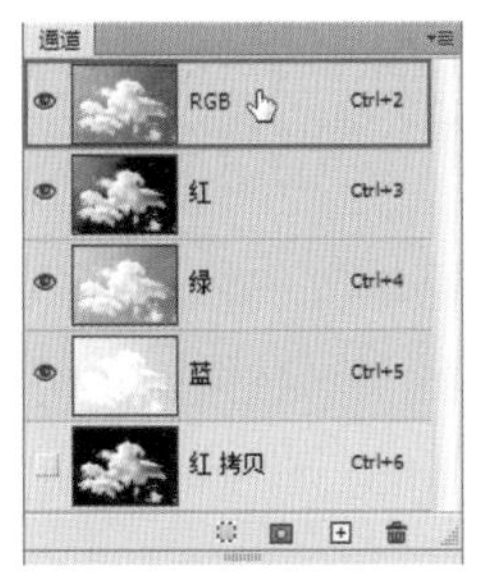

图9-94

图9-95

为了更清晰地观察抠图的效果，可以进行复制粘贴，将云朵粘贴为独立图层，如图9-96所示。置入一个背景图像，可以看到云朵边缘非常柔和，而且云朵上也有自然的透明区域，如图9-97所示。

图9-96

图9-97

“通道抠图法”的秘密已经展现给大家了，那就是：利用通道与选区可以相互转化的功能，通过调整通道中单色的黑白对比效果，得到半透明选区或者边缘复杂的选区。

9.2.4 通道抠图：半透明物体

（1）将背景素材打开，然后置入人像素材，并将图层栅格化，如图9-98所示。

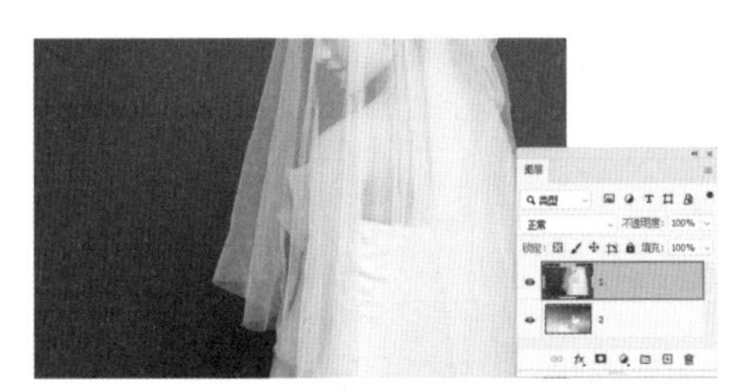

图9-98

（2）首先使用钢笔工具将整个人物从背景中分离出来。单击“钢笔工具”按钮，在选项栏中设置“绘制模式”为路径，然后沿着人物边缘绘制路径，如图9-99所示。

图9-99

（3）接着使用快捷键Ctrl+Enter将路径转换为选区，接着使用快捷键Ctrl+J将选区中的像素复制到独立图层，然后将原图层隐藏。此时观察头纱部分，因为头纱半透明的特性，透过头纱能看到原来的背景，所以这部分需要单独通过通道进行抠图，如图9-100所示。

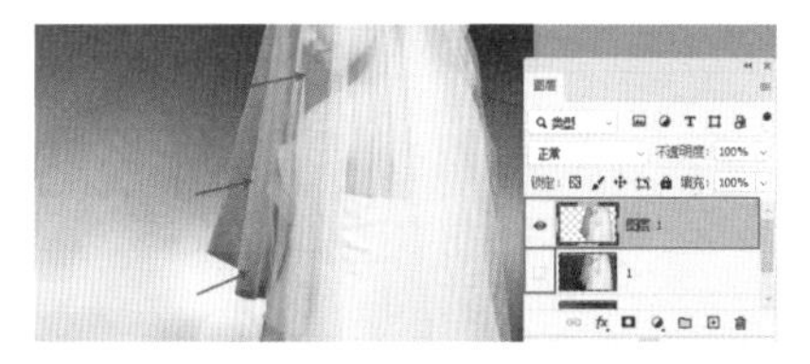

图9-100

（4）单击“钢笔工具”按钮，在选项栏中设置“模式”为路径，然后沿着人物身体的边缘绘制路径，如图9-101所示。

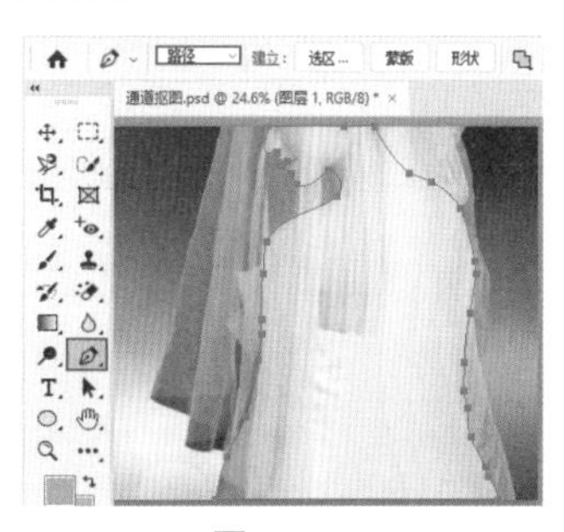

图9-101

（5）路径绘制完成后使用快捷键Ctrl+Enter将路径转换为选区，然后使用快捷键Ctrl+X进行剪切，使用快捷键Shift+Ctrl+V进行原位置粘贴，此时身体和头纱分为了两个图层，如图9-102所示。

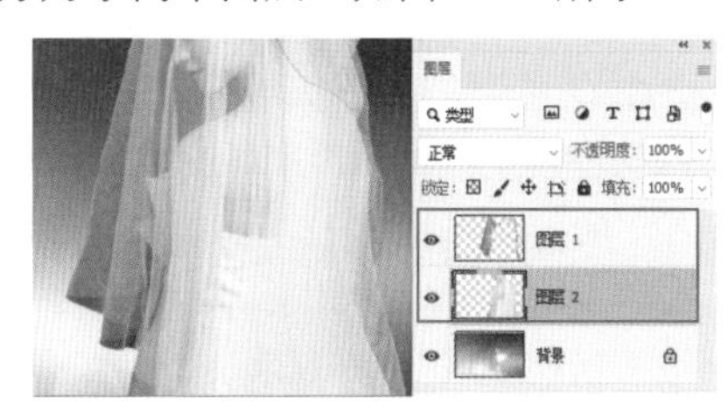

图9-102

高级拓展篇

（6）接下来通过通道抠取头纱，在使用通道抠图之前，需要将其他图层全部隐藏，如图9-103所示。

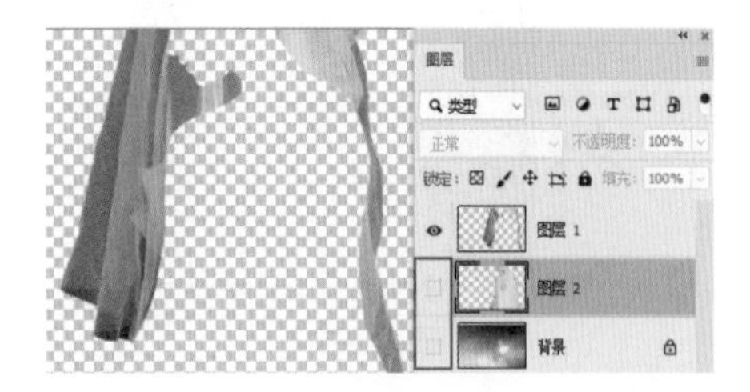

图9-103

（7）接着执行“窗口>通道”命令打开“通道”面板，依次单击“红”“绿”“蓝”，查看通道中的黑白关系，如图9-104～图9-106所示。通过观察红通道中头纱和背景的颜色反差最强。

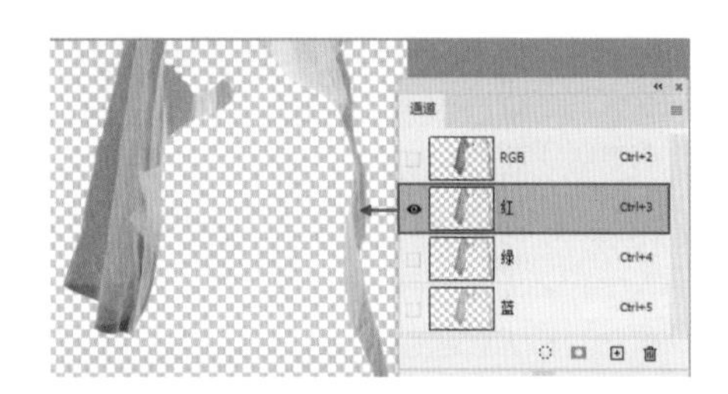

图9-104

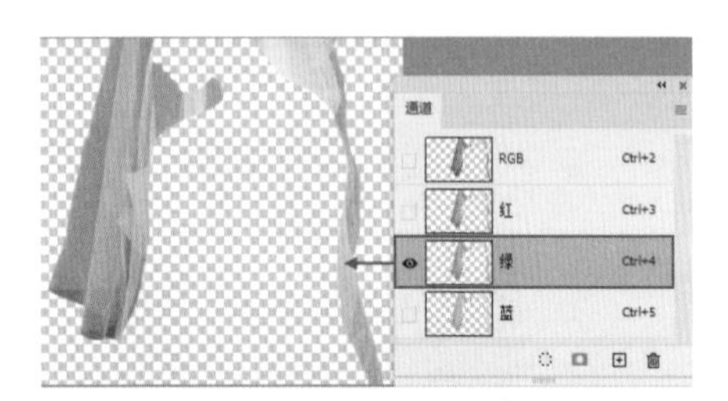

图9-105

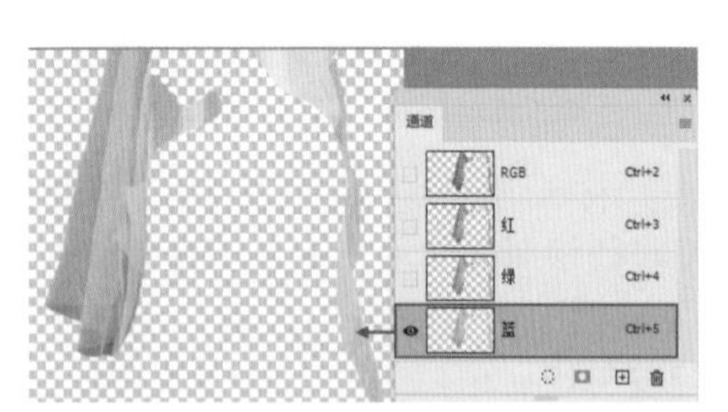

图9-106

（8）选中红通道，按住鼠标左键向面板底部的“创建新通道”按钮上方拖动，释放鼠标后得到“红拷贝”通道，如图9-107所示。

（9）选中“红拷贝”通道，单击“将通道转换为选区”载入按钮 ◌，此时将载入白色区域的选区，灰色区域为半透明的选区，如图9-108所示。

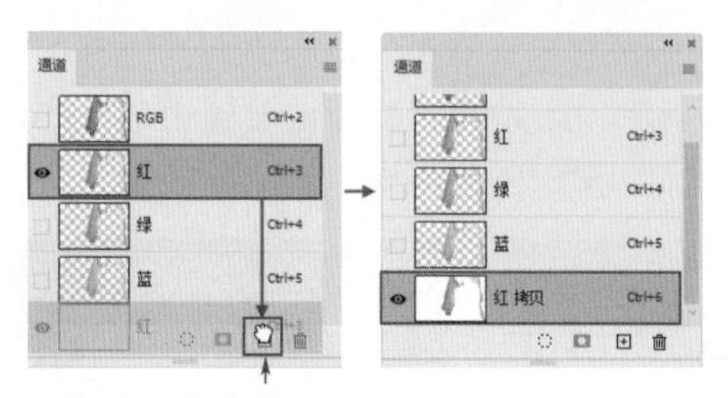

图9-107

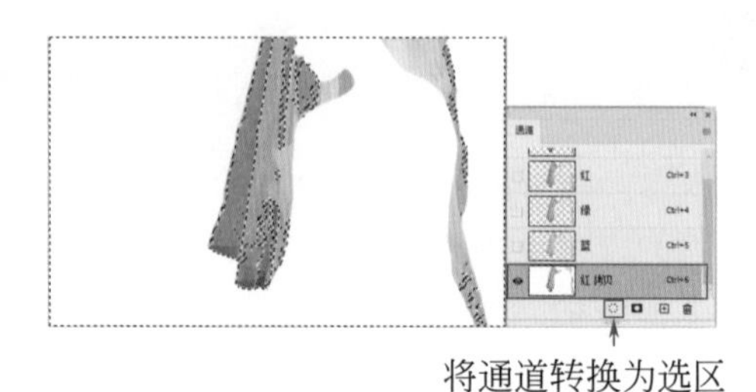

图9-108

（10）接着单击RGB复合通道，可将画面恢复到默认状态，如图9-109所示。

（11）接着选择头纱图层，单击图层面板底部的“添加图层蒙版”按钮 ◘，以当前选区为该图层添加图层蒙版，如图9-110所示。此时头纱呈半透明状，画面效果如图9-111所示。

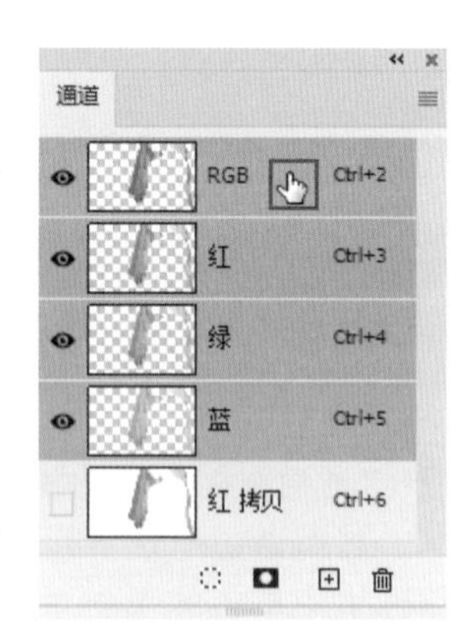

图9-109

图9-110

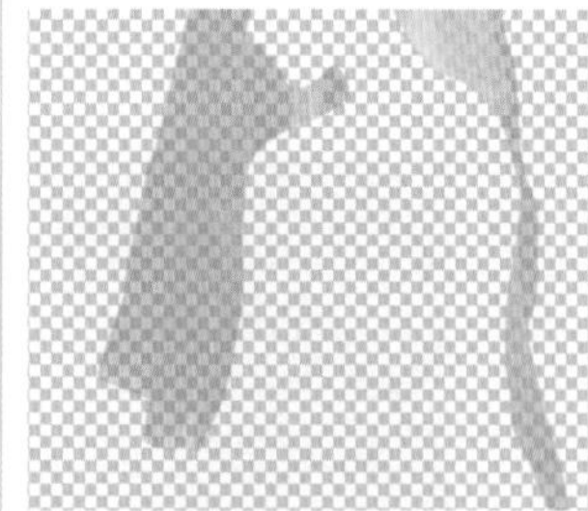

图9-111

（12）接着将背景图层和人物图层显示出来，此时画面效果如图9-112所示。

（13）在头纱图层上新建一个曲线调整图层，然后将曲线向上扬，使头纱变亮，单击 ◘ 按钮使调色效果只针对头纱图层，如图9-113所示。

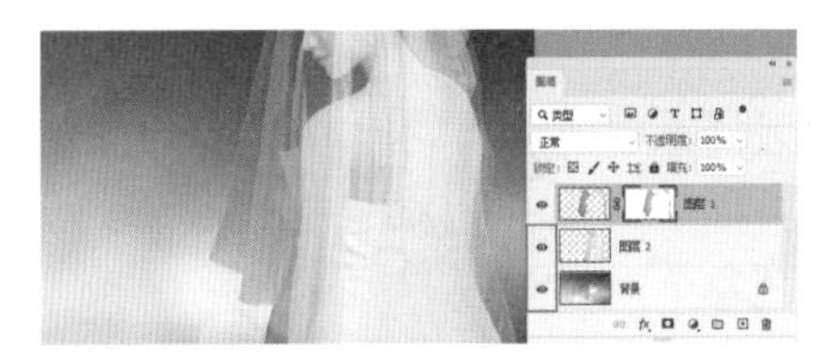

图9-112

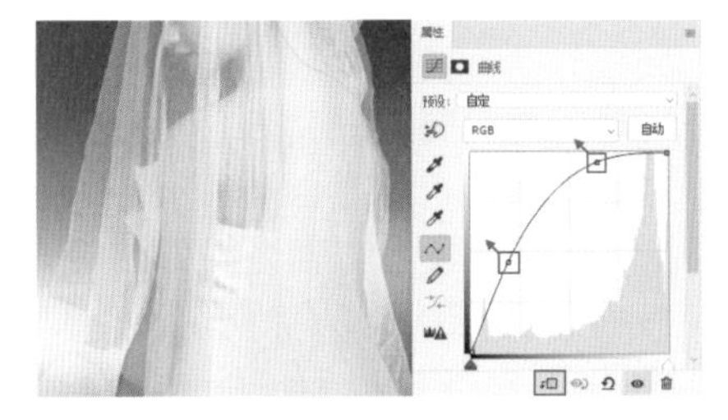

图9-113

（14）最后可以对身体部分适当提亮，案例完成效果如图9-114所示。

图9-114

拓展笔记

（1）头纱图层的蒙版也可以通过调整黑白关系，调整图层的透明效果。选中图层蒙版，使用快捷键Ctrl+M调出“曲线”窗口，将曲线向下压，让蒙版中黑色和灰色的面积变大，此时头纱就变得更透明，如图9-115和图9-116所示。

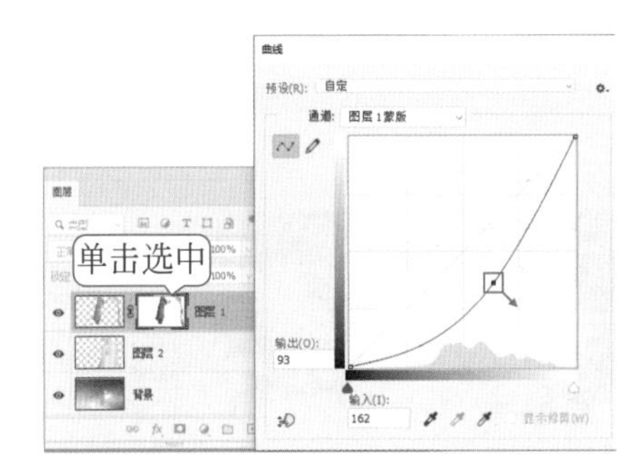

图9-115

（2）如果将曲线向上扬，此时蒙版中浅色的范围增大，头纱会越来越不透明，以至于背景会显示出来，如图9-117和图9-118所示。

图9-116

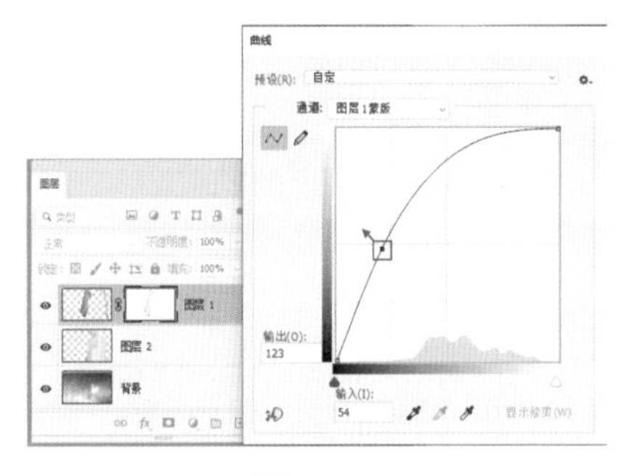

图9-117

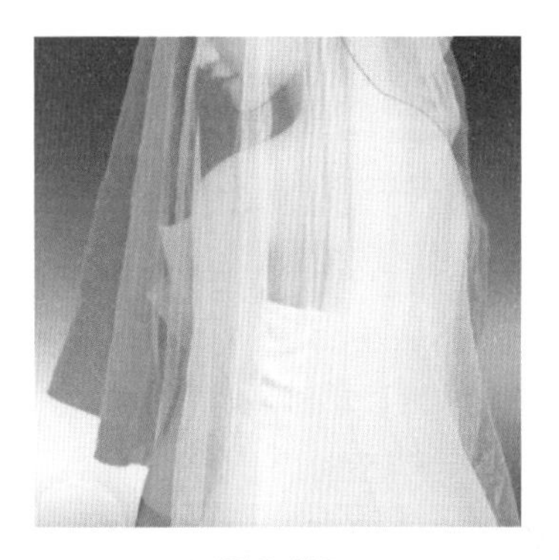

图9-118

9.2.5 通道抠图：复杂边缘

（1）将素材图片打开，向日葵边缘较为复杂，通过通道抠图法抠取向日葵，如图9-119所示。

图9-119

（2）打开“通道”面板，依次单击“红”“绿”“蓝”通道进行查看，此时“蓝”通道花朵与背景的反差最大，如图9-120所示。

图9-120

（3）将蓝通道进行复制，如图9-121所示。

图9-121

（4）在通道中白色代表选区，黑色代表非选区。需要得到花朵的选区，可以使用快捷键Ctrl+I将黑白两色反向。此时可以看到花朵变为白色，而叶子为灰色，如图9-122所示。

图9-122

（5）使用“曲线”快捷键Ctrl+M，单击“设置白场”，在叶子上方单击，叶子部分大面积的变为了白色，如图9-123所示。最后单击“确定”按钮提交操作。

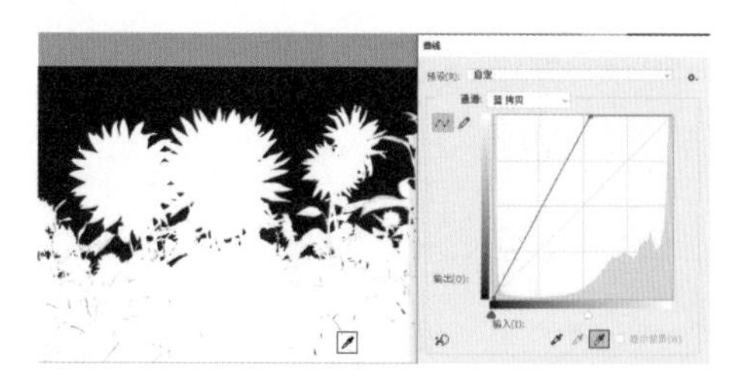

图9-123

（6）此时还有一些零星边缘没有变为白色，可以单击“减淡工具”，设置合适的笔尖大小，设置“范围”为“高光”，设置“曝光度”为100%，然后在没有变为白色的叶子上方涂抹，使其变为白色，如图9-124所示。涂抹完成后，黑白关系如图9-125所示。

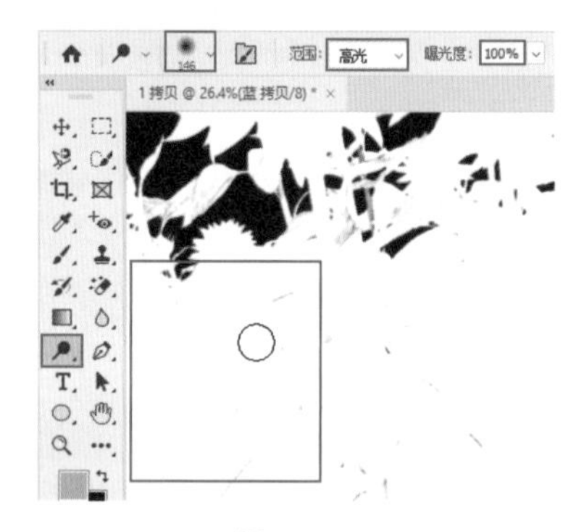

图9-124

图9-125

（7）单击“将通道转换为选区”按钮，此时将载入白色区域的选区，如图9-126所示。

图9-126

（8）单击显示出RGB复合通道，然后回到图层面板中，使用快捷键Ctrl+J将选区中的像素复制到独立图层，隐藏原图层。花朵被抠出来了，如图9-127所示。

图9-127

（9）最后置入新的背景素材，案例完成效果如图9-128所示。

图9-128

9.2.6　实战：化妆品广告

文件路径

实战素材/第9章

操作要点

1. 使用“橡皮擦工具”擦除图层局部
2. 使用“钢笔工具”精确抠图
3. 使用“快速选择工具”抠图

案例效果

图9-129

操作步骤

（1）执行“文件>新建”命令，新建一个合适大小的横向空白文档，如图9-130所示。

图9-130

（2）单击“渐变工具”按钮，在选项栏中单击“径向”按钮，设置一种浅蓝色渐变，设置完成后在画面中由右下向左上拖动，为其填充渐变色，如图9-131所示。

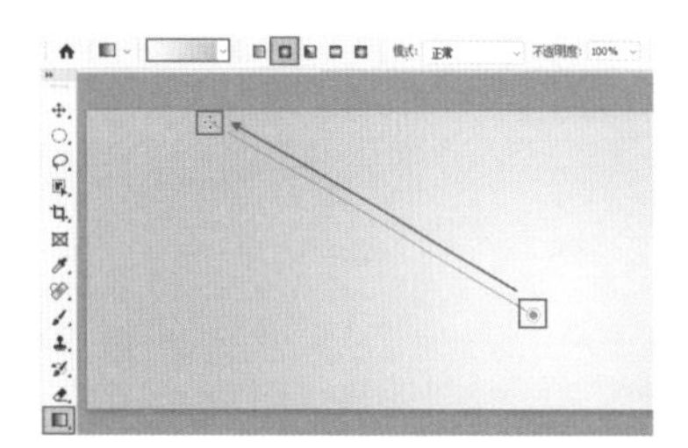

图9-131

（3）执行“文件>置入嵌入素材”，将素材1置入到当前文档中，适当调整其大小，放在画面偏右侧的位置，并将其栅格化，如图9-132所示。

图9-132

（4）单击“橡皮擦工具”按钮，在选项栏中设置一个合适大小的柔边圆画笔，并设置“不透明度”为55%，然后擦除白色背景，如图9-133所示。

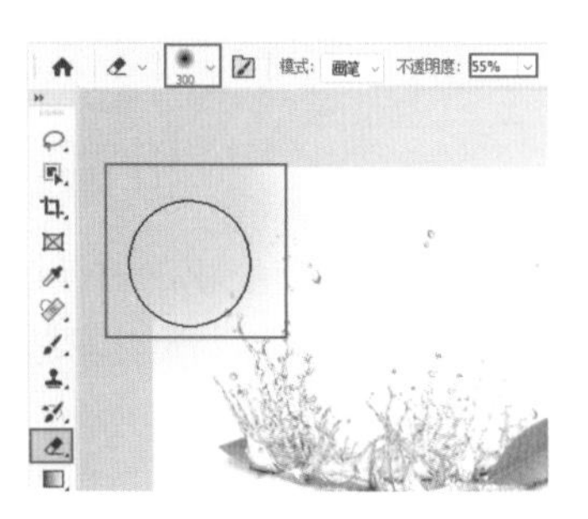

图9-133

（5）继续使用该工具在图片上擦除，效果如图9-134所示。

图9-134

（6）执行“文件>置入嵌入对象”命令，将素材2置入画面中，并调整其位置，如图9-135所示。

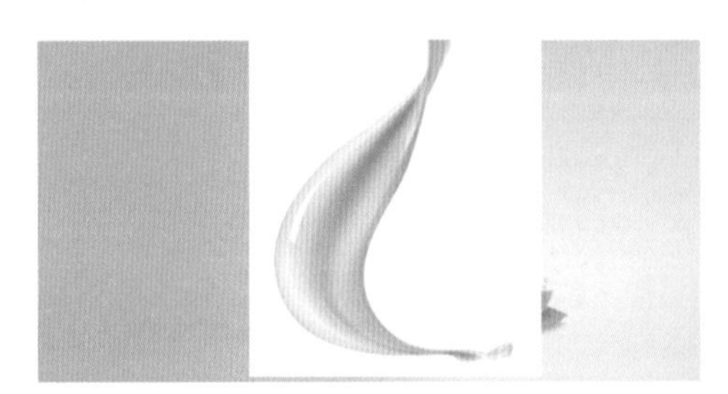

图9-135

（7）单击“钢笔工具”按钮，在选项栏中设置“绘制模式”为路径，然后沿着粉底的形状进行绘制，如图9-136所示。

（8）使用快捷键Ctrl+Enter载入选区，效果如图9-137所示。

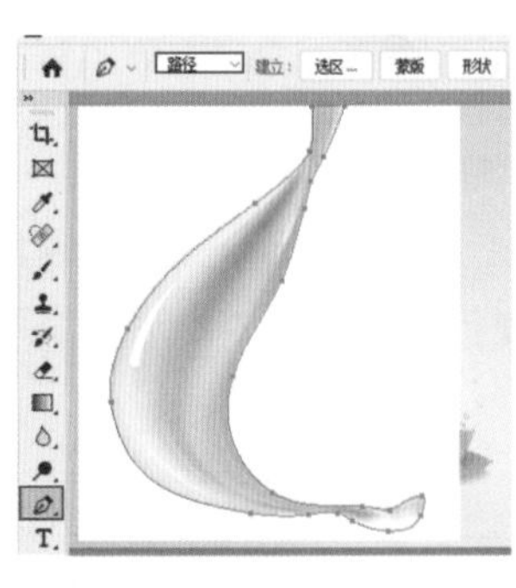

图9-136

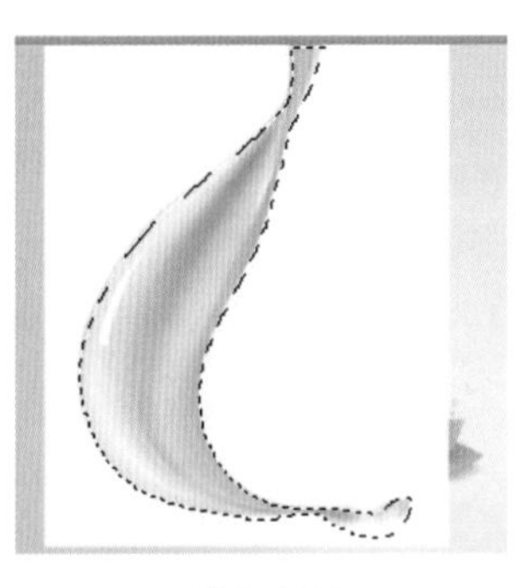

图9-137

（9）在选中素材2图层的状态下，单击图层面板中的“添加图层蒙版”按钮，为其添加蒙版，如图9-138所示。

（10）执行“文件>置入嵌入对象”命令，置入素材3，并调整其位置，如图9-139所示。

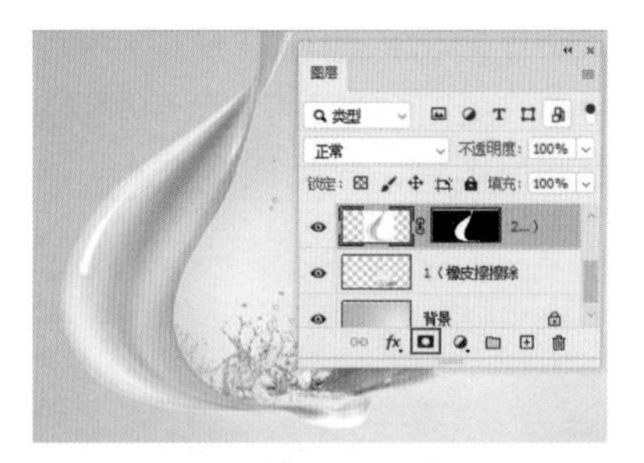

图9-138

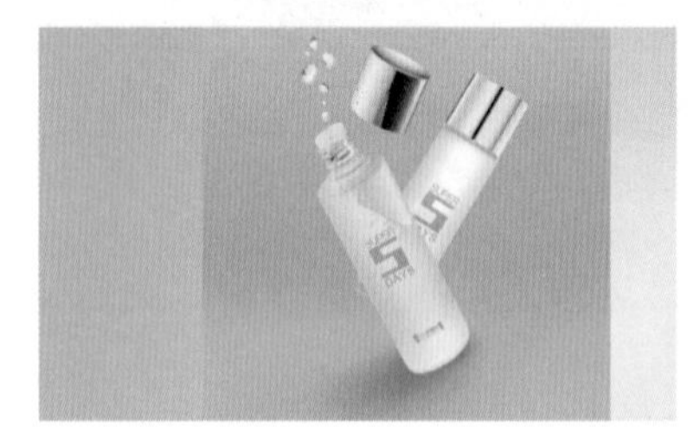

图9-139

（11）单击“快速选择工具”按钮，在选项栏中设置合适大小，在化妆品上按住鼠标左键拖动，得到选区，如图9-140所示。

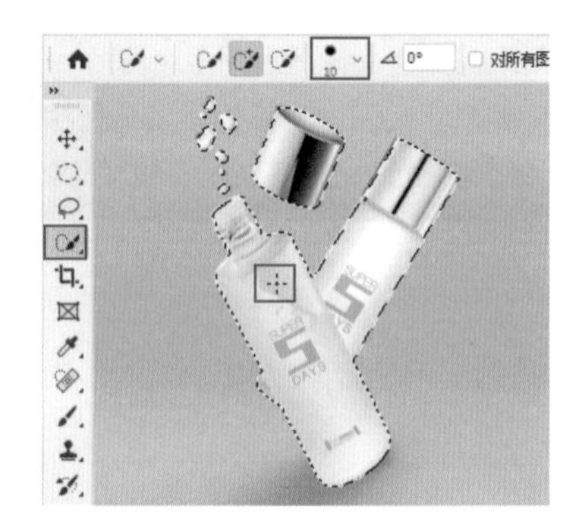

图9-140

（12）选择素材3图层，单击图层面板中的“添加图层蒙版”按钮，以当前选区为该图层添加图层蒙版，并设置如图9-141所示。效果如图9-142所示。

图9-141

图9-142

（13）单击“横排文字工具”，在画面的左上位

置上键入文字。选中文字图层，执行“窗口>字符”命令打开“字符”面板，选择合适的字体、字号，设置“字间距”为–100，“颜色”设置为深灰色，如图9-143所示。

图9-143

（14）继续使用“横排文字工具”，在原有文字下方键入数字5，并在选项栏中更改其字体、字号与颜色，如图9-144所示。

图9-144

（15）继续使用同样的方法在左侧键入其他文字。效果如图9-145所示。

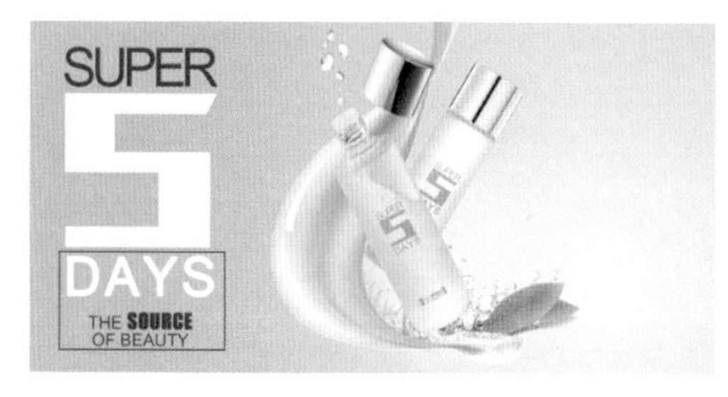

图9-145

（16）单击“矩形工具”，在选项栏中设置“绘制模式”为形状，“填充”为无，“描边”为深灰色，“描边宽度”为15像素，设置完成后在左下方的文字上绘制一个矩形框，如图9-146所示。

图9-146

（17）为形状图层添加图层蒙版，将前景色设置为黑色，使用“矩形选框工具”在矩形中间位置绘制矩形选区，然后在图层蒙版中使用快捷键Alt+Delete键填充选区，隐藏选区内的像素，如图9-147所示。

图9-147

（18）单击“椭圆工具”，在选项栏中设置“绘制模式”为形状，“填充”为黑色，“描边”为无，设置完成后在右侧版面中按住Shift键绘制一个正圆形，如图9-148所示。

图9-148

（19）单击“横排文字工具”，输入文字并移动到正圆上。在“字符”面板中设置合适的字体、字号与颜色，并单击“删除线”按钮，如图9-149所示。

（20）继续使用“横排文字工具”在右侧键入其他文字，如图9-150所示。

图9-149

图9-150

本案例制作完成，效果如图9-151所示。

图9-151

9.3　蒙版与抠图

在以往的抠图中，通常是在得到选区后将主体物从图像中复制出来，或者直接擦除/删除背景。无论是哪种操作，主体物都已经彻底与原图分开，如果一旦发现主体物上出现某个局部缺失，也将无法找回。借助“蒙版”功能则可以避免这种情况的发生。简单来说，“蒙版”功能是以“隐藏”而非“删除”的方式实现抠图。抠图完成后，背景只是被“隐藏”，一旦想要找回背景中的某部分图像，还可以通过操作使之方便地显示出来。本节将介绍“图层蒙版”和“剪贴蒙版”，两者的说明见表9-4。

表9-4　图层蒙版与剪贴蒙版的说明

功能名称	图层蒙版	剪贴蒙版
功能简介	“图层蒙版”是以黑白关系控制图层显示或隐藏。在蒙版中绘制了黑色的位置会被隐藏，绘制了白色的区域会被显示，灰色部分呈现为半透明	“剪贴蒙版”是使用一个图层（内容图层）覆盖在另一个图层（基底图层）的上方，它只能依靠基底图层的形状来定义图像的显示区域，而上方图层则用于限定最终图像显示的颜色图案
常用情况	1. 只保留主体物的抠图	1. 为某一图层赋予其他的纹理
	2. 隐藏图层的局部	2. 以特定形状显示某一图层
	3. 融合多张图像	3. 单独为某一图层调色（以调整图层作为内容图层）

9.3.1　图层蒙版的使用方法

“图层蒙版”其实就是附加在图层上的一个等大的“透明度控制器”。在“图层蒙版”中显示为黑色的部分，图层中的内容会变为透明；灰色部分变为半透明，白色则是完全不透明，如图9-152所示。

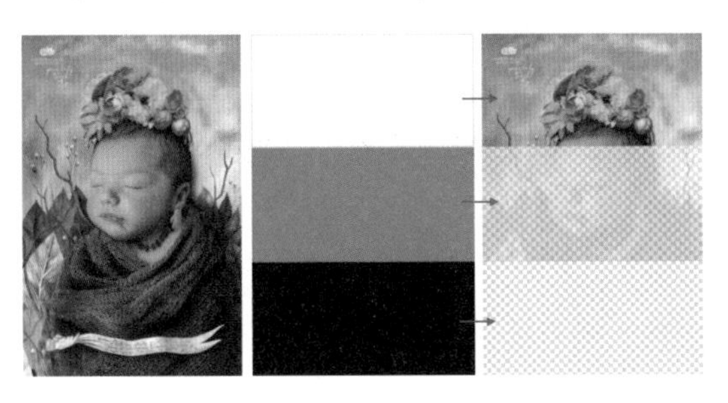

图9-152

如图9-153所示为不同等级的灰色，呈现出的不同的不透明度效果。

（1）将背景素材打开，如图9-154所示。

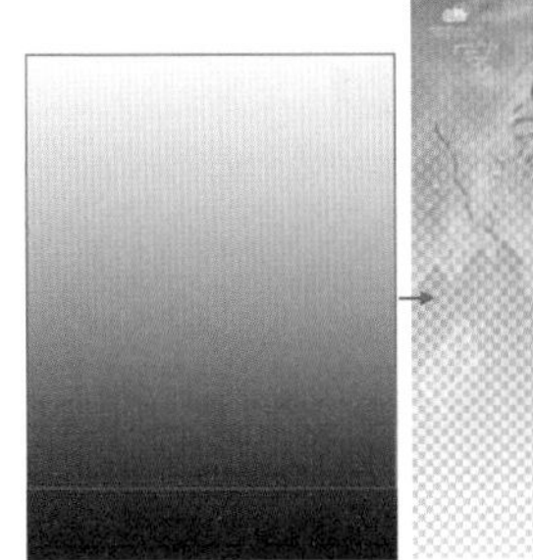

图9-153

图9-154

（2）接着置入热气球素材，移动到画面的顶端，并将图层栅格化，如图9-155所示。

图9-155

（3）选中热气球素材图层，单击图层面板底部的“添加图层蒙版”按钮■为该图层添加图层蒙版。此时图层蒙版为白色，图层也是完全显示的，如图9-156所示。

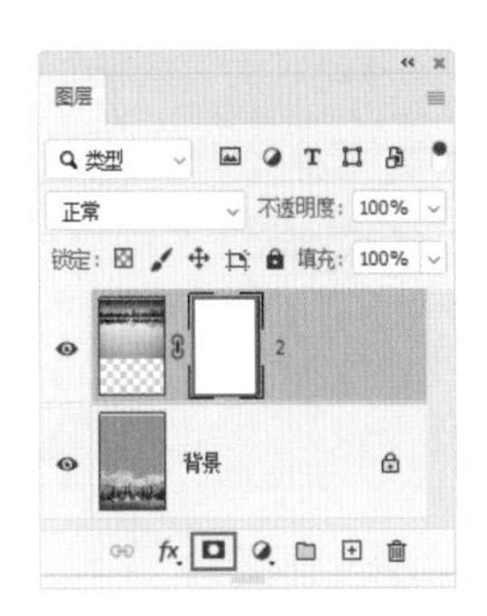

图9-156

拓展笔记

按住Alt键的同时单击“添加图层蒙版”按钮，图层会直接隐藏，蒙版显示为黑色。

（4）单击蒙版缩览图表示进入到蒙版编辑状态。接着将前景色设置为黑色，单击“画笔工具”，在选项栏中设置笔尖“大小”为800像素。然后在蒙版中热气球底部涂抹，可以看到光标经过的位置像素“消失了”，此时在蒙版缩览图中，可以看到相对应的位置变为了黑色，如图9-157所示。

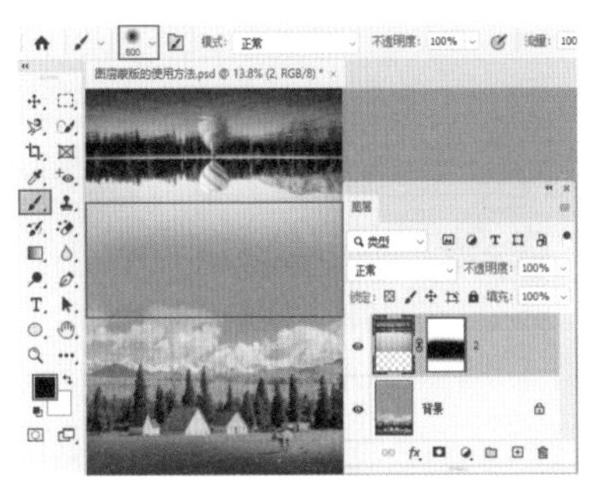

图9-157

（5）在涂抹过程中如果出现错误的涂抹区域，如图9-158所示。

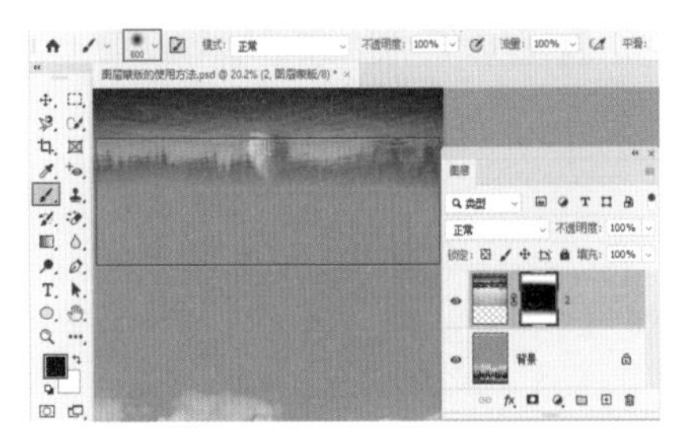

图9-158

（6）将前景色设置为白色，然后在需要还原的位置涂抹，光标经过的位置画面的像素会显示出来，如图9-159所示。

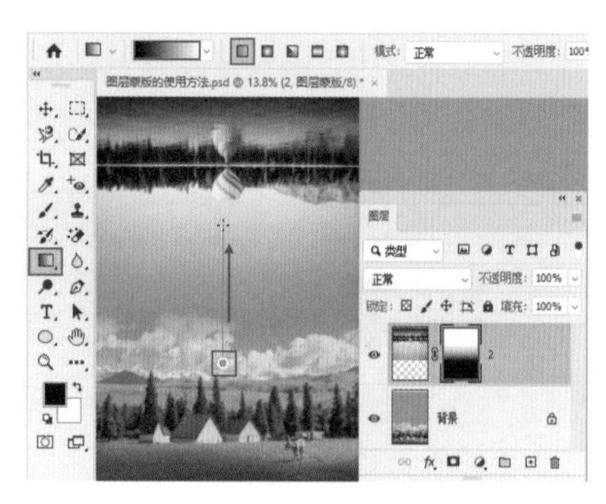

图9-159

（7）在本案例中，天空位置过渡得越柔和，效果就越自然，可以采取在图层蒙版中填充渐变颜色的方式进行制作。单击图层蒙版，单击“渐变工具”，接着编辑一个由黑色到白色的渐变颜色，设置渐变类型为“线性渐变”，然后在画面中按住鼠标左键拖动进行填充，此时可以看到过渡的效果非常自然，如图9-160所示。

图9-160

（8）最后在画面中添加文字。案例完成效果如图9-161所示。

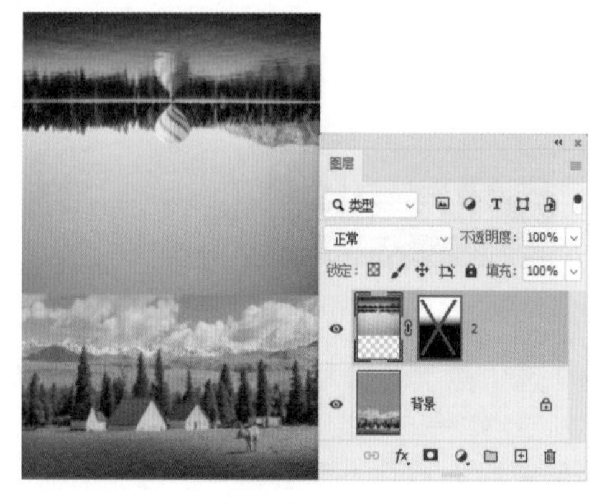

图9-161

（9）还有另外一种添加图层蒙板的方法。在添加图层蒙版之前时，可以先得到需要保留区域的选区，如图9-162所示。

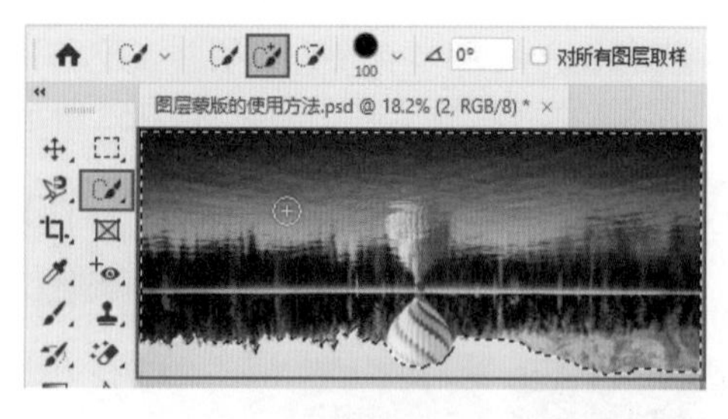

图9-162

（10）接着单击图层底部的“添加图层蒙版”按钮，以当前的选区添加图层蒙版，此时选区内部的像素保留下来，选区以外的像素将被隐藏，如图9-163所示。

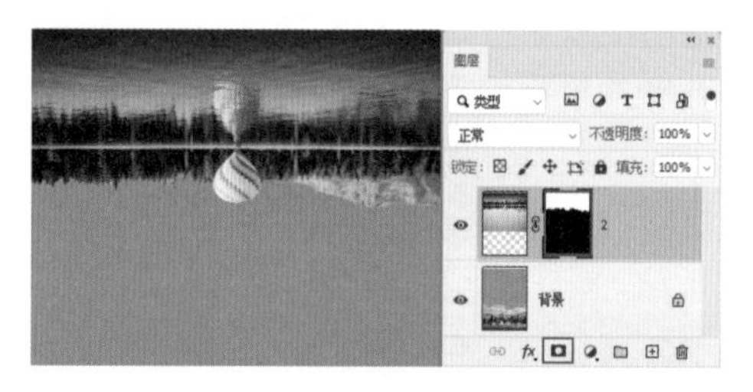

图9-163

（11）在图层蒙版上方单击鼠标右键执行“停用图层蒙版”命令，随即图层蒙版将被隐藏，图层蒙版上方会显示红色的×号，图层蒙版效果将被隐藏，如图9-164和图9-165所示。

图9-164

图9-165

重点笔记

按住Shift键单击图层蒙版缩览图可以快速隐藏和显示图层蒙版。

（12）在图层蒙版隐藏的状态下，在图层蒙版上方单击鼠标右键执行“启用图层蒙版”命令即可将图层蒙版显示出来，如图9-166所示。

（13）在图层蒙版上方单击鼠标右键执行“删除图层蒙版”命令可以将图层蒙版删除，接着画面会恢复到原来的样子，如图9-167所示。

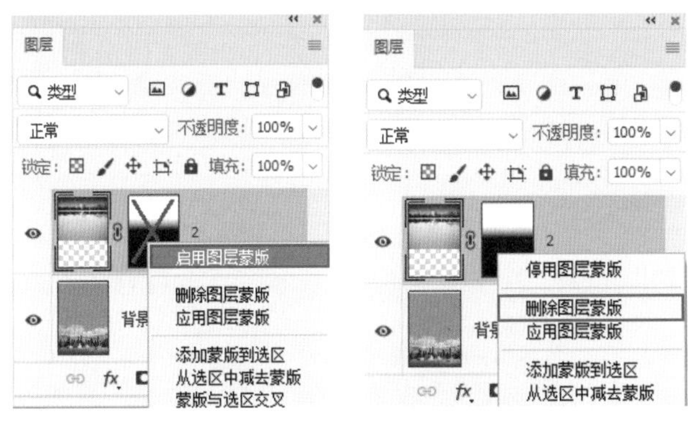

图9-166　　图9-167

（14）在图层蒙版上方单击鼠标右键执行“应用图层蒙版”命令，隐藏的部分会被删除，如图9-168和图9-169所示。

图9-168

图9-169

（15）按住Ctrl键的同时单击图层蒙版缩览图可以载入蒙版的选区。蒙版中白色的部分为选区内，黑色的部分为选区以外，灰色为羽化的选区，如图9-170所示。

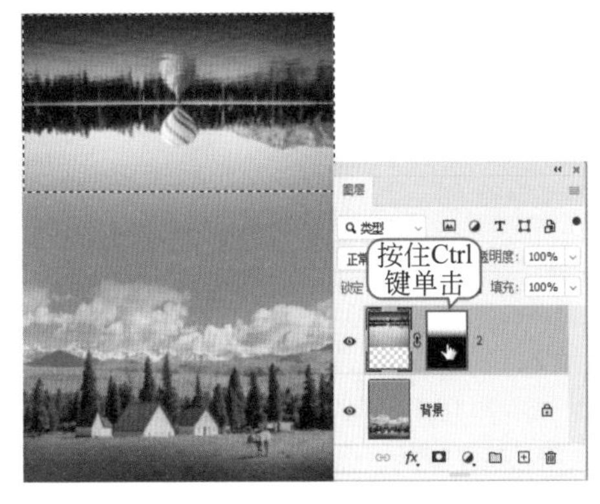

图9-170

（16）按住Alt键单击图层蒙版缩览图，可以在画面中查看蒙版的黑白关系，如图9-171所示。

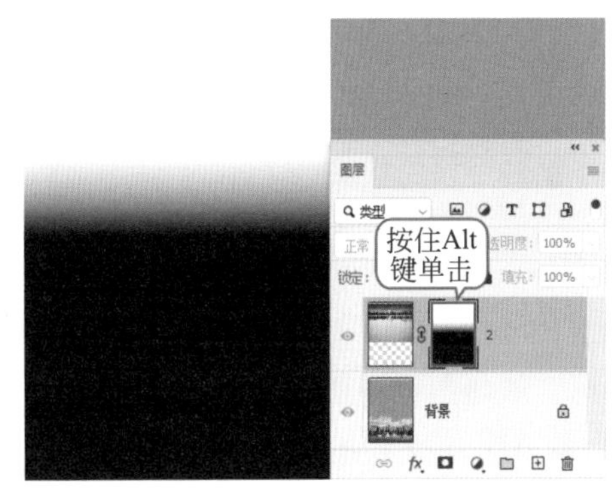

图9-171

9.3.2 剪贴蒙版的使用方法

“剪贴蒙版”由两部分组成，分别是“内容图层”和“基底图层”。“基底图层”只有一个，决定了这一组剪贴蒙版组的形态；“内容图层”可以有多个，决定了显示的内容，如图9-172所示为一个剪贴蒙版组。

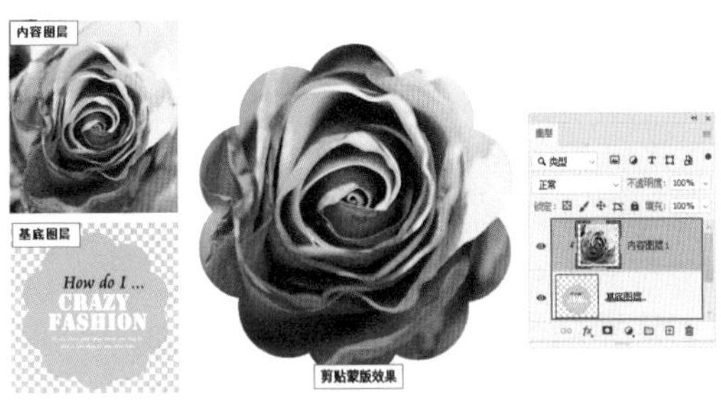

图9-172

（1）将素材打开，然后隐藏除“基底图层”的所有图层，基底图层是一个花朵图形，边缘是波浪形的，如图9-173所示。

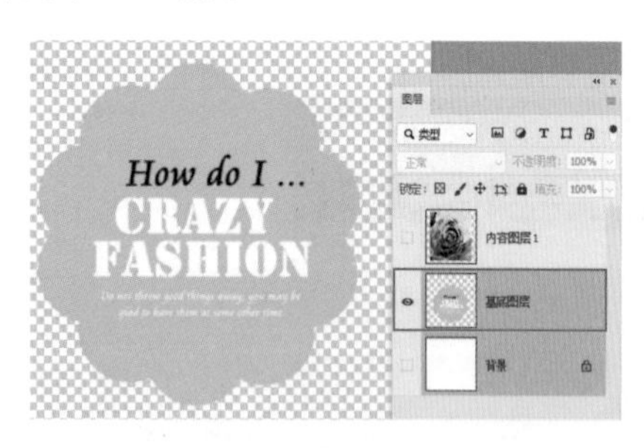

图9-173

（2）接着显示“内容图层1”，内容图层是一张外形规则的矩形照片，如图9-174所示。

图9-174

（3）选中内容图层，在图层上单击鼠标右键，执行“创建剪贴蒙版”命令，或者使用快捷键Alt+Ctrl+G创建剪贴蒙版。此时内容图层只显示出基底图层形态范围内的部分，如图9-175所示。

图9-175

重点笔记

将光标移动至内容图层和基底图层之间，按住Alt键光标变为↲□状后单击即可创建剪贴蒙版，如图9-176所示。

图9-176

（4）内容图层可以有多个，但是必须是连续的图层。选择“内容图层2”图层，同样单击右键，执行“创建剪贴蒙版”命令，可以看到该内容图层同样只显示了基底图层范围内的部分，如图9-177所示。

图9-177

（5）如果想要使剪贴蒙版组上出现图层样式，那么需要为“基底图层”添加图层样式，如图9-178所示。

图9-178

（6）如果对内容图层添加图层样式，会因为基底图层形状的限制，或者其他内容图层的遮挡而无法显示，如图9-179所示。

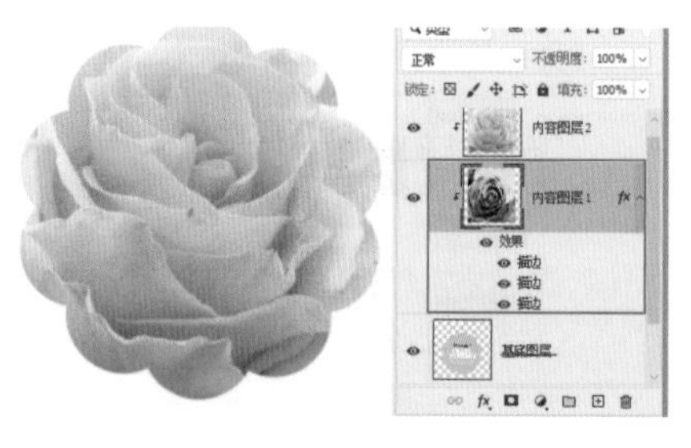

图9-179

（7）当对内容图层的“不透明度”和“混合模式”进行调整时，只有内容与基底图层混合效果发生变化，不会影响到剪贴蒙版中的其他图层，如图9-180所示。

（8）当对基底图层的“不透明度”和“混合模式”调整时，整个剪贴蒙版中的所有图层都会以设置的不透明度数值以及混合模式进行混合，如图9-181所示。

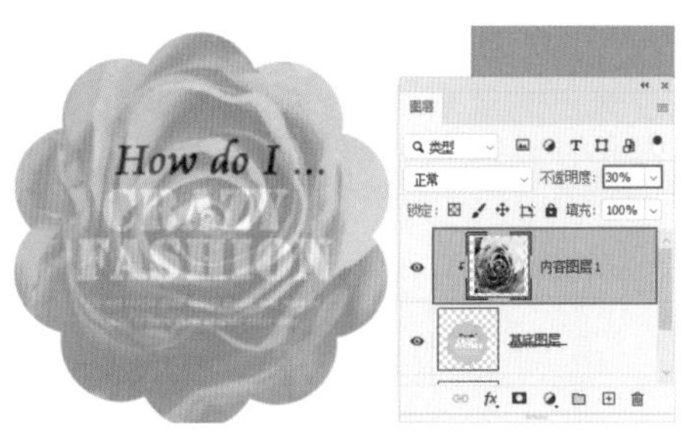

图9-180

图9-181

（9）剪贴蒙版组中的内容图层顺序可以随意调整，如图9-182所示。

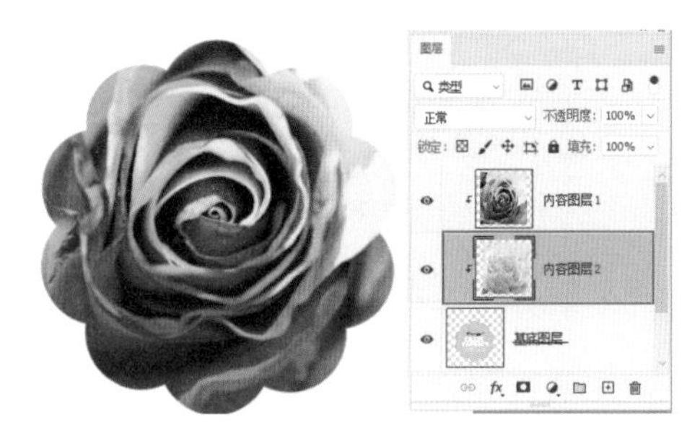

图9-182

（10）如果更改基底图层的顺序，就相当于释放剪贴蒙版，如图9-183所示。

图9-183

（11）选中内容图层，单击鼠标右键，执行“释放剪贴蒙版”命令即可解除剪贴蒙版状态，也可以按住Alt键在内容图层下方单击，如图9-184所示。

图9-184

9.3.3　实战：摩登感网店店标

文件路径

实战素材/第9章

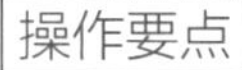

操作要点

使用剪贴蒙版为文字赋予不同的纹理

案例效果

图9-185

操作步骤

（1）执行“文件>新建”命令，创建一个“宽度”为800像素，“高度”为800像素的空白文档，如图9-186所示。

图9-186

（2）执行“文件>置入嵌入对象”命令，将背景素材1置入到画面中，调整其大小及位置，如图9-187所示，然后将其栅格化。

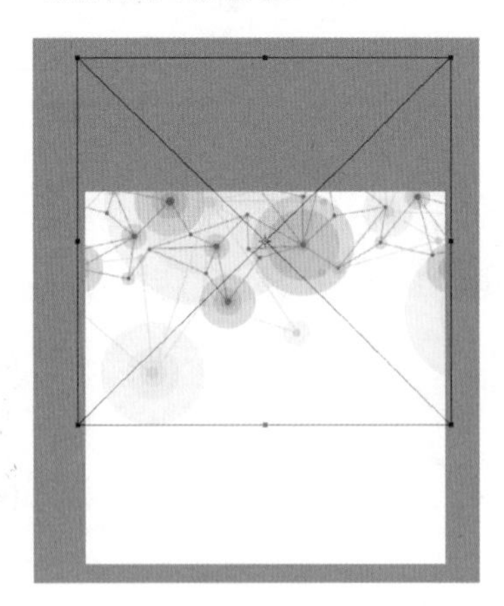

图9-187

（3）在“图层”面板中选中背景素材，执行“滤镜>模糊>高斯模糊”命令，在弹出的“高斯模糊”窗口中设置“半径”为2像素，单击“确定”按钮，如图9-188所示。效果如图9-189所示。

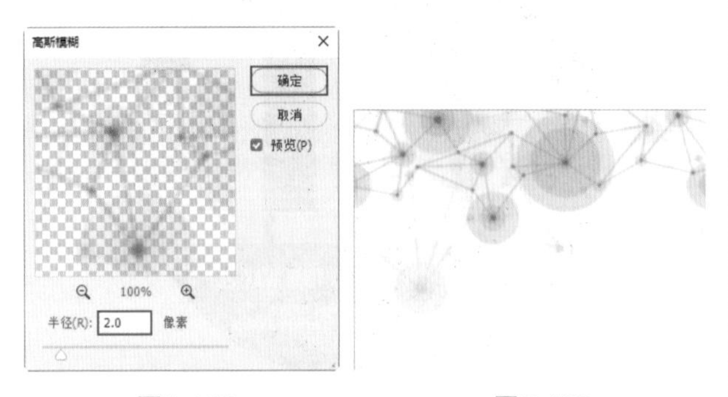

图9-188　　图9-189

（4）在“图层”面板中单击选中素材图层，使用复制图层快捷键Ctrl+J，复制出一个相同的图层，选中复制出的素材，按住Shift键的同时按住鼠标左键将其向下拖动，进行垂直移动操作，效果如图9-190所示。

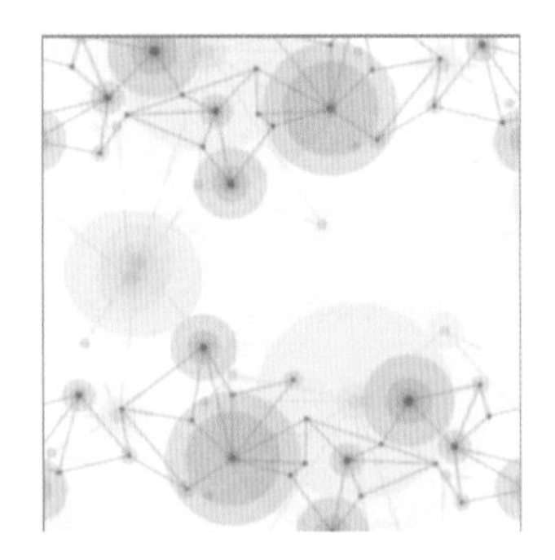

图9-190

（5）接着使用“自由变换”快捷键Ctrl+T，单击右键，在弹出的菜单中执行“垂直翻转”命令，画面效果如图9-191所示。调整完毕之后按下Enter键结束变换。

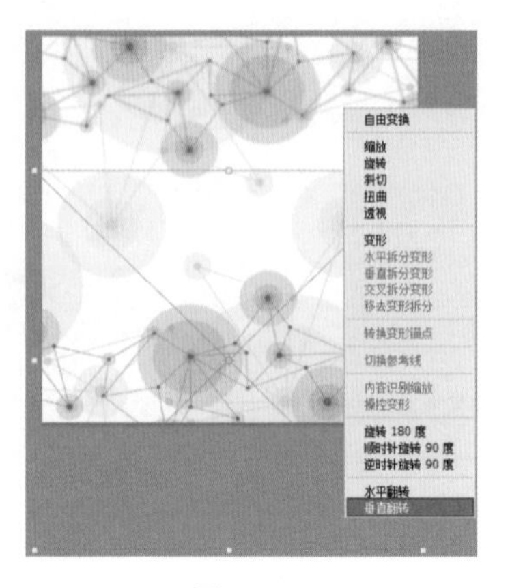

图9-191

（6）单击工具箱中的“椭圆选框工具”，画面中间按住鼠标左键的同时按住Shift键拖动绘制选区，如图9-192所示。

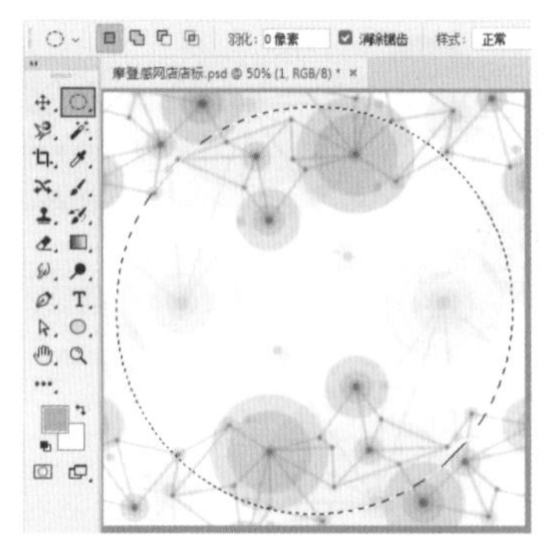

图9-192

（7）创建一个新图层，将前景色设置为黑色，使用“前景色填充”快捷键Alt+Delete键进行填充，接着使用快捷键Ctrl+D取消选区。效果如图9-193所示。

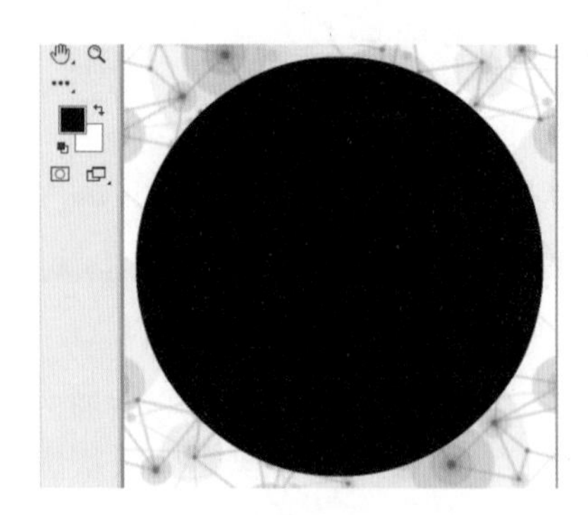

图9-193

（8）为画面制作主体文字。单击工具箱中的“横排文字工具”，在正圆中间单击鼠标建立文字输入的起始，并点输入文字。文字输入完毕后按下键盘上的快捷键Ctrl+Enter。然后在选项栏中设置合适的字体、字号，文字颜色设置为白色，如图9-194所示。

图9-194

（9）在“图层”面板中选中文字图层，单击右键，在弹出的菜单中执行“栅格化文字”命令，如图9-195所示。

图9-195

（10）执行“文件>置入嵌入对象”命令，将云朵素材2置入到画面中，调整其大小及位置，并将其栅格化，如图9-196所示。

图9-196

（11）接着将该素材图层放在文字上方，单击鼠标右键执行“创建剪贴蒙版”命令，如图9-197所示。画面中效果如图9-198所示。

图9-197　　图9-198

（12）继续使用之前制作文字的方法制作画面中其他文字并摆放在合适的位置，如图9-199所示。

图9-199

（13）选择下方的第一行文字，单击图层面板底部的“添加图层样式”按钮，选择“内发光”命令。在打开的“图层样式”窗口中，设置“不透明度”为75%，“颜色”为粉色，“方法”为柔和，“源”为边缘，“大小”为6像素，“范围”为50%，设置完成后单击“确定”按钮，如图9-200所示。效果如图9-201所示。

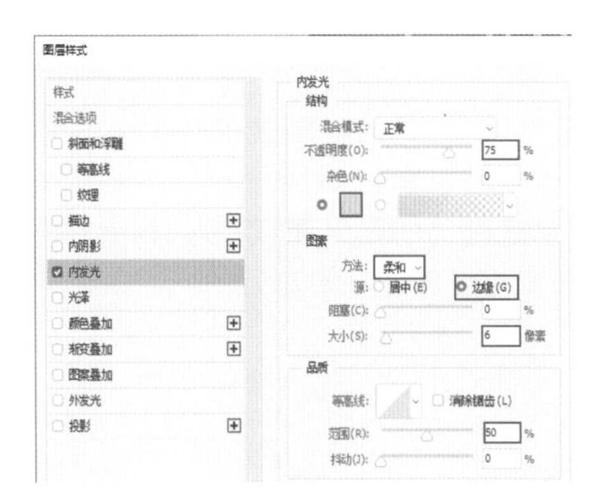

图9-200

图9-201

（14）接着选中该图层，单击鼠标右键执行“拷贝图层样式”命令。然后选中最下方的文字，单击鼠标右键执行“粘贴图层样式”命令，赋予其相同的图层样式。效果如图9-202所示。

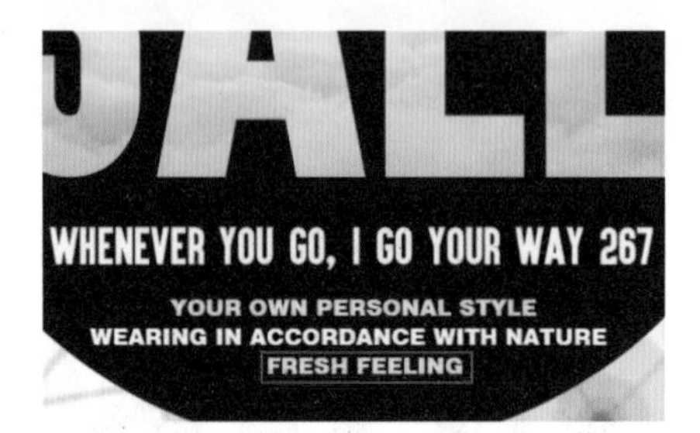

图9-202

（15）继续使用同样的方法为中间的文字赋予浅蓝色的外发光图层样式，效果如图9-203所示。

图9-203

（16）绘制分割线。单击工具箱中的“直线工具”，在选项栏中设置“绘制模式”为形状，“填充”为灰色，“描边”为无，“粗细”为2像素，设置完成后在主体文字下方按住Shift键的同时鼠标左键向右拖动绘制一个条直线，如图9-204所示。

图9-204

（17）继续使用同样的方法将上下两条直线绘制出来，如图9-205所示。

图9-205

本案例制作完成，效果如图9-206所示。

图9-206

9.4 巩固练习：新品展示轮播图

文件路径

实战素材/第9章

操作要点

1. 使用“魔棒”工具配合图层蒙版抠图
2. 使用“颜色叠加”图层样式为产品改色

案例效果

图9-207

操作步骤

（1）执行“文件>新建”命令，创建一个合适大小的横向空白文档，并单击“渐变工具”，在选项栏中设置一种浅棕色的渐变，单击“线性”按钮，在画面中拖动，为其添加渐变色，如图9-208所示。

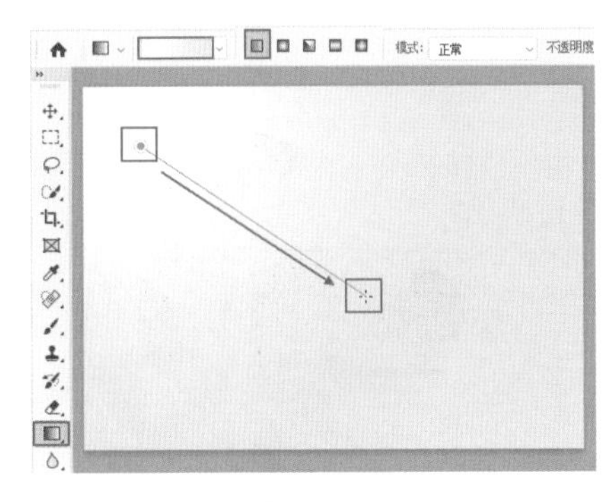

图9-208

（2）单击“矩形选框工具”，在画面中绘制一个矩形选区，如图9-209所示。

（3）新建一个图层，然后将“前景色”设置为浅米色，使用快捷键Alt+Delete为其填充颜色，并使用快捷键Ctrl+D取消选区，如图9-210所示。

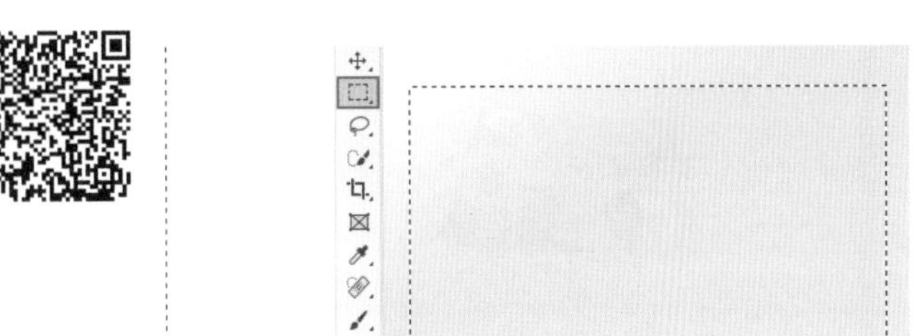

图9-209

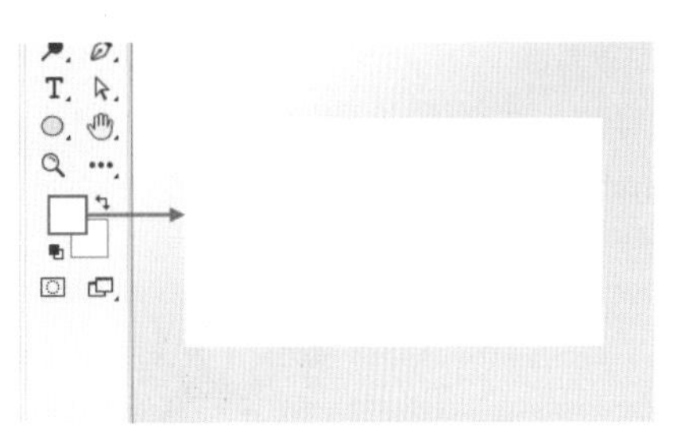

图9-210

（4）执行“文件>置入嵌入对象”命令，将相机素材1置入到画面中，调整其大小及位置，并将其栅格化，如图9-211所示。

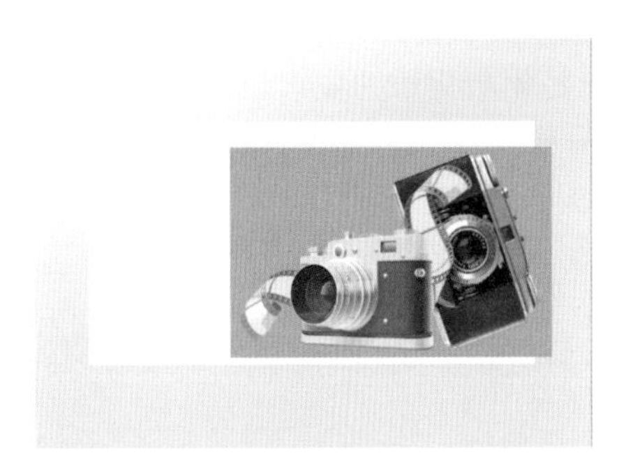

图9-211

（5）单击“魔棒工具”，在选项栏中设置“容差”为10，然后在绿色区域上单击，即可创建选区，如图9-212所示。

图9-212

（6）使用快捷键Shift+Ctrl+I反选选区，如图9-213所示。

图9-213

（7）接着选中相机图层，单击图层面板底部的“添加图层蒙版”按钮，即可将绿色背景隐藏，效果如图9-214所示。

图9-214

（8）将相机更改为复古色调。选中该图层，单击图层面板底部的“添加图层样式”按钮，选择“颜色叠加”命令，在打开的“图层样式”窗口中设置“颜色”为深棕色，“混合模式”为“色相”，设置完成后单击“确定”按钮，如图9-215所示。效果如图9-216所示。

图9-215

图9-216

（9）此时相机的右侧边缘超出了底部的浅米色矩形。选中相机图层，使用快捷键Alt+Ctrl+G创建剪贴蒙版，超出矩形的部分被隐藏，效果如图9-217所示。

图9-217

（10）单击“横排文字工具”，在画面中键入数字“2”，并在选项栏中设置合适的字体、字号与颜色，如图9-218所示。

图9-218

（11）继续使用同样的方法在该数字的右侧键入数字“0”，如图9-219所示。

图9-219

（12）选择这两个数字图层，单击图层底部的“创建新组”按钮，将其编组。然后再设置“混合模式”为“正片叠底”，如图9-220所示。效果如图9-221所示。

图9-220

图9-221

（13）选中该图层组，单击“矩形选框工具”，绘制一个与米色矩形相同大小的选区，单击“添加图层蒙版”按钮，如图9-222所示。即可隐藏选区以外的部分。效果如图9-223所示。

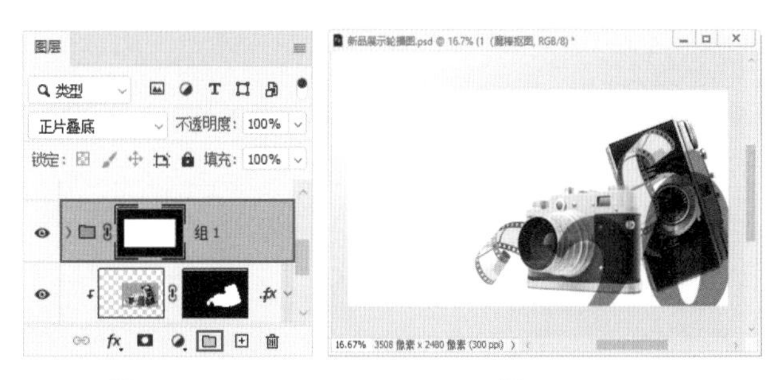
图9-222　　图9-223

（14）单击“横排文字工具”，在画面中键入文字，并在选项栏中设置合适的字体、字号与颜色，如图9-224所示。

图9-224

（15）选中该文字，执行“窗口>字符”命令，打开“字符”面板，设置“行距”为55点，如图9-225所示。

图9-225

（16）继续使用同样的方法键入其他文字，如图9-226所示。

图9-226

（17）单击“椭圆工具”，在选项栏中设置“绘制模式”为形状，“填充”为棕色，“描边”为无，在文字下方按住Shift键绘制一个小正圆，如图9-227所示。

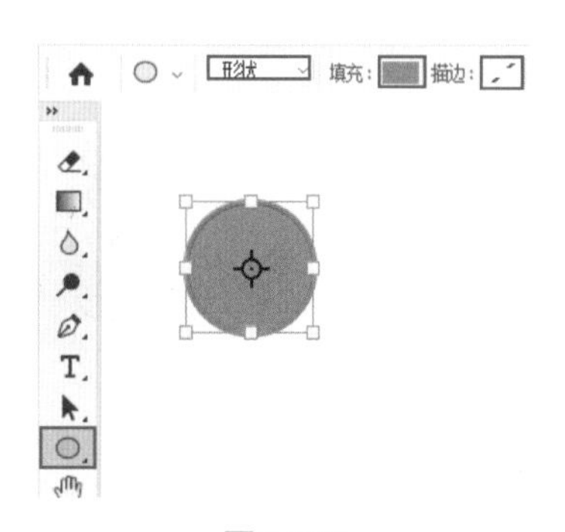
图9-227

（18）选中该正圆，使用快捷键Ctrl+J进行拷贝，使用自由变换快捷键Ctrl+T，然后按住Shift键将其向右拖动，即可将其水平移动一定的距离，然后按下键盘上的Enter键提交操作，如图9-228所示。

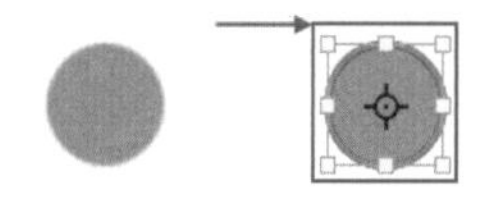
图9-228

（19）多次使用快捷键Shift+Alt+Ctrl+T，将其以相同的距离进行复制移动，如图9-229所示。

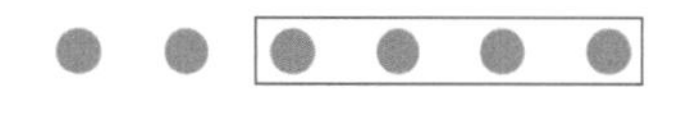
图9-229

（20）接着使用“路径选择工具”选中第二个正圆，在选项栏中将“填充”更改为浅灰色，如图9-230所示。

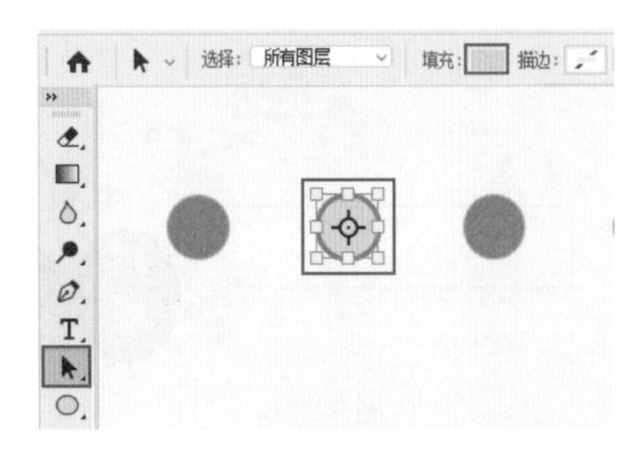

图9-230

（21）继续使用同样的方法更改其他几个正圆的颜色。本案例制作完成，效果如图9-231所示。

图9-231

本章小结

本章学习了很多种抠图方法，但在实际应用时并不一定都能够使用到。因为不同图像，其画面特征不同，所选择的抠图方式也有所不同。在抠图之前往往要先分析图像特征，然后选择合适的方式。

很多时候也可以采用多种抠图工具结合，例如在为头戴半透明薄纱的婚纱照抠图时，往往就使用“钢笔工具”为身体部分抠图，然后通过通道抠图单独抠出半透明的头纱婚纱，最后将二者合在一起，才能够完成抠图操作。

第10章 滤镜与图像特效

Photoshop中的“滤镜”功能非常强大，不同的滤镜，其效果各不相同。一些滤镜的功能相当于独立软件，例如“自适应广角”滤镜、“镜头校正”滤镜、“液化”滤镜等。有些滤镜可以实现图像的修饰，例如“模糊”滤镜、“锐化”滤镜；而有些滤镜则可以通过简单的操作制作出各种各样的特殊效果，如“素描”滤镜、“油画”滤镜、“浮雕效果”滤镜等。

学习目标

了解滤镜库的使用方法
熟悉各种滤镜的特征、效果
熟练掌握液化滤镜的使用方法

思维导图

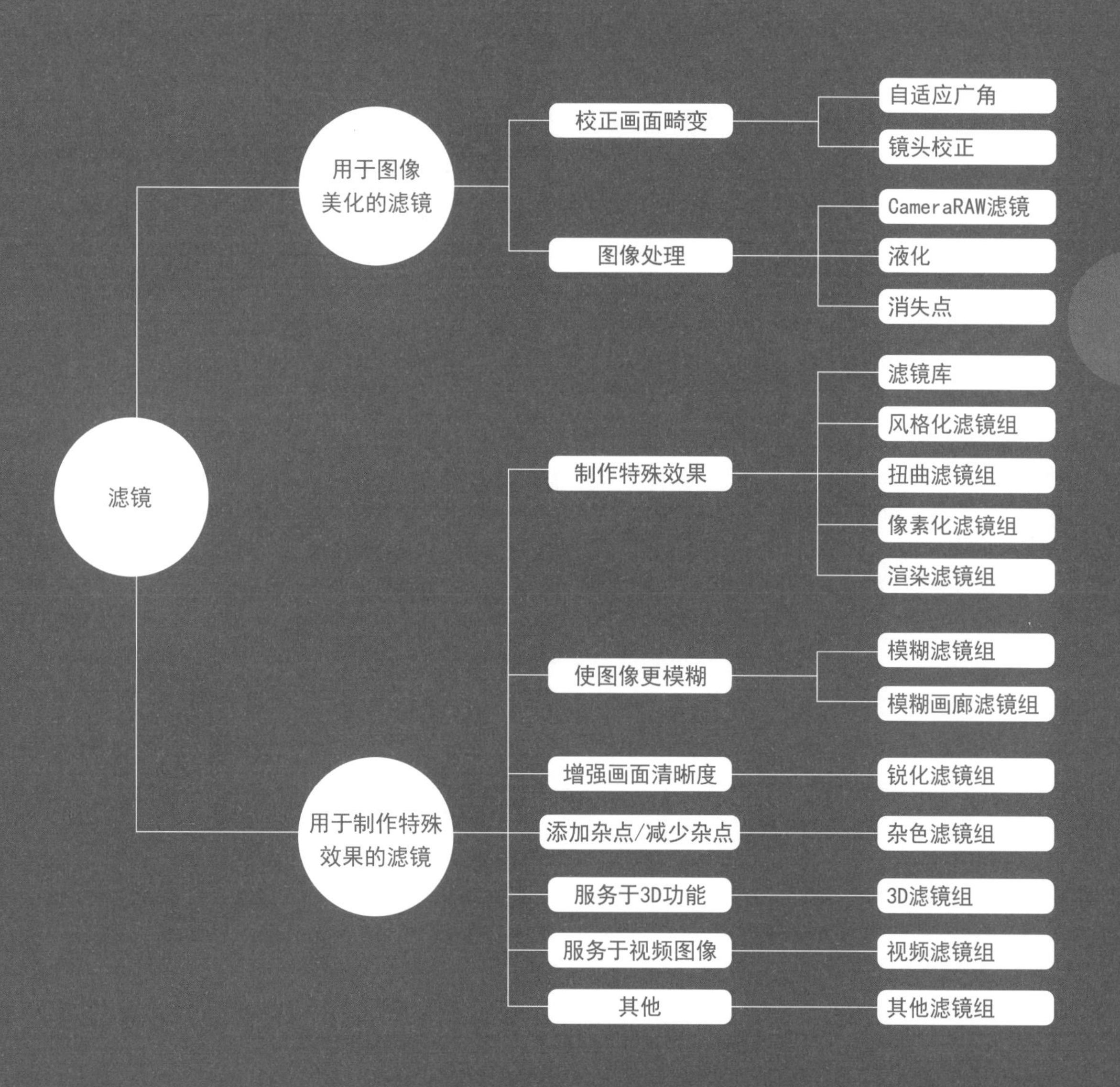

10.1 滤镜库

Photoshop中的“滤镜库”更像是一款独立的软件，可以快速为图片应用奇妙的滤镜效果，而且可以通过简单的参数设置实现滤镜效果，如图10-1所示。

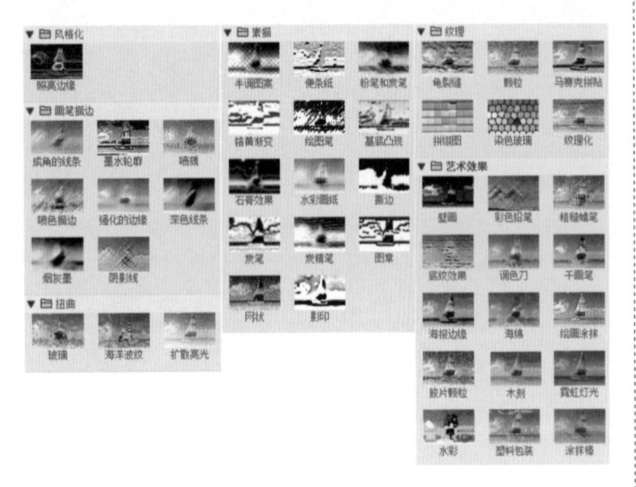

图10-1

滤镜库的使用方法非常简单，无需死记硬背各项参数，通常只需一边拖动滑块调整参数，一边观看左侧的预览效果即可。

（1）将素材图片打开，如图10-2所示。

图10-2

（2）执行“滤镜>滤镜库”命令，打开“滤镜库”窗口，首先展开滤镜组，然后单击选择一个滤镜，在窗口右侧进行参数设置，在窗口左侧查看滤镜效果，如图10-3所示。

（3）在“滤镜库”窗口中还可以同时添加多个滤镜，单击窗口右下角的“添加滤镜”按钮⊞，然后进行滤镜的选择和参数的设置。最后单击“确定”按钮，如图10-4所示。

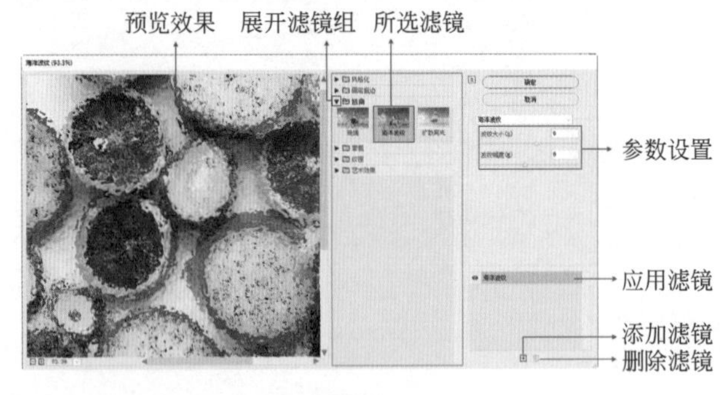

图10-3

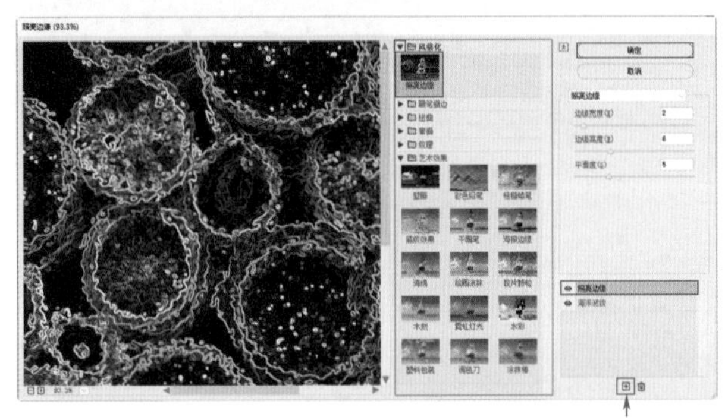

图10-4

疑难笔记

什么是智能滤镜？

对智能图层添加的滤镜为智能滤镜。添加智能滤镜后，在图层的下方显示智能滤镜。

1. 智能滤镜是可以隐藏的，不是直接作用于图层中，所以是非破坏性的。

2. 双击智能滤镜列表，还可以重新进行参数编辑。

3. 在智能滤镜前方的蒙版中，可以通过黑白关系控制智能滤镜的显示或隐藏，如图10-5所示。

图10-5

10.1.1　实战：照片一步变绘画

文件路径

实战素材/第10章

操作要点

使用滤镜库中的图章滤镜巧妙制作绘画效果

案例效果

图10-6

操作步骤

（1）执行“文件>打开”命令，打开素材1，设置前景色为深绿色，如图10-7所示。

图10-7

（2）执行“滤镜>滤镜库”命令，在打开的“滤镜库”窗口中，展开“素描”滤镜组，在其中单击“图章”按钮，接着在窗口的右侧设置明/暗平衡为1，“平滑度”为1，在设置参数过程中可以通过窗口左侧的预览窗口查看效果。完成后单击“确定”按钮提交操作，如图10-8所示。

图10-8

本案例制作完成，效果如图10-9所示。

图10-9

10.1.2　实战：制作水墨风景画

文件路径

实战素材/第10章

操作要点

结合使用多种滤镜制作水墨风景画

案例效果

图10-10

操作步骤

（1）执行“文件>打开”命令，打开素材1，如图10-11所示。

图10-11

（2）执行“图层>新建调整图层>黑白”命令，在弹出的“新建图层”面板中单击“确定”按钮，此时画面自动转变为黑白图片，如图10-12所示。

图10-12

（3）可以看到画面中的黑色部分比较多，造成画面偏暗的现象，所以需要对黑白的参数进行调整。接着在打开的“属性”面板中，设置“红色”为40，“黄色”为150，“绿色”为0，“青色”为0，“蓝色”为150，如图10-13所示。效果如图10-14所示。

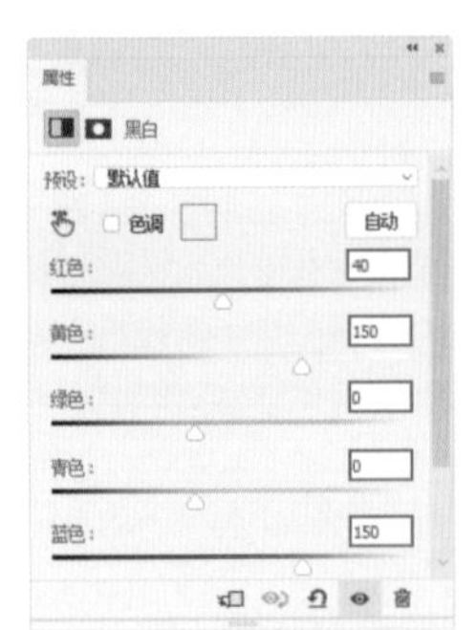

图10-13

图10-14

图10-15

（4）选中背景与黑白调整图层，使用快捷键Shift+Alt+Ctrl+E将其盖印至一个新的图层中，如图10-15所示。

（5）执行“滤镜>滤镜库”命令，在打开的“滤镜库”窗口中，展开“艺术效果”滤镜组，单击“粗糙蜡笔”按钮，然后在右侧设置“描边长度”为6，“描边细节”为4，“纹理”是画布，“缩放”为100，“凸现”为20，“光照”是下，设置完成后单击“确定”按钮，如图10-16所示。

（6）接着单击“新建效果图层”按钮，再次单击“艺术效果”滤镜组中的“海绵”按钮，在右侧设置“画笔大小”为10，“清晰度”为0，“平滑度”为4，设置完成后单击“确定”按钮，如图10-17所示。效果如图10-18所示。

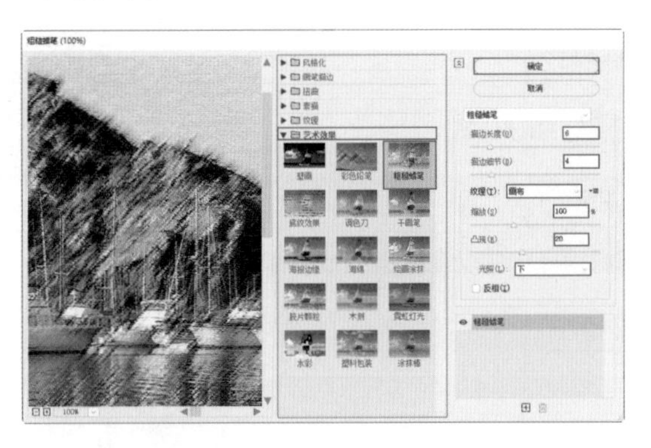

图10-16

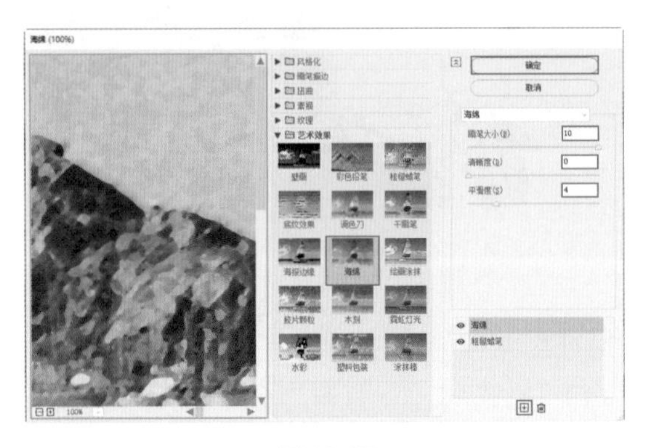

图10-17

图10-18

（7）执行“图层>新建调整图层>曲线”命令，在弹出的“新建图层”窗口中单击“确定”按钮，然后在曲线上单击添加控制点并将其向下拖动压暗画面亮度，如图10-19所示。效果如图10-20所示。

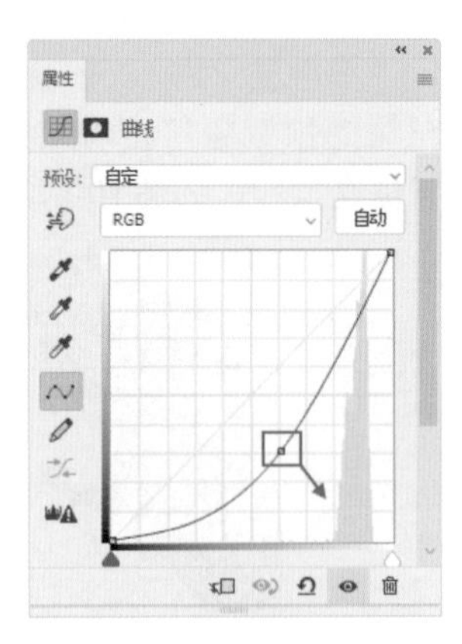

图10-19

（8）选中图层蒙版，将其填充为黑色，然后将“前景色”设置为白色，使用“画笔工具”，在选项栏中设置合适大小的柔边圆画笔，“不透明度”为30%，设置完成后在中间船体的白色区域进行涂抹，降低其明度，如图10-21所示。

图10-20

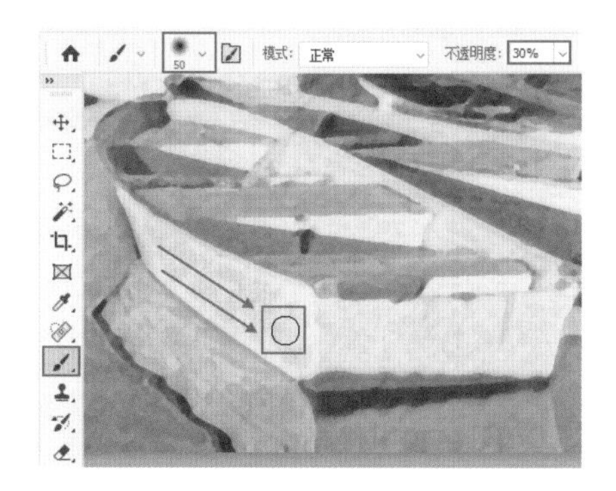

图10-21

（9）继续使用该工具在其他白色区域进行涂抹。此时蒙版中的黑白关系如图10-22所示。效果如图10-23所示。

（10）新建图层，将“前景色”设置为白色，使用“画笔工具”，在选项栏中选择500像素的柔边圆画笔，“不透明度”为65%，设置完成后在画面四周涂抹，效果如图10-24所示。

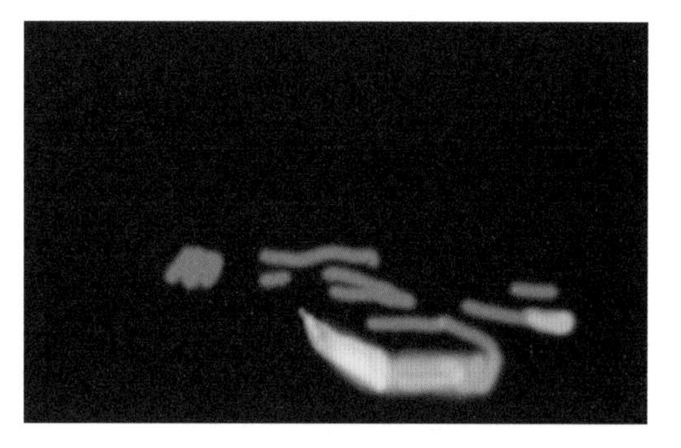

图10-22

图10-23

图10-24

10.2 自适应广角

功能速查

“自适应广角”滤镜并不是用于制作特殊效果的滤镜，而是常用于校正因广角、超广角及鱼眼镜头拍摄而产生的变形问题。

（1）将素材打开，如图10-25所示。

（2）执行“滤镜>自适应广角”命令，在打开的“自适应广角”窗口中单击“约束工具”，然后沿着树干位置单击两次绘制约束线，如图10-26所示。

图10-25

图10-26

（3）拖动控制点进行校正，该操作常用于校正画面的地平线。但是随着画面旋转，四周可能会出现空白区域，如图10-27所示。

（4）拖动“缩放”滑块，可以将画面内容放大，去除空缺的部分。单击“确定”按钮完成操作，如图10-28所示。

图10-27

图10-28

10.3 Camera Raw

在摄影后期处理中，经常使用Camera Raw进行数码照片的调色、磨皮、增加质感、后期调整、统一色调等的操作。Camera Raw不仅可以用于处理图像文件，还可以用来打开和处理相机拍摄的RAW文件。

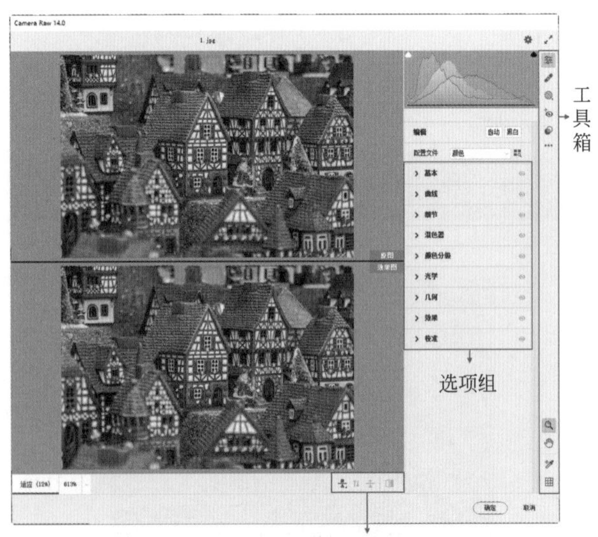

图10-29

10.3.1 认识Camera Raw

如果需要操作的文件为相机拍摄的RAW文件，那么只需要将RAW文件在Photoshop中打开，即可自动弹出Camera Raw的窗口。

如果需要操作的是图像文档中的某一个图层，那么需要执行“滤镜>Camera Raw”命令，接着会打开Camera Raw的窗口，如图10-29所示。

拓展笔记

1.在Camera Raw窗口的底部显示着多个用于设置视图显示方式的按钮（不同的显示方式，此处的按钮显示也不相同）。例如当前的显示方式可以方便地看到原图与效果图的对比。

2.窗口右侧显示着多组用于图像调整的选项组，例如“基本”“曲线”“细节”“混色器”“颜色分级”等，展开选项组即可进行参数设置。选项组右侧显示为👁表示使用了该选项组中的参数，显示为👁则未使用该选项组。单击该按钮还可切换效果的显示与隐藏。

3. 右侧边缘处显示着一些工具，这些工具大多用于图像局部处理。

Camera Raw重点选项

当处于按下的状态，表明当前可以使用各个参数选项组调整图像。

“污点去除”工具可用于去除图像小瑕疵。

蒙版工具组：蒙版工具组包含多种用于区域选择的工具。单击“蒙版工具组”按钮，可以在窗口右侧看到该组中的工具，其中包括：选择主体、选择天空、画笔、线性渐变、径向渐变、色彩范围、亮度范围和深度范围多种工具。

“消除红眼”工具可以去除因开启闪光灯而造成的人或动物的黑眼球变红的问题。

“预设”功能可用于快速为图像应用某种调色效果。

单击 ••• 按钮可以打开Camera Raw的菜单设置。

缩放工具：用放大或缩小画面的显示比例，双击该工具可以将显示比例适应视图。

“抓手”工具用于平移画面。

“切换取样器叠加”工具用于在画面中添加多个取样点，以便得到取样点处的颜色信息。

“切换网格覆盖”工具可以在画面中显示出网格。

10.3.2 使用Camera Raw对画面整体调色

“Camera Raw”滤镜在调色方面可以说是集大量实用调色功能于一身，几乎可以实现“一站式”调色操作。展开“基本”选项组，在其中可以看到很多熟悉的参数，如曝光度、对比度、阴影、高光、自然饱和度、饱和度等，与“图像>调整”菜单下的“曝光度”“亮度/对比度”“阴影/高光”“自然饱和度”等功能非常接近，只需拖动滑块即可观察到调色效果，如图10-30所示。

展开“曲线”选项组，该功能与“图像>调整>曲线”命令非常相似，可以在顶部选择是针对全图调整，还是针对红、绿、蓝某一单独通道调整，如图10-31所示。

图10-30

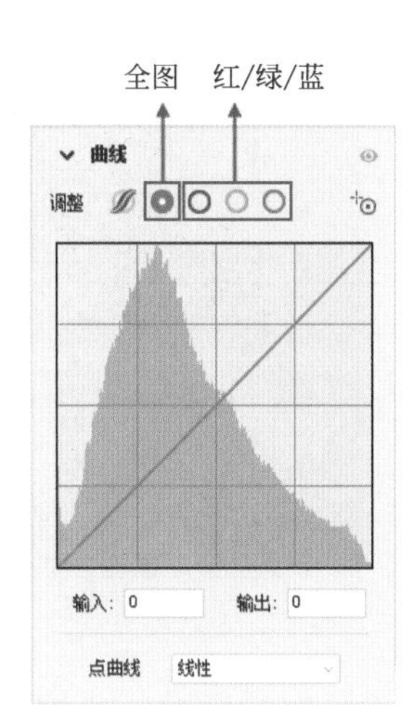

图10-31

展开“混色器”功能，可以对图像中的红、橙、黄、绿、浅绿、蓝、紫、洋红的颜色分别进行色相、饱和度、明亮度的调整。该功能近似于“图像>调整>色相/饱和度”命令，如图10-32所示。

展开“颜色分级”选项组，在其中可以分别对图像的中间调区域、阴影区域和高光区域的色彩倾向进行调整。在色环上拖动可以选择该区域的色彩倾向，调整下方的滑块可以调整该区域的明度，如图10-33所示。

图10-32

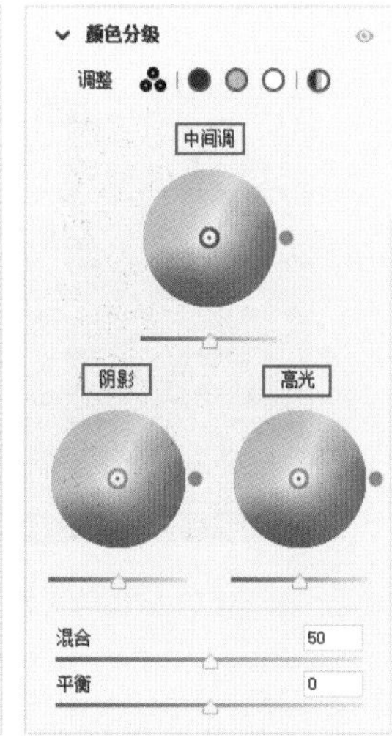

图10-33

例如对于原本有些偏暗的图像，可以在“基本”组中适当增大“曝光”数值，使画面变亮；增大“对比度”数值，使画面明暗反差增强；增大“纹理”和“清晰度”数值，使画面看起来更清晰；增大“自然饱和度”数值，使画面更艳丽，如图10-34所示。

图10-34

10.3.3 使用Camera Raw修复图像细节

通过“Camera Raw”滤镜可以去除红眼、瑕疵，对图像进行修复。例如，人物面部有斑点，可以通过“Camera Raw”滤镜中的“污点去除”工具进行去除。

（1）单击“污点去除”工具，然后在斑点处单击，斑点即可自动被去除，如图10-35所示。红圈内的部分为需要被去除的部分，绿圈内的部分为用于修补的取样图像。拖动绿圈的位置，可以更改修补的效果。

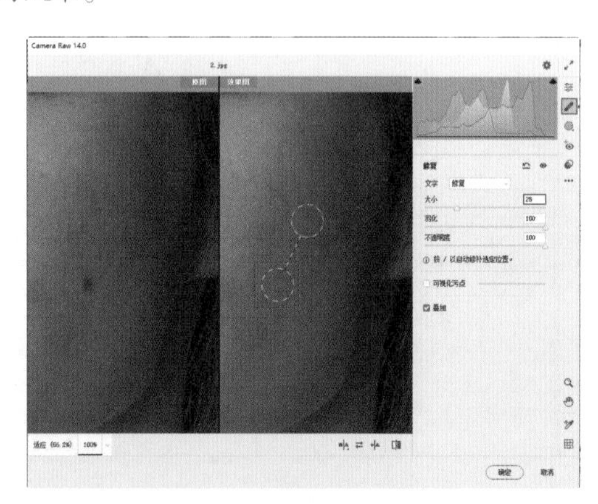

图10-35

（2）也可以通过涂抹，去除较大面积的瑕疵，如褶皱，如图10-36所示。

（3）如果遇到带有“红眼”问题的照片，可以使用“消除红眼”工具，在红色的眼睛部位单击，或者按住鼠标左键拖动绘制出红眼的区域，即可自动去除红眼，如图10-37所示。

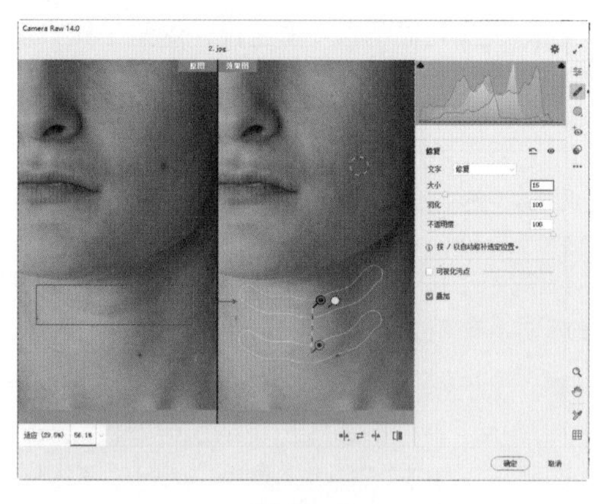

图10-36

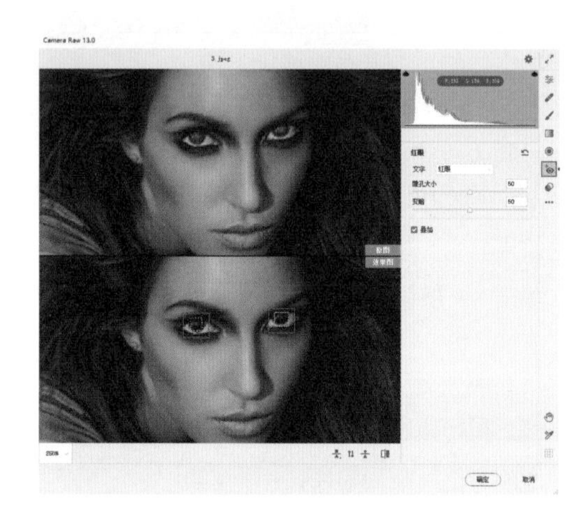

图10-37

10.3.4 使用Camera Raw增加图像质感

展开“效果”组，在其中可以看到两项参数。“颗粒”可以在画面中增添噪点，以模拟胶片摄影的效果，如图10-38所示。

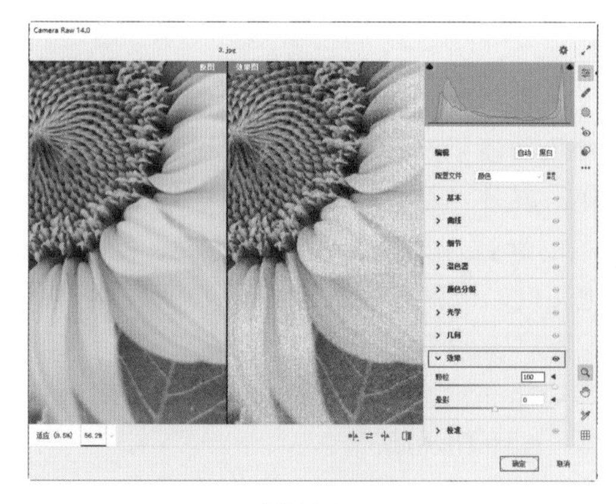

图10-38

“晕影”则可以使画面四周变暗，增强画面中心区域的视觉冲击力，如图10-39所示。

图10-39

10.3.5　使用Camera Raw校正图像畸变

“几何”选项组可用于解决因镜头原因导致的图像的各种变形问题。

（1）例如打开一张广角镜头仰拍的照片，接着展开“几何”选项组，在其中调整“垂直”数值，即可使建筑的线条呈现平行排布，而不再产生仰视的感觉，如图10-40所示。

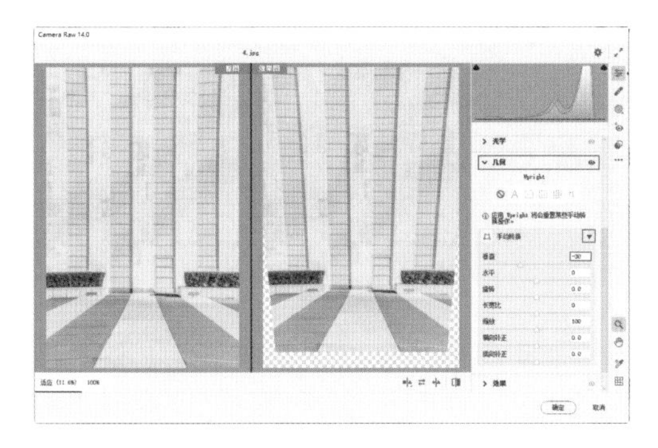

图10-40

（2）由于此时照片显示不完整，可以适当调整“缩放”数值，放大画面显示比例，如图10-41所示。

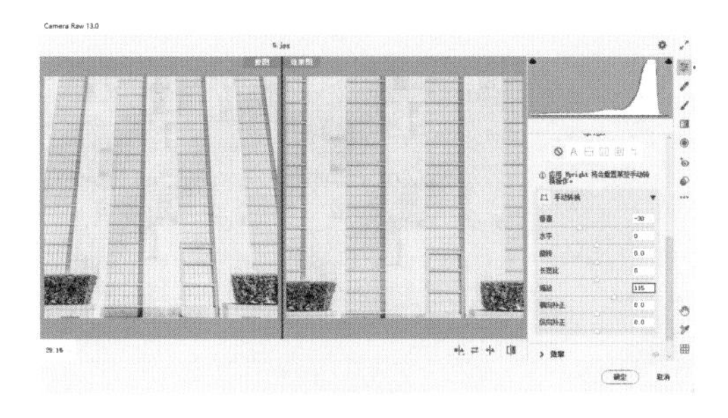

图10-41

10.3.6　使用Camera Raw统一图像色调

在“Camera Raw”滤镜中提供了多种预设的调色效果，如果要对大量照片进行统一调色，通过“预设”选项就可以完成。

（1）展开“预设”选项组，在其中可以看到多组预设，选择其中合适的预设，图像即可出现相应的颜色效果，如图10-42所示。

图10-42

（2）同样的方法可以对其他图像进行相同的处理，以得到统一的色调，如图10-43所示。

图10-43

10.3.7　使用Camera Raw对图像局部调色

蒙版工具组主要用于规划出可编辑的区域范围，然后对该区域进行单独的调色。

（1）单击窗口右侧的“蒙版工具组”按钮，可以在窗口右侧看到该组中的工具，其中包括：选择主体、选择填空、画笔、线性渐变、径向渐变、色彩范围、亮度范围和深度范围8个工具。单击“选择主体”选项，如图10-44所示。

图10-44

（2）稍等片刻后软件会自动得到画面中主体对象的区域，并以半透明的红色进行覆盖，如图10-45所示。

图10-45

（3）确定好调整的范围后，接下来可以进行调色操作。展开“亮”调整组，可以对“曝光”和“对比度”进行调整，通过对比可以看到只有人物的亮度被提高了，如图10-46所示。

图10-46

（4）接下来调整天空的颜色，单击“创建新蒙版”按钮，选择“选择天空”选项。稍等片刻会看到天空被选中，如图10-47所示。

图10-47

（5）选择天空后，可以提高“曝光度”数值，降低色温数值，此时天空亮度提高，且变得蔚蓝，如图10-48所示。

图10-48

（6）接下来调整近处水面的颜色。单击“创建新蒙版”按钮，选择“线性渐变”。接着在左侧的预览图窗口中，自下而上按住鼠标左键拖动，创建渐变效果的选区，如图10-49所示。

图10-49

（7）拖动圆形控制点调整渐变覆盖的范围。然后可以在窗口右侧进行“曝光”“对比度”“阴影”“色温”等参数的调整。可以看到此时的调整区域以渐变的形式出现，底部调整效果最明显，并逐渐向上衰减，如图10-50所示。

图10-50

（8）此时人物也受到了影响，需要将此处的调色效果隐藏。单击蒙版3中的“减去”按钮，选择“画笔”，如图10-51所示。

图10-51

（9）接着在窗口右侧“大小”选项设置笔尖大小，然后在人物上方涂抹将调色效果隐藏，如图10-52所示。设置完成后单击“确定”按钮提交操作。

图10-52

10.4　镜头校正

功能速查

“镜头校正”滤镜可以根据各种相机与镜头的测量自动校正画面，还可以轻松的消除桶装和枕状失真、画面周边暗角、红、绿等颜色的彩色光晕。

（1）将素材图片打开，如图10-53所示。

图10-53

（2）执行“滤镜>镜头校正”命令，当前地平线略有倾斜，单击“拉直工具”，在地平面的位置按住鼠标左键拖动，如图10-54所示。

（3）释放鼠标后，地平线会变为水平，如图10-55所示。

图10-54　　图10-55

（4）单击窗口右侧的“自定”按钮切换到自定选项卡，向左拖动“移去扭曲”移去桶形失真，此时向上突起的地平线变得水平，如图10-56所示。

（5）向左拖动“垂直透视”滑块，让画面底部收缩，使画面中的门呈现与地面垂直的效果。设置完成后单击“确定”按钮提交操作，如图10-57所示。

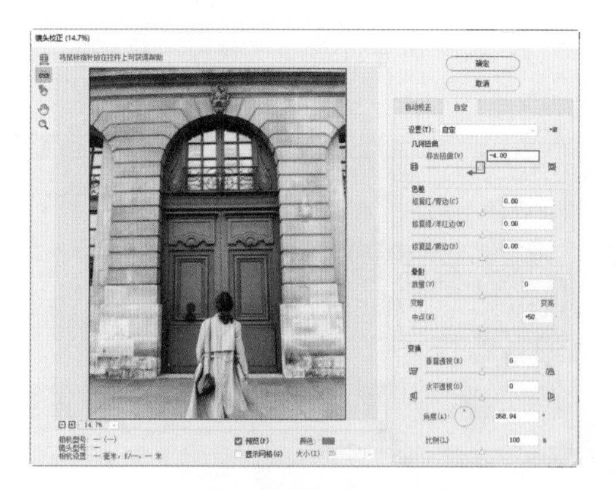

图10-56

图10-57

10.5 液化

功能速查

“液化”滤镜是一款可以对图像局部进行变形的工具。常用于人像照片处理，例如：瘦身、瘦脸、五官形态调整等。

（1）将人物素材打开，接下来通过“液化”对人物进行瘦身，如图10-58所示。

图10-58

（2）执行“滤镜>液化”命令，打开“液化”窗口。选择“缩放工具”将画面比例放大，配合“抓手工具”调整在画面中显示的位置，如图10-59所示。

（3）“向前变形工具”可以通过拖到的方式改变像素的位置。选择“液化”窗口左侧的“向前

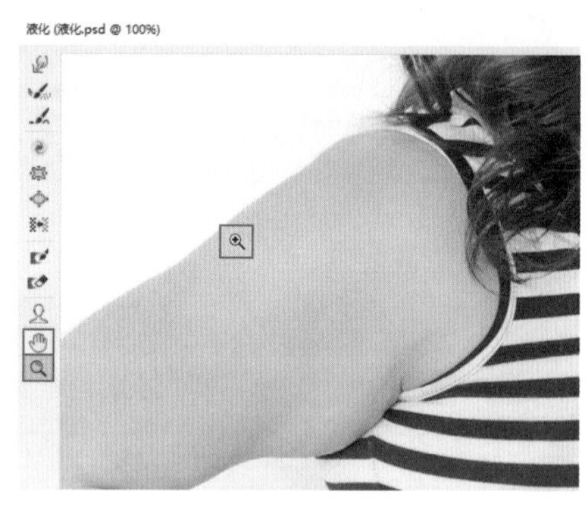

图10-59

变形工具”，在窗口右侧设置笔尖“大小”为80像素。“压力”选项用来控制画笔在图像上产生扭曲的速度，在这里将“压力”数值设置为30。参数设置完成后向光标移动至手臂左上边缘，按住鼠标左键向身体内侧拖动，像素会向内移动，手臂就变瘦了，如图10-60所示。

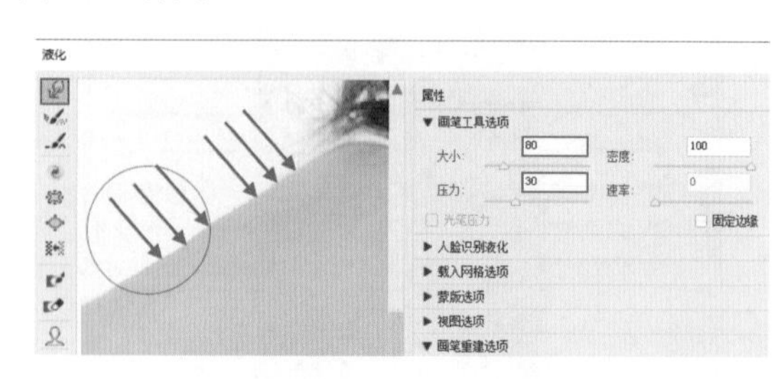

图10-60

（4）使用“向前变形工具”将手臂底部和腰部向身体内部拖动进行收缩，如图10-61所示。

（5）通过“向前变形工具”调整右侧区域的身形，如图10-62所示。

图10-61

图10-62

（6）在液化的过程中，若想要保护部分像素不被变形，可以使用“冻结蒙版工具”。单击“冻结蒙版工具”，在右侧设置合适的笔尖大小。然后在需要保护的位置涂抹，涂抹的位置将变为红色，如图10-63所示。

（7）使用“向前变形工具”涂抹，可以看到被红色覆盖的区域没有发生变形，如图10-64所示。

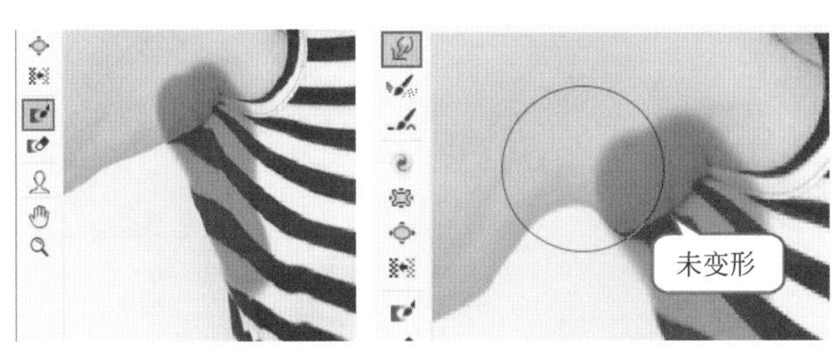

图10-63

图10-64

（8）使用“解冻蒙版工具”，在红色的区域拖动可以将蒙版擦除，如图10-65所示。

图10-65

（9）接下来需要进行瘦脸。使用除了“向前变形工具”进行瘦脸，还可通过“脸部工具”进行瘦脸。单击该工具，将光标移动到脸部边缘，显示白色控制线。将光标移动至控制线上，向内拖动即可进行瘦脸，如图10-66所示。

（10）除了瘦脸，五官也可以进行调整。将光标移动至眼睛附近，显示控制点后拖动控制点，可以调整眼睛的大小，如图10-67所示。

图10-66

图10-67

（11）瘦身操作完成后，单击“确定”按钮提交操作。完成效果如图10-68所示。

图10-68

“液化”重点选项

重建工具：使用该工具在变形区域涂抹可以将图像恢复到原来效果。

平滑工具：使用该工具可以对变形的像素进行平滑处理。

顺时针旋转扭曲工具：在画面中按住鼠标左

键可以使像素旋转。按住Alt键可以逆时针旋转像素。

褶皱工具：在画面中按住鼠标左键可以使像素向内收缩。

膨胀工具：在画面中按住鼠标左键可以使像素向外膨胀。

左推工具：按住鼠标左键从上至下移动，像素向右移动；从下至上移动，产生图像左移的效果。

10.5.1 实战：使用液化制作扭曲背景

文件路径

实战素材/第10章

操作要点

使用液化滤镜制作不规则的背景

案例效果

图10-69

操作步骤

（1）执行“文件>新建”命令，新建一个合适大小的横向空白文档，并将“前景色”设置为青色，使用快捷键Altl+Delete进行填充，如图10-70所示。

图10-70

（2）使用“椭圆形选框工具”，在画面右侧按住Shift键绘制一个正圆选区，如图10-71所示。

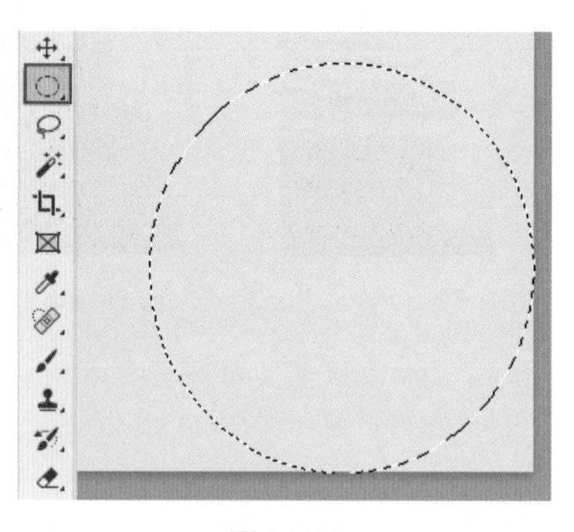

图10-71

（3）选择工具箱的“渐变工具”，在选项栏中设置“渐变类型”为“线性”，单击渐变色条，在弹出来的窗口中设置蓝色系的渐变色，并单击“确定”按钮，提交操作，如图10-72所示。

图10-72

（4）新建图层，在正圆内按住鼠标左键由上向下拖动，为其填充渐变色，并取消选区，效果如图10-73所示。

图10-73

（5）选中该正圆，执行“滤镜>液化”命令，在打开的“液化”窗口中单击左侧的“向前变形工具”按钮，接着在窗口右侧设置合适的“画笔大小”，“密度”为100，“压力”为50，设置完成后在正圆上按住鼠标左键由内向外拖动，如图10-74所示。

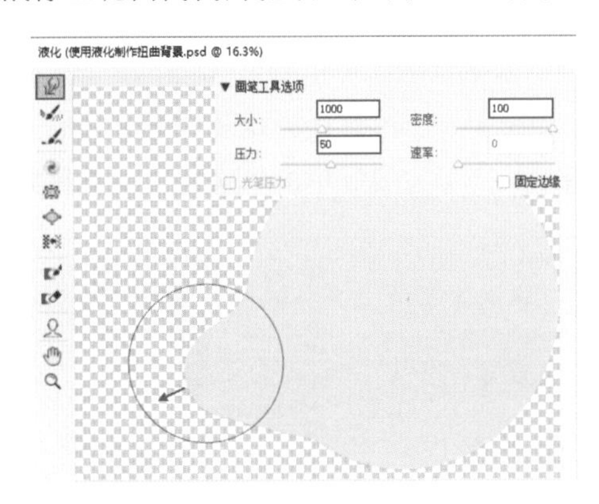

图10-74

（6）继续使用“向前变形工具”在正圆上进行拖动，调整正圆的形态，调整完成后单击“确定”按钮提交操作，如图10-75所示。

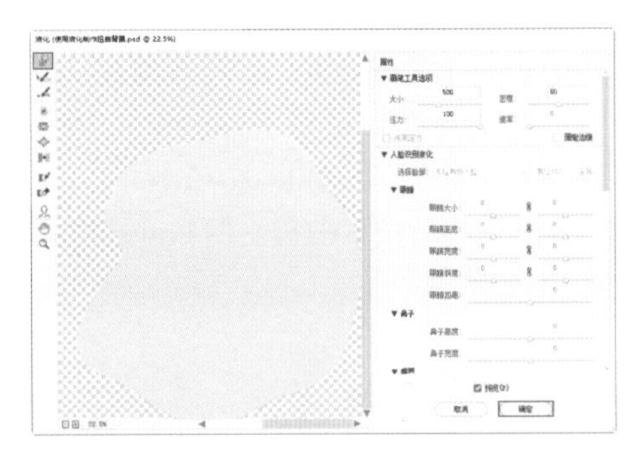

图10-75

（7）选中该图层，在图层面板中设置“混合模式”为正片叠底，如图10-76所示。

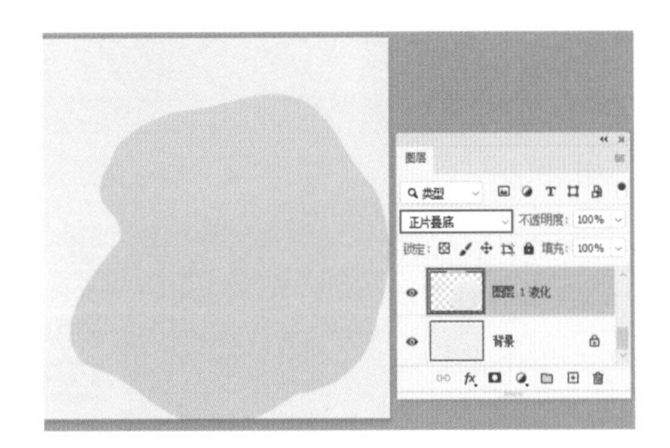

图10-76

（8）继续使用同样的方法制作其他图形，效果如图10-77所示。

图10-77

（9）执行“文件>置入嵌入对象”命令，将素材1置入画面中，并调整大小与位置。本案例制作完成，效果如图10-78所示。

图10-78

10.5.2　实战：使用液化制作创意广告

文件路径

实战素材/第10章

操作要点

1. 使用液化滤镜制作变形的图像
2. 制作真实的阴影

案例效果

图10-79

高级拓展篇

操作步骤

（1）执行“文件>打开”命令，打开素材1，如图10-80所示。

（2）执行“文件>置入嵌入对象”命令，将素材2置入画面中，并将其缩放至合适大小，如图10-81所示。

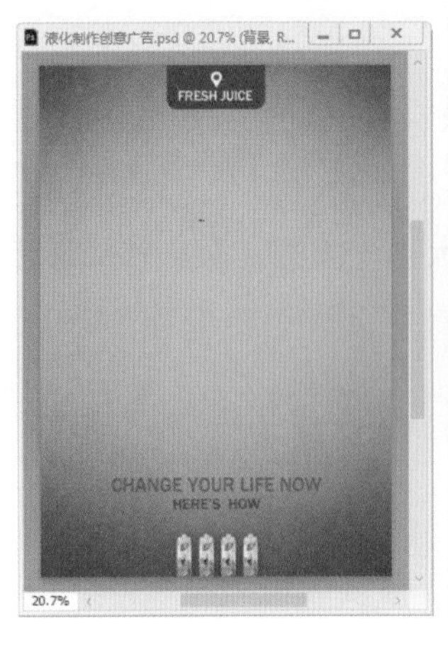

图10-80

图10-81

（3）选中工具箱中的“画笔工具”，设置“前景色”为橘色，在选项栏中选择合适大小的柔边圆画笔，设置“不透明度”为30%，然后新建图层，在橙子底部的黑色部分上进行涂抹，如图10-82所示。

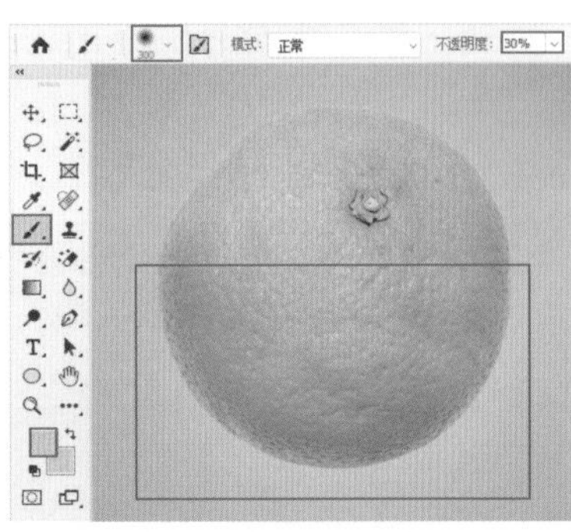

图10-82

（4）接着选中该图层，设置“混合模式”为“强光”，“不透明度”为90%，并使用快捷键Alt+Ctrl+G创建剪切蒙版，如图10-83所示。

图10-83

（5）加选橙子和画笔工具绘制的图层，使用快捷键Alt+Ctrl+E盖印一份，关闭下方两个图层，如图10-84所示。

（6）选中合并的橙子图层，执行“滤镜>液化”命令，在打开的“液化”窗口中单击左侧的“向前变形工具”按钮，接着在窗口右侧设置合适的“画笔大小”，设置“密度”为100，“压力”为80，设置完成后在橙子上按住鼠标左键拖动进行变形，如图10-85所示。变形完成后单击“确定”按钮提交操作。

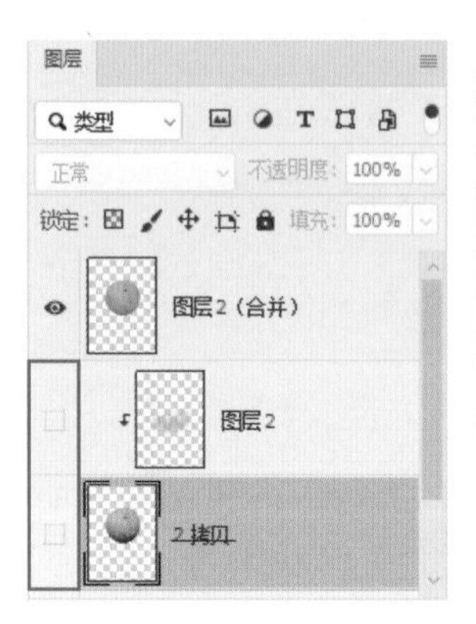

图10-84

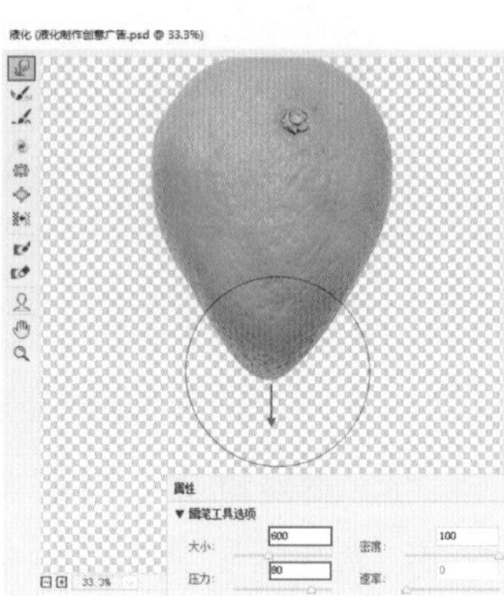

图10-85

（7）选中合并的图层，执行“编辑>变换>变形”命令，在选项栏中设置“网格”为3×3，然后拖动控制点进行变形，如图10-86所示。

（8）变形完成后按下键盘上的Enter键提交操作，效果如图10-87所示。

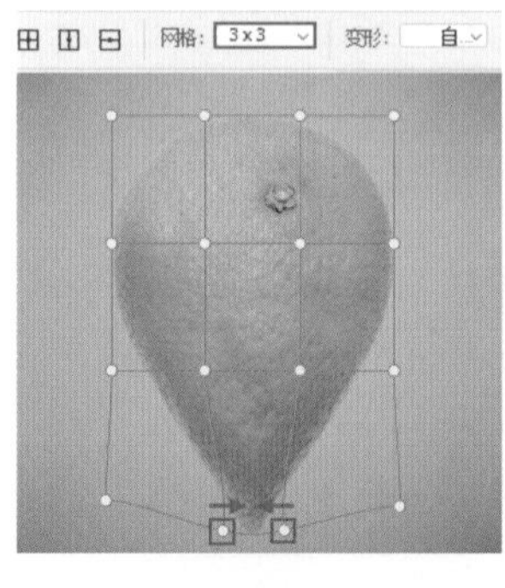

图10-86

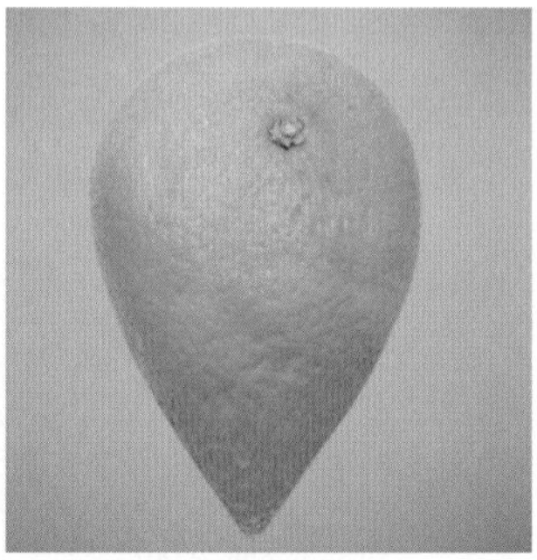

图10-87

（9）按住Ctrl键的同时单击橙子图层，载入其选区。单击鼠标右键执行“变换选区”命令，如图10-88所示。

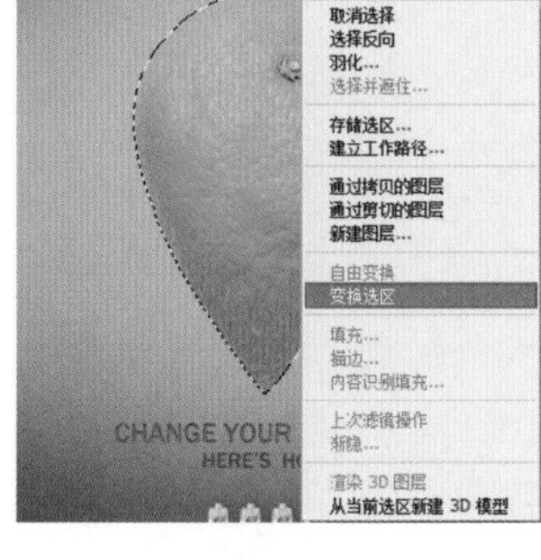

图10-88

（10）单击鼠标右键执行“扭曲”命令，拖动控制点，调整选

区的形态，如图10-89所示。然后按下Enter键确定操作。

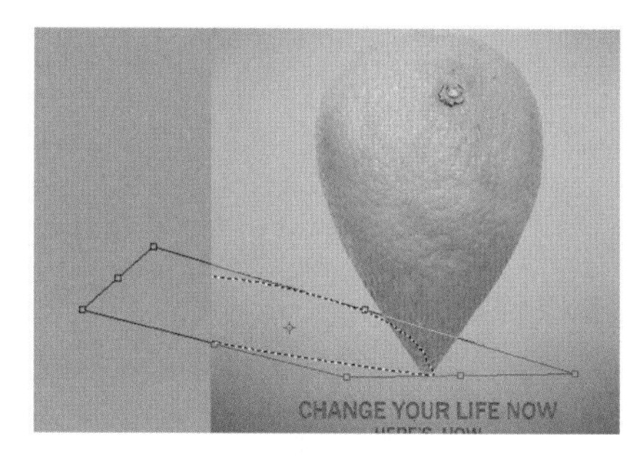

图10-89

（11）接着在橙子下方新建图层，将“前景色”设置为深棕色，使用快捷键Alt+Delete键进行填充，如图10-90所示。

图10-90

（12）选中该深棕色图形，执行“滤镜>模糊>高斯模糊”命令，在弹出的“高斯模糊”窗口中设置“半径”为15像素，单击“确定”按钮，如图10-91所示。效果如图10-92所示。

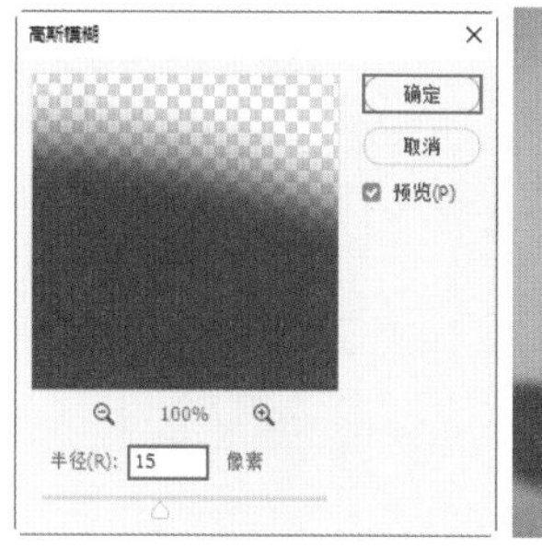

图10-91　　图10-92

（13）在选中阴影图层的状态下，单击图层面板底部的“添加图层蒙版”按钮。使用“渐变工具”，在选项栏中设置一种由黑色到白色的线性渐变，然后在画面中拖动，如图10-93所示。效果如图10-94所示。

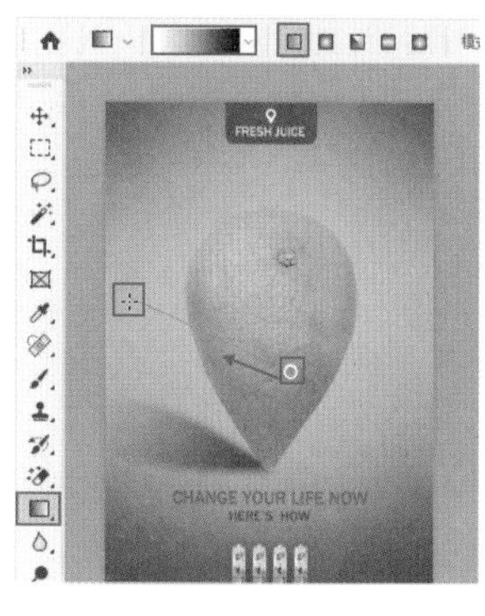

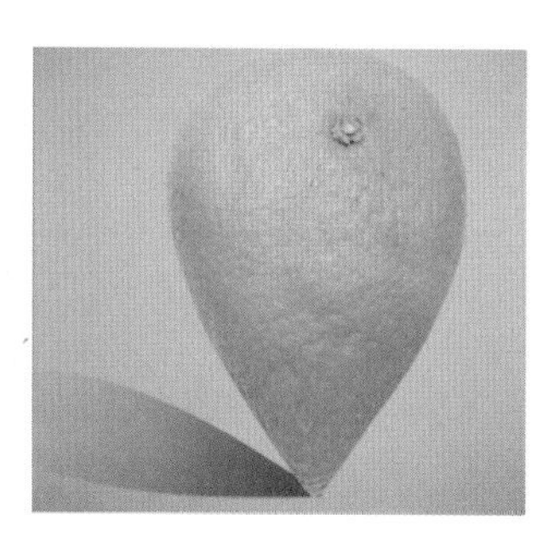

图10-93　　图10-94

（14）压暗橙子的底部亮度。在橙子图层上新建图层，然后设置“前景色”为棕红色，选择“画笔工具”，在选项栏中选择合适大小的柔边圆画笔，设置“不透明度”为20%，设置完成后在橙子边缘涂抹，如图10-95所示。

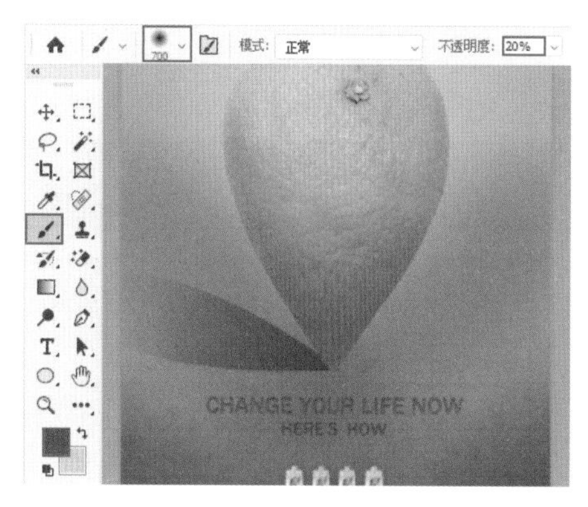

图10-95

（15）接着在图层面板中设置“混合模式”为“正片叠底”，并使用快捷键Alt+Ctrl+G创建剪切蒙版，将其作用于下一图层，如图10-96所示。

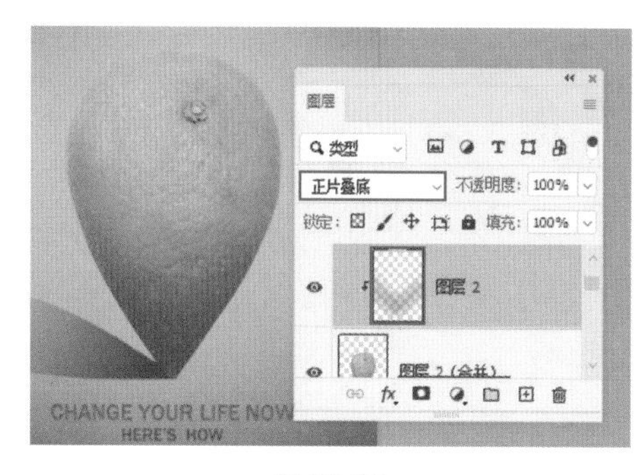

图10-96

（16）继续使用同样的方法绘制最外侧的阴影，如图10-97所示。

（17）接着创建剪贴蒙版，如图10-98所示。最终效果如图10-99所示。

高级拓展篇

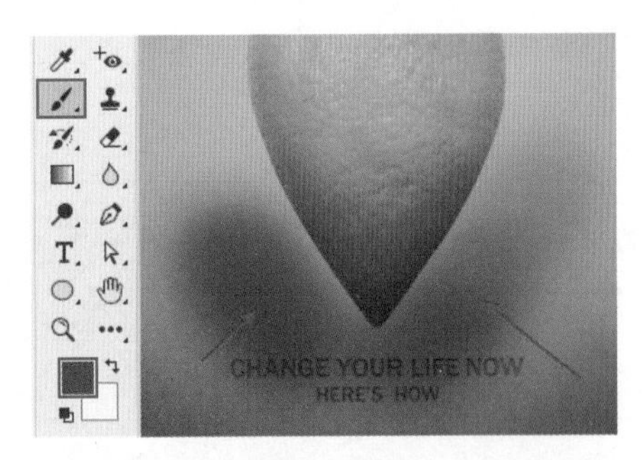

图10-97

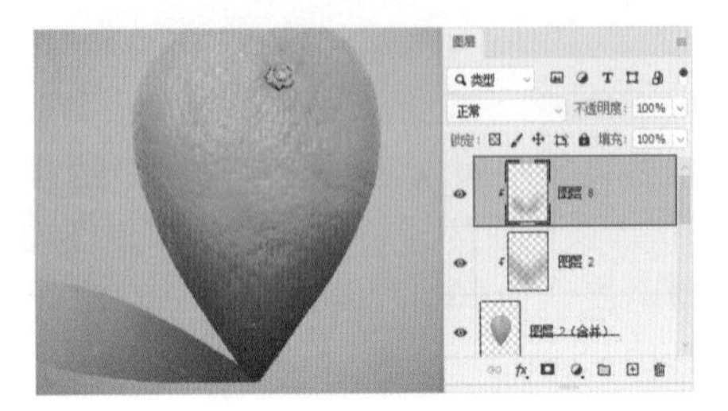

图10-98

图10-99

10.6 消失点

功能速查

“消失点”滤镜常用于修补带有透视的图像中的局部瑕疵，如建筑立面、延伸的道路等。

（1）选择需要处理的图层。当前建筑图片有很明显的透视关系，接下来通过“消失点”滤镜将其中一扇开着的窗户替换为其他闭合的窗户，如图10-100所示。

图10-100

（2）执行“滤镜>消失点”命令，打开消失点窗口。单击选择“创建平面工具”，参照着建筑的透视关系创建网格。在画面中单击，然后将光标移动到另外一个位置单击，如图10-101所示。

图10-101

（3）继续沿着窗户的透视关系创建网格，如图10-102所示。

图 10-102

（4）可以使用选择“缩放工具”将画面比例放大，配合“抓手工具”调整当前画面显示的区域，如图10-103所示。

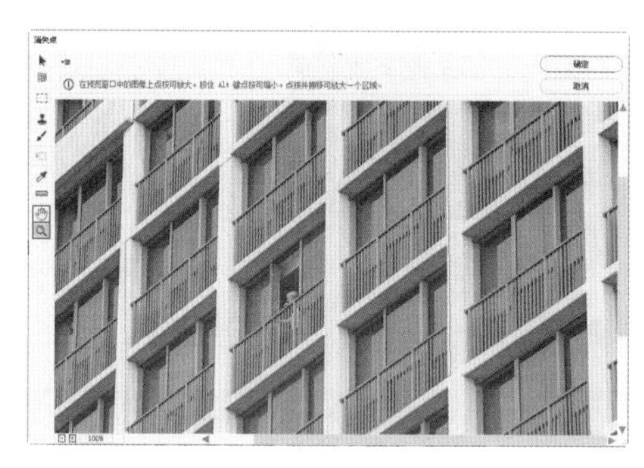

图 10-103

（5）使用“选框工具”，在右侧的窗口边缘按住鼠标左键拖动绘制选区，选区自动带有透视关系，如图10-104所示。

图 10-104

（6）将光标移动到选区内，按住Alt键将选区中的像素向左移动复制，释放鼠标完成移动并复制的操作，如图10-105所示。接着使用快捷键Ctrl+D取消选区的选择。单击“确定”按钮提交操作。

图 10-105

重点笔记

除上述方法以外，还可以通过“图章工具”进行修复。使用“创建平面工具”创建网格后，使用“图章工具”，在右侧窗户上方按住Alt键单击进行取样，接着将光标移动至人物上方按住鼠标左键拖动，进行带有透视感的修复，如图10-106所示。

图 10-106

10.7 3D滤镜

功能速查

3D滤镜组中的滤镜主要用于生成特殊效果的贴图，而这些贴图主要用于3D功能中制作凹凸起伏的表面。

将素材图片打开，如图10-107所示。执行“滤镜>3D”命令，其中包括“生成凹凸（高度）图”和“生成法线图”两个滤镜，如图10-108所示，两个滤镜的说明见表10-1。

图10-107

图10-108

表10-1　3D滤镜组功能说明

功能名称	生成凹凸（高度）图	生成法线图
功能说明	使用该滤镜可生成用于制作对象表面凹凸效果的贴图，生成的贴图中，越接近白色的区域越凸起，越接近黑色的区域越凹陷	使用该滤镜可生成带有法线向量值的纹理，使用这种贴图制作出的凹凸效果更加真实
图示		

10.8 风格化滤镜

功能速查

风格化滤镜组可以通过置换图像像素、查找并增加图像的对比度等操作，从而产生绘画或印象派风格的效果。

图10-109

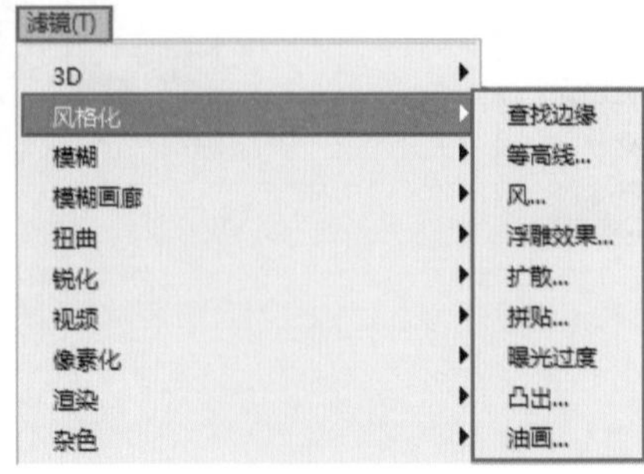

图10-110

将素材图片打开，如图10-109所示。执行“滤镜>风格化”命令，其中包括“查找边缘”“等高线”“风”“浮雕效果”“扩散”“拼贴”“曝光过度”“凸出”“油画”9种滤镜，如图10-110所示，具体说明见表10-2。

表 10-2　风格化滤镜功能说明

功能名称	查找边缘	等高线	风
功能说明	通过提取画面中颜色差异的边缘，制作出线条感的画面	将图像转换为线条感的等高线图	可制作出画面像素被风吹过的移动痕迹
图示			
功能名称	浮雕效果	扩散	拼贴
功能说明	使图像产生金属雕刻的效果	将画面像素进行轻微的分离移动，从而得到隔着磨砂玻璃观看事物的模糊效果	将图像分解为一系列块状后轻微移动，并以前景色填充间隙
图示			
功能名称	曝光过度	凸出	油画
功能说明	混合图像的负片效果和正片效果，产生类似于摄影暗房显影过程中将摄影照片短暂曝光的效果	可以制作立方体或三棱锥向外凸出的3D 效果	可制作较为真实的油画效果
图示			

10.9　模糊滤镜

功能速查

模糊滤镜组中的滤镜可以使图像产生多种多样的模糊效果，如带有动感的模糊、均匀的模糊、旋转的模糊等。

将素材图片打开，如图10-111所示。执行“滤镜>模糊”命令，其中包括“表面模糊”“动感模糊”“方框模糊”“高斯模糊”“进一步模糊”“径向模糊”“镜头模糊”“模糊”“平均”“特殊模糊”“形状模糊”11种滤镜，如图10-112所示，具体说明见表10-3。

图10-111

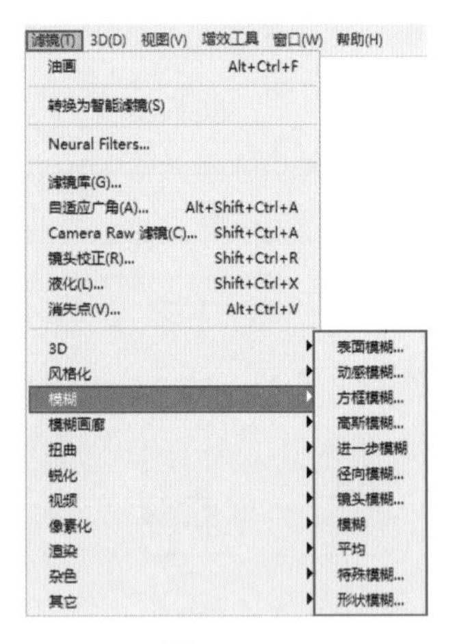

图10-112

表10-3　模糊滤镜功能说明

功能名称	表面模糊	动感模糊	方框模糊
功能说明	使画面中相似的颜色区域模糊，甚至合并为一种颜色，用于人像磨皮或降噪	按照某种方向对图像像素进行带有动态的模糊处理，从而形成类似高速运动的模糊效果	以方块为模糊单元对画面进行模糊处理
图示			
功能名称	高斯模糊	进一步模糊	径向模糊
功能说明	最为常用的模糊滤镜，参数简单，常用于画面整体或局部的模糊处理	无参数设置的快速模糊操作，可使画面产生轻微的模糊效果，但其程度比“模糊”稍强一些	产生向内缩放的模糊或者旋转式的模糊
图示			
功能名称	镜头模糊	模糊	平均
功能说明	可按照设定好的通道/图层蒙版制作出真实的画面景深感。若想要使景深感更加真实，则要注意通道/蒙版中远近事物的黑白层次	无参数设置的快速模糊操作，效果较弱	快速得到当前图像或选区内的部分的平均颜色
图示			

续表

功能名称	特殊模糊	形状模糊	
功能说明	常用于褶皱、重叠的边缘的模糊或降噪	可从预设的形状列表中选择图形，并以该图形作为模糊单元，对图像进行模糊处理	
图示			

10.10　模糊画廊滤镜组

功能速查

模糊画廊滤镜组中的滤镜常用于模拟摄影中的某些特殊模糊效果，可以帮助摄影师在不使用某些昂贵的特殊器材的前提下，快速得到有趣的模糊效果。

将素材图片打开，如图10-113所示。执行“滤镜>模糊画廊”命令，其中包括“场景模糊”“光圈模糊”“移轴镜头”“路径模糊”“旋转模糊”5种滤镜，如图10-114所示，具体说明见表10-4。

图 10-113

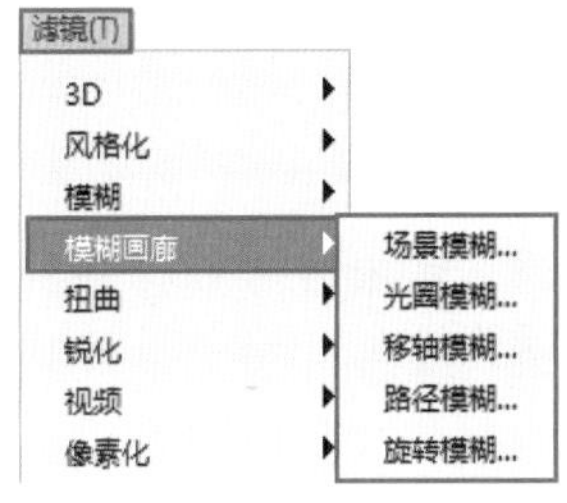

图 10-114

表 10-4　模糊画廊滤镜组功能说明

功能名称	场景模糊	光圈模糊	移轴镜头
功能说明	使用“场景模糊”滤镜可以使画面呈现出不同区域不同模糊程度的效果	使用“光圈模糊”滤镜可以根据不同的要求而对焦点的大小与形状、图像其余部分的模糊数量以及清晰区域与模糊区域之间的过渡效果进行相应的设置	使用“移轴模糊”滤镜可以轻松地模拟“移轴摄影”效果
图示			

续表

功能名称	路径模糊	旋转模糊	
功能说明	路径模糊是通过将像素沿着控制杆的走向进行模糊。可以制作带有动效的模糊效果，并且能够制作出多角度、多层次的模糊效果	“旋转模糊”滤镜能够达到与“径向模糊”相同的效果，“旋转模糊”滤镜可以一次性添加多个模糊点，还能够随意控制模糊的范围、形状与强度	
图示			

10.11　扭曲滤镜

功能速查

扭曲滤镜组中的滤镜可以对图像进行变形、扭曲。

将素材图片打开，如图10-115所示。执行“滤镜>扭曲”命令，其中包括“波浪”“波纹”“极坐标”“挤压”“切变”“球面化”“水波”“旋转扭曲”“置换”9种滤镜，如图10-116所示，具体说明见表10-5。

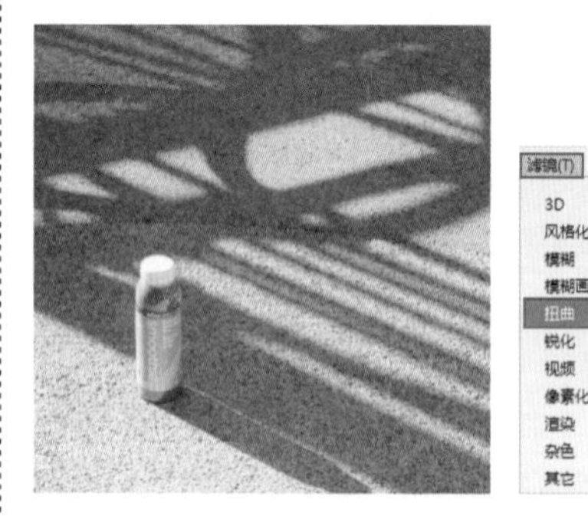

图10-115

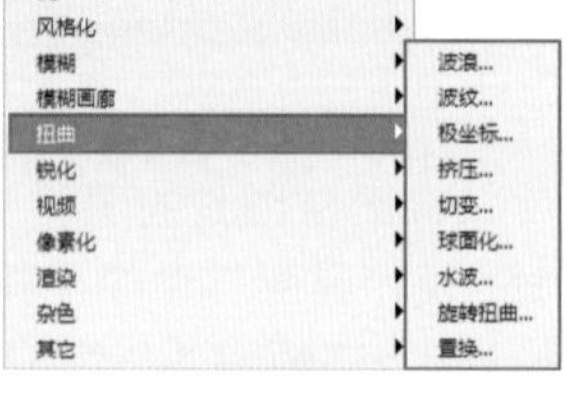

图10-116

表10-5　扭曲滤镜功能说明

功能名称	波浪	波纹	极坐标
功能说明	可以创建类似于波浪起伏的效果。虽然与“波纹”滤镜较为相似，但“波浪”滤镜可控制的参数更多	可以产生类似水面的波纹起伏的图案	可以将图像从平面坐标转换到极坐标，或从极坐标转换到平面坐标，常用于模拟鱼眼镜头摄影效果
图示			

续表

功能名称	挤压	切变	球面化
功能说明	可以使图像产生像向外或向内挤压的变形效果	沿一条曲线对图像进行扭曲	使图像或选区内的部分扭曲成凸出感的球面效果
图示			
功能名称	水波	旋转扭曲	置换
功能说明	可以模拟出水面落入石子的同心圆状涟漪效果	围绕图像中心按照顺时针或逆时针的方向对图像进行旋转	可以用另外一张PSD文件的亮度值使当前图像的像素重新排列，并产生位移效果
图示			

拓展笔记

想要使用“置换”滤镜，就需要准备好一个用于产生置换变形的JPG图像和一个作为置换变形依据的PSD文件，如图10-117所示。

图10-117

打开JPG文件，执行“滤镜>扭曲>置换”命令，此时弹出“置换”窗口，“水平/垂直比例”可以用来设置水平方向和垂直方向所移动的距离。在窗口中设置合适的“水平比例”“垂直比例”。单击“确定”按钮，如图10-118所示。随后选择PSD文件，如图10-119所示，即可按照PSD格式图像的内容对JPG图像进行变形，如图10-120所示。

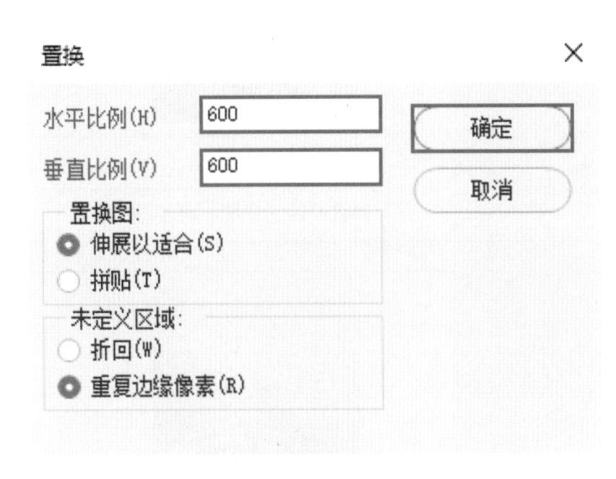

图10-118

高级拓展篇

图 10-119

图 10-120

10.12 锐化滤镜

功能速查

锐化滤镜组主要用于使图像更加“清晰”。

将素材图片打开，如图10-121所示。执行“滤镜>锐化”命令，其中包括“USM锐化”“防抖”“进一步锐化”“锐化”“锐化边缘”“智能锐化”6种滤镜，如图10-122所示，具体说明见表10-6。

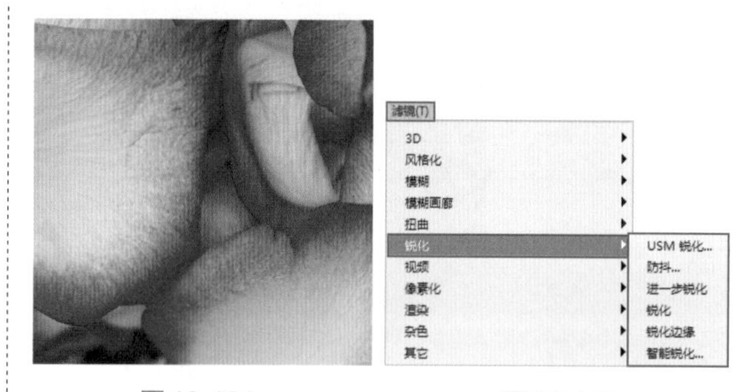

图 10-121　　图 10-122

表 10-6　锐化滤镜功能说明

功能名称	USM 锐化	防抖	进一步锐化
功能说明	自动查找图像颜色发生明显变化的区域，然后将其锐化，以达到提升图像清晰度的目的	用于处理因拍摄时抖动而产生的模糊问题。该滤镜适合对焦正确、曝光适度、杂色较少的照片	无需参数设置的滤镜，可使图像直接产生轻微的锐化效果。效果较“锐化”滤镜要稍强一些
图示			
功能名称	锐化	锐化边缘	智能锐化
功能说明	无需参数设置的滤镜，可使图像直接产生轻微的锐化效果	无需参数设置的滤镜，直接对图像中色彩差异的边缘进行快速锐化	这是一款非常常用的锐化滤镜，可以分别对阴影和高光区域进行锐化
图示			

拓展笔记

“智能锐化”滤镜相对于“USM锐化”滤镜，具有更多可控参数，如图10-123所示。

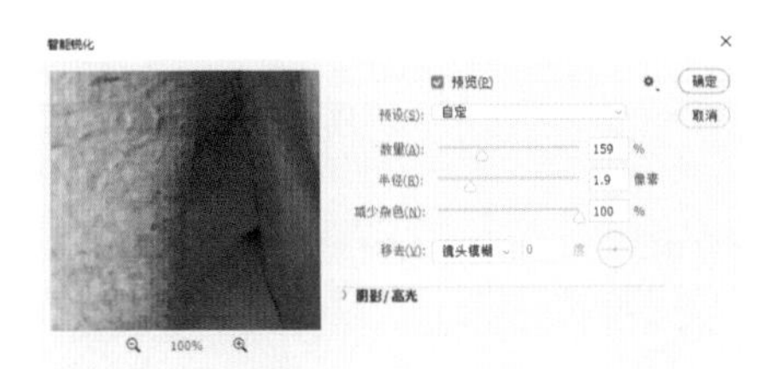

图10-123

数量：用来设置锐化的强度。数值越高，越能强化边缘之间的对比度。

半径：用来设置锐化效果的宽度。数值越大，受影响的边缘就越宽，锐化的效果也越明显，数值越小，受影响的边缘就越窄，锐化的效果也越不明显。

减少杂色：减少不需要的杂色，同时保持重要边缘不受影响。数值过大可能会影响画面清晰度。

移去：选择锐化运算法则的算法。选择“高斯模糊”选项，可以使用滤镜的方法锐化图像；选择“镜头模糊”选项，可以查找图像中的边缘和细节，并对细节进行更加精细的锐化，以减少锐化的光晕；选择“动感模糊”选项，通过设置“角度”值可以减少由于相机或对象移动而产生的模糊效果。

10.13　视频滤镜

“视频”滤镜组包含两种滤镜：“NTSC颜色”和“逐行”。“NTSC颜色”滤镜将色域限制在电视机重现可接受的范围内，以防止过饱和颜色渗到电视扫描行中。“逐行”滤镜通过移去视频图像中的奇数或偶数隔行线，使在视频上捕捉的运动图像变得平滑。

10.14　像素化滤镜

功能速查

像素化滤镜组中的滤镜可以使图像产生多种奇特的颗粒感效果。

将素材图片打开，如图10-124所示。执行“滤镜>像素化”命令，其中包括“彩块化”“彩色半调”“点状化”“晶格化”“马赛克”“碎片”“铜板雕刻”7种滤镜，如图10-125所示，具体说明见表10-7。

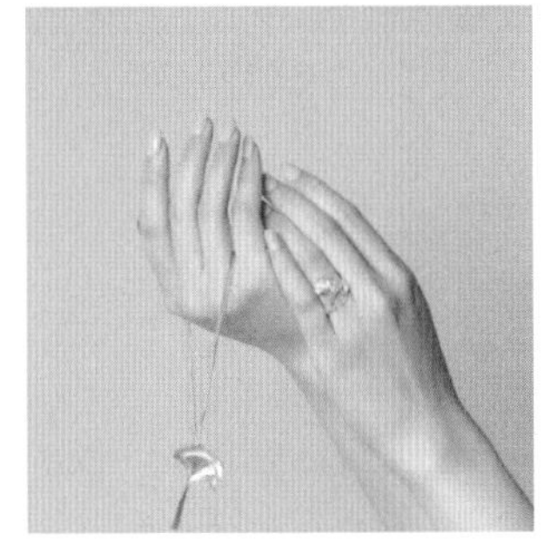

图10-124

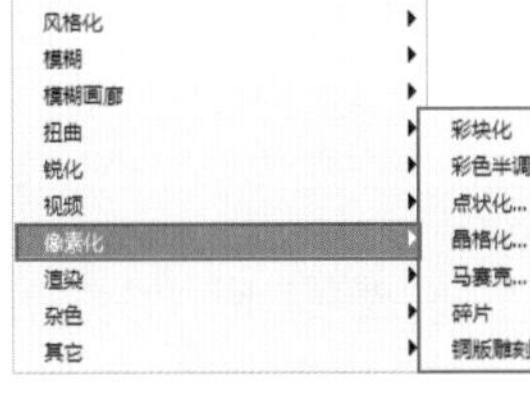

图10-125

表10-7　像素化滤镜功能说明

功能名称	彩块化	彩色半调	点状化
功能说明	可以将颜色相近的像素结合成单色的图形，使图像产生由一个个不同颜色的小彩块组成的效果	模拟在图像的每个通道上使用放大的半调网屏的效果	使画面产生类似“点彩”绘画感的效果
图示			

高级拓展篇

续表

功能名称	晶格化	马赛克	碎片
功能说明	使图像产生由不同颜色的小多边形组成的特殊效果	将画面中接近区域的像素结合为一种颜色，从而形成由大量正方形方块构成的“马赛克”效果	将图像中的像素复制4次，然后将复制的像素平均分布，并使其相互偏移
图示			
功能名称	铜板雕刻		
功能说明	将图像转换为由高纯度的纯色颗粒或纯色短线条构成的画面		
图示			

10.15 渲染滤镜

功能速查

渲染滤镜组中的滤镜效果非常丰富，既可以制作火焰、云朵，又可以制作光照效果。

将素材图片打开，如图10-126所示。执行“滤镜>渲染”命令，其中包括“火焰”“图片框”“树”“分层云彩”“光照效果”“镜头光晕”“纤维”“云彩”8种滤镜，如图10-127所示，具体说明见表10-8。

图10-126

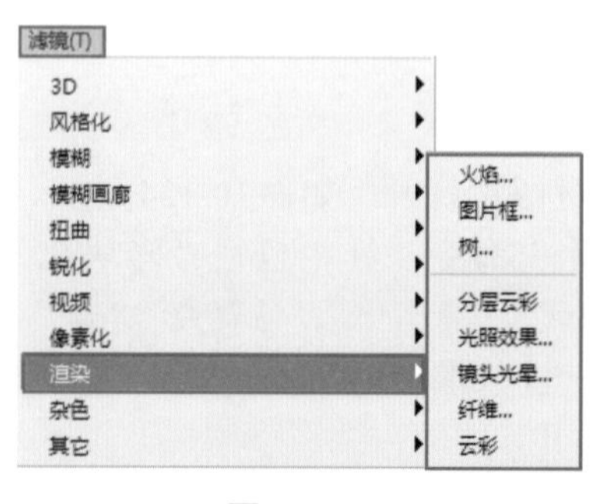

图10-127

疑难笔记

应用了树、火焰滤镜后，还能否移动树或者火焰的位置？

直接对某个带有像素内容的图层应用这两种滤镜后，滤镜效果是会直接作用到原始图层内容中的，无法单独移动。为了避免这种情况的发生，可以先创建空图层，之后再进行滤镜操作。

表 10-8　渲染滤镜功能说明

功能名称	火焰	图片框	树
功能说明	首先在画面中绘制路径，接着使用该滤镜可以得到沿路径排列的火焰	可从滤镜窗口中选择一种合适的图片框，并配合参数设置，得到合适的效果	可从滤镜窗口中选择一种合适的树，并配合参数设置，得到合适的效果。如果文档中包含路径，创建出的树会按照路径形态生成
图示			
功能名称	分层云彩	光照效果	镜头光晕
功能说明	使用前景色与背景色生成云彩图案，并将生成的云彩和所选图层像素以“差值”的模式进行混合	可在预设中选择不同的光照效果，也可配合参数设置得到多种多样的发光效果。还可以利用灰度文件的凹凸纹理图产生类似 3D 光照的效果	模拟使用相机拍照时常出现的耀光效果
图示			
功能名称	纤维	云彩	
功能说明	根据当前的前景色和背景色创建拉丝条纹状的纤维效果	根据前景色和背景色随机生成云雾状的效果	
图示			

10.16 杂色滤镜

功能速查

杂色滤镜组不仅可用于向画面中增加杂点，还可用于减少画面的细节。

将素材图片打开，如图10-128所示。执行“滤镜>杂色”命令，其中包括“减少杂色”“蒙尘与划痕”“去斑”“添加杂色”“中间值”5种滤镜，如图10-129所示，具体说明见表10-9。

图10-128

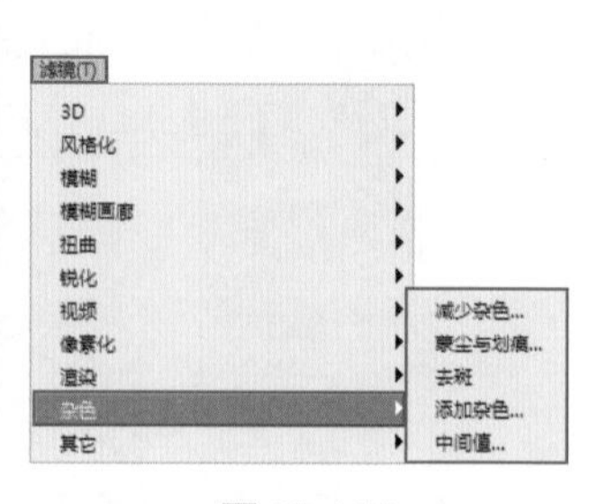

图10-129

表10-9　杂色滤镜功能说明

功能名称	减少杂色	蒙尘与划痕	去斑
功能说明	在保留图像颜色差异边缘的同时，尽可能减少杂色，以此来实现降噪或者减少细节的效果	通过将相邻的颜色相似像素合并为相同的颜色，来减少画面的杂色	自动检测图像中的颜色边缘，在较好的保留图像细节的同时，模糊边缘外的区域
图示			
功能名称	添加杂色	中间值	
功能说明	可以在图像中添加大量的单色或者多色的像素杂点	可以自动查找某一范围内亮度相近的像素，扔掉与相邻像素差异太大的像素，并用查找到的像素的中间亮度值替换中心像素，以此有效减少画面杂色	
图示			

重点笔记

由于“蒙尘与划痕”滤镜具有较好的瑕疵去除效果，所以常用于皮肤的磨皮，可以将人像图层复制一层，执行“蒙尘与划痕”操作，然后将执行滤镜操作的图层中的皮肤以外部分隐藏即可。

10.17　其他滤镜

将素材图片打开，如图10-130所示。执行“滤镜>其它”命令，其中包括“HSB/HSL”“高反差保留”“位移”“自定”“最大值”与“最小值”6种滤镜，如图10-131所示，具体说明见表10-10。

图10-130

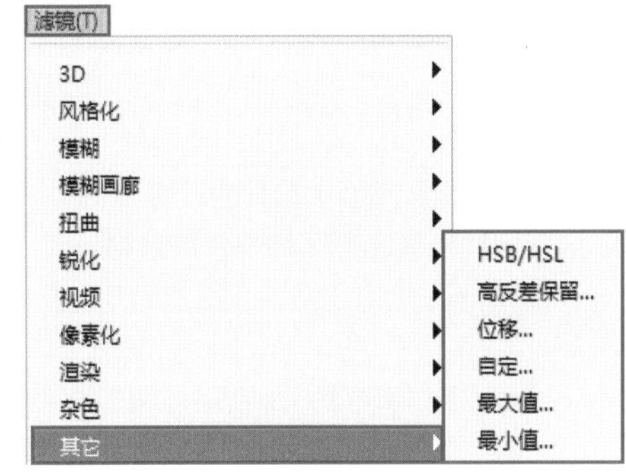

图10-131

表10-10　其他滤镜功能说明

功能名称	HSB/HSL	高反差保留	位移
功能说明	可以使图像在RGB和HSL之间相互转换	可以只保留图像中具有强烈颜色变化的边缘细节，其他区域则被填充为灰色	可以在水平或垂直方向上偏移图像，空缺的区域仍使用该图像填充
图示			
功能名称	自定	最大值	最小值
功能说明	允许用户设计自己的滤镜效果。该滤镜可以根据预定义的“卷积”数学运算来更改图像中每个像素的亮度值	可以展开画面中的白色区域，阻塞黑色区域	可以扩展画面中的黑色区域，收缩白色区域
图示			

10.18 滤镜应用实战

10.18.1 实战：唯美的光斑背景

文件路径

实战素材/第10章

操作要点

1. “场景模糊”滤镜中参数的设置
2. 选择合适带有高亮区域的背景素材

案例效果

图10-132

操作步骤

（1）执行“文件>打开”命令，打开素材1，如图10-133所示。

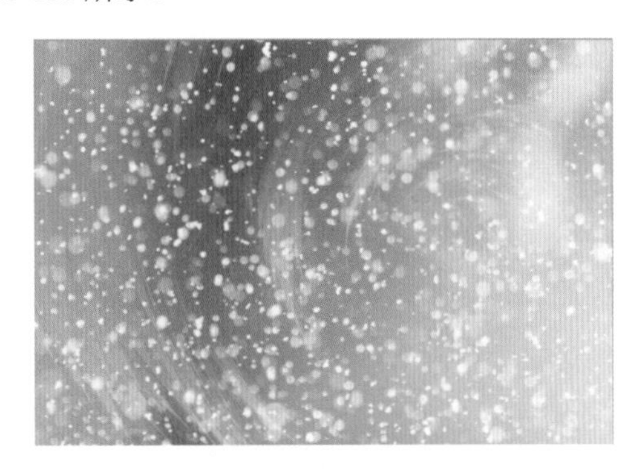

图10-133

（2）执行“滤镜>模糊画廊>场景模糊”命令，在弹出来的窗口中，将控制点移动至画面中心位置，设置“模糊”为80像素，勾选“散景”选项，继续设置“光源散景”为45%，“散景颜色”为45%，“光照范围”中的暗调为248，如图10-134所示。然后单击“确定”按钮提交操作。

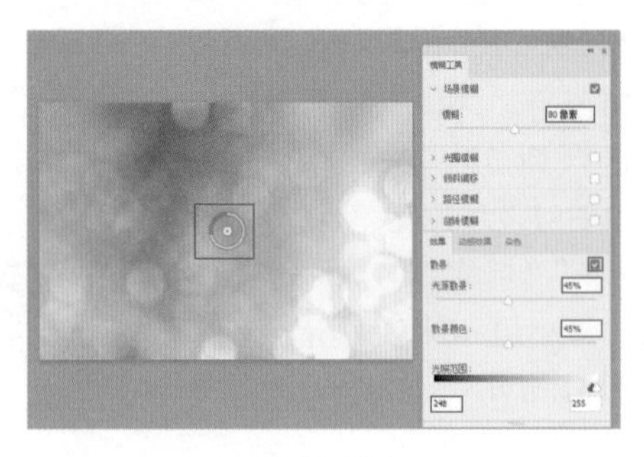

图10-134

（3）此时画面呈现出梦幻的光斑效果，如图10-135所示。

图10-135

（4）执行“文件>置入嵌入对象”命令，将素材2置入到当前画面中。本案例制作完成，效果如图10-136所示。

图10-136

10.18.2 实战：制作马赛克背景图

文件路径

实战素材/第10章

操作要点

使用“马赛克”滤镜设置较大的数值

案例效果

图10-137

操作步骤

（1）执行“文件>打开”命令，打开素材1，如图10-138所示。

图10-138

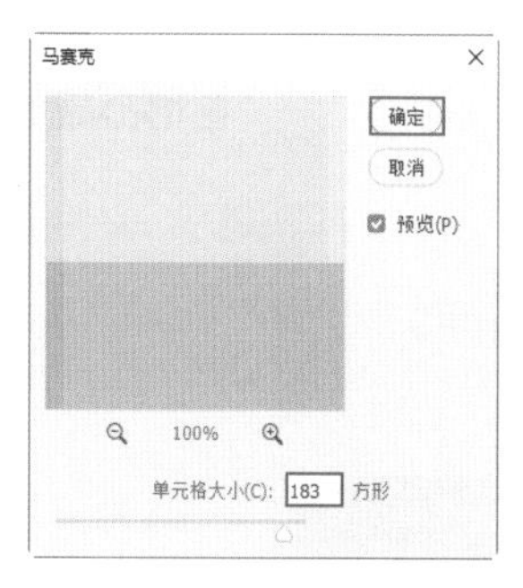

图10-139

（2）执行“滤镜>像素化>马赛克”命令，在打开的“马赛克”窗口中，设置“单元格大小”为183方形，设置完成后单击“确定”按钮，如图10-139所示。

（3）得到较大的色块背景图，效果如图10-140所示。

图10-140

重点笔记

为了得到相对比较柔和的背景，使用的背景图片颜色应尽量简单。一旦使用颜色过于复杂的图像，经过滤镜操作后，可能会得到由大量颜色跳跃的色块组成的背景，不利于前景主体物的展示。

（4）执行“文件>置入嵌入对象”命令，置入素材2，将其缩放至合适大小，同时调整其位置。本案例制作完成，效果如图10-141所示。

图10-141

10.18.3　实战：镜头模糊滤镜模拟大光圈效果

文件路径

实战素材/第10章

操作要点

1. 通道中黑白关系的控制
2. “镜头模糊”滤镜中模糊焦距的设置

案例效果

图10-142

操作步骤

（1）执行“文件>打开”命令，打开素材1，如图10-143所示。

图10-143

（2）使用“快速选择工具”，在选项栏中设置合适的工具大小，勾选“增强边缘”选项，设置完成后在火车后方涂抹得到天空部分的选区，如图10-144所示。

图10-144

（3）执行“窗口>通道”命令，打开通道面板，单击“将选区储存为通道”按钮，新建“Alpha 1通道”，如图10-145所示。

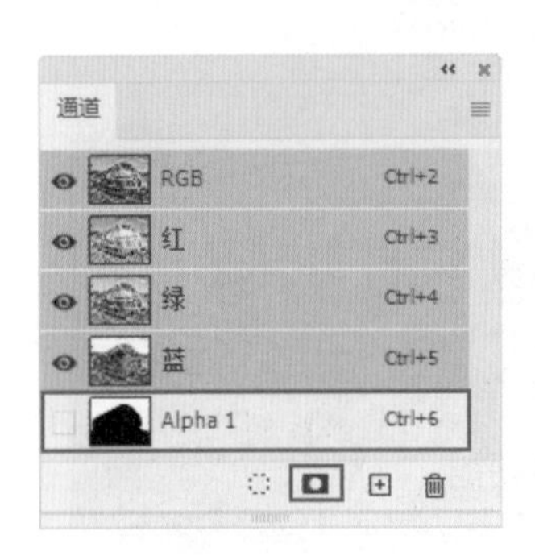

图10-145

（4）执行“滤镜>模糊>镜头模糊”命令，在打开的“镜头模糊”窗口中设置“源”为“Alpha 1”，“模糊焦距”为0，设置“半径”为15，设置完成后单击“确定”按钮，如图10-146所示。

图10-146

（5）此时只有远处的天空部分模糊了，火车及近处的地面都保持原样，效果如图10-147所示。

图10-147

10.18.4 实战：迷幻感时装海报

文件路径

实战素材/第10章

操作要点

1. 使用动感模糊制作运动感的人像
2. 使用混合模式将人物融合到背景中

案例效果

图10-148

操作步骤

（1）执行“文件>打开”命令，打开素材1，如图10-149所示。

（2）执行“文件>置入嵌入对象”命令，将素材2置入到画面中，如图10-150所示。

图10-149

图10-150

（3）选中该图层，在图层面板中设置“混合模式”为“强光”，效果如图10-151所示。

图10-151

（4）执行“图层>新建调整图层>曲线”命令，在弹出的“新建图层”窗口中单击“确定”按钮，接着将曲线调整为S形，然后单击按钮使调色效果只针对人像图层，如图10-152所示。

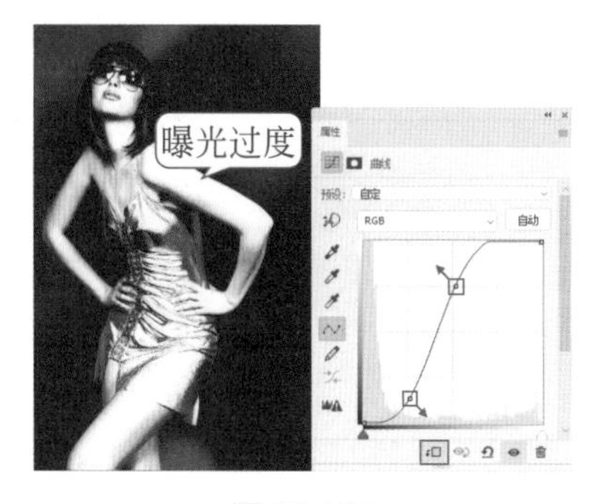

图10-152

（5）此时人物皮肤曝光过度，可以通过曲线调整图层蒙版隐藏。单击选中调整图层的图层蒙版，将前景色设置为黑色。选择画笔工具，设置合适的笔尖大小，“不透明度”为25%，然后在蒙版中手臂、大腿的位置涂抹隐藏部分调色效果，如图10-153所示。

图10-153

（6）选择人像和曲线调整图层，使用快捷键Alt+Ctrl+E进行盖印。然后使用自由变换快捷键Ctrl+T，将其旋转至合适角度的同时调整其在画面中的位置，如图10-154所示。按下Enter键提交操作。

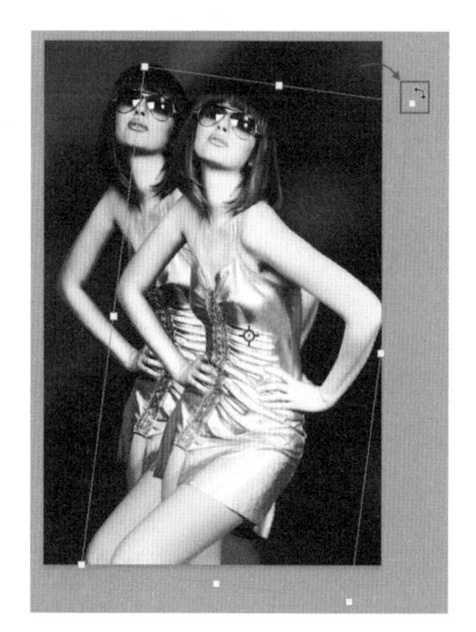

图10-154

（7）接着在图层面板中设置其“混合模式”为强光，“不透明度”为80%，如图10-155所示。效果如图10-156所示。

（8）接着执行“滤镜>模糊>动感模糊”命令，在弹出的“动感模糊”窗口中设置“角度”为30度，“距离”为60像素，设置完成后单击“确定”按钮，如图10-157所示。效果如图10-158所示。

图 10-155　　图 10-156

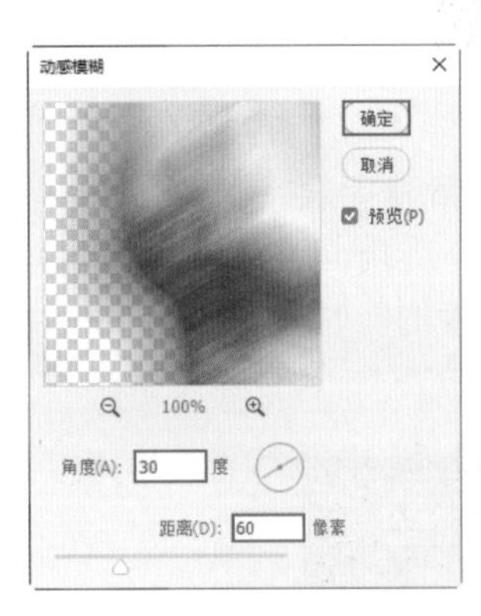

图 10-157　　图 10-158

（9）选中该图层，单击图层面板底部的“添加图层蒙版”，如图10-159所示。

（10）使用“画笔工具”，在选项栏中设置合适大小的柔边圆画笔，并设置“不透明度”为30%，在画面中进行涂抹，蒙版效果如图10-160所示。

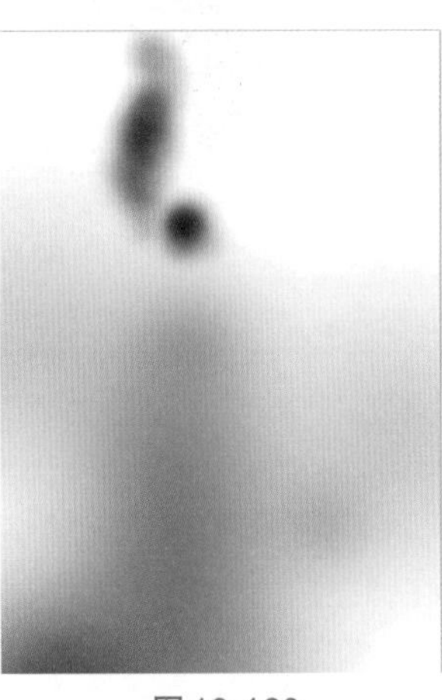

图 10-159　　图 10-160

（11）带有模糊的人物产生了局部的隐藏，画面效果如图10-161所示。

图 10-161

（12）使用“横排文字工具”，在画面中键入文字，并在选项栏中设置合适的字体、字号与颜色，如图10-162所示。

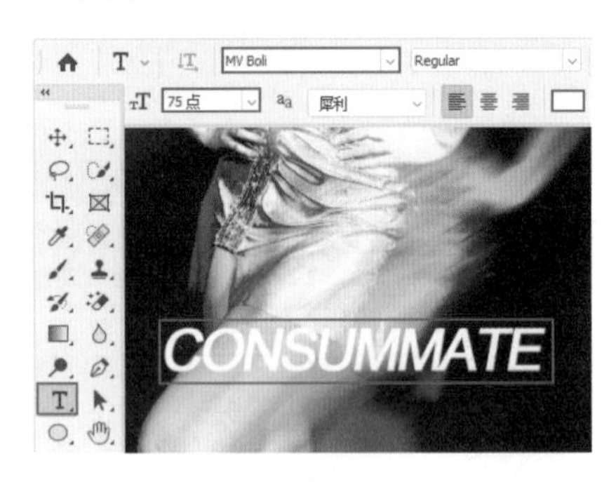

图 10-162

（13）使用“钢笔工具”，在选项栏中设置“绘制模式”为形状，“填充”为白色，“描边”为无，设置完成后在文字的右下角绘制一个平行四边形，如图10-163所示。

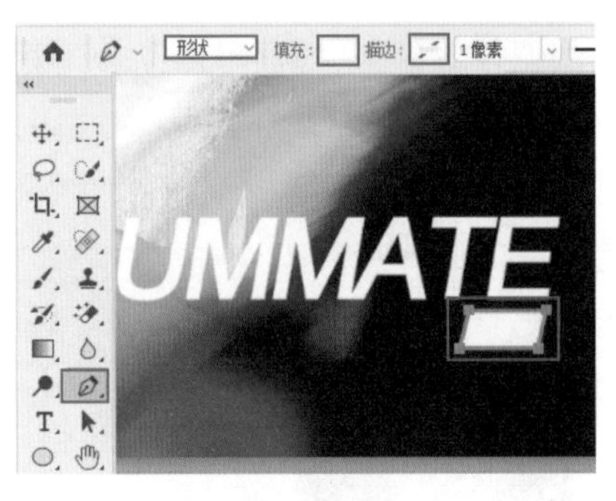

图 10-163

（14）使用“横排文字工具”，在画面顶部键入文字。本案例制作完成，效果如图10-164所示。

图 10-164

10.18.5　实战：拼贴感产品展示模块

文件路径

实战素材/第10章

操作要点

1. 使用“高斯模糊”滤镜虚化背景
2. 使用“添加杂色”滤镜制作带有噪点的背景

案例效果

图 10-165

操作步骤

（1）执行“文件>新建”命令，创建一个空白文档，如图 10-166 所示。

图 10-166

（2）执行“文件>置入嵌入对象”命令，将背景素材1置入到画面中，如图10-167所示。调整其大小及位置后按下Enter键完成置入。在“图层”面板中右键单击该图层，在弹出的菜单中执行“栅格化图层”命令。

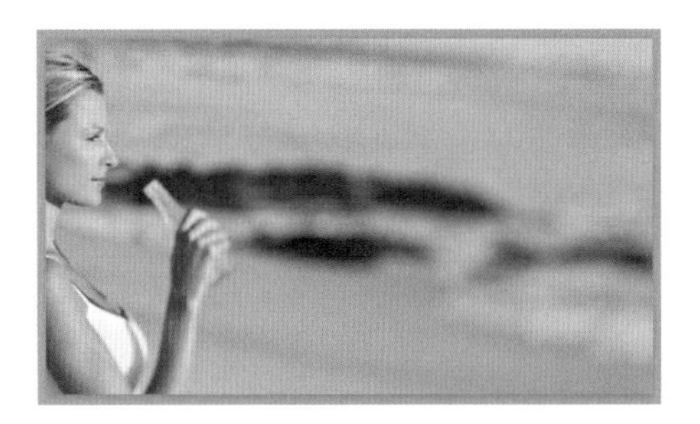

图 10-167

（3）选中该图层，执行“滤镜>模糊>高斯模糊”命令，设置半径为16像素，如图10-168所示。效果如图10-169所示。

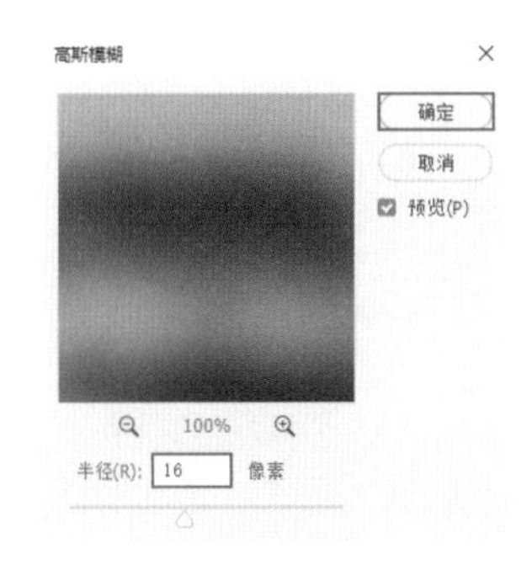

图 10-168

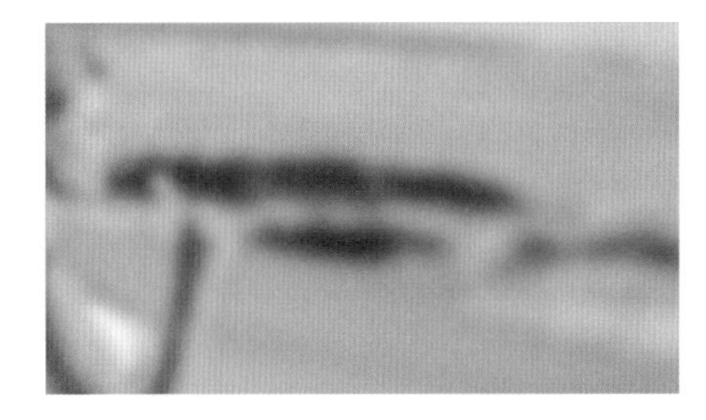

图 10-169

重点笔记

当背景图中具有较为具象的内容时，很容易影响前景内容的展示，这时使用“高斯模糊”将背景模糊化处理则是一种非常简单易行的方法。

（4）单击工具箱中的“矩形工具”，在选项栏中设置“绘制模式”为形状，“填充”为米色，“描边”

为无。设置完成后在画面中间位置按住鼠标左键拖动绘制出一个矩形，如图10-170所示。

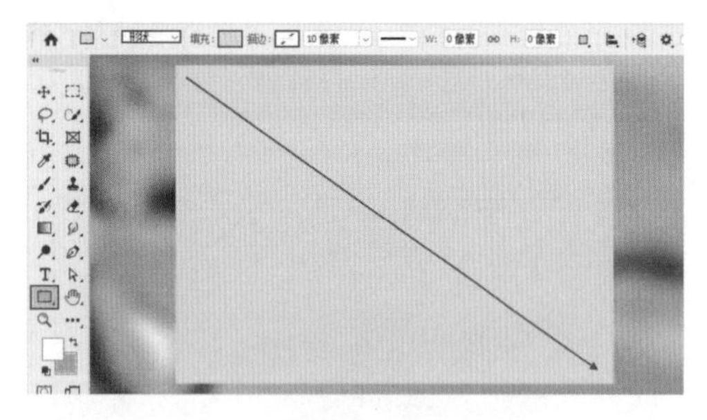

图10-170

（5）在“图层”面板中选中矩形图层，单击右键在弹出的菜单中执行“转换为智能对象”命令，如图10-171所示，此时此图层变为智能对象图层。

图10-171

（6）执行“滤镜>杂色>添加杂色”命令，在弹出的“添加杂色”窗口中设置“数量”为3%，勾选“高斯分布”，单击“确定”按钮，如图10-172所示。画面效果如图10-173所示。

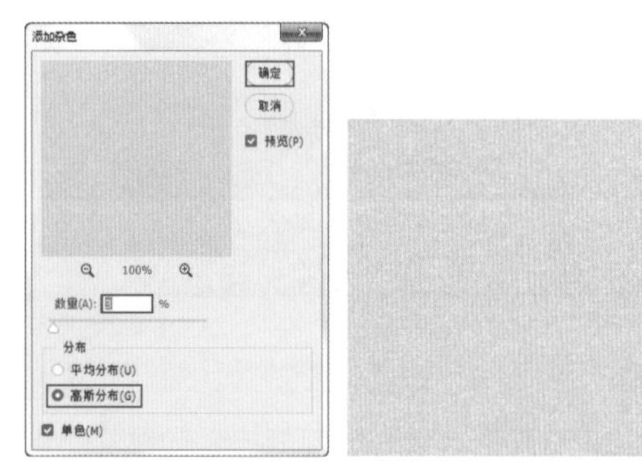

图10-172　　图10-173

（7）继续在米色矩形左上角绘制一个白色的矩形，如图10-174所示。

（8）制作主体文字。单击工具箱中的“横排文字工具”，在白色矩形上方单击鼠标建立文字输入的起始点，接着输入文字。文字输入完毕后按下键盘上的快捷键Ctrl+Enter键，并在选项栏中设置合适的字体、字号，文字颜色设置为黑色，如图10-175所示。

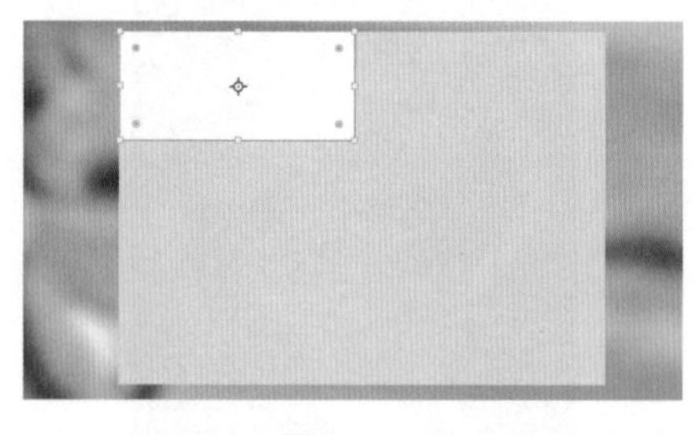

图10-174

图10-175

（9）继续使用同样的方制作白色矩形上方的其他文字，如图10-176所示。

图10-176

（10）制作第一个产品模块。单击工具箱中的“矩形工具”，在选项栏中设置“绘制模式”为形状，“填充”为白色，“描边”为无。设置完成后在白色矩形右侧按住鼠标左键拖动绘制一个矩形，如图10-177所示。

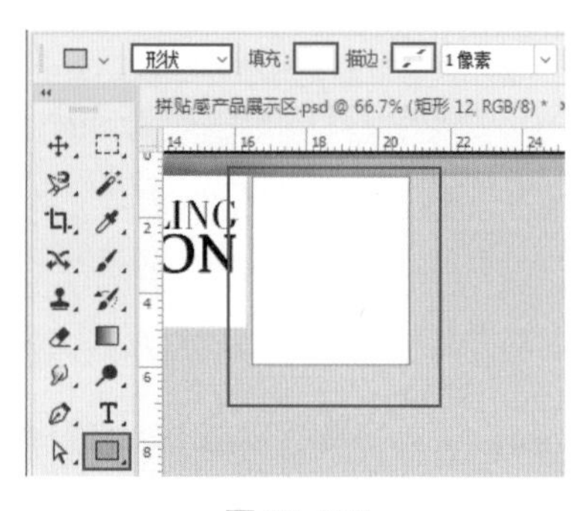

图10-177

（11）执行“文件>置入嵌入对象”命令，将黑色高跟鞋素材置入到画面中，放置在矩形的上方，并将其栅格化，如图10-178所示。

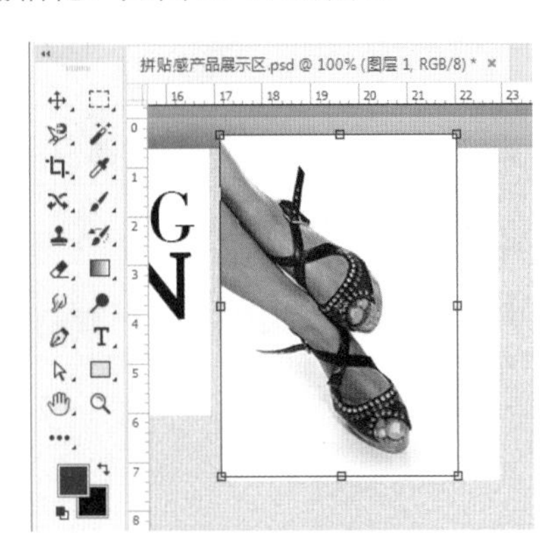

图10-178

（12）执行“图层>创建剪贴蒙版”命令，画面效果如图10-179所示。

图10-179

（13）由于黑色高跟鞋素材偏暗，接下来需要调亮素材。执行“图层>新建调整图层>亮度/对比度”命令，在弹出的“新建图层”窗口中单击“确定”按钮，接着在“属性”面板中，设置“亮度”为94，“对比度”为-29，单击面板下方的按钮，使调色效果只针对下方图层，如图10-180所示。效果如图10-181所示。

图10-180

图10-181

（14）单击工具箱中的“横排文字工具”，在黑色高跟鞋素材上方单击鼠标建立文字输入的起始点，接着输入文字，文字输入完毕后按下键盘上的快捷键Ctrl+Enter键，并在选项栏中设置合适的字体、字号，文字颜色设置为灰色，如图10-182所示。

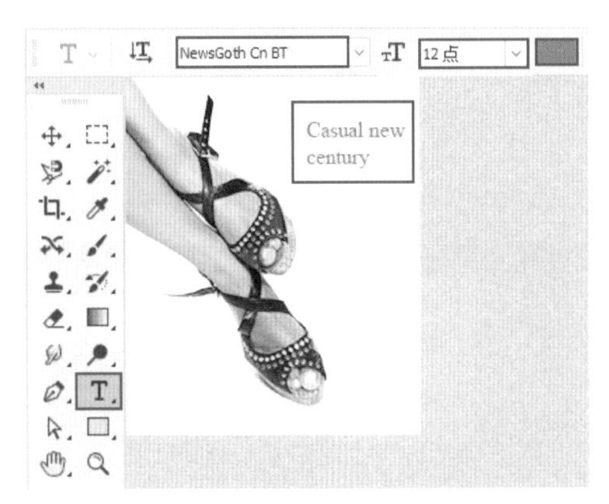

图10-182

（15）继续使用同样的方法将画面中其他产品模块制作出来，如图10-183和图10-184所示。

图10-183

图10-184

本案例完成效果如图10-185所示。

图10-185

10.19 巩固练习：酷炫运动服饰通栏广告

文件路径

实战素材/第10章

操作要点

1. 使用“高斯模糊”滤镜虚化背景
2. 设置合适的投影颜色制作出荧光感
3. 使用“风”滤镜制作带有科技感的人物

案例效果

图10-186

操作步骤

（1）新建文档。执行“文件>新建”命令，新建一个大小合适的横向空白文档，如图10-187所示。

图10-187

（2）执行“文件>置入嵌入对象”命令，将素材1置入画面中，使其铺满整个画面，如图10-188所示。

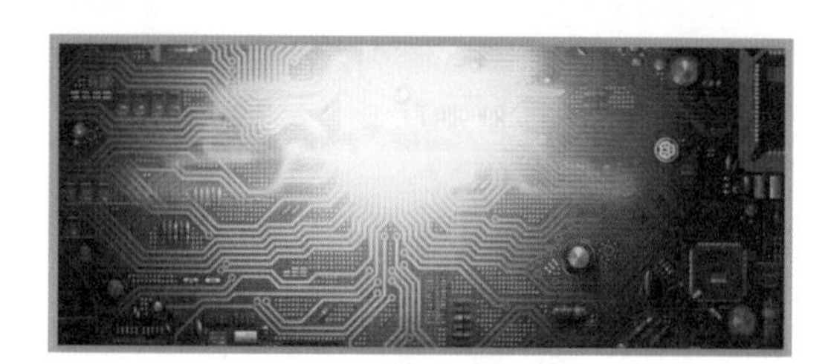

图10-188

（3）选中该图层，执行“滤镜>模糊>高斯模糊”命令，在打开的“高斯模糊”窗口中，设置“半径”为4.0像素，设置完成后单击“确定”按钮，如图10-189所示。效果如图10-190所示。

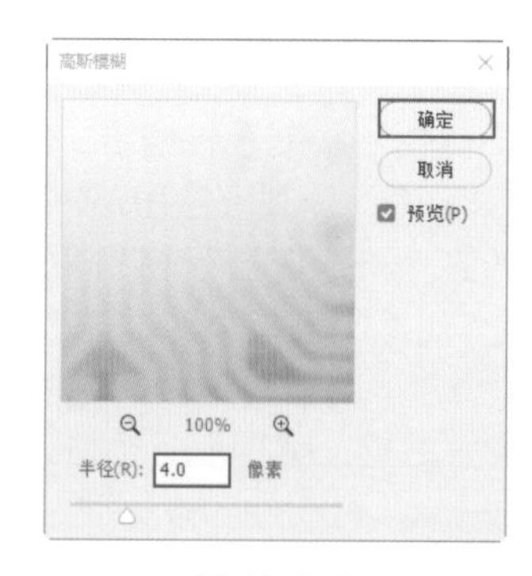

图10-189

图10-190

（4）使用“钢笔工具”，在选项栏中设置“绘制类型”为形状，“描边”为无，单击“填充”按钮，在打开的窗口中编辑一个由蓝色到青色的线性渐变，并设置“角度”为0度，如图10-191所示。

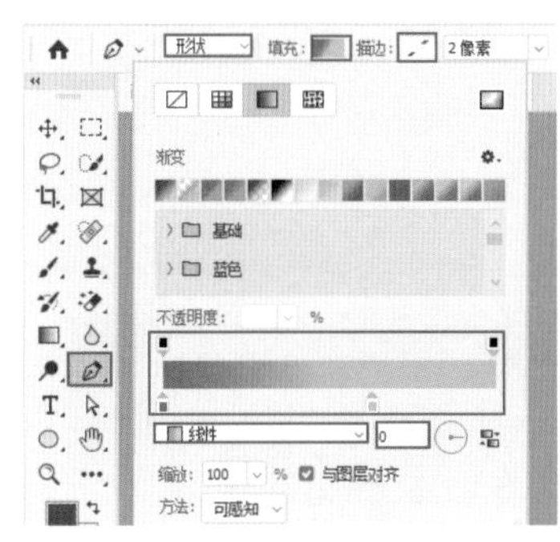

图10-191

（5）接着在左上角绘制一个图形，如图10-192所示。

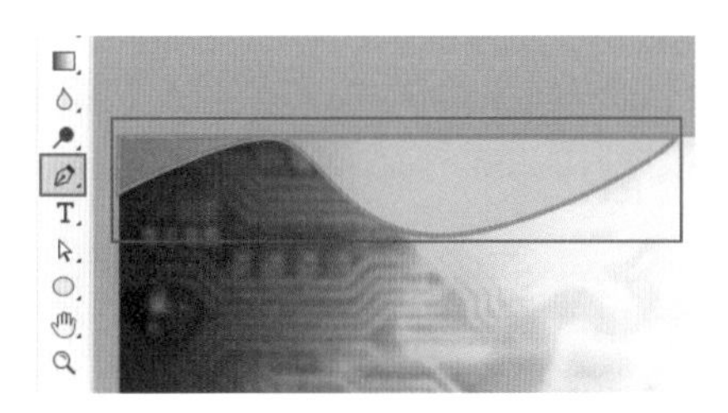

图10-192

（6）选中该图层，在图层面板中设置“混合模式”为“滤色”，“不透明度”为70%，如图10-193所示。

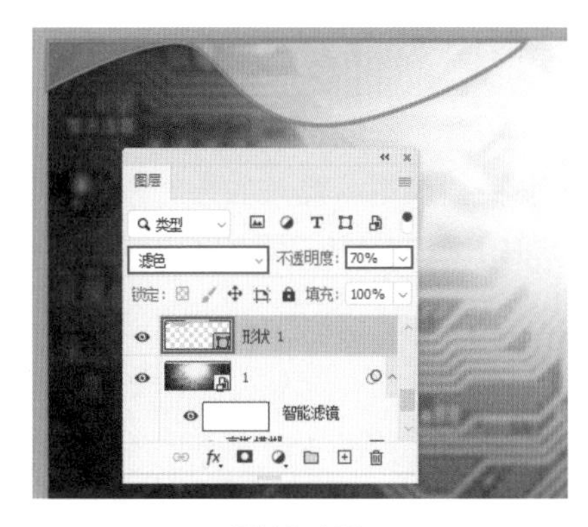

图10-193

（7）继续使用同样的方法在湖面右侧绘制其他图形，效果如图10-194所示。

（8）使用“矩形工具”，在选项栏中设置“绘制模式”为形状，“填充”为白色，“描边”为无，“描边宽度”为6点，设置完成后在画面中间位置拖动绘制一个矩形，如图10-195所示。

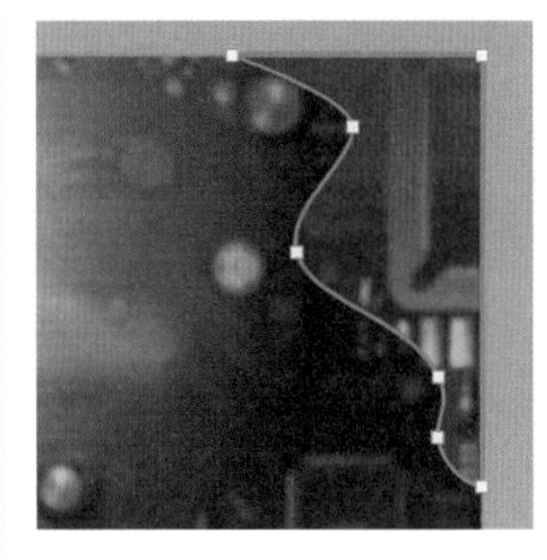

图10-194　图10-195

（9）复制该图层，向左上角移动，效果如图10-196所示。

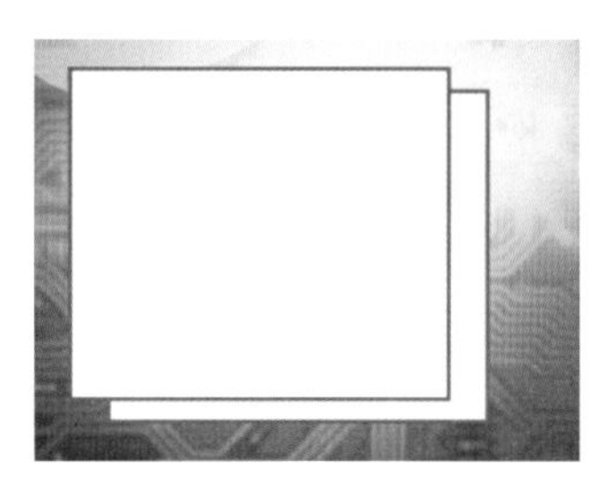

图10-196

（10）使用“矩形工具”，在选项栏中设置“绘制模式”为形状，“填充”为蓝色，“描边”为无，“圆角半径”为7像素，设置完成后在矩形顶部绘制一个圆角矩形，如图10-197所示。

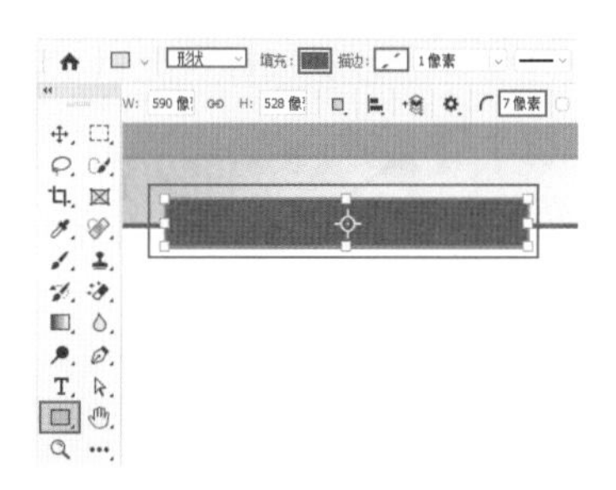

图10-197

（11）选中该圆角矩形，执行“图层>图层样式>阴影”命令，在打开的“图层样式”窗口中，设置“混合模式”为正常，“颜色”为青色，“不透明度”为75%，“角度”为120度，“距离”为11像素，如图10-198所示。效果如图10-199所示。

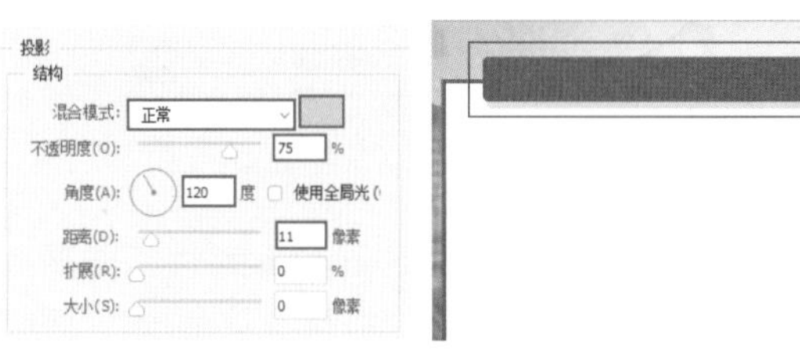

图10-198　图10-199

（12）继续使用同样的方法在画面中绘制其他图形，如图10-200所示。

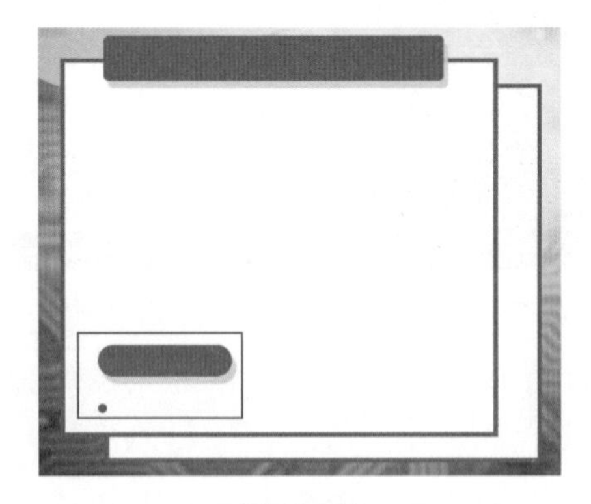

图10-200

（13）使用“横排文字工具”，在矩形内部键入文字，并在选项栏中设置合适的字体、字号与颜色，如图10-201所示。

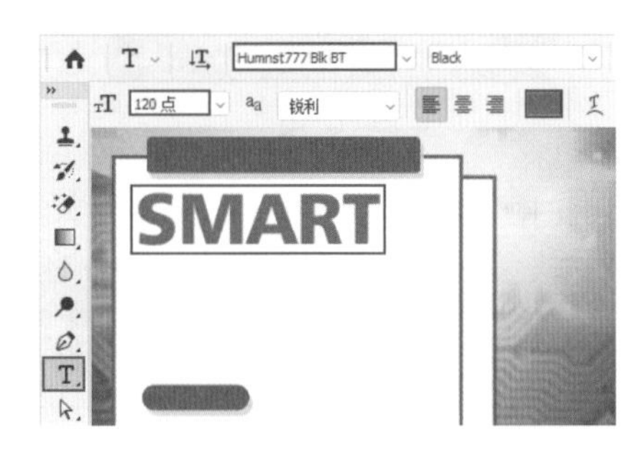

图10-201

（14）在圆角矩形的图层样式上单击鼠标右键，执行“拷贝图层样式”命令，如图10-202所示。再到文字上单击鼠标右键执行“粘贴图层样式”命令，使文字产生相同的样式，如图10-203所示。效果如图10-204所示。

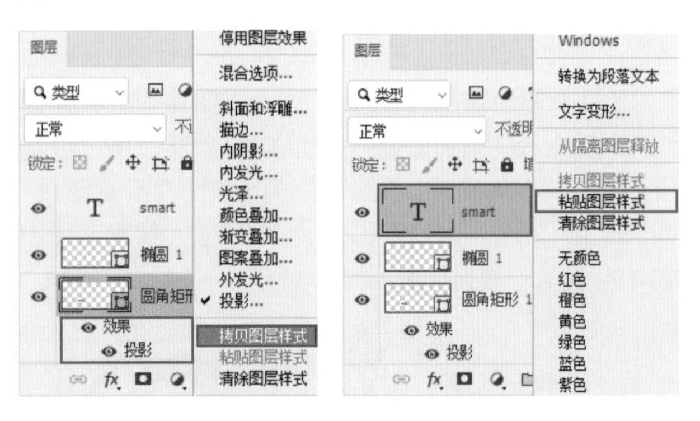

图10-202　图10-203

（15）选中该文字，按住Shift+Alt键将其向下拖动，快速复制一层，并使用“横排文字工具”更改文字内容，效果如图10-205所示。

图10-204

图10-205

（16）继续使用“横排文字工具”添加其他文字，效果如图10-206所示。

图10-206

（17）执行“文件>置入嵌入对象”命令，将素材2置入画面中，如图10-207所示。

图10-207

（18）复制人物图层，选中复制的图层，执行“滤镜>风格化>风”命令，在打开的“风”窗口中设置“方法”为大风，“方向”为从左，设置完成后

单击“确定”按钮，如图10-208所示。效果如图10-209所示。

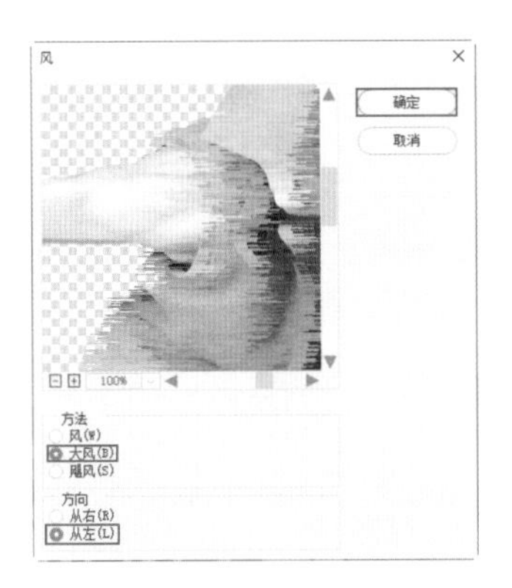

图10-208

图10-209

（19）按住Ctrl键单击人物图层缩览图，载入选区。新建一个图层，为其填充青色，如图10-210所示。

图10-210

（20）选中该图层，将其移动至人像素材的下方，并向左移动，效果如图10-211所示。

图10-211

（21）将原有的人物图层移动到最顶层，如图10-212所示。

图10-212

（22）选中该图层，执行“图层>新建调整图层>曲线”命令，调整曲线形态，提亮人物，单击“此调整剪切到此图层”，如图10-213所示。

图10-213

（23）继续执行“图层>新建调整图层>色彩平衡”命令，在打开的“新建图层”窗口中单击“确定”按钮，即可新建“曲线”调整图形。接着在“属性”面板中设置“色调”为“中间调”，“青色-蓝色”为-53，“洋红-绿色”为+29，“黄色-蓝色”为+21，并单击“此调整剪切到此图层”，如图10-214所示。

图10-214

本案例制作完成，效果如图10-215所示。

图10-215

本章小结

Photoshop中的滤镜使用简单，效果各异。但想要制作出合适的特殊效果，往往需要多种滤镜共同使用。所以在学习完本章之后，可以尝试使用相同的素材来练习不同滤镜的使用方法。虽然大多数滤镜都有参数选项，但实际上，这些参数选项并不一定要逐一理解其含义，只需要在练习滤镜使用的过程中，伴随着参数的调整，观察画面的效果，就能更轻松地理解滤镜的功能。

Ps

实战应用篇

第11章
标志设计：果味饮品标志

文件路径　实战素材/第11章

操作要点
1. 使用钢笔工具和横排文字工具制作标志
2. 使用混合模式将标志混合到饮品瓶中

设计解析

本案例是为一系列果味饮品设计标志，系列饮品共有五种口味，分别为黑莓味、橙子味、柠檬味、苹果味、猕猴桃味。由于五种口味饮品为同一系列，所以饮品的外包装以及标志的组成方式都应保持一致。

在标志形态设计之前首先需要考虑标志展示的核心，由于此处的标志未来也将作为产品外包装的主体图形，所以品牌名称必然要作为标志的主体内容。而为了区分系列产品的差异以及明确展现产品的特征，代表饮品口味的信息也需要展现在标志中。到这里就提取了两部分核心要素：品牌信息以及口味信息。

品牌的标志部分主要由两部分文字构成：品牌名以及广告语。文字使用识别度较高的手写感字体，更具亲和力。白色的文字在多彩的标志中更加醒目。

在展现产品口味的诉求下，标志中采用了色彩暗示与实物展示相结合的方式。例如橙子口味饮品的标志选择了深浅不同的两种橙色，以简单图形的形式呈现在标志文字后方，前景搭配实拍的橙子图像。标志整体以橙色为主，自然给人以橙子口味的印象。

在色彩的使用方面除了以代表口味的色彩为主色外，还普遍搭配了蓝、绿两色，这两种颜色往往可以给人以自然之感，与产品调性相匹配。

案例
效果

Coral
Goes back to nature
Coral
Coral
Coral
Coral

Coral
Coral
Coral
Coral
Coral

11.1 制作标志的组成部分

（1）执行“文件>新建”命令，创建新文档。为画面填充一种浅蓝色的颜色，效果如图11-1所示。

图11-1

（2）单击工具箱中“钢笔工具”按钮，在选项栏中设置“绘制模式”为形状，“填充”为浅蓝色，“描边”为无，在画面中绘制出一个水花图形，如图11-2所示。

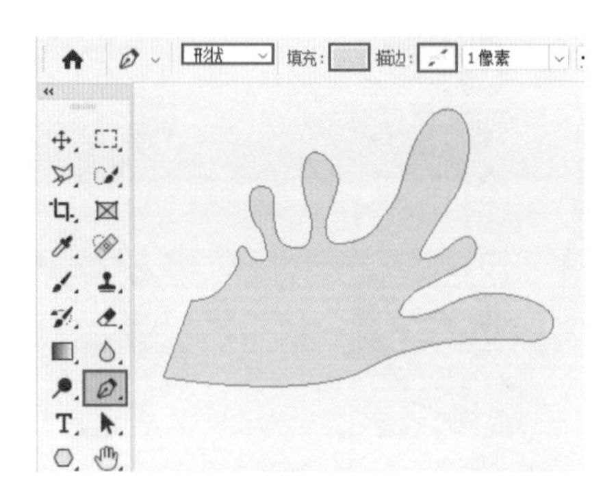

图11-2

（3）继续使用“钢笔工具”在画面中绘制出另外一个水花图形，并在选项栏中设置“填充”为蓝色，如图11-3所示。

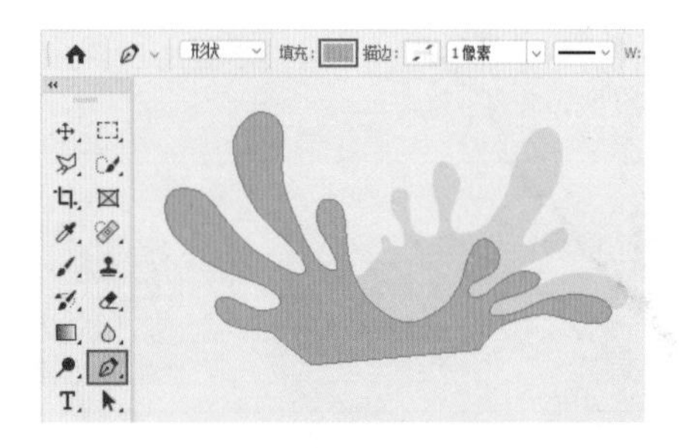

图11-3

（4）单击工具箱中的“钢笔工具”按钮，在选项栏中设置“绘制模式”为形状，“描边”为无，单击“填充”按钮，在下拉面板中单击“渐变”按钮，编辑一个白色到透明的渐变色，然后在画面中绘制出一个月牙形的高光，如图11-4所示。

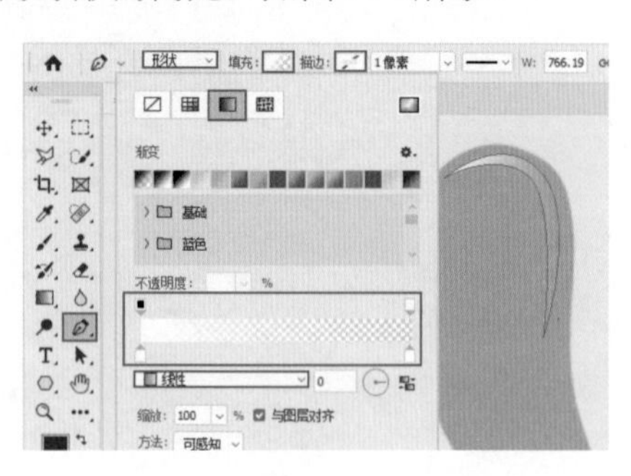

图11-4

（5）接着使用同样的方法绘制出其他几个高光。选中所有水花与高光图层，使用快捷键Ctrl+G进行编组，并命名为水花，以便于接下来的使用，效果如图11-5所示。

图11-5

（6）单击工具箱中的“椭圆工具”按钮，在选项栏中设置“绘制模式”为形状，“填充”为浅紫色，“描边”为无，然后在水花上按住鼠标左键拖动绘制一个椭圆形，如图11-6所示。

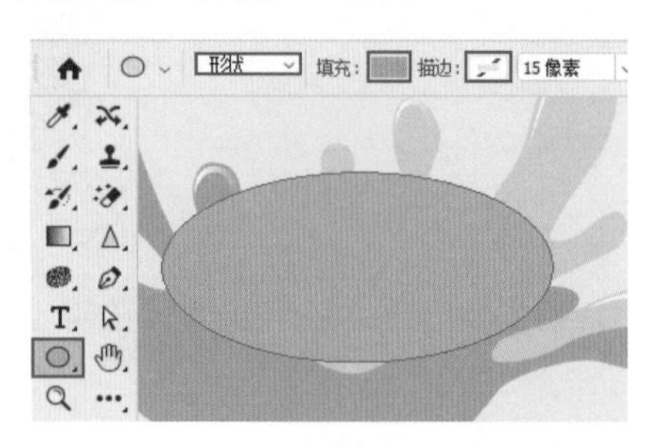

图11-6

（7）使用“自由变换”快捷键Ctrl+T调整其旋转角度，如图11-7所示。

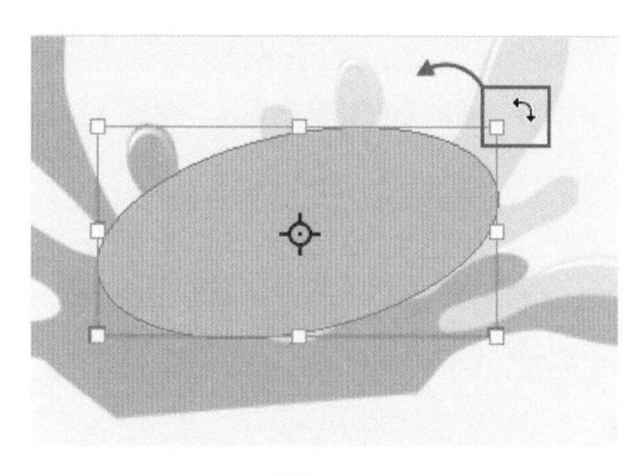

图11-7

（8）使用“椭圆工具”，在选项栏中设置“填充”为较深一些的紫色，然后在画面中绘制一个椭圆形，如图11-8所示。

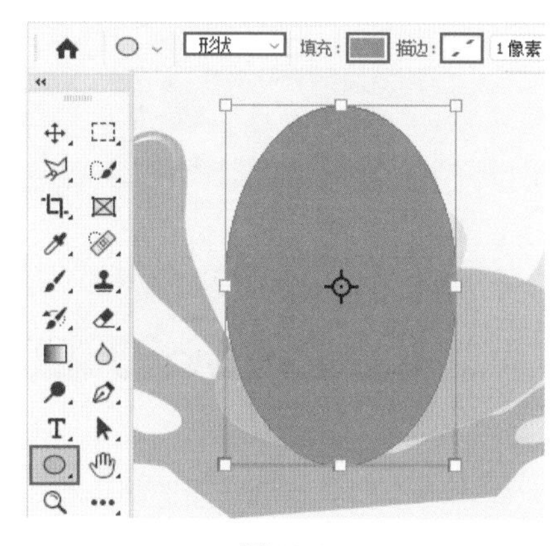

图11-8

（9）选中该椭圆，执行“编辑>变换路径>变形”命令，按住鼠标左键拖动控制点与方向线进行变形，如图11-9所示。

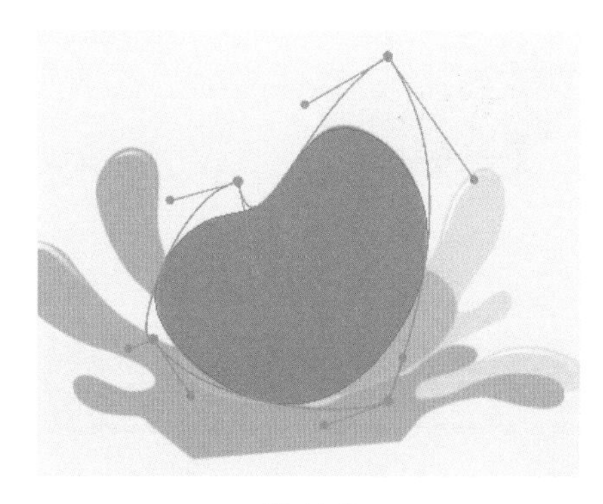

图11-9

（10）继续使用同样的方法制作出来另外一个不规则紫色图形，效果如图11-10所示。

（11）执行“文件>置入嵌入对象”命令，将素材1置入当前的操作文档中，适当调整桑葚素材的大小与位置，按下Enter键提交操作。选中该图层，单击鼠标右键，执行“栅格化”命令，效果如图11-11所示。

图11-10

图11-11

（12）单击工具箱中的“横排文字工具”按钮，在画面中的空白位置单击输入文字，然后将其移动到紫色图形上。在选项栏中设置合适的“字体样式”“字体大小”，设置“字体颜色”为白色，如图11-12所示。

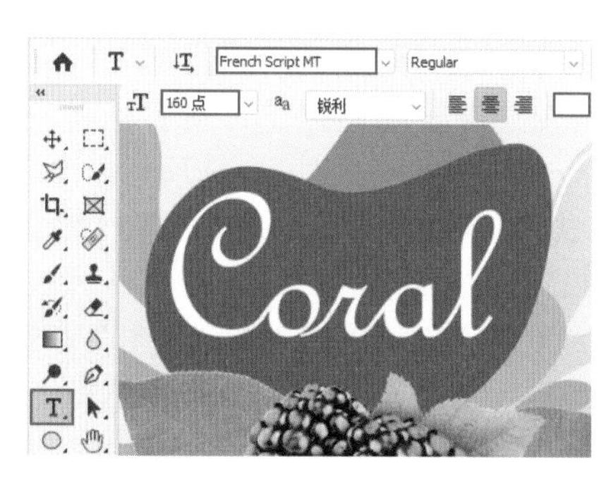

图11-12

（13）选中该文字，执行“窗口>字符”命令，在打开的“字符”面板中单击“仿斜体”按钮，即可将输入的英文进行倾斜，如图11-13所示。

图11-13

（14）选中文字图层，使用“自由变换”快捷键Ctrl+T，将其旋转到合适的角度，如图11-14所示。

图11-14

（15）单击工具箱中的“钢笔工具”按钮，在选项栏中设置“绘制模式”为路径，然后在刚刚添加的文字下方绘制一条弯曲的开放式路径，如图11-15所示。

图11-15

（16）单击工具箱中的“横排文字工具”，将光标放在刚刚绘制出的路径上，当光标变为 状后单击鼠标左键并输入文字，在选项栏中设置合适的“字体样式”“字体大小”，设置“字体颜色”为白色，如图11-16所示。

（17）单击工具箱中的“钢笔工具”按钮，在选项栏中设置“绘制模式”为形状，“填充”为白色，“描边”为无，设置完成后在两段文字之间绘制一个具有飘逸、运动感的闭合的形状，如图11-17所示。

图11-16

图11-17

（18）标志制作完成后可以加选制作标志的图层，使用快捷键Ctrl+G将图层编组，如图11-18所示。

图11-18

11.2 制作同系列的其他标志

（1）标志只需要更改水果和颜色即可。选中图层组1，使用快捷键Ctrl+J将图层组进行复制，可以将名称更改组2，将图层组1隐藏，如图11-19所示。

（2）将图层组2打开，将桑葚素材删除，然后将苹果素材2置入到文档内，调整大小后按下键盘上的Enter键提交置入操作，如图11-20所示。

图11-19

图11-20

（3）更改图形的颜色，统一标志的色调。找到文字下方的形状图层，双击形状图层的缩览图，在打开的“拾色器”窗口中设置颜色为红棕色，如图11-21所示。

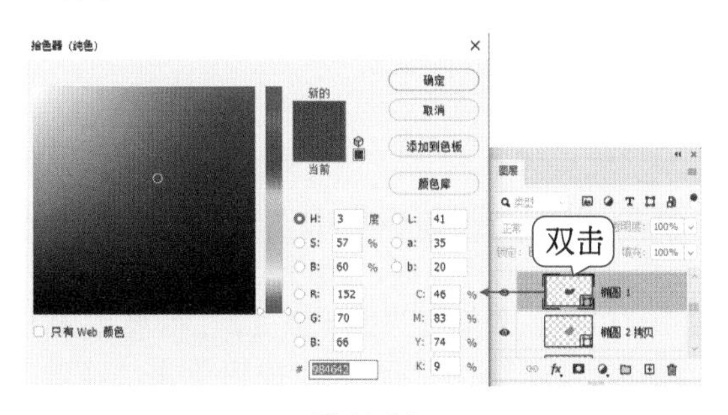

图11-21

（4）颜色设置完成后单击“确定”按钮，效果如图11-22所示。

（5）继续更改后侧两个图形的颜色，效果如图11-23所示。

图11-22　　图11-23

（6）根据不同口味的素材，更换合适的颜色，效果如图11-24所示。

图11-24

（7）接下来制作五款标志的展示效果。隐藏全部标志，只显示浅蓝色背景。选中组1中的“水花”图层组，使用快捷键Ctrl+J，将其拷贝出一份，放在浅蓝色背景上。然后使用自由变换快捷键Ctrl+T，按住鼠标左键由内向外拖动控制点，将其放大，然后放在一角处，效果如图11-25所示。

图11-25

（8）选中拷贝的图层组，在图层面板上设置“混合模式”为“线性减淡（添加）”，设置“不透明度”为20%，如图11-26所示。效果如图11-27所示。

图11-26　　图11-27

（9）只显示第一组标志，选中组1使用快捷键Ctrl+Alt+E得到合并图层，然后隐藏组1，如图11-28所示。

（10）将其移动到图层面板的最上方，如图11-29所示。

图11-28　　图11-29

（11）执行“编辑>自由变换”命令，将其摆放在画面中的合适位置上，并缩放至合适的大小，如图11-30所示。

（12）继续使用同样的方法调整其他标志，效果如图11-31所示。

图11-30

图11-31

（13）选中上方的所有标志图层，使用快捷键Ctrl+G进行编组。选中图层组，执行“图层>图形样式>描边”命令，在弹出的“图层样式”面板中设置“大小”为8像素，“位置”为外部，“颜色”为白色，如图11-32所示。效果如图11-33所示。

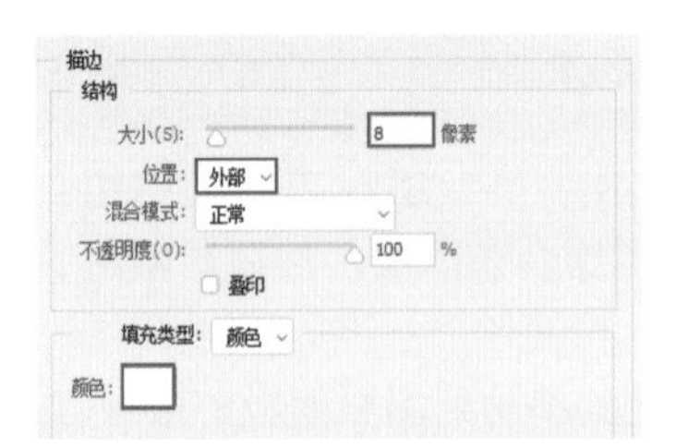

图11-32

图11-33

（14）单击左侧面板中的“投影”按钮，设置“混合模式”为正片叠底，“颜色”为深青色，“不透明度”为15%，“角度”为120度，“距离”为15像素，“大小”为2像素。设置完成后单击“确定”按钮，如图11-34所示。效果如图11-35所示。

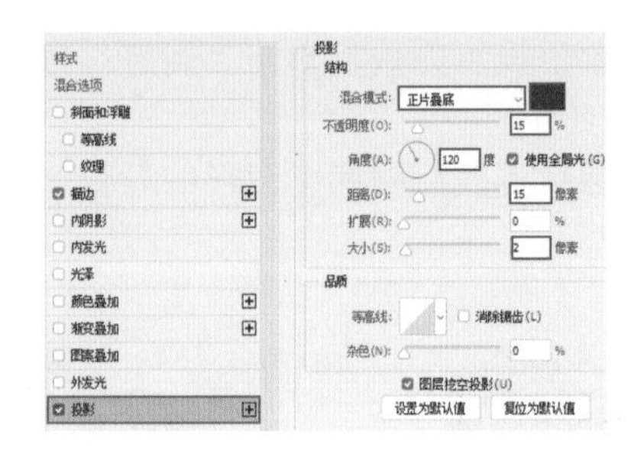

图11-34

图11-35

11.3　制作标志的立体展示效果

（1）执行“文件>打开”命令，打开PSD格式素材6，效果如图11-36所示。

图11-36

（2）将桑葚口味饮品标志拖动到当前的操作文档中，并使用“自由变换”快捷键Ctrl+T，将其调整至合适大小，放在第一个瓶身上，效果如图11-37所示。

图11-37

（3）选中该图层，执行“图层>创建剪贴蒙版”命令，将其作用于瓶身图层，隐藏多余的部分。并设置“混合模式”为“线性加深”，如图11-38所示。效果如图11-39所示。

图11-38　　图11-39

（4）使用同样的方法制作其他标志的立体展示效果。本案例制作完成，效果如图11-40所示。

图11-40

第12章
徽章设计：游戏奖励徽章

文件路径　实战素材/第12章

操作要点
1. 使用椭圆工具、多边形工具、矩形工具制作徽章的图形部分
2. 使用多种图层样式增加徽章的层次感

设计解析

徽章作为佩戴在身上用于展示身份、荣誉的标志物，在日常生活中比较常见。本案例中，徽章主要作为游戏中获得荣誉的象征。

徽章的设计要符合游戏主体轻松、活泼的调性，本案例主要从色彩的搭配上迎合这一要求。选择了较为鲜明的色彩，例如蓝橙两色搭配，强烈的对比带来的是充沛的活力感。而草绿与墨绿色的搭配则更具生命力。

徽章的常见形态有圆形、多边形、星形、盾形等，本案例的徽章以圆形为主体形态，搭配横向的“绶带”图形，而绶带通常代表“荣誉”，可以使人直观地感受到徽章的用途。

徽章整体以多层次的图形叠加构成，虽然每层图形都非常简单，但通过颜色的改变，丰富了徽章的效果。大量多层次的圆形与多角星形相组合，柔和中不失棱角。

案例效果

12.1　制作徽章底部图形

（1）执行“文件>新建”命令，创建新文档。选择工具箱中的“渐变工具”，单击选项栏中的渐变色条，在打开的“渐变编辑器”中编辑一个灰色系的渐变颜色。设置渐变类型为“径向渐变”，如图12-1所示。

图12-1

（2）使用“渐变工具”，在画面中央按住鼠标左键向外拖动，进行填充，如图12-2所示。

图12-2

（3）单击工具箱中的“椭圆工具”按钮，在选项栏中设置“绘制模式”为形状，“填充”为蓝色，“描边”为浅蓝色，“描边宽度”为8点，在画面中按住Shift键的同时按住鼠标左键拖动，如图12-3所示。

（4）选中该图层，单击图层面板底部的“添加图层样式”按钮，选择“外发光”命令，设置“不透明度”为20%，设置“大小”为46像素，“范围”为50%，如图12-4所示。效果如图12-5所示。

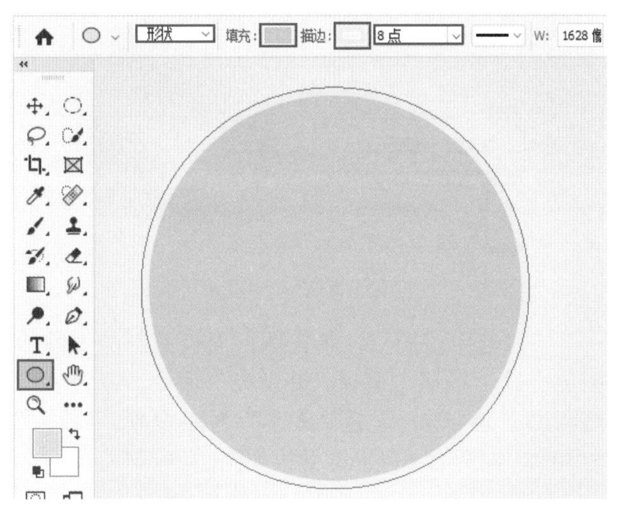

图12-3

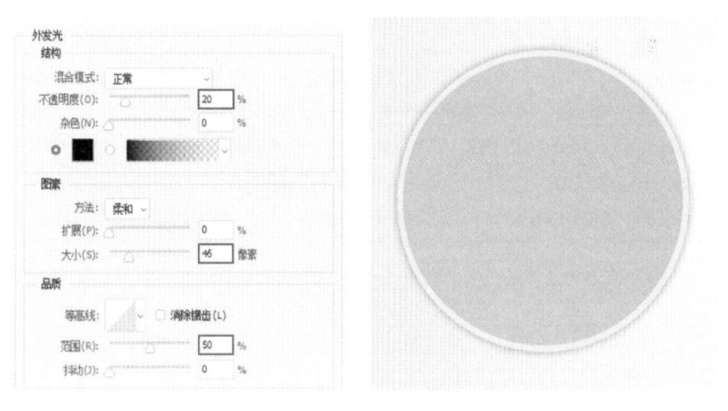

图12-4　　图12-5

（5）单击工具箱中“多边形工具”按钮，在选项栏中设置“边数”为32，单击⚙按钮，设置“星形比例”为90%，如图12-6所示。

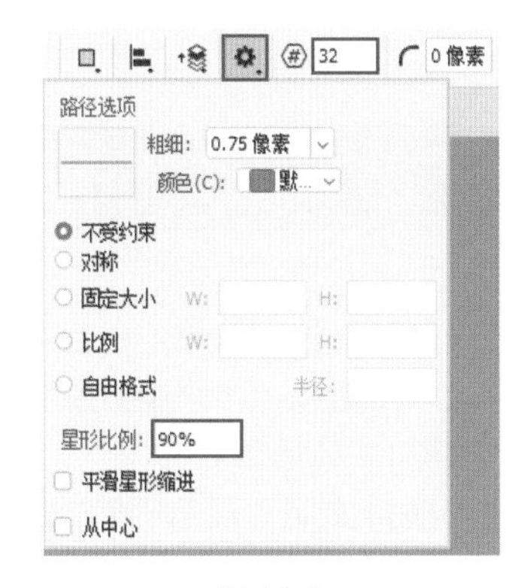

图12-6

（6）设置绘制模式为“形状”，填充颜色为灰色系渐变，描边为无。然后在画面中按住鼠标左键绘制得到图形，效果如图12-7所示。

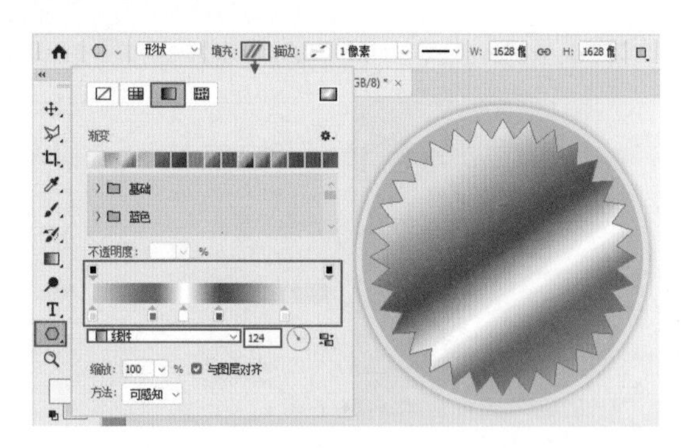

图12-7

（7）选中该图层，单击图层面板底部的“添加图层样式”按钮，选择“外发光”命令，设置“不透明度”为45%，设置“大小”为25像素，“范围”为50%，如图12-8所示。效果如图12-9所示。

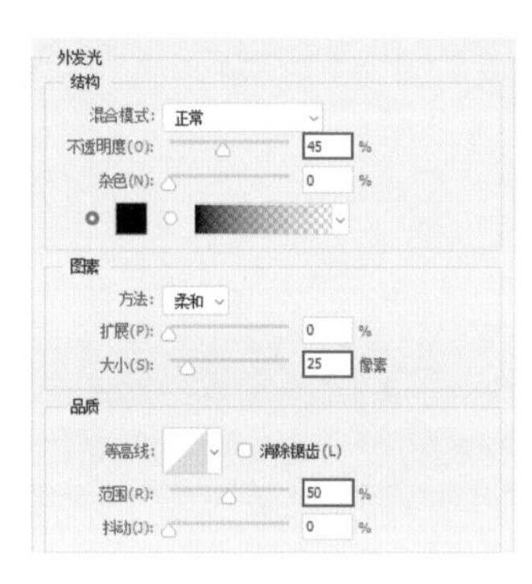

图12-8

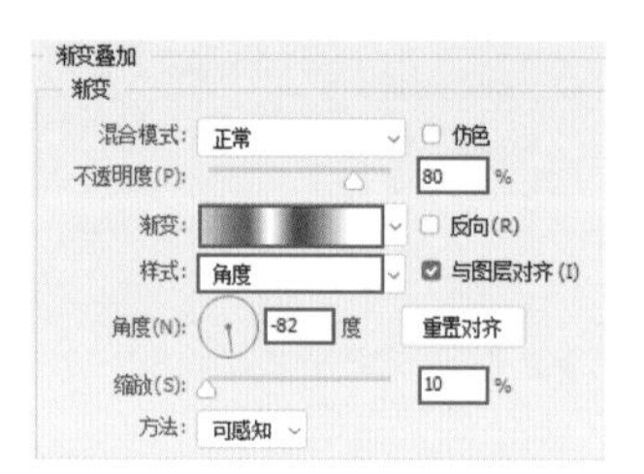

图12-9

（8）再次使用“椭圆工具”，在选项栏中设置“绘制模式”为形状，“填充”为白色，设置一种合适的渐变描边，设置“描边宽度”为4点。在画面中按住Shift键的同时按住鼠标左键拖动，绘制出一个正圆，如图12-10所示。

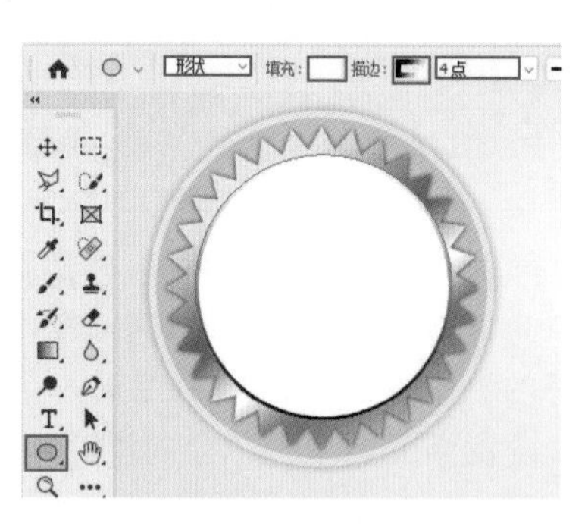

图12-10

（9）在“图层样式”对话框中勾选左侧的“渐变叠加”，设置“不透明度”为80%，设置一种合适的渐变填充，设置“样式”为角度，“角度”为-82度，“缩放”为10%，如图12-11所示。效果如图12-12所示。

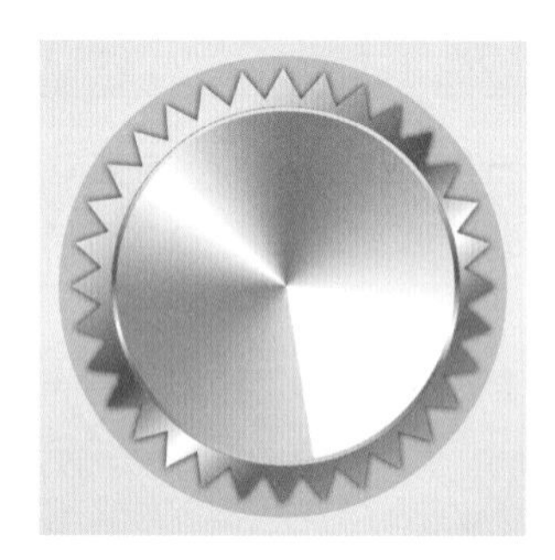

图12-11

图12-12

12.2 制作金属质感文字

（1）单击“钢笔工具”按钮，在选项栏中设置“绘图模式”为路径，在画面中绘制一条开放式路径，如图12-13所示。

（2）使用“横排文字工具”，将光标放在刚刚绘制出的路径上，当光标变为，单击鼠标左键并输入文字，设置合适的“字体样式”“字体大小”，设置“字体颜色”为白色，如图12-14所示。

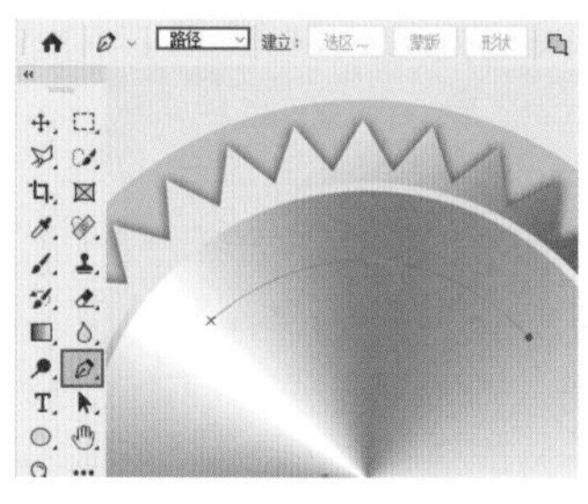

图12-13

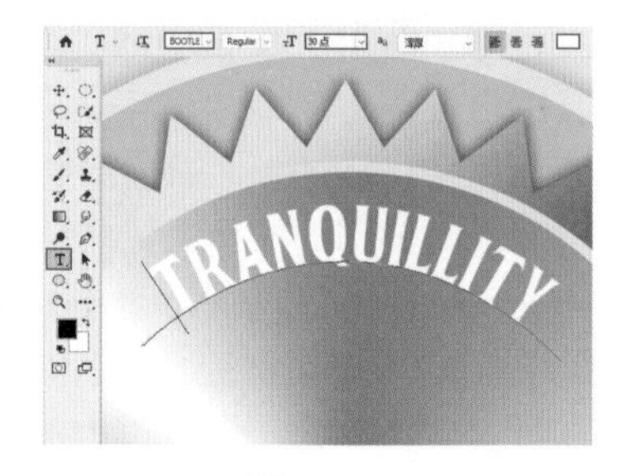

图12-14

（3）选中该图层，单击图层面板底部的“添加图层样式”按钮，选择“投影”命令，设置“混合模式”为正片叠底，“颜色”为黑色，“不透明度”为75%，设置“角度”为90度，“距离”为3像素，“大小”为3像素，如图12-15所示。效果如图12-16所示。

图12-15　　图12-16

（4）使用“横排文字工具”输入文字，再为文字添加“渐变叠加”和“投影”样式，如图12-17所示。效果如图12-18所示。

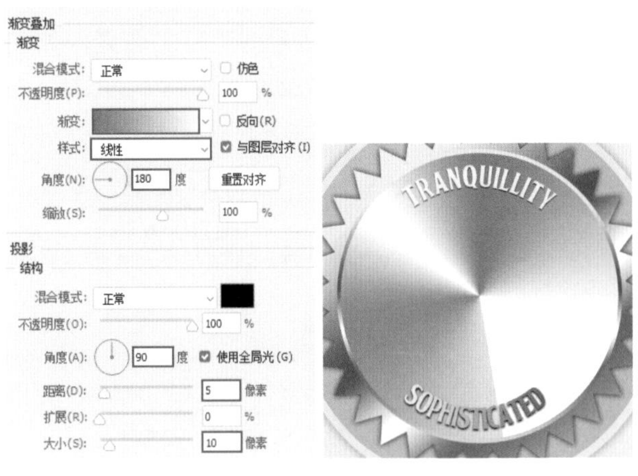

图12-17　　图12-18

12.3　制作徽章飘带

（1）单击“钢笔工具”按钮，在选项栏中设置“绘制模式”为形状，“填充”为橙色，将描边设置成一种合适的渐变，设置“描边宽度”为4点，在徽章中部绘制出一个不规则图形，如图12-19所示。

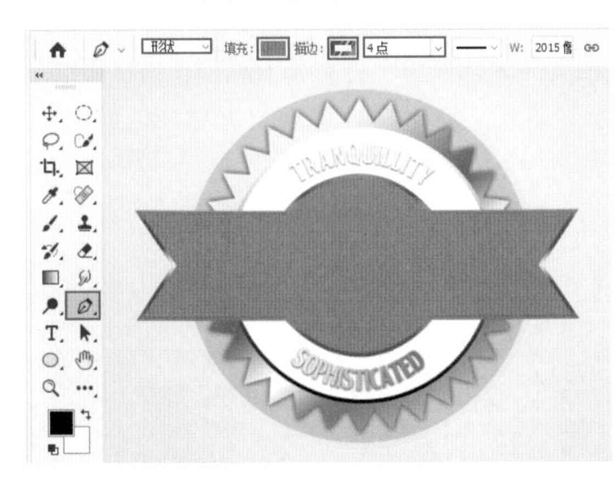

图12-19

（2）将素材文件夹中的图案库素材1拖动到Photoshop界面中，即可导入图案库，如图12-20所示。

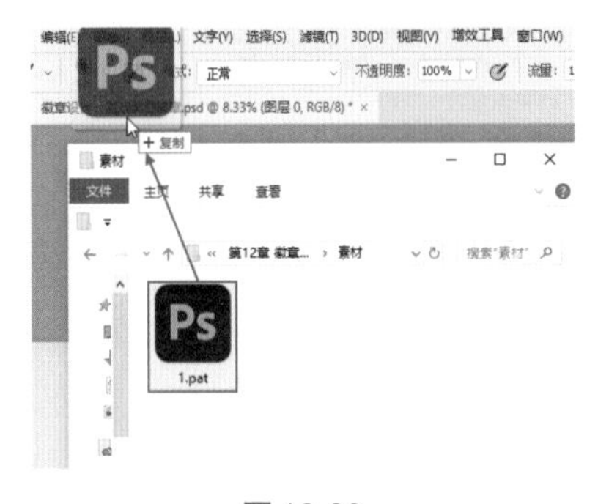

图12-20

（3）选中该图层，单击图层面板底部的“添加图层样式”按钮，选择“图案叠加”，接着在图案列表中选择新导入的图案，设置“混合模式”为柔光，“缩放”为165%，如图12-21所示。效果如图12-22所示。

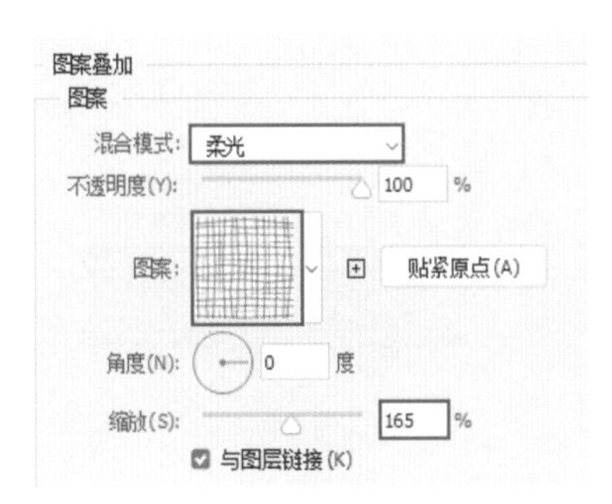

图12-21

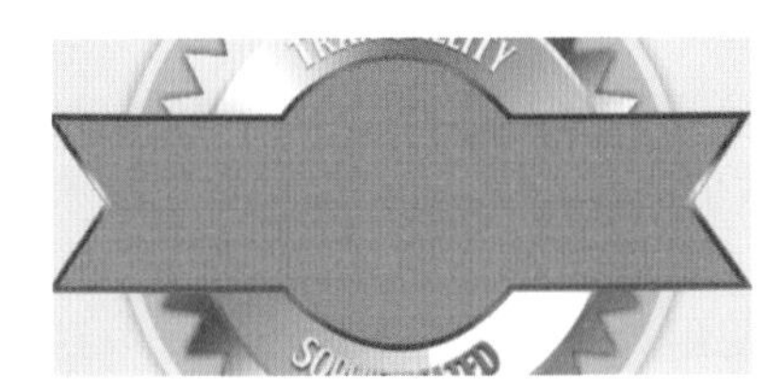

图12-22

（4）在“图层样式”对话框中勾选左侧的“投影”，设置“混合模式”为正片叠底，将投影颜色设置为黑色，“不透明度”为70%，“角度”为90度，设置“距离”为10像素，“大小”为20像素，如图12-23所示。效果如图12-24所示。

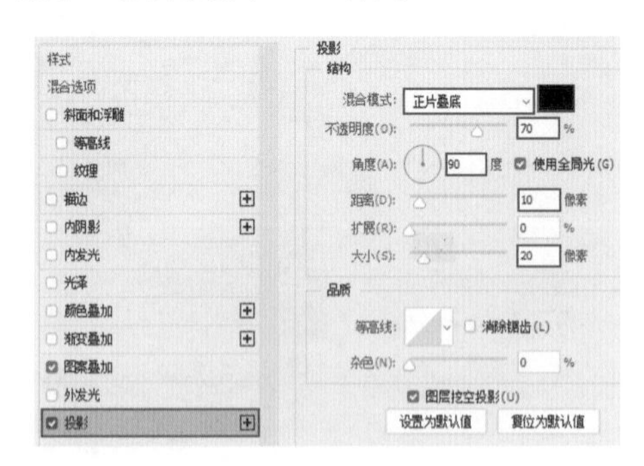

图12-23

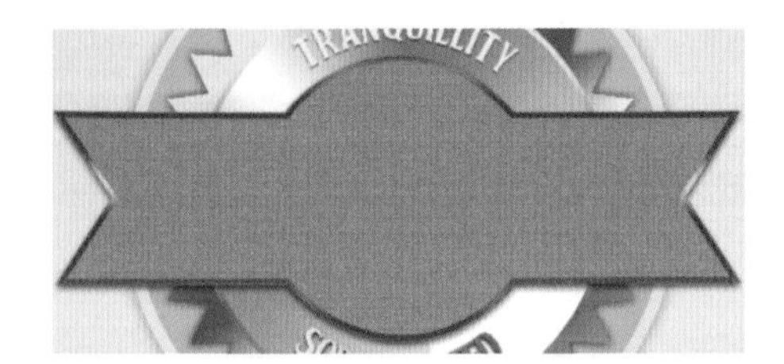

图12-24

（5）创建出一个新图层。设置前景色为黄色，单击使用“画笔工具”，在选项栏中设置合适的“画笔大小”，选择一种柔边圆画笔，设置“不透明度”为30%。在橙色图形中间绘制一个较大的淡黄色圆点，使这部分产生中心变亮的效果，如图12-25所示。

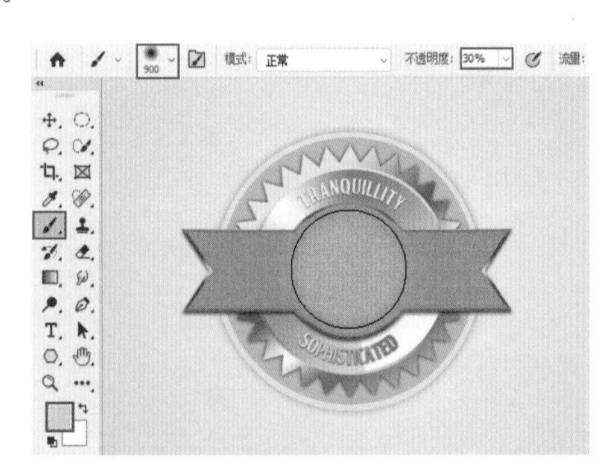

图12-25

（6）使用“椭圆选框工具”，在选项栏中设置“羽化”数值为5像素，在画面中按住鼠标左键绘制椭圆选区，如图12-26所示。

（7）使用选择反向快捷键Ctrl+I，得到反向的选区，如图12-27所示。

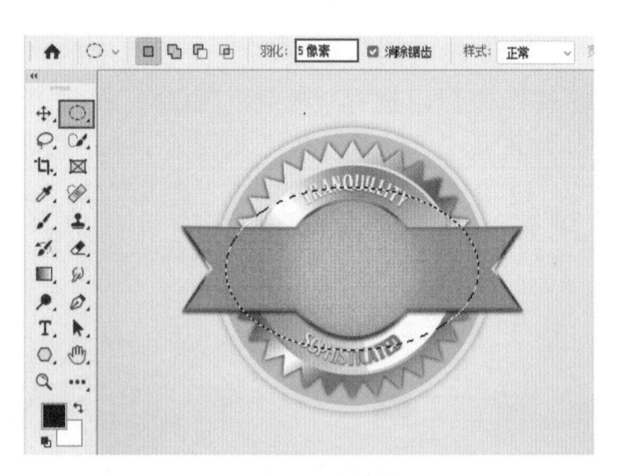

图12-26

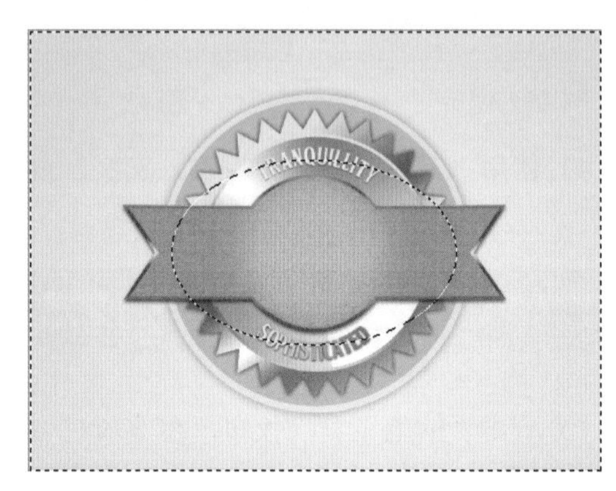

图12-27

（8）设置前景色为深棕色，单击工具箱中的“画笔工具”，选择一种柔边圆画笔，设置合适的画笔大小，“不透明度”设置为10%。在橙色图形的两侧绘制阴影，使这部分呈现出立体感，如图12-28所示。

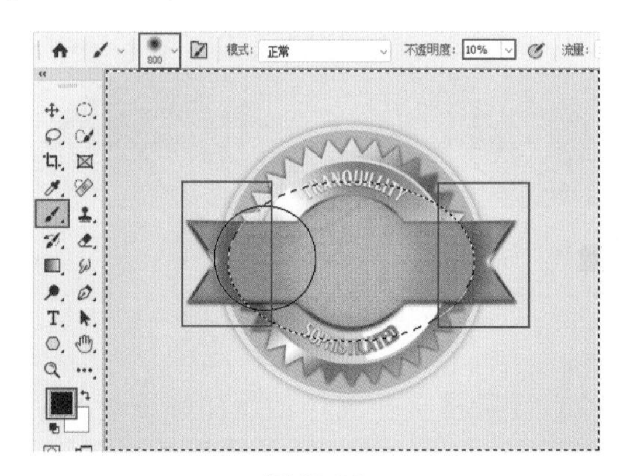

图12-28

（9）使用快捷键Ctrl+D取消选区，效果如图12-29所示。

（10）单击工具箱中“矩形工具”按钮，在选项栏中设置“绘制模式”为“形状”，填充颜色设置为白色，绘制一个细长的矩形，如图12-30所示。

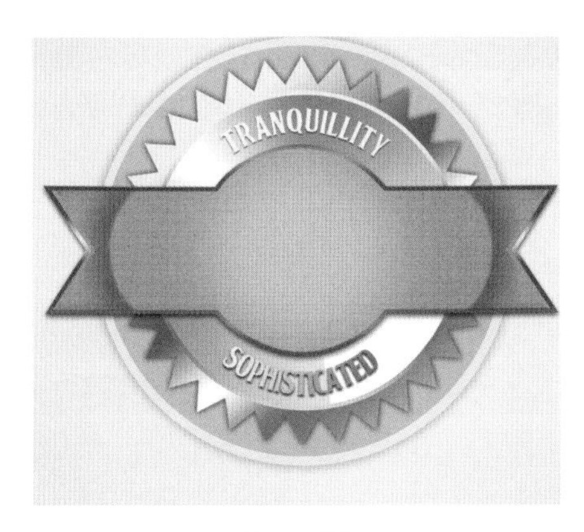

图12-29

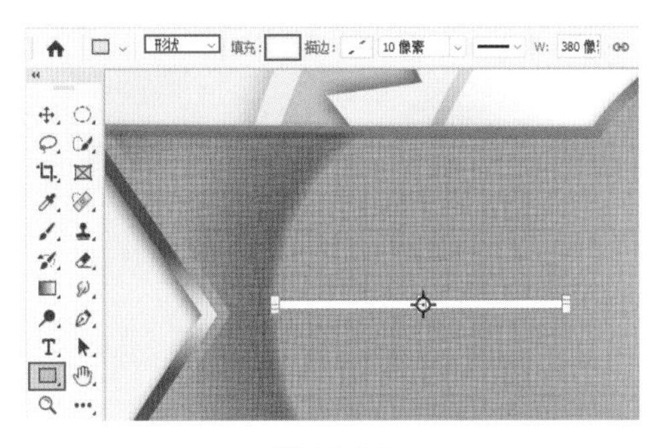

图12-30

（11）使用快捷键Ctrl+J复制该图层，向下移动。然后选中这两个矩形，再次复制，移动到右侧，如图12-31所示。选中这四个细长的矩形，使用合并图层快捷键Ctrl+E进行合并。

图12-31

（12）选中该图层，单击图层面板底部的“添加图层样式”按钮，选择“外发光”命令，在弹出的“图层样式”对话框中设置“混合模式”为正常，“不透明度”为40%，设置“发光颜色”为黑色，设置“方法”为柔和，“大小”为15像素，设置“范围”为50%，如图12-32所示。效果如图12-33所示。

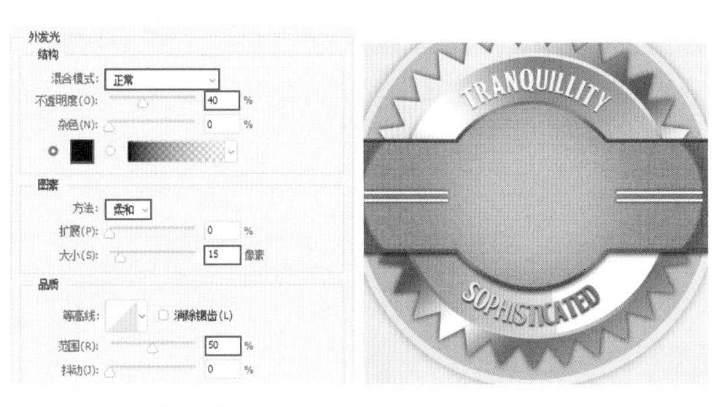

图12-32　　图12-33

（13）使用“椭圆工具”，在选项栏中设置“绘制模式”为形状，设置“填充”为无色，“描边”为白色，“描边宽度”为20像素，在徽章中间按住Shift键的同时按住鼠标左键拖动绘制出一个正圆环，如图12-34所示。

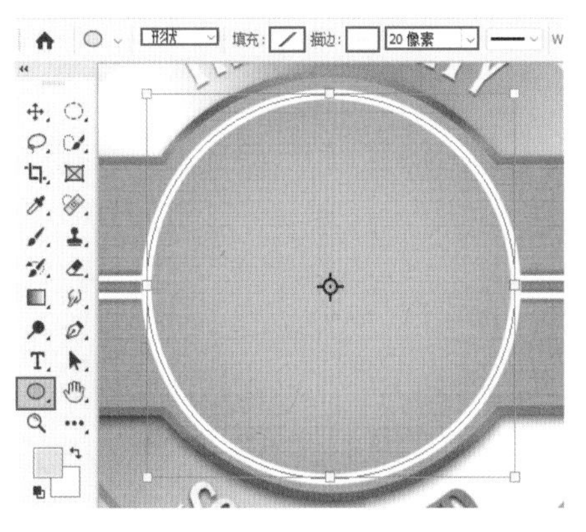

图12-34

（14）选中该图层，单击图层面板底部的“添加图层样式”按钮，选择“外发光”命令，在弹出的“图层样式”对话框中设置“不透明度”为40%，设置一种合适的渐变填充，设置“方法”为柔和，“大小”为15像素，设置“范围”为50%，如图12-35所示。效果如图12-36所示。

图12-35　　图12-36

（15）使用“横排文字工具”，在选项栏中设置合适的“字体样式”，设置“字体大小”为72点，设置字体颜色为白色，在徽章中间键入文字，如图12-37所示。

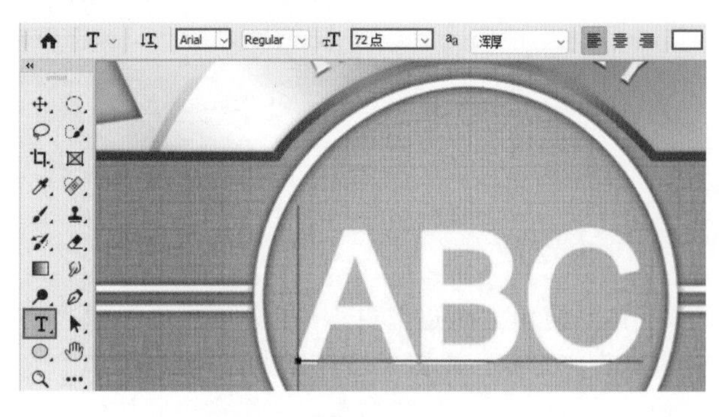

图12-37

（16）为主体文字添加效果。选择主体文字所在图层，选中该图层，单击图层面板底部的“添加图层样式”按钮，选择“投影”命令，在弹出的“图层样式”对话框中设置“混合模式”为正片叠底，投影颜色为黑色，设置“不透明度”为50%，“角度”为90度，“距离”为3像素，“大小”为5像素，如图12-38所示。

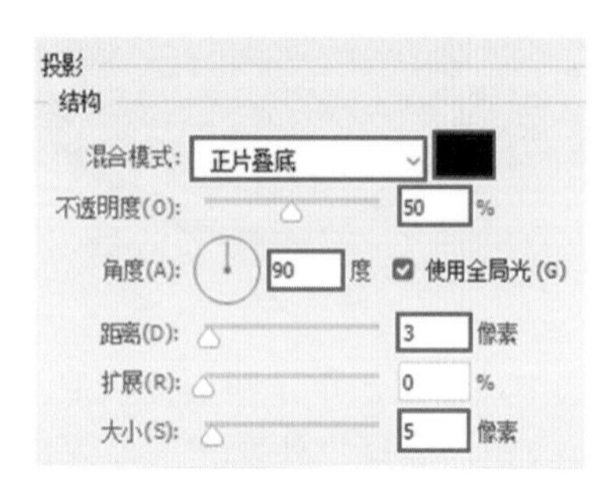

图12-38

（17）单击确定按钮。效果如图12-39所示。

图12-39

（18）使用“多边形工具”，在选项栏中设置“绘制模式”为形状，“填充”为蓝色，设置“描边”为无色，单击⚙按钮，设置“星形比例”为60%，设置“边数”为5，在画面中按住鼠标左键拖动绘制星形，如图12-40所示。效果如图12-41所示。

图12-40　　图12-41

（19）选中该图层，单击图层面板底部的“添加图层样式”按钮，选择“内发光”设置“发光颜色”为浅蓝色，设置“方法”为柔和，“源”为边缘，“阻塞”为10%，“大小”为6像素，设置“范围”为50%，如图12-42所示。效果如图12-43所示。

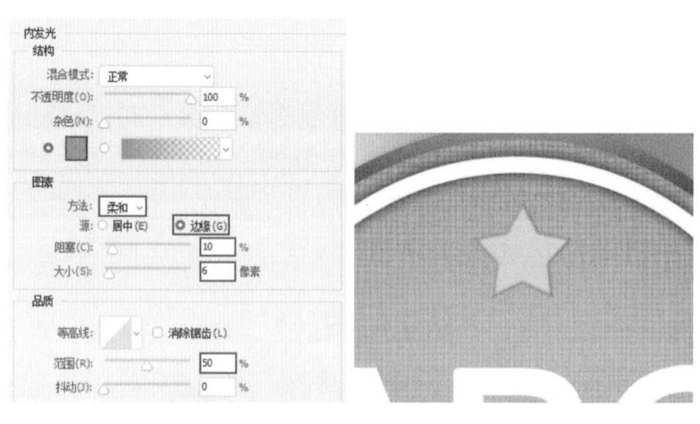

图12-42　　图12-43

（20）在“图层样式”对话框中勾选左侧的“光泽”样式，设置“颜色”为白色，“不透明”为90%，“角度”为47度，“距离”为30像素，“大小”为8像素，设置“等高线”为“高斯”，如图12-44所示。

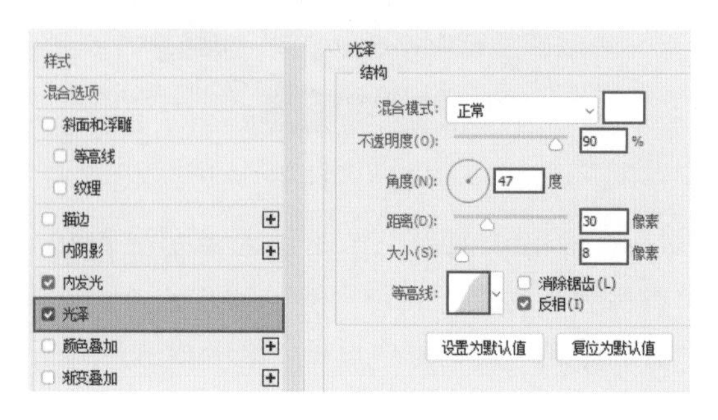

图12-44

（21）单击“确定”按钮，效果如图12-45所示。

图12-45

（22）将绘制的五角星图层复制出两个，执行“编辑>自由变换路径”或使用快捷键Ctrl+T，将复制的五角星适当缩放，分别摆在两侧合适位置。继续复制这三个五角星，摆放在下方。选中所有图层，使用快捷键Ctrl+G进行编组，并命名为“微章”。效果如图12-46所示。

（23）选中“微章”图层组，使用快捷键Ctrl+J拷贝出一份，然后将其移动到画面右侧，并更改微章的颜色。本案例制作完成，效果如图12-47所示。

图12-46

图12-47

第13章 图标设计：皮毛质感App图标

文件路径　实战素材/第13章

操作要点

1. 使用矩形工具和剪贴蒙版制作图标的背景
2. 使用特殊的笔刷配合画笔设置制作皮毛质感文字
3. 使用多种图层样式增强文字立体感

设计解析

本案例是为一款宠物社区App设计的图标，该App以豹猫及其他品种猫爱好者为主要用户群体。为了直观地展现App的功能，将猫的英文单词CAT作为标志的展示主体。

在主体文字的呈现方式上，本案例采用了拟物化的手法，将文字形态与豹猫的皮毛质感相结合。虽然图标中没有出现豹猫的形态，但是从文字效果上也能使人联想到豹猫。

以文字为主的图标，其背景需要适当弱化，选择了与主体文字相近的色彩，但在饱和度与明度上做了一些调整，营造出了一种温馨、舒适的氛围。

案例效果

13.1　制作App图标的展示背景

（1）执行“文件>新建”命令，创建1200像素×750像素的横向空白文档。单击工具箱中的“渐变工具”，单击选项栏中的渐变色条，在打开的渐变编辑器窗口中编辑一个浅蓝色系的渐变颜色，设置渐变类型为“径向渐变”，如图13-1所示。

图13-1

（2）在画面中按住鼠标左键拖动，为背景图层填充渐变，效果如图13-2所示。

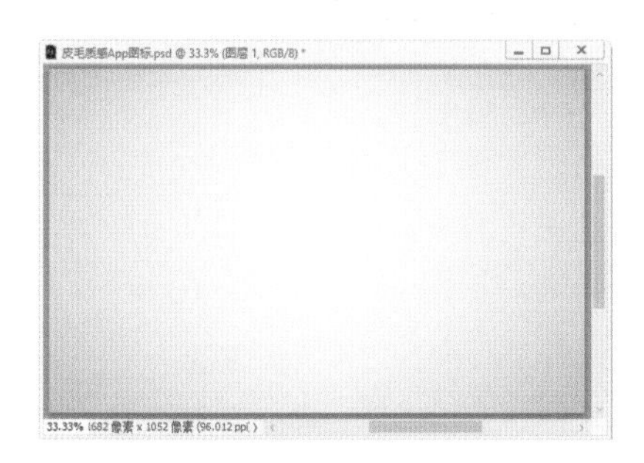

图13-2

（3）单击工具箱的“矩形工具”按钮，在选项栏中设置“绘制模式”为形状，“填充”为白色，“描边”无。然后在画面中的空白位置上单击，在弹出的“创建矩形”窗口中设置“宽度”为512像素，“高度”为512像素，“半径”为90像素，单击“确定”按钮，如图13-3所示。

（4）此时可以看到画面中会自动出现一个圆角矩形，效果如图13-4所示。

（5）执行“文件>置入嵌入对象”命令，置入背景素材1，并将其缩放至合适大小，按下Enter键提交操作，如图13-5所示。

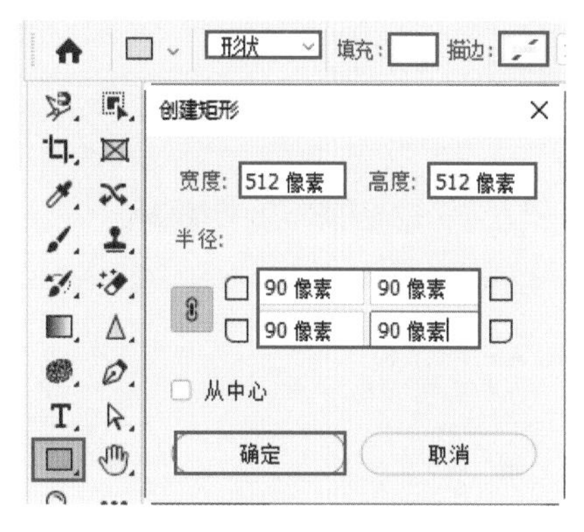

图13-3

图13-4

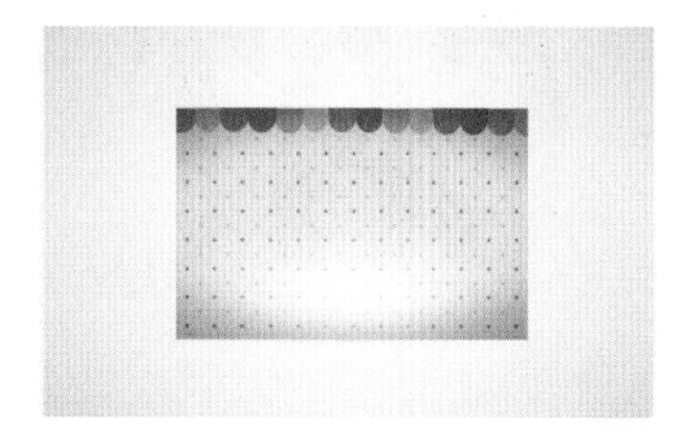

图13-5

（6）选中该图层，单击鼠标右键，执行“创建剪贴蒙版”命令，将其作用于圆角矩形上，如图13-6所示。效果如图13-7所示。

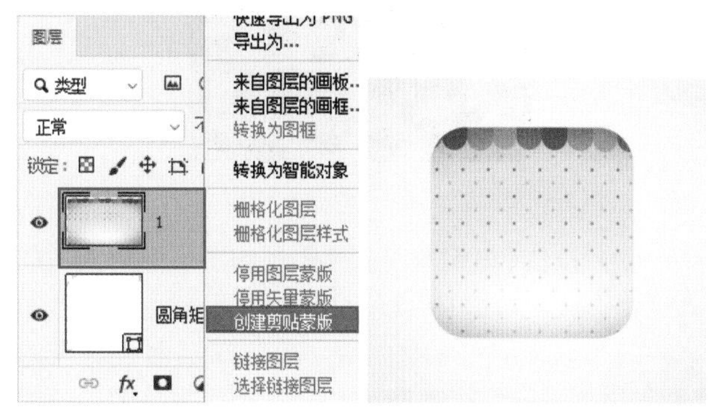

图13-6　　图13-7

（7）新建图层，单击工具箱中的“画笔工具”，设置“前景色”为棕色，在选项栏中设置“大小”为300，选择一种柔边圆画笔，设置“不透明度”为40%，设置完成后在图标边缘处按住鼠标左键拖动进行涂抹，如图13-8所示。

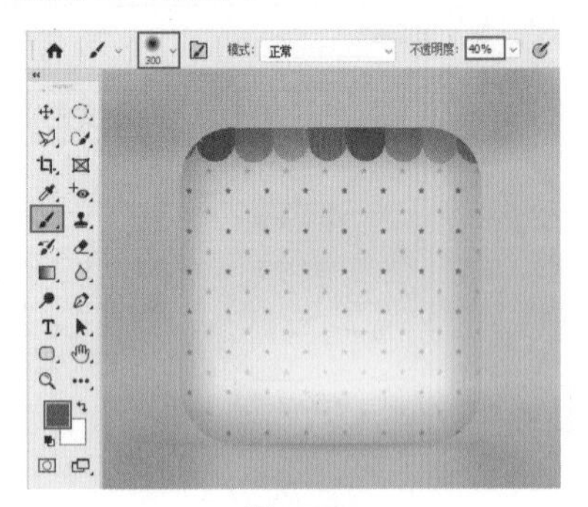

图13-8

（8）选中该图层，使用“创建剪贴蒙版”快捷键Ctrl+Alt+G，将其作用于底层，此时可以看到圆角矩形的四周出现了阴影的过渡效果，如图13-9所示。

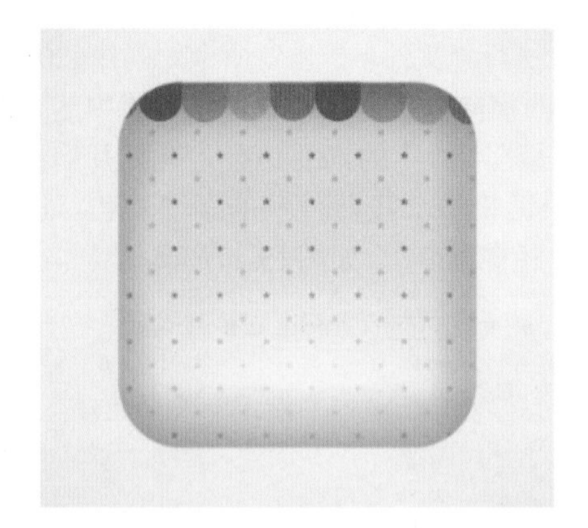

图13-9

13.2　制作皮毛质感文字

（1）单击工具箱中的“横排文字工具”，在画面中键入文字“CAT”，设置合适的字体、大小及颜色，并将其摆放至画面中心，如图13-10所示。

图13-10

（2）执行“文件>置入嵌入对象”命令，置入豹纹素材2。选中该图层，执行“图层>栅格化>智能对象”命令，将其栅格化为普通图层，如图13-11所示。

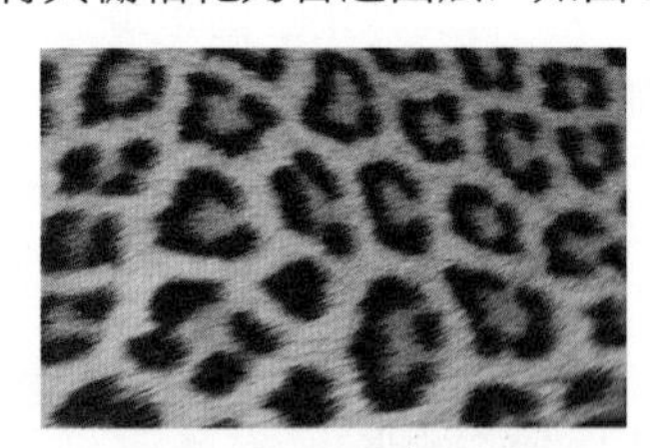

图13-11

（3）按住Ctrl键单击文字图层的图层缩略图，载入文字选区，如图13-12所示。

（4）选中豹纹素材图层，单击图层面板底端的“添加图层蒙版”按钮，以当前选区为该图层添加图层蒙版，此时效果如图13-13所示。

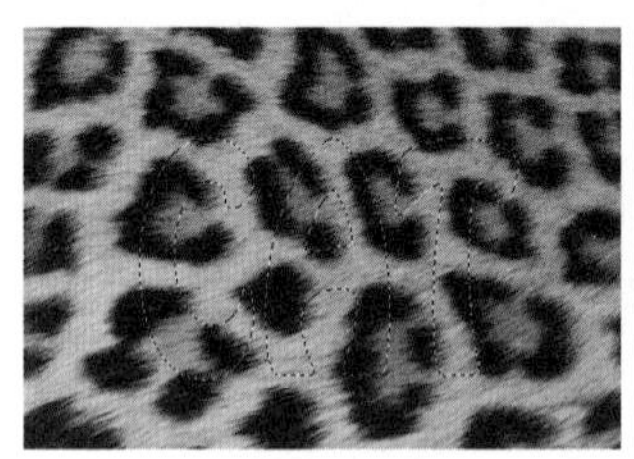

图13-12　图13-13

（5）执行“窗口>画笔”命令，打开“画笔”面板，在“画笔”面板菜单中执行“旧版画笔”命令，载入旧版画笔，如图13-14所示。

图13-14

（6）单击工具箱中的“画笔工具”，设置“前景色”为灰色，按下F5键打开“画笔设置”窗口，单击“画笔笔尖形状”，在右侧的列表中选择合适的“草”画笔，设置“大小”为25像素，“间距”为

45%，如图13-15所示。

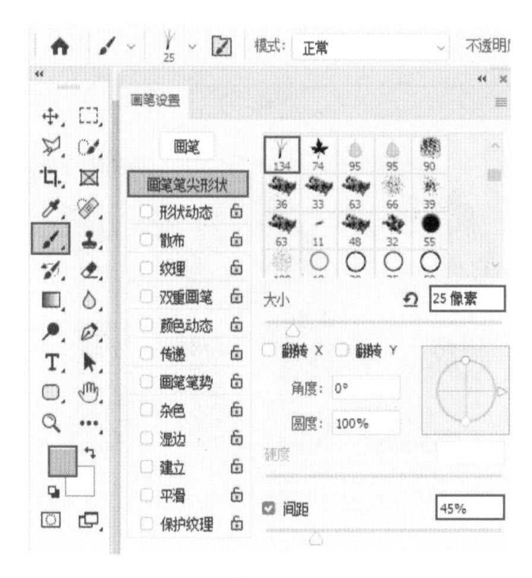

图13-15

（7）在“画笔设置”面板中启用“形状动态”选项，设置大小抖动为100%，角度抖动为15%，如图13-16所示。

（8）单击选择豹纹图层的图层蒙版，如图13-17所示。

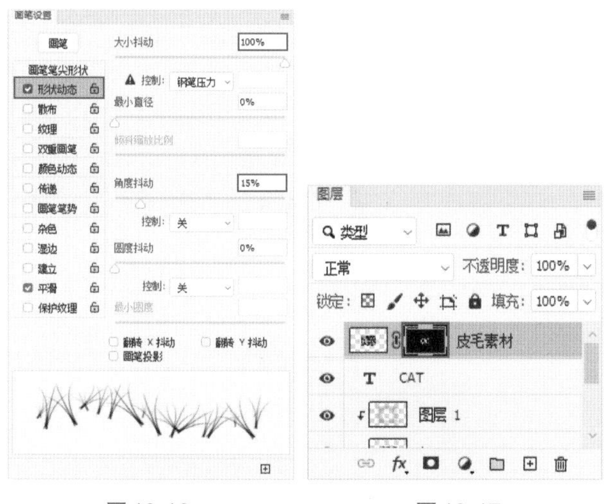

图13-16　　　　图13-17

（9）设置前景色为白色，然后在蒙版中字母的边缘涂抹，制作出不规则的边缘，如图13-18所示。

图13-18

（10）按住Alt键单击图层蒙版的缩略图，可以查看图层蒙版的黑白关系，如图13-19所示。

（11）选中豹纹素材图层，单击图层面板底部的“添加图层样式”按钮，选择“内阴影”命令，设置“混合模式”为正片叠底，“颜色”为黑色，“不透明度”为75%，“角度”为120度，“距离”为5像素，“阻塞”为11%，“大小”为5像素，参数设置如图13-20所示。

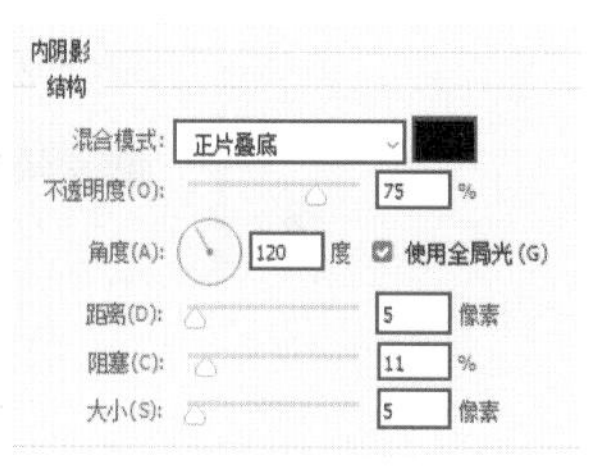

图13-19　　　　图13-20

（12）继续勾选“投影”选项，设置“混合模式”为正片叠底，“颜色”为黑色，“不透明度”为75%，“角度”为120度，“距离”为5像素，“扩展”为6%，“大小”为5像素，参数设置如图13-21所示。效果如图13-22所示。

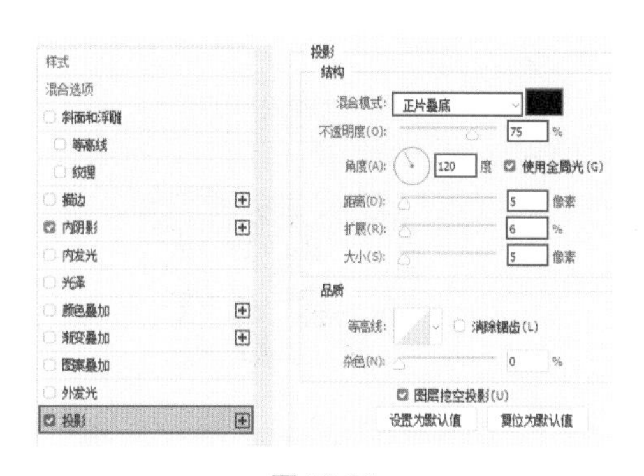

图13-21

图13-22

（13）新建图层，命名为“阴影”，使用工具箱中的“画笔工具”，设置前景色为黑色，在选项栏中单击倒三角按钮，打开“画笔预设选取器”面板，设置“大小”为80像素，选择一种“柔边圆”画笔，

设置合适的“画笔角度”，设置“不透明度”为50%，如图13-23所示。

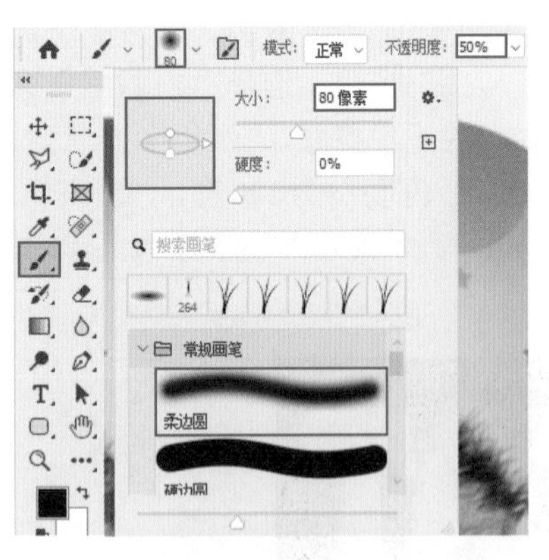

图13-23

（14）在文字底部绘制阴影，然后将其放置到文字图层的下方，效果如图13-24所示。

图13-24

13.3　制作App图标展示效果

（1）使用“椭圆工具”，设置“羽化”数值为4像素，在下方绘制边缘虚化的椭圆选区，如图13-25所示。

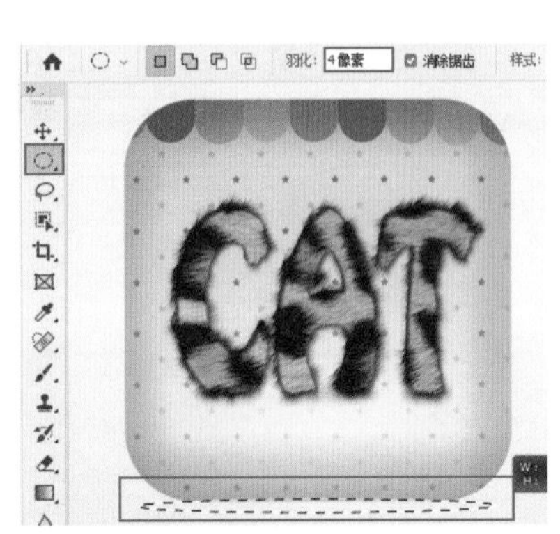

图13-25

（2）设置前景色为浅灰色，在图标图形的下方新建图层并进行填充，效果如图13-26所示。

图13-26

（3）加选构成图标的全部图层，使用快捷键Ctrl+G进行编组。选择该组，使用Ctrl+Alt+E将其合并至一个新的图层之中。使用“自由变换”快捷键Ctrl+T，将其向下移动，如图13-27所示。

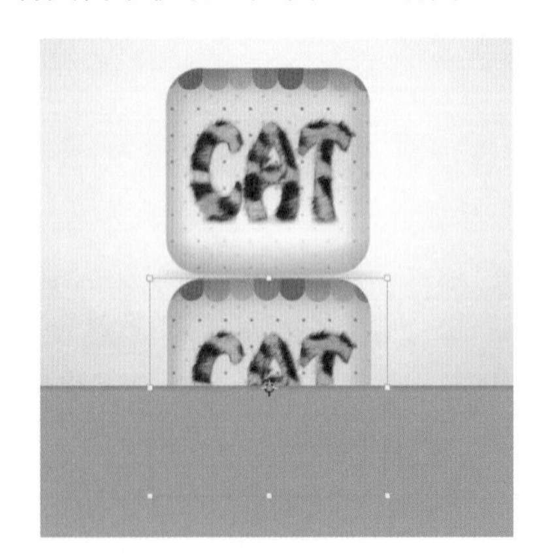

图13-27

（4）单击鼠标右键，执行“垂直翻转”命令，如图13-28所示。

（5）选中该图层，单击图层面板底部的“添加图层蒙版”按钮，为图层添加蒙版，如图13-29所示。

（6）选择工具箱中的“渐变工具”，编辑一个由白色到黑色的渐变，并单击“线性渐变”按钮，然后在画面中按住鼠标左键拖动，调整图层蒙版的黑白关系，制作出倒影的效果，如图13-30和图13-31所示。

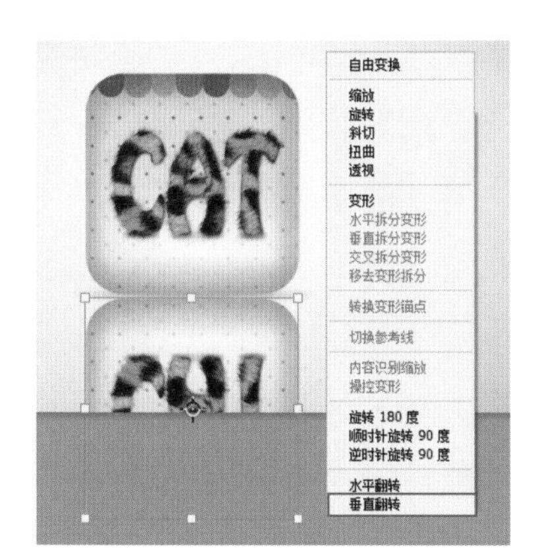

图 13-28

图 13-29　　图 13-30

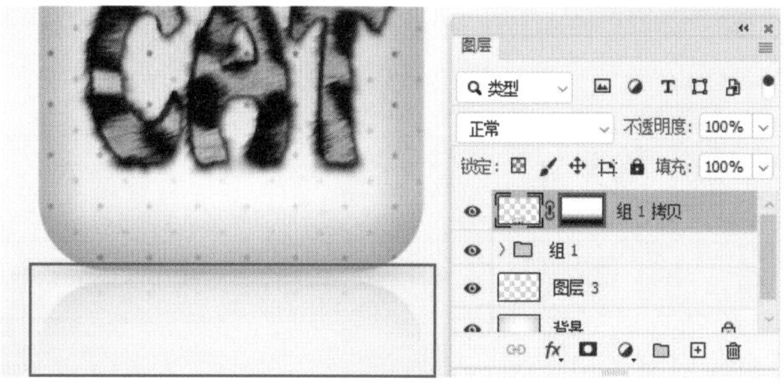

图 13-31

本案例制作完成，效果如图13-32所示。

图 13-32

第14章
UI设计：闹钟App界面设计

文件路径

实战素材/第14章

操作要点

1. 使用高斯模糊滤镜和不透明度制作背景
2. 使用“矩形工具”“椭圆工具”制作界面的各个部分
3. 使用图层样式丰富界面元素的效果

设计解析

本案例是一款闹钟App的界面设计项目。该App不仅具有闹钟功能，还具有贴心的天气提醒与日历的功能，方便用户使用。

当前界面为闹钟列表展示界面，为了使界面不显得过分枯燥，将界面分割为上下两个部分：上部分区域展示简单的天气情况以及对用户的问候语，以体现人文关怀；下半部分为闹钟列表。

由于界面上半部分采用了风景照片作为背景图，所以界面整体颜色需要与该风景照片相匹配。从中选择具有一定明度差异的两种色彩，作为闹钟列表的底色，并搭配另外几种同色系的色彩作为点缀。

上半部分的风景图会按照季节、气候的不同而更换，同时界面整体的配色方案也会随之变换，给用户以新鲜感。

案例效果

14.1　制作界面展示背景

（1）执行“文件>新建”命令，创建新文档，为画面填充青蓝色，效果如图14-1所示。

（2）执行“文件>置入嵌入对象”命令，置入背景素材“1.jpg”，并将其缩放至合适大小，按下Enter键提交操作，效果如图14-2所示。

图14-1

图14-2

（3）接着选中该图层，在图层面板中设置“不透明度”为80%，如图14-3所示。效果如图14-4所示。

图14-3

图14-4

（4）选中该图层，执行“滤镜>模糊>高斯模糊”命令，在弹出来的“高斯模糊”窗口中，设置“半径”为15.0像素，然后单击“确定”按钮，如图14-5所示。效果如图14-6所示。

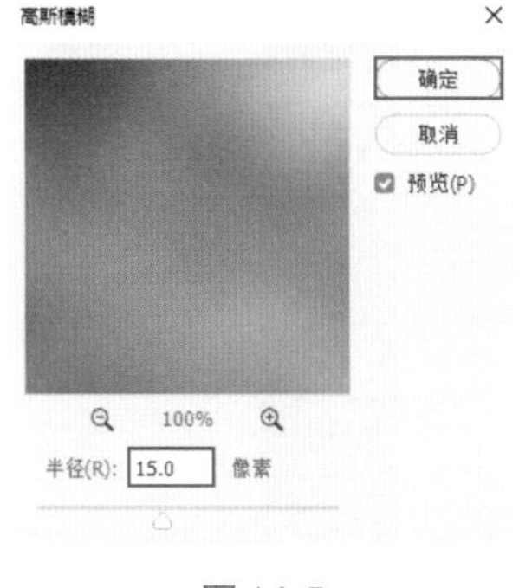

图14-5

（5）单击工具箱中“矩形工具”按钮，在选项栏中设置“绘制模式”为形状，“填充”为深青色，“描边”为无，在画面中按住Shift键的同时按住鼠标左键拖动绘制出一个正方形，如图14-7所示。

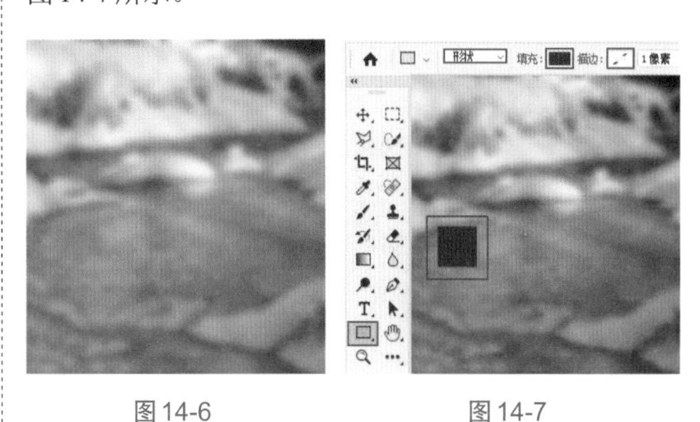

图14-6　　图14-7

（6）选择工具箱中的“横排文字工具”，在空白位置上单击输入文字，并在选项栏中设置合适的字体、字号与颜色，然后将其移动到正方形上，如图14-8所示。

图14-8

（7）继续使用“横排文字工具”在正方形下方输入文字，然后执行“窗口>字符”命令，在打开的“字符”面板中设置“字号”为145点，“字间距”为-75，效果如图14-9所示。

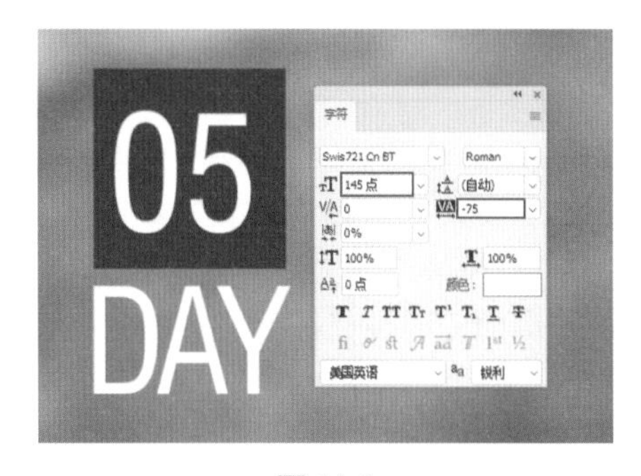

图14-9

（8）继续使用同样的方法添加另外一组点文字，效果如图14-10所示。

（9）接下来绘制手机图形。单击工具箱中的“矩形工具”，然后在选项栏中设置“绘制模式”为形状，“填充”为白色，“描边”为无，“半径”为40像素。在画面中按住鼠标左键拖动，绘制一个圆角矩形，如图14-11所示。

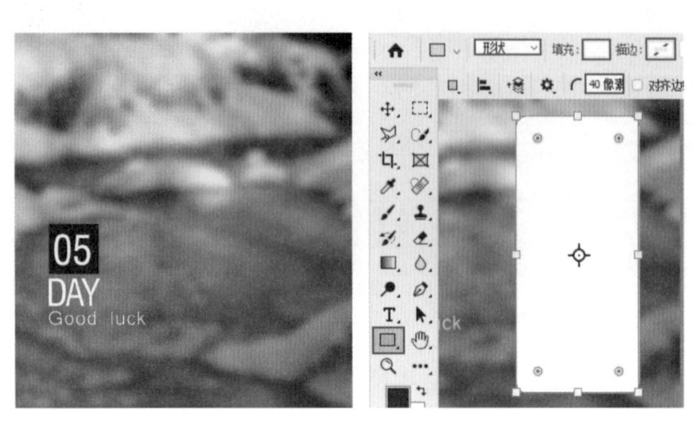

图14-10　　图14-11

（10）选中该图层，继续使用“矩形工具”，在选项栏中设置“路径操作”为“合并形状”，在圆角矩形左侧绘制几个较小的圆角矩形，如图14-12所示。

（11）选中圆角矩形图层，单击工具箱中的“矩形工具”，在选项栏中设置“路径操作”为“合并形状”，继续在圆角矩形右侧绘制一个矩形作为另外一个按钮，效果如图14-13所示。

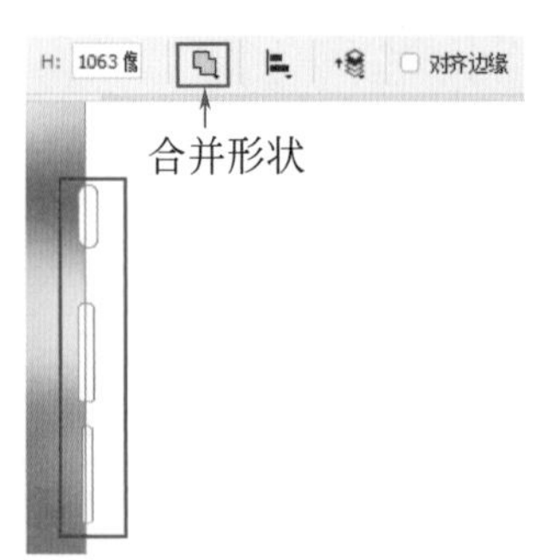

图14-12　　图14-13

（12）选择工具箱中的“椭圆工具”，在选项栏中设置“绘制模式”为形状，“填充”为灰色，“描边”为无，“路径操作”为“合并形状”。在手机顶部按住Shift键的同时按住鼠标左键拖动，绘制出一大一小两个正圆，如图14-14所示。

（13）使用“矩形工具”，在选项栏中设置“填充”为灰色，“描边”为无，设置合适的“圆角半径”，在两个圆形之间上绘制一个圆角矩形，如图14-15所示。

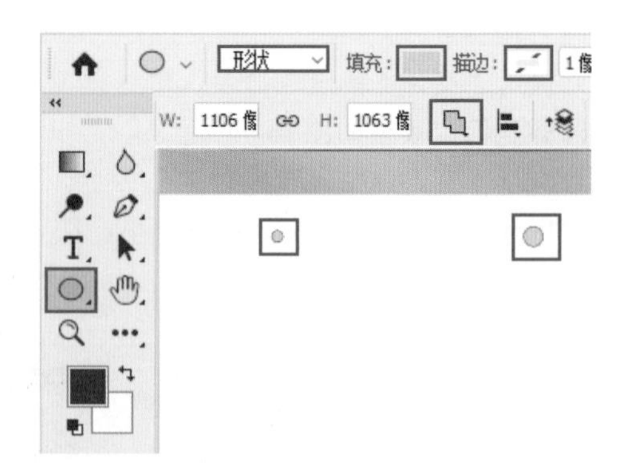

图14-14

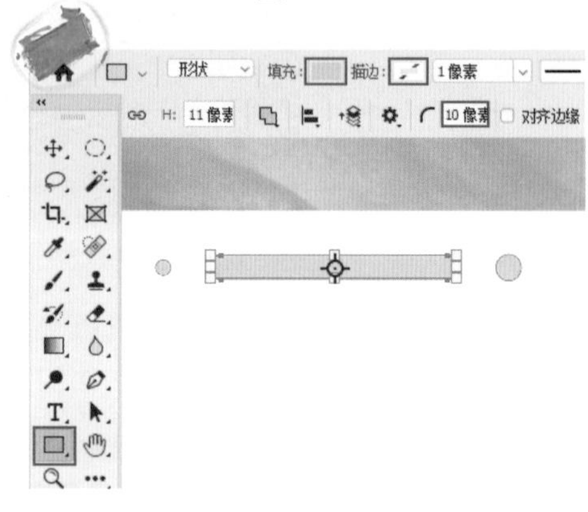

图14-15

此时手机的基本形态制作完成，效果如图14-16所示。

图14-16

14.2 制作App界面

（1）执行“文件>置入嵌入对象”命令，置入背景素材1，并将其缩放至合适大小，放在手机的顶部，按下Enter键提交操作，如图14-17所示。

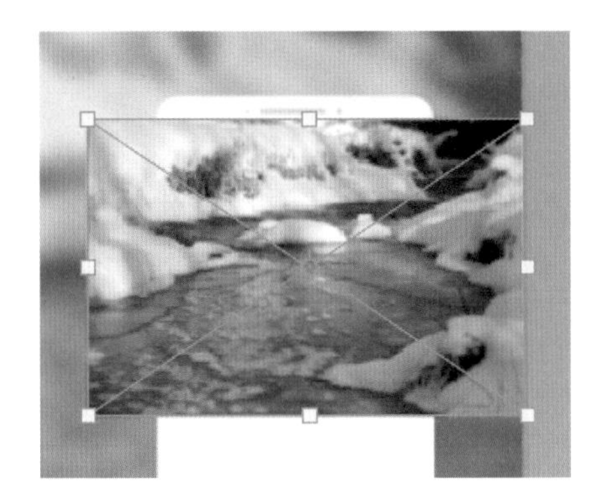

图14-17

（2）选中该图层，执行“滤镜>模糊>高斯模糊”命令，在弹出来的“高斯模糊”窗口中设置“半径”为5像素，然后单击“确定”按钮，如图14-18所示。效果如图14-19所示。

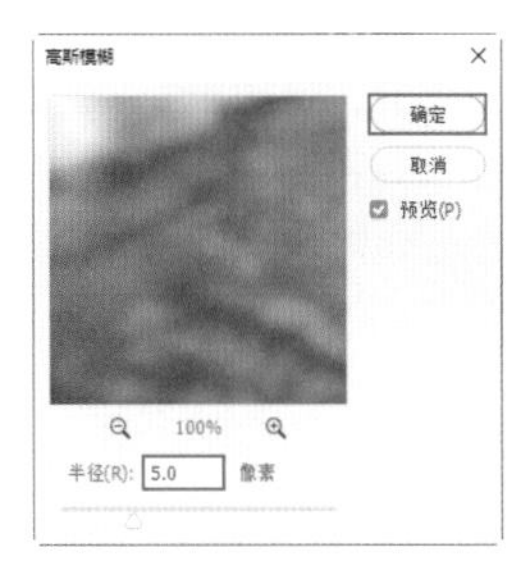

图14-18 图14-19

（3）单击智能滤镜的图层蒙版，进入蒙版编辑状态，如图14-20所示。

图14-20

（4）然后单击工具箱中的“渐变工具”，在选项栏中设置一个黑色到白色的线性渐变，然后在画面中按住鼠标左键拖动，如图14-21所示。此时蒙版中的黑白关系，如图14-22所示。

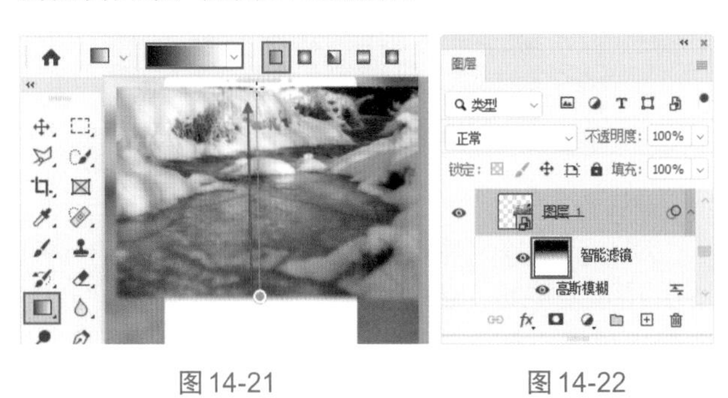

图14-21 图14-22

（5）新建图层，单击工具箱中的“渐变工具”，在选项栏中编辑一个青蓝色到透明的线性渐变，设置一定的不透明度，在画面上半部分自上而下拖动填充，如图14-23所示。

图14-23

（6）在该图层上单击鼠标右键执行“创建剪贴蒙版”命令，如图14-24所示。效果如图14-25所示。

图14-24 图14-25

（7）单击工具箱中的“横排文字工具”，在画面中单击鼠标左键输入文字，并在选项栏中设置合适的字体、字号与颜色，如图14-26所示。

图14-26

（8）选中该文字，单击图层面板底部的“添加图层样式”按钮，选择“外发光”命令，在打开的面板中设置“混合模式”为正片叠底，“不透明度”为85%，“颜色”为青蓝色，设置“方法”为柔和，“扩展”为5%，“大小”为8像素，设置“范围”为50%。设置完成后单击“确定”按钮，如图14-27所示。效果如图14-28所示。

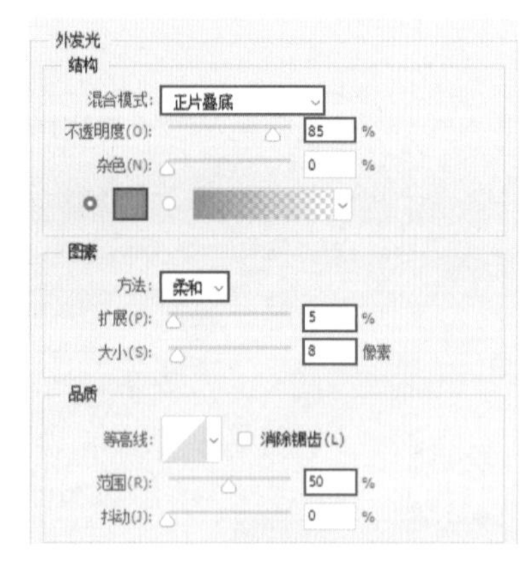

图14-27

图14-28

（9）接着使用“横排文字工具”在下方继续输入另外两行文字，并适当调整文字的“字间距”，效果如图14-29所示。

图14-29

（10）继续使用“横排文字工具”在下方输入两行文字。然后执行“窗口>字符”命令，在打开的“字符”面板中设置“行间距”为14点，“字间距”为-55，并单击“仿斜体”按钮，将所有文字进行倾斜，如图14-30所示。

图14-30

（11）单击工具箱中的“矩形工具”，在选项栏中设置“绘制模式”为形状，“填充”为青色，“描边”为无。设置完成后，在图片下方的位置按住鼠标左键拖动绘制一个矩形，如图14-31所示。

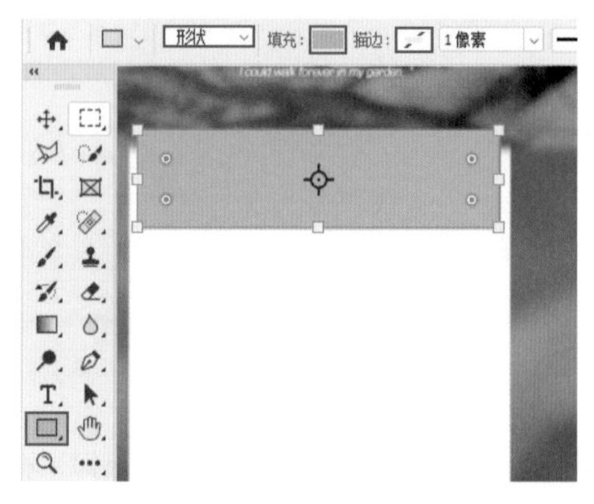

图14-31

（12）选中该矩形，按住Alt键的同时按住鼠标左键向下拖动，复制出三个相同的矩形，并更改其中两个矩形的填充颜色，效果如图14-32所示。

图14-32

（13）单击工具箱中的“横排文字工具”，在画面青色矩形中输入文字，并在选项栏中设置合适的字体、字号与颜色，如图14-33所示。

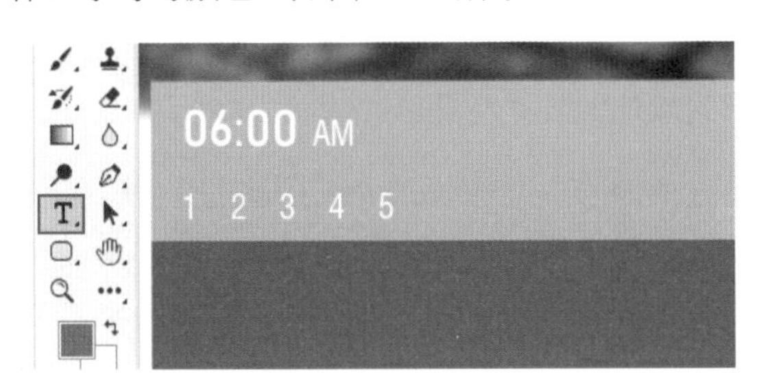

图14-33

（14）复制这两行文字到下面几个矩形上，并更改文字内容，效果如图14-34所示。

图14-34

（15）接下来制作闹钟的开关。单击工具箱中的“矩形工具”，设置“绘制模式”为形状，“填充”为深青色，“描边”为无，“圆角半径”为10像素，在青色矩形的右侧按住鼠标左键拖动绘制一个圆角矩形，如图14-35所示。

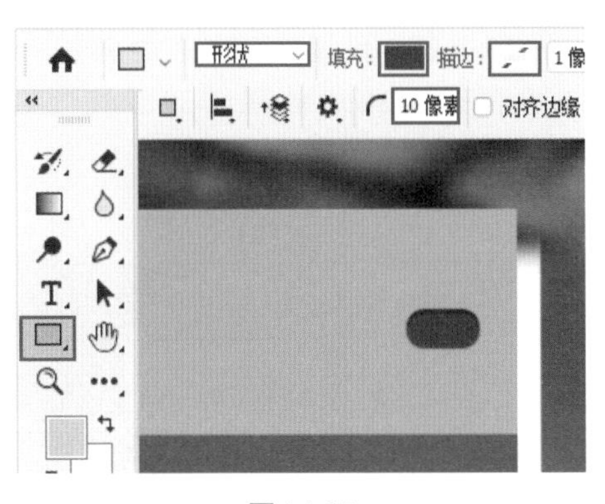

图14-35

（16）选中该圆角矩形，单击图层面板底部的“添加图层样式”按钮，选择“内阴影”命令，在打开的面板中设置“混合模式”为正片叠底，“颜色”为青色，“不透明度”为50%，“角度”为90度，“距离”为3像素，取消勾选“使用全局光”选项，设置完成后单击“确定”按钮，如图14-36所示。效果如图14-37所示。

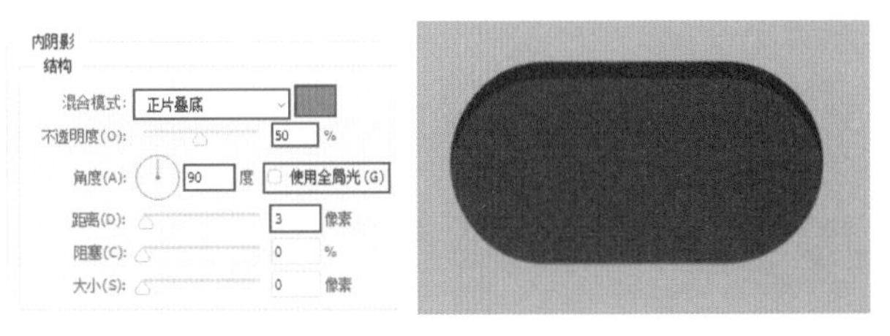

图14-36　　图14-37

（17）单击工具箱中的“椭圆工具”，设置“绘制模式”为形状，“填充”为浅青色，“描边”为无，在圆角矩形左侧按住Shift键的同时按住鼠标左键拖动绘制一个正圆，如图14-38所示。

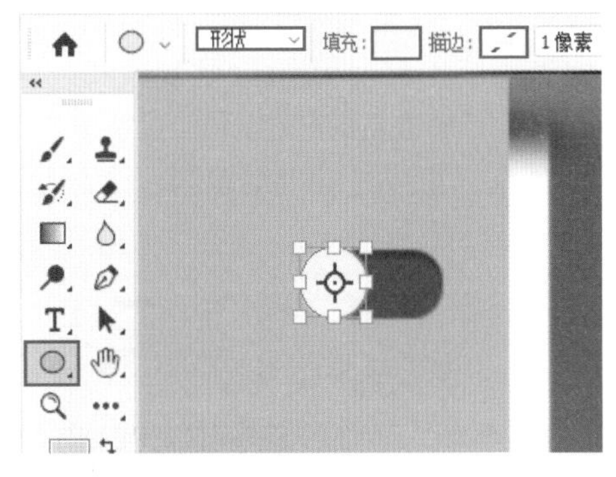

图14-38

（18）选中该圆形，单击图层面板底部的“添加图层样式”按钮，选择“外发光”命令，在打开的面板中设置“混合模式”为正片叠底，“不透明度”为50%“颜色”为深青色，设置“方法”为柔和，

“大小”为10像素，设置“范围”为50%，设置完成后单击“确定”按钮，如图14-39所示。效果如图14-40所示。

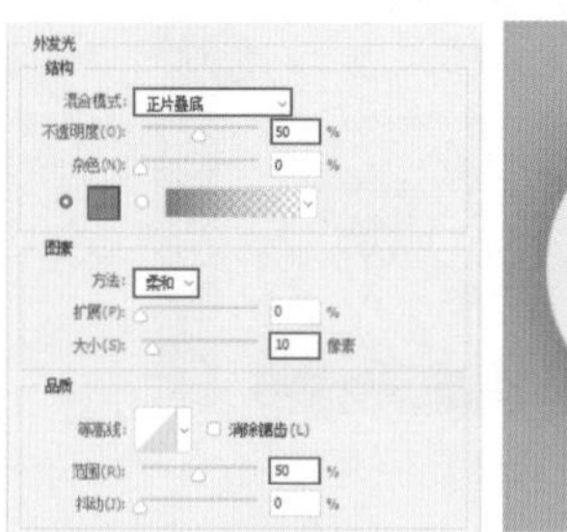

图14-39

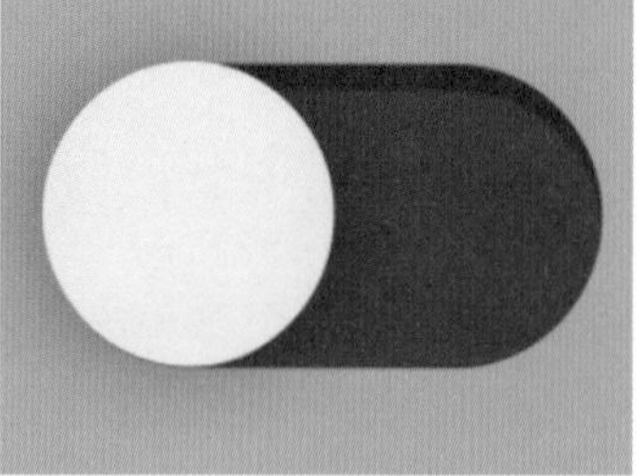

图14-40

（19）选中圆角矩形与正圆，使用快捷键Ctrl+G进行编组，并命名为“开关1”。然后选中该图层组，多次使用快捷键Ctrl+J进行拷贝，并将其移动到另外几个矩形的右侧，如图14-41所示。

（20）选中第二组开关中的正圆，将其移动到圆角矩形的右侧，并设置“填充”颜色为深青色，如图14-42所示。

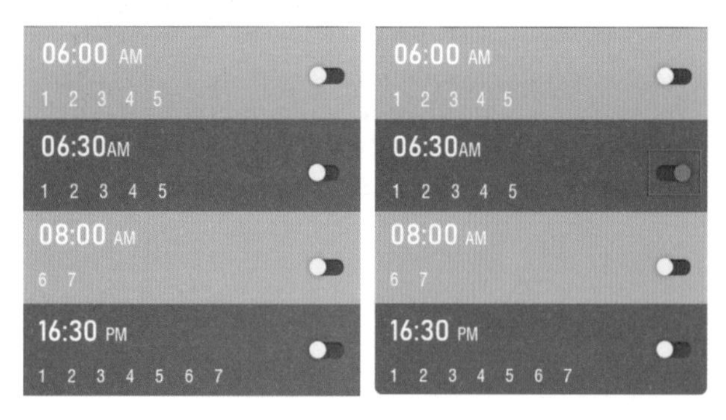

图14-41　　　图14-42

（21）接下来制作App界面顶部的按钮。单击工具箱中的“椭圆工具”，设置“绘制模式”为形状，“填充”为无，“描边”为白色，“描边宽度”为3点，然后在界面右上角按住Shift键绘制一个小正圆，如图14-43所示。

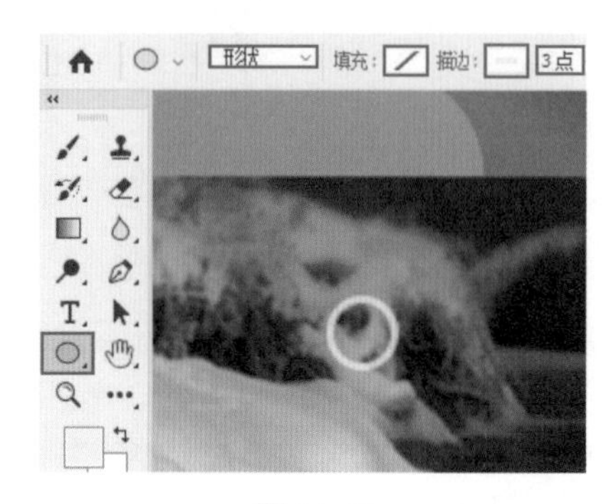

图14-43

（22）单击工具箱中的“矩形工具”，设置“绘制模式”为形状，“填充”为无，“描边”为白色，“描边宽度”为3点，然后在圆环中绘制两个矩形，组成“+”的形状，如图14-44所示。

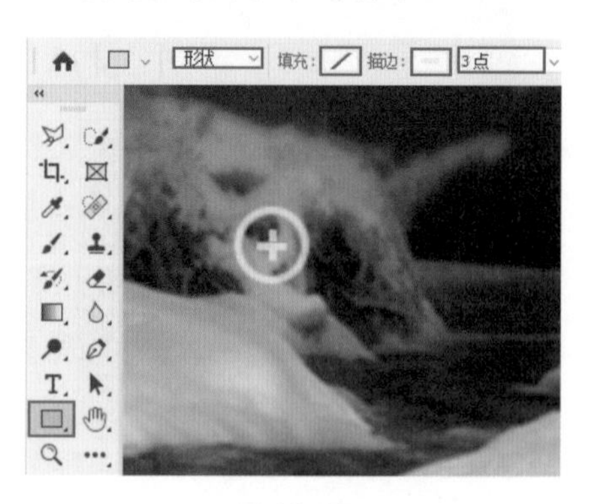

图14-44

（23）制作App界面的菜单按钮。单击工具箱中的“矩形工具”，设置“绘制模式”为形状，“填充”为白色，“描边”为无，然后在界面左上角绘制三个等高的细长矩形，如图14-45所示。

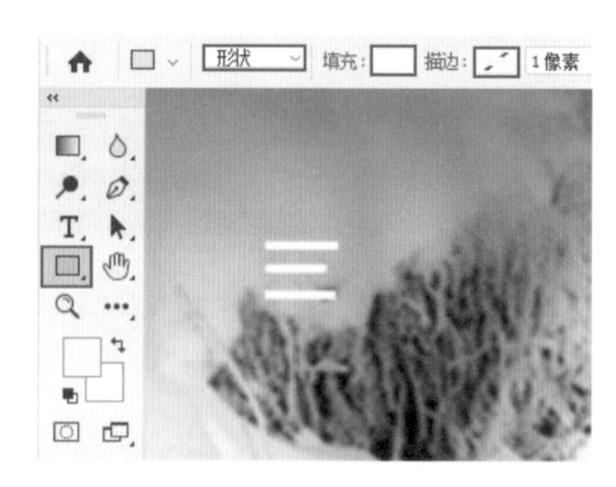

图14-45

（24）执行“文件>置入嵌入对象”命令，置入状态栏素材2，放在界面的顶部，如图14-46所示。

图14-46

（25）选中所有App界面图层，使用快捷键“Ctrl+G”进行编组，并命名为“界面”，如图14-47所示。

图14-47

（26）选择工具箱中的“矩形工具”，在选项栏中设置绘制模式为“路径”，设置圆角半径为10像素，然后在界面上方按住鼠标左键拖动绘制路径，如图14-48所示。

（27）路径绘制完成后按下键盘上的Ctrl+Enter将路径转换为选区，如图14-49所示。

图14-48

图14-49

（28）选中图层组，单击图层面板底部的“添加图层蒙版”按钮，以当前选区添加图层蒙版，选区以外的部分被隐藏，如图14-50所示。

图14-50

案例完成，效果如图14-51所示。

图14-51

第15章
书籍设计：文艺书籍封面

文件路径　实战素材/第15章

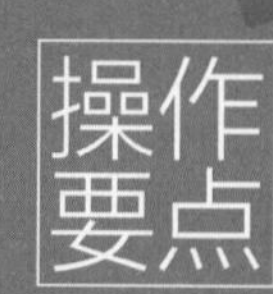

操作要点
1. 使用混合模式与不透明度制作层次丰富的封面
2. 使用自由变换、混合模式制作带有光影感的立体书籍

设计解析

本案例是为一本精装的文艺类书籍设计的封面。根据书籍内容，封面采用怀旧、复古的风格。

封面设计之初首先选定了一张与书籍内容相关的建筑照片作为主图，为了营造出怀旧、复古的氛围，需要将其处理成旧照片的色调。

倾向于棕色调的黑白照片，画面对比度较低，搭配白色的文字，为这一区域添加高亮区域。同时为了增强版面整体的对比度，封面中大面积使用了较深的棕色，使画面看起来更稳重。

案例效果

15.1　制作封面部分

（1）执行“文件>新建”命令，创建A4尺寸的横版文档。接着将前景色设置为棕色，然后使用前景色填充快捷键Alt+Delete，将背景图层填充为棕色，如图15-1所示。

（2）执行“文件>置入嵌入对象”命令，将旧条纹素材1置入到画面中，按下“Enter”键，提交操作。接着选择该图层，单击鼠标右键执行“栅格化图层”命令。此时画面效果如图15-2所示。

图15-1

图15-2

（3）在图层面板中将该图层的“混合模式”设置为正片叠底，“不透明度”设置为80%，如图15-3所示。此时画面效果如图15-4所示。

图15-3

图15-4

重点笔记

由于当前页面中包括封面、封底和书脊三个部分，所以可事先打开“标尺”，并通过标尺的数值创建出分割版面的参考线，以便于各部分内容的添加，如图15-5所示。

图15-5

（4）执行“文件>置入嵌入对象”命令，将风景素材2置入到文档内，然后拖拽其控制点将其缩小并放置在画面右上角，按下“Enter”键确定操作。接着选择该图层，单击鼠标右键选择“栅格化图层”，如图15-6所示。

图15-6

（5）选中该图层，在图层面板中将该图层的“混合模式”设置为明度，如图15-7所示。此时画面效果如图15-8所示。

图15-7

图15-8

（6）单击工具箱中的“矩形工具”按钮，在选项栏中设置“绘制模式”为形状，“填充”为棕灰色，“描边”为无，在风景图下方按住鼠标左键拖动进行绘制，效果如图15-9所示。

图15-9

（7）在图层面板中将该图层的“不透明度”设置为40%，如图15-10所示。此时画面效果如图15-11所示。

图15-10

图15-11

（8）选择该矩形图层，使用快捷键Ctrl+J将其进行拷贝。然后将刚刚复制的矩形的“不透明度”设置为16%，并将其向下移动，如图15-12所示。效果如图15-13所示。

图15-12

图15-13

（9）在工具箱中单击“横排文字工具”按钮，在风景图片左侧单击，键入文字。然后在选项栏中设置合适的“字体样式”和“字体大小”，设置“字体颜色”为白色。单击选项栏中的“提交所有当前编辑”按钮，如图15-14所示。

图15-14

（10）执行“文件>置入嵌入对象”命令，将花纹素材3置入到文档内，然后拖动控制点，将其缩小并放置在画面右上角，按下“Enter”键，确定操作，如图15-15所示。

图15-15

（11）将该图层的“混合模式”设置为线性光。选择该图层，单击鼠标右键执行“栅格化”命令，将其转为普通图层，如图15-16所示。

图15-16

（12）选择“横排文字工具”，在花纹中间添加文字，然后在选项栏中设置合适的“字体样式”和“字体大小”，设置“字体颜色”为巧克力色，如图15-17所示。

图15-17

（13）选择工具箱中的“矩形工具”，在选项栏中设置“绘制模式”为形状，“填充”为棕色，“描边”为浅一些的棕褐色，“描边宽度”为0.6点，接着在风景图下方拖动鼠标左键进行绘制，效果如图15-18所示。

图15-18

（14）单击工具箱中的“矩形工具”按钮，在选项栏中设置“绘制模式”为形状，“填充”为棕褐色，“描边”为无，接着在刚刚绘制的矩形中间拖动鼠标左键进行绘制，如图15-19所示。

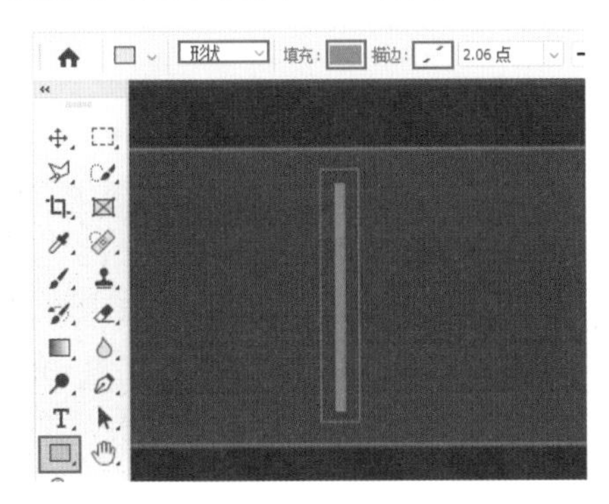

图15-19

（15）继续使用同样的方式在矩形右上方绘制一个褐色的新矩形，如图15-20所示。

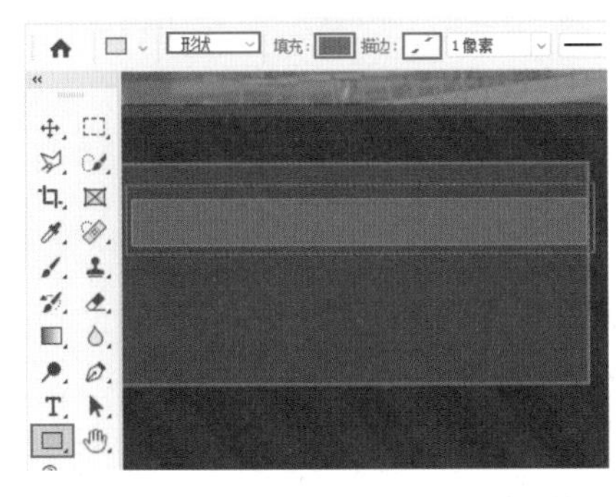

图15-20

（16）添加新文字。选择“横排文字工具”，在矩形左侧添加文字，然后在选项栏中设置合适的“字体样式”和“字体大小”，设置“字体颜色”为白色，如图15-21所示。

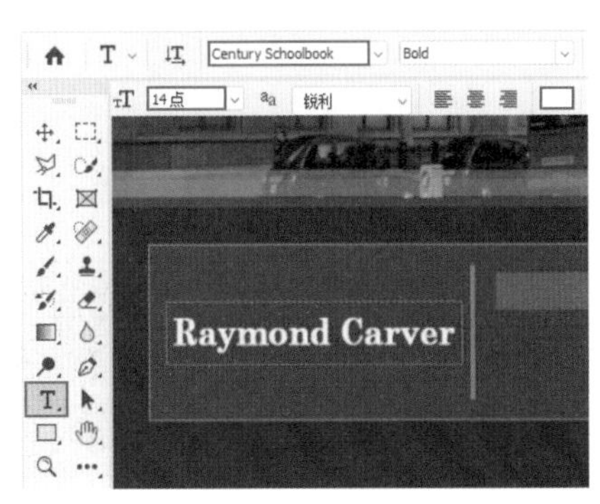

图15-21

（17）在图层面板中将其“不透明度”设置为60%，此时文字效果如图15-22所示。

图15-22

（18）使用同样的方法在褐色矩形上方添加文字，并将其“不透明度”设置为32%，如图15-23所示。

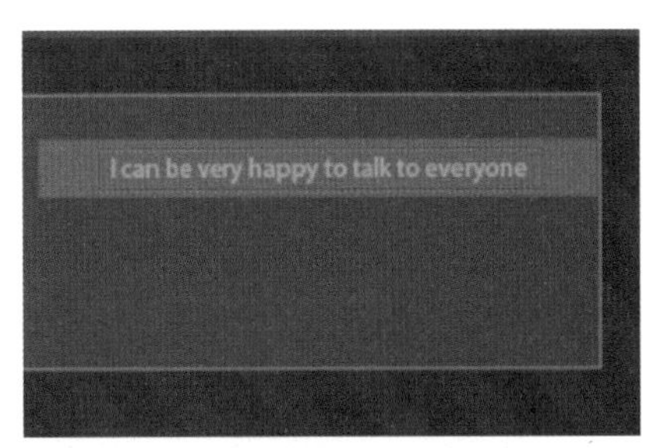

图15-23

（19）继续使用“横排文字工具”在该文字下方添加文字，此时画面效果如图15-24所示。

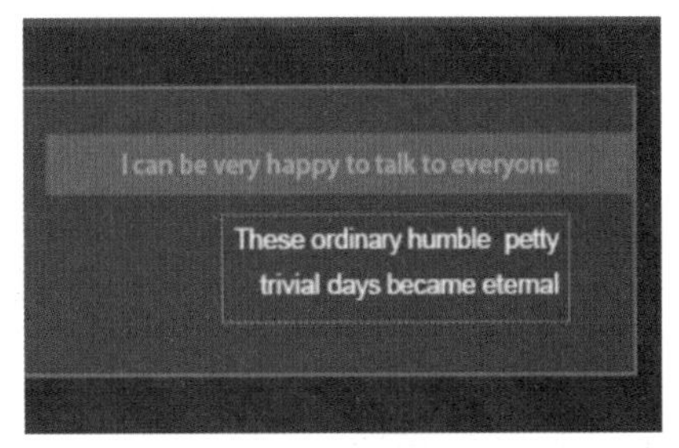

图15-24

（20）同样的方法，在矩形框下方输入字母“R”，如图15-25所示。

图15-25

（21）选中该文字图层，在图层面板中设置“混合模式”为叠加，“不透明度”为15%，此时该文字效果如图15-26所示。

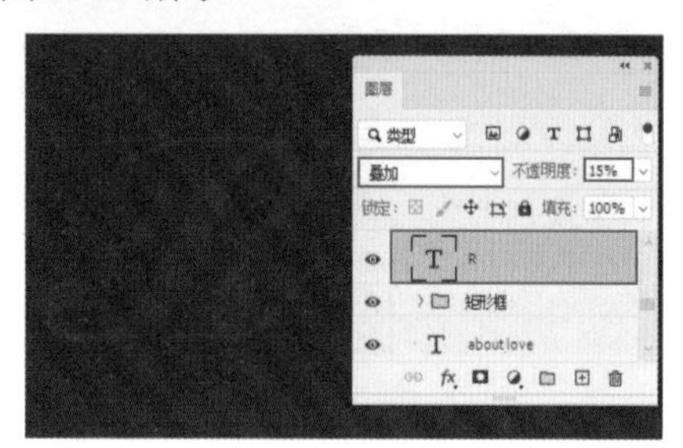

图15-26

（22）使用“横排文字工具”在字母R下方添加文字，如图15-27所示。

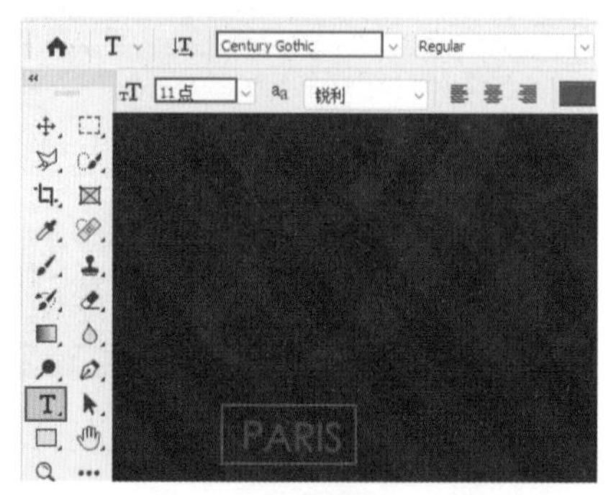

图15-27

（23）在“字符”面板中设置合适的“字间距”与“垂直缩放”，如图15-28所示。

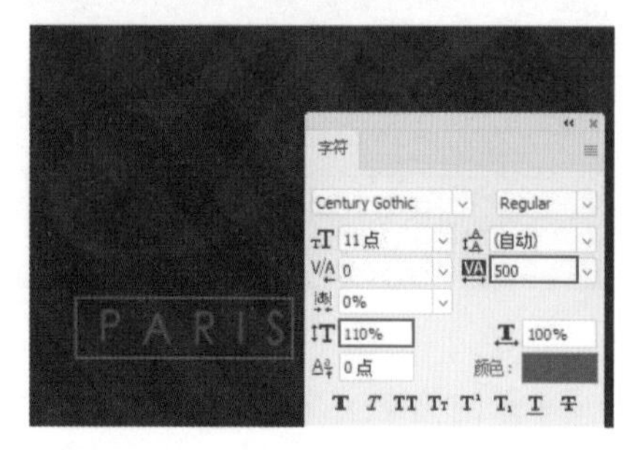

图15-28

（24）选择工具箱中的“钢笔工具”，在选项栏中设置“绘制模式”为形状，“描边”为深棕色，“描边宽度”为0.9点，“描边类型”为虚线，然后在刚刚键入的新文字右侧绘制一段直线，效果如图15-29所示。

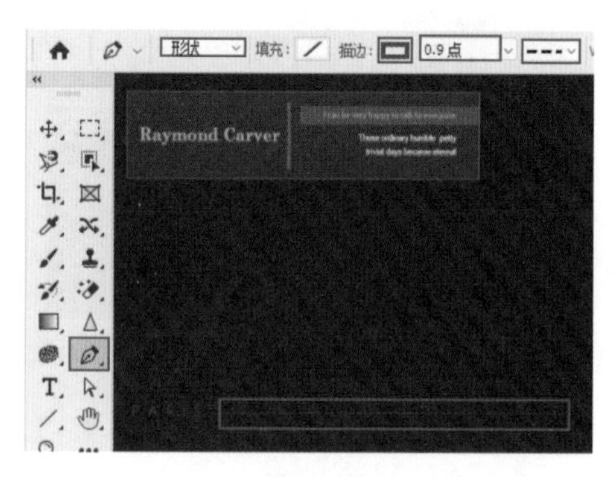

图15-29

（25）使用“横排文字工具”在虚线右下方键入新文字，如图15-30所示。

（26）在图层面板中设置文字图层的“不透明度”为10%，文字效果如图15-31所示。

图15-30　　图15-31

（27）此时封面部分制作完成，可以将制作封面的图层加选然后使用快捷键Ctrl+G进行编组，将图层组命名为“封面”，效果如图15-32所示。

图15-32

15.2　制作书脊和封底部分

（1）制作书脊。选择工具箱中的“直排文字工具”按钮，在风景图片左侧边缘添加文字，然后在选项栏中设置合适的“字体样式”和“字体大小”，设置“字体颜色”为稍浅一些的棕色，如图15-33所示。

图15-33

（2）使用同样的方法在该文字下方添加不同字体、字号的文字。将组成书脊的图层加选后进行编组，命名为“书脊”，如图15-34所示。

图15-34

（3）制作封底。执行“窗口>形状”命令，打开“形状”面板，单击菜单按钮，执行“旧版形状及其他”，将旧版形状导入“形状面板”中，如图15-35所示。

（4）选择工具箱中的“自定义形状工具”按钮，在选项栏中设置“绘制模式”为形状，“填充”为深土黄色，“描边”为无，单击“形状”倒三角按钮，在下拉面板中选择邮票形状，然后在画面左侧按住鼠标左键拖拽进行绘制，如图15-36所示。

图15-35

图15-36

（5）使用“横排文字工具”，在邮票中间输入文字，然后在选项栏中设置合适的“字体样式”和“字体大小”，“字体颜色”为驼色，如图15-37所示。

图15-37

（6）继续使用同样的方法在下方添加文字。封底制作完成，效果如图15-38所示。

图15-38

此时书籍的平面图如图15-39所示。

图15-39

15.3 制作书籍立体展示效果

（1）执行“文件>置入嵌入对象”命令，将书页素材4置入到文档内，如图15-40所示。

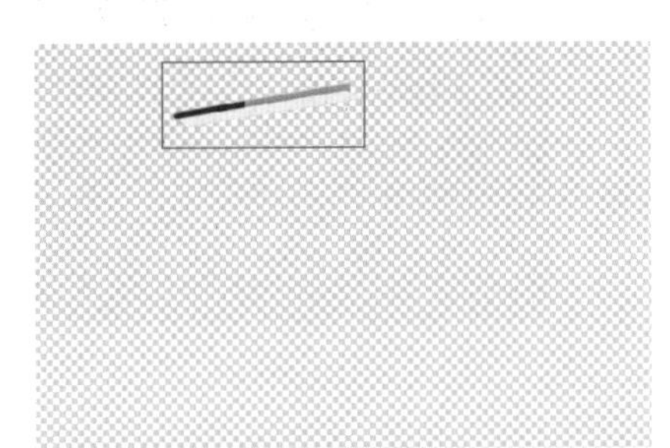

图15-40

（2）选择工具箱中的“矩形选框工具”，然后框选书籍封面部分，如图15-41所示。

图15-41

（3）使用“合并拷贝”快捷键Ctrl+Shift+C，接着使用“粘贴”快捷键Ctrl+V，得到书籍封面单独的图层，如图15-42所示。

图15-42

（4）使用相同的方法将书脊部分合并拷贝到独立图层，如图15-43所示。接着隐藏其他图层，只显示复制的封面图层和书脊图层。

图15-43

（5）选择新复制的封面图层，使用“自由变换”快捷键Ctrl+T，按住Shift键并拖拽一角处的控制点，进行缩放，如图15-44所示。

图15-44

（6）右键单击画面，执行“扭曲”命令，按照书页素材的形态调整各个控制点的位置，此时画面效果如图15-45所示。按下键盘上的Enter键结束变换操作。

（7）使用同样的方式将书脊进行自由变换，并放置在封面左侧，如图15-46所示。

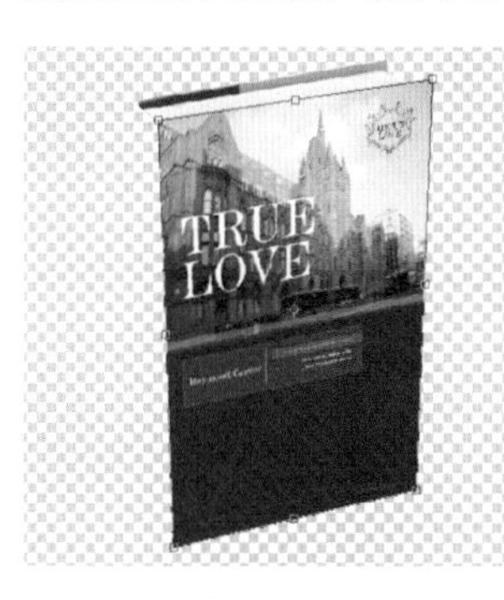

图15-45　　图15-46

（8）显示出最底层的背景色，如图15-47所示。

图15-47

（9）在封面图层上方新建图层，使用“矩形选框工具”绘制一个矩形选区。然后使用“渐变工具”，在选项栏中编辑一个白色到透明的渐变，设置“渐变类型”为“线性”渐变。接着在画面中按住鼠标左键拖动填充渐变颜色，如图15-48所示。然后使用取消选区快捷键Ctrl+D取消选区。

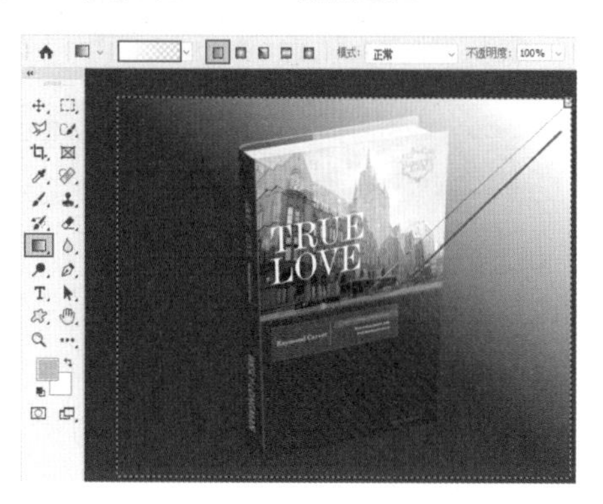

图15-48

（10）在图层面板中设置“不透明度”为20%，然后使用鼠标右键单击该图层，执行“创建剪贴蒙版”命令，将其作用于下面的封面图层，如图15-49所示。此时画面效果如图15-50所示。

图15-49

图15-50

（11）再次在封面图层上方新建图层，使用“矩形选框工具”绘制一个矩形选框，然后使用“渐变工具”填充半透明的黑色渐变，如图15-51所示。

图15-51

（12）在图层面板中设置“混合模式”为正片叠底，“不透明度”为30%，然后使用鼠标右键单击该图层，执行“创建剪贴蒙版”命令，如图15-52所示。此时画面效果如图15-53所示。

图15-52　　图15-53

（13）在书脊图层之上新建图层。接着使用同样的方式继续绘制一个矩形选区，并为其填充深咖啡色渐变，如图15-54所示。

（14）使用取消选区快捷键Ctrl+D取消选区。接着在图层面板中设置“混合模式”为正片叠底，如图15-55所示。

图15-54　　图15-55

（15）使用鼠标右键单击该图层，执行“创建剪贴蒙版”命令，使其只对书脊部分起作用，此时画面效果如图15-56所示。

图15-56

（16）制作书脊转折处。选择工具箱中的“钢笔工具”，在选项栏中设置“绘制模式”为形状，“填充”为驼色，“描边”为无，设置完成后在封面与书脊之间绘制一个转折形状，如图15-57所示。

（17）选择构成这本书的所有图层，然后使用“编组”快捷键Ctrl+G，将其编组并命名为“书脊”，如图15-58所示。

图15-57　　图15-58

（18）使用快捷键Ctrl+J复制一个新的书籍组，将其移动并摆放至合适位置，如图15-59所示。

图15-59

（19）在新的书籍组之下新建图层，使用画笔工具在画面中绘制一个黑色阴影，如图15-60所示。

图15-60

（20）按住Shift键加选新的书籍组和阴影图层，使用快捷键Ctrl+J再复制一个新的书籍组和阴影，将其移动并摆放至合适位置，如图15-61所示。

图15-61

（21）在“书籍组”之下新建图层。接着使用半透明的黑色画笔工具在书籍底部绘制阴影，效果如图15-62所示。

图15-62

（22）执行“图层>新建调整图层>曲线”命令，在弹出的“新建图层”窗口中单击“确定”按钮，接着在弹出的“曲线”面板中调整曲线形态。曲线形状如图15-63所示。此时画面效果如图15-64所示。

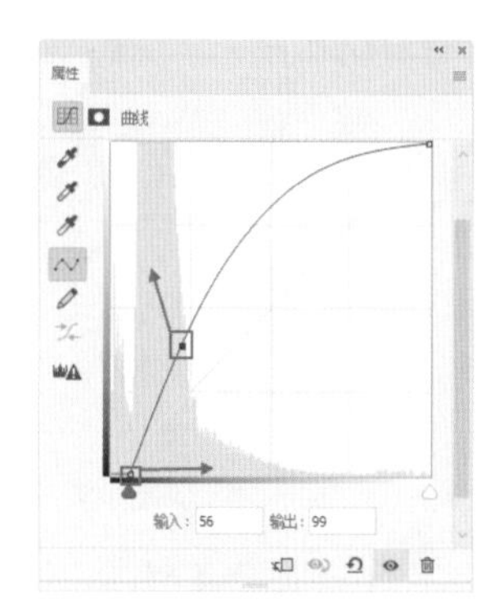

图15-63

图15-64

（23）使用黑色画笔在调整图层蒙版中进行涂抹，如图15-65所示。

图15-65

（24）使书籍的部分变亮，四周更暗。本案例制作完成，画面效果如图15-66所示。

图15-66

第16章
包装设计：罐装冰淇淋包装

文件路径　实战素材/第16章

操作要点
1. 使用色彩平衡、色相/饱和度调整产品的色彩
2. 使用混合模式与图层蒙版制作立体感包装展示效果

设计解析

本案例是为果味冰淇淋设计的罐装包装盒。本产品共有三种口味，分别为草莓口味、蓝莓口味、猕猴桃口味。

系列产品的包装要兼具统一性与识别度，统一性主要体现在版面布局的统一，而识别度则可以通过颜色的差异以及更换部分元素来实现。

包装版面元素以悬浮的球状冰淇淋为主，环绕代表产品口味的水果，搭配涂鸦感的线条，营造出了一种轻松、愉悦、美味的视觉氛围。

包装的主要色彩来源于产品的口味，由于这三款产品均为常见的水果口味，而这些水果在消费者心中也基本都有其固定的代表色。所以，采用这些约定俗成的代表色作为包装的主色，更容易被消费者理解。

案例效果

16.1　制作草莓口味冰淇淋的包装平面图

（1）执行“文件>新建”命令，创建宽度为30厘米，高度为15厘米的新文档。设置前景色为粉色，使用快捷键Alt+Delete为画面填充粉红色，效果如图16-1所示。

图16-1

（2）使用快捷键Ctrl+R调出标尺，然后从右侧的标尺上按住鼠标左键向画面中拖动，创建出三条参考线，将版面划分为相同的左、中、右三个部分，如图16-2所示。

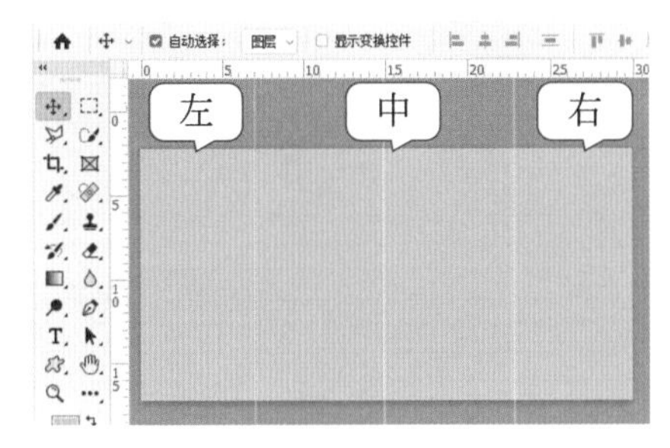

图16-2

（3）执行“文件>置入嵌入对象”命令，置入冰淇淋球素材5，并将其缩放至合适大小，按下Enter键提交操作，接着选择该图层，单击鼠标右键执行“栅格化图层”命令，此时画面效果如图16-3所示。

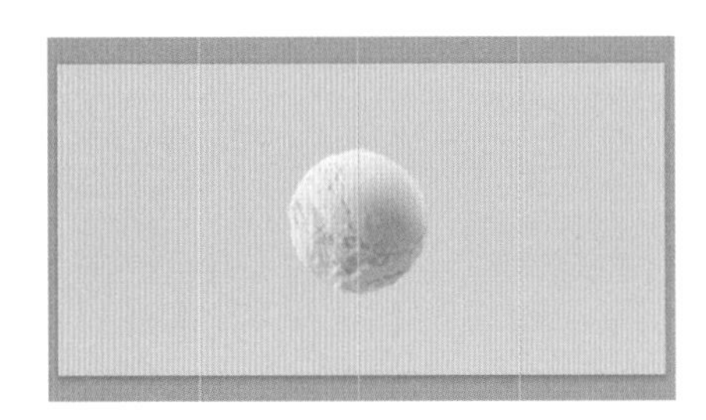

图16-3

（4）调整冰淇淋球的颜色。接着执行“图层>新建调整图层>色彩平衡”命令，创建一个“色彩平衡”调整图层。接着在“属性”面板中设置“色调”为中间调，设置“青色—红色”为100，“洋红—绿色”为-17，“黄色—蓝色”为10，勾选“保留明度”选项，单击按钮，使调色效果只作用于下一图层，如图16-4所示。

（5）继续在“属性”面板中设置“色调”为“阴影”，设置“青色—红色”为51，“洋红—绿色”为32，“黄色—蓝色”为–34，如图16-5所示。

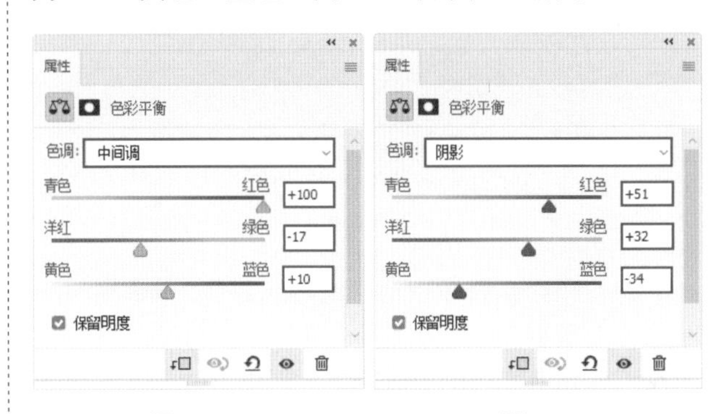

图16-4　　图16-5

（6）此时冰淇淋球的颜色发生了变化，效果如图16-6所示。

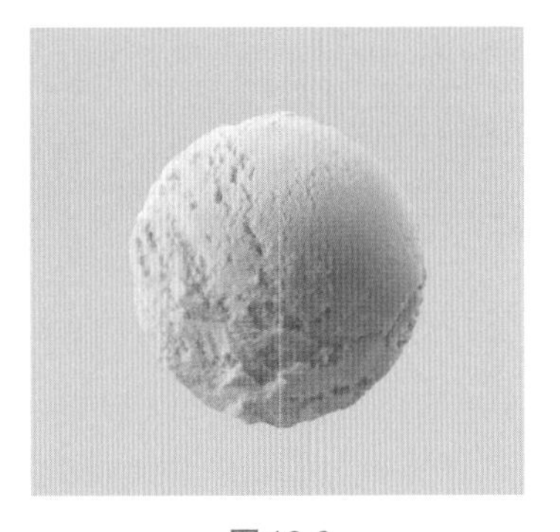

图16-6

（7）制作中间部分的标志。单击工具箱中的“横排文字工具”，在冰淇淋球的上方输入文字，如图16-7所示。

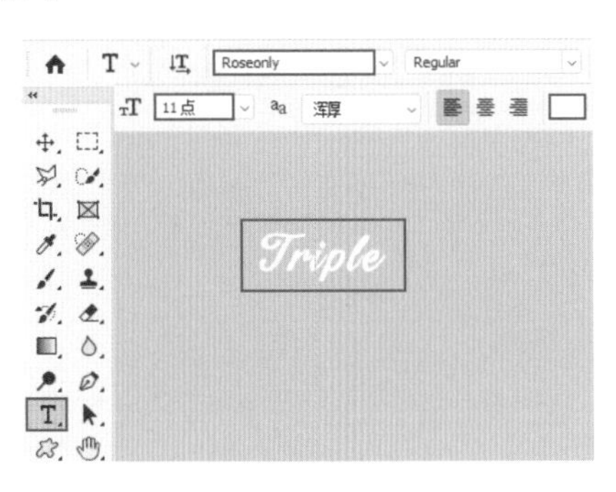

图16-7

（8）单击工具箱中的“椭圆工具”，在选项栏中设置“绘制模式”为形状，“填充”为白色，“描边”为无，在画面中按住鼠标左键拖动绘制一个椭圆形，如图16-8所示。

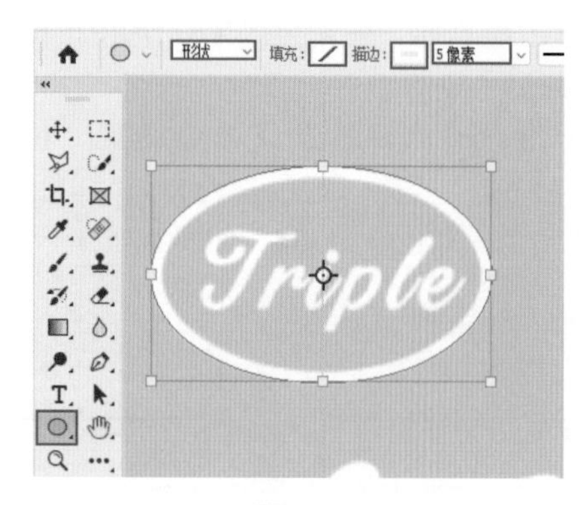

图16-8

（9）选择工具箱中的“钢笔工具”，在选项栏中设置“绘制模式”为形状，“填充”为白色，“描边”为无。在画面中绘制心形图形，如图16-9所示。

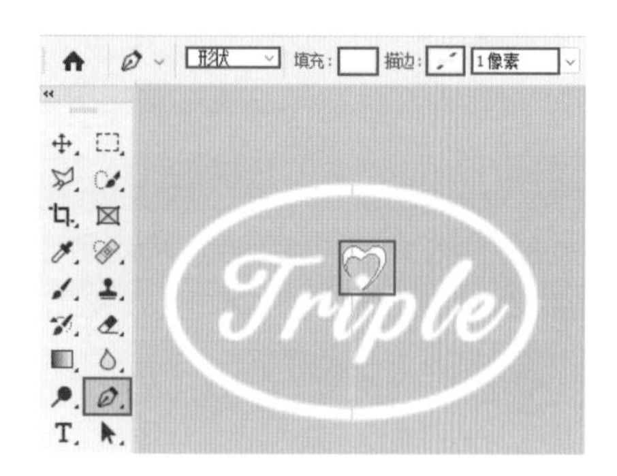

图16-9

（10）选中文字、椭圆与心形图形，单击图层面板底部的“创建新组”按钮，将其进行编组，并命名为“标志”，如图16-10所示。

图16-10

（11）制作中间部分的商品名称。单击工具箱中的“横排文字工具”，在标志的下方输入较大的文字，如图16-11所示。

图16-11

（12）执行“窗口>字符”命令，在打开的“字符”面板中单击“仿斜体”按钮，效果如图16-12所示。

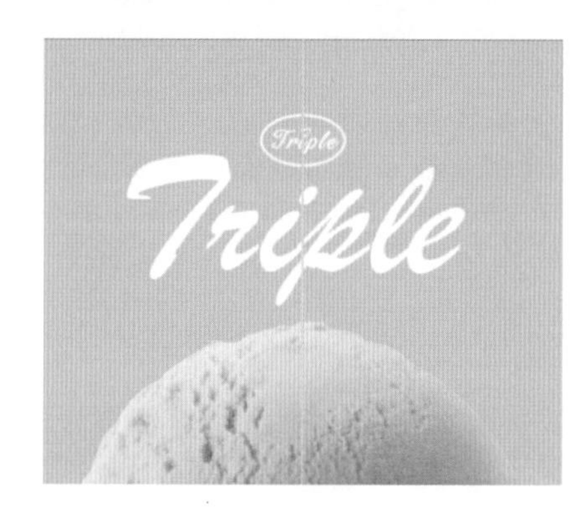

图16-12

（13）单击工具箱中的“钢笔工具”，在选项栏中设置“绘制模式”为形状，“填充”为白色，“描边”为无，在文字下方绘制一个图形，如图16-13所示。

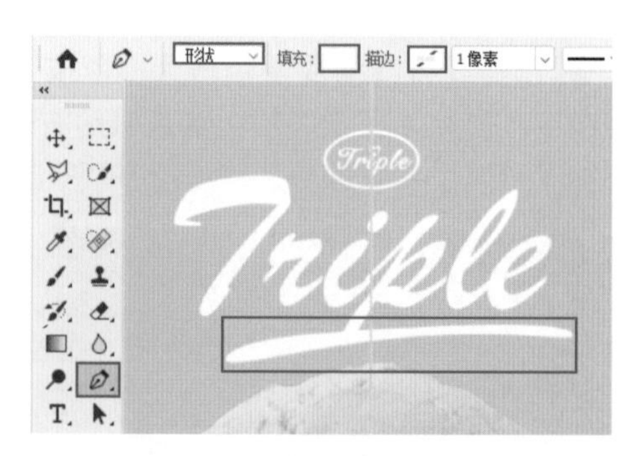

图16-13

（14）选中该图形与文字，单击“链接图层”按钮，将两个图层链接在一起，以便于接下来的操作，如图16-14所示。

（15）制作中间部分的文字。单击工具箱中的“横排文字工具”，在冰淇淋球的下方输入文字，并设置合适的字体、字号与颜色，如图16-15所示。

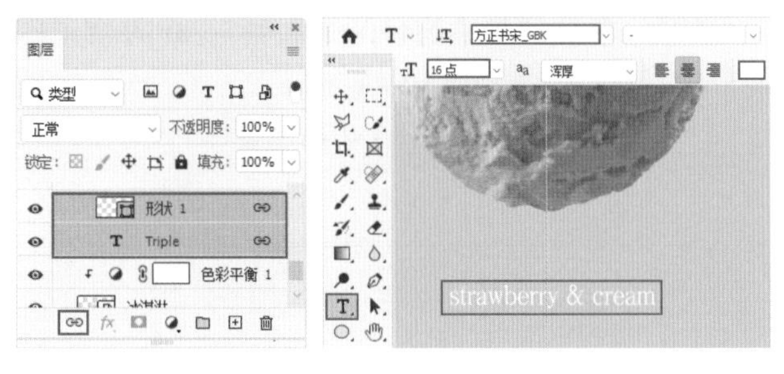

图16-14 图16-15

（16）执行“窗口>字符”命令，在打开的“字符”面板中单击“仿粗体”按钮与“全部大写字母”按钮，如图16-16所示。

图16-16

（17）继续使用同样的方法在画面中添加文字，效果如图16-17所示。

图16-17

（18）制作左侧文字。继续使用“横排文字工具”，在左侧区域按住鼠标左键拖动，绘制一个矩形文本框，然后输入文字，如图16-18所示。

（19）执行“窗口>字符”命令，在打开的“字符”面板中单击“仿粗体”按钮与“全部大写字母”按钮，调整文字如图16-19所示。

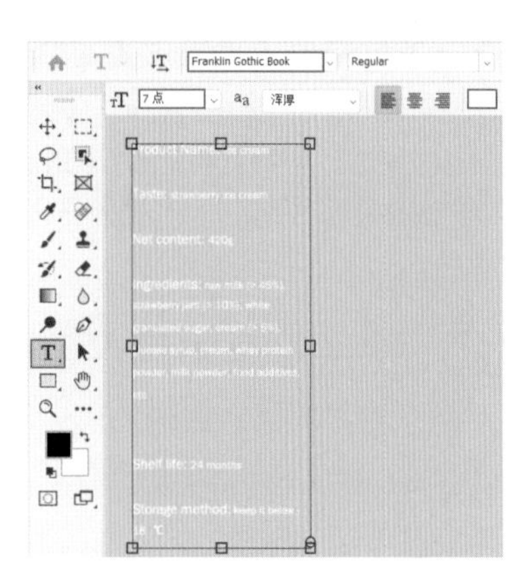

图16-18

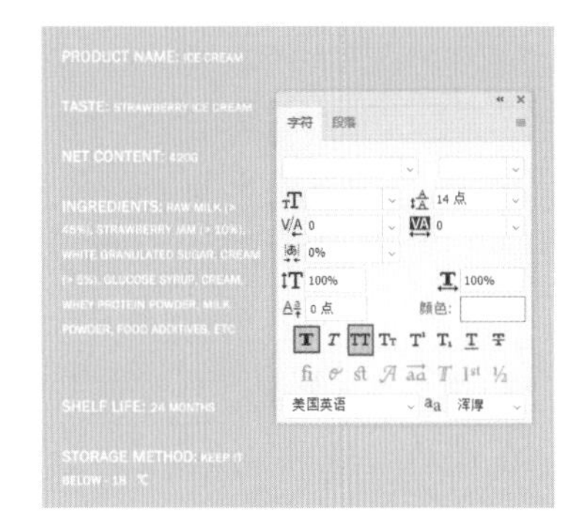

图16-19

（20）制作右侧的主文字与营养成分表。选中中间部分的商品名称，按住Alt键的同时按住鼠标左键向右下拖动，释放鼠标即可得到一个相同的商品名称，效果如图16-20所示。

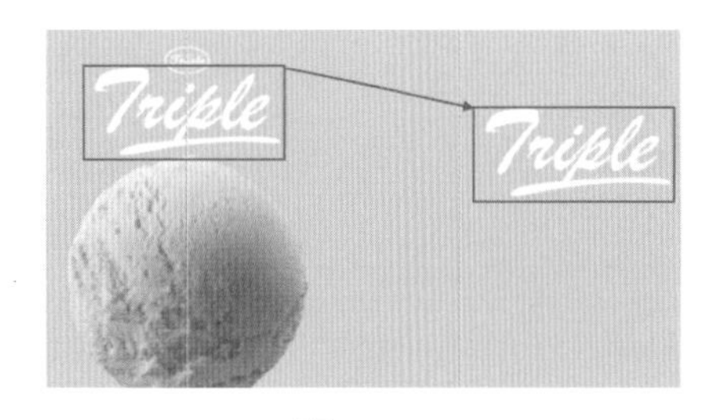

图16-20

（21）选择工具箱中的“文字工具”，在右侧的商品名称的下方添加文字，并设置合适的颜色、字体、字号、行间距与垂直缩放，如图16-21所示。

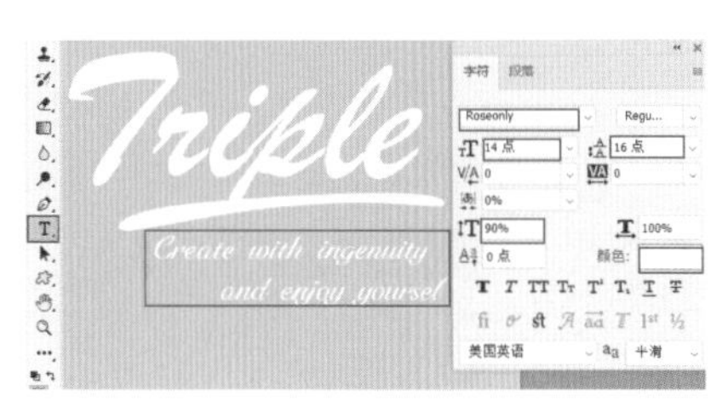

图16-21

（22）选择工具箱中的“矩形工具”，在选项栏中设置“绘制模式”为形状，“填充”为无，“描边”为白色，“描边宽度”为4像素。设置完成后，在右侧区域的下方按住鼠标左键拖动绘制一个矩形，如图16-22所示。

图16-22

（23）选择工具箱中的“直线工具”，在选项栏中设置“绘制模式”为形状，“填充”为白色，“描边”为无，“粗细”为4像素。设置完成后，在画面中按住鼠标左键拖动绘制一条直线，如图16-23所示。

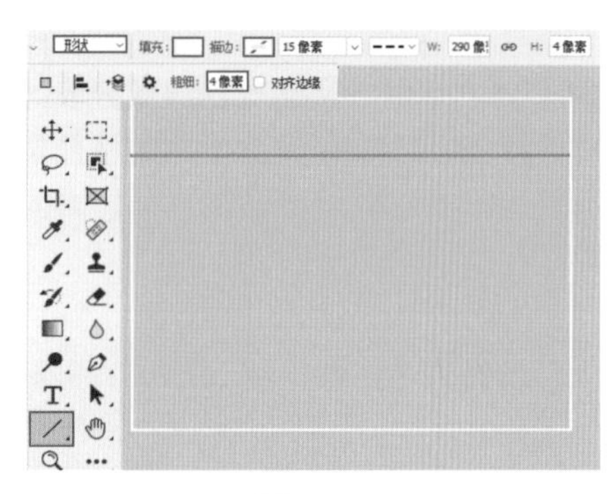

图16-23

（24）选择工具箱中的“横排文字工具”，在矩形上方输入文字，并在选项栏中设置合适的字体、字号与颜色，如图16-24所示。

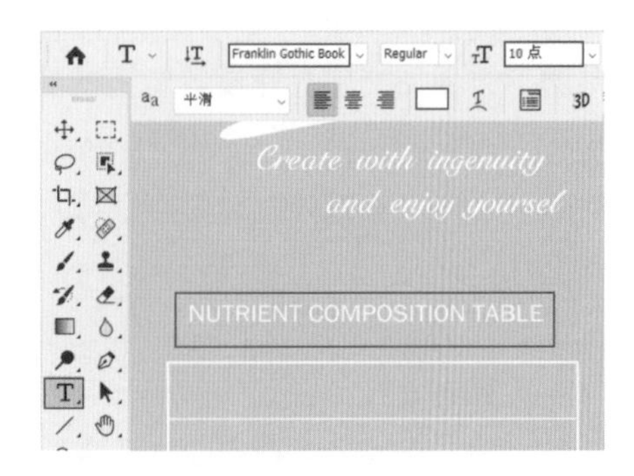

图16-24

（25）继续使用“横排文字工具”，在表格中添加其他文字，效果如图16-25所示。

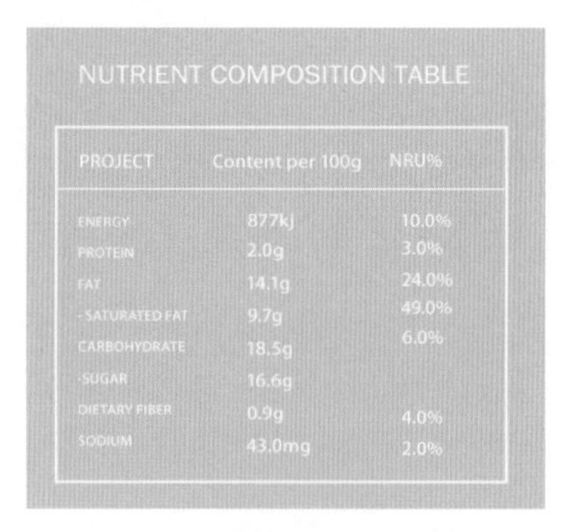

图16-25

（26）在画面中添加草莓元素。执行“文件>置入嵌入对象”命令，置入背草莓素材1，将其缩放至合适大小，如图16-26所示。

图16-26

（27）选中草莓素材，按住Alt键的同时按住鼠标左键向右上拖动，释放鼠标即可得到一个相同的草莓图案。接着选择复制的草莓，使用自由变换快捷键Ctrl+T，按住鼠标左键拖动，将其旋转至合适角度，如图16-27所示。

图16-27

（28）继续使用同样的方法在画面中复制出其他的草莓，效果如图16-28所示。

图16-28

（29）使用同样的方法在画面中添加其他形态的草莓素材。在添加素材时需要注意草莓图案之间的排列顺序，效果如图16-29所示。

图16-29

（30）执行“文件>置入嵌入对象”命令，置入装饰素材4，按下Enter键提交操作，接着将其栅格化，并使用快捷键Ctrl+;隐藏参考线，如图16-30所示。

图16-30

（31）选择所有图层，使用快捷键Ctrl+G进行编组，并命令为“草莓口味”，使用全选快捷键Ctrl+A，全选整个画面。使用盖印快捷键Shift+Ctrl+Alt+E，将画面效果合并至一个新的图层中，如图16-31所示。

图16-31

16.2　制作同系列的产品包装平面图

（1）选中“草莓口味”图层组，接着使用快捷键Ctrl+J进行拷贝，将其拷贝出一份，接着命名为“蓝莓口味”，如图16-32所示。

图16-32

（2）更改背景颜色。选择“蓝莓口味”图层组中的背景矩形。单击工具箱中的“矩形工具”，在选项栏中将“填充”设置为紫色，效果如图16-33所示。

图16-33

（3）替换冰淇淋球元素。选中冰淇淋球图层，按下Delete键将其进行删除，然后执行“文件>置入嵌入对象”命令，置入冰淇淋球素材14，将其缩放到合适大小并摆放在画面中的合适位置上，按下Enter键提交操作，效果如图16-34所示。

图16-34

（4）调整冰淇淋球的颜色。接着执行“图层>新建调整图层>色相/饱和度”命令，创建一个“色相/饱和度”调整图层。接着在弹出的“属性”面板中设置“色相”为-143，“饱和度”为-2，单击按钮，使调色效果只作用于下一图层，如图16-35所示。

（5）此时冰淇淋球的整体颜色均变为了紫色，效果如图16-36所示。

图16-35

图16-36

（6）添加蓝莓素材。选中所有草莓图层，按下Delete键将其进行删除，然后执行“文件>置入嵌入对象”命令，将蓝莓素材置入到画面中，并将其缩放到合适大小并摆放在画面中的合适位置上（在置入素材时，注意图层之间的排列顺序），如图16-37所示。按下Enter键提交操作。

（7）继续使用同样的方法在画面上添加蓝莓素材，效果如图16-38所示。

图16-37

图16-38

（8）选中图层组，使用快捷键Ctrl+Alt+E将其合并至一个新的图层中，如图16-39所示。

图16-39

（9）使用同样的方法制作“猕猴桃口味”的冰淇淋包装平面图，效果如图16-40所示。

图16-40

16.3 制作包装的立体展示效果

（1）执行“文件>打开”命令，打开素材15，效果如图16-41所示。

图16-41

（2）选中刚刚制作好的草莓口味包装平面图，使用“移动工具”，将盖印的图层拖动到当前文档中，使用自由变换快捷键Ctrl+T，将其缩放至合适的大小，效果如图16-42所示。

图16-42

（3）选中草莓口味图层，将其移动至中间杯子图层的上方，并在图层面板中设置“混合模式”为正片叠底，如图16-43所示。效果如图16-44所示。

图16-43　　图16-44

（4）单击工具箱中的“钢笔工具”，在选项栏中设置“绘制模式”为路径，然后沿着包装盒的形状绘制一个闭合的路径，如图16-45所示。

（5）使用快捷键Ctrl+Enter载入选区，单击图层面板底部的“添加图层蒙版”按钮，即可将包装以外的部分隐藏，如图16-46所示。

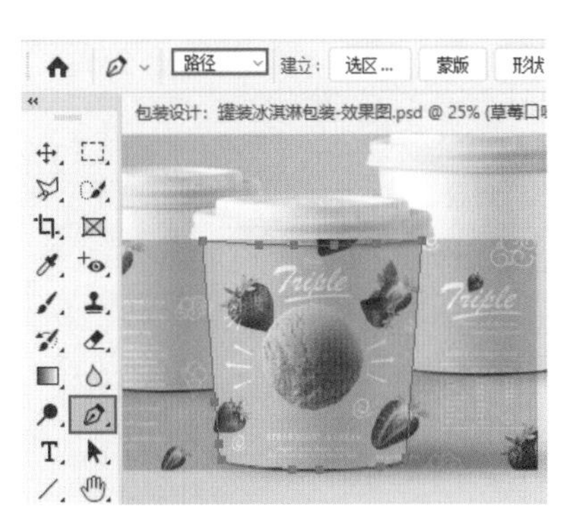

图16-45

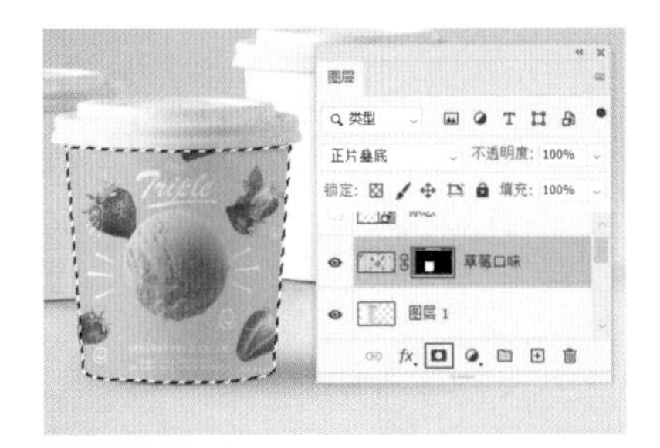

图16-46

（6）使用同样的方法制作出另外两个口味的立体展示效果，如图16-47所示。

图16-47

（7）最后将品牌标志复制到该文档中，移动到版面的右侧，案例完成效果如图16-48所示。

图16-48

第17章
网页设计：甜品店网站首页

文件路径

实战素材/第17章

操作要点

1. 使用多种矢量工具绘制网页中的图形
2. 使用剪贴蒙版控制位图及图形的显示区域

设计解析

本案例是一款甜品店的网站首页，该网站以产品销售为主，同时也兼具产品展示与企业宣传的功能。

页面沿用了典型的电商页面布局，以通栏广告作为首屏。甜美诱人的产品图像能够更好地吸引消费者的注意，接下来为产品列表，方便消费者购买，底部为产品促销及企业信息。

甜品的消费群体主要为女性及儿童，而购买群体更多的集中于具有消费力的女性消费群体。所以，网店的设计自然要符合此类消费者的喜好。

色彩是页面给人的第一印象，也通常会给人以心理暗示。甜品销售更多的时候是“贩卖美好”，甜美的口味、美妙的体验、美好的远景……而粉色系的色彩恰好与之相符。橘粉色兼具粉色的可人与橘色的美味，高明度的橘粉色更是不燥、不腻。使用这种颜色作为版面的主色，甜美而不张扬，舒适中又带有更多的憧憬。

案例效果

17.1　制作网页导航栏

（1）制作背景。执行“文件>新建”命令，创建一个宽度为1920像素，高度为3700像素的空白文档，分辨率为72像素/英寸，颜色模式为RGB颜色，单击“确定”按钮，如图17-1所示。

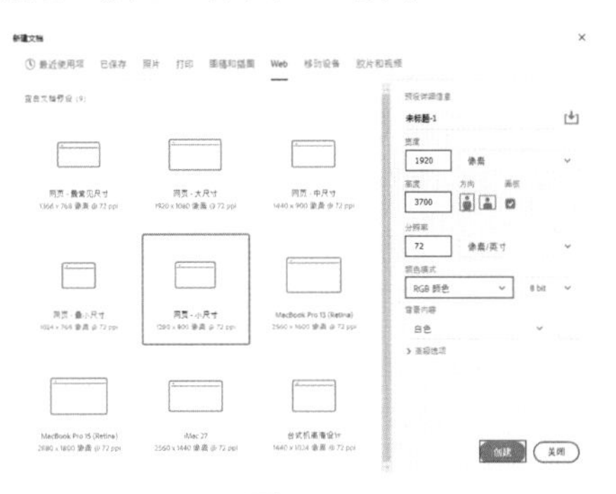

图17-1

（2）制作顶栏的背景部分。使用“矩形工具”，在选项栏中设置“绘制模式”为形状，“填充”为橘粉色，“描边”为无，在画面中绘制一个细长的矩形，如图17-2所示。

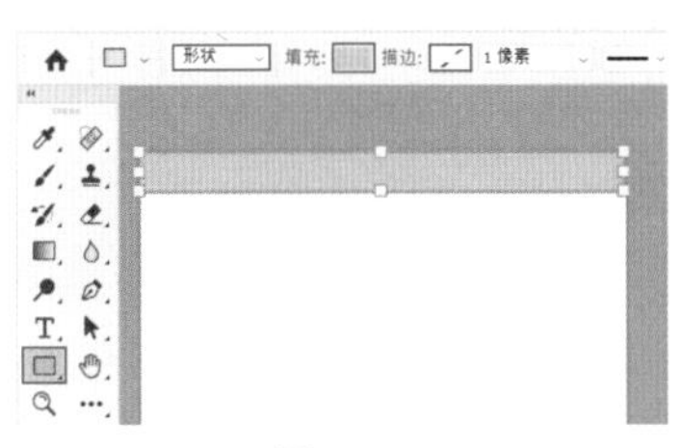

图17-2

（3）添加花朵装饰图形。使用“自定形状工具”，在选项栏中设置“绘制模式”为形状，“填充”为白色，“描边”为无，在“花卉组”中选择一种合适的形状，在画面中按住鼠标左键拖动进行绘制，如图17-3所示。

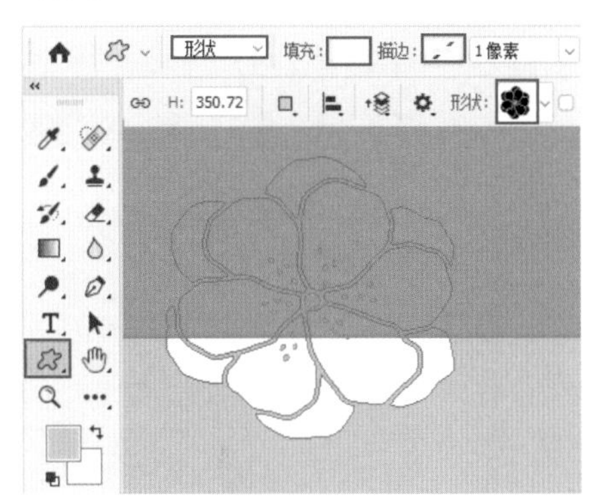

图17-3

（4）继续使用“自定形状工具”，在矩形上添加花朵形状，丰富顶栏的视觉效果，效果如图17-4所示。

图17-4

（5）制作顶栏的店铺名部分。使用“横排文字工具”，在画面的空白位置上输入文字，在选项栏中设置合适的颜色、字体与字号，将其移动到矩形上，如图17-5所示。

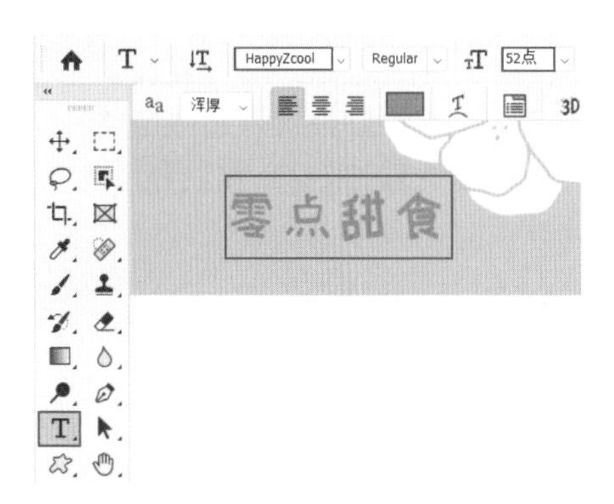

图17-5

（6）选中文字图层，执行“窗口>字符”命令，在打开的“字符”面板中设置“字间距”为–200，如图17-6所示。

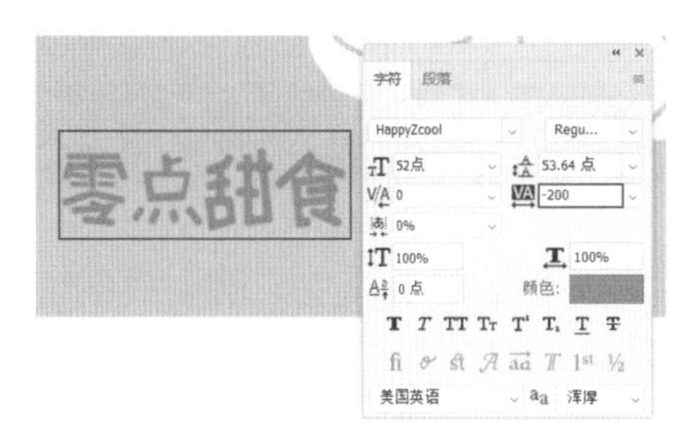

图17-6

（7）使用同样的方法在主文字上方添加英文文字，效果如图17-7所示。

图17-7

（8）使用“钢笔工具”，在选项栏中设置“绘制模式”为形状，“填充”为一种橘粉色系的渐变，“描边”为无，在画面中绘制一个六边形，如图17-8所示。

图17-8

（9）使用“横排文字工具”，在画面中的空白位置上单击添加文字，并设置合适的字体、字号、颜色与字间距。然后选中文字，将其移动到六边形上，如图17-9所示。

图17-9

（10）制作顶栏的导航部分。使用“横排文字工具”，在店铺名的右侧位置添加两组文字，效果如图17-10所示。

图17-10

（11）使用“直线工具”，在选项栏中设置“绘制模式”为形状，“填充”为黄绿色，“描边”为无，“粗细”为1像素，在文字之间按住Shift键的同时按住鼠标左键绘制一条直线，如图17-11所示。

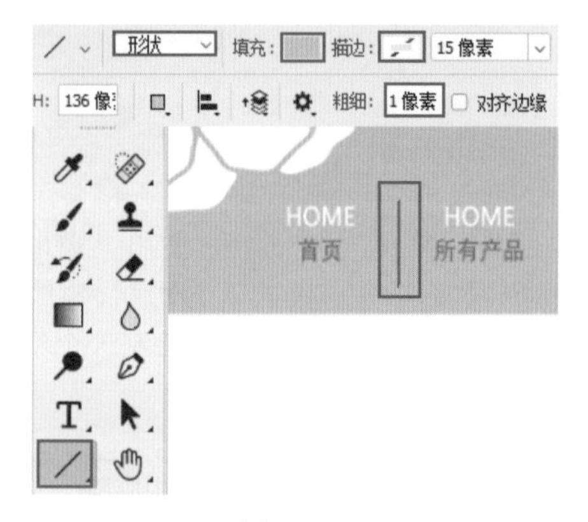

图17-11

（12）选中该直线，按住Alt键的同时按住鼠标左键向右拖动，复制出另外三条直线，效果如图17-12所示。

图17-12

17.2 制作首屏广告

（1）执行“文件>置入嵌入对象”命令，置入素材1，并将其缩放至合适大小，摆放在画面顶部，然后进行“栅格化”操作，将其转为普通图层，如图17-13所示。

图17-13

（2）使用“矩形选框工具”，在画面中按住鼠标左键拖动绘制一个矩形选区，接着选中素材图层，单击图层面板底部的“创建图层蒙版”按钮，即可隐藏选区以外的部分，如图17-14所示。

图17-14

（3）使用“矩形工具”，在选项栏中设置“绘制模式”为形状，“填充”为白色，“描边”为无，在画面中按住鼠标左键拖动，在图片的顶部绘制一个细长的矩形，如图17-15所示。

图17-15

（4）执行“窗口>形状”命令，打开“形状”面板，单击面板菜单按钮，执行“旧版形状及其他”命令，将其载入到画板中，如图17-16所示。

图17-16

（5）使用“自定形状工具”，在选项栏中设置“填充”为白色，“描边”为无，在“花饰字组”中选择一种合适的形状，在画面中按住鼠标左键拖动进行绘制，如图17-17所示。

图17-17

（6）选中该形状，按住Ctrl+Alt+T键调出定界框，然后按住Shift键的同时按住鼠标左键向右拖动，释放鼠标即可得到一个相同的图形，如图17-18所示。按下键盘上的Enter键提交操作。

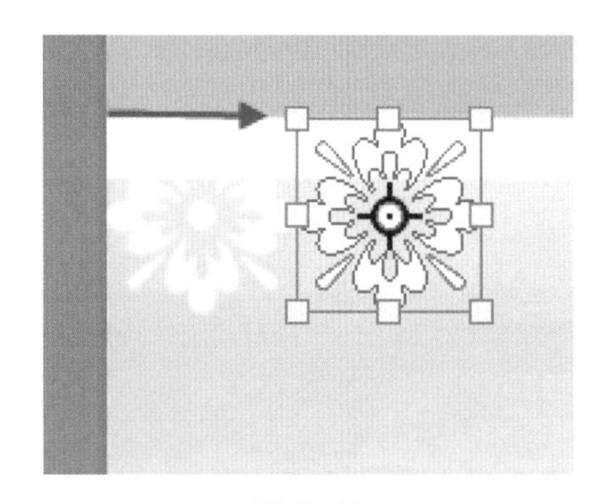

图17-18

（7）使用快捷键Shift+Ctrl+Alt+T进行多次重复变换操作，即可得到一系列相同的花纹。选中所有形状，使用快捷键Ctrl+G进行编组，效果如图17-19所示。

图17-19

（8）选中图层组，使用快捷键Ctrl+J进行拷贝。选中图层组，将花纹移动至图片的底部，如图17-20所示。

图17-20

（9）展开下方的花纹图层组，加选组内的图层，使用“自定形状工具”，在选项栏中设置“填充”为橘粉色，效果如图17-21所示。

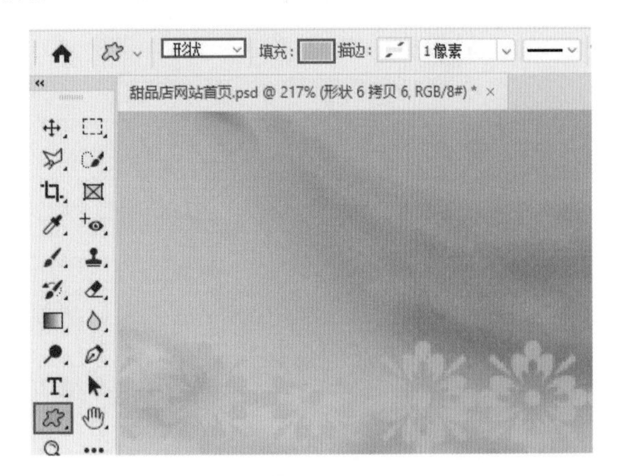

图17-21

（10）接着使用“矩形工具”，在选项栏中设置“填充”为橘粉色，接着在橘粉色花纹下方绘制一个细长的矩形，如图17-22所示。

图17-22

（11）使用“椭圆工具”，在选项栏中设置“绘制模式”为形状，“填充”为白色无，“描边”为无。设置完成后，在画面中按住Shift键的同时按住鼠标左键拖动绘制一个正方形，并在图层面板中设置“不透明度”为50%，如图17-23所示。

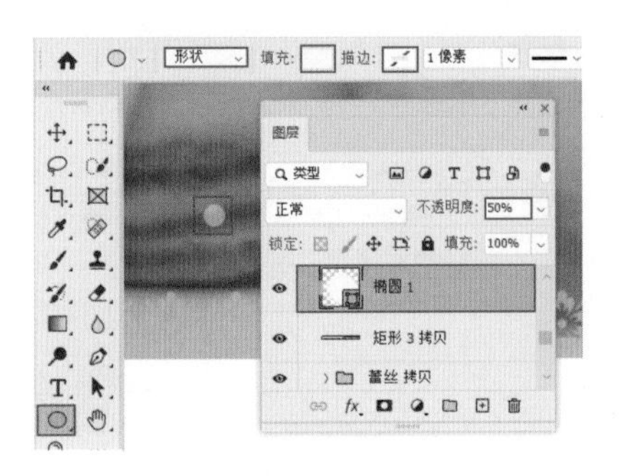

图17-23

（12）选中该正圆形，按住Shift+Alt键的同时按住鼠标左键向右拖动，可将复制的正圆沿着水平方向向右移动，如图17-24所示。

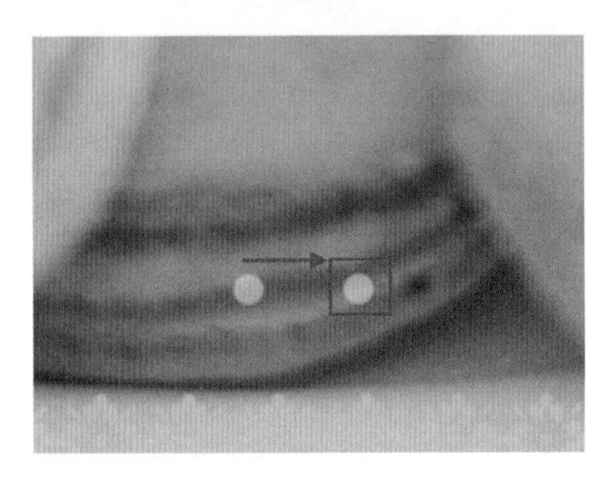

图17-24

（13）继续使用同样的方法复制出另外几个正圆，效果如图17-25所示。

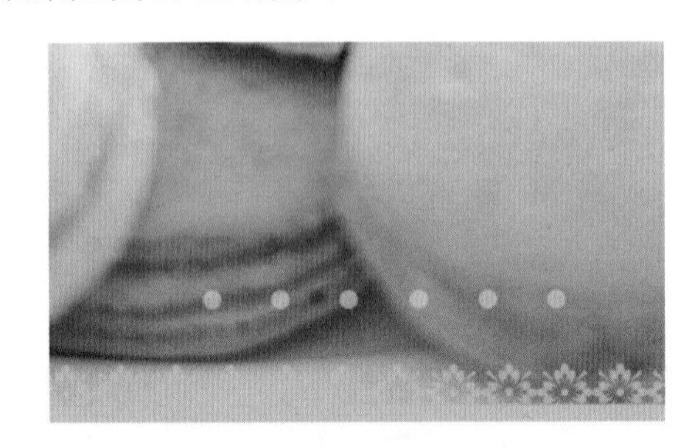

图17-25

17.3 制作产品展示区

（1）使用“横排文字工具”按钮，在橘粉色矩形下方添加一组紧凑排列的英文，如图17-26所示。

（2）使用“矩形工具”按钮，在选项栏中设置“填充”为橘粉色，“描边”为无，“圆角半径”为20像素，在画面中绘制一个圆角矩形，效果如图17-27所示。

图17-26

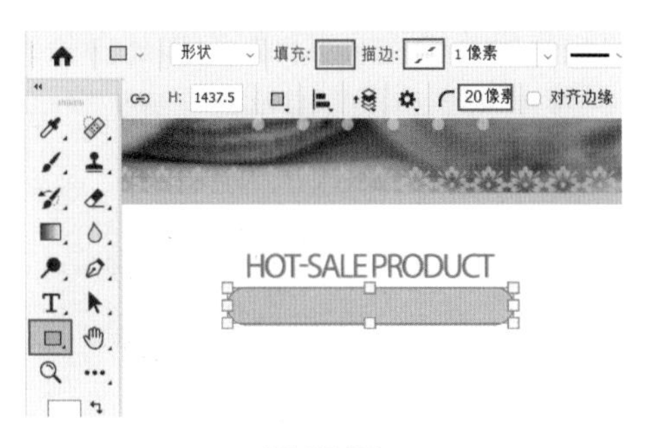

图 17-27

（3）使用“横排文字工具”按钮，在画面中添加合适的文字，并将其移动至圆角矩形中心位置上，效果如图17-28所示。

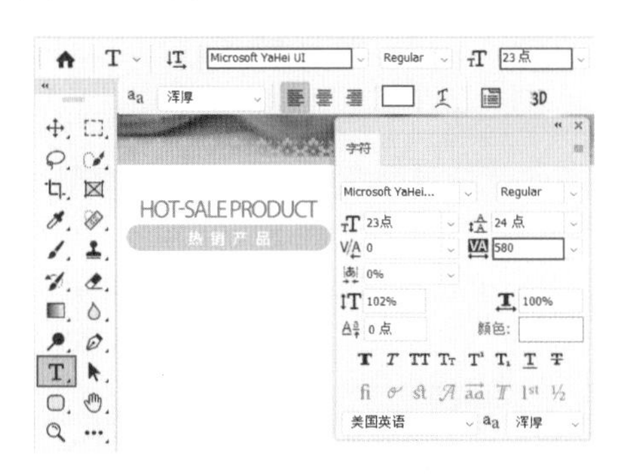

图 17-28

（4）使用同样的方法在画面中添加文字，效果如图17-29所示。

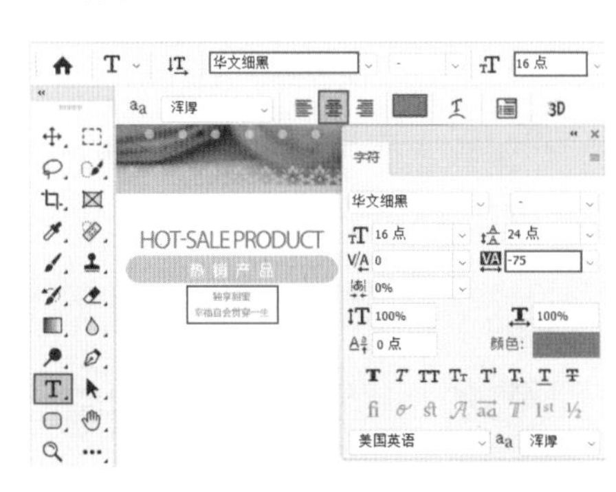

图 17-29

（5）制作产品展示图部分的底图。使用“矩形工具”，在选项栏中设置“填充”为橘粉色，“描边”为无，在画面中按住Shift键的同时按住鼠标左键拖动绘制一个正方形，如图17-30所示。

（6）选中该矩形，按住Shift+Alt键的同时按住鼠标左键，将其向右拖动，释放鼠标即可完成复制移动操作。继续使用同样的方法制作另外一个矩形，选中这三个正方形的图层，单击选项栏中的“水平分布”按钮，效果如图17-31所示。

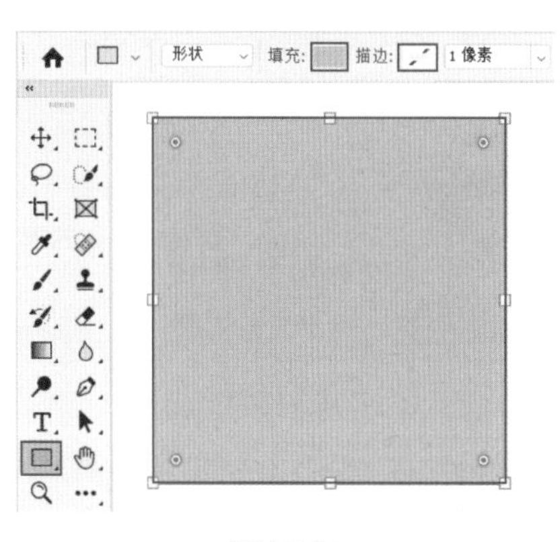

图 17-30

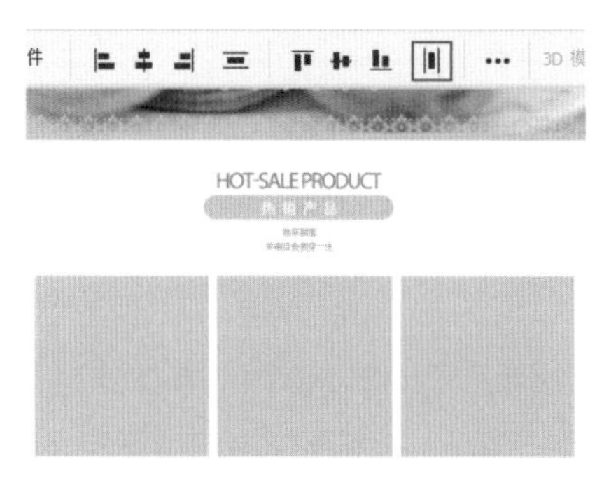

图 17-31

（7）选择这三个正方形，按住Shift+Alt键的同时按住鼠标左键将其向下拖动，释放鼠标即可完成复制移动操作，效果如图17-32所示。

图 17-32

（8）在画面中添加产品图片。执行“文件>置入嵌入对象”命令，置入产品素材“2.jpg”，并将其缩放至合适大小。在该图层上单击鼠标右键，执行“栅格化”命令，将其转为普通图层，如图17-33所示。

（9）使用同样的方法添加其他产品图片，调整至合适的大小，摆放在正方形上，效果如图17-34所示。

图 17-33

图 17-34

（10）制作产品展示图部分的产品信息。使用“横排文字工具”，在相对应的产品图下方添加合适的文字，效果如图17-35所示。

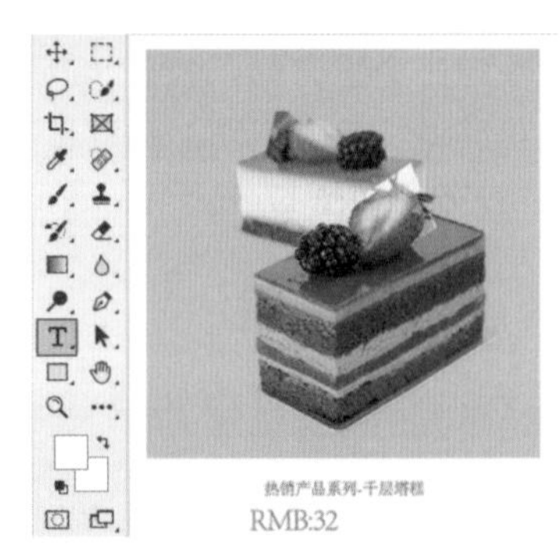

图 17-35

（11）使用“矩形工具”按钮，在选项栏中设置“填充”为粉橘色，“描边”为无，设置完成后在文字右侧绘制一个矩形，如图17-36所示。

图 17-36

（12）使用“横排文字工具”添加白色的文字，然后将其移动至矩形正中心位置。购买按钮制作完成，效果如图17-37所示。

图 17-37

（13）选择第一个产品的所有信息与按钮，按住Alt键的同时按住鼠标左键拖动，将其复制出一份到右侧，并根据产品信息更改文字，如图17-38所示。

图 17-38

（14）使用同样的方法制作出另外几组文字信息，效果如图17-39所示。

图 17-39

（15）制作优惠券部分。使用“矩形工具”按钮，在选项栏中设置“填充”为橘粉色，“描边”为无，设置完成后在画面中绘制三个矩形。两侧的矩

形颜色稍深，如图17-40所示。

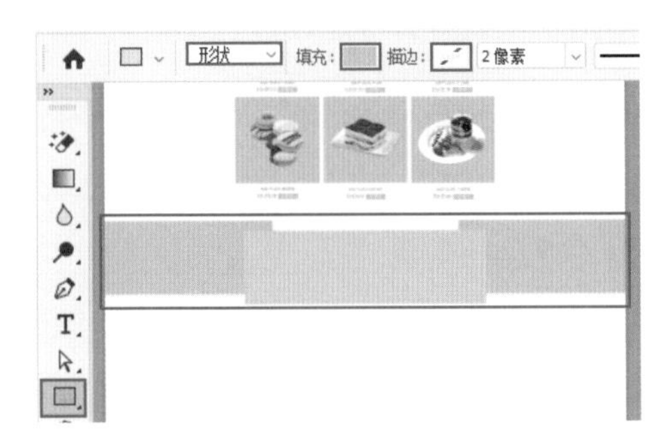

图17-40

（16）使用“钢笔工具”按钮，在选项栏中设置“绘制模式”为形状，“填充”为偏灰的橘粉色，“描边”为无，设置完成后在画面中绘制两个三角形，作为转折处的图形，增加横幅的立体感，如图17-41所示。

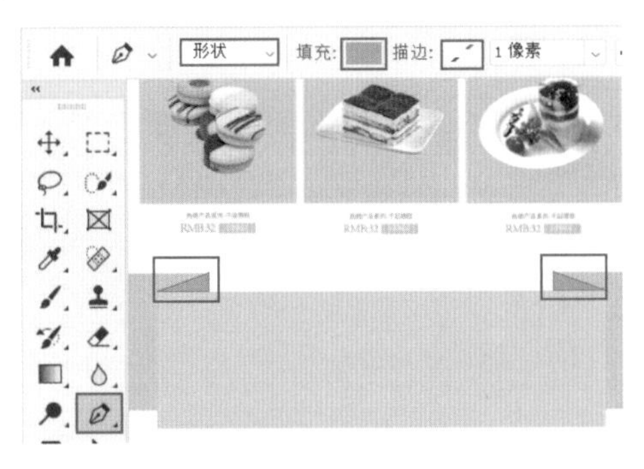

图17-41

（17）新建图层，使用“多边形套索”按钮，在画面中绘制多边形选区，然后设置前景色为深灰色，使用快捷键Alt+Delete进行填充，如图17-42所示。

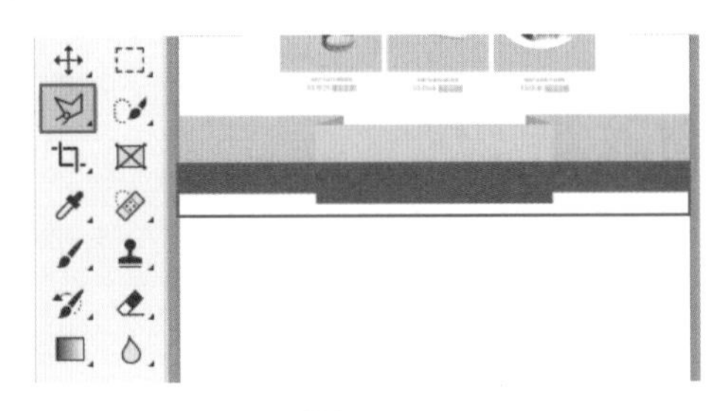

图17-42

（18）选中该图层，将其移动至三个矩形图层的下方，效果如图17-43所示。

（19）制作优惠券部分的主体。选择顶栏中的店铺名与花朵图形，按住Alt键的同时按住鼠标左键将其移动到条幅上。将店铺名与花朵图形调整至横幅中间，然后将店铺名的颜色更改为白色，效果如图17-44所示。

图17-43

图17-44

（20）使用“横排文字工具”按钮，在横幅上标志左侧的位置添加合适的文字，如图17-45所示。

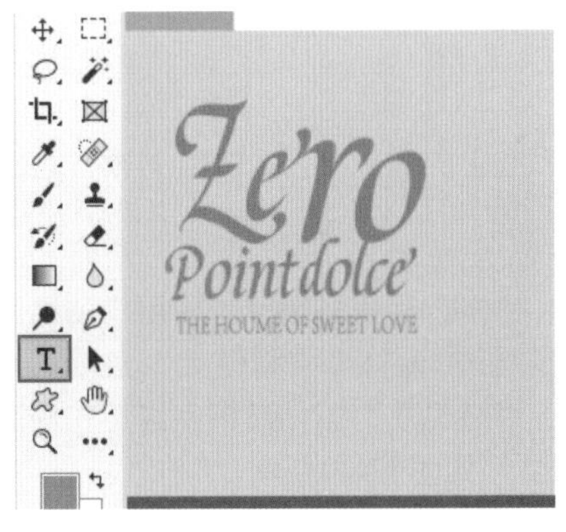

图17-45

（21）使用“钢笔工具”按钮，在选项栏中设置“绘制模式”为形状，“填充”为白色，“描边”为无，设置完成后在画面中绘制一个图形，如图17-46所示。

（22）选中文字与多边形，使用快捷键Ctrl+G进行编组。接着使用快捷键Ctrl+J进行拷贝，并将其移动至右侧，效果如图17-47所示。

图17-46

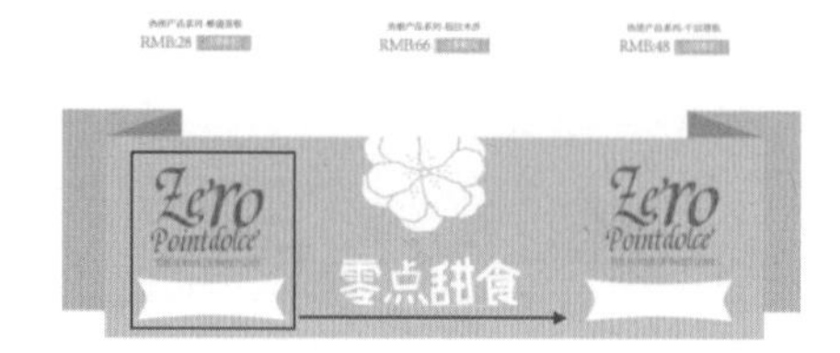

图17-47

（23）使用“横排文字工具”按钮，在画面的空调白位置上添加合适的文字，并将其移动到白色的多边形上，如图17-48所示。

图17-48

（24）制作产品信息部分。使用“钢笔工具”按钮，在选项栏中设置“绘制模式”为形状，“填充”为橘粉色，“描边”为无，设置完成后在画面中绘制一个对话框，如图17-49所示。

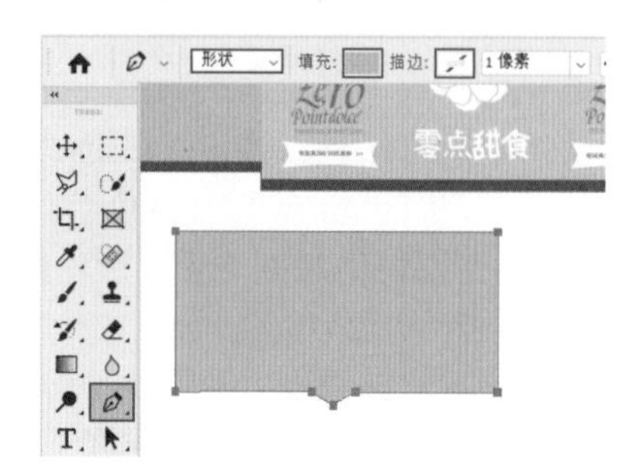

图17-49

（25）继续使用“钢笔工具”，在画面中绘制另外一个对话框，如图17-50所示。

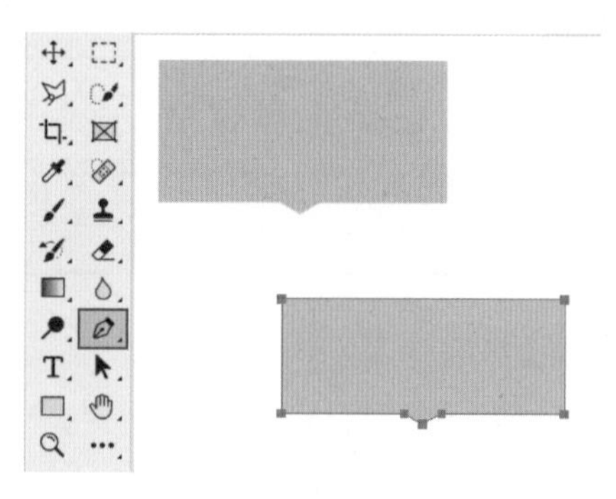

图17-50

（26）选中花朵图案，按住Alt键将其复制并移动到较大的对话框的位置上，然后调整图层顺序。单击“自定形状工具”按钮，在选项栏中更改“填充”为橘粉色，如图17-51所示。

图17-51

（27）单击鼠标右键执行“创建剪贴蒙版”命令，将其作用于较大的对话框中，如图17-52所示。

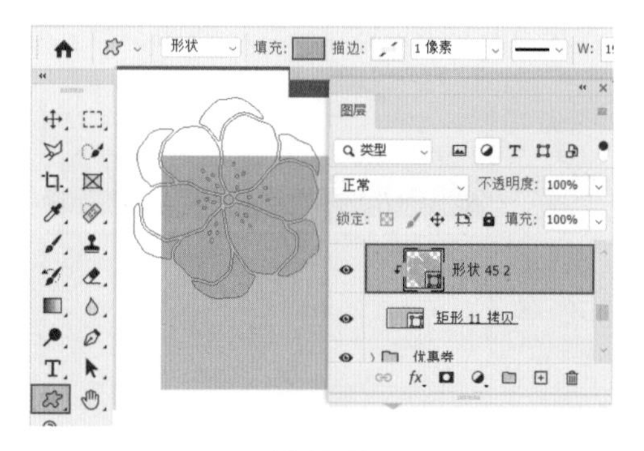

图17-52

（28）选中优惠券中的装饰文字，复制并合并为独立图层，移动到较大的对话框上，使用自由变换快捷键Ctrl+T，将其放大至合适大小，如图17-53所示。

（29）执行“文件>置入嵌入对象”命令，置入装饰素材8，并将其移动到画面中的合适位置上，按下Enter键提交操作，如图17-54所示。

图 17-53

图 17-54

（30）使用“矩形选框工具”，在图片上绘制一个矩形选区，并单击图层底部的“创建图层蒙版”按钮，为图层添加蒙版，隐藏选区以外的部分，如图17-55所示。

（31）继续使用同样的方法在画面中添加另一张产品图片，效果如图17-56所示。

（32）使用“横排文字工具”按钮，在空白位置单击输入文字，设置合适的字体、大小及颜色，并将其摆放在稍小的对话框中，效果如图17-57所示。

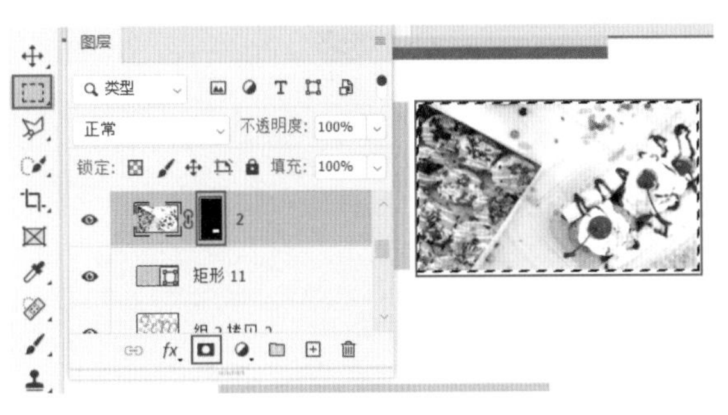

图 17-55

图 17-56

图 17-57

17.4　制作网页底栏

（1）使用“矩形工具”按钮，在选项栏中设置“填充”为橘粉色，“描边”为无。设置完成后，在画面底部按住鼠标左键拖动绘制一个矩形，如图17-58所示。

（2）使用“横排文字工具”按钮，在画面中添加合适的文字，并将其摆放至矩形上，效果如图17-59所示。

（3）复制三份这两组文字，摆放在右侧，如图17-60所示。

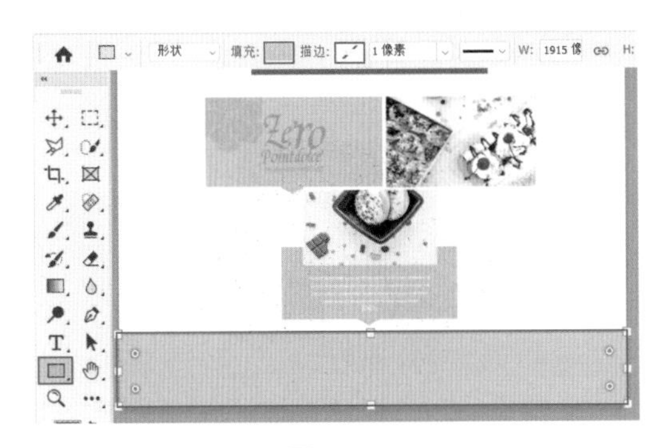

图 17-58

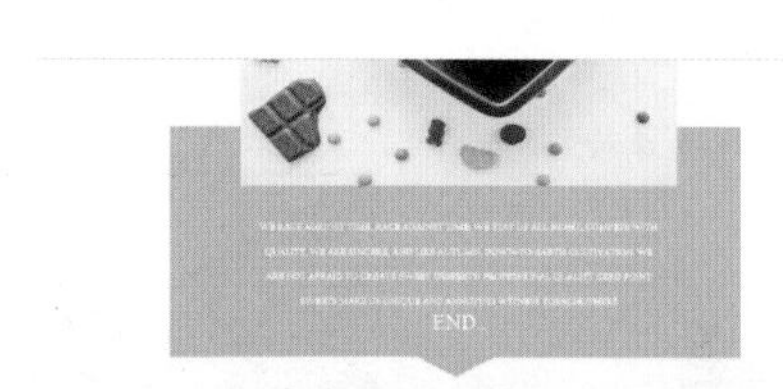

图17-59

图17-60

（4）更改每组文字的内容，效果如图17-61所示。

图17-61

（5）使用快捷键Ctrl+A全选画面，然后使用盖印快捷键Shift+Ctrl+Alt+E，将画面效果盖印到一个新图层中，效果如图17-62所示。

图17-62

17.5 制作网站展示效果

（1）执行“文件>打开”命令，打开素材15的PSD格式文件，效果如图17-63所示。

图17-63

（2）选中刚刚制作好的甜品店网站首页，使用“移动工具”，将其拖动到当前文档中。使用自由变换快捷键Ctrl+T，将其缩放至中间电脑屏幕的大小，并移动至合适位置上，效果如图17-64所示。

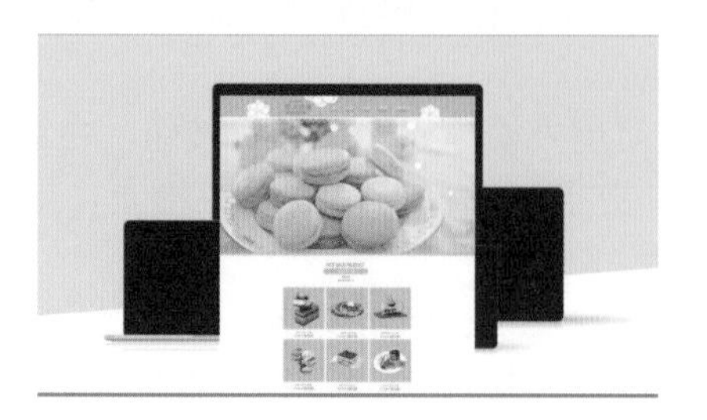

图17-64

（3）选中复制的首页图层，在“图层”面板中将其移动至中间电脑图层的上方，如图17-65所示。效果如图17-66所示。

图17-65

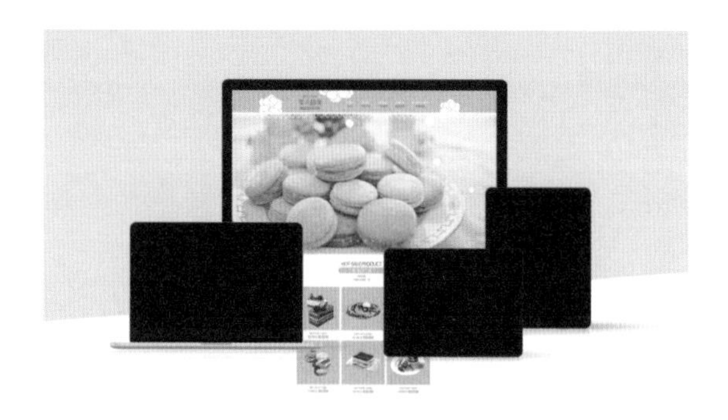

图17-66

（4）接着使用“矩形选框工具”按钮，按照屏幕的尺寸在画面中绘制一个矩形选区，如图17-67所示。

（5）接着在选中该首页图层的状态下，单击图层底部“添加图层蒙版”按钮，为图层添加蒙版，将选区以外的部分隐藏，效果如图17-68所示。

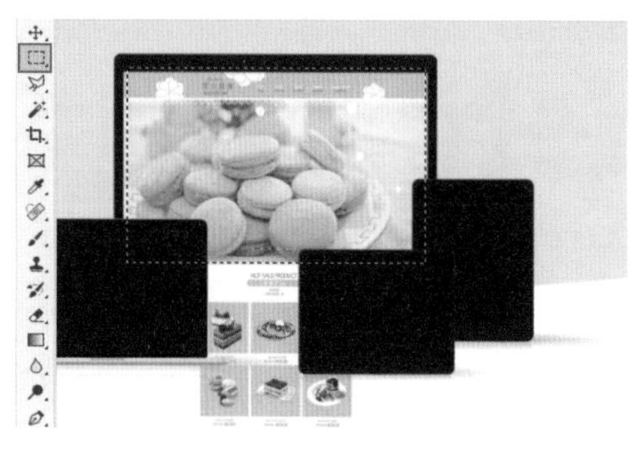

图17-67

图17-68

（6）使用同样的方法制作出三个屏幕的展示效果，如图17-69所示。

图17-69

第18章
VI设计：活力感企业视觉形象设计

文件路径

实战素材/第18章

操作要点

1. 使用圆角矩形、椭圆与文字组合成标志
2. 使用剪贴蒙版制作标志变体上的图案效果
3. 使用投影样式增强元素立体感

设计解析

本案例是为一家酒类企业设计的视觉形象。该企业旗下产品多为果味鸡尾酒，口感清新，主要面向女性消费者。

企业形象设计的重点集中在标志设计中，由于该企业产品的主要消费群体为女性消费者，所以在标志上以WOMAN（女性）的首字母作为主体。选择简洁、大方且端点平滑的字体，与当代女性的气质相符合。右上角的圆环图形通常也代表着酒精含量。两者搭配在一起，“更适合女性口味的酒”这一概念跃然而生。

标志以及企业形象选择橙色作为主色，明度、纯度适中的橙色象征着旺盛的生命活力，同时橙色也常给人以美味的心理暗示。

案例效果

标准色

设计意图

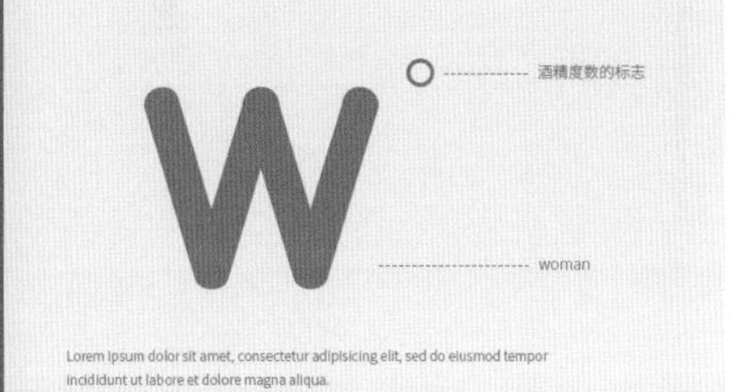

效果展示

反白稿

woman

墨稿

标准制图

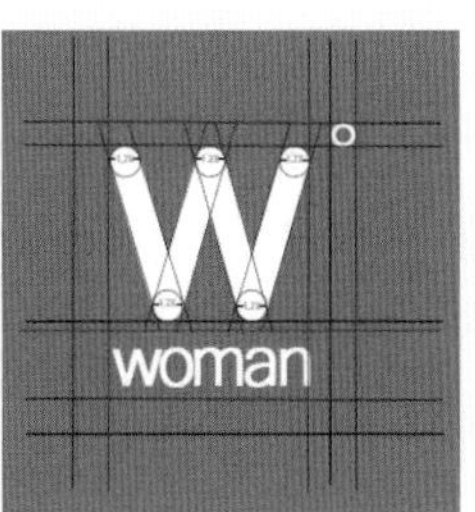

网格制图

LOGO变体

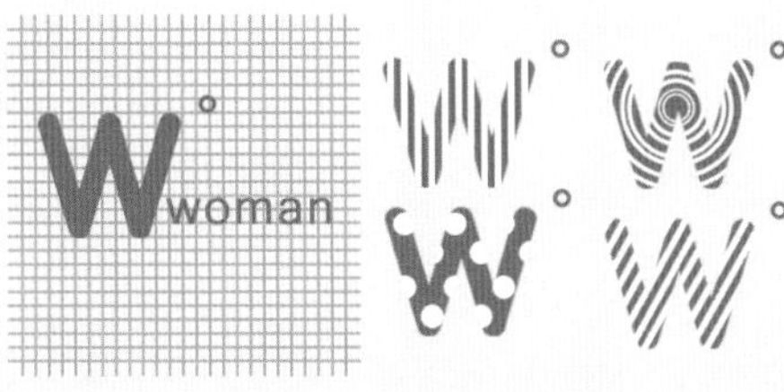

18.1　制作企业标志

（1）执行“文件>新建”命令，创建一个大小合适的文档。首先制作标志的背景。新建图层选择工具箱中的“矩形选框工具”，在画面中绘制一个矩形选区，接着设置“前景色”为浅灰色，使用快捷键Alt+Delete进行前景色填充，如图18-1所示。

图18-1

（2）制作标志图形。单击工具箱中的“矩形工具”，在选项栏中设置“填充”为橘色，“描边”为无，“圆角半径”为10像素。在画面中绘制一个圆角矩形，效果如图18-2所示。

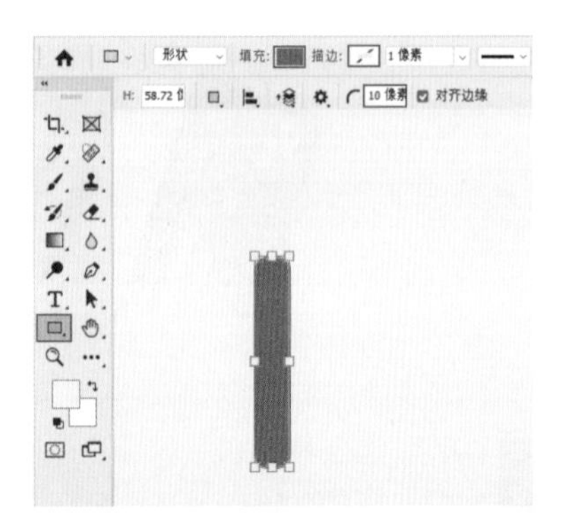

图18-2

（3）使用自由变换快捷键Ctrl+T，将光标放在定界框以外，按住鼠标左键拖动，将其旋转至合适的角度，如图18-3所示。

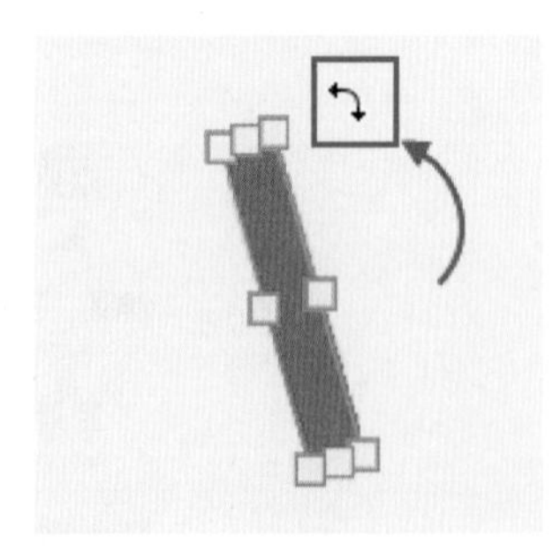

图18-3

（4）选中该图层，使用快捷键Ctrl+J进行拷贝，然后选中拷贝的图层，使用自由变换快捷键Ctrl+T，在画面中单击鼠标右键，执行“水平翻转”命令，如图18-4所示。

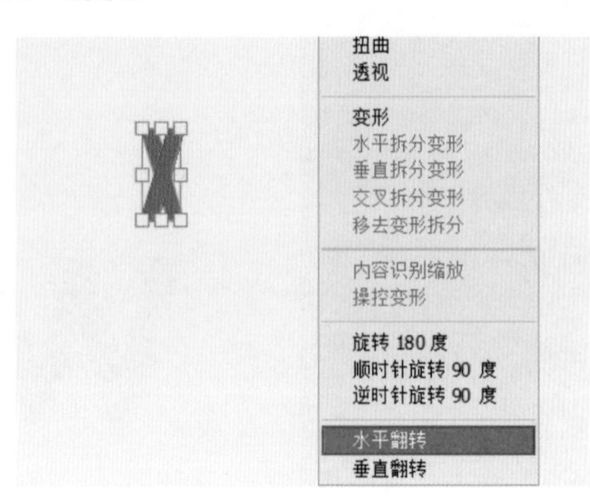

图18-4

（5）将其移动至合适的位置上，如图18-5所示。

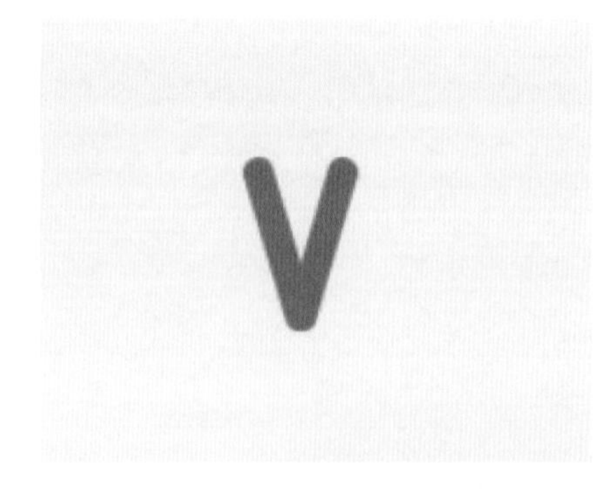

图18-5

（6）选中这两个圆角矩形，按住Alt键的同时按住鼠标左键向右拖动，将其复制移动至右侧，即可制作出字母“W”，效果如图18-6所示。

图18-6

（7）单击工具箱中的“椭圆工具”，在选项栏中设置“绘制模式”为形状，“填充”为橘色，“描边”为无，在画面中按住Shift键的同时按住鼠标左键拖动绘制一个正圆形，如图18-7所示。

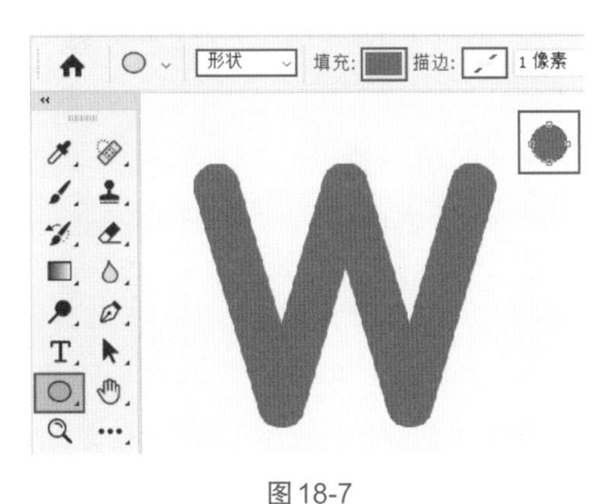

图18-7

（8）按住Alt键的同时在其中绘制另外一个小的正圆，使圆形变为圆环，如图18-8所示。

（9）添加文字。选择工具箱中的“横排文字工具”，在字母“W”的右侧位置单击，并输入文字，如图18-9所示。然后选中所有标志图形、文字与背景图层，使用快捷键Ctrl+G进行编组，并命名为“标志”。

图18-8

图18-9

18.2　制作设计示意图

（1）添加标题文字。选择工具箱中的“横排文字工具”，在标志模块的下方添加下一模块的标题文字，效果如图18-10所示。

图18-10

（2）选择工具箱中的“矩形工具”，在选项栏中设置“填充”为灰色，“描边”为无，在画面中绘制一个矩形，如图18-11所示。

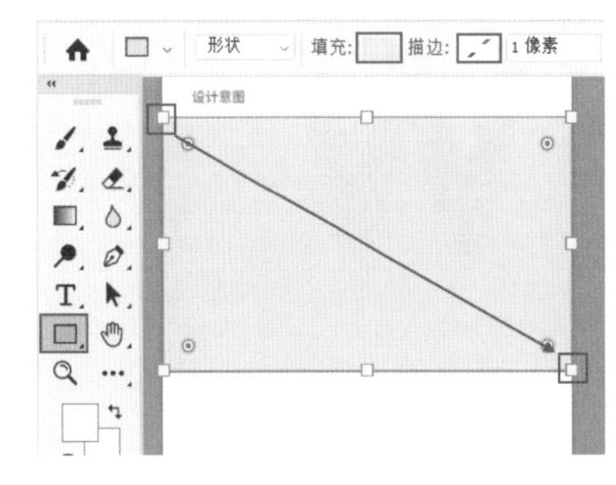

图18-11

（3）加选制作“W”的图层和椭圆图层，使用快捷键Ctrl+J进行拷贝，并单击图层面板底部的“创建新组”按钮，将其编组。然后选中该组，将其移动到新绘制的矩形图层之上，使用自由变换快捷键Ctrl+T，按住鼠标左键将其放大至合适大小，效果如图18-12所示。

图18-12

（4）绘制虚线。单击工具箱中的“钢笔工具”，在选项栏中设置“填充”为无，“描边”为橘色，“描边宽度”为1像素，“描边样式”为虚线，设置完成后在画面绘制一段直线，如图18-13所示。

图18-13

（5）在保持相同设置的情况下，继续使用“钢笔工具”在上方再次绘制出另外一条虚线，效果如图18-14所示。

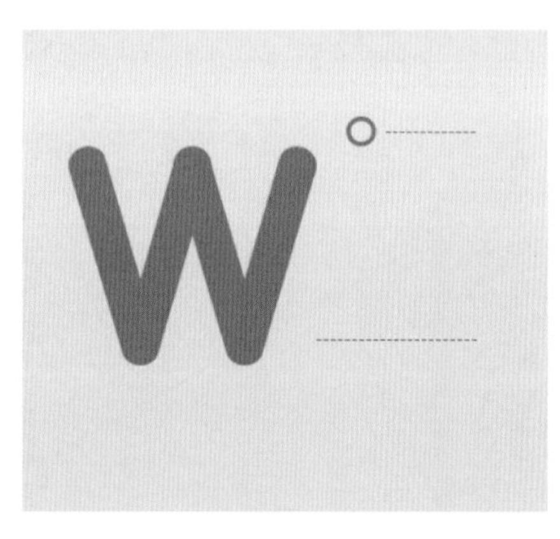

图18-14

（6）添加文字。单击工具箱中的“横排文字工具”按钮，在最上方的虚线右侧单击输入文字，设置合适的字体、字号与颜色，效果如图18-15所示。

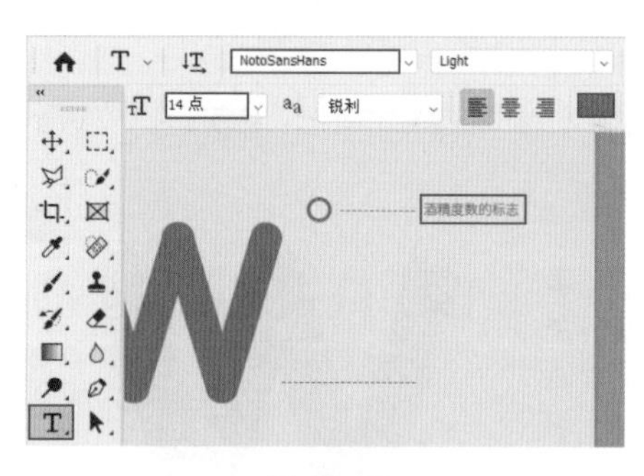

图18-15

（7）继续使用“横排文字工具”，在画面中添加其他文字，效果如图18-16所示。

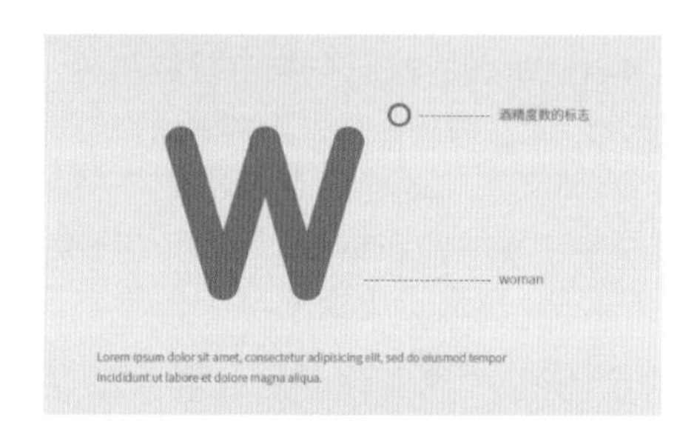

图18-16

（8）使用“选择工具”框选所有设计意图，使用快捷键Ctrl+G进行编组，并命名为“设计意图”，如图18-17所示。

图18-17

18.3 制作反白稿与墨稿

（1）将上一组的标题文字复制到第三个模块处，并更改文字内容，如图18-18所示。

（2）继续复制标题文字，移动到右侧，并更改内容，效果如图18-19所示。

（3）选择工具箱中的“矩形工具”，在选项栏中设置“填充”为橘色，“描边”为无，在标题下方绘制一个矩形，如图18-20所示。

图 18-18

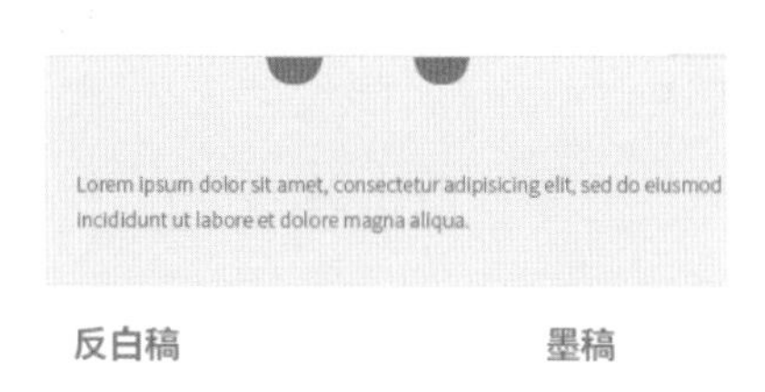

图 18-19

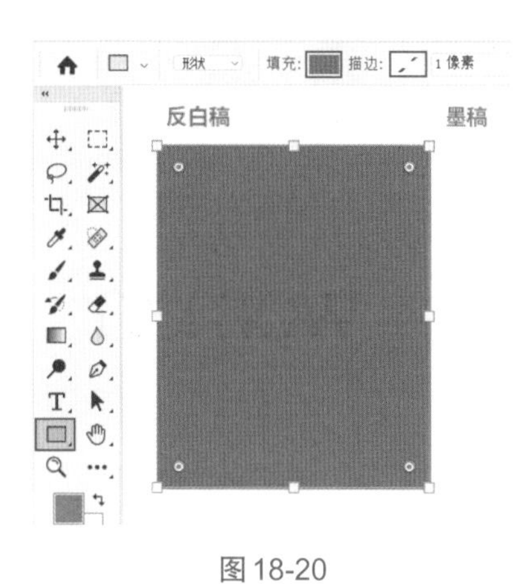

图 18-20

（4）选中所有标志图层，使用快捷键Ctrl+J进行复制，移动到橘色背景上方。然后将标志的颜色更改为白色，并使用自由变换快捷键Ctrl+T，将其放大至合适大小，效果如图18-21所示。

（5）复制橘色矩形，移动到右侧，设置“填充”为浅灰色，如图18-22所示。

图 18-21

图 18-22

（6）复制标志的图形部分，将其拖动至灰色矩形的上方，并将其更改为黑色。使用自由变换快捷键Ctrl+T，将其放大至合适大小，效果如图18-23所示。选中所有反白稿与墨稿图层，使用快捷键Ctrl+G进行编组，并命名为“反白稿与墨稿”。

图 18-23

18.4 制作标准制图

（1）复制“设计意图”组中的标题文字与矩形背景，并将其移动至下方，如图18-24所示。

（2）使用“横排文字工具”选中文字，删除原有文字，输入新文字。选中矩形，在使用“矩形工具”的状态下，在选项栏中设置“填充”为浅灰色，效果如图18-25所示。

图18-24

图18-25

（3）选择工具箱中的“矩形工具”，在选项栏中设置“填充”为白色，“描边”为无，在画面中绘制一个矩形，如图18-26所示。

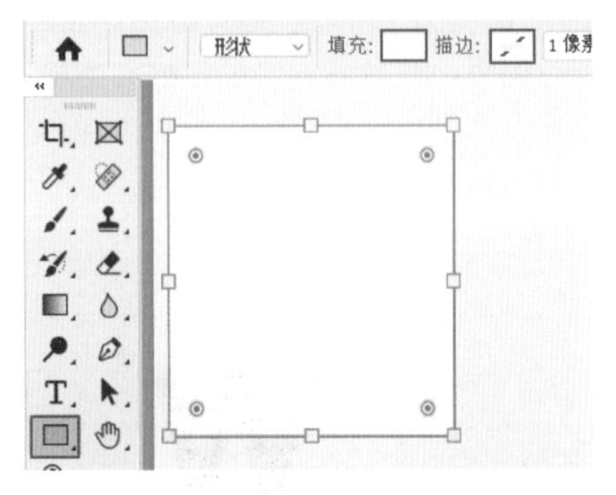

图18-26

（4）复制标志中的图形部分，摆放在白色矩形上。使用自由变换快捷键Ctrl+T，将其放大至合适大小，效果如图18-27所示。

图18-27

（5）单击工具箱中的“横排文字工具”，在标志图形下方中输入文字，效果如图18-28所示。

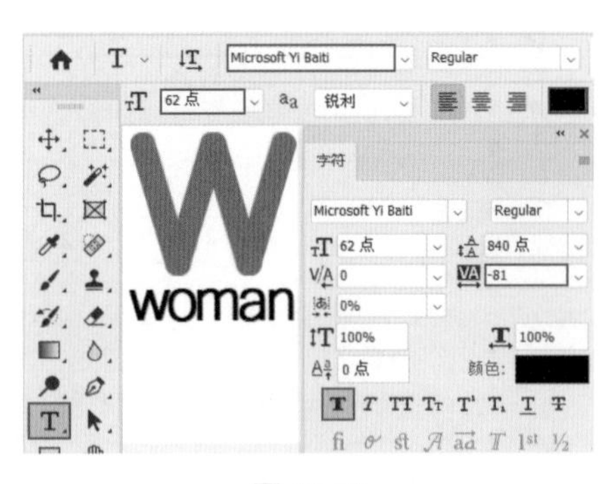

图18-28

（6）选择工具箱中的“椭圆工具”，在选项栏中设置“填充”为无，“描边”为深橘色，在标志图形的底部按住Shift键绘制一个正圆，如图18-29所示。

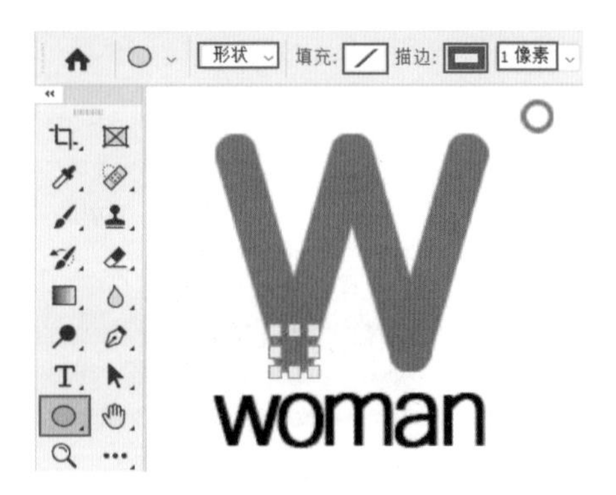

图18-29

（7）选中该正圆，按住Alt键的同时按住鼠标左键将其向右拖动，复制出一份相同大小的正圆，如图18-30所示。

（8）使用同样的方法制作出另外几个正圆，效果如图18-31所示。

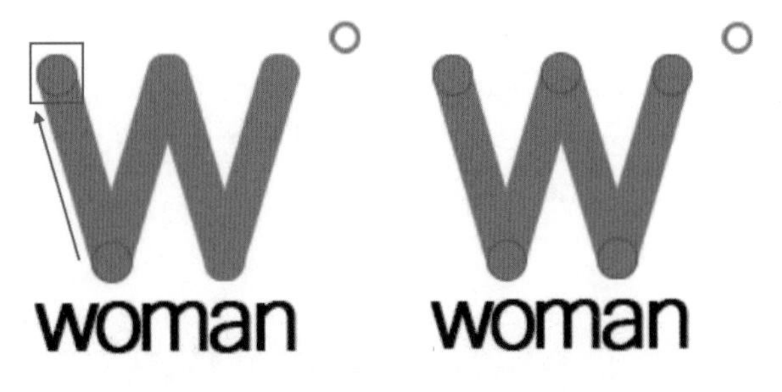

图18-30　　图18-31

（9）选择工具箱中的“直线工具”，在选项栏中设置“绘制模式”为形状，“填充”为灰色，“描边”为无，“粗细”为1像素。设置完成后在画面中按住Shift键绘制一条直线，如图18-32所示。

图18-32

（10）使用同样的方法在画面中绘制其他直线，效果如图18-33所示。

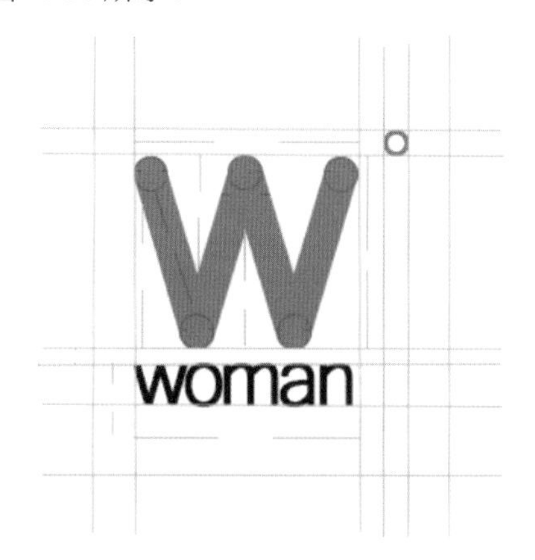

图18-33

（11）单击工具箱中的“横排文字工具”，在画面中单击输入文字，然后设置合适的字体、字号、颜色与字间距，效果如图18-34所示。

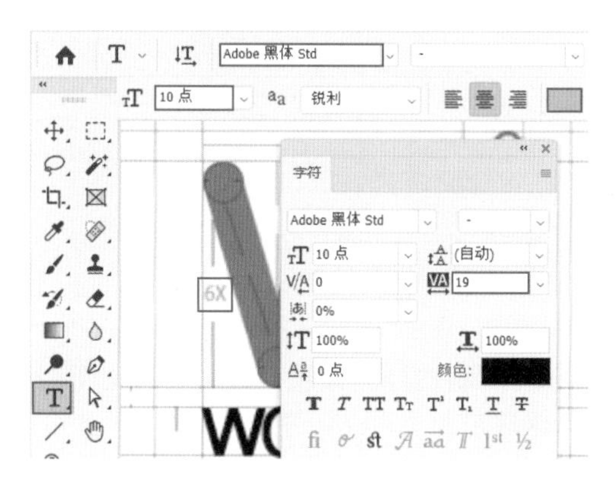

图18-34

（12）复制标注文字，摆放在其他位置，并更改文字内容，效果如图18-35所示。

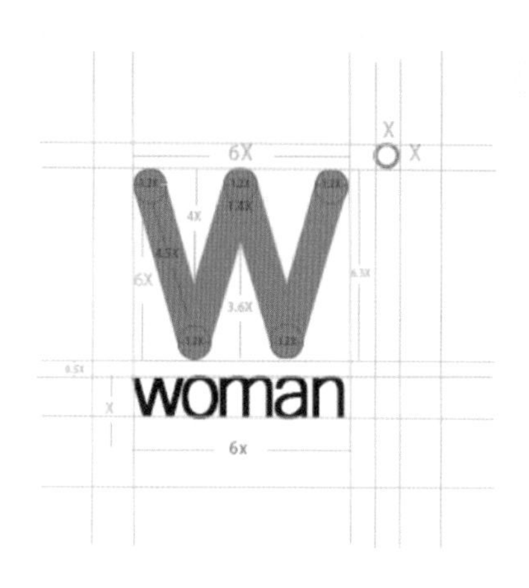

图18-35

（13）复制左侧的白色背景以及标志部分，移动到右侧。然后将标志颜色更改为白色，矩形颜色更改为橘色，效果如图18-36所示。

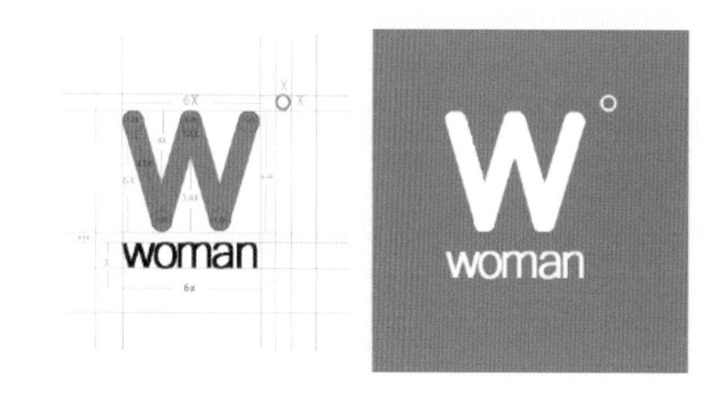

图18-36

（14）继续绘制辅助线，并添加文字，效果如图18-37所示。

图18-37

18.5 制作网格制图

（1）复制文字“标准制图”与矩形背景，并将其移动至下方，更改文字内容，如图18-38所示。

图18-38

（2）制作网格。选择工具箱中的“直线工具”，在选项栏中设置“绘制模式”为形状，“填充”为灰色，“描边”为无，“粗细”为1像素，在画面中按住Shift键的同时按住鼠标左键拖动，绘制一个直线，如图18-39所示。

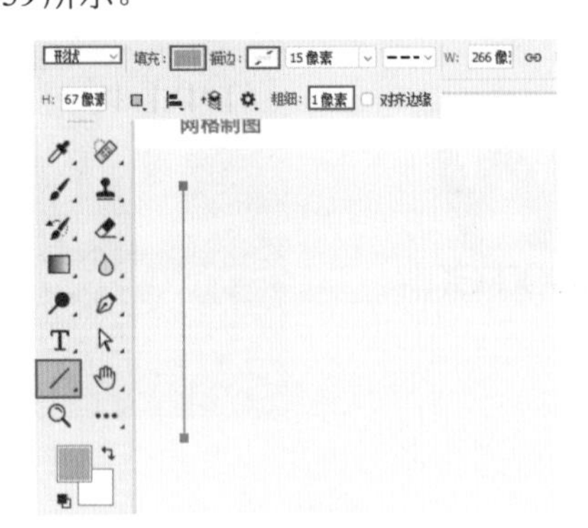

图18-39

（3）选中该直线图层，使用快捷键Ctrl+J进行拷贝。选中拷贝的图层，使用自由变换快捷键Ctrl+T，将其向右移动一定的距离，如图18-40所示。变换完成后按下键盘上的Enter键提交操作。

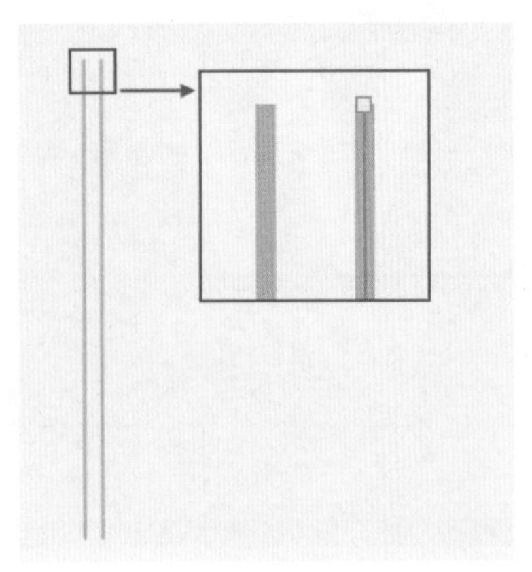

图18-40

（4）接着多次使用快捷键Shift+Ctrl+Alt+T复制并应用上一次自由变换操作，将直线进行等距复制移动，效果如图18-41所示。

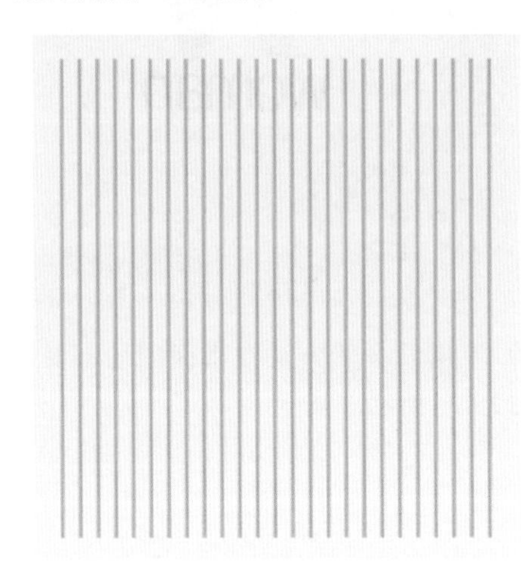

图18-41

（5）选中所有直线图层，使用快捷键Ctrl+E将其合并至一个图层中。选中该图层，使用快捷键Ctrl+J进行拷贝，然后选中拷贝图层，执行“编辑>变换>顺时针旋转90度”命令，即可得到网格，效果如图18-42所示。

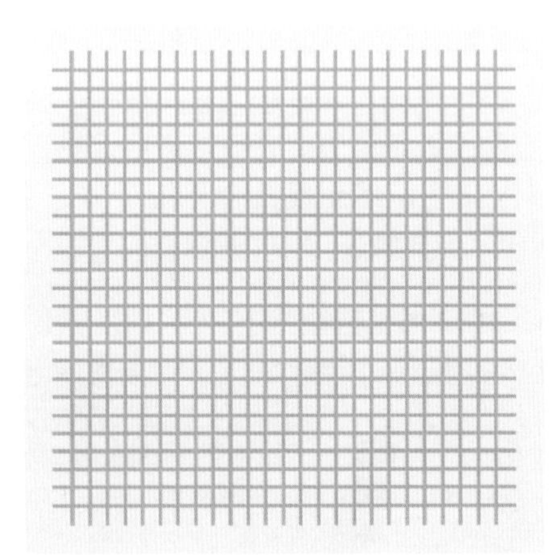

图18-42

（6）复制制作好的标志，并将其移动至网格中，如图18-43所示。

（7）然后适当调整标志的大小并移动文字的位置，效果如图18-44所示。然后选中所有网格制图的图层，使用快捷键Ctrl+G进行编组，并命名为“网格制图”。

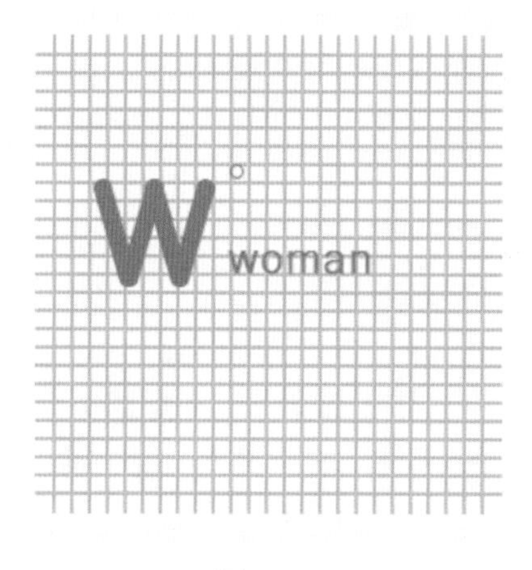

图18-43

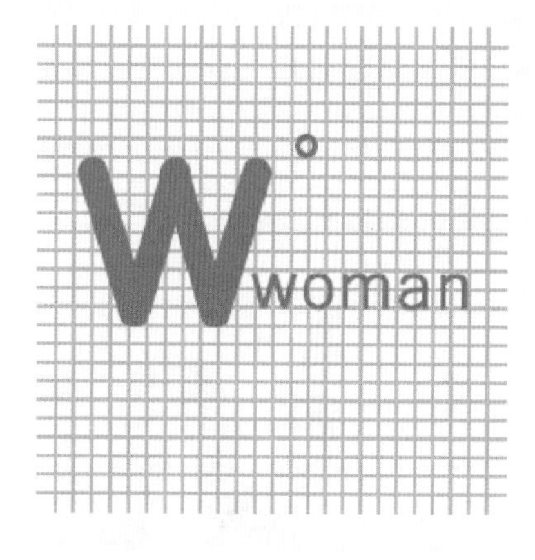

图18-44

18.6 制作标志变体

（1）选中文字“网格制图”，按住Alt键的同时按住鼠标左键将其向右拖动，复制出一份相同的文字。然后单击工具箱中的“横排文字工具”，更改文字内容，效果如图18-45所示。

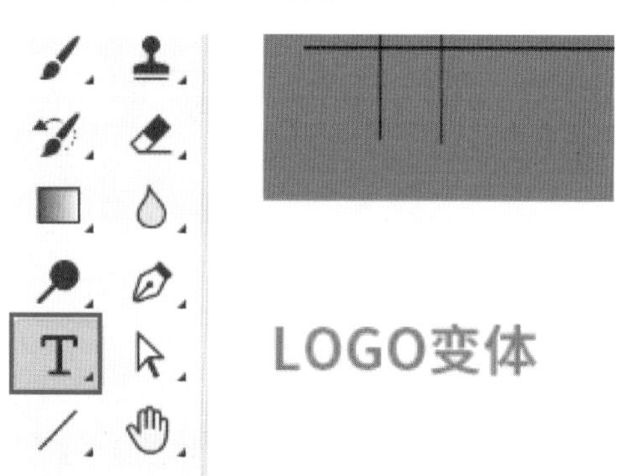

图18-45

（2）选中右侧的标志图形，使用快捷键Ctrl+J将其拷贝出一份，将其向右侧拖动，如图18-46所示。

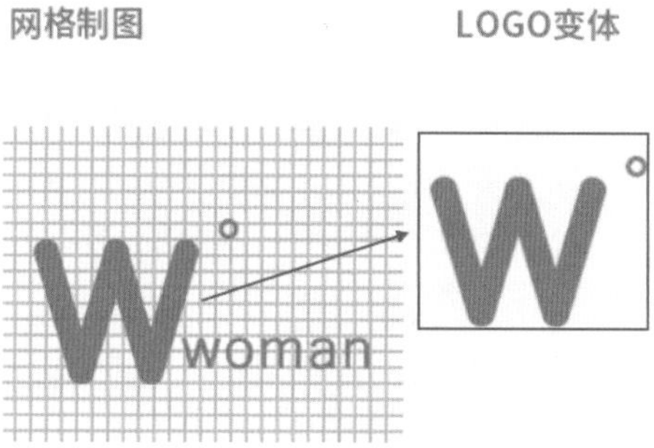

网格制图 LOGO变体

woman

图18-46

（3）使用同样的方法，复制出另外几个图形，效果如图18-47所示。

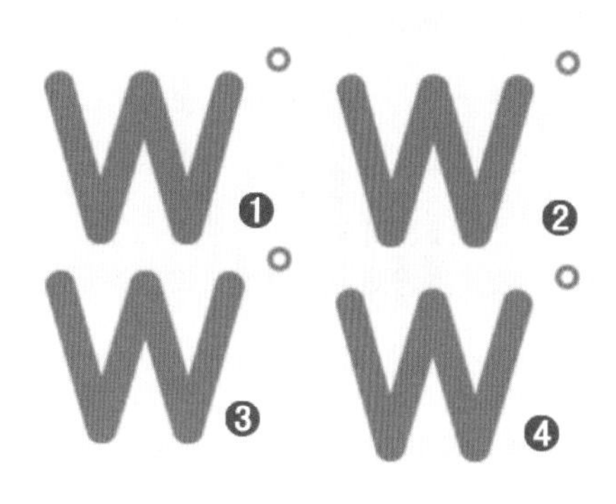

图18-47

（4）绘制竖条纹理。单击工具箱中的“矩形工具”按钮，在选项栏中设置“填充”为白色，“描边”为无。在画面中绘制出一个矩形，并将其移动至第一个标志图形的图层之上，如图18-48所示。

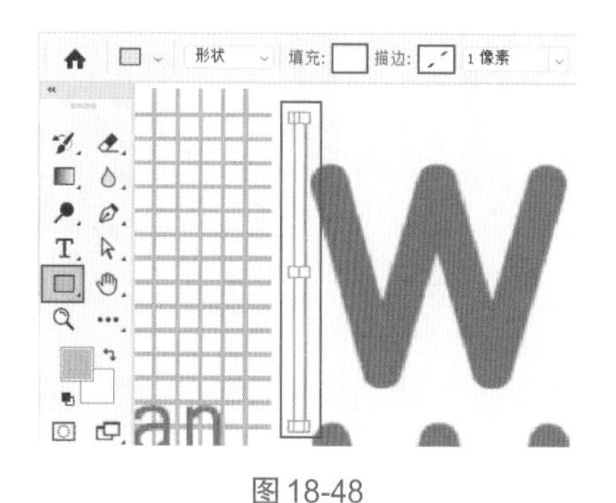

图18-48

实战应用篇

（5）选中该矩形图层，使用快捷键Alt+Ctrl+T调出定界框，按住Shift键的同时按住鼠标左键将其向右拖动一定的距离，如图18-49所示。

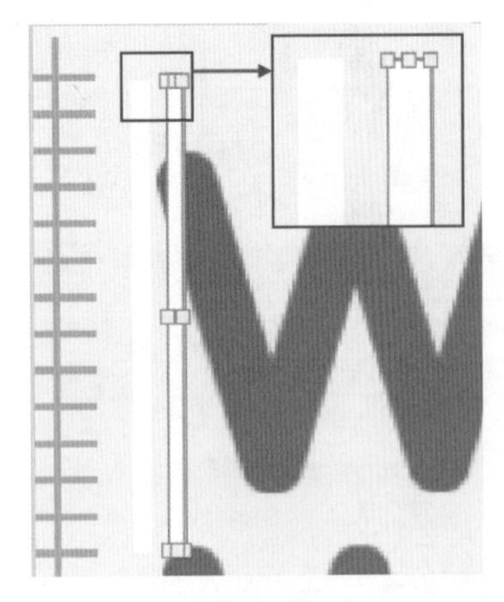

图18-49

（6）完成变换操作后，多次使用快捷键Shift+Ctrl+Alt+T复制并应用上一次自由变换操作，将直线进行等距复制移动，如图18-50所示。

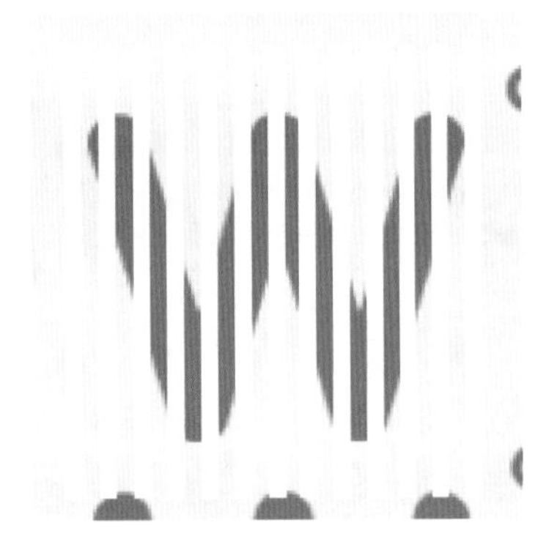

图18-50

（7）选中所有矩形，使用快捷键Ctrl+E将其合并。在“图层”面板中将该图层移动到第一个标志图层的上方，然后执行“图层>创建剪贴蒙版”命令，将其作用于下一图层中，效果如图18-51所示。

图18-51

（8）制作圆环图案。单击工具箱中的“椭圆工具”按钮，在选项栏中设置“填充”为无，“描边”为白色，“描边宽度”为10像素，在画面中按住Shift键绘制一个正圆，如图18-52所示。

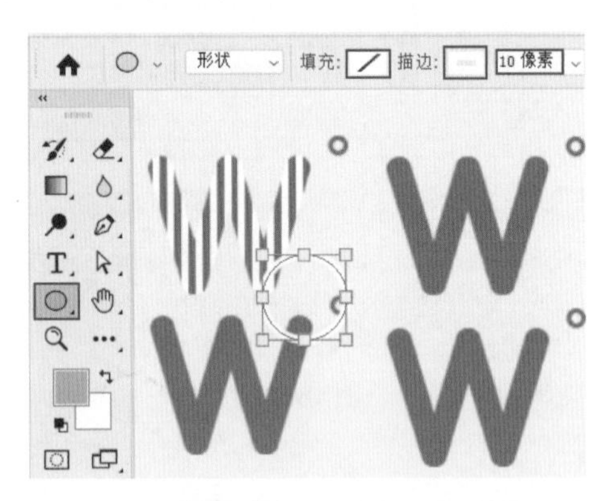

图18-52

（9）使用同样的方法在画面中绘制出其他正圆，效果如图18-53所示。

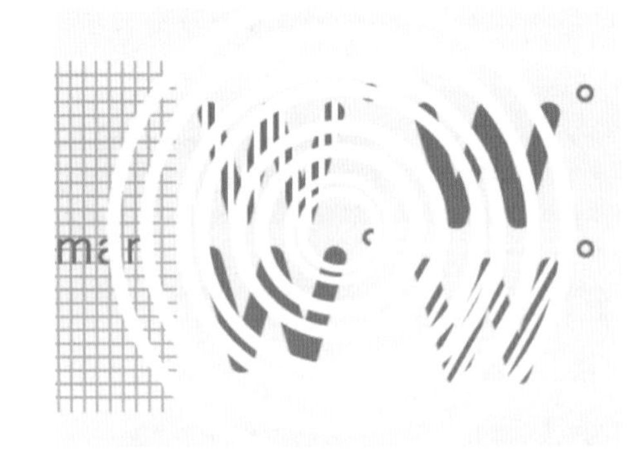

图18-53

（10）选中所有圆环图层，单击鼠标右键，执行“转换为智能对象”命令。选中该图层，将其移动到第2个标志图形的图层上方，如图18-54所示。

图18-54

（11）使用自由变换快捷键Ctrl+T，将其移动至第2个标志图形的图层上方，并缩放至合适大小，如图18-55所示。

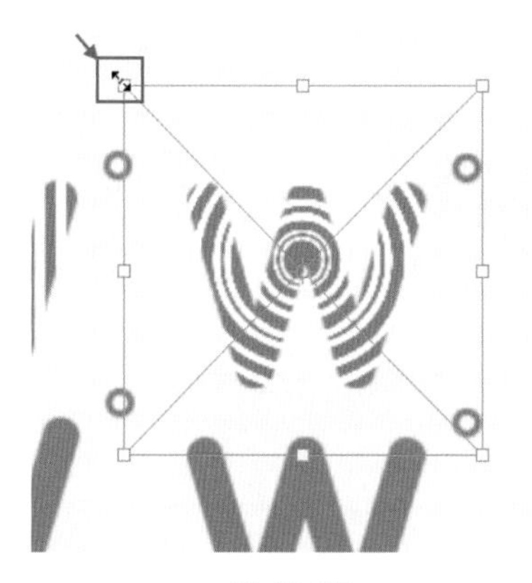

图18-55

（12）执行“图层>创建剪贴蒙版”命令，将其作用于下一图层中，效果如图18-56所示。

图18-56

（13）选中第3个标志图形的图层，单击工具箱中的“椭圆工具”按钮，在选项栏中设置“填充”为白色，“描边”为无。设置完成后在画面中按住Shift键绘制一个正圆，如图18-57所示。

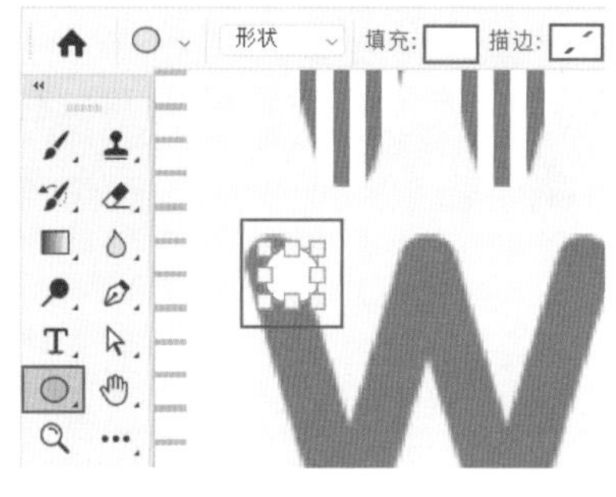

图18-57

（14）选中该正圆，按住Alt键的同时按住鼠标左键将其向右拖动，复制出一份相同大小的正圆，如图18-58所示。

图18-58

（15）使用同样的方法在画面中绘制出其他正圆，然后选中所有正圆，使用快捷键Ctrl+E将其合并至新图层中，如图18-59所示。

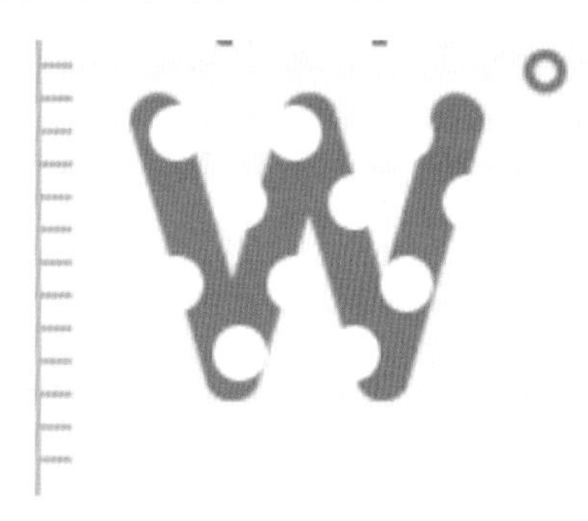

图18-59

（16）选中该图层，执行“图层>创建剪贴蒙版”命令，将其作用于下一图层中，效果如图18-60所示。

图18-60

（17）选中第一个标志图形上方的图案，使用快捷键Ctrl+J进行拷贝，并将其移动至第4个标志图形的图层上方。然后选中拷贝的图层，使用自由变换快捷键Ctrl+T，按住Shift键将其旋转45度，执行“图层>创建剪贴蒙版”命令，将其作用于下一图层中，效果如图18-61所示。

（18）选中所有标志变体的图层，使用快捷键Ctrl+G进行编组，并命名为“标志变体”，如图18-62所示。

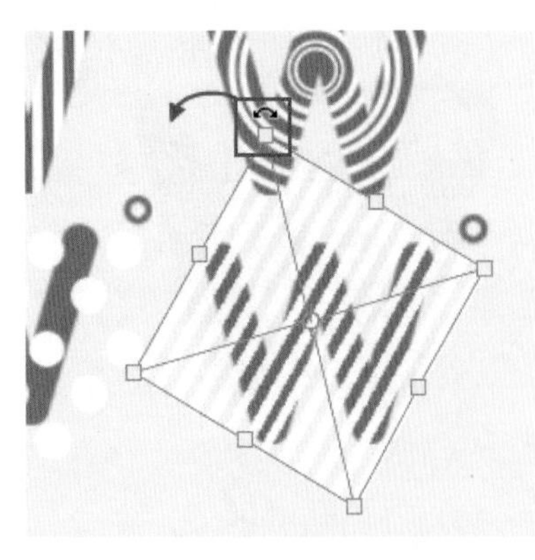

图18-61

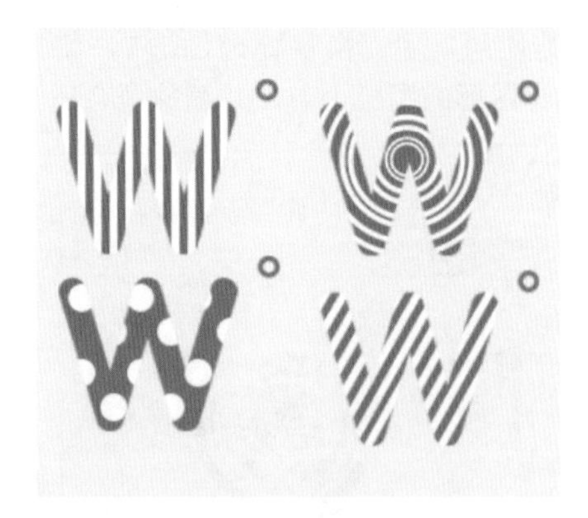

图18-62

18.7 制作标准色

（1）复制标题文字与背景矩形，移动到下方。更改标题文字的内容，效果如图18-63所示。

图18-63

（2）选择工具箱中的“矩形工具”，设置“填充”为橘色，“描边”为无，在画面中绘制一个矩形，如图18-64所示。

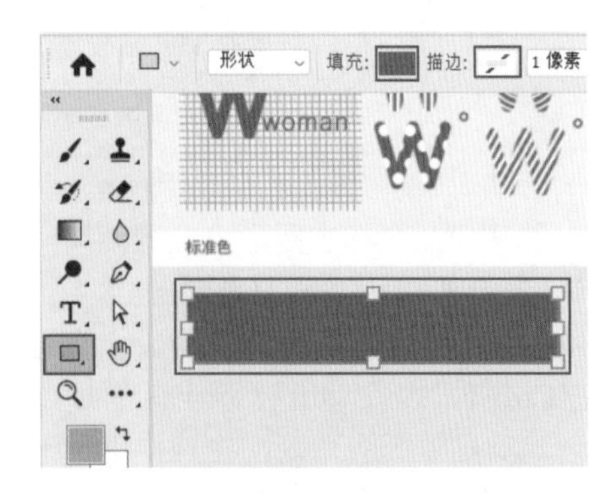

图18-64

（3）单击工具箱中的“横排文字工具”，在画面中的空白位置上输入文字，然后将其移动至橘色矩形上，如图18-65所示。

图18-65

（4）使用同样的方法在矩形上添加其他文字，效果如图18-66所示。

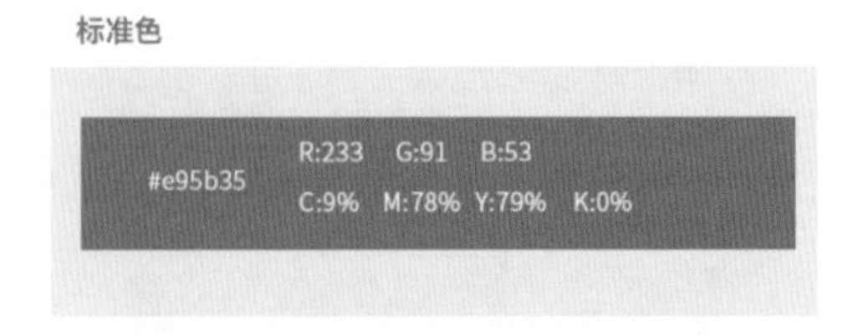

图18-66

（5）选择工具箱中的“矩形工具”，设置“填充”为白，“描边”为无，在画面中绘制一个矩形，如图18-67所示。

（6）使用同样的方法在画面中绘制出另外几个稍小一些的、不同颜色的矩形，效果如图18-68所示。

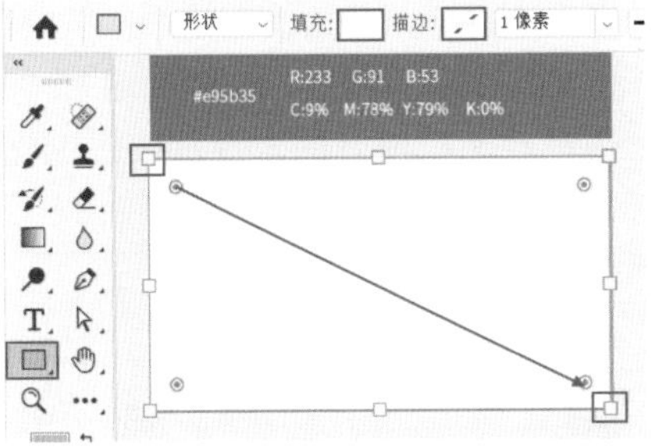

图18-67

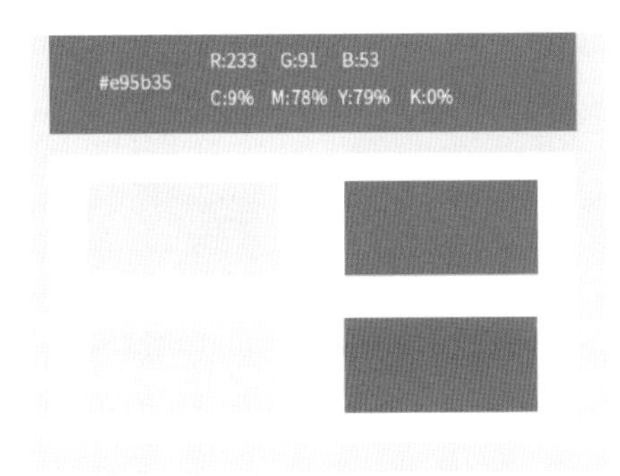

图18-68

（7）选中标志图层，使用快捷键Ctrl+J进行复制，然后将其移动至矩形上。使用自由变换快捷键Ctrl+T，适当调整标志的大小，效果如图18-69所示。

（8）使用同样的方法制作其他的标志，并适当更改其颜色，效果如图18-70所示。选中所有标准色的图层，使用快捷键Ctrl+G进行编组，并命名为“标准色”。

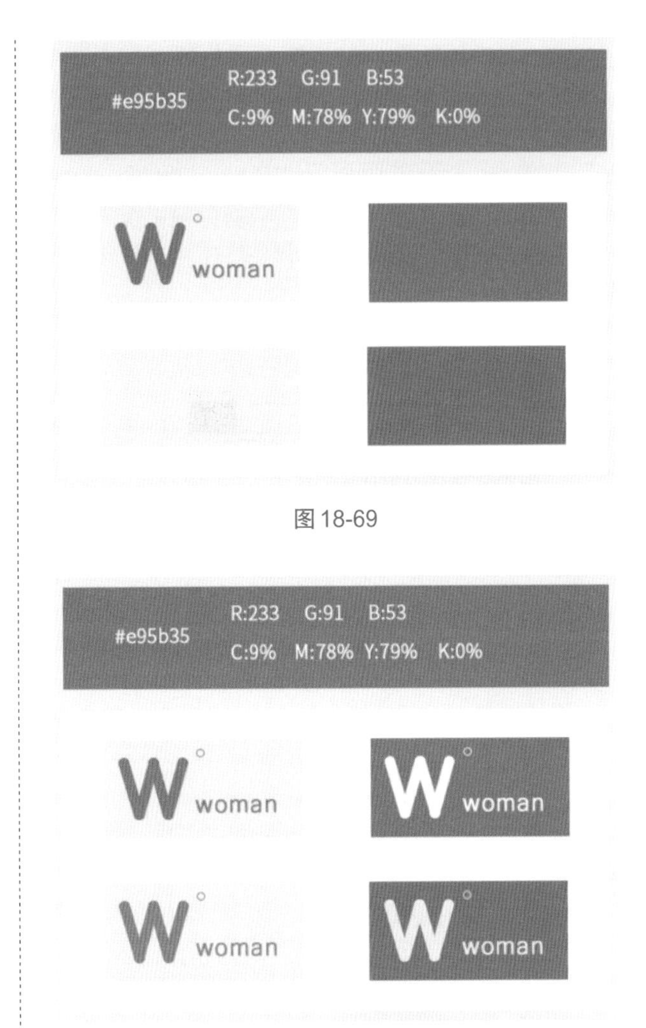

图18-69

图18-70

18.8 制作VI应用部分——卡片

（1）复制标题文字与背景矩形，移动到下方，更改标题文字的内容，效果如图18-71所示。

图18-71

（2）选择工具箱中的“钢笔工具”，在选项栏中设置“绘制模式”为形状，“填充”为橘色，“描边”为无。设置完成后在画面中绘制一个多边形，如图18-72所示。

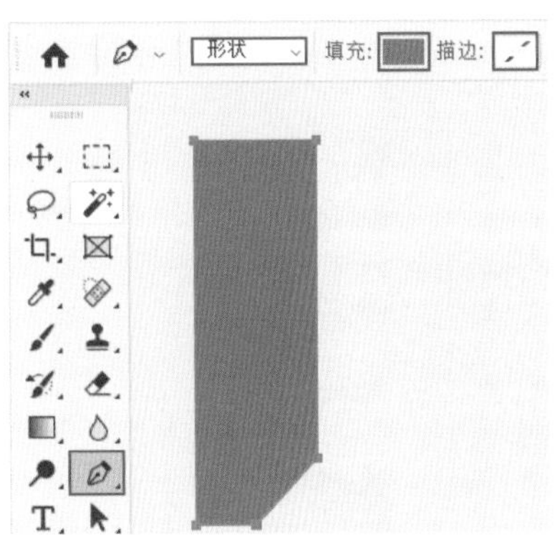

图18-72

（3）选中该矩形，单击图层面板底部的“添加图层样式”按钮，选择“投影”命令，在打开“图层样式”面板中设置“混合模式”为正片叠底，“颜色”为黑色，“不透明底”为20%，“角度”为45度，“距离”为5像素，“大小”为5像素。设置完成后，单击“确定”按钮，如图18-73所示。效果如图18-74所示。

图18-73

图18-74

（4）选择工具箱中的“直排文字工具”，在空白区域添加文字，并将其移动到新绘制的图形上方，如图18-75所示。

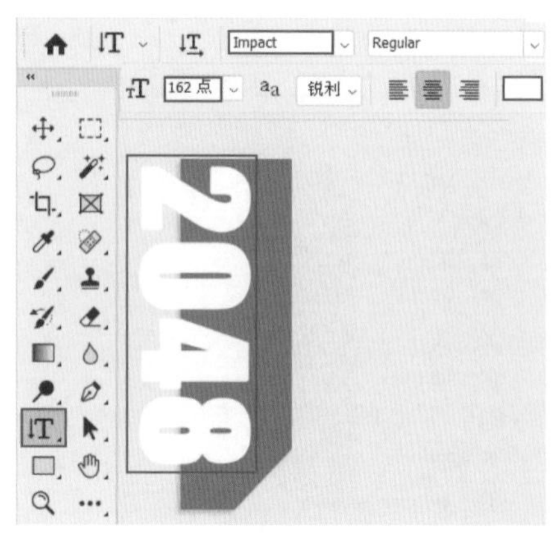

图18-75

（5）选中该文字，使用快捷键Ctrl+Alt+G创建剪贴蒙版，将其作用于下图层，效果如图18-76所示。

（6）选中刚刚制作好的卡片，按住Alt键的同时按住鼠标左键将其拖动至右侧，释放鼠标即可得到一个相同的图形，如图18-77所示。

图18-76

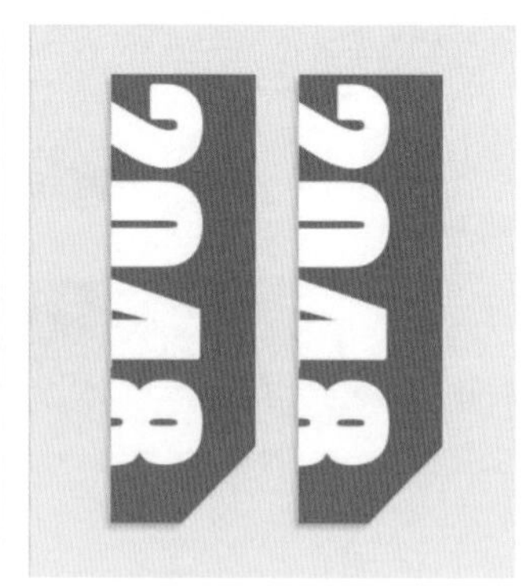

图18-77

（7）然后选中多边形，执行“编辑>变换>水平翻转”命令，将其进行翻转。并将文字的颜色更改为橘色，多边形颜色更改为白色，效果如图18-78所示。

图18-78

（8）使用同样的方法复制出第3张卡片，然后删除文字，效果如图18-79所示。

图18-79

（9）复制标志图层，然后将其移动至第3个多边形上，使用自由变换快捷键Ctrl+T，适当调整标志的大小，效果如图18-80所示。

图18-80

（10）单击工具箱中的“横排文字工具”，在画面中的空白位置上输入文字，然后将其移动至第三个卡片上，效果如图18-81所示。

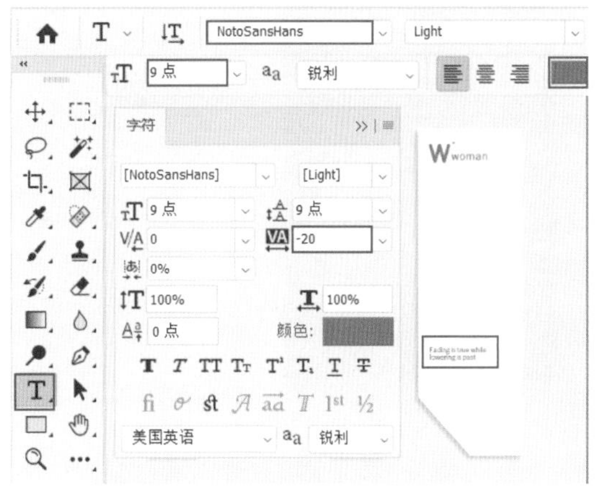

图18-81

18.9　制作VI应用部分——传单

（1）复制背景矩形，移动到下方，效果如图18-82所示。

图18-82

（2）单击工具箱中的“矩形工具”按钮，在选项栏中设置“填充”为橘色，“描边”为无，设置完成后在画面中绘制一个矩形，如图18-83所示。

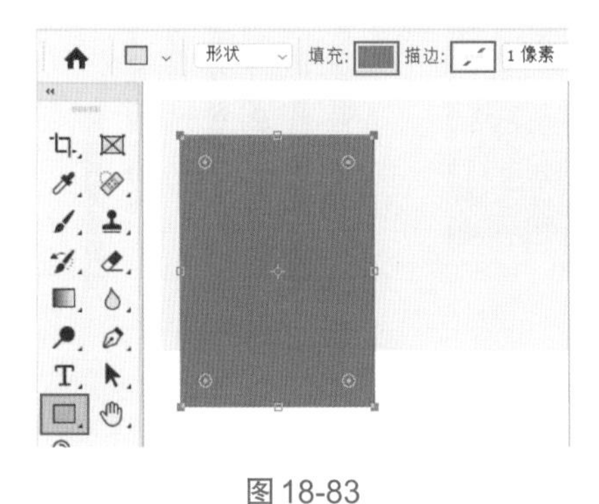

图18-83

（3）选中该矩形，单击图层面板底部的“添加图层样式”按钮，选择“投影”命令，在打开“图层样式”面板中设置“混合模式”为正片叠底，“颜色”为深灰色，“不透明底”为64%，“角度”为45度，“距离”为5像素，“扩展”为16%，“大小”为5像素。设置完成后，单击“确定”按钮，如图18-84所示。效果如图18-85所示。

图18-84

图18-85

（4）复制标志图层，缩放到合适大小后，移动到橘色矩形的左上角，如图18-86所示。

图18-86

（5）将条纹标志变体复制一份移动到矩形上方。将变体标志进行编组，如图18-87所示。

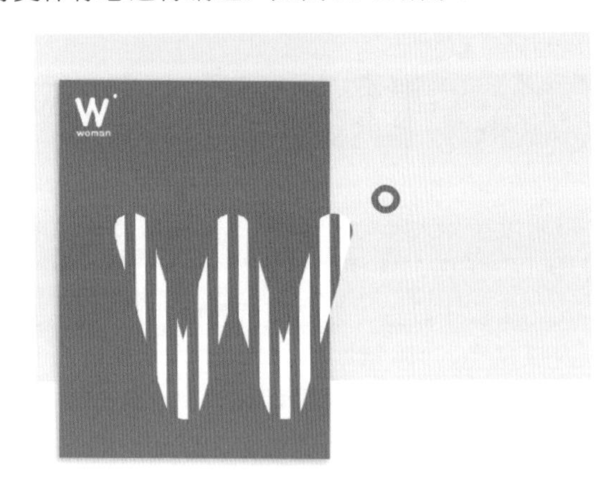

图18-87

（6）载入橘色矩形的选区，如图18-88所示。

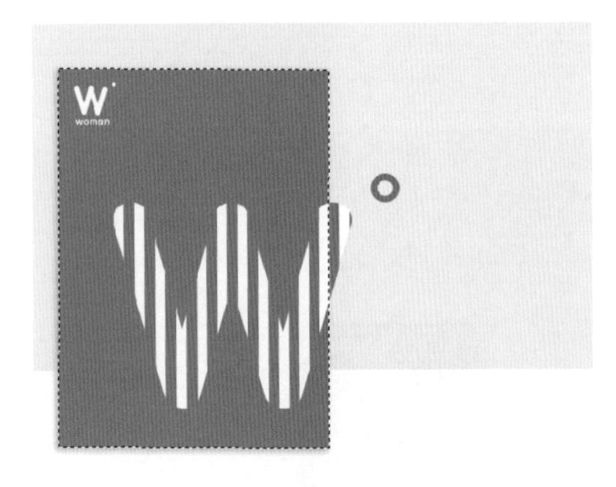

图18-88

（7）选择刚刚编组的变体标志组，单击图层面板底部的“添加图层蒙版”按钮，如图18-89所示。

图18-89

（8）以当前选区添加图层蒙版，可以将多余内容隐藏，如图18-90所示。将橘色矩形和上方的两个标志图层加选后编组，命名为“1”。

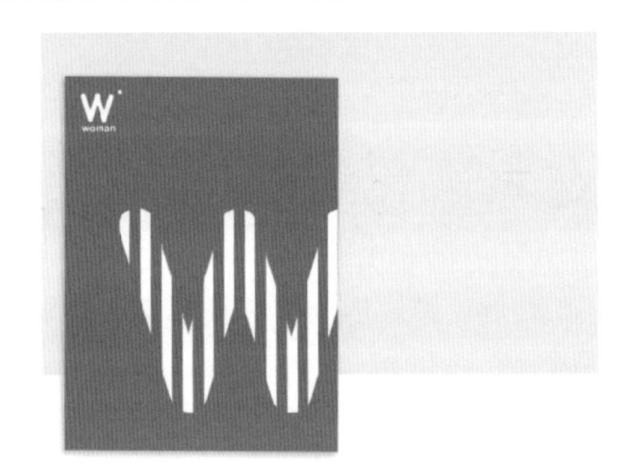

图18-90

（9）复制第一组的图层，更改组名为“2”，移动到右侧，适当放大并更改各部分颜色，效果如图18-91所示。

图18-91

（10）选择这两组图层，使用自由变换快捷键Ctrl+T，适当旋转。效果如图18-92所示。

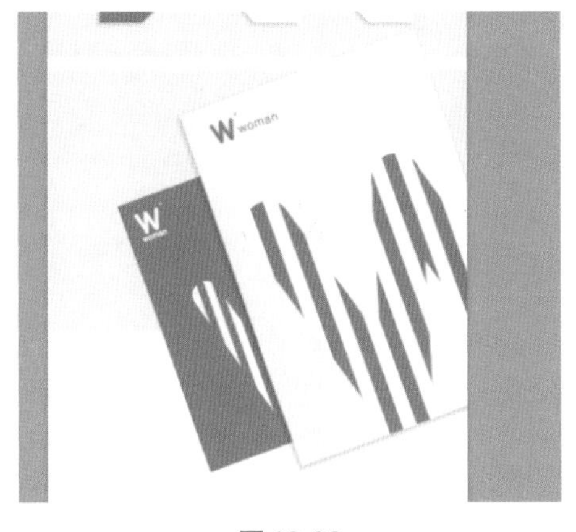

图18-92

（11）选中图层组“1”与图层组“2”，使用编组快捷键Ctrl+G进行编组。载入背景部分选区，选中该图层组，单击图层面板底部的“添加图层蒙版”按钮，隐藏选区以外的部分，效果如图18-93所示。

图18-93

18.10　制作VI应用部分——运输车辆

（1）复制灰色矩形背景，并移动到下方。在画面中绘制一个稍小一些的白色矩形，效果如图18-94所示。

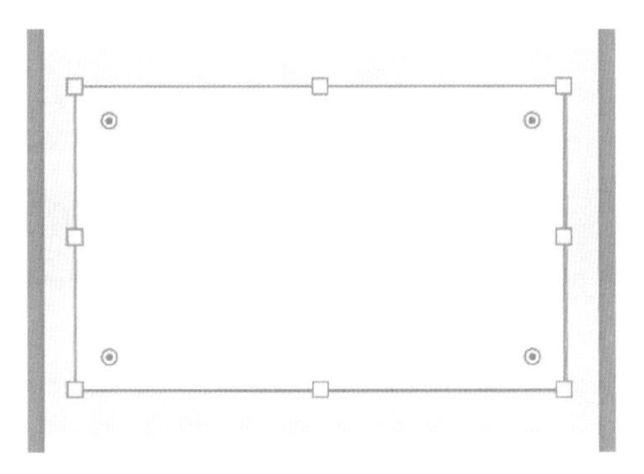

图18-94

（2）执行“文件>置入嵌入对象”命令，置入素材1，并调整其大小与位置。然后选中该图层，将其进行栅格化处理，如图18-95所示。

图18-95

（3）单击工具箱中的“矩形工具”按钮，在选项栏中设置“填充”为透明到橘色的渐变，“描边”为无，设置完成后在画面中绘制一个矩形，如图18-96所示。

图18-96

（4）复制标志对象，缩放到合适大小，然后将其移动至矩形上，效果如图18-97所示。

图18-97

（5）将矩形与标志图层选中，使用快捷键Ctrl+G进行编组，并命名为“车身”。设置该组的“混合模式”为正片叠底，如图18-98所示。

（6）单击工具箱中的“多边形套索工具”，沿着车身的外轮廓绘制选区，如图18-99所示。

图18-98

图18-99

（7）选中该图层组，单击图层面板底部的“添加图层蒙版”按钮，为图层组添加蒙版，如图18-100所示。

图18-100

（8）隐藏选区以外部分，效果如图18-101所示。

图18-101

18.11 制作VI应用部分——工作证

（1）复制矩形背景，移动到下方。执行“文件>置入嵌入对象”命令，置入素材2，并调整其大小与位置。然后选中该图层，将其进行栅格化处理，如图18-102所示。

图18-102

（2）单击工具箱中的“矩形工具”按钮，在选项栏中设置“填充”为橘色，“描边”为无，设置完成后在工作证底部绘制一个矩形，如图18-103所示。

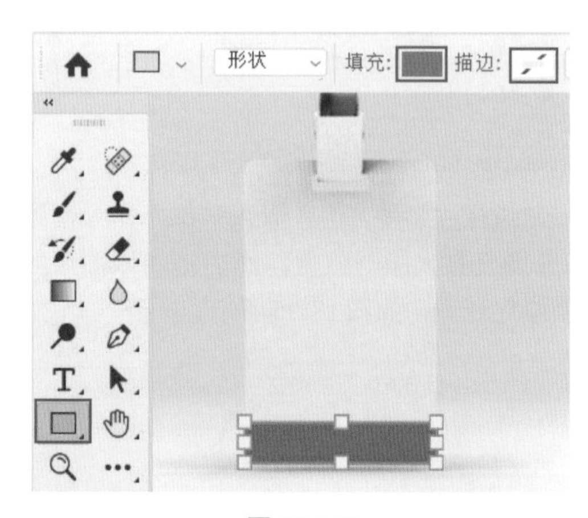

图18-103

（3）使用同样的方法在画面顶部添加另一个矩形，效果如图18-104所示。

（4）复制标志，摆放在工作证中间部分。单击图层面板底部的“创建新组”按钮。适当调整标志的大小，更改各部分的颜色及位置，效果如图18-105所示。

图18-104　　图18-105

（5）将两个矩形和标志放在一个图层组中，设置该组的“混合模式”为正片叠底，如图18-106所示。效果如图18-107所示。

图18-106　　图18-107

（6）使用工具箱中的“钢笔工具”，设置绘制模式为“路径”，沿工作证的外轮廓绘制路径，如图18-108所示。

（7）使用Ctrl+Enter键，将路径转换为选区，如图18-109所示。

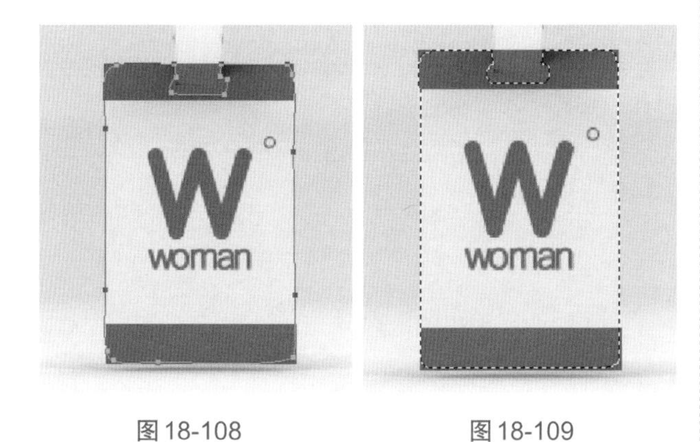

图18-108　　图18-109

（8）以当前选区为该图层组添加图层蒙板，如图18-110所示。

（9）选区以外的部分被隐藏，如图18-111所示。本案例制作完成，效果如图18-112所示。

图18-110

图18-111

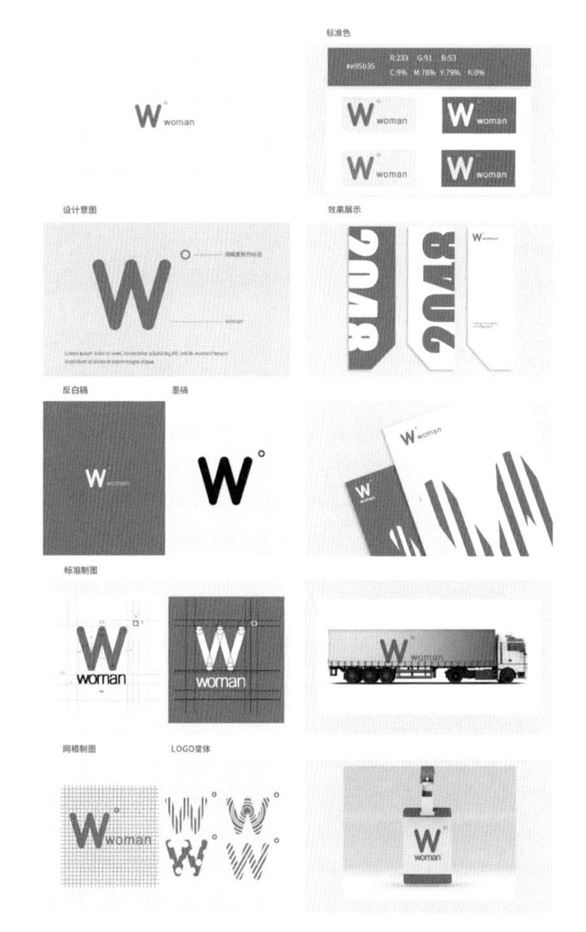

图18-112

第19章
照片处理：时尚人像摄影照片精修

文件路径　实战素材/第19章

操作要点
1. 使用污点修复画笔去除照片中的瑕疵
2. 使用液化调整身形
3. 使用曲线、可选颜色调整肤色
4. 使用Camera　Raw柔化皮肤

设计解析

无论是个人写真摄影还是商业广告摄影，都可能会遇到各种各样的问题，导致拍摄出的画面不尽如人意。在进行照片美化之前，首先要对原图存在的问题进行分析。本案例就是一个典型的人像摄影作品美化项目，存在的问题主要有以下几点：

画面存在一些细小的瑕疵，例如面部的斑点、痘印、杂乱的发丝。可以通过“污点修复画笔”“仿制图章”等工具去除。面部轮廓、头发轮廓及人物身形需要调整，可以使用“液化”滤镜处理。

服饰部分需要去除标签，填补缺少的部分。服装颜色与背景色过于接近，为了拉开层次，可以更改服装颜色。

人物面部是修饰的重头戏，通常需要对皮肤部分进行柔化以及调色处理，得到柔和透亮的肌肤。在此基础上依次美化五官的各部分细节。

人物各部分修饰完毕后，可以对画面整体进行调色，增强画面整体感以及氛围感。

案例效果

19.1　去除细小瑕疵

（1）执行“文件>打开”命令，打开素材1，如图19-1所示。首先需要对照片中细小的瑕疵进行去除。以去除杂乱发丝为例，在画面中可以看到人物脸部的碎发较多，且占据画面的比例较小，所以可以尝试使用“污点修复画笔工具”进行去除。

图19-1

（2）使用“污点修复画笔工具”，在选项栏中设置合适的“画笔大小”（刚好覆盖需要去除的瑕疵即可）。设置完成后按住鼠标左键沿着头发的走向进行涂抹，如图19-2所示。

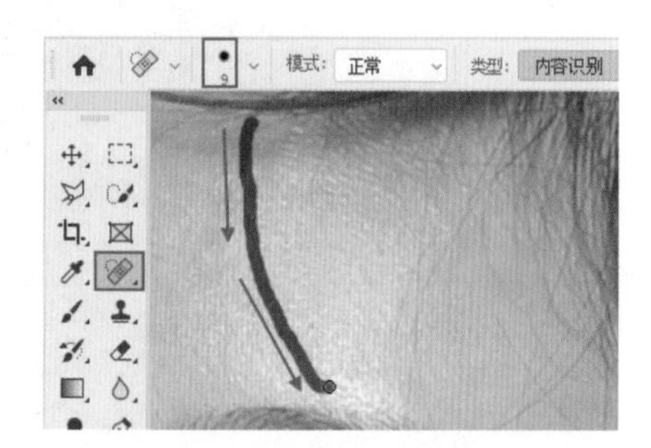

图19-2

（3）释放鼠标后涂抹位置将会自动填充为皮肤，效果如图19-3所示。

（4）继续使用“污点修复画笔工具”，在人像一侧的面部按住鼠标左键进行涂抹，将多余的杂乱发丝进行去除。对比效果如图19-4所示。

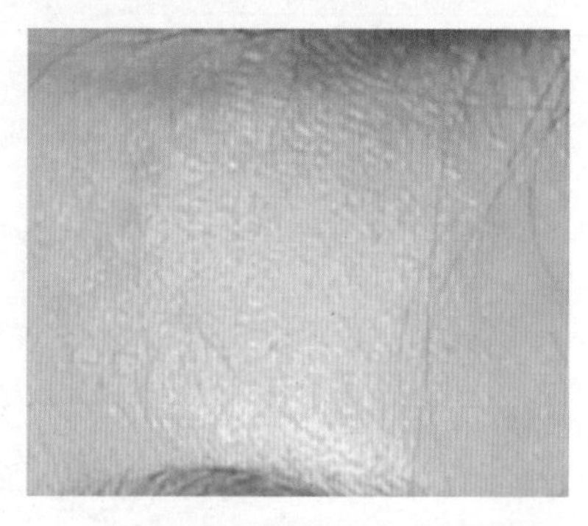

图19-3

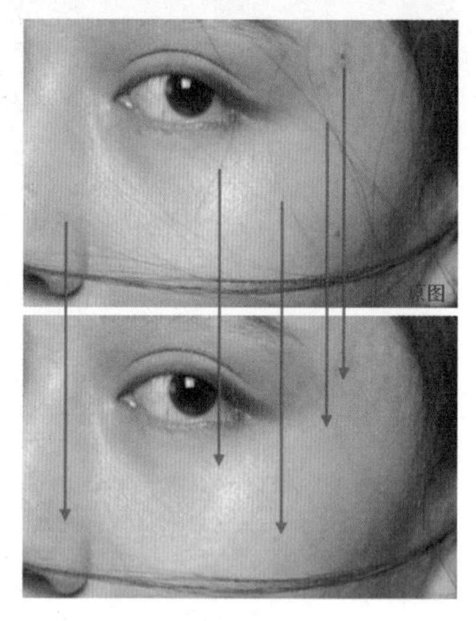

图19-4

（5）继续使用同样的方法去除其他杂乱的发丝，效果如图19-5所示。

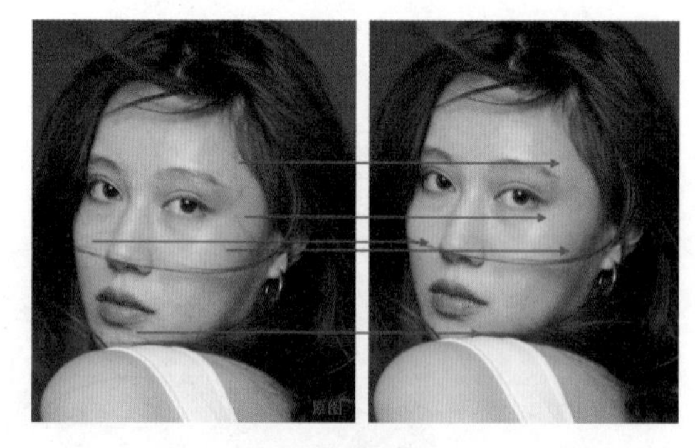

图19-5

（6）去除斑点与痘印。去除发丝后，可以看到人物的面部与背部还有少许痘印与斑点，所以可以使用“污点修复画笔工具”进行“祛斑”。使用“污点修复画笔工具”，在选项栏中设置“画笔大小”为

70像素。设置完成后将光标移动到人物眉毛外侧的斑点处单击，如图19-6所示。

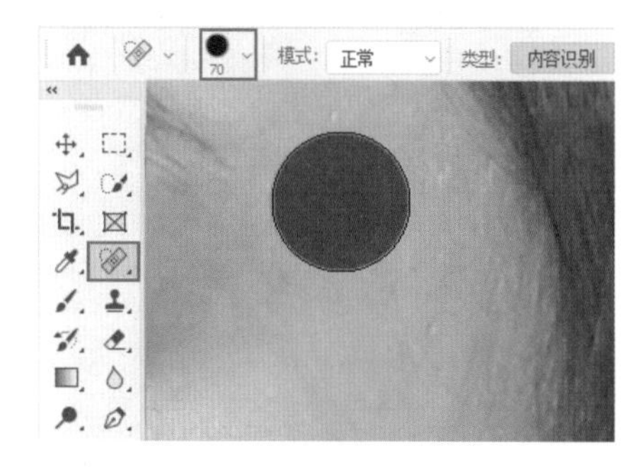

图19-6

（7）释放鼠标后单击的位置将会自动填充为皮肤，如图19-7所示。

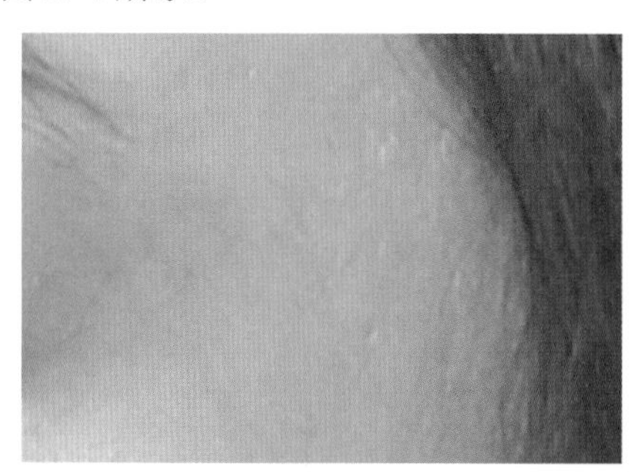

图19-7

（8）使用同样的方法去除人像面部与背部的其他瑕疵。变化前后对比效果如图19-8所示。由于修复的细节比较小，印刷效果可能不够明确，可以打开案例文件仔细观察。

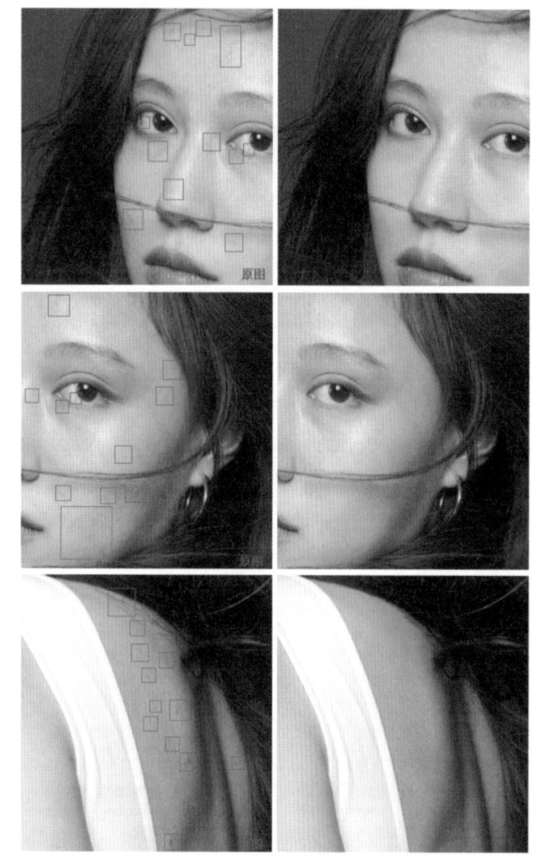

图19-8

19.2 身形调整

（1）下面使用液化调整人物形态。使用快捷键Shift+Ctrl+Alt+E将画面整体效果盖印至新的图层中。选中该图层，在菜单栏中执行“滤镜>液化”命令，在弹出的“液化”窗口中单击“褶皱工具”，设置画笔“大小”为1100，“压力”为1，“密度”为79，“速率”为60，接着将光标移动到手臂上方单击，即可将手臂向内进行收缩，如图19-9所示。

（2）多次在不同的位置单击，为手臂瘦身，效果如图19-10所示。

（3）接着单击“向前变形工具”，设置画笔“大小”为1100，“压力”为100，“密度”为50，“速率”为0。接着将光标移动到人像的腹部与胸部，按住鼠标左键进行拖动，如图19-11所示。

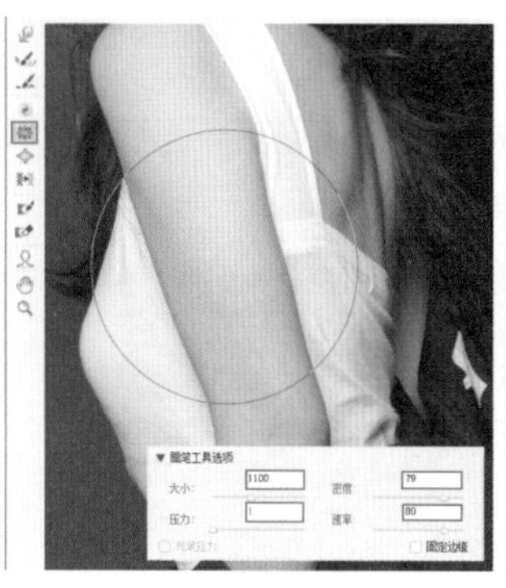

图19-9

图19-10

（4）使用同样的方法调整后背线条及头发的范围，将背部向内收缩，头发部分则需要外扩，蓬松的头发会使脸部看起来更“小”，如图19-12所示。

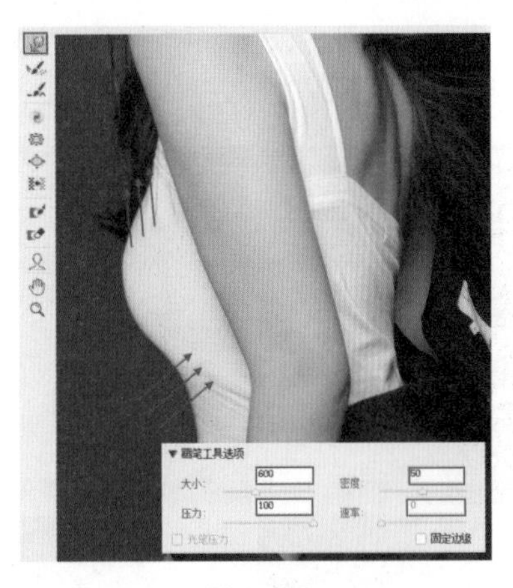

图19-11

图19-12

19.3 服装修饰与改色

（1）修饰服装部分的瑕疵。使用“修复画笔工具”，在选项栏中，设置画笔“大小”为200。接着将光标移动到人像衣服的平滑处，按住Alt键单击进行取样，如图19-13所示。

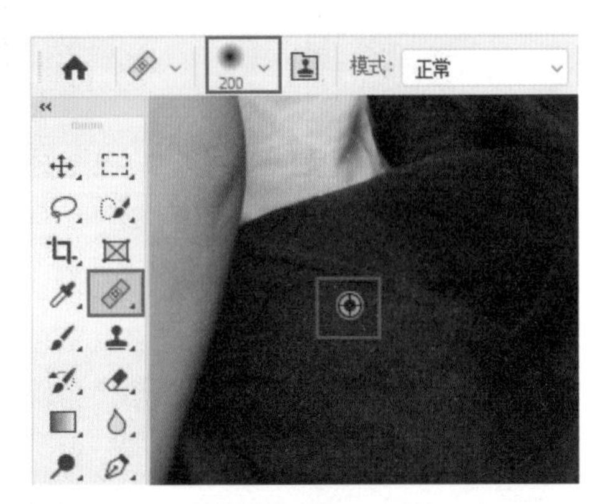

图19-13

（2）在衣服的标签处按住鼠标左键进行拖动，去除标签，如图19-14所示。

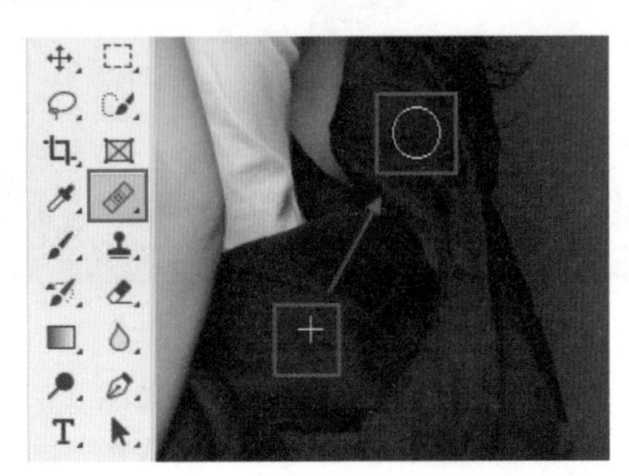

图19-14

（3）继续使用同样的方法处理服装上多余的褶皱，如图19-15所示。

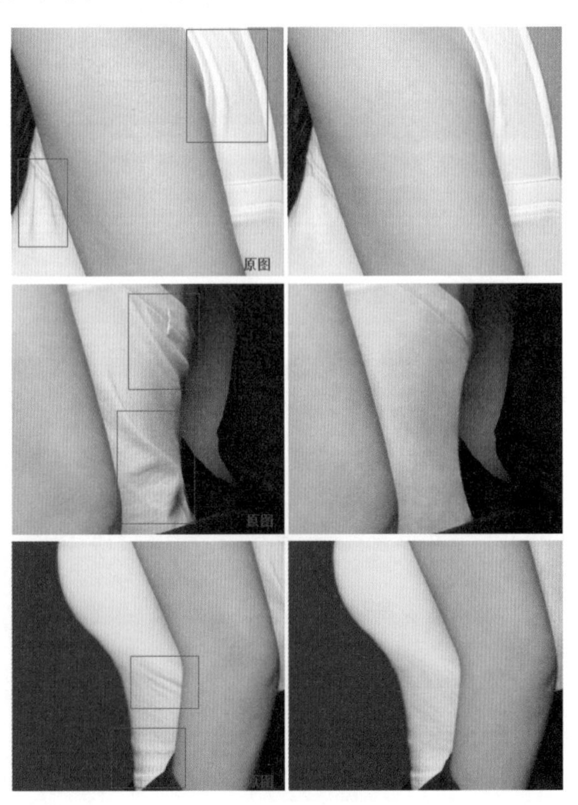

图19-15

（4）下面需要在人物左下方的位置填补一部分服装，以使画面看起来更稳定。选中人物图层，使用“多边形套索工具”，在服装右侧位置绘制一个多边形选区，如图19-16所示。

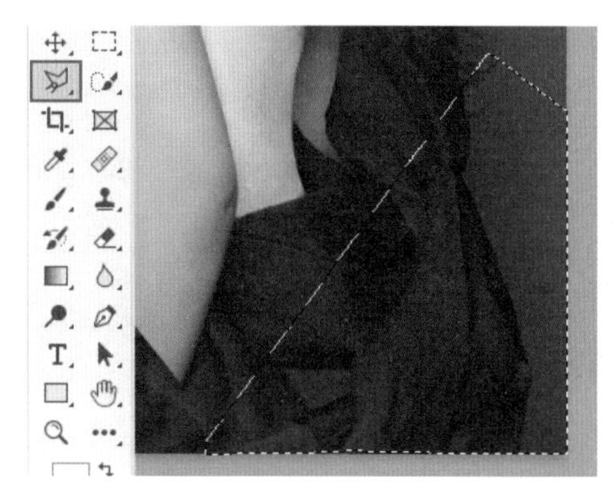

图 19-16

（5）使用快捷键Ctrl+J进行拷贝。选中该图层，使用自由变换快捷键Ctrl+T，单击鼠标右键执行“垂直翻转”命令，将拷贝的部分服装进行翻转，如图19-17所示。

图 19-17

（6）按住鼠标左键拖动控制点，调整其大小与旋转角度，并将其移动至左下角合适位置，效果如图19-18所示。然后按下键盘上的Enter键提交操作。

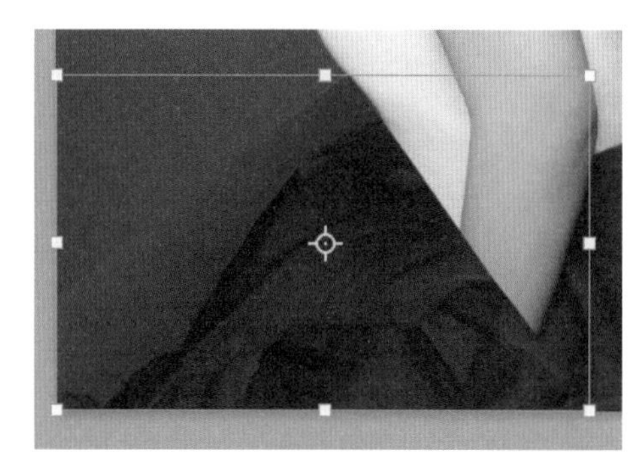

图 19-18

（7）选中复制的服装图层，单击图层面板底部的“添加图层蒙版”按钮，为该图层添加图层蒙版，如图19-19所示。

（8）使用“钢笔工具”，沿着服装的外轮廓进行绘制，得到一个闭合的路径，如图19-20所示。

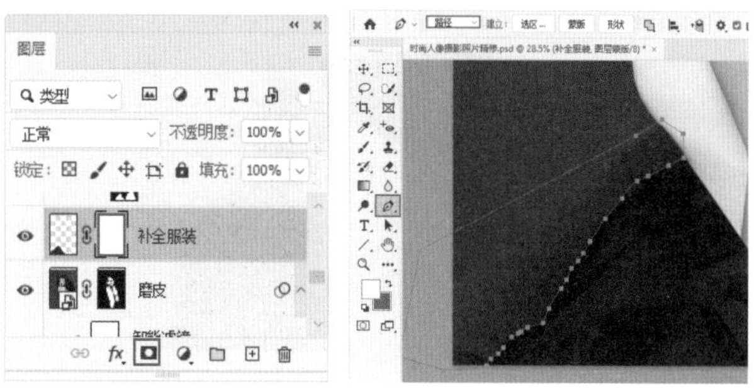

图 19-19　　图 19-20

（9）使用快捷键Ctrl+Enter载入选区，选中图层蒙版，将选区填充为黑色。此时衣服左侧边缘效果如图19-21所示。

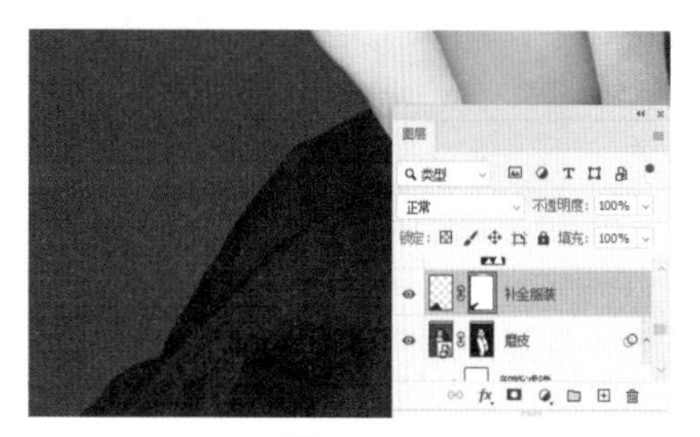

图 19-21

（10）将衣服右侧多余部分隐藏。选中图层蒙版，接着设置“前景色”为黑色，使用“画笔工具”，在选项栏中设置“画笔大小”为80像素，选择一种柔边圆画笔。设置完成后在衣服的右侧部分进行涂抹，将其他不需要的部分进行隐藏，效果如图19-22所示。

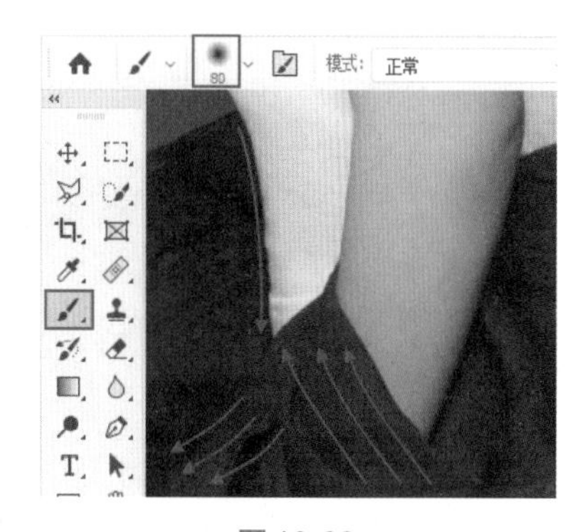

图 19-22

（11）此时图层蒙版局部的黑白效果如图19-23所示。

（12）将衣服更改为蓝色。使用“快速选择工具”，在选项栏中设置“画笔大小”为30像素，勾选“对所有图层取样”，设置完成后，在服装处按住鼠标左键拖动，得到黑色服装部分的选区，如图19-24所示。

图19-23

图19-24

（13）新建一个曲线调整图层，在曲线中间调位置添加控制点并向上拖动，此时调色效果只针对衣服部分，如图19-25所示。

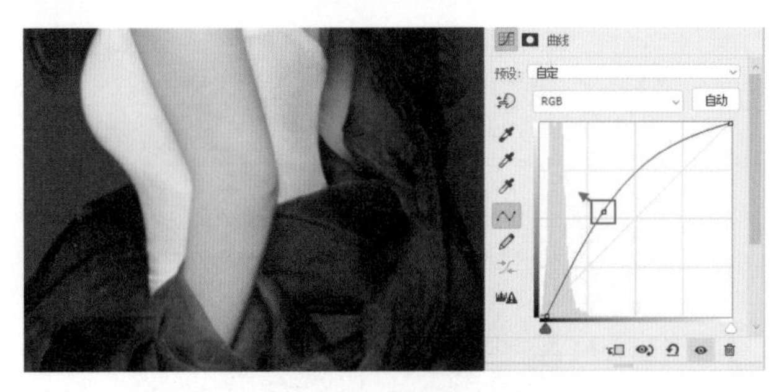

图19-25

（14）在属性面板中选择“蓝”通道，单击添加控制点，按住鼠标左键向上拖动，此时衣服变为了深蓝色，如图19-26所示。

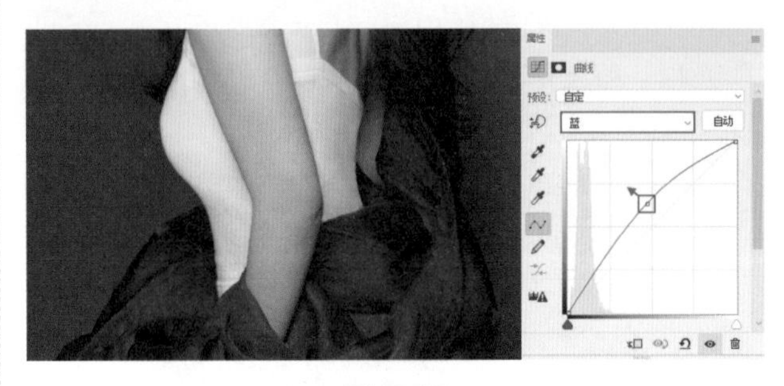

图19-26

19.4 头发美化

（1）选中盖印的图层，使用“套索工具”，在人像左侧的头发位置绘制一个选区，如图19-27所示。

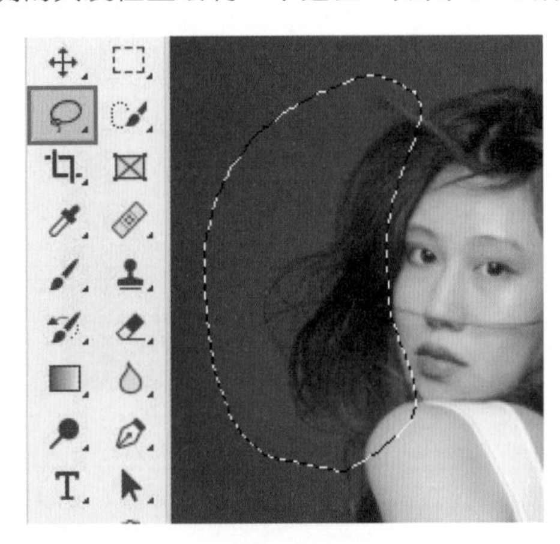

图19-27

（2）使用快捷键Ctrl+J进行拷贝，并将其移动至图层面板的最上方。接着选中拷贝的头发，使用自由变换快捷键Ctrl+T，将其移动至下方的合适位置上，并放大至合适大小，效果如图19-28所示。

图19-28

（3）选中该图层，单击图层面板底部的“添加图层蒙版”按钮。然后使用“画笔工具”，在选项栏中设置“画笔大小”为200像素，选择一种柔边圆画笔。设置完成后在图层蒙版中头发衔接的区域以及多余的背景区域涂抹，使新增的头发能与原始头发融为一体，如图19-29所示。

图 19-29

（4）新建曲线调整图层，在属性栏面板中单击添加控制点并向下拖动，压暗画面的亮度，接着单击按钮创建剪贴蒙版，使调色效果只对下方新复制出的头发图层起作用，如图19-30所示。效果如图19-31所示。

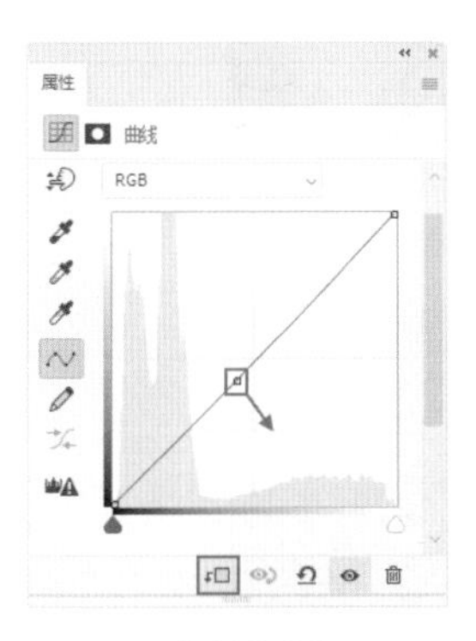

图 19-30　　图 19-31

（5）为头发增加光泽感。新建一个曲线调整图层，在曲线上方单击添加控制点，按住鼠标左键向下拖动，压暗整个画面，如图19-32所示。

图 19-32

（6）单击曲线调整图层的蒙版，将其填充为黑色，然后设置“前景色”为白色。使用“画笔工具”，在选项栏中选择柔边圆画笔，设置“画笔大小”为100像素，“不透明度”为60%。设置完成后，在头发暗部区域涂抹，如图19-33所示。蒙版中的效果如图19-34所示。

图 19-33

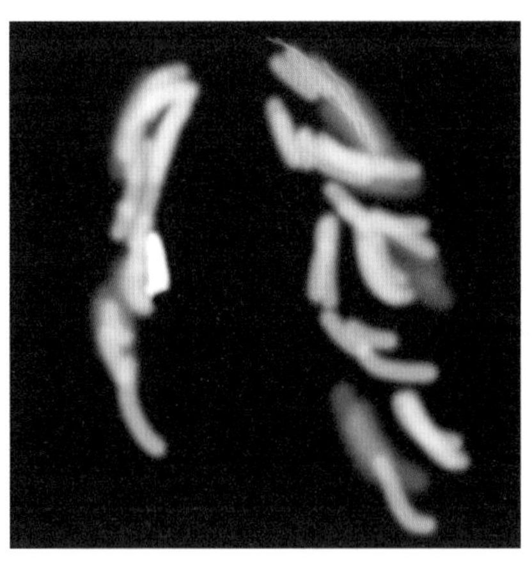

图 19-34

（7）提亮头发的亮部区域。新建一个“曲线”调整图层，在曲线上方单击添加控制点，按住鼠标左键向上拖动进行提亮，如图19-35所示。

图 19-35

（8）单击“曲线”调整图层的蒙版，将其填充为黑色，然后设置“前景色”为白色，使用“画笔工具”，在选项栏中选择柔边圆画笔，设置“画笔大小”为15像素，“不透明度”为40%。设置完成后，在头发高光区域涂抹，使头发明暗对比更强，光泽感也就随之增强，如图19-36所示。蒙版中的黑白效果如图19-37所示。

图19-36

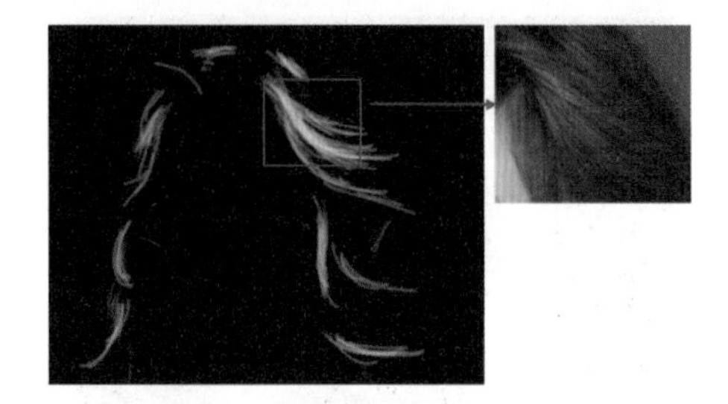

图19-37

（9）提高头发的自然饱和度。新建“自然饱和度”调整图层，接着在属性面板中，设置“自然饱和度”为100，提高整个画面的色彩饱和度，如图19-38所示。

（10）选中该图层蒙版，将其填充为黑色。设置“前景色”为白色，使用“画笔工具”，在头发处按住鼠标左键涂抹，如图19-39所示。此时画面效果如图19-40所示。

图19-38

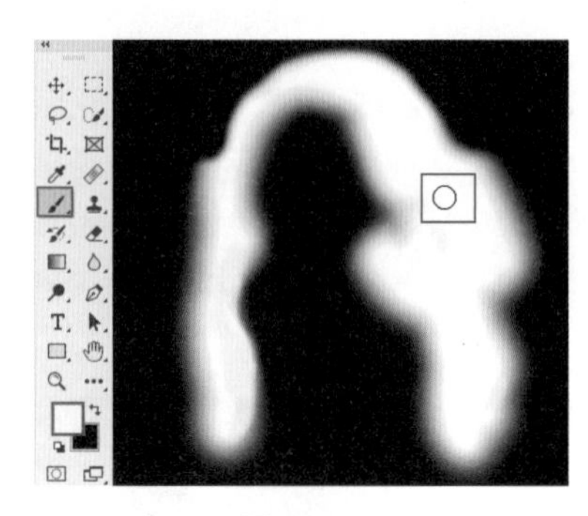

图19-39

图19-40

19.5 皮肤美化

（1）使用快捷键Shift+Ctrl+Alt+E，盖印当前画面，将图层命名为“磨皮”。选中该图层，执行“滤镜>Camera Raw滤镜”命令，打开Camera Raw窗口，在“基本”选项卡设置“纹理”为-50，此时皮肤部分产生柔化的效果，如图19-41所示。

（2）再设置“细节”选项组中的“锐化”为40，“半径”为1.0，细节为25。增强画面清晰度，如图19-42所示。单击“确定”按钮，提交操作。

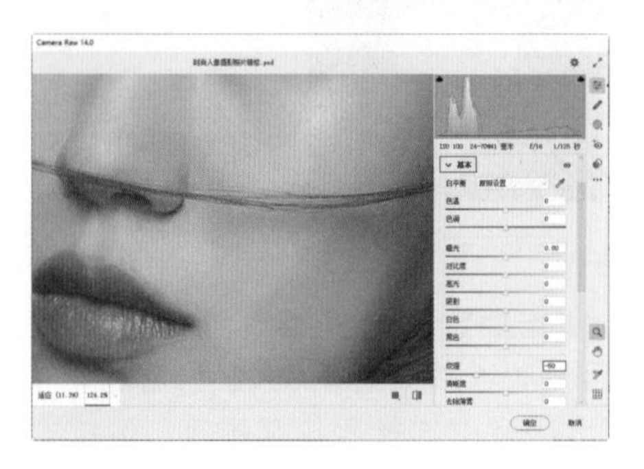

图19-41

图19-42

（3）选中该图层，单击图层面板底部的“添加图层蒙版”按钮，为图层添加蒙版，并将其填充为黑色，如图19-43所示。

图19-43

（4）设置“前景色”为白色，使用“画笔工具”，在选项栏中选择一种柔边圆画笔，设置“画笔大小”为200像素，在人像皮肤处涂抹，如图19-44所示。

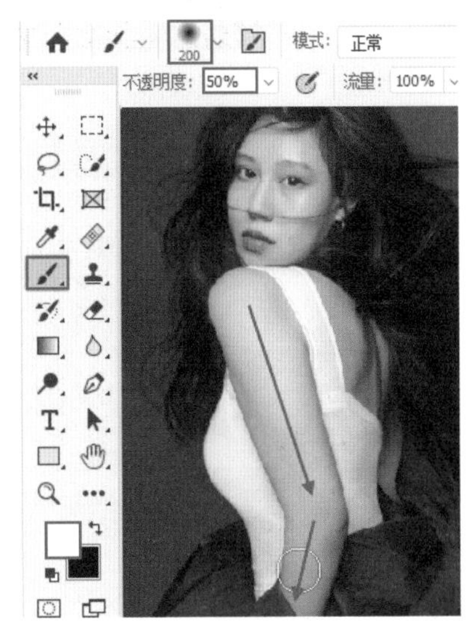

图19-44

（5）适当调整画笔大小，在其他皮肤处涂抹（注意避开眼睛与嘴巴的部分），此时蒙版中的黑白效果如图19-45所示。

（6）可以看到画面中只有皮肤部分产生了柔化的效果，如图19-46所示。

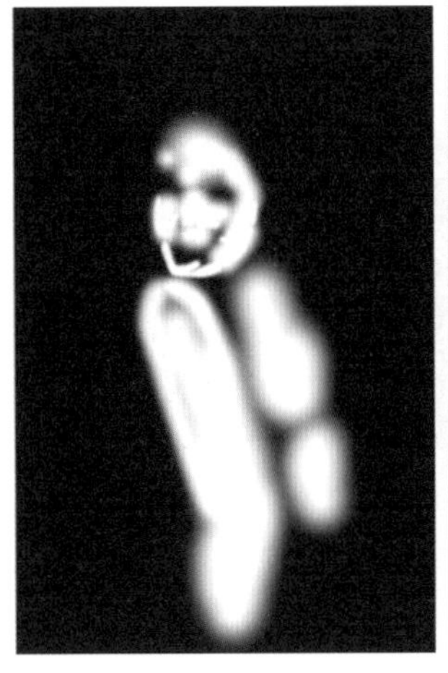

图19-45　　图19-46

（7）调整肤色不均的情况。新建图层，使用“画笔工具”，将光标移动至人物皮肤上，按住Alt键单击拾取颜色，如图19-47所示。

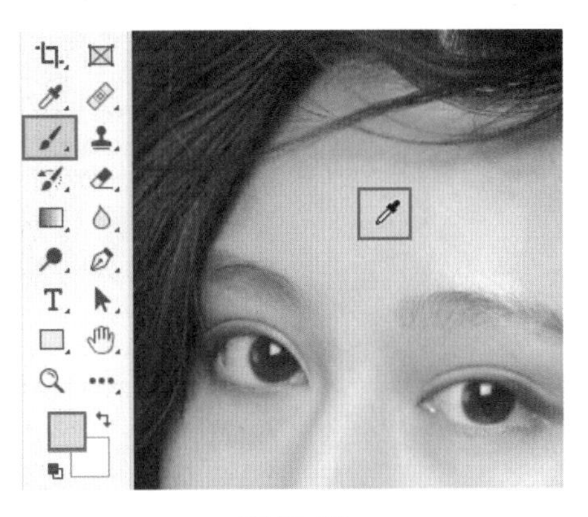

图19-47

（8）在选项栏中选择柔边圆画笔，并设置“画笔大小”为150像素，“不透明度”为10%，然后选中新建的图层，在右侧眉毛上方的高光处按住鼠标左键涂抹，如图19-48所示。

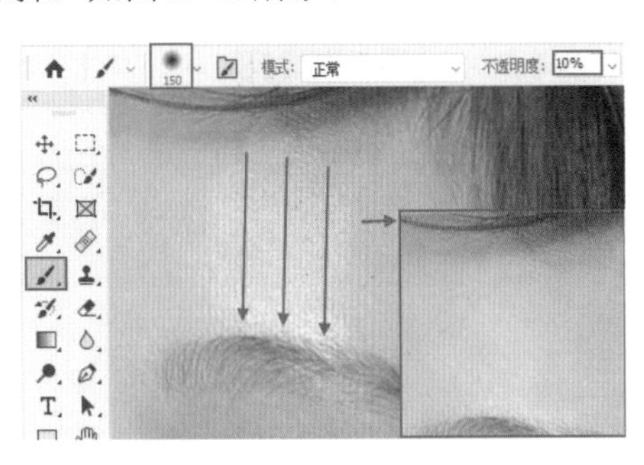

图19-48

（9）选中该图层，继续使用同样的方法进行涂抹，修饰人像的肤色。在涂抹时需要根据绘图区域的不同随时重新拾取颜色，并且需要适当更改画笔的大小与不透明度，以便于让人像的肤色过渡得更加自然，如图19-49所示。

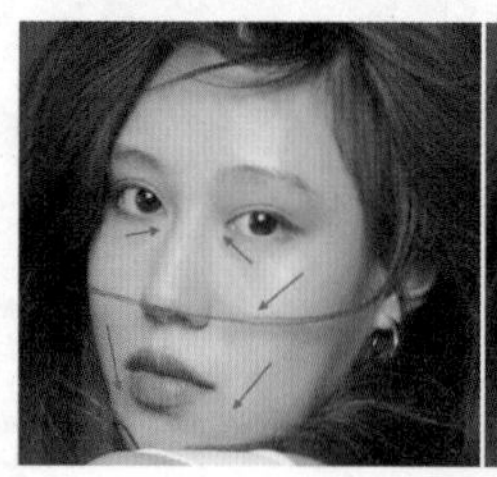
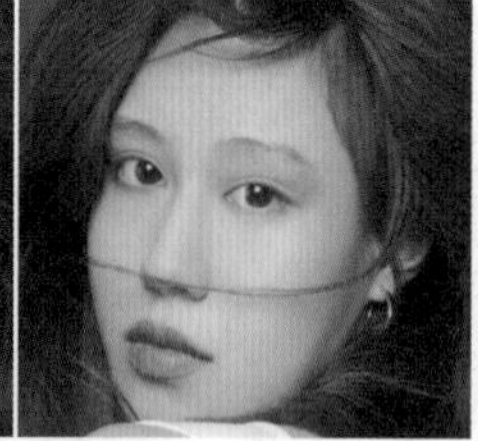

图19-49

（10）压暗面颊边缘区域。执行“图层>新建调整图层>曲线”菜单命令，在弹出来的“新建图层”窗口中，单击“确定”按钮。接着在属性面板中，单击添加控制点，按住鼠标左键向下拖动，压暗画面，如图19-50所示。效果如图19-51所示。

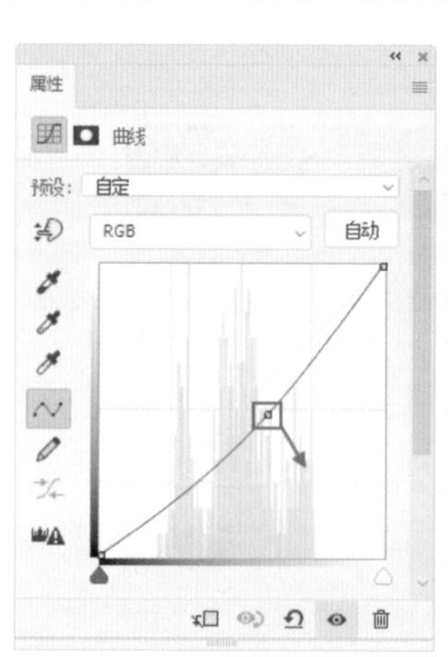

图19-50　　图19-51

（11）单击曲线调整图层的蒙版，将其填充为黑色，然后设置“前景色”为白色，使用“画笔工具”，在选项栏中选择一种柔边圆画笔，设置“画笔大小”为40像素，“不透明度”为10%。设置完成后，在人像右脸颊的阴影处进行涂抹，如图19-52所示。

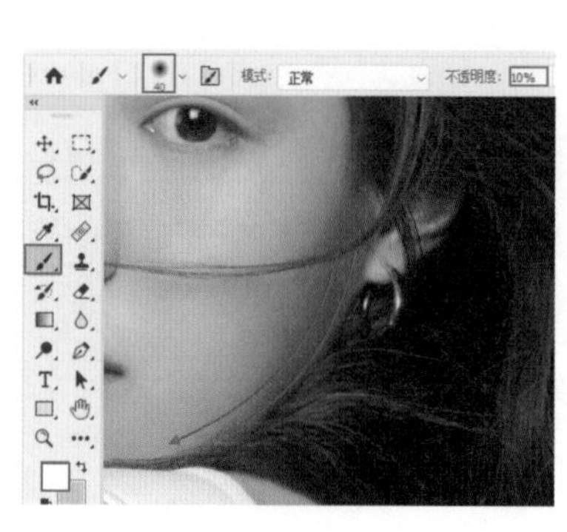

图19-52

（12）提亮人像的面部。新建曲线调整图层，在曲线上方单击添加控制点，按住鼠标左键向上拖动提亮整个画面，如图19-53所示。效果如图19-54所示。

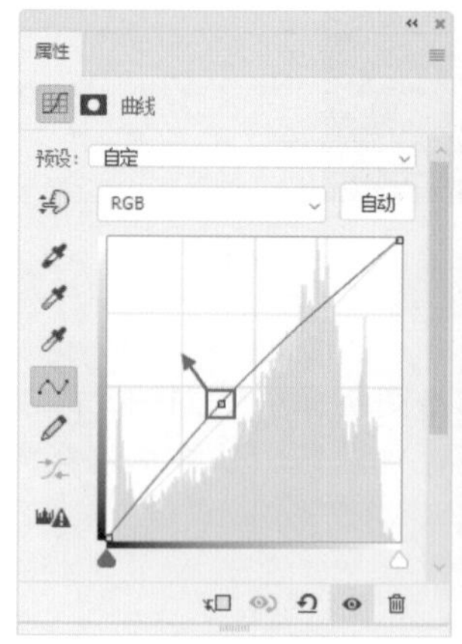

图19-53　　图19-54

（13）单击曲线调整图层的蒙版，将其填充为黑色。设置“前景色”为白色，使用“画笔工具”在蒙版中面部区域涂抹。人像效果与图层蒙版效果如图19-55所示。

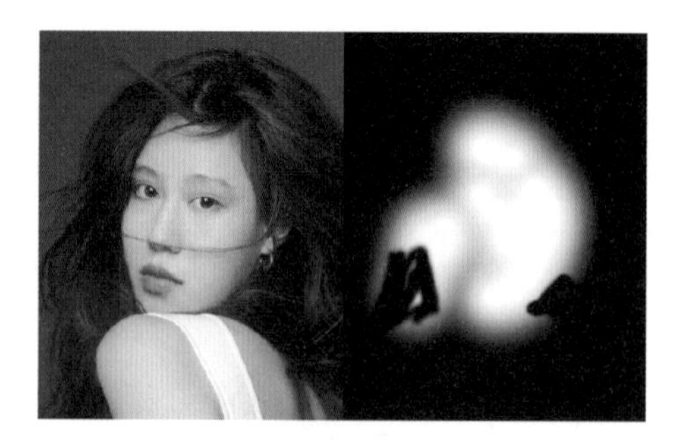

图19-55

（14）提亮面部的高光区域。新建“曲线”调整图层，接着在属性面板中，在曲线单击添加控制点，按住鼠标左键向上拖动提亮整个画面，效果如图19-56所示。

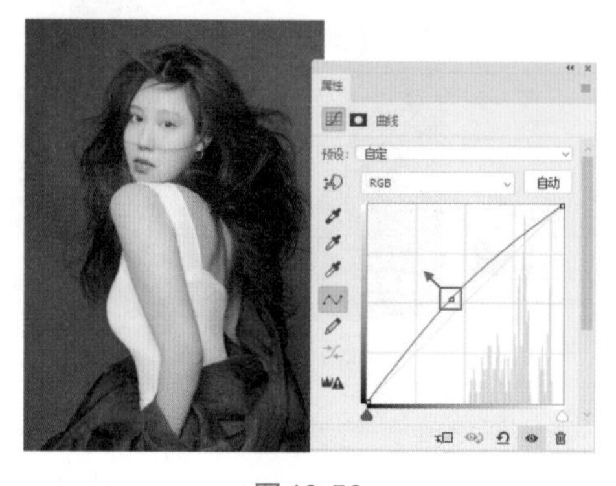

图19-56

（15）单击曲线调整图层的蒙版，将其填充为黑色，然后设置“前景色”为白色，使用“画笔工具”，在选项栏中选择一种柔边圆画笔，设置“画笔大小”为80像素，“不透明度”为10%。设置完成后，在人像的面部上进行涂抹，绘制出人像面部的高光区，如图19-57所示。

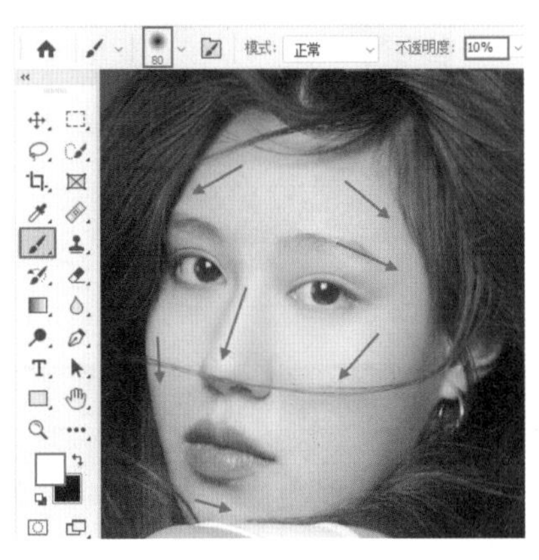

图19-57

（16）图层蒙版效果如图19-58所示。

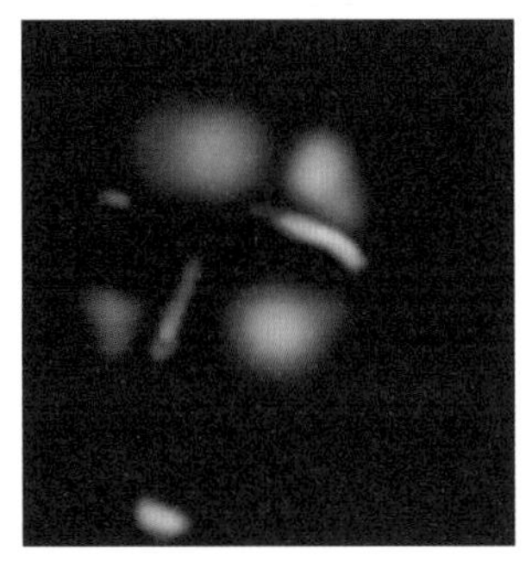

图19-58

（17）在鼻翼两侧、面颊两侧添加阴影，增强面部立体感。创建“曲线”调整图层，向下拖动曲线压暗整个画面，如图19-59所示。

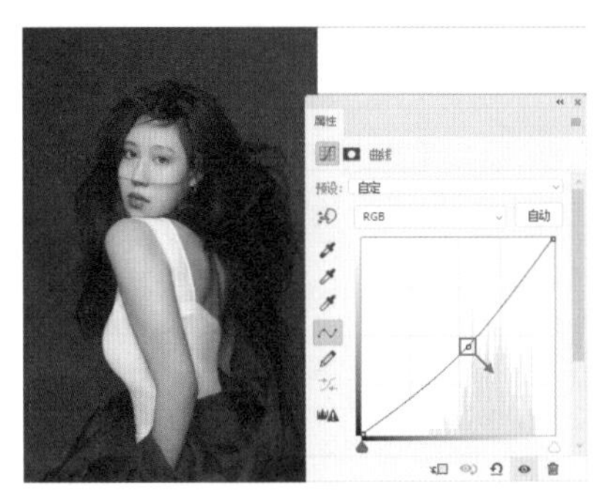

图19-59

（18）单击曲线调整图层的蒙版，将其填充为黑色。设置“前景色”为白色，使用“画笔工具”，在选项栏中选择一种柔边圆画笔，设置合适的“画笔大小”，设置“不透明度”为10%，然后在人像面部的阴影处上进行涂抹，如图19-60所示。

图19-60

（19）提亮人像的身体肤色。创建“曲线”调整图层，提亮整个画面，如图19-61所示。

图19-61

（20）单击曲线调整图层的蒙版，将其填充为黑色。接着设置“前景色”为白色，使用“画笔工具”，在选项栏中选择一种柔边圆画笔，设置“画笔大小”为400像素，“不透明度”为50%。然后在人像的身体处进行涂抹，单独提亮肤色部分，如图19-62所示。

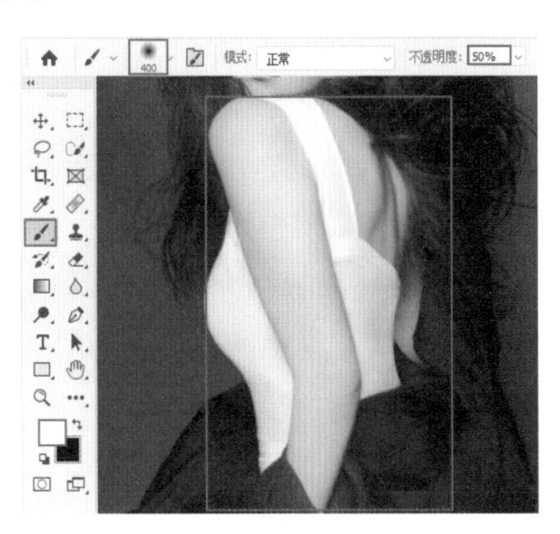

图19-62

（21）解决肤色偏黄的问题。执行“图层>新建调整图层>可选颜色”菜单命令，在弹出来的“新建图层”窗口中，单击“确定”按钮。接着在属性面板中，设置“颜色”为红色，“红色”为-8。接着再设置“颜色”为黄色，“黄色”为–50，如图19-63所示。效果如图19-64所示。

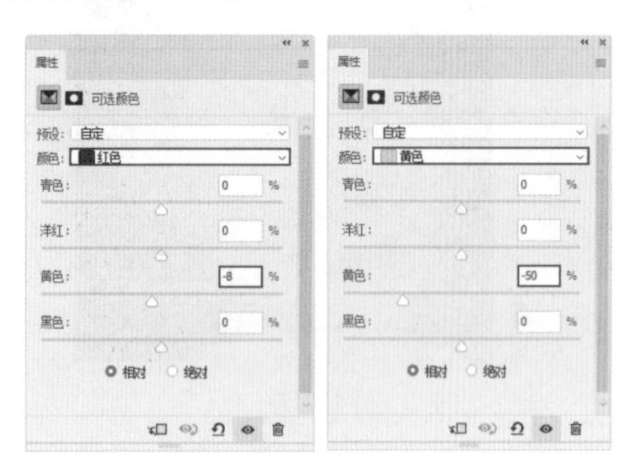

图19-63

图19-64

（22）单击可选颜色调整图层的蒙版，将其填充为黑色。接着设置“前景色”为白色，使用“画笔工具”，在选项栏中选择一种柔边圆画笔，设置合适的“画笔大小”和“不透明度”，然后在蒙版中在人像的后背、胳膊与面部轮廓处按住鼠标左键进行涂抹。蒙版与画面效果如图19-65所示。

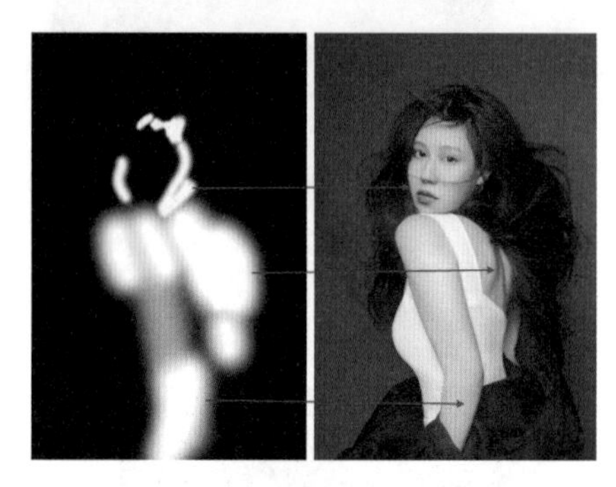

图19-65

19.6 修饰嘴唇

（1）原图中上唇的边缘不清晰，可以使用附近干净的皮肤覆盖，创建出清晰的嘴唇轮廓，如图19-66所示。

（2）使用快捷键Shift+Ctrl+Alt+E，盖印当前画面效果为一个独立图层。选中该图层，使用“钢笔工具”，按照上唇外轮廓的形态在稍上方的位置绘制出一个闭合的路径，如图19-67所示。

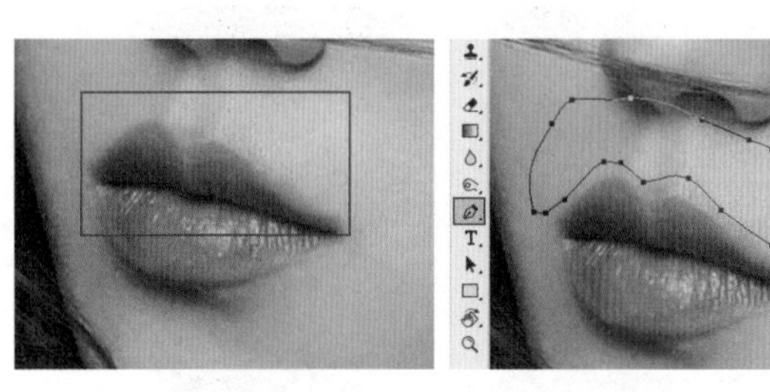

图19-66　　图19-67

（3）在使用“钢笔工具”状态下单击鼠标右键，执行“建立选区”命令，在弹出的窗口中设置羽化数值为2像素，如图19-68所示。

（4）得到选区后，使用快捷键Ctrl+J进行拷贝，如图19-69所示。

图19-68　　图19-69

（5）选中该图层，将其向下方移动，覆盖到不清晰的嘴唇边缘，如图19-70所示。

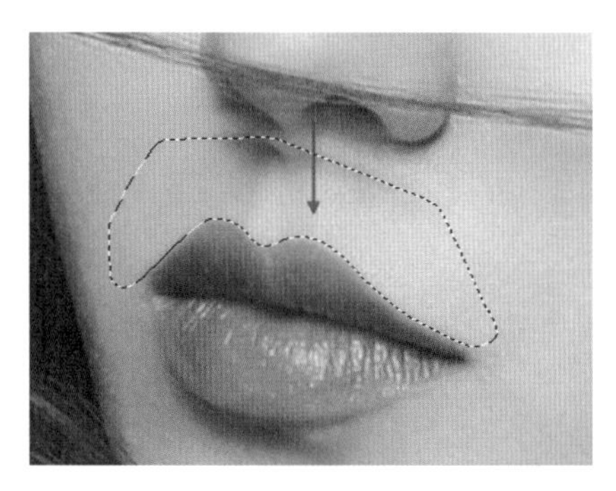

图19-70

（6）此时虽然嘴唇边缘形态较好，但该图层的顶部还残留一些多余的像素，如图19-71所示。

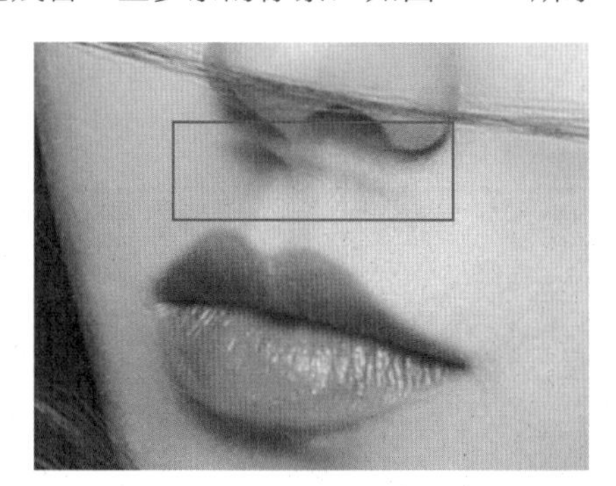

图19-71

（7）为该图层添加图层蒙版，在图层蒙版中使用黑色柔边圆的画笔涂抹顶部区域，得到柔和的过渡效果，如图19-72和图19-73所示。

图19-72

图19-73

19.7　修补眉毛

（1）原图眉形尚可，但是局部区域眉毛偏淡，需要对偏淡的部分进行加深，以得到更有气场的眉毛，如图19-74所示。

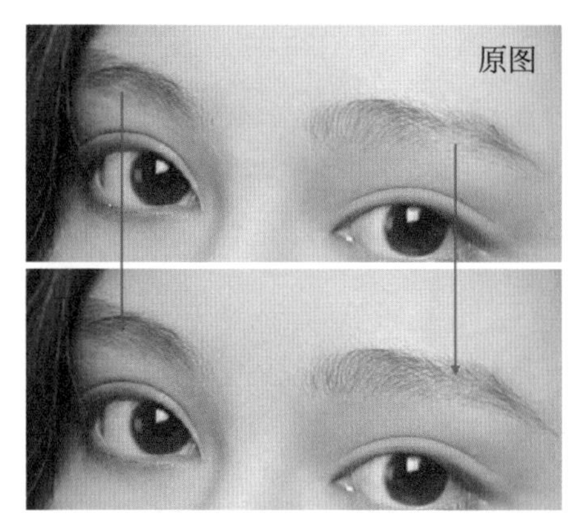

图19-74

（2）新建一个“曲线”调整图层，然后在属性面板中添加控制点，将其向下拖动压暗整个画面，如图19-75所示。

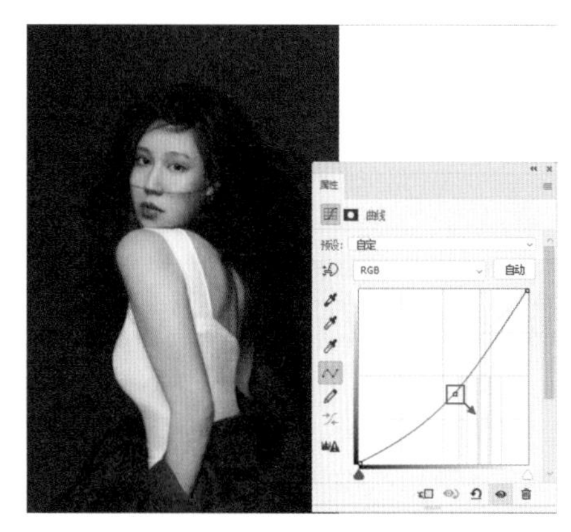

图19-75

（3）单击曲线调整图层的蒙版，将其填充为黑色，隐藏调色效果。然后设置“前景色”为白色，使用“画笔工具”，在选项栏中选择硬边圆画笔，设置“画笔大小”为3像素，“不透明度”为60%。设

置完成后，在图层蒙版中眉毛偏淡的部分逐根绘制，得到根根分明的效果（为了让眉毛更加自然，需要根据眉毛的走向进行绘制）。蒙版中的黑白关系如图19-76所示。画面效果如图19-77所示。

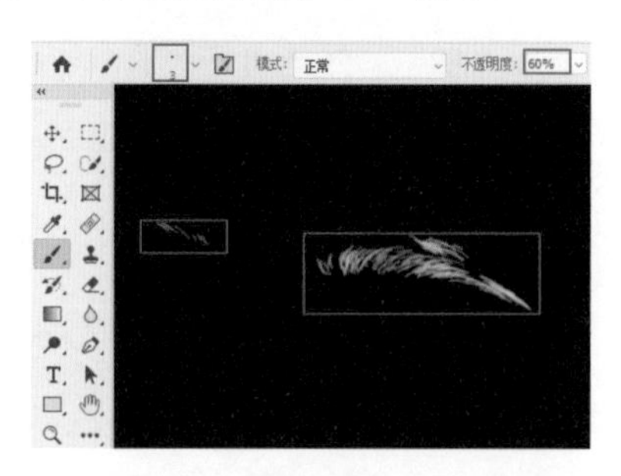

图 19-76

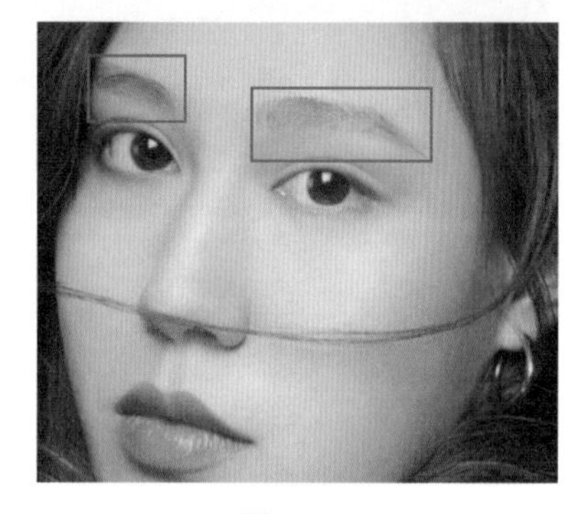

图 19-77

（4）此时新增的眉毛颜色的饱和度有些强，需要更改眉毛的颜色。新建一个“自然饱和度”调整图层，接着在属性面板中设置“自然饱和度”为–40，如图19-78所示。

（5）接着选中下方的曲线调整图层的蒙版，按住Alt键的同时按住鼠标左键向上拖动到自然饱和度调整图层上，替换自然饱和度原有的图层蒙版，如图19-79所示。

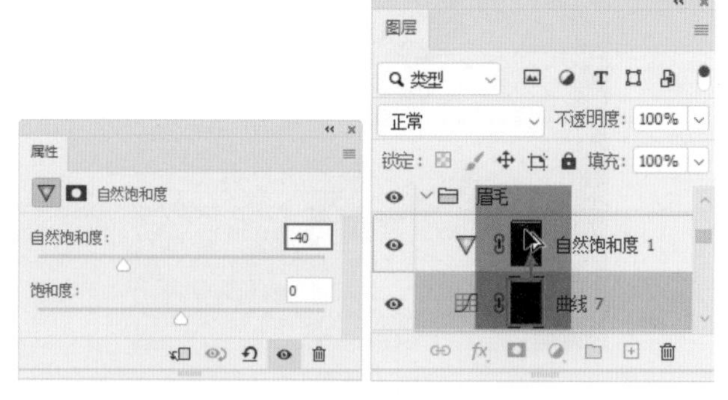

图 19-78　　图 19-79

（6）在弹出的对话框中，单击“是”按钮。此时自然饱和度调整图层也具有了相同的图层蒙版，新绘制的眉毛颜色与之前的颜色也更接近了，效果如图19-80所示。

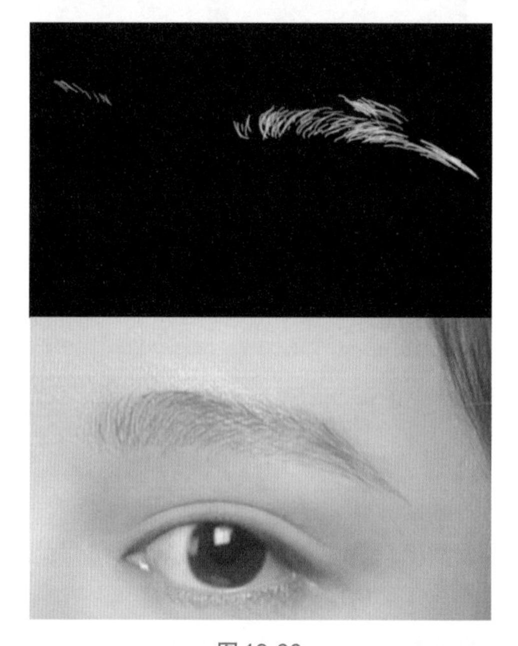

图 19-80

19.8　美化眼部

（1）调整眼球范围。人像的黑眼球范围较小，露出了下眼白，所以需要将黑眼球的范围扩大，遮挡多余的眼白的部分。选中人像图层，使用“套索工具”，根据人像的左眼绘制一个选区，如图19-81所示。并使用快捷键Ctrl+J进行拷贝。

（2）选中拷贝的图层，使用自由变化快捷键Ctrl+T，将其放大至合适大小，如图19-82所示。

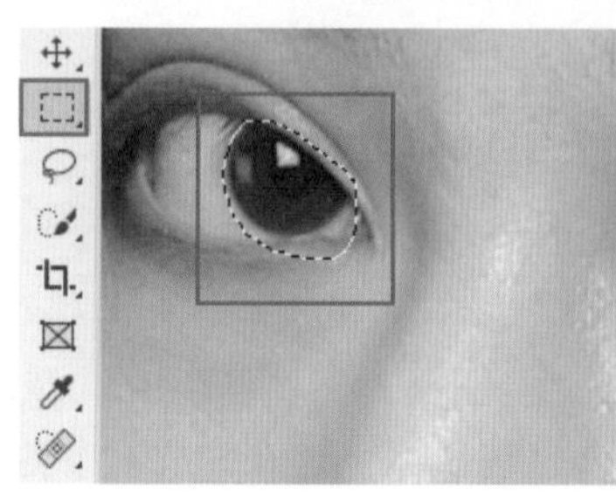

图 19-81

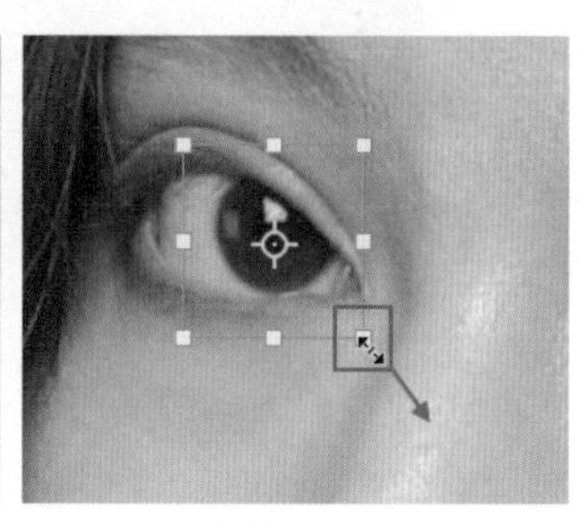

图 19-82

（3）选中该图层，单击图层面板底部的“添加图层蒙版”按钮，为图层添加蒙版，如图19-83所示。

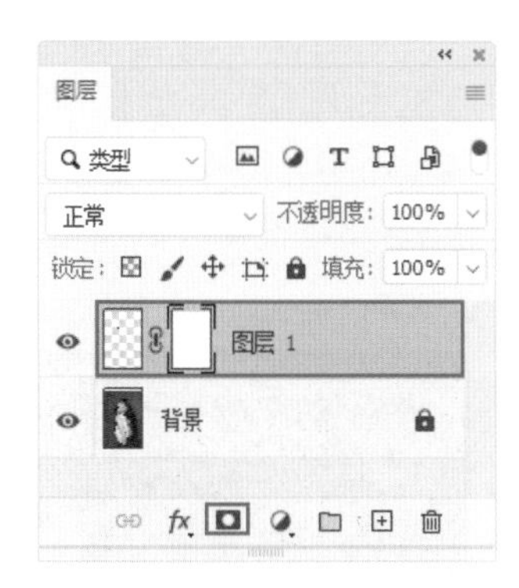

图19-83

（4）然后设置“前景色”为黑色，单击工具箱中“画笔工具”，在选项栏中选择一种柔边圆画笔，设置“画笔大小”为40像素，并调整画笔角度，设置“不透明度”为50%。设置完成后单击图层蒙版，在眼睛的下方进行涂抹，将多余的部分隐藏，如图19-84所示。

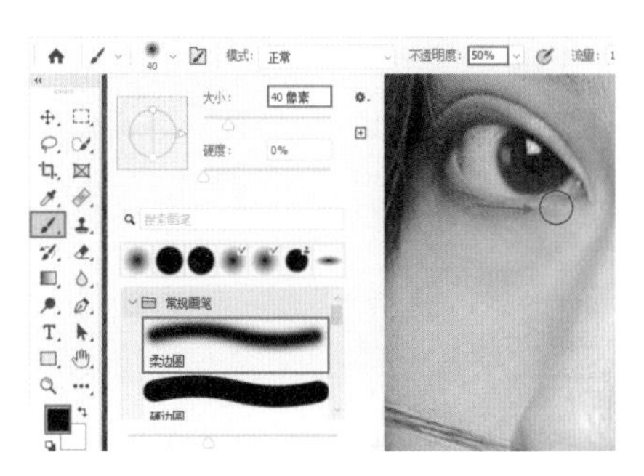

图19-84

（5）使用同样的方法调整另一只眼睛。变化前后对比效果如图19-85所示。

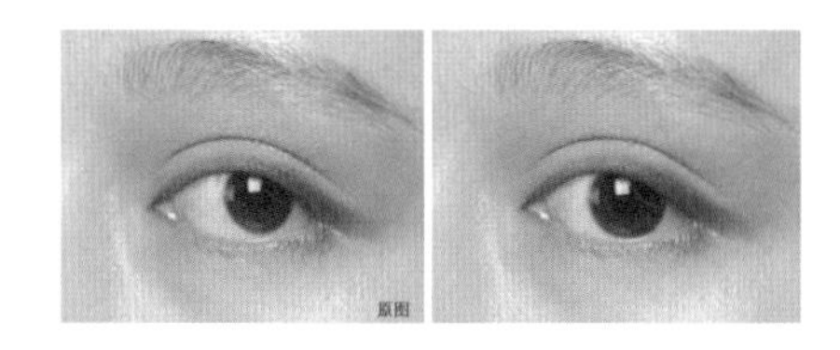

图19-85

（6）提亮眼白。新建图层，使用“画笔工具”，将光标移动至人物眼白上，按住Alt键单击拾取颜色，如图19-86所示。

（7）在选项栏中选择柔边圆画笔，并设置“画笔大小”为10像素，“不透明度”为50%，然后选中新建的图层，在左侧的眼白上按住鼠标左键拖动进行涂抹，如图19-87所示。

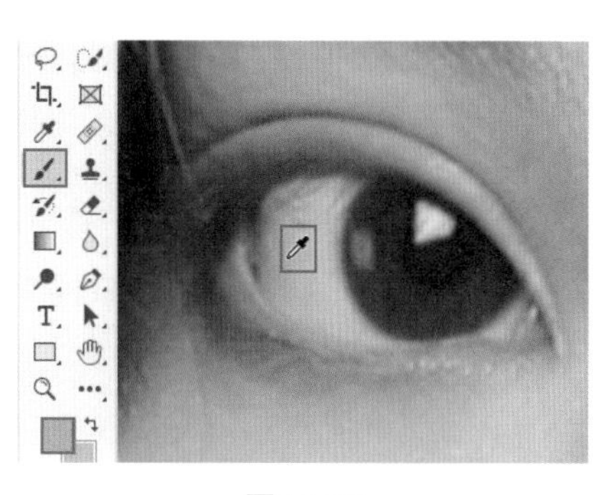

图19-86

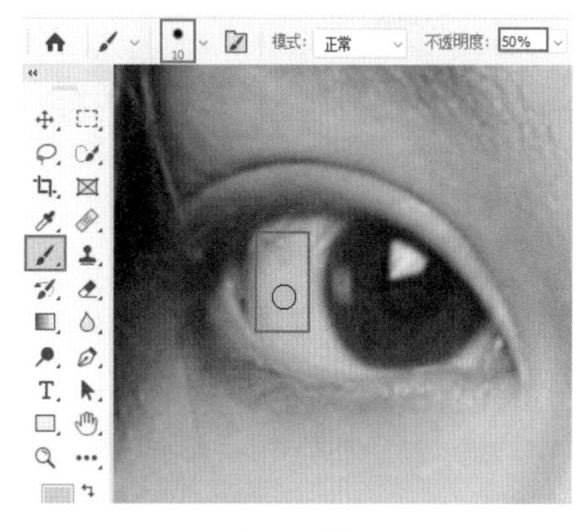

图19-87

（8）使用同样的方法在右侧的眼白处进行绘制，提高眼白的亮度，效果如图19-88所示。

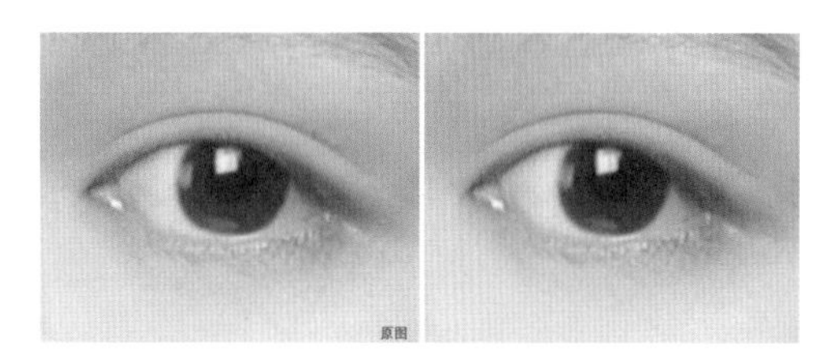

图19-88

（9）提亮眼球。新建一个“曲线”调整图层，然后在属性面板中添加控制点，按住鼠标左键向上拖动提亮画面，如图19-89所示。

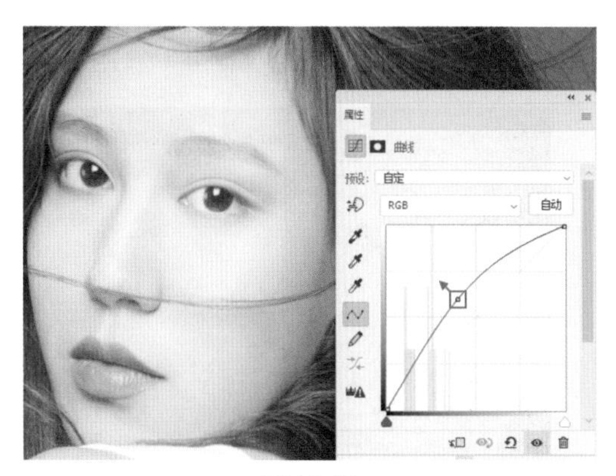

图19-89

（10）单击曲线调整图层的蒙版，将其填充为黑色隐藏调色效果。接着设置“前景色”为白色，使用“画笔工具”，在选项栏中选择柔边圆画笔，设置合适的“画笔大小”，“不透明度”为50%。然后在蒙版中在人像的虹膜处按住鼠标左键进行涂抹，绘制两个月牙形，如图19-90所示。

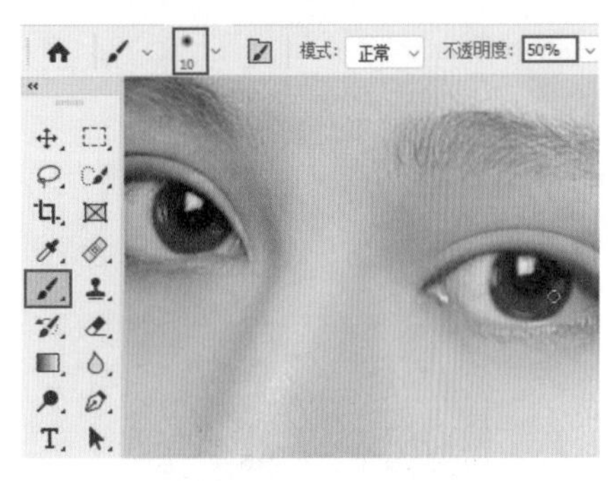

图19-90

（11）变化前后对比画面效果如图19-91所示。

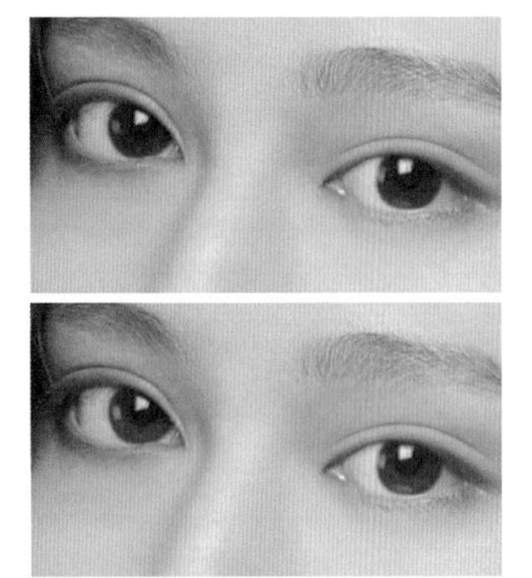
图19-91

（12）压暗黑眼球边缘。新建一个曲线调整图层，接着在属性面板中单击添加控制点，按住鼠标左键向下拖动压暗整个画面，如图19-92所示。

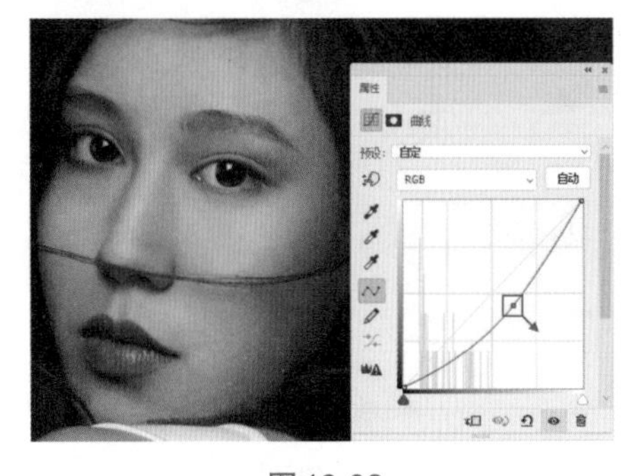

图19-92

（13）选中曲线调整图层的图层蒙版将其填充黑色隐藏调色效果。选中图层蒙版，设置“前景色”为白色，使用“画笔工具”，在选项栏中选择柔边圆画笔，设置“画笔大小”为20像素，“不透明度”为90%。然后在瞳孔处和下边缘处涂抹显示调色效果。图层蒙版黑白关系如图19-93所示。

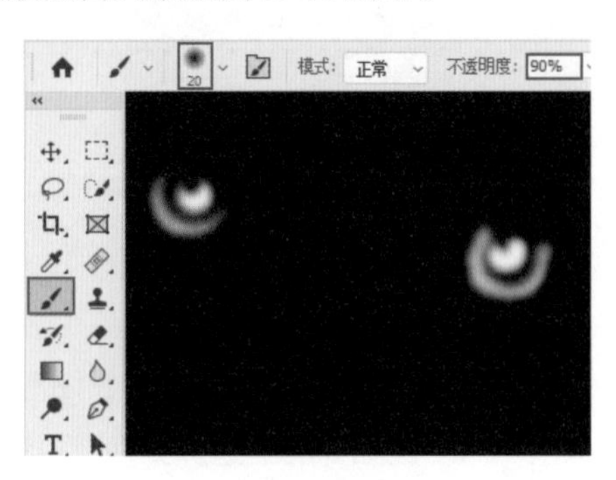

图19-93

（14）变化前后对比画面效果如图19-94所示。

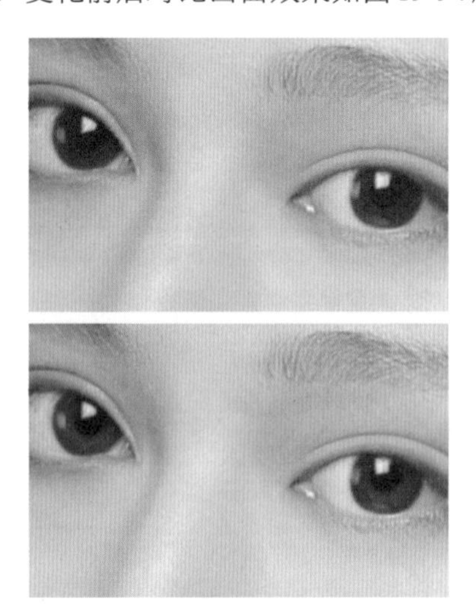
图19-94

（15）将眼球调整为棕色。新建一个“自然饱和度”调整图层，接着在属性面板中设置“自然饱和度”为95，此时画面效果如图19-95所示。

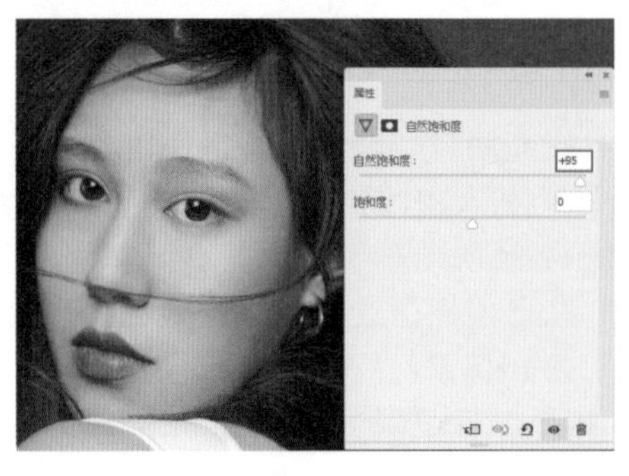

图19-95

（16）选中“自然饱和度”图层蒙版，将其填充为黑色隐藏调色效果。接着选中该图层蒙版，设置“前景色”为白色，使用“画笔工具”，在选项栏中选择柔边圆画笔，设置“画笔大小”为60像素，“不透明度”为90%。然后在黑眼球处进行涂抹，显示调色效果，如图19-96所示。

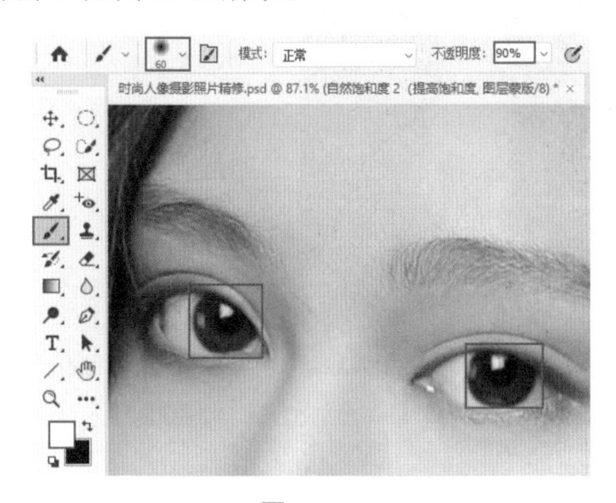

图19-96

（17）绘制眼线。使用“钢笔工具”，在上眼睑处根据眼睛的走向绘制两条闭合路径，如图19-97所示。

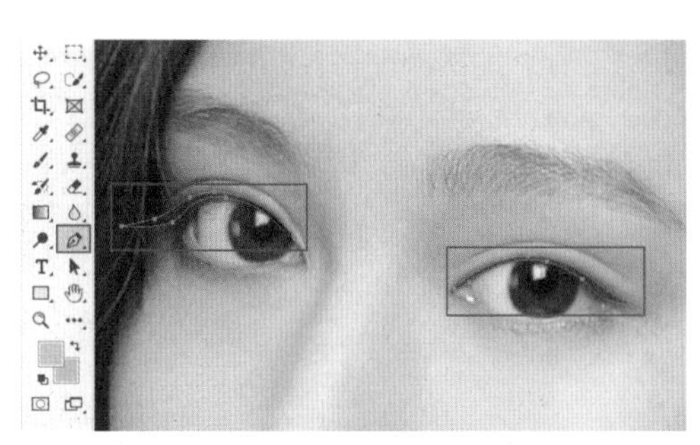

图19-97

（18）然后使用快捷键Ctrl+Enter载入选区，效果如图19-98所示。

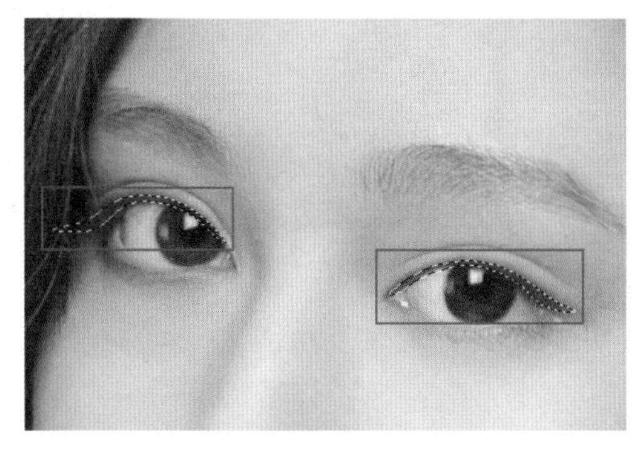

图19-98

（19）执行“选择>修改>羽化”命令，在弹出的“羽化”窗口中设置“羽化半径”为1像素，然后单击“确定”按钮，如图19-99所示。

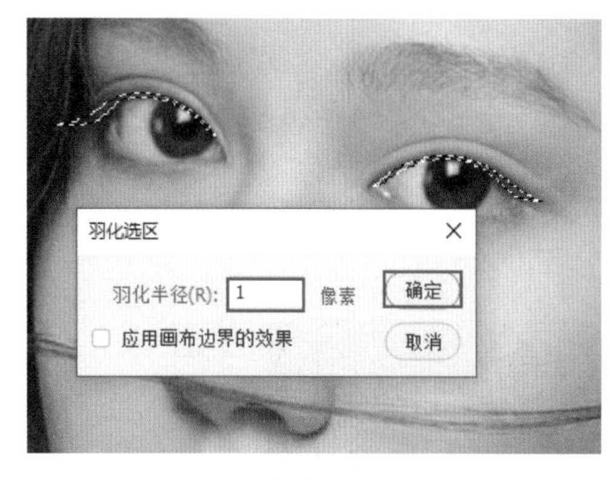

图19-99

（20）新建一个曲线调整图层，在属性面板中单击添加控制点，按住鼠标左键向下拖动，如图19-100所示。效果如图19-101所示。

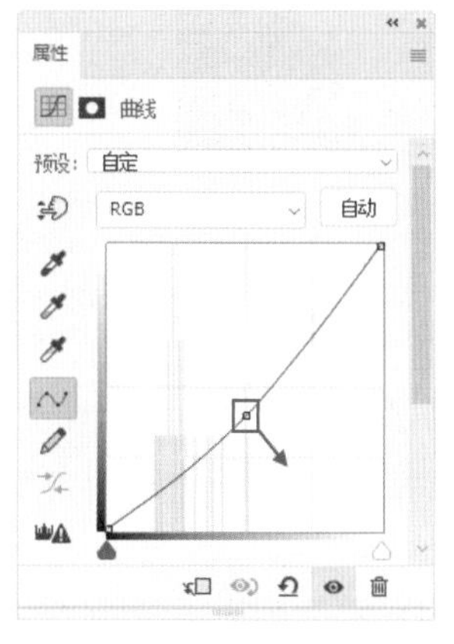

图19-100

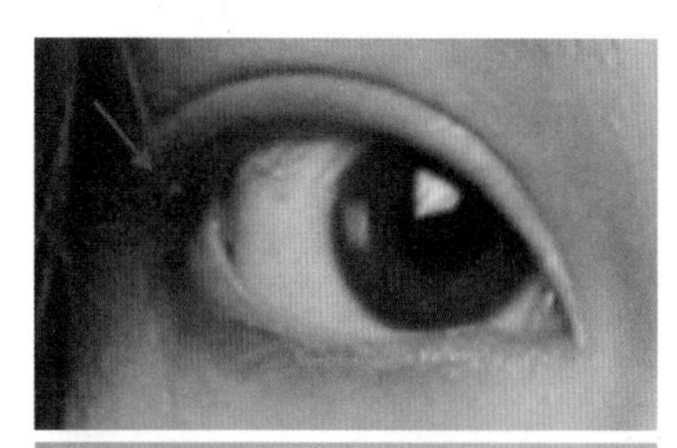

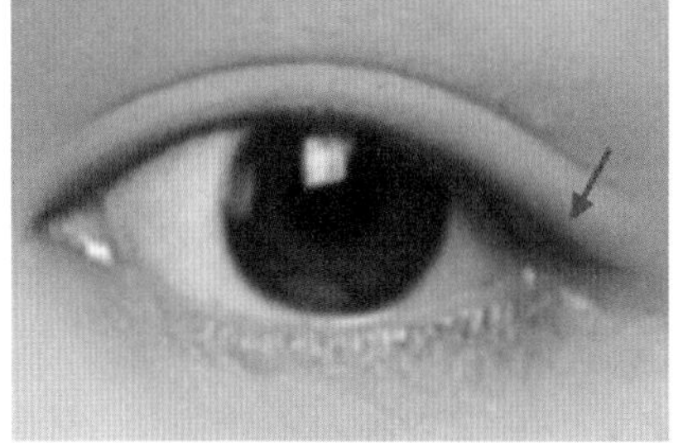

图19-101

19.9 调整画面整体色调

（1）需要将画面整体调整为带有淡淡的蓝紫色倾向的色调。新建一个曲线调整图层，在属性面板中选择“蓝”通道，然后向上拖动曲线，增加画面中间调区域的蓝色成分，此时画面整体呈现蓝色，效果如图19-102所示。

图19-102

（2）选中“曲线”调整图层的蒙版，单击“画笔工具”，设置“前景色”为黑色，设置合适的笔尖大小、“不透明度”为20%，在人像上涂抹将调色效果进行隐藏，效果如图19-103所示。

图19-103

（3）制作画面暗角。新建一个曲线调整图层，在中间调位置添加控制点并向下拖动，效果如图19-104所示。

图19-104

（4）选中该蒙版，使用“椭圆选框工具”，在选项栏中设置“羽化”为350像素，接着在画面中绘制一个椭圆形选区，如图19-105所示。

图19-105

（5）选中图层蒙版，将选区填充黑色，隐藏中间位置的调色效果，暗角效果如图19-106所示。

（6）调整画面对比度。新建一个“亮度/对比度”调整图层，接着在属性面板中设置“对比度”为30，如图19-107所示。

图19-106

图19-107

（7）画面对比度被增强，本案例制作完成，效果如图19-108所示。

图19-108

第20章 创意设计：缤纷盛夏创意海报

文件路径

实战素材/第20章

操作要点

1. 使用混合模式、图层蒙版制作画面背景
2. 使用快速选择工具、选择并遮住抠出长发人物
3. 使用液化调整人像形态
4. 使用色相/饱和度、曲线、剪贴蒙版为人物调色

设计解析

本案例是一幅以人物为主要元素的创意海报作品。海报以“盛夏”为主题，选取了多种夏日里具有代表性的元素，例如盛开的花朵、鲜嫩的绿叶、清凉的冰块。

由于人物发色为棕红色，同时肤色的颜色倾向也比较接近，所以画面主色便使用由此延伸出的橙色。橙色的饱和度和明度虽然高于当前的发色和肤色，但色相非常接近，所以搭配在一起较为和谐。

橙色热烈、奔放，是属于夏日的颜色，点缀植物的绿色，缓解了过多的燥热感。

以人物为主要创作的元素，将人物摆放在画面中心，其他元素环绕周围，使观者的视觉中心集中在人物身上。同时在人物周围添加了带有光感的元素，有效地增添了画面层次感。

案例效果

20.1 制作海报背景

（1）执行“文件>新建”命令，创建新文档。接着将前景色设置为橘色，然后使用前景色填充快捷键Alt+Delete，为背景填色，如图20-1所示。

图20-1

（2）执行“文件>置入嵌入对象”命令，将图形素材1置入到文档内，接着单击鼠标右键，执行“顺时针旋转90度”，如图20-2所示。

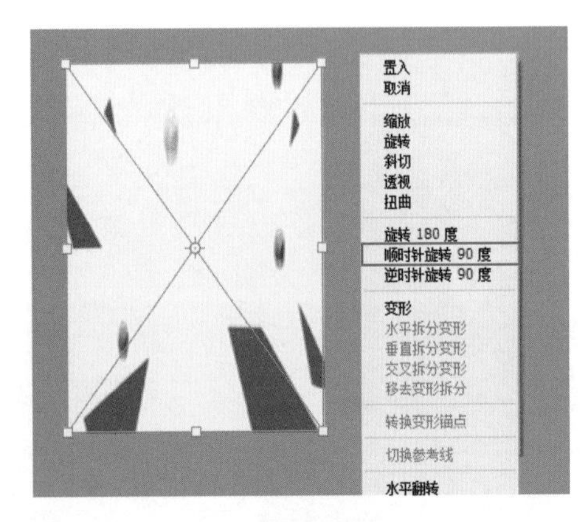

图20-2

（3）按住Shift键并拖动锚点将其放大至画面大小，按下Enter键，确定操作。此时画面如图20-3所示。接着选择该图层，单击鼠标右键选择“栅格化图层”。

（4）在图层面板中将该图层的“不透明度”设置为5%，如图20-4所示。

图20-3　　图20-4

（5）执行“文件>置入嵌入对象”命令，将星空素材2置入到文档内，然后按住Shift键并拖动控制点，将其放大至与画面等大，按下Enter键确定操作。此时画面如图20-5所示。接着选择该图层，单击鼠标右键选择“栅格化图层”。

图20-5

（6）在图层面板中将该图层的“混合模式”为设置滤色，“不透明度”设置为40%，如图20-6所示。

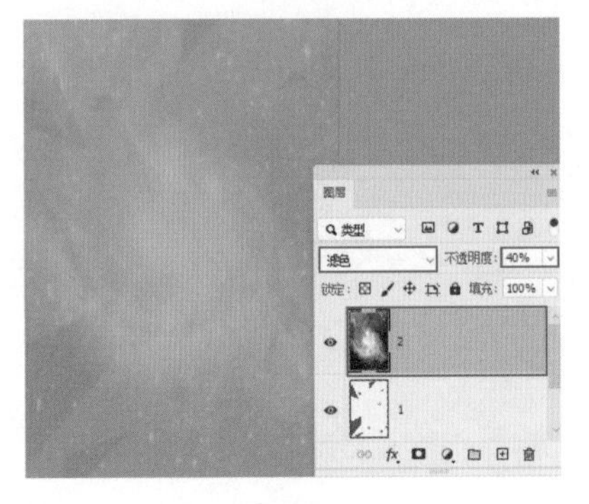

图20-6

（7）执行“文件>置入嵌入对象”命令，将风景素材3置入到文档内，然后将光标放在一角处并拖动锚点将其放大，按下Enter键提交操作，如图20-7所示。

（8）选择该图层，单击鼠标右键选择“栅格化图层”。执行“图像>调整>去色”命令，此时画面效果如图20-8所示。

图20-7

图20-8

（9）在图层面板底部单击“添加图层蒙版”，接着选择工具箱中的“画笔工具”，设置一个合适的柔边缘画笔，设置“前景色”为黑色，在蒙版中的天空位置进行涂抹，如图20-9所示。

（10）只保留地面部分，此时画面效果如图20-10所示。

图20-9

图20-10

（11）在图层面板中将该图层的“混合模式”设置为“叠加”，“不透明度”设为50%，如图20-11所示。

图20-11

（12）置入叶子素材4并将图层栅格化，选择工具箱中的“魔棒工具”，在选项栏中设置“容差”为35，然后在画面中白色背景单击，得到白色背景选区，如图20-12所示。

（13）使用快捷键Ctrl+Shift+I将选区反选，从而得到了树叶的选区，如图20-13所示。

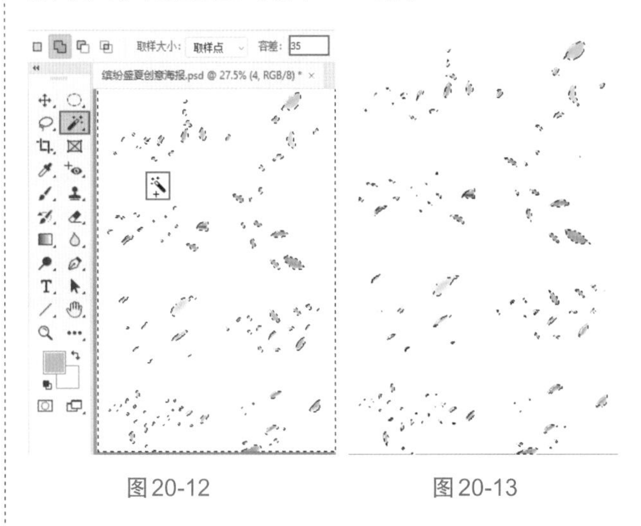

图20-12　　图20-13

（14）单击图层面板底部的“添加图层蒙版”按钮，以当前选区为该图层添加图层蒙版，此时背景被隐藏，如图20-14所示。

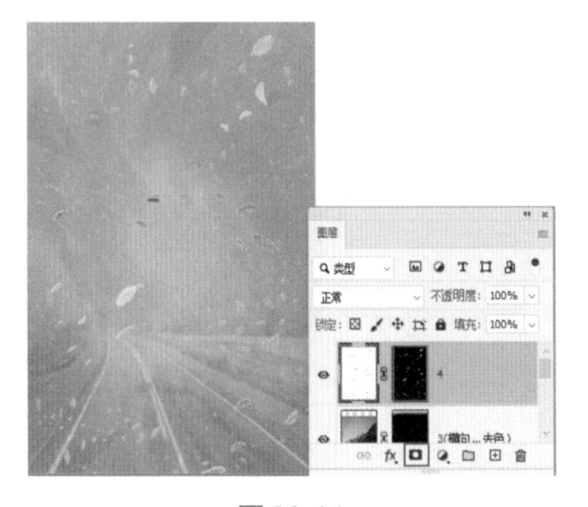

图20-14

（15）在图层面板中将该图层的“不透明度”设置为30%，如图20-15所示。

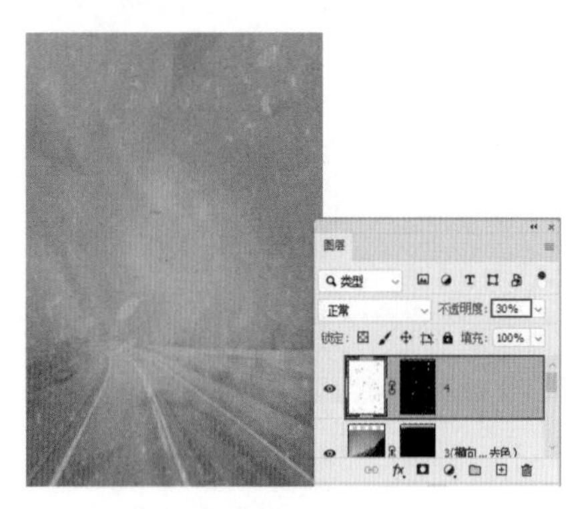

图20-15

（16）选择工具箱中的“椭圆工具”，在选项栏中设置“绘制模式”为形状，“填充”为淡橘色，“描边”为无，设置完成后在画面中按住鼠标左键拖动，绘制一个细长的椭圆形，如图20-16所示。

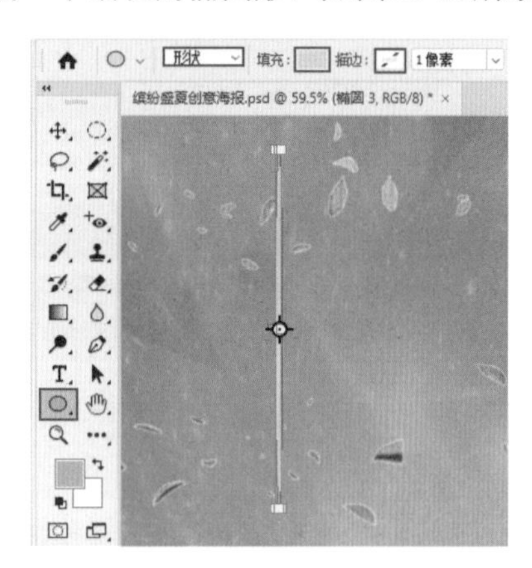

图20-16

（17）将椭圆形进行旋转，移动到画面边缘，如图20-17所示。

（18）使用快捷键“Ctrl+J”复制一个新的图形并将其摆放在该图形的右侧，如图20-18所示。

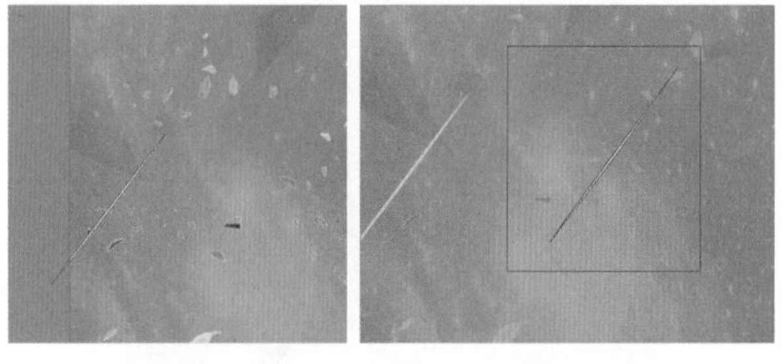

图20-17　　图20-18

（19）使用“钢笔工具”在画面中绘制一个橙黄色的不规则图形，如图20-19所示。

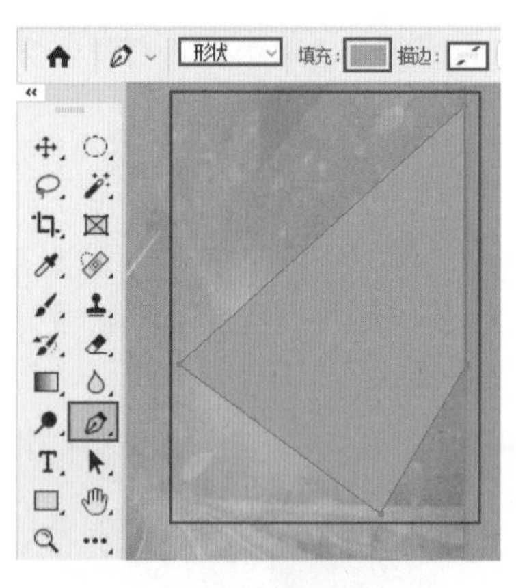

图20-19

（20）选择该图层，将该图层的“混合模式”设置为强光，此时画面效果如图20-20所示。

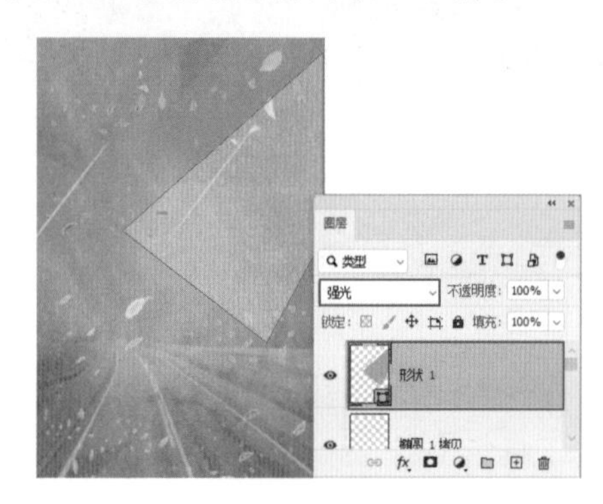

图20-20

（21）执行“文件>置入嵌入对象”命令，将素材5置入到文档内，按下“Enter”键，确定操作，如图20-21所示。

图20-21

20.2　制作人像部分

（1）置入人物素材6，将其摆放至画面中心位置，并将其栅格化，如图20-22所示。

图20-22

（2）选择工具箱中的“快速选择工具”，单击选项栏中的“添加到选区”按钮，设置合适的笔尖大小，然后在人物位置按住鼠标左键拖动，得到人物的选区，如图20-23所示。

图20-23

（3）通过“选择并遮住”对选区细节进行调整。使用快捷键Alt+Ctrl+R进入到“选择并遮住”工作区。选择“调整边缘画笔工具”，单击“添加到选区”按钮，设置合适的笔尖大小，然后在头发的位置涂抹，让头发位置的选区更加精细，如图20-24所示。

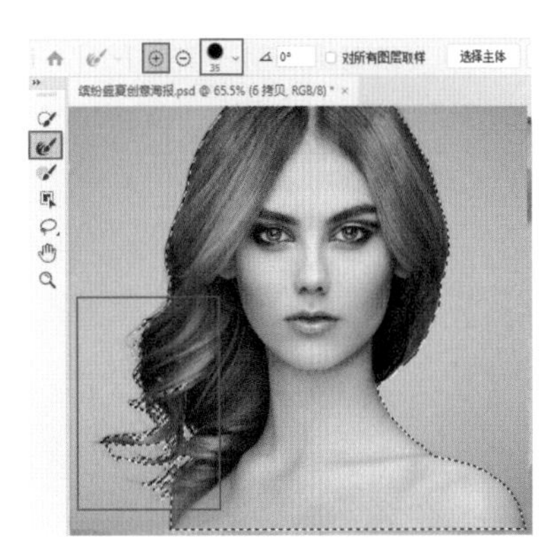

图20-24

（4）调整完成后，设置“输出到”为图层蒙版，然后单击“确定”按钮提交操作，如图20-25所示。

图20-25

（5）此时人物从背景中分离出来，效果如图20-26所示。

图20-26

（6）置入羽毛素材7，调整到合适大小。选择该图层，单击鼠标右键选择“栅格化图层”，将其栅格化。此时画面效果如图20-27所示。

图20-27

（7）在图层面板中将该图层的“混合模式”设置为滤色，“不透明度”设为70%，如图20-28所示。

图20-28

（8）为该图层添加图层蒙版，将“前景色”设置为黑色，选择“画笔工具”，设置合适的笔尖大小，然后在图层蒙版中涂抹，只保留人物周围的纹理，效果如图20-29所示。

图20-29

（9）选中羽毛图层，执行“图层>新建调整图层>色相/饱和度”命令，在弹出的“新建图层”窗口中单击“确定”按钮。然后在弹出的“色相/饱和度”面板中设置“色相”为+50，单击按钮使调色效果只针对下方的羽毛图层，如图20-30所示。

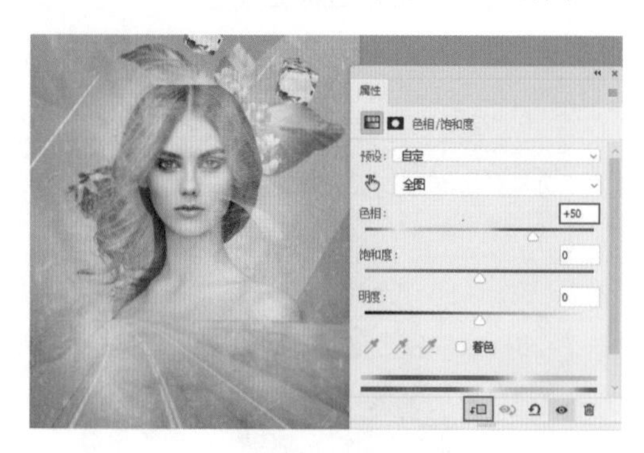

图20-30

（10）选中人像图层，使用快捷键Ctrl+J将图层复制，然后将拷贝的人像图层移动到画面最上方。接着在图层蒙版上方单击鼠标右键执行“应用图层蒙版”命令，如图20-31所示。

图20-31

（11）执行“滤镜>液化”命令，在弹出的“液化”窗口中单击“向前变形工具”按钮。勾选“高级模式”，在“工具选项”中设置合适的“画笔大小”，然后在人物头顶处按住鼠标左键向上拖动，如图20-32所示。

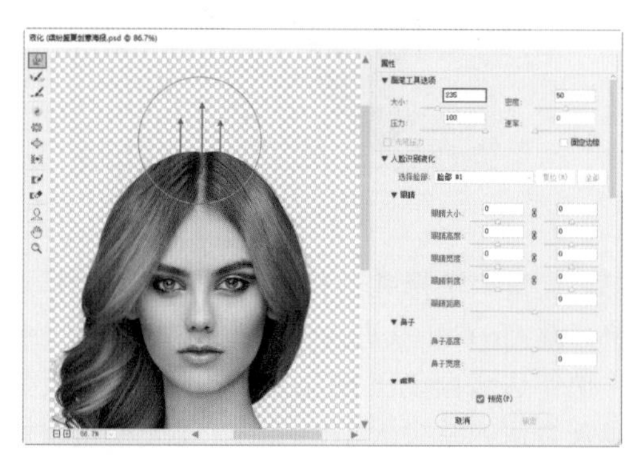

图20-32

（12）调整“画笔大小”，在人物身体下半部分按住鼠标左键向下拖动，操作完成后，单击“确定”按钮，如图20-33所示。此时画面效果如图20-34所示。

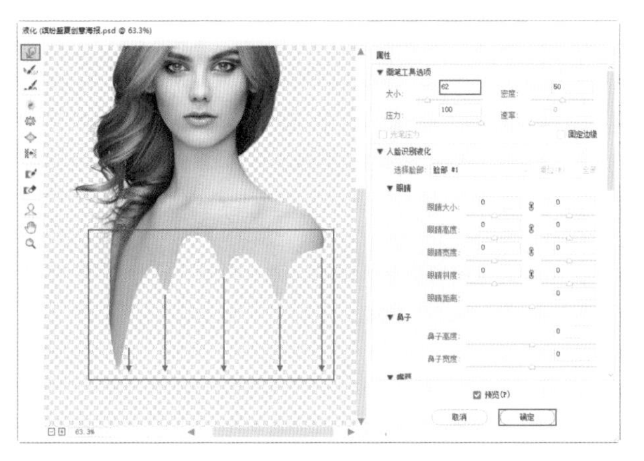

图20-33

图20-34

（13）新建一个曲线调整图层，在属性面板将曲线调整为S形，接着单击按钮使调色效果只针对下方人像图层，增强人像部分的对比度，曲线形状如图20-35所示。

图20-35

20.3　增加画面的氛围感

（1）置入素材8将其摆放至画面中心位置并将其栅格化，如图20-36所示。

图20-36

（2）再次置入羽毛素材7，将其摆放至画面中心位置并将其栅格化，如图20-37所示。

图20-37

（3）在图层面板中将该图层的“混合模式”设置为叠加，如图20-38所示。

图20-38

（4）为该图层添加图层蒙版，将“前景色”设置为黑色，选择“画笔工具”，设置合适的笔尖大小，然后在画面中涂抹，只保留人物周围的纹理，效果如图20-39所示。

图20-39

（5）将纹理更改为黄色调。新建一个“色相/饱和度”调整图层，在属性面板中设置“色相”为+50，单击按钮使调色效果只针对下方的羽毛图层，如图20-40所示。

图20-40

（6）继续强化纹理。再次置入羽毛素材，设置“混合模式”为滤色，如图20-41所示。

图20-41

（7）为该图层添加图层蒙版，将“前景色”设置为黑色，选择“画笔工具”，设置合适的笔尖大小，然后在画面中涂抹只保留人物周围的纹理，效果如图20-42所示。

图20-42

（8）新建一个“色相/饱和度”调整图层，在属性面板中设置“色相”为+50，单击按钮使调色效果只针对下方图层，如图20-43所示。

图20-43

（9）置入花朵和树叶素材9，将其摆放至合适位置按下Enter键，确定操作，最后再将其栅格化，如图20-44所示。

图20-44

（10）新建图层，选择工具箱中选择“画笔工具”，设置一个橙黄色的柔角画笔，然后在人像下方进行涂抹，如图20-45所示。

图20-45

（11）在图层面板中设置“混合模式”为强光，“不透明度”为50%，如图20-46所示。

（12）键入文字。选择工具箱中的“横排文字工具” T，在人物下方单击插入光标，键入文字。然后在选项栏中设置合适的字体、字号，文字颜色为白色，最后单击选项栏中的“提交所有当前编辑” ✓，如图20-47所示。

图20-46

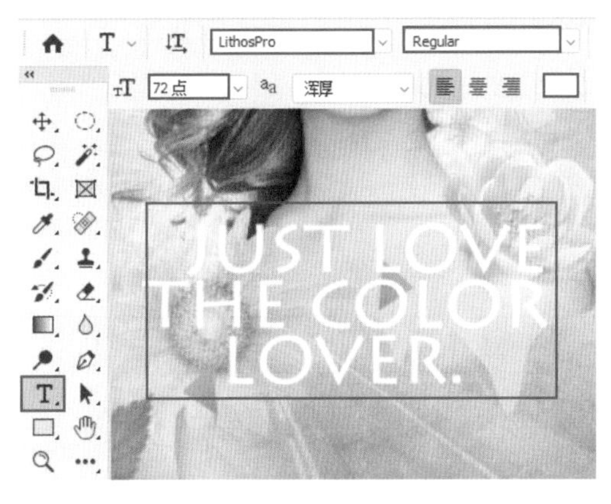

图20-47

本案例制作完成，效果如图20-48所示。

图20-48

实战应用篇

附录　Photoshop快捷键速查表

名称	快捷键
文件菜单	
新建 ...	Ctrl+N
打开 ...	Ctrl+O
在 Bridge 中浏览 ...	Alt+Ctrl+O
打开为 ...	Alt+Shift+Ctrl+O
关闭	Ctrl+W
关闭全部	Alt+Ctrl+W
关闭并转到 Bridge...	Shift+Ctrl+W
存储	Ctrl+S
存储为 ...	Shift+Ctrl+S
存储副本	Alt+Ctrl+S
恢复	F12
导出为 ...	Alt+Shift+Ctrl+W
存储为 Web 所用格式（旧版）	Alt+Shift+Ctrl+S
文件简介 ...	Alt+Shift+Ctrl+I
打印 ...	Ctrl+P
打印一份	Alt+Shift+Ctrl+P
退出	Ctrl+Q
编辑菜单	
还原	Ctrl+Z
重做	Shift+Ctrl+Z
切换最终状态	Alt+Ctrl+Z
渐隐 ...	Shift+Ctrl+F
剪切	Ctrl+X
拷贝	Ctrl+C
合并拷贝	Shift+Ctrl+C
粘贴	Ctrl+V
原位粘贴	Shift+Ctrl+V
贴入	Alt+Shift+Ctrl+V
搜索	Ctrl+F
填充 ...	Shift+F5
内容识别缩放	Alt+Shift+Ctrl+C

名称	快捷键
编辑菜单	
自由变换	Ctrl+T
再次变换	Shift+Ctrl+T
颜色设置 ...	Shift+Ctrl+K
键盘快捷键 ...	Alt+Shift+Ctrl+K
菜单 ...	Alt+Shift+Ctrl+M
首选项 > 常规 ...	Ctrl+K
图像菜单	
色阶 ...	Ctrl+L
曲线 ...	Ctrl+M
色相 / 饱和度 ...	Ctrl+U
色彩平衡 ...	Ctrl+B
黑白 ...	Alt+Shift+Ctrl+B
反相	Ctrl+I
去色	Shift+Ctrl+U
自动色调	Shift+Ctrl+L
自动对比度	Alt+Shift+Ctrl+L
自动颜色	Shift+Ctrl+B
图像大小 ...	Alt+Ctrl+I
画布大小 ...	Alt+Ctrl+C
图层菜单	
新建图层	Shift+Ctrl+N
新建通过拷贝的图层	Ctrl+J
新建通过剪切的图层	Shift+Ctrl+J
快速导出为 PNG	Shift+Ctrl+'
导出为 ...	Alt+Shift+Ctrl+'
创建 / 释放剪贴蒙版	Alt+Ctrl+G
图层编组	Ctrl+G
取消图层编组	Shift+Ctrl+G
隐藏图层	Ctrl+,
排列 > 置为顶层	Shift+Ctrl+]
排列 > 前移一层	Ctrl+]

续表

名称	快捷键
图层菜单	
排列 > 后移一层	Ctrl+[
排列 > 置为底层	Shift+Ctrl+[
锁定图层 ...	Ctrl+/
合并图层	Ctrl+E
合并可见图层	Shift+Ctrl+E
选择菜单	
全部	Ctrl+A
取消选择	Ctrl+D
重新选择	Shift+Ctrl+D
反选	Shift+Ctrl+I
所有图层	Alt+Ctrl+A
查找图层	Alt+Shift+Ctrl+F
选择并遮住 ...	Alt+Ctrl+R
羽化选区	Shift+F6
滤镜菜单	
上次滤镜操作	Alt+Ctrl+F
自适应广角 ...	Alt+Shift+Ctrl+A
Camera Raw 滤镜 ...	Shift+Ctrl+A
镜头校正 ...	Shift+Ctrl+R
液化 ...	Shift+Ctrl+X
消失点 ...	Alt+Ctrl+V
3D 菜单	
渲染 3D 图层	Alt+Shift+Ctrl+R
视图菜单	
校样颜色	Ctrl+Y
色域警告	Shift+Ctrl+Y
放大	Ctrl++
缩小	Ctrl+-
按屏幕大小缩放	Ctrl+0
100%	Ctrl+1
显示额外内容	Ctrl+H
显示目标路径	Shift+Ctrl+H
显示网格	Ctrl+'
显示参考线	Ctrl+；

名称	快捷键
视图菜单	
标尺	Ctrl+R
对齐	Shift+Ctrl+；
锁定参考线	Alt+Ctrl+；
窗口菜单	
动作	Alt+F9
画笔设置	F5
图层	F7
信息	F8
颜色	F6
工具箱	
移动工具	V
画板工具	V
矩形选框工具	M
椭圆选框工具	M
套索工具	L
多边形套索工具	L
磁性套索工具	L
对象选择工具	W
快速选择工具	W
魔棒工具	W
裁剪工具	C
透视裁剪工具	C
切片工具	C
切片选择工具	C
图框工具	K
吸管工具	I
3D 材质吸管工具	I
颜色取样器工具	I

续表

名称	快捷键
工具箱	
标尺工具	I
注释工具	I
计数工具	I
污点修复画笔工具	J
修复画笔工具	J
修补工具	J
内容感知移动工具	J
红眼工具	J
画笔工具	B
铅笔工具	B
颜色替换工具	B
混合器画笔工具	B
仿制图章工具	S
图案图章工具	S
历史记录画笔工具	Y
历史记录艺术画笔工具	Y
橡皮擦工具	E
背景橡皮擦工具	E
魔术橡皮擦工具	E
渐变工具	G
油漆桶工具	G
3D 材质拖放工具	G
模糊工具	无
锐化工具	无
涂抹工具	无
减淡工具	O

名称	快捷键
工具箱	
加深工具	O
海绵工具	O
钢笔工具	P
弯度钢笔	P
自由钢笔工具	P
横排文字工具	T
直排文字工具	T
直排文字蒙版工具	T
横排文字蒙版工具	T
路径选择工具	A
直接选择工具	A
矩形工具	U
椭圆工具	U
三角形工具	U
多边形工具	U
直线工具	U
自定形状工具	U
抓手工具	H
旋转视图工具	R
缩放工具	Z
默认前景色 / 背景色	D
前景色 / 背景色互换	X
切换标准 / 快速蒙版模式	Q
切换屏幕模式	F

索引　常用功能命令速查